Moderne Biowissenschaften **Band 7**

W. N. Soifer · Molekulare Mechanismen der Mutagenese und Reparatur

„Es gibt gegenwärtig in der Biologie kaum ein Problem von größerer Wichtigkeit als die Frage nach der Natur und den Ursachen der Veränderlichkeit"

Charles DARWIN

Aus dem Vorwort zur englischen Übersetzung des Buches „Lektionen über die Evolutionstheorie" von August WEISMANN. 1880–1882

„Die Größenordnung der Erbpartikeln ist so klein, daß sie die Möglichkeit zuläßt, sie mit molekularen Erscheinungen auf eine Stufe zu stellen. Wenn es so ist, dann können wir leicht auf den Weg in das gelobte Land geraten, wo biologische Erscheinungen als physikalische und chemische Erscheinungen betrachtet werden können".

Thomas Hunt MORGAN, 1922

W. N. SOIFER

Molekulare Mechanismen der Mutagenese und Reparatur

Herausgegeben von
Dr. rer. nat. W. ECKART, Berlin

Mit 127 Abbildungen und 31 Tabellen

AKADEMIE-VERLAG · BERLIN
1976

Originaltitel:
V. N. Sojfer, Molekuljarnye mechanizmy mutageneza,
Izdatel'stvo Nauka, Moskva 1969

Aus dem Russischen übersetzt von
Dr. W. Eckart, Berlin

Erschienen im Akademie-Verlag, 108 Berlin, Leipziger Str. 3—4

Lizenznummer: 202 · 100/505/75
Gesamtherstellung: VEB Druckhaus „Maxim Gorki", 74 Altenburg
Bestellnummer: 761 619 5 (2148/7) · LSV 1315
Printed in GDR
EVP 68,—

Meiner Mutter Anna Alexandrowna Kusnezowa gewidmet

Vorwort

„Wohl kaum ein anderes Gebiet des biologischen Wissens kann mit solcher Befriedigung auf den in den letzten 25 Jahren zurückgelegten Weg schauen, wie dies einem ihrer jüngsten Zweige, der Genetik, zuteil wurde“, schrieb vor vierzig Jahren Sergej Sergeewitsch ČETVERIKOV.

Während dieser Zeit hat die Genetik nicht nur ihre früheren Traditionen bewahrt, sondern sie hat auch einen noch größeren Sprung nach vorn gemacht. Die Entdeckungen der Genetik revolutionierten die ganze biologische Wissenschaft. Ihr Einfluß zeigte sich in bedeutendem Maße an der Entwicklung vieler medizinischer Disziplinen.

Die Basis des heutigen Fortschritts der Genetik ist das prinzipiell neue Herangehen an das Studium der Erscheinungen, ein Herangehen, das mit dem Studium der genetischen Ereignisse auf molekularer Ebene zusammenhängt.

Der Begründer der Genetik, Gregor MENDEL, hat in die Methodologie der Genetik quantitative Methoden eingeführt. In allen nachfolgenden Entwicklungsetappen der Genetik, sei es die Genanalyse der Chromosomen, die von T. MORGAN und seinen Schülern durchgeführt wurde, oder die Analyse der Feinstruktur des Gens, die von A. S. SEREBROVSKIJ, N. P. DUBININ, S. BENZER und anderen ausgeführt wurde, oder schließlich die Aufklärung der allgemeinen Natur des genetischen Codes, die von F. CRICK und seinen Nachfolgern vollendet wurde, wurden quantitative Kriterien entwickelt und vervollkommnet.

Ein quantitatives Kriterium gestattete der Genetik, sich in die erste exakte biologische Wissenschaft, die mit den Kategorien Maß und Menge operiert, zu verwandeln. Diese Harmonie und logische Geschlossenheit der Genetik haben die Aufmerksamkeit von Physikern und Mathematikern auf sie gelenkt. Die gegenseitige Durchdringung der Methoden von Genetik, Physik, Chemie und Mathematik schuf die Voraussetzungen für jenen gigantischen Vorwärtssprung der genetischen Forschung, dessen Zeugen wir sind.

Nach unserer Meinung ist das bemerkenswerteste Resultat bei der Entwicklung der molekularen Genetik, daß die kompliziertesten Prozesse, die lange Zeit geheimnisvoll schienen, die Übertragung der Erbmerkmale und die Kontrolle über das Leben der Organismen von Seiten der Gene, eine ziemlich einfache Erklärung im Verhalten der Moleküle lebender Strukturen erhielten.

Zusammen damit darf man sich bis zu einem gewissen Grade über die paradoxe Tatsache begeistern, daß trotz des Eindringens der Genetiker in das Dickicht der molekularen Wechselbeziehungen der Vererbungsstrukturen die heutige Wissenschaft nicht nur keinen prinzipiellen, in den ersten morphologischen Entwicklungsetappen der Genetik gewonnenen Fakt widerlegt, sondern vielmehr überzeugende Beweise für die Richtigkeit der klassischen Genetik gefunden hat. Als Beispiel kann der Beweis der Teilbarkeit des Gens in den Untersuchungen an Bakteriophagen durch BENZER dienen, der auf molekularer Ebene das gleiche Resultat erhielt, das früher im Experiment an *Drosophila* erreicht wurde.

Der wichtigste Zweig der molekularen Genetik ist die Mutationstheorie. Die Kenntnis der molekularen Mechanismen der Änderung der genetischen Information, die Entdeckung von Agentien, die diese Änderungen hervorrufen, die Feststellung der Natur ihrer Wirkungen gibt der Genetik wertvollste Kenntnisse zum Verständnis des Komplexes der biologischen Kardinalprobleme, insbesondere der Evolution und Selektion.

Obwohl die molekulare Behandlung der Mutationstheorie erst nach der Entdeckung der genetischen Funktion der Nukleinsäuren möglich wurde, wuchs sie im letzten Vierteljahrhundert zu einem selbständigen Wissenschaftszweig heran.

Die Aufgabe des vorliegenden Buches ist eine Zusammenfassung der wichtigsten Fakten und Ideen, die von der Mutationstheorie gewonnen worden sind. Eine solche Abhandlung würde ohne Überblick über die grundlegenden Daten zur Physik und Chemie der Nukleinsäuren äußerst schwer fallen.

Die Erfolge der Mutationstheorie beruhen auf den guten Ergebnissen beim Studium der Physikochemie der Makromoleküle — Nukleinsäuren und Proteine. Als Zweig der Molekularbiologie kann die Mutationstheorie nicht ohne Daten anderer Zweige der Molekularbiologie auskommen, und ihrerseits unterstützt sie die Molekularbiologie als Ganzes.

Der letztgenannte Umstand schafft eine grundlegende Schwierigkeit für das Schreiben eines derartigen Buches. Der Umfang der Fakten und Daten in der Molekularbiologie ist derartig gewachsen, daß der Versuch einer Verallgemeinerung der Ideen und Fakten eines beliebigen ihrer Zweige in einem Buche fast undurchführbar wird. Es genügt, auf das Handbuch „Grundlagen der Molekularbiologie" hinzuweisen, das unter der Redaktion von Akademiemitglied V. A. ENGELGARDT herauskam und sechs Bände erforderte. Leider wird die Mutationstheorie in diesem Handbuch fast gar nicht berücksichtigt.

Obgleich der Autor in keiner Weise danach strebte, eine Zusammenstellung der Mehrzahl der Angaben zur Mutationstheorie zu liefern, und sich schon die Aufgabe der Auswahl der Hauptfakten als ungeheuer schwierig erwies, wird letztlich nur der Leser entscheiden, inwieweit der Autor sie bewältigt hat. Weil einer Darstellung der eigentlichen Mutationstheorie eine Betrachtung allgemein molekularer Ideen vorausgehen muß, ist der erste Teil des Buches einer Beschreibung sowohl der Struktur und Synthese als auch der Strukturmodifikationen der Nukleinsäuren gewidmet.

Im zweiten Teil des Buches wird die Natur der Letalmutationen beschrieben und ein vollkommen neuer Zweig der Genetik dargestellt — die Theorie der Reparatur

genetischer Schäden. Die Entdeckung der prinzipiellen Möglichkeit zur Reparatur letaler genetischer Schäden (seien sie nun durch Strahlung oder auch chemisch erzeugt) und die Beschreibung der vielgestaltigen Reparaturreaktionen eröffnen neue Zugänge zur Lösung des Problems der Lenkung des Mutationsprozesses.
Im dritten Teil werden Fragen der allgemeinen Natur der Mutationen, der Chemie und Physik der Mutagenese, der Kinetik des Mutationsprozesses dargelegt.
Viel Raum wird in diesem Abschnitt der Beschreibung molekularer Umbauten zuteil, die durch verschiedene Mutagene hervorgerufen werden.
Die gegenwärtige Entwicklung der Genetik hängt mit dem immer aktiveren Übergang zum Studium der molekularen Genetik höherer Organismen zusammen, die immer häufiger als Untersuchungsobjekte auf der molekularen Ebene fungieren.
Das genannte Material wird soweit wie möglich in diesem Buch zusammengefaßt.

Vorwort zur deutschen Ausgabe

Es war für mich sehr angenehm zu erfahren, daß der Akademieverlag, der Verlag der Akademie der Wissenschaften der DDR, beschlossen hat, mein Buch herauszugeben. Eine Ausweitung des Leserkreises ist ein für jeden Autor erfreuliches Ereignis, wenn es auch mit nicht geringen Mühen für den Herausgeber verbunden ist.

In der Zeit, die seit dem Erscheinen dieses Buches in russischer Sprache verflossen ist, wurde vieles, von dem die Genetiker gesagt haben, daß es sehr wahrscheinlich, aber bisher noch nicht bewiesen sei, zur Realität. Es wurde unter künstlichen Bedingungen ein DNS-Molekül für einen der Phagen synthetisiert, das sich in Bakterienzellen vermehrte (Kornberg u. Mitarb.), es wurde ein individuelles Gen aus einem Bakterienchromosom isoliert (Beckwith u. Mitarb.), fast gleichzeitig gelang es, das erste Gen zu synthetisieren, es buchstäblich aus den Nukleotiden unter künstlichen Bedingungen zusammenzubauen (Khorana), es gelang zu beweisen, daß der Repressor — ein Stoff, der die Tätigkeit der Gene reguliert — zur Klasse der Proteine gehört, und für einige Gene wurden diese Repressormoleküle in reiner Form isoliert (Ptaschne, Gilbert und Müller-Hill u. a.), schließlich wurden unsere Vorstellungen von der Wechselwirkung der Nukleinsäuren erst unlängst durch ein neues Prinzip ergänzt: es zeigte sich, daß es wenigstens in den mit Viren infizierten Zellen spezielle Enzyme gibt, die die DNS-Synthese an RNS-Molekülen gewährleisten (Temin, Spiegelman u. a.). Eine solche Möglichkeit wurde von der Mehrheit der Genetiker einmütig abgelehnt (obgleich S. M. Geršenzon diese Möglichkeit schon vor zehn Jahren auf Grund seiner Experimente vorausgesagt hat).

In der Tat erfolgten in diesen Jahren solche großen Entdeckungen in der Mutationstheorie nicht. Es wurden viele neue Mutagene beschrieben und die Einzelheiten der mutagenen Wirkung einer Reihe von Substanzen auf verschiedene Organismen genauer untersucht. Nach Möglichkeit habe ich mich bemüht, diese neuen Daten in das Buch einzufügen. Um den Umfang des Buches nicht merklich zu vergrößern, habe ich einige Abschnitte herausgenommen.

Ich benutze die Gelegenheit, um Herrn Professor Helmut Böhme und dem Übersetzer des Buches, Herrn Doktor W. B. Eckart, für wertvolle Anmerkungen zur russischen Ausgabe des Buches aufrichtig zu danken.

V. N. Sojfer

Moskau, Februar 1972

Vorwort des Herausgebers (und Übersetzers)

Da die Vorworte von W. N. Soifer zur russischen und zur vorliegenden deutschen Ausgabe alles Wesentliche enthalten, sei nur noch auf ein schwieriges Problem hingewiesen. Der aufmerksame Leser wird den gleichen Autorennamen in verschiedener Schreibweise begegnen. Das liegt an den verschiedenen Transskriptionen bzw. Transliterationen kyrillischer Buchstaben in lateinische und umgekehrt. Für die Übertragung aus kyrillischer in lateinische Schrift gibt es üblicherweise die auf W. Steinitz zurückgehende Transskription. Inzwischen ist die internationale bibliografische Transliteration für verbindlich erklärt worden. Nun gut, wird der Leser sagen, möge der Herausgeber einfach bekanntgeben, für welche er sich entschieden hat, und allenfalls noch warum. Leider wäre es damit aber nicht abgetan, weil es noch mindestens eine weitere, von beiden abweichende Transskription für das englische Sprachgebiet gibt. Im vorliegenden Buche sind Arbeiten sowjetischer Autoren aus englischsprachigen oder deutschsprachigen Zeitschriften zitiert und ebenso Arbeiten englischschreibender Autoren aus sowjetischen Zeitschriften. Da nun die berechtigte Vorschrift verlangt, die Namen international zu transliterieren, damit man sie eindeutig wiederfinden kann, war es nicht zu vermeiden, daß z. B. Watson auch als Uotson auftaucht oder Timofeev-Ressovskij als Timofeeff-Ressovsky, W. N. Soifer als V. N. Sojfer bzw. V. N. Soyfer. Als einziger, wenn auch ein wenig aufwendiger Ausweg erschien, im Literaturverzeichnis bei anderen als den Original- bzw. transliterierten Schreibungen in Klammern diese hinzuzufügen, z. B. Vakker (Wacker), Chejs (Hayes) oder Krivisky (Kriviskij). Ferner wird um Verständnis für den Kompromiß bezüglich der Abkürzung der Nukleinsäuren gebeten. Da in einem deutschsprachigen Buch DNA bzw. RNA als unangebracht erscheinen, wurde DNS bzw. RNS der Vorzug gegeben. Wegen der unschönen Pluralformen DNSn bzw. RNSn wurden hierfür DNAs bzw. RNAs gewählt.

Abschließend möchte der Herausgeber vielen Kollegen sehr herzlichen Dank für wertvolle Ratschläge, Hinweise und Auskünfte sagen. Besonderer Dank für klärende Diskussion und Hilfe gebührt Herrn Prof. Dr. Geissler für genetische und Herrn Dr. Kowollik für chemische Fragen.

W. Eckart

Inhaltsverzeichnis

TEIL I

DIE CHEMISCHE NATUR DES ERBMATERIALS

„Wie Physik und Chemie bis zu Molekülen und Atomen vordringen, so müssen auch die biologischen Wissenschaften bis zu diesen Einheiten gelangen, um durch ihre Vereinigung die Erscheinung der Welt der Lebewesen zu erklären."

HUGO DE VRIES, 1889

„Vor uns liegt der Anfang des Weges in das mikroskopische Gebiet des Studiums der Genmutationen. Das ist ein schwieriger Weg, aber mit Hilfe der Zauberkunst der Wissenschaft muß er bezwungen werden. Wir können diese unsichtbar kleinen und doch fundamentale Bedeutung habenden Partikeln — die Gene — nicht für immer in ihren unzugänglichen Schlupfwinkeln unberührt lassen, weil Myriaden dieser in dünnen Kettchen angeordneten Gene ununterbrochen jene wirksamen, geregelten, aber uns entgehenden Kräfte ausstrahlen, die unsere belebte Welt bauen und zerstören."

HERMANN MULLER, 1929

KAPITEL 1

Struktur, Funktion und Replikation der Nukleinsäuren

Das Studium von Speicherung und Übertragung der genetischen Information durch einzelne Zellen und lebende Organismen enthüllt zwei vollständig definierte Übertragungskanäle für solche Informationen: der erste ist die Übertragung von Erbmerkmalen der Eltern auf die Nachkommen, der zweite ist die Realisierung des Erbprogramms in den Zellen selbst, die zu streng determinierten Reaktionsketten führt.

Anfang des XX. Jahrhunderts erlangte die Vorstellung, daß die Chromosomen die genetische Information enthalten, eine abgeschlossene Form, und es ergab sich das Problem der Untersuchung der Genlokalisierung auf den Chromosomen.

Die Untersuchungen der Schule von T. H. Morgan haben gezeigt, daß die Zahl der Gene in den Chromosomen von *Drosophila melanogaster* sehr groß ist. In der von K. Bridges (1935) veröffentlichten Liste wurden mehr als 500 Gene aufgeführt, und die Entdeckung der Riesenchromosomen der Speicheldrüsen durch Painter (1933) und Heitz und Bauer (Heitz, Bauer, 1933) und die Bestätigung, daß ihre Scheiben den Genen entsprechen (Belling, 1928), gestattete, bei *Drosophila* fast tausend Gene zu beschreiben. Zu jener Zeit gab es keinerlei Zweifel, daß auch diese Zahlen die Größenordnung der Genzahl in den Zellen höherer Organismen unterschritten.

Parallel mit der Vervollkommnung der Methoden zur genetischen Analyse entwickelte sich eine Wissenschaft, die man Chemie der Vererbung nennen kann. Naive Vorstellungen davon, worin denn die Arbeit des Gens besteht und was ein Merkmal ist, wurden von der mehr oder weniger sicheren Ansicht abgelöst, daß die Zelle (nach einem Ausdruck von Loeb) eine „chemische Maschine“ ist und die Koordinierung und Steuerung der Synthesen in den lebenden Zellen vom Kern ausgeführt wird. Es wurde auch immer offensichtlicher, daß bei der Vererbung von Zelle zu Zelle eine exakte Kopierung des genetischen Materials erfolgt. Das Streben nach Erkennung des Wesens der Prozesse der Speicherung, Realisierung und Übertragung des genetischen Materials auf die Nachkommenschaft war, wie wir wissen, schließlich erfolgreich. Der Bau der Moleküle, die die genetische Information tragen, wurde eingehend untersucht. Es wurden die Wege aufgeklärt, auf denen das Erbprogramm sich in der Zelle realisiert. Schließlich wurde eine Theorie formuliert und experimentell bewiesen, die den Reduplikationsmechanismus der Erbmoleküle während der Zellteilung aufklärt.

Nachdem Friedrich Miescher 1869 einen neuen Typ biologisch wichtiger

Moleküle, die Nukleinsäuren, entdeckt hatte (MIESCHER, 1894), wurden die Anstrengungen der Forscher auf die Untersuchung von Zusammensetzung und Rolle der Nukleinsäuren in der Lebenstätigkeit der Zellen gerichtet. Gegen Ende des XIX. Jahrhunderts wurde festgestellt, daß am Aufbau der Nukleinsäuren drei Pyrimidinbasen (Cytosin, Thymin und Uracil) und zwei Purinbasen (Guanin

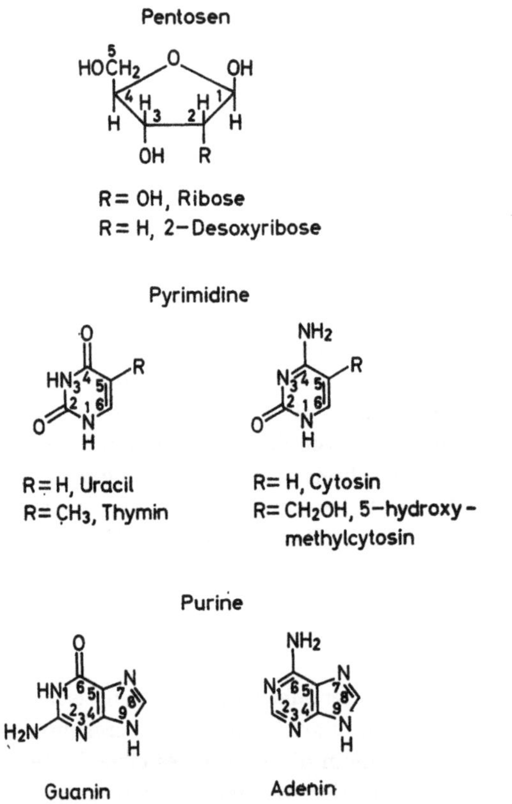

Abb. 1. Strukturformeln der Komponenten, die die Nukleinsäuren aufbauen.
Überall, außer in Kapitel 9, wird im Buch die in Chemical Abstracts verwendete Nomenklatur benutzt, nach der dasjenige Heteroatom der Pyrimidinbasen als erstes gezählt wird, an das der Zucker gebunden ist.

und Adenin) beteiligt sind. Außerdem wurden zwei Typen von Pentosezuckern gefunden, Ribose und 2-Desoxyribose (Abb. 1). Die Lokalisierung der Desoxyribonukleinsäure (DNS) in den Zellkernen und ihre Verbindung mit den Chromosomen wurden zunächst als Hinweis auf die Beteiligung der DNS an der Übertragung von Erbmerkmalen angesehen. Aber dann wurde diese Rolle des Trägers der genetischen Information dem Protein zugeschrieben (KOL'COV, 1928, 1935), und den Nukleinsäuren wurde eine untergeordnete Rolle zugewiesen.

Die DNS, der Träger der Erbinformation

Als Auslöser des Umsturzes der Meinung, die DNS sei ein für die Lebenstätigkeit der Zelle zweitrangiges Molekül, diente die Entdeckung des Phänomens der Transformation durch GRIFFITH (1928) und die Analyse ihrer Natur durch AVERY, MCLEOD und MCCARTY (1944).

Das Phänomen der Transformation wurde bereits eingehend dargestellt (STENT, 1965; HAYES, 1965), weshalb wir es nur in sehr großen Zügen beschreiben wollen.

Unter den Pneumokokken existieren Formen mit und ohne Polysaccharidkapsel. Das Vorhandensein dieser Kapsel sichert auch die Eigenschaft der Virulenz des *Pneumococcus* für Tiere. Bei der Untersuchung des Charakters solcher und anderer Bakterienformen stieß GRIFFITH auf eine interessante Tatsache. Man injizierte Mäusen eine Mischung aus hitzeinaktivierten (und folglich nicht mehr virulenten) kapseltragenden und lebenden kapsellosen (avirulenten) Pneumokokken. In den Kontrollversuchen, wo beide Bakterientypen getrennt injiziert wurden, wurde keinerlei Schädigung der Mäuse beobachtet. Man durfte das gleiche Resultat auch bei ihrer gemeinsamen Injektion erwarten.

Jedoch im Fall der gemeinsamen Injektion der Bakterien gingen die Mäuse im Versuchsteil zugrunde. Aus dem Blut der Tiere isolierte GRIFFITH reine Kulturen des zweiten Typs, und zwar solche, die Kapseln erworben hatten. Es blieb die Schlußfolgerung, daß die inaktivierten kapseltragenden Bakterien irgendeine Substanz enthielten, die in der Lage war, das Merkmal des Kapseltragens auf lebende Bakterien des zweiten Typs zu übertragen und sie eben dadurch in Kapselformen zu transformieren. GRIFFITH vermutete, daß dieser transformierende Faktor das Polysaccharid selbst sein könnte. Nach drei Jahren gelang es DAWSON und SIA (DAWSON, SIA, 1931), das Experiment von GRIFFITH im Reagenzglas zu wiederholen und die Transformation in vitro zu beobachten. Nach zwei weiteren Jahren isolierte ALLOWAY den transformierenden Faktor aus einem zellfreien Extrakt von Kapselbakterien (ALLOWAY, 1933).

Die wahre chemische Natur des transformierenden Faktors blieb bis 1944 unaufgeklärt, als AVERY, MACLEOD und MCCARTHY zu der Schlußfolgerung gelangten, daß der transformierende Faktor die Desoxyribonukleinsäure der Kapselbakterien ist. Durch die nachfolgenden zahlreichen Prüfungen dieser Folgerung wurde sie in vollem Umfang bestätigt; siehe die Zusammenfassungen von R. B. CHESIN (1958), RAVIN (1961), THOMAS (1962), EPHRUSSI—TAYLOR (1955, 1960) und HOTCHKISS (1955). Als Ergebnis der Arbeiten von HOTCHKISS (1948, 1952) und ZAMENHOF und Mitarbeitern (ZAMENHOF, ALEXANDER, LEIDY, 1953) wurde geklärt, daß am Transformationsakt ein DNS-Molekül mit einem Molekulargewicht von mindestens 10^6 D beteiligt ist; dies hob von selbst die Frage nach der Proteinnatur des transformierenden Agens auf. ZAMENHOF und Mitarbeitern gelang es, ein hochgereinigtes Präparat transformierender DNS zu erhalten, das in außerordentlich niedriger Konzentration (0,0004 µg/ml DNS) noch Aktivität zeigte. Zugleich mit den rein chemischen Daten, die der Meinung von der genetischen

Passivität der DNS widersprachen, häuften sich zahlreiche biochemische Daten an, die unzweideutig auf die wichtige genetische Rolle der DNS hinweisen. Das Ehepaar Vendrely führte im Laboratorium von Boivin 1948—49 umfangreiche Experimente zur quantitativen Bestimmung des DNS-Gehalts in diploiden und haploiden Zellen durch (Boivin, Vendrely, Vendrely, 1948; Vendrely, Vendrely, 1948, 1949a, 1949b). Spermienkerne enthalten ungefähr zweimal weniger DNS als die Kerne somatischer Zellen. Diese Folgerung wurde durch Ergebnisse anderer Forscher bestätigt (Mirsky, Ris, 1949; Leuchtenberger et al., 1951).

Der Schluß auf die unbezweifelbare genetische Rolle der DNS folgte auch aus strahlengenetischen Experimenten. Von diesen muß man besonders die Arbeiten aus dem Laboratorium von Hollaender hervorheben (Emmons, Hollaender, 1939; Hollaender, Emmons, 1941; Hollaender, Sansome, Zimmer, Demerec, 1945) von Stadler und Uber (1942), und Knapp und Schreiber (1939), die die mutagene Wirkung von Strahlung auf verschiedene Objekte (Mikroorganismen, höhere und niedere Pflanzen) untersucht und gezeigt haben, daß ultraviolette Strahlen der Wellenlänge 253,7 nm eine maximale mutagene Wirkung aufweisen, d. h., eben jene Strahlen, die vorzugsweise von Nukleinsäuren absorbiert werden.

Eine Arbeit von besonderer Bedeutung für die Aufklärung des Aufbaus der DNS wurde von Chargaff ausgeführt (Chargaff, 1950, 1951), der bei der Erforschung der Nukleotidzusammensetzung von DNS und RNS eine neue Methode mit hohem Auflösungsgrad verwendete, nämlich die Methode der chromatografischen Trennung der Nukleinsäure-Komponenten. Bei der Analyse von DNS unterschiedlicher Herkunft entdeckte er grundlegende Fakten, die den allgemein anerkannten widersprachen. Vor allem zeigte er, daß der Nukleotidbestand der DNS, die aus Organismen verschiedener Arten isoliert wurde, verschieden war. Gleichzeitig wurden keinerlei Unterschiede in der Zusammensetzung der DNS aus verschiedenen Geweben von Vertretern ein und derselben Art gefunden. Das gestattete dem Autor, den Schluß zu ziehen, daß die DNS-Zusammensetzung für die Art kennzeichnend ist, aus der sie isoliert wurde.

Außerdem gelang es Chargaff, quantitative Unterschiede des Gehaltes an den verschiedenen Nukleotiden in der DNS festzustellen, die im Folgenden die Bezeichnung „Chargaffsche Regeln“ erhielten und die sehr großen Einfluß auf die weitere Entwicklung der Molekularbiologie ausübten.

Die Regeln sind folgende (Chargaff, 1951): 1. das Verhältnis der Gesamtmenge an Purinbasen zur Gesamtmenge an Pyrimidinbasen in einem Molekül DNS ist gleich 1; 2. das molare Verhältnis von Adenin zu Thymin und Guanin zu Cytosin ist gleich 1.

So fand Chargaff, daß in der Zusammensetzung der DNS von Lachsspermien je Mol Phosphor entfallen (in Molen Stickstoff):

Adenin	$0{,}280 \pm 0{,}005$	Guanin	$0{,}196 \pm 0{,}004$
Thymin	$0{,}274 \pm 0{,}003$	Cytosin	$0{,}192 \pm 0{,}006$

Eine hinreichend breite Auswahl von Arten, bei denen die DNS-Zusammensetzung untersucht worden ist, führte CHARGAFF zu dem Schluß, daß man die DNS in zwei Typen einteilen kann: den AT-Typ mit einem Übergewicht von Adenin + Thymin über Cytosin + Guanin und den GC-Typ, wo in größerer Menge Guanin + Cytosin enthalten ist (zu diesem Typ gehören viele Mikroorganismen). Die Untersuchung der RNS hat derartige Gesetzmäßigkeiten nicht ergeben.

Die Arbeit von CHARGAFF diente beim Studium der Nukleinsäuren auch noch deshalb als Wendepunkt, weil sie die Hypothese von LEVIN wiederlegte, die fast 15 Jahre lang in der Biologie angenommen wurde. Gemäß der LEVINschen Hypothese besaß die DNS einen Tetranukleotidaufbau, d. h. als elementares Monomer der DNS erschien die Nukleotidtetrade ATGC, und diese Tetraden setzten in vielfacher Wiederholung die DNS zusammen. Die sorgfältigen Experimente von CHARGAFF erwiesen die völlige Unbegründetheit der Hypothese vom Tetranukleotidaufbau der DNS. Es existierte wirklich keinerlei Gleichheit der A-, T-, G- und C-Mengen in der DNS und der A-, U-, G- und C-Mengen in der RNS.

Beim Nachweis der Unrichtigkeit der LEVINschen Hypothese stieß CHARGAFF jedoch auf ein wichtiges Problem. Da alle Versuche fehlgeschlagen waren, sich die DNS in Form sich endlos wiederholender ATGC-Perlen vorzustellen, und es möglich war, sich eine unregelmäßige Reihenfolge der Basen längs des DNS-Moleküls vorzustellen, erhob sich die Frage, wozu die Natur eine solche Mannigfaltigkeit in der Zusammensetzung der DNS benötigte. Nach vieljährigem und erfolglosem Suchen nach der Vererbungssubstanz wurde die Aufmerksamkeit der Forscher auf die Verbindung gelenkt, die zwei erstaunliche Eigenschaften vereinigte: die strenge Abhängigkeit in der Zusammensetzung der Komponenten und gleichzeitig die unregelmäßige Reihenfolge der Komponenten in der DNS.

Die von CHARGAFF (1951) aufgeworfenen Fragen lauteten: „Kann die DNS nicht den genetischen Forderungen genügen? ... Bedeutet dies nicht, daß die Zelle soviel verschiedene individuelle DNS-Moleküle enthält, wie Gene in ihr sind? Oder vielleicht bildet ein und dieselbe artspezifische DNS soviel trimere, mit Protein verbundene Strukturen, daß den genetischen Forderungen genügt wird?"

Zwei Antworten auf diese prophetisch richtigen Fragen erforderten zwei Jahre. 1952 unternahmen die amerikanischen Forscher Alfred HERSHEY und Martha CHASE (HERSHEY, CHASE, 1952) unter Anwendung der damals neuesten Analyseverfahren radioaktiver Isotope folgende Untersuchung. Nach Markierung der DNS des Phagen *T2* mit dem Radioisotop des Phosphors ^{32}P und des Proteins dieses Phagen mit dem Isotop ^{35}S infizierten sie Bakterienzellen mit diesem zweifach markierten Phagen.

Bakteriophagen stellen (bei Abwesenheit der Wirtszelle) Organismen ohne Stoffwechsel dar, die unterschiedlich in Form und Aufbau sind (Abb. 2). Man kann zwei Hauptkomponenten der Bakteriophagen erkennen: die Proteinhülle und die Nukleinsäure. Bis zur Arbeit von HERSHEY und CHASE meinte man, daß bei der Infektion einer Zelle mit Phagen diese gänzlich in das Bakterieninnere gelangen, wonach ihre Vermehrung erfolgt.

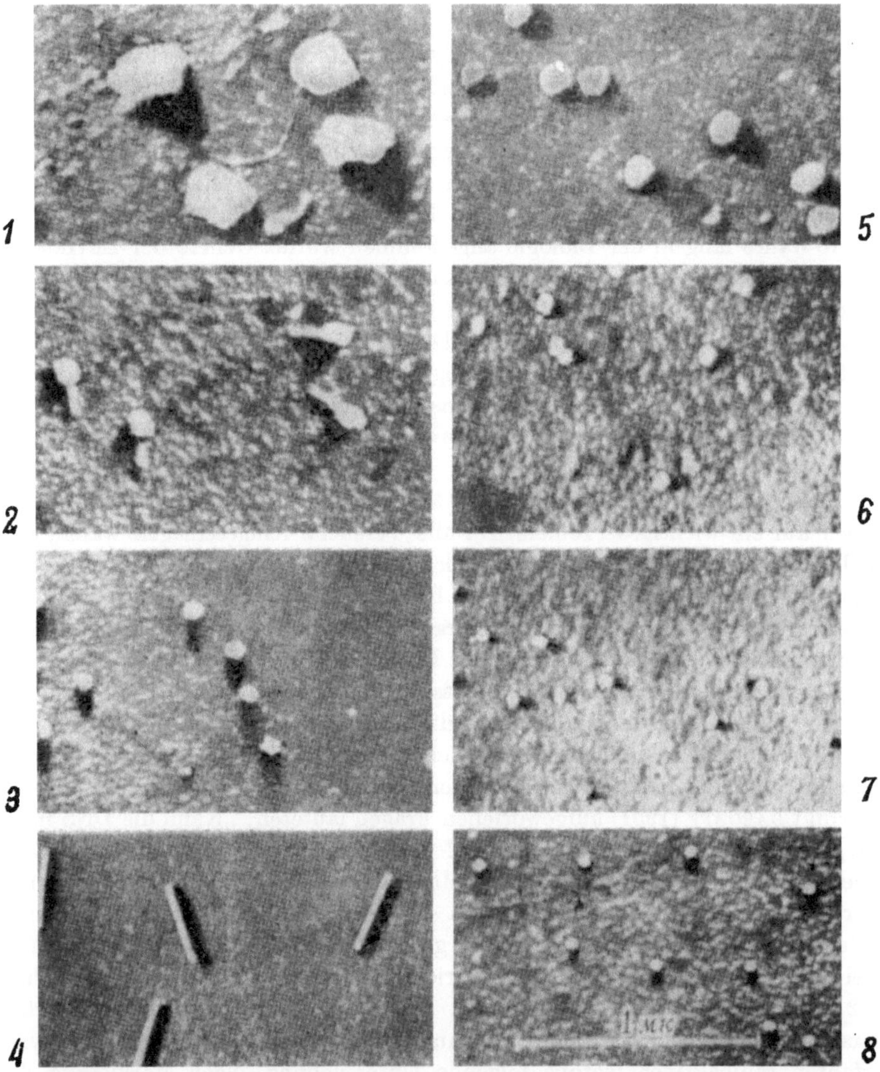

Abb. 2. Elektronenmikrofotografien verschiedener Viren

1 — *Vakzine-Virus*; 2 — Phage *T2*; 3 — Phage *T3*; 4 — *Tabakmosaikvirus*; 5 — *Grippevirus*; 6 — SHOPEsches *Papilloma-Virus*; 7 — *Tomaten-Zwergbuschvirus*; 8 — *Poliomyelitis-Virus*

Jedoch entgegen dieser Ansicht bezeugten die Versuchsergebnisse von HERSHEY und CHASE, daß die Proteinhülle der Bakteriophagen nicht in die Zellen gelangt und an der Phagenvermehrung nicht teilnimmt. Fast die gesamte, an ^{35}S gebundene Radioaktivität wurde außerhalb der Zellen beobachtet. Was ^{32}P betrifft, so befand er sich vollständig innerhalb der Zellen. Zellen, die überhaupt kein Protein erhalten hatten, wie dies aus den Meßergebnissen der Radioaktivität folgte, zerfielen (lysierten) nichtsdestoweniger nach einer Zeit, die zur Bildung der Phagennachkommenschaft ausreichte, und ließen eine normale Menge völlig reifer Phagenpartikeln frei.

Es blieb nur übrig anzuerkennen, daß zur Übertragung der Erbmerkmale von Bakteriophagen allein ihre Nukleinsäure ausreicht.

Experimente zur Transformation und zur Phageninfektion haben ganz anschaulich gezeigt, daß die Erbeigenschaften nicht an das Protein sondern an die Nukleinsäuren gebunden sind.

Die Struktur der DNS

Die nächste wichtige Etappe in der Entwicklung der Vorstellungen von den Nukleinsäuren als Determinanten der Vererbung waren physikochemische, vor allem Röntgenstruktur-Untersuchungen des Aufbaus der DNS.

Dank der Arbeiten von Astbury, Pauling, Wilkins und Franklin zeigte es sich, daß die DNS in zwei Formen existieren kann: kristallin (Struktur A) und parakristallin (Struktur B). Die erste erhält man, wenn die DNS 30% Wasser enthält, die zweite bei Erhöhung des Wassergehaltes (Abb. 3), was zu einer Streckung des Moleküls führt. Die Länge einer Windung beträgt bei einer solchen DNS 34 Å. Der Übergang zur Struktur A wird von einer Verkürzung des DNS-Fadens um 30% begleitet, und die Periodizität wird bereits nach 28 Å beobachtet.

Nachdem sie die Festigkeit der Strukturen A und B und die Abmessungen ihrer Elementarzellen berechnet hatten, kamen Watson und Crick (1953a), aber auch unabhängig von ihnen Franklin und Gossling zu dem äußerst wichtigen Schluß, daß die DNS doppelsträngig aufgebaut ist. Tatsächlich erwies sich die Zahl der Nukleotide in der Elementarzelle als annähernd 20, und da auf eine Windung eines Stranges der Länge 34 Å (für Struktur B) 10 Nukleotide kommen, blieb nur übrig, daß die Zahl der Stränge gleich zwei sein muß.

Der Abstand zwischen den Knoten des pseudohexagonalen Gitters erwies sich als annähernd 20 Å, was mit dem Durchmesser der DNS-Stränge zusammenfiel, die im Elektronenmikroskop zu sehen sind, aber auch mit den Abschätzungen, die mit Hilfe physikochemischer Methoden (Sedimentation, Diffusion, Lichtstreuung und Messung der Viskosität) gewonnen wurden.

Streng determinierte Reflexe auf DNS-Röntgenogrammen zeugten für die Richtigkeit der Struktur der DNS-Moleküle und die Möglichkeit ihrer Kristallisation. War man einmal soweit gekommen, so mußte man auch die völlig determinierte gegenseitige Lage der beiden Ketten anerkennen, die das zweisträngige DNS-Molekül bilden.

Hiervon ausgehend betrachteten Watson und Crick das folgende DNS-Modell:

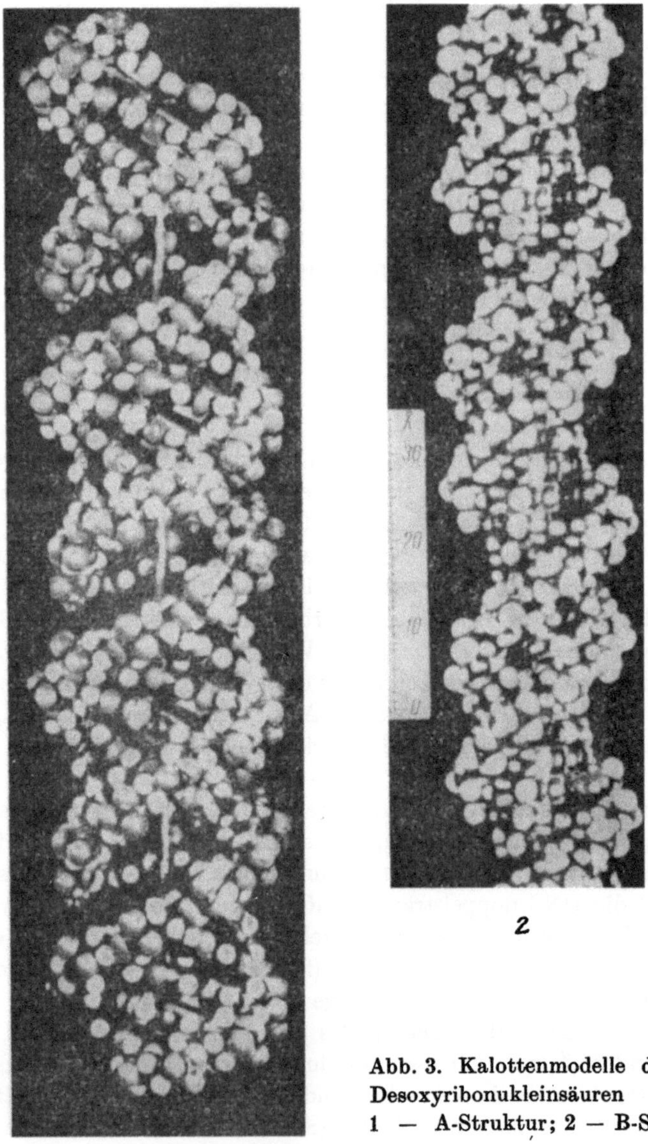

2

1

Abb. 3. Kalottenmodelle der Desoxyribonukleinsäuren
1 — A-Struktur; 2 — B-Struktur

1. Zwei Ketten sind in der DNS-Struktur umeinander gewunden und bilden eine Rechts-Spirale.
2. Jede Kette setzt sich aus sich regelmäßig wiederholenden Resten der Phosphorsäure und des Zuckers Desoxyribose zusammen. An die Zuckerreste sind Stickstoffbasen gebunden (eine an jeden Zuckerrest).

3. Die Ketten sind mit Wasserstoffbindungen gegenseitig fixiert, die die Stickstoffbasen paarweise vereinigen. Im Ergebnis zeigt sich, daß die Phosphat- und Kohlenwasserstoffreste an der Außenseite der Spirale liegen und die Basen in ihrem Inneren senkrecht zur Kettenachse.

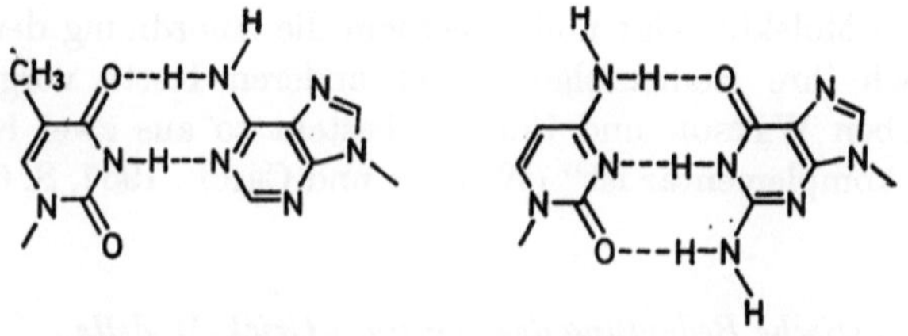

4. Es gibt eine Auswahlregel für die Vereinigung der Basen zu Paaren. Eine Purinbase muß sich mit einer Pyrimidinbase vereinigen, und zwar kann Thymin sich nur mit Adenin vereinigen und Guanin nur mit Cytosin:
Zwischen Thymin und Adenin bilden sich zwei Wasserstoffbindungen (strichliert gezeichnet) und zwischen Cytosin und Guanin drei.
Dank dieser Voraussetzungen gelang es, ein den experimentellen Daten gänzlich genügendes Modell zu berechnen. Der Abstand der Phosphoratome von der Molekülachse erwies sich als 10 Å und infolgedessen die Dicke der zweisträngigen Struktur als 20 Å; die Periodizität wurde nach 34 Å beobachtet, und die Nukleotide waren 3,4 Å voneinander entfernt. Außerdem „waren alle Bindungsabstände und Winkel, darunter die VAN DER WAALS-Abstände vom stereochemischen Gesichtspunkt aus annehmbar" (WATSON und CRICK, 1957, S. 61) – Abb. 4.
5. Man kann die Plätze tauschen: a) der Partner eines Paares, b) eines beliebigen Paares mit denen eines anderen Paares, und dies führt nicht zur Verletzung der

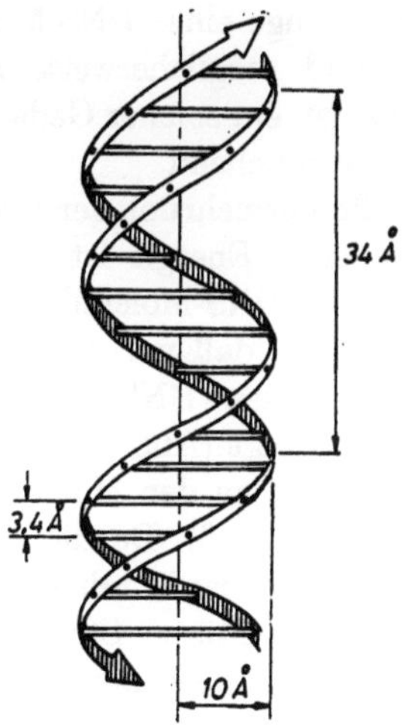

Abb. 4. Schema der zweisträngigen DNS-Struktur (A-Struktur) mit Bezeichnung der Strangrichtung, der Abstände zwischen den Basen und den Abmessungen der Spiralen

Struktur (obgleich es sich in entscheidender Weise auf ihre biologische Aktivität auswirkt).
5a. Die letzten zwei Punkte kann man weiter entwickeln, indem man zeigt, daß der Austausch eines Basenpaares durch ein anderes sich in keiner Weise an den Nachbarpaaren im Molekül zeigt und außerdem die Anordnung der Basen einer Kette automatisch ihre Reihenfolge in der anderen Kette vorgibt. „Unsere Struktur", schrieben WATSON und CRICK, „besteht so aus zwei Ketten, deren jede zur anderen komplementär ist" (WATSON und CRICK, 1957, S. 63).

Die genetische Bedeutung des Watson—Crick-Modells

Die von WATSON und CRICK vorgeschlagene DNS-Struktur genügte vorzüglich einem Hauptkriterium, dessen Erfüllung für Moleküle unerläßlich ist, die die Rolle der Speicherung der Erbinformation beanspruchen: das genetische Material muß seine Information bei der Zellteilung bewahren (Fähigkeit zur Selbstverdopplung). Hierbei ist es offensichtlich, daß das Vererbungsmolekül in der Lage sein muß, sich die Information „zu merken", und der Vorrat an solcher Information muß sehr groß sein. Das genetische Material muß auch noch eine zweite, nicht weniger wichtige Funktion erfüllen und zwar die Synthesen in der Zelle steuern (Funktion der Realisierung des Erbprogramms), aber das Verfahren, das diese Funktion zu verwirklichen gestattet, war den Autoren im Augenblick der Aufstellung der DNS-Struktur nicht bekannt.
Der erste wichtige Vorschlag von CRICK und WATSON bezüglich des Aufschreibeverfahrens der genetischen Information bestand darin, daß die Aufeinanderfolge der Stickstoffbasen in der DNS die Information darstellt. „Das Skelett unseres Modells ist in höchstem Grade geordnet, und die Reihenfolge der Basenpaare erscheint als einzige Eigenschaft, die die Übertragung der genetischen Information gewährleisten kann", schrieben sie. Da auf der Länge eines DNS-Moleküls nach ihren Berechnungen einige Hunderttausend und möglicherweise auch einige Millionen Basenpaare angeordnet sein müssen, ist ein solcher Gedächtnisvorrat zur Aufbewahrung des genetischen Programms ausreichend.
Es wurde auch leicht erklärt, auf welche Weise die Vermehrung der DNS-Moleküle erfolgt. Die auf die Wasserstoffbrücken entfallende Energie ist kleiner als die Energie der übrigen Bindungen, die am Aufbau des DNS-Moleküls beteiligt sind. Hiervon ausgehend kann man sich leicht vorstellen, daß vor der Verdoppelung ein Bruch der Wasserstoffbrücken längs des ganzen DNS-Fadens und eine Trennung des Moleküls in zwei separate Ketten erfolgt (Abb. 5). Während einer solchen Trennung oder nach ihrem Abschluß konnte an den Molekülhälften der komplette Aufbau der ganzen Struktur erfolgen (Abb. 6). Da die Auswahlregel nur eine Vereinigung von Adenin mit Thymin und Guanin mit Cytosin zuließ, konnten an den Molekülhälften nur ihre komplementären Stränge aufgebaut werden. Als Ergebnis eines solchen Prozesses wurden zwei neue DNS-Moleküle gebildet, die mit dem Ausgangsmolekül absolut identisch sind.

Schließlich haben Crick und Watson einen anderen, nicht weniger wichtigen Aspekt der genetischen Natur der DNS betrachtet: die Möglichkeit, Veränderungen der Erbinformation zu liefern (Mutationen). Da sie vorgeschlagen haben, daß die Aufzeichnung der Information ununterbrochen, eine Base nach der anderen, ausgeführt wird, sollte man meinen, daß der Austausch eines Basenpaares durch das andere ebenso wie die Drehung eines Paares um 180° diese Inschrift verändert.

Watson und Crick haben einen Mechanismus vorgeschlagen, der die Möglichkeit des Austausches eines Paares (z. B. AT) durch das andere Paar (GC) erklärt. Wie schon bemerkt wurde (s. auch Abb. 5), wird die Vereinigung von Adenin mit Thymin und Guanin mit Cytosin durch Wasserstoffbrücken realisiert. Der eindeutige Charakter einer solchen Vereinigung wurde nach dem Vorschlag von

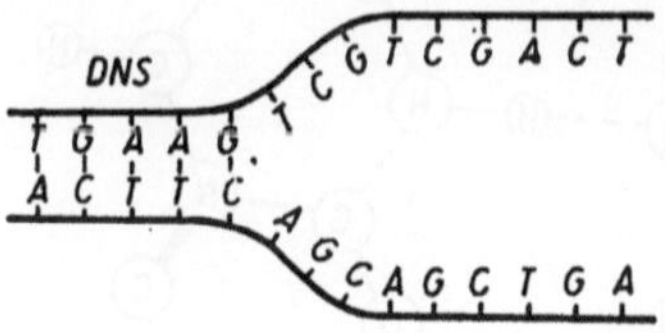

Abb. 5. Auseinandergehen der DNS-Stränge vor Beginn des Anbaues der Tochterstränge

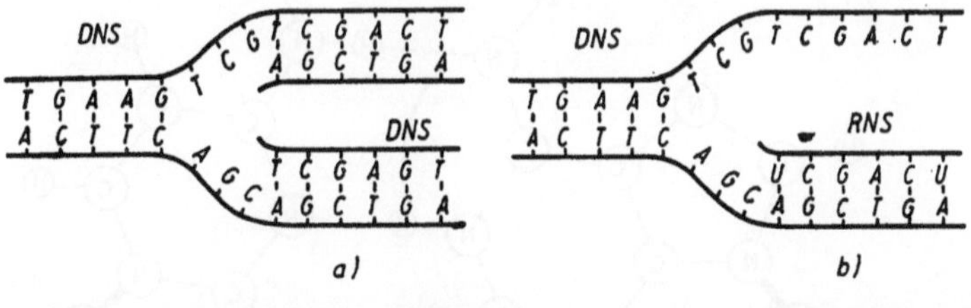

Abb. 6. An den geöffneten DNS-Strängen können zwei Prozesse realisiert werden: der Replikationsprozeß, d. h. der Aufbau der Tochter-DNS-Stränge (a) und der Transkriptionsprozeß, d. h. die Synthese der Messenger-RNS (b). In beiden Prozessen erfolgt die Anfügung der Basen entsprechend den Komplementaritätsregeln. Im Replikationsprozeß werden offensichtlich beide DNS-Stränge benutzt, während bei der Transkription die RNS-Synthese nur an einem der Stränge ausgeführt wird. Bei der Synthese der RNS wird dem Adenin gegenüber nicht Thymin sondern Uracil eingebaut.

Watson und Crick dadurch gewährleistet, daß alle vier Basen vorzugsweise sich nur in einer tautomeren Form befinden, die gerade diese Vereinigung zu Paaren ergab.

Eine Änderung der physiologischen Bedingungen konnte jedoch nach Meinung der Autoren der Hypothese zu gewissen tautomeren Übergängen führen. Insbesondere gestattete die Annahme der Existenz eines seltenen tautomeren Übergangs eines Wasserstoffatoms des Adenins, die Paarung von Adenin nicht mit Thymin sondern mit Cytosin zu erklären (s. S. 34).

Die Autoren folgerten, daß „bei der nächsten Vereinigung zu Paaren sich das erneut in seine gewöhnliche tautomere Form übergegangene Adenin mit Thymin vereinigt, das Cytosin aber mit Guanin, und so eine Änderung in der Basenfolge entsteht" (WATSON und CRICK, 1957, S. 69). Weil ein derartiger Mechanismus der Mutationsentstehung später nirgends zur Erklärung der Natur der Mutagenese benutzt wurde, hat er wohl kaum eine so weite Verbreitung, wie man anfangs vermutete.

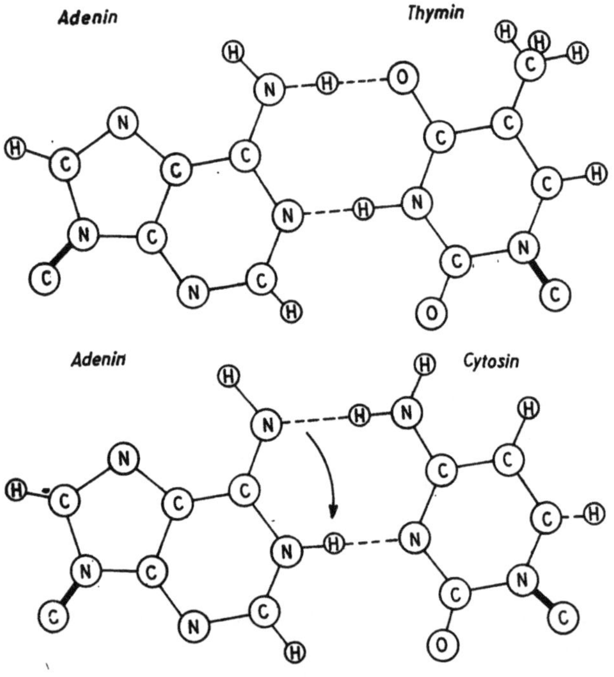

Die Replikation der DNS

Der prinzipielle Beweis der Richtigkeit der Vorschläge von CRICK und WATSON über die Replikationsmethode der DNS wurde in den Experimenten von MESELSON und STAHL (1958) erhalten.

Zahlreiche biochemische Daten haben gezeigt, daß bei der Zellteilung eine exakte Teilung der DNS in zwei Hälften erfolgt, die sich vor der Teilung im Zellkern befindet. Es sind jedoch drei verschiedene Wege der Aufteilung der DNS auf die Tochterzellen denkbar, die von DELBRÜCK und STENT (1961) konservative, semikonservative und disperse Methode der DNS-Teilung genannt worden sind (Abb. 7).

Bei der konservativen DNS-Teilung wird am gesamten zweisträngigen DNS-Molekül wie an einer Matrize de novo ein identisches DNS-Molekül aufgebaut und das Ausgangsmolekül bleibt unverändert. Beim semikonservativen Verfahren zerfällt das Ausgangsmolekül in zwei spiegelbildlich gleichwertige (komplementäre) Stränge, und jeder von diesen wird zu einem kompletten DNS-Molekül ergänzt. Nach der dispersen Methode verteilt sich das Material der Ausgangs-DNS statistisch auf die Zellen der Nachkommenschaft, und die restlichen DNS-Abschnitte werden de novo aufgebaut.

Zur Zeit der Formulierung der Hypothese der DNS-Teilung durch CRICK und

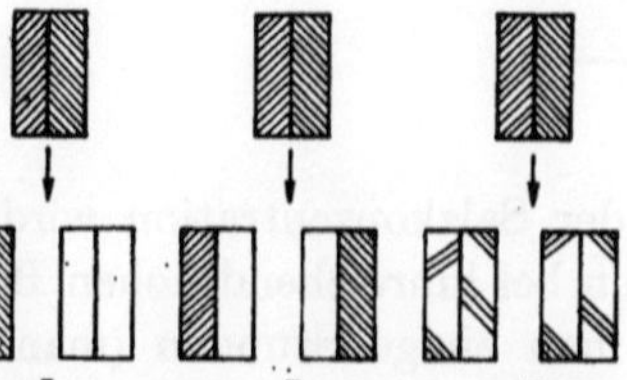

Abb. 7. Ein Schema zur Erklärung des konservativen (I), semikonservativen (II) und dispersen (III) Verfahrens der Übertragung des Erbmaterials von den Eltern auf die Nachkommen. Die Eltern-DNS-Moleküle (obere Reihe, gestrichelt) können beim Übertragungsprozeß der Vererbung neues Material (ungestrichelte Abschnitte) auf drei Weisen aufbauen (untere Reihe). Die Experimente haben gezeigt, daß in der lebenden Natur der semikonservative Mechanismus der Replikation verwirklicht ist (nach TICHONENKO, 1965)

WATSON (Bruch der Wasserstoffbrücken, der zum Auseinandergehen der beiden Polynukleotidstränge mit nachfolgendem Aufbau zweier komplementärer Stränge an diesen führt, ein Prozeß, der dem semikonservativen Mechanismus entspricht) existierte keine Methode, die gestattet hätte, zwischen diesen drei Mechanismen zu entscheiden.

Bald darauf arbeitete MESELSON jedoch die Methode der sogenannten Gleichgewichtszentrifugation aus (MESELSON, STAHL, VINOGRAD, 1957), mit deren Hilfe es auch gelang, dieses Problem vollständig zu lösen.

Das Wesen der Methode läuft auf das Folgende hinaus: wenn sich bei der gewöhnlichen Ultrazentrifugation die polymeren Moleküle nach dem Molekulargewicht trennen, so trennen sich in der MESELSONschen Methode die Makromoleküle mit verschiedener spezifischer Dichte. Hierzu führte man die Zentrifugation in Lösungen einer Reihe von Salzen (Cäsiumchlorid, Rubidiumchlorid, Natriumhydrotartrat usw.) großer Dichte durch. Im Beschleunigungsschwerefeld, das in der Ultrazentrifugenküvette erzeugt wird, liefern diese Salze entsprechend dem BOLTZMANNschen Gesetz eine kontinuierliche Dichteverteilung, so daß die Salzkonzentration in Abhängigkeit vom Niveau in der Küvette durch den Ausdruck beschrieben wird

$$\frac{C}{C_0} = e^{-\frac{M\left(1-\frac{\varrho}{\varrho'}\right)\omega^2 r x}{RT}}$$

wo ϱ die Dichte des Lösungsmittels, ϱ' die Dichte des Salzes, M das Molekulargewicht des Salzes, ω die Winkelgeschwindigkeit der Ultrazentrifuge, $\bar{r}$ der Radius des Rotors, x die Koordinate, R die Gaskonstante und T die absolute Temperatur ist. Wenn man diese Funktion in eine Reihe entwickelt und die Entwicklung auf das erste Glied begrenzt, kann man sie in der Form darstellen

$$\frac{C}{C_0} = 1 - \frac{M\left(1 - \frac{\varrho}{\varrho'}\right)\omega^2\bar{r}}{RT}\,x$$

Mit anderen Worten, der Gradient der Salzkonzentration wird konstant sein. Zur Einstellung eines Dichtegradienten bei hinreichend hohen Beschleunigungen (einige Hunderttausend g) braucht man einige Stunden (manchmal mehr als 10 Std.). Weil man fast immer eine solche Salzkonzentration wählen kann, daß in der Mitte der Küvette die Dichte der Lösung annähernd der Dichte des zu untersuchenden Polymers entspricht (im Falle der DNS $\varrho = 1{,}7$), werden nach Einstellung des Gradienten die Moleküle der zu untersuchenden Substanz in jenem engen Abschnitt des Reagenzglases konzentriert, in dem die Dichte der Substanz gleich der Dichte des Mediums ist. Nach Erreichung dieses Ortes im Reagenzglas hört das Polymer auf, sich zu bewegen. Wenn die zu untersuchenden Moleküle homogen sind, werden sie alle in der vorgegebenen schmalen Mediumschicht gesammelt, denn sie werden im Reagenzglas von oben unter Wirkung des Zentrifugalfeldes bis zum Niveau der Gleichgewichtsverteilung herabsinken, und von unten werden sie durch das dichtere Medium ausgestoßen (Abb. 8). Wenn aber das zu prüfende Präparat mehrere Typen von Molekülen verschiedener Dichte enthält, sammeln sie sich in verschiedenen Abschnitten der Küvette.
Auf diese Weise gestattet die Methode der Gleichgewichtszentrifugation, außerordentlich elegant gleichzeitig zwei Aufgaben zu lösen:

1. Das zu untersuchende Polymerpräparat in Komponenten zu zerlegen, die sich in der Dichte unterscheiden.
2. Den Wert der Schwimmdichte der einzelnen Komponenten des Gemisches zu bestimmen.[1])

Das hohe Auflösungsvermögen der Methode (ungefähr 0,001 g/cm^3) (Meselson, Stahl, 1958) war die Ursache ihrer schnellen Verbreitung für verschiedene Untersuchungen an Polymeren.
Da die Methode der Gleichgewichtszentrifugation schnell gestattet, Moleküle verschiedener Dichte zu trennen, beschlossen Meselson und Stahl, sie zum Nachweis des semikonservativen Mechanismus der DNS-Replikation zu benutzen.

[1]) „Die Schwimmdichte des Moleküls ist die Dichte der Lösung an dem Ort der Zentrifugenküvette, wo die Summe der auf das Molekül wirkenden Kräfte gleich Null ist". (Meselson, Stahl, 1958, S. 682.)

Als Untersuchungsobjekt diente das Bakterium *Escherichia coli.* Die Colibakterien wuchsen 14 Generationen in einem Glukose-Salz-Medium, als dessen einzige Stickstoffquelle NH_4Cl (100 µg/ml) diente. 96,5% des Stickstoffes im Medium bestanden aus dem schweren Isotop ^{15}N. Hierbei wurde praktisch der gesamte Stickstoff in den Zellen durch das Isotop ^{15}N ersetzt. Nachdem eine Zellsuspension erhalten worden war, die $2 \cdot 10^8$ Bakterien je ml enthielt, wurden die Zellen abzentrifugiert und in ein Medium übertragen, in dem der gesamte Stickstoff aus dem leichten Isotop ^{14}N bestand. Da die Bakterien unter geeigneten Bedingungen anfangen, sich ziemlich synchron zu teilen, konnten die Autoren exakt die Zeit

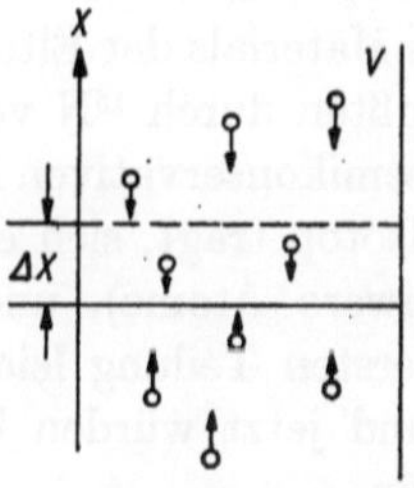

Abb. 8. Die Kräfte, die auf die Partikeln der Polymere bei der Gradientenzentrifugation wirken. Die Partikeln, die in der Flüssigkeit des oberen Teils der Küvette suspendiert sind, werden sich zur Zone der mittleren Zähigkeit im Feld der Beschleunigungskräfte bewegen. Im Zentrum der Küvette, wo die Dichte des Mediums gleich der Dichte der Polymerpartikeln ist, werden auf die Partikeln keine Kräfte wirken, und vom Boden der Küvette werden sich die Partikeln gegen das Feld bewegen, indem sie von dem dichteren Medium weggedrängt werden (Bresler, 1966)

bestimmen, zu der alle Zellen die erste Teilung durchgeführt haben. Weil die Zellen in die Teilung mit einer DNS eintraten, die nur das schwere Isotop enthielt, aber bei der Replikation der DNS die Zelle als Baumaterial nur das leichte Isotop verwenden konnte, war es nach der Teilung möglich, mit der Methode der Gleichgewichtszentrifugation exakt zu entscheiden, nach welchem Schema die Replikation der DNS durchgeführt wird. Wenn die Replikation nach einem konservativen Mechanismus ablaufen sollte, müßte nach der Teilung der Zellen die Hälfte von ihnen nur schwere DNS-Moleküle enthalten, und in der anderen Hälfte der Zellen wäre die DNS leicht. Wenn der semikonservative Mechanismus durchgeführt würde, hätten alle DNS-Moleküle einen Strang mit den schweren Atomen ^{15}N und den zweiten mit den leichten ^{14}N. Nach der Zentrifugierung von DNS-Präparaten der Ausgangszellen und solcher Zellen, die die erste Teilung durchgemacht hatten, stellten die Autoren fest, daß sich die DNAs der Tochterzellen in der spezifischen Dichte unterscheiden, wobei übereinstimmend mit den Berechnungen gefunden wurde, daß 50% des Stickstoffes in ihnen durch das leichte Isotop ^{14}N ersetzt worden waren. Deshalb mußte auf Grund dieses Experimentes das konservative Modell verworfen werden.

Es blieb übrig, die Wahl zwischen dem semikonservativen und dem dispersen Mechanismus zu treffen.

Nach dem dispersen Mechanismus erfolgt bei einer beliebigen Teilung eine statistisch gleichmäßige Verteilung des Materials der Elternchromosomen auf die Tochterzellen. Wenn es sich so verhält, so konnte man das nach der ersten Teilung erhaltene Resultat, nämlich die Verteilung des ^{15}N zu gleichen Teilen auf die Tochterzellen, mit gleichem Erfolg sowohl beim semikonservativen als auch beim dispersen Replikationsverfahren erwarten. Aber in den folgenden Teilungen sollte man einen deutlichen Unterschied in der Verteilung der Isotopenmarkierung erwarten. Im Falle des dispersen Mechanismus mußten nach der zweiten Teilung die Tochterchromosomen ungefähr die Hälfte des Materials der Elternstrukturen enthalten, d. h. ungefähr 25% des Stickstoffs mußten durch ^{15}N vertreten sein, und der übrige Stickstoff mußte leicht sein. Beim semikonservativen Mechanismus würde die Chromosomenhälfte, die das schwere Isotop trägt, sich eine „leichte" Hälfte aufbauen (und hätte wiederum 50% schwere Atome), und die zweite Hälfte des Ausgangschromosoms, die nach der ersten Teilung leicht geworden war, würde sich eine leichte Hälfte aufbauen, und jetzt würden bereits 100% ihrer Atome durch das leichte Isotop vertreten sein.

Nach Ablauf der zweiten Zellteilung isolierten die Autoren die DNS und untersuchten sie in der Gradientenzentrifugation. Nach Einstellung des Gradientengleichgewichts und Prüfung der Küvetten im ultravioletten Licht wurde in den Küvetten eine Reihe von Banden beobachtet und unter diesen zwei, deren eine mit der Dichte der Ausgangs-DNS zusammenfiel (50% ^{15}N und 50% ^{14}N), und die zweite entsprach der Dichte einer DNS, in der alle Stickstoffatome durch ^{14}N ersetzt worden waren. Hierdurch wurde der semikonservative Mechanismus der DNS-Replikation bewiesen.

Meselson und Stahl faßten ihre Resultate so zusammen:

1. Der Stickstoff der DNS-Moleküle wird zu gleichen Teilen auf zwei Untereinheiten verteilt, die im Verlaufe vieler Generationen intakt bleiben.
2. Nach der Replikation enthält jedes Tochtermolekül eine elterliche Einheit.
3. Der replikative Prozeß wird durch eine Molekülverdoppelung abgeschlossen.

Zur Bestätigung dieser Schlußfolgerungen haben Meselson und Stahl ein zweites Experiment durchgeführt. Sie gaben Zellen von *E. coli*, in denen der Stickstoff durch ^{15}N ersetzt war, die Möglichkeit, eine Replikation in einem Medium mit ^{14}N durchzumachen. Dann zerstörten sie die Zellen und erhitzten die gewonnene DNS auf eine Temperatur nahe 100° für 30 Minuten. Die Erhitzung führte zur Denaturierung der DNS (Rice, Doty, 1957) durch Bruch der Wasserstoffbindungen und Bildung zweier DNS-Einzelstränge. Die nachfolgende Zentrifugierung der erhitzten Proben führte zu ihrer Trennung in zwei Fraktionen, eine mit einer ^{15}N entsprechenden Dichte, die zweite mit einer Dichte, die ^{14}N entspricht (Abb. 9).

Um endgültig den Einwand zu beseitigen, daß während der Teilungszeit keine Längsspaltung der DNS an den Wasserstoffbindungen erfolgt, wie sie vom

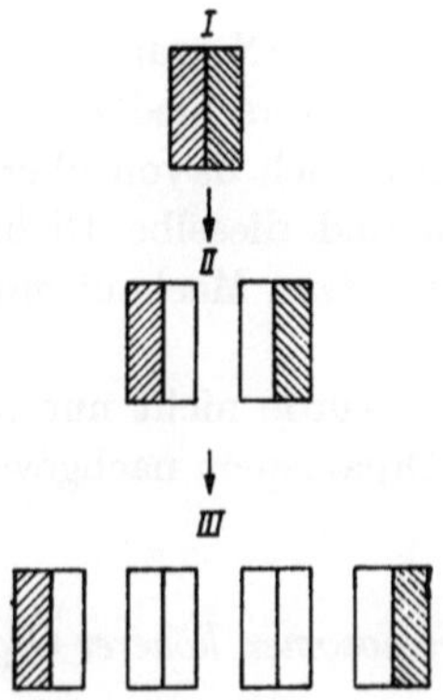

Abb. 9. Schema der DNS-Verdoppelung in den Versuchen von MESELSON und STAHL. Die Bakterien wurden in Medien mit schweren Isotopen angezüchtet (gestrichelte Säulen), danach wurden sie in Medien mit leichten Isotopen übertragen (II). Infolge des Anbaues des zweiten DNS-Stranges aus leichtem Material (ungestrichelte Abschnitte) entstanden Moleküle einer mittleren Dichte. Nach dem zweiten Replikationsakt (III) gab es zwei Typen von Molekülen: einer mit einer Dichte der Moleküle, die im ersten Replikationsakt entstanden waren, und ein leichterer (nach TICHONENKO, 1966)

Schema nach WATSON und CRICK zugelassen wird, sondern ein Querbruch der DNS in zwei Hälften und Aufbau der zweiten doppelsträngigen Hälfte der DNS, wiederholte ROLFE (1962) das MESELSON-Experiment, aber er führte eine Modifikation in das Versuchsschema ein. *E. coli* wurde ebenfalls in einem Medium mit ^{15}N gezüchtet und dann in ein Medium mit ^{14}N übertragen. Nach dem ersten Teilungsakt wurde die DNS aus den Zellen isoliert und durch Ultraschall zertrümmert, der einen Querbruch des DNS-Moleküls hervorruft. Im Falle der Richtigkeit des semikonservativen Mechanismus mußten alle DNS-Bruchstücke ein und dieselbe Dichte besitzen und in der Ultrazentrifugenküvette eine Position einnehmen. Wenn aber vor der Teilung der DNS ein disperser Mechanismus wirkt, so wird eine Hälfte des DNS-Moleküls während der Replikation gänzlich mit ^{15}N

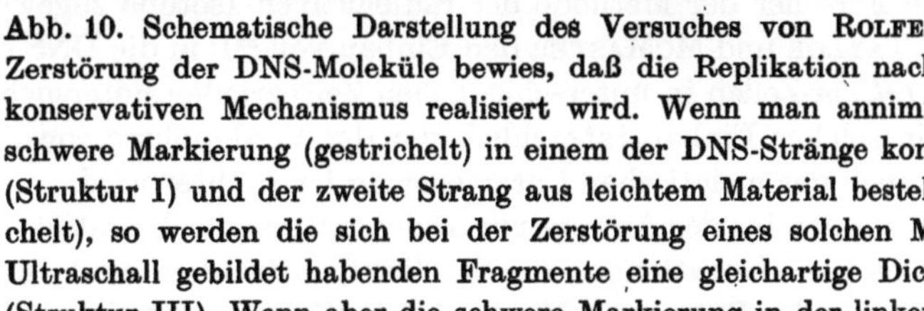

Abb. 10. Schematische Darstellung des Versuches von ROLFE, der durch Zerstörung der DNS-Moleküle bewies, daß die Replikation nach dem semikonservativen Mechanismus realisiert wird. Wenn man annimmt, daß die schwere Markierung (gestrichelt) in einem der DNS-Stränge konzentriert ist (Struktur I) und der zweite Strang aus leichtem Material besteht (ungestrichelt), so werden die sich bei der Zerstörung eines solchen Moleküls mit Ultraschall gebildet habenden Fragmente eine gleichartige Dichte besitzen (Struktur III). Wenn aber die schwere Markierung in der linken Hälfte der Moleküle konzentriert ist und die leichte in der rechten (Struktur II), so wird man nach der Behandlung mit Ultraschall Fragmente mit unterschiedlicher Dichte erhalten (Struktur IV) (nach TICHONENKO, 1966)

markiert bleiben, und die andere Hälfte wird allein ^{14}N tragen. Die nach der Beschallung gebildeten Molekülfragmente werden unterschiedliche Dichten besitzen und zwei Banden geben (Abb. 10). Indem er sich davon überzeugte, daß alle DNS-Fragmente nach der Beschallung ein und dieselbe Dichte besitzen, bestätigte ROLFE die Richtigkeit des semikonservativen Mechanismus der DNS-Replikation.

Der semikonservative Charakter der Replikation wurde nicht nur für die DNS von Mikroorganismen, sondern auch für höhere Organismen nachgewiesen.

Die Replikation der DNS in den Chromosomen höherer Organismen

Wie schon oben angegeben, wurde in den Chromosomen beliebiger Organismen DNS annähernd gleicher Zusammensetzung wie bei den Mikroorganismen beobachtet. Der Unterschied beschränkt sich auf die sogenannten Minoritätsnukleotide (s. Kapitel 2) und auf die Nukleotidzusammensetzung (BELOZERSKIJ, SPIRIN, 1960). Jedoch wurde die Frage, ob strukturelle Organisation und Replikationsverfahren der DNS bei höheren und niederen Formen der lebenden Materie zusammenfallen, bis in die allerletzte Zeit nicht geklärt. Man darf nicht sagen, daß bis heute überall die Punkte auf das „I" gesetzt worden sind, aber auf alle Fälle haben unsere Vorstellungen über Bau und Replikation der DNS höherer Organismen bis zu einem gewissen Grade eine endgültige Form angenommen. Insbesondere sprechen die letzten Daten dafür, daß es in den Chromosomen höherer Organismen im Stadium G_1 ebenso wie in den Chromosomen der Mikroorganismen offenbar nur ein zweisträngiges DNS-Molekül gibt. Da die Literatur, die die Organisation und Replikation der Chromosomen höherer Organismen betrifft, äußerst mannigfaltig ist, bemühen wir uns, nur die Frage der DNS-Replikation zu beleuchten. Die an ausführlichen Einzelheiten Interessierten können sie aus Übersichtsartikeln entnehmen (PEACOCKE, 1965; PROKOF'EVA-BEL'GOVSKAJA, 1960, 1962; TĖJLOR, 1964; KIKNADZE, 1971).

Das erste Herangehen an das Studium der Replikation von Chromosomenmaterial beschränkte sich auf die Feststellung einer Korrelation zwischen der DNS-Synthese in den Chromosomen und der Teilung der Letztgenannten. Es ist ganz natürlich, daß sich die Forscher der Methode der radioaktiven Isotope zugewandt haben. 1954 haben TAYLOR und MCMASTER den Einbau von ^{32}P in die DNS der Chromosomen von *Lilium*-Zellen in unterschiedlichen Zeitperioden untersucht. Es zeigte sich, daß ein solcher Einbau tatsächlich vor der Verdopplung sowohl der mitotischen wie auch der meiotischen Chromosomen beobachtet wird.

Diese Daten wurden bei der Anwendung anderer Methoden bestätigt — Induktion von Chromosomenaberrationen durch Röntgenstrahlen und anschließende Autoradiographie der Präparate (MITRA, 1954; WOLFF, LUIPPOLD, 1964).

Der nächste Schritt vorwärts war der Versuch zu bestimmen, wie der Aufbau neuer DNS-Moleküle in den sich replizierenden Chromosomen realisiert wird, anders ausgedrückt, der Versuch, den Mechanismus der Chromosomenreplikation festzustellen. Die erste Arbeit auf diesem Gebiet stammt von PLAUT und MAZIA (1956), die unter Verwendung von ^{14}C versuchten, Präparate sich teilender Chromosomen zu erhalten, die für die autoradiographische Untersuchung geeignet waren. Obwohl es ihnen nicht gelang, eine klare Antwort zu erhalten, erachteten es die Autoren für möglich, sich dem semikonservativen Replikationsschema anzuschließen.

Eine bedeutende Verbesserung der Autoradiographiemethode wurde von TAYLOR erreicht (TAYLOR, 1957; TAYLOR, WOODS, HUGES, 1957). Erstens führte er die Markierung mit Thymidin ein, d. h. mit einer unmittelbaren DNS-Vorstufe, die in diese ohne zusätzliche Veränderungen eingebaut wird (siehe den Abschnitt über die enzymatische DNS-Synthese) und nicht in andere Zellkomponenten inkorporiert wird, und zweitens benutzte er Tritium als Isotop, das hauptsächlich Strahlung niedriger Energie besitzt; infolgedessen wurden kurze Elektronenbahnen erhalten, was sich sehr günstig auf die Deutlichkeit der Autoradiographien auswirkte; außerdem gestattet Tritium, ^{3}H-Thymidin-Präparate mit hoher spezifischer Aktivität herzustellen.

Sie gaben ^{3}H-Thymidin zum Kulturmedium während einer Periode, die ungefähr gleich der Periode einer Chromosomenreplikation war, und danach entfernten sie es durch Auswaschen. Da der intrazelluläre Thymidin-Vorrat in den Zellen hinreichend klein war, führte das Auswaschen praktisch zum völligen Entfernen der nichtgebundenen Markierung.

Das von TAYLOR und Mitarbeitern (TAYLOR, WOODS, HUGES, 1957) erzielte Resultat erwies sich als äußerst bemerkenswert. Nach der ersten Teilung wurde eine Markierung nur in einer der Schwesterchromatiden beobachtet, wobei in einigen Fällen die Markierung ungleichmäßig längs der Chromatide verteilt war, aber jedesmal erwies sich nur eine Chromatide als markiert.

Wurde nun die Markierung entfernt, baute das verdoppelte Chromosom, das die markierte Chromatide enthielt, alsbald eine zweite Chromatide aus nicht markierten Produkten auf. Außerdem gelang es den Autoren, den Austauschprozeß von Abschnitten markierter und nicht markierter Chromosomen zu beobachten.

Dadurch erhielten TAYLOR und Mitarbeiter Resultate, die zugunsten des semikonservativen Mechanismus sprachen. Zugunsten der semikonservativen Replikation der Chromosomen sprechen auch zahlreiche Experimente, die an den verschiedensten Objekten sowohl pflanzlicher als auch tierischer Provenienz durchgeführt wurden, insbesondere an *Bellevalia* und *Crepis* (TAYLOR, 1958a, 1958b), *Tradescantia* (PEACOCKE, 1965), *Allium* (LIMA-DE-FARIA, 1962), Zellen von Gewebekulturen des Hamsters und des Menschen (TAYLOR, 1960a; PRESCOTT, BENDER, 1963), und des Beuteltieres *Potorus* (WALEN, 1963).

Eine Reihe von Jahren widersprachen die Daten über den Charakter der DNS-Replikation in den Chromosomen höherer Organismen ebenso wie die Schlußfolgerung, daß in ihnen ein DNS-Strang vorhanden ist, wie sie aus genetischen und strahlengenetischen Untersuchungen gewonnen wurden, den Ansichten von der Vielsträngigkeit der Chromosomen, die sich auf zytologische Experimente gründeten, einschließlich zahlreicher Untersuchungen mit Hilfe des Elektronenmikro-

skops. Diesen Widerspruch betrachteten viele Forscher als einen der schwerstwiegenden Einwände gegen die Richtigkeit der Daten der Genetiker über den Aufbau des genetischen Apparates lebender Organismen.
Erst in den letzten Jahren wurden Beweise dafür gesammelt, daß der Schluß auf die Vielsträngigkeit der Chromosomen (das Vorhandensein mehrerer parallel liegender DNS-Stränge in den Chromatiden) kaum gerechtfertigt ist, und daß die von den Zytologen in den Experimenten beobachteten vielsträngigen Chromosomen entweder Artefakte sind oder als einsträngige Strukturen interpretiert werden können.
Auf Grund dieser Daten erfährt die Vorstellung von der Vielsträngigkeit der Chromosomen gegenwärtig eine Überprüfung, und hierdurch wird der Widerspruch zwischen den zytologischen und genetischen Daten beseitigt.

Die enzymatische DNS-Synthese

Lange Zeit meinte man, daß als Quellen für die Synthese der Purin- und Pyrimidin-Stickstoffbasen komplizierte Zerfallsprodukte sowohl der Nukleinsäuren selbst als auch anderer komplizierter organischer Verbindungen dienen. Eine detaillierte Analyse dieser Frage hat jedoch gezeigt, daß einfache Stoffwechselverbindungen die Synthesevorstufen der Nukleinsäurekomponenten sind (B'JUKENEN, 1962).

Die Synthese der Purinnukleotide

Als unmittelbare Vorstufe der Purinnukleotide erscheint die Inosinsäure. Eine grundlegende Rolle bei der Synthese des Purinringes spielen Glyzin, CO_2, Asparaginsäure, Glutamin, Ameisensäure und Ribophosphat. Bei der Betrachtung der aufeinander folgenden Reaktionen der Synthese des Purinringes kann man sehen, wie das Basengerüst stufenweise aufgebaut wird. In den Etappen der Synthese spielen die Stickstoff- und Kohlenstoffatome des Glyzins eine entscheidende Rolle.
Wenn man eine Beschreibung der Inosinsäuresynthese vom Ribose-5-phosphat beginnt, so besteht, wie von KORNBERG festgestellt wurde, die erste Reaktion in einer Angliederung des endständigen Pyrophosphats des ATP an das Ribose-5-phosphat:

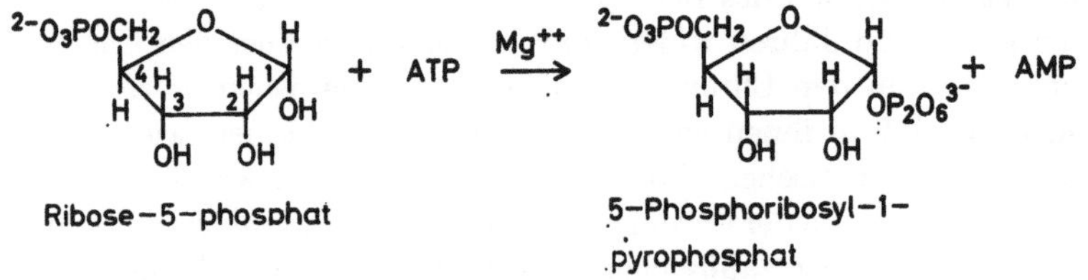

Danach bildet sich aus 5-Phosphoribosyl-1-pyrophosphat, Glutamin und einem Molekül Wasser 5-Phosphoribosylamin unter gleichzeitiger Abspaltung von anorganischem Pyrophosphat und Abgabe von Glutaminsäure:

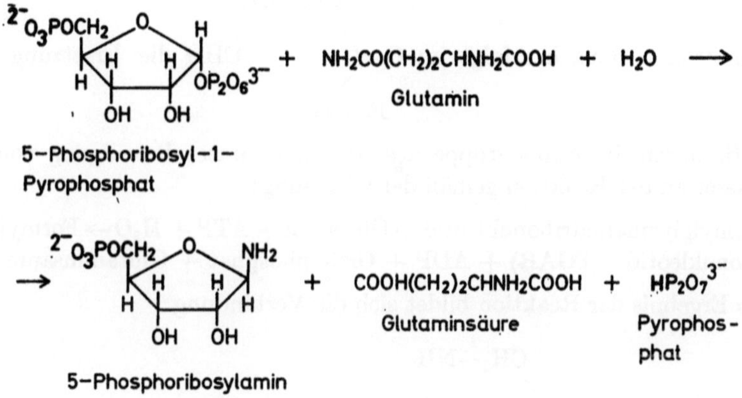

Die folgende Etappe ist die Bildung des Glyzinamidribonukleotids unter Beteiligung von Glyzin und ATP:

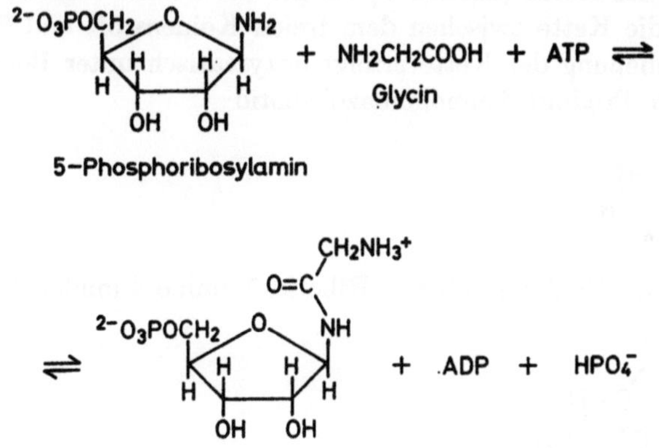

Die letzte Reaktion ist reversibel.

In der folgenden Etappe tritt die Anhydroformyltetrahydrofolsäure in Aktion, die der im Bau befindlichen Kette des Puringerüstes noch ein Glied (CHO) hinzufügt[1])

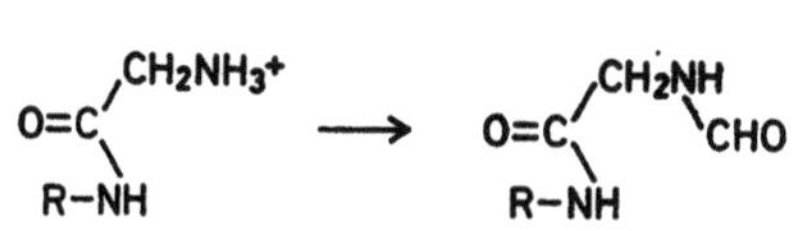

---

[1]) Im weiteren wird Ribose-5-Phosphat mit dem Symbol R bezeichnet.

gemäß der Gleichung:
Glyzinamidribonukleotid + Anhydroformyltetrahydrofolsäure + H_2O
→ Formylglyzinamidribonukleotid + Tetrahydrofolsäure + H^+.

Unmittelbar danach erfolgt im

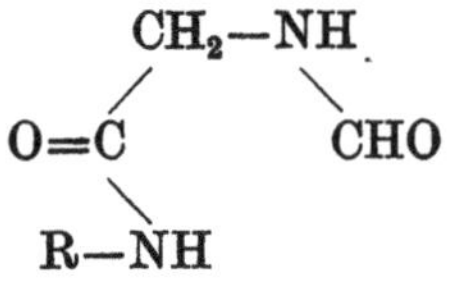

die Ersetzung des Sauerstoffs durch die Aminogruppe des Glutamins unter Beteiligung von ATP und Wasser an der Reaktion gemäß der Gleichung:

Formylglyzinamidribonukleotid + Glutamin + ATP + H_2O → Formylglyzinamidribonukleotid (FGAR) + ADP + Orthophosphat + Glutaminsäure.

Als Ergebnis der Reaktion bildet sich die Verbindung

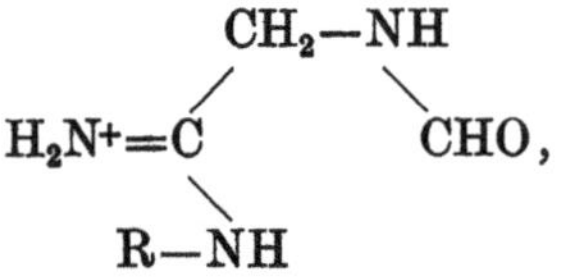

in der alle Atome des ersten (Imidazol-) Ringes des Purins vorhanden sind und nur übrig bleibt, die Kette zwischen dem freien Kohlenstoff und Stickstoff zu schließen. Die Schließung der Kette erfolgt enzymatisch unter Beteiligung von ATP. Das gebildete Produkt Aminoimidazolribotid

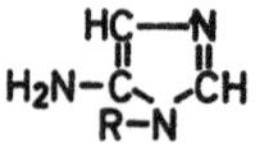

reagiert mit CO_2 oder HCO_3^- und liefert Ribotid-5-amino-4-imidazolkarbonsäure:

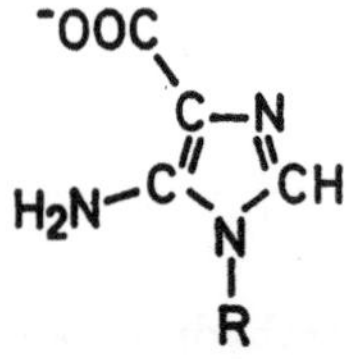

In den folgenden Reaktionen mit Asparaginsäure und ATP bildet sich 5-Amino-4 imidazolkarboxyamidribosylphopshat:

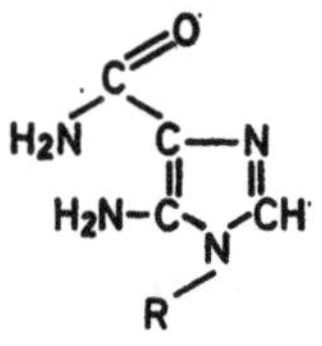

das sich seinerseits in einer Reaktion mit Formyltetrahydrofolsäure in 5-Formamido-4-imidazolkarboxyamidribotid umwandelt:

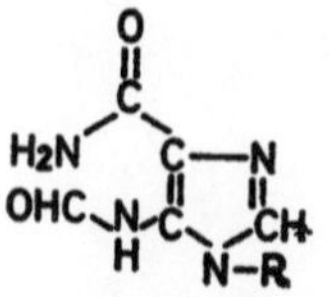

wodurch die Bildung des Purinringes abgeschlossen wird. Die nachfolgende Ringbildung dieser Verbindung unter Freisetzung eines Moleküls Wasser führt zur Bildung der Inosinsäure:

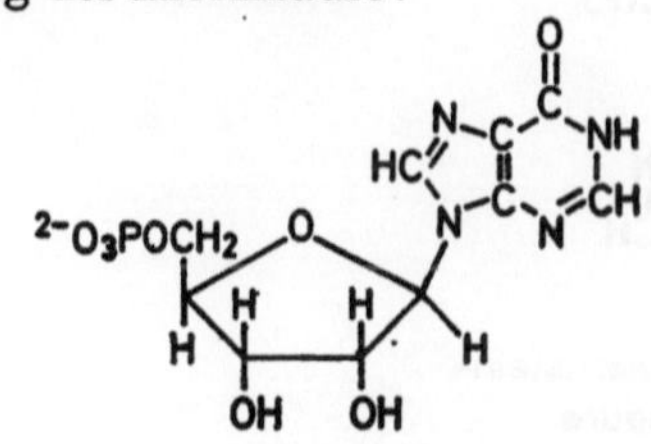

Inosinsäure dient, wie schon gesagt wurde, als unmittelbare Vorstufe der Guanylsäure und Adenylsäure. Der erste Schritt bei der Umwandlung von Inosinsäure in Guanylsäure ist deren Oxydation zu Xanthylsäure mit Hilfe von DPN:

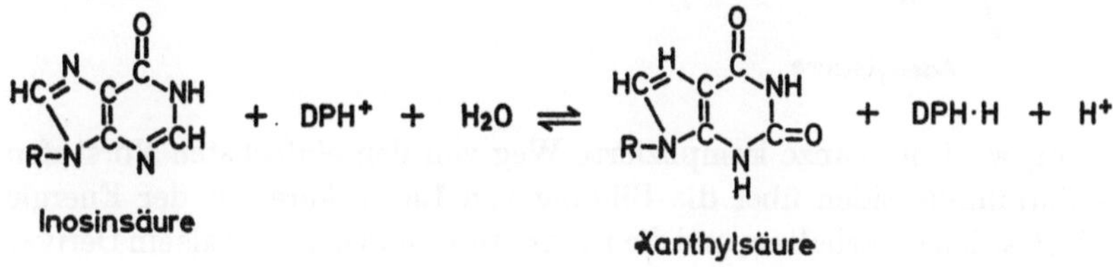

Unmittelbar danach erfolgt die Aminierung der Xanthylsäure zur Guanylsäure unter Beteiligung von Glutamin, ATP und H_2O:

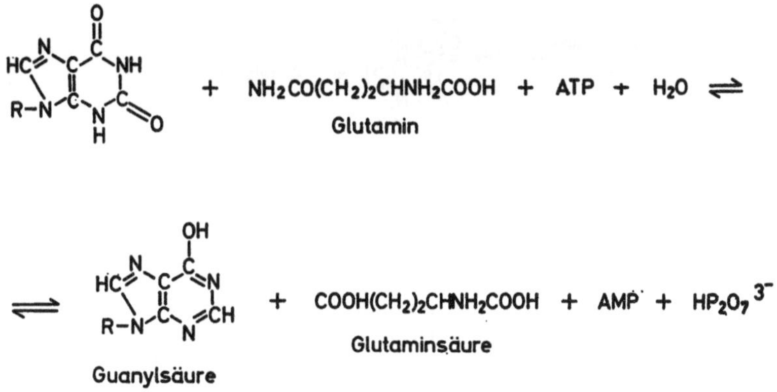

Zur Bildung von Adenylsäure aus Inosinsäure sind Asparaginsäure und Guanosintriphosphat (GTP) erforderlich. Die hierbei gebildete Adenylbernsteinsäure wird unter Freisetzung von Fumarsäure gespalten. Die Reaktionsfolge von Inosinsäure zu Adenylsäure kann man folgendermaßen darstellen:

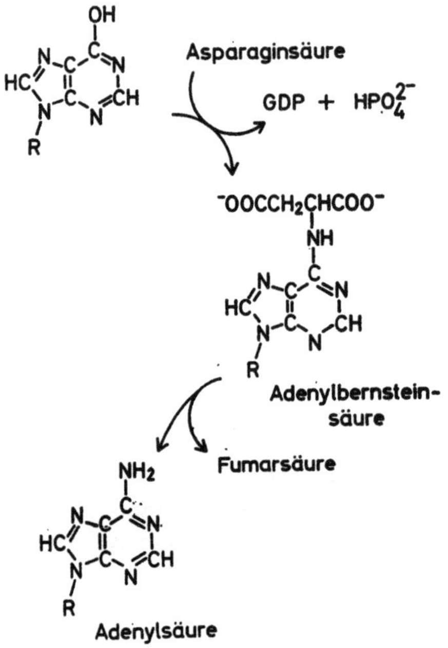

Wie man sieht, wird der ganze komplizierte Weg von den einfachsten Vorstufen bis zu den Purinnukleotiden über die Bildung von Inosinsäure mit der Energie von 9 ATP-Molekülen unterhalten, und die Inosinsäure kann man sich als ein Derivat aus einem Ameisensäurerest, CO_2, Glyzin, Asparaginsäure und Ribose-5-Phosphat vorstellen (Abb. 11).

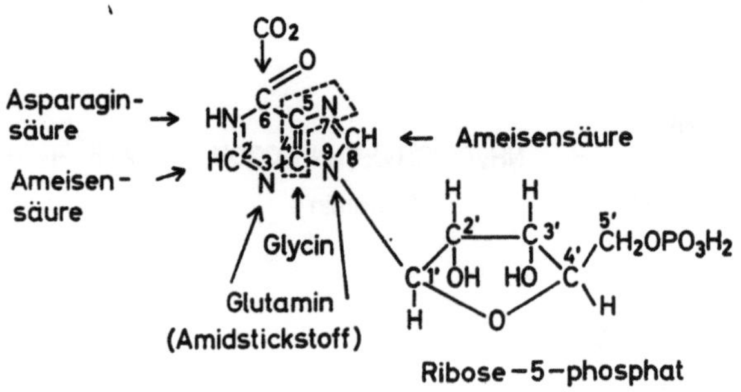

Abb. 11. Schema der Synthese der Inosinsäure aus einfachen Vorstufen. Die Pfeile weisen auf die Gruppen hin, die aus der jeweiligen Vorstufe in den Bestand der Inosinsäure eingehen (B'JUKENEN, 1962)

Die Synthese der Pyrimidinnukleotide

Analog dazu, wie dem Weg der Inosinsäuresynthese aus einfachsten Vorstufen nachgegangen wurde, kann man die Synthese der Uridylsäure aus ebenso einfachen Ausgangsmolekülen verfolgen. Der unten beschriebene Reaktionsweg wurde an verschiedenen Objekten, von Mikroorganismen bis zu Säugetieren und Vögeln untersucht (KROSBI, 1962, BESSMAN, 1964).

Als erste Etappe bei der Synthese des Uridin-5'-phosphats dient die Bildung von Carbamylphosphat aus NH_3, CO_2 und ATP, das eine Phosphatgruppe abgibt:

$$NH_3 + CO_2 + ATP \rightarrow \underset{\text{Carbamylphosphat}}{NH_2COOPO_3H_2} + ADP$$

Die Reaktion verläuft im Beisein von Acetylglutamat. Carbamylphosphat liefert unter Wechselwirkung mit Asparaginsäure Carbamylaspartat:

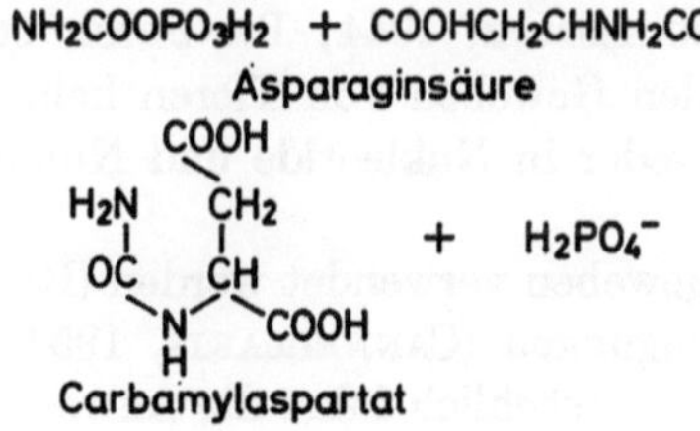

Der darauffolgende Ringschluß führt zur Bildung von Dihydroorotsäure:

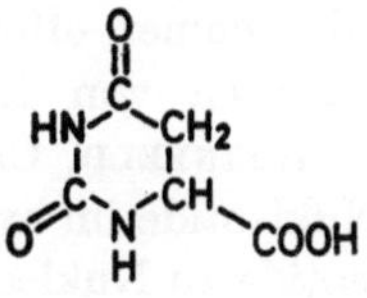

Nach Umwandlung der Dihydroorotsäure in Orotsäure verbindet sich die Letztgenannte mit 5-Phosphoribosylpyrophosphat und liefert Orotidin-5'-phosphat:

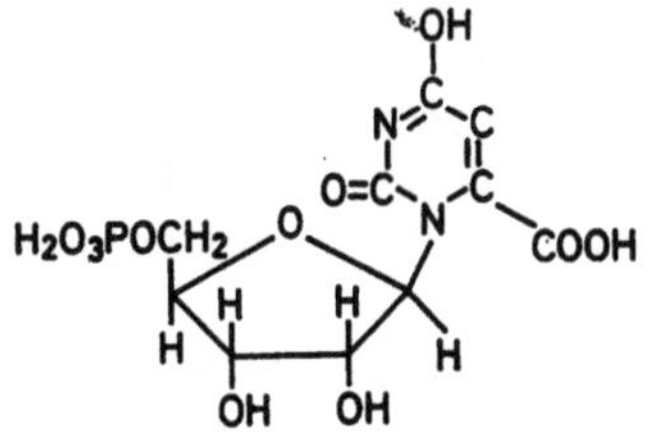

Die letzte Etappe der Synthese der Uridylsäure ist die Abspaltung von CO_2 am 6. Kohlenstoffatom des Ringes:

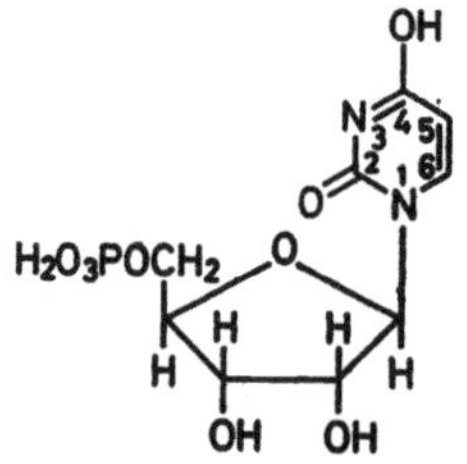

Uridin – 5'–phosphat

Bevor man zur weiteren Beschreibung der Synthesen von Nukleotiden und polymerer DNS übergeht, muß man auf ein wesentliches Moment hinweisen. Es wurde überzeugend gezeigt (PLENTL, SCHOENHEIMER, 1944; BENDRICH et al., 1949; RUTMAN et al., 1954), daß in normalen Geweben von Tieren kein Einbau der Basen (Uracil oder Cytosin) erfolgt, weder in Nukleotide und Nukleoside, noch in Polynukleotide.
Uracil kann zuweilen von Geschwulstgeweben verwendet werden (RUTMAN et al., 1954), aber unter gewöhnlichen Bedingungen (CANNELLAKIS, 1957) erfolgt ein rascher Abbau der Basen bis zum CO_2. Tatsächlich führt die Anwesenheit großer Uracilkonzentrationen außerhalb der Zellen zur Aneignung von Uracil in annähernd demselben Grade wie die von Uridinmono- und -diphosphat.
Gegenwärtig sind die Enzyme gut untersucht worden, die Nukleoside unter Freisetzung von Phosphat und Base abbauen.
An der Synthese der Purin- und Pyrimidinnukleotide nehmen offensichtlich im wesentlichen Uridinnukleoside teil. Aus den Resultaten von LIEBMAN und HEIDELBERGER (1955) und ROLL u. Mitarb. (ROLL, WEINFELD, CARROL, 1954) kann man folgern, daß beim Vorhandensein freier Nukleotide im extrazellulären Medium anfangs eine Dephosphorylierung der Nukleotide zu Nukleosiden erfolgt und erst dann die Letztgenannten zum Bau von Polymeren ohne Verletzung der Glykosidbindung verwendet werden.
Gegenwärtig sind auch Enzyme bekannt (POTTER et al., 1954), die Uridinmonophosphat (UMP) sowohl zu Uridindiphosphat (UDP) als auch zu Uridintriphosphat (UTP) phosphorylieren können. Solche Enzyme wurden in der zytoplasmatischen Fraktion von Rattenlebern, in der Einsatzfraktion von Rattenlebern-Mitochondrien aber auch in Hefen gefunden (HERBERT et al., 1955; LIEBERMAN, KORNBERG, SIMMS, 1955). In den Zellen gibt es Enzymsysteme, die einfache Vorstufen in Uridin-5-phosphat umzuwandeln gestatten, welches danach leicht in UTP verwandelt wird.
UTP wird in der Zelle zur Synthese eines anderen Pyrimidinnukleotids, des Cytidin-Triphosphats, verwendet.

Bei der Anwesenheit von NH_3 und ATP in den Zellen von *E. coli* kann eine Aminierung von Uracil zu Cytosin mit nachfolgender Bildung von CTP erfolgen:

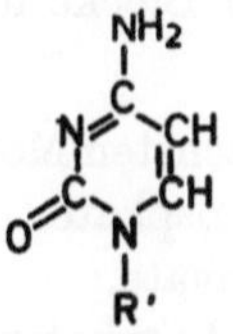

R'= Ribose-5'-triphosphat

In tierischen Zellen ist auch ein anderer Weg der Umwandlung von UTP in CTP gefunden worden — die 4-Aminogruppe des Cytosins kann aus der Aminogruppe des Glutamins hervorgehen.
Das gebildete Cytidintriphosphat kann dann als Folge des Überganges der Ribose in Desoxyribose in Desoxycytidinmonophosphat umgewandelt werden. Bekanntlich läuft diese Umwandlung auf Nukleosid- oder Nukleotid-Ebene ab.
Als Vorstufen der Thyminpolynukleotide dienen hauptsächlich Abkömmlinge von Uracil und Cytosin. Desoxyuridin-5'-phosphat wird im Beisein von Tetrahydrofolsäure, ATP, Mg^{++} und dem Enzym Thymidylatkinase in Thymidin-5'-triphosphat umgewandelt:

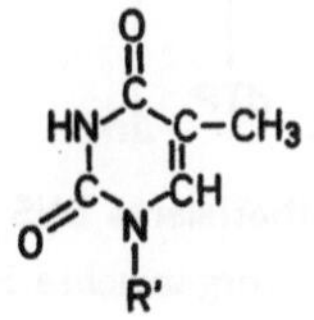

R'= 2'-Desoxyribose-5'-triphosphat
Thymidin-5'-triphosphat

McNutt, (1958), Roll und Mitarbeiter (Roll, Weinfeld, Carrol, 1954) und Reichard (1960) haben gezeigt, daß eine Reaktion analog zur Reduktion von UDP zu Desoxy-UDP (dUDP) und von CDP zu dCDP auch im Falle der Purinbasen abläuft. Die Purin-Desoxyriboside werden unmittelbar aus den entsprechenden Ribosidverbindungen gebildet. Diese Reaktion trägt offensichtlich universellen Charakter (Bessman, 1964). Ein anderer möglicher Weg zur Bildung von Purindesoxyribonukleosiden besteht im Übergang der Desoxyribose von einem Pyrimidinnukleotid auf eine Purinbase. Wie McNutt (1958) und Kornberg und Mitarbeiter (Kornberg, Lehman, Simms, 1956) gezeigt haben, ist diese Reaktion reversibel:

$$\text{Pyrimidindesoxyribosid} + \text{Purin} \rightleftharpoons \text{Purindesoxyribosid} + \text{Pyrimidin}$$

Somit muß die Zelle bis zum Beginn der DNS-Polymerisation aus den Vorstufen eine große Vorarbeit zur Produktion der monomeren Blöcke leisten. Die allgemeinen Vorstadien in der Biosynthese der DNS sind:

1. Biosynthese der Nukleosidmonophosphate aus einfachsten Molekülen.
2. Umwandlung der Nukleosidmonophosphate in Diphosphate.
3. Umwandlung der Letztgenannten in Desoxyribodervate.
4. Phosphorylierung der Desoxyribonukleotide zu Triphosphaten.

Die gebildeten Triphosphate können, wie von KORNBERG und Mitarbeitern (KORNBERG, LEHMAN, SIMMS, 1956) festgestellt wurde, zu DNS polymerisiert werden. Von ihnen wurde das Enzym DNS-Polymerase isoliert, das diese Reaktion durchführt. Für die Wirkung des Enzyms ist die Anwesenheit aller vier Desoxynukleosidtriphosphate, von Magnesiumionen und dem sogenannten DNS-Primer unerläßlich (BESSMAN et al., 1958).
Die Reaktion ist reversibel und kann folgendermaßen dargestellt werden:

$$\begin{matrix} n\ \mathrm{dATP} \\ + \\ n\ \mathrm{dCTP} \\ + \\ n\ \mathrm{dGTP} \\ + \\ n\ \mathrm{dTTP} \end{matrix} \; + \; \begin{matrix} \mathrm{DNS} \\ \mathrm{Primer} \end{matrix} \; \rightleftharpoons \; \begin{matrix} \mathrm{DNS} \\ \mathrm{Primer} \end{matrix} \; + \; \underbrace{\left[\begin{matrix} \mathrm{dAP} \\ | \\ \mathrm{dCP} \\ | \\ \mathrm{dGP} \\ | \\ \mathrm{dTP} \end{matrix} \right]_n}_{\text{synthetisierte DNS}} \; + \; 4\,\mathrm{PP}^1$$

[1] PP — anorganisches Pyrophospat, P — anorganisches Phospat

Als Bedingung, die eine Verschiebung der Reaktion nach rechts gewährleistet, erscheint die Entfernung des gebildeten Pyrophosphats.
Das synthetisierte DNS-Molekül, das in der Gleichung in der Form $\left[\begin{matrix} \mathrm{dAP} \\ \mathrm{dCP} \\ \mathrm{dGP} \\ \mathrm{dTP} \end{matrix} \right]_n$ dargestellt wurde, kann man durch folgende Strukturformel abbilden (s. S. 51).
Die Natur des DNS-Primers wurde in Experimenten sowohl von KORNBERG selbst als auch in einer ausgedehnten Serie nachfolgender Versuche aufgeklärt. Vor allem muß man darauf hinweisen, daß der Terminus „DNS-Zünder" (Primer) nicht exakt genug ist, weil er zwar auf die Rolle eines Starters der Reaktion, ihres Initiators, hinweist, damit aber das Wesen der Sache nur teilweise widerspiegelt. Jene unbedeutende Menge an Ausgangs-DNS, die in das KORNBERG-System zur DNS-Synthese eingeführt wird, weist einen entscheidenden Einfluß auf die Zusammensetzung der synthetisierten DNS auf. Es wurde festgestellt,

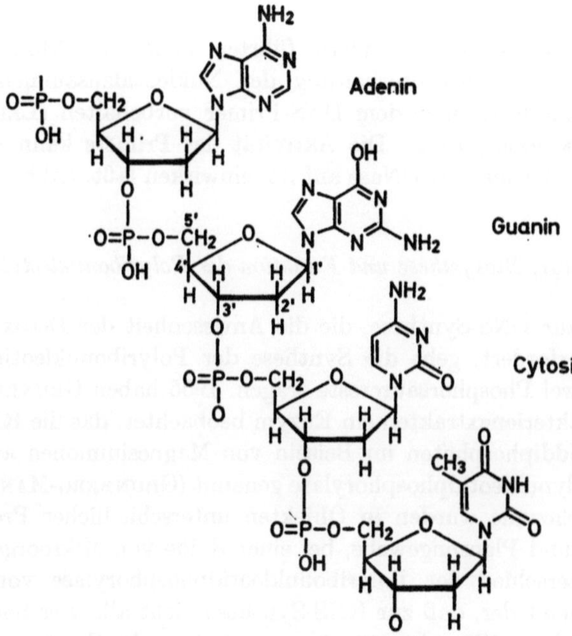

daß die eingeführte DNS die Rolle einer Matrize spielt, an der das Enzym DNS-Polymerase aus den vorhandenen Desoxynukleosidtriphosphaten eine polymere DNS aufbaut, die die Nukleotidzusammensetzung des Primers vollständig wiederholt. Bei der DNS-Synthese werden offensichtlich die CHARGAFFsches Regeln vollkommen bestätigt, und die synthetisierte Struktur genügt dem Gesetz von WATSON und CRICK.

Mit Hilfe radioaktiver Isotope gelang es festzustellen, daß gleich mit Beginn der Reaktion der DNS-Synthese an der Matrize der Primer-DNS das neugebildete Produkt das gleiche Basenverhältnis besitzt wie der DNS-Primer. Dieses Verhältnis änderte sich nicht, weder wenn der DNS-Gehalt in der Reaktionsmischung um 2%, noch wenn er um 63% vergrößert wurde. Versuche, die Zusammensetzung der synthetisierten DNS durch deutliche Änderungen der Menge der eingesetzten

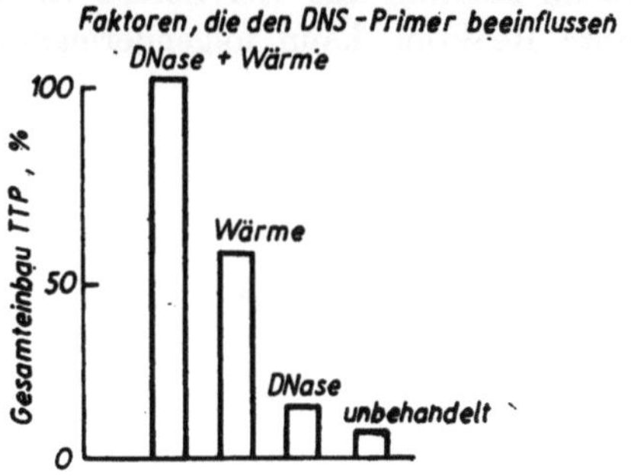

Abb. 12. Einfluß der Behandlung des DNS-Primers mit Desoxyribonuklease und Wärme auf die Polymeraseaktivität des Extrakts aus der Aszites-Geschwulst von LANDŠUTC (MARTIN, SMELLE, 1961)

Desoxynukleosidtriphosphate zu ändern, führten nicht zum Erfolg. Die bestimmende Rolle bei der Aufrechterhaltung der Nukleotidzusammensetzung des synthetisierten Produktes blieb dem DNS-Primer vorbehalten (LEHMAN, BESSMAN, SIMMS, KORNBERG, 1958). Die Aktivität des Primers kann man ändern, wenn man vorher Wärme und DNase auf ihn einwirken läßt. (Abb. 12).

Struktur, Biosynthese und Funktion der Polyribonukleotide

Im Unterschied zur DNS-Synthese, die die Anwesenheit der Desoxyribonukleosidtriphosphate erfordert, geht die Synthese der Polyribonukleotide von Vorstufen aus, die zwei Phosphorsäurereste tragen. 1955 haben GRUNBERG-MANAGO und OCHOA in Bakterienextrakten ein Enzym beobachtet, das die RNS-Synthese mit Ribonukleosiddiphosphaten im Beisein von Magnesiumionen ausführt. Das Enzym wurde Polynukleotidphosphorylase genannt (GRUNBERG-MANAGO, OCHOA, 1955). Analoge Enzyme wurden in Objekten unterschiedlicher Provenienz gefunden: in Tier- und Planzengewebe, bei einer Reihe von Mikroorganismen. Als ein anderer Unterschied der Polyribonukleotidphosphorylase von der DNS-Polymerase erscheint der, daß zur RNS-Synthese nicht alle vier Sorten Nukleotide erforderlich sind. (Wie wir uns erinnern, sind an der Zusammensetzung der RNS vier Typen von Basen beteiligt Uracil, Guanin, Adenin und Cytosin.) Das Enzym führt eine Polymerisation einer beliebigen Mischung von Ribonukleosiddiphosphaten (NDP) durch, wobei es auch bei Anwesenheit nur eines einzigen Typs von Nukleotiden arbeiten kann. Im letzten Falle wird ein Homopolymer synthetisiert.
Bei der Polymerisation der Nukleosiddiphosphate erfolgt eine Abspaltung anorganischer Phosphate von jedem Nukleosiddiphosphatmolekül, so daß die Reaktionsgleichung in folgender Form aufgestellt werden kann:

$$nNDP \rightleftharpoons [NP]_n + nP$$

Die maximale Reaktionsgeschwindigkeit wird dann beobachtet, wenn Primer-DNS in das Reaktionsmedium gebracht wird, an der RNS wie an einer Matrize synthetisiert wird, und wenn es im Medium alle vier Sorten Ribonukleosiddiphosphate gibt. Die letztgenannte Reaktion kann folgendermaßen dargestellt werden:

$$\begin{matrix} n\,ADP \\ + \\ n\,CDP \\ + \\ n\,GDP \\ + \\ n\,UDP \end{matrix} + \underset{Primer}{DNS} \Rightarrow \underset{Primer}{DNS} + \begin{bmatrix} AP \\ CP \\ GP \\ UP \end{bmatrix}_n + 4nP$$

synthetisierte RNS

Bisher wurde nichts über die Struktur der RNS gesagt. Ebenso wie die DNS erscheint auch die RNS als eine lange, lineare, unverzweigte Kette mit Phosphorsäure und Zucker in der Hauptvalenzkette. Im Unterschied zur DNS besteht die Ribonukleinsäure aus einem Strang. Dieser sich in Lösung zu einem Knäuel zusammendrehende Strang kann Spiralabschnitte geringer Länge ergeben.
Die RNS trägt zum Unterschied von der DNS keinen Desoxyriboserest sondern einen ebenfalls fünfgliedrigen Zucker, die Ribose, bei der in Position 2 eine Hydroxylgruppe vorhanden und eine der Pyrimidinbasen, Thymin, durch eine andere Pyrimidinbase, Uracil, ersetzt ist:

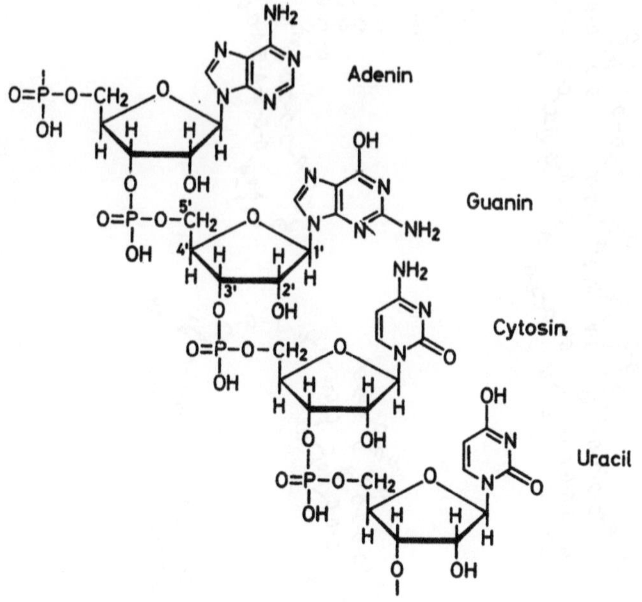

RNSi n Lösung besitzt auch Spiralität, die aber nicht so deutlich ausgeprägt ist wie bei der DNS, und die spiraligen Abschnitte der Moleküle wechseln mit ungeordneten, amorphen Abschnitten ab. Jene Abschnitte des einzelnen RNS-Stranges, in denen sich komplementäre Basen befinden, können sich unter Schließung von Wasserstoffbindungen paaren. Da es längs des Moleküls viele komplementäre Zonen geben kann, ist natürlich auch die Zahl verschiedener Strukturen, die von ein und demselben RNS-Strang geliefert werden, ziemlich groß. Auf Abb. 13 sind drei mögliche Strukturtypen dargestellt, die von einer Nukleotidsequenz in einer kurzen RNS-Kette gebildet werden können, welche insgesamt aus 75 Nukleotiden besteht. Wenn man versucht, sich die Struktur eines längeren RNS-Moleküls in Lösung vorzustellen, so wird es unter Berücksichtigung seiner spiraligen und amorphen Abschnitte notwendig, es in Form eines eigentümlichen Knäuels abzubilden (Abb. 14). Offensichtlich eröffnet ein solcher Bau der RNS große Möglichkeiten für allerlei Umwandlungen dieser

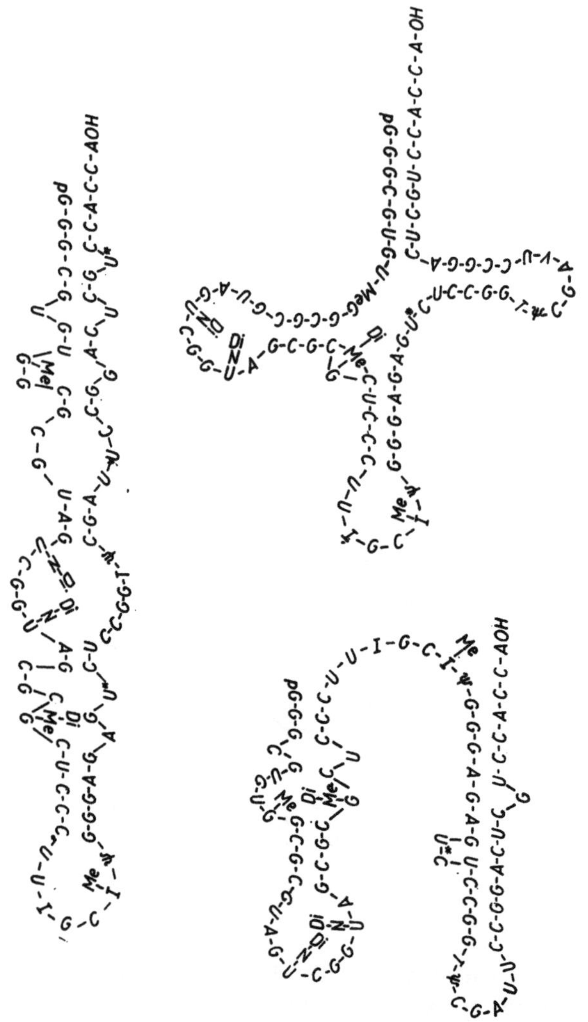

Abb. 13. Mögliche Sekundärstrukturen der Transport-RNAs

Struktur in Lösung. Hierdurch erklärt sich auch die außerordentliche Labilität der RNS-Struktur, die äußerst empfindlich auf kleinste Änderungen der physikochemischen Eigenschaften des Lösungsmittels reagiert (Belosersky, Spirin, 1958; Kisselev et al., 1961).

Gegen die Mitte der fünfziger Jahre, besonders nach der Formulierung der Watson-Crick-Hypothese erlangte die Meinung, daß die Proteinsynthese in der Zelle unter Beteiligung von RNS (Kedrovskij, 1951; Caspersson, 1950; Brachet, 1942) nach dem Schema DNS — RNS — Protein realisiert wird, eine breite Popularität. Es gab jedoch keine einwandfreien Daten, die die Richtigkeit jeder

Etappe dieses Schemas bewiesen. Es ist daher natürlich, daß bereits bei der ersten Schwierigkeit, die bei der Nachprüfung einer der Etappen des Schemas beobachtet wurde, dieses ganz in Zweifel gezogen wurde.

Diese Schwierigkeit stand mit der Untersuchung der Nukleotidzusammensetzung von DNS und RNS bei verschiedenen Objekten, insbesondere bei Mikroorganismen, in Zusammenhang. Die Nukleotidzusammensetzung ist ein wichtiges systematisches Charakteristikum einer Art. Wenn die RNS tatsächlich an der DNS synthetisiert wird, bevor sie sich mit den Ribosomen verbindet und zur Schablone (Matrize) für die Proteinsynthese wird, so sollte man erwarten, daß die Nukleotidzusammensetzung der RNS mit der Nukleotidzusammensetzung der DNS identisch wird.

Abb. 14. Schema der Sekundär- und Tertiärstruktur der RNS

Vor allem mußte man zeigen, daß Änderungen der Ernährung, der Aufzuchtbedingungen keinen Einfluß auf die Spezifität der Nukleotidzusammensetzung aufweisen. Zahlreiche Untersuchungen (Thomas, 1952; Pardee, Prestidge, 1956; Lombard, Chargaff, 1956, 1957), insbesondere im Laboratorium von Chargaff, haben diese Situation bestätigt. In der folgenden Etappe mußte eine Bestätigung der Ähnlichkeit in der summarischen Zusammensetzung von DNS und RNS bei ein und denselben Arten versucht werden. Da der größte Unterschied in der Artzusammensetzung der DNS bei Mikroorganismen beobachtet wurde, so wurden gerade die Mikroorganismen zum geeignetsten Modell für die Nachprüfung dieser Situation.

Bei der Durchführung der Untersuchungen der RNS-Zusammensetzung wurde ein Vorschlag von Thomas (1952) angenommen, der berücksichtigte, daß als bestes Verfahren die Isolierung der Gesamt-RNS der Zelle durch deren Zerstörung und durch Reinigung der RNS aus dem Hydrolysat erscheint.

Ausgedehnte Untersuchungen des RNS-Pools, der aus verschiedenen Quellen isoliert wurde, wurden in den Laboratorien von Chargaff (Elson, Gustaffson, Chargaff, 1954; Elson, Chargaff, 1954, 1955) und A. N. Belozerskij (Belozerskij und Spirin, 1960) durchgeführt. Die von allen Untersuchergruppen erhaltene Schlußfolgerung erwies sich als entmutigend. In der Mehrzahl der Fälle hatten die Werte der Nukleotidzusammensetzung der RNS nichts gemeinsames mit der DNS-Zusammensetzung, und die Zusammensetzung der RNS war in fast allen untersuchten Arten sehr ähnlich. „Ein Vergleich der analytischen Daten zur Zusammensetzung von DNS und RNS bei Mikroorganismen zeigt, daß die RNS-Zusammensetzung sich nicht so beträchtlich wie die DNS-Zusammensetzung in Abhängigkeit von der Stellung der Art im System ändert", schrieben Belozerskij und Spirin. „Aus diesen Daten kann man auf das Fehlen einer ausgeprägten Übereinstimmung der RNS mit der DNS-Zusammensetzung schließen" (Belozerskij und Spirin, 1960).

Diese, die Rolle der RNS bei der Proteinsynthese nicht verneinenden, aber das Fehlen einer Korrelation zwischen der DNS- und RNS-Zusammensetzung zeigenden Experimente zogen die Beteiligung einer genetischen Matrize (welche allen Anzeichen nach die DNS sein mußte) an der Steuerung der Proteinsynthese in Zweifel.

Der Ausweg aus der entstandenen schwierigen Lage wurde bereits in den Arbeiten von Belozerskij und Spirin umrissen. Bei der Einschätzung der möglichen Ursachen des Mißerfolges beim Beweisen der Erblichkeit von DNS- und RNS-Zusammensetzung wiesen sie darauf hin, daß die RNS möglicherweise aus einigen Molekültypen besteht, die sich sowohl nach physikochemischen Merkmalen als auch nach ihrer biologischen Rolle unterscheiden. Es war kaum möglich, das Vorhandensein einer kleinen Fraktion in der Gesamt-RNS der Zelle zu leugnen, einer Fraktion, deren Zusammensetzung mit der DNS identisch wäre, und Belozerskij und Spirin haben diesen Umstand nicht nur einmal hervorgehoben (Belozerskij, Spirin, 1958; Spirin u. a. 1957). Die physikochemische Analyse der RNS hat tatsächlich gezeigt, daß sie vor allem in ihren Abmessungen nicht homogen ist. Die Sedimentationsanalyse von Bakterien-RNS hat drei Grundtypen von RNS mit den Sedimentationskonstanten 23S, 16S und 4S erkennen lassen. Dementsprechend betrug das Molekulargewicht dieser RNAs $1{,}1 \cdot 10^6$D, $6 \cdot 10^5$D und $2{,}5 \cdot 10^4$D. Die beiden ersten Molekültypen gehen in den Ribosomenbestand ein und wurden daher als Ribosomen-RNS bezeichnet. Der dritte Typ mit dem sehr niedrigen Molekulargewicht wurde lösliche RNS genannt. Auf die Ribosomen-RNS entfallen 85% des gesamten RNS-Vorrates der Zelle. Gerade die Ribosomen-RNS (r-RNS), die aus verschiedenen Quellen isoliert wurde, besitzt eine äußerst ähnliche Nukleotidzusammensetzung. Die Zusammensetzung der löslichen RNS erwies sich als wesentlich verschieden von der Zusammensetzung der r-RNS, aber die Rolle des Informationsüberträgers von der DNS zum Protein konnte sie nicht beanspruchen, vor allem infolge der geringen Molekülgrößen. Wenn das Molekulargewicht eines mittleren Proteins 10^5D entspricht, so müßten unter Beachtung des Umstandes, daß drei Nukleotide zur Codierung einer Aminosäure notwendig sind, die informationsübertragenden RNS-Moleküle ein Molekulargewicht haben, das nicht kleiner als 10^6D oder sogar größer ist. Aber wir haben gesehen, daß dieser Bedingung sogar die Ribosomen-RNS kaum genügen könnte, deren Gewicht $1{,}1 \cdot 10^6$D nicht überschritt.

Unter Berücksichtigung der Forderungen, die an ein solches informationsübertragendes Molekül gestellt werden, formulierten JACOB und MONOD eine Vorstellung von einer besonderen Klasse Ribonukleinsäuren, der sogenannten Botschafter- oder Messenger-RNS (m-RNS). Weil von jedem Gen oder von jeder Gengruppe ein Abdruck in Form einer Messengerribonukleinsäure erzeugt werden muß und weil die Abmessungen der Gene offensichtlich verschieden sein müssen, postulierten JACOB und MONOD, daß „die der Informationsübertragung entsprechende Fraktion bezüglich des Molekulargewichtes sehr heterogen sein muß, aber ihr mittleres Molekulargewicht nicht unter $5 \cdot 10^5$ D liegen darf" (ŽAKOB u. MONO 1962). Zweitens muß die Nukleotidzusammensetzung eines solchen Moleküls die Zusammensetzung der DNS-Matrize widerspiegeln. Drittens müssen die Moleküle der Messenger-RNS, wenn sie auch selten im Komplex mit Ribosomen aufgefunden werden, die Proteinsynthese realisieren. Schließlich mußte man folgern, daß die Geschwindigkeit der Erneuerung der m-RNS-Moleküle in der Zelle ziemlich groß sein mußte, weil die schnelle Reaktion der Zellen als Antwort auf Änderungen der Existenzbedingungen eine schnelle Änderung der intrazellulären Synthesen erforderte.
Der Vorschlag von JACOB und MONOD der Existenz einer besonderen Klasse von Messenger-RNAs wurde durch Untersuchungen von VOLKIN und ASTRACHAN (1961) unterstützt, die die RNS-Synthese von mit dem Bakteriophagen *T2* infizierten *E. coli*-Bakterien untersucht haben. In ihren Experimenten wurden die Zellen kurzzeitig mit radioaktiven RNS-Vorstufen (^{14}C-Uracil) inkubiert, dann wurde die Markierung weggenommen, so daß man Verbindungen isolieren konnte, die während eines kurzen Zeitraums synthetisiert worden waren. Nach einer 5-sekundigen Bebrütung mit ^{14}C-Uracil wurden die Zellen gewaschen und zerlegt. Um die DNS zu entfernen, ließ man auf die zerstörten Zellen DNase einwirken, wonach das erhaltene Präparat im Saccharosegradienten zentrifugiert wurde. Es wurde festgestellt, daß nach der Zentrifugation etwa 2% der gesamten RNS ein hohes Molekulargewicht besaßen (die Sedimentationskonstante überstieg 13S), und gerade diese hochmolekulare RNS enthielt praktisch die gesamte Markierung.
Die Nukleotidzusammensetzung der isolierten RNS erwies sich als ähnlich der Nukleotidzusammensetzung der DNS des Phagen *T2*, hatte aber nichts gemeinsam mit der Nukleotidzusammensetzung der Bakterien-DNS.
Der schnelle Zerfall der in den Bakterien gebildeten Messenger-RNS wurde von GROS und Mitarb. (GROS et al., 1961) gezeigt. Wirklich gelang es später nachzuweisen, daß die Zerfallsgeschwindigkeit der m-RNS in Zellen unterschiedlicher Herkunft verschieden ist; so „lebt" die m-RNS in Zellen tierischer Gewebe bedeutend länger als die bakterielle Messenger-RNS.
Die Ähnlichkeit der Basenfolge in der Messenger-RNS und der DNS, an der die Moleküle dieser RNS synthetisiert worden sind, wurde ausschließlich durch Arbeiten des SPIEGELMANschen Laboratoriums elegant nachgewiesen. Die Autoren benutzten die von DOTY und MESELSON und Mitarbeitern (MESELSON, STAHL, VINOGRAD, 1957) ausgearbeitete Methode der Hybridisation von Nukleinsäuren.

Der Kern der Methode läuft auf eine Trennung des doppelsträngigen DNS-Moleküls in seine beiden Strangkomponenten mittels Erhitzung auf eine Temperatur nahe 100° hinaus. Nachdem man die DNS-Moleküle geschmolzen hat, kann man sie schnell abkühlen und so die Wiederherstellung der die komplementären Stränge vereinigenden Wasserstoffbrücken verhindern. Danach kann man die einzelnen Stränge als Schablonen zur Prüfung dafür verwenden, ob beliebige andere Nukleinsäuremoleküle zu diesen komplementär sind. Insbesondere kann man versuchen, einen DNS-Strang mit einem einsträngigen RNS-Molekül zu vereinigen. Wenn sich der Komplex bildet, so wird dies das Zusammenfallen (richtiger gesagt, die Komplementarität) der Basenfolge in dem einen und dem

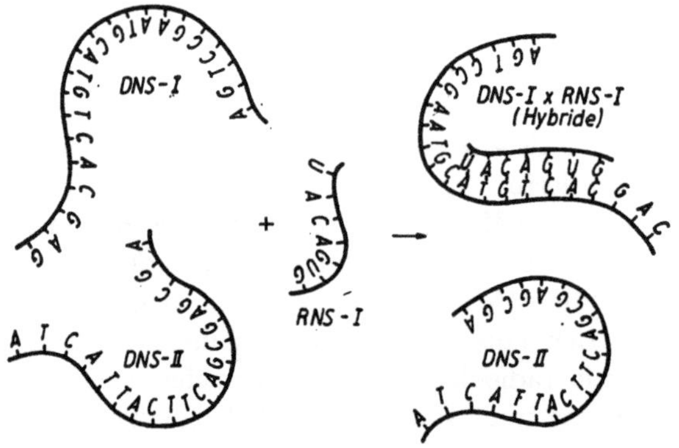

Abb. 15. Molekulare Hybridisierung von DNS und RNS. Die Hybridisierung kann in dem Fall realisiert werden, wenn die Basenfolge im RNS-Strang zur Folge der einsträngigen (denaturierten) DNS komplementär ist. RNS-I ist komplementär zu DNS-I, und nur mit dieser wird eine Hybride gebildet.

anderen Strang bezeugen (Abb. 15). Die Spezifität der Hybridisierungsreaktion ist sehr groß. So wurde gezeigt, daß ein Komplex nicht nur zwischen nichtverwandten Molekülen nicht, sondern sogar auch zwischen solchen nicht gebildet wird, bei denen die summarische Basenzusammensetzung zusammenfiel.

Unter Anwendung der Methode der Hybridisation konnten Spiegelman u. a. Hybriden zwischen einem Strang geschmolzener DNS des Phagen *T2* und einem Molekül der Messenger-RNS erhalten, die aus Zellen isoliert wurde, welche mit der DNS dieses Phagen infiziert waren. Es gelang nur, Hybriden mit Molekülen homologer RNS zu erhalten, fremdartige Moleküle bildeten keinen Komplex.

Die genannte Methode eröffnete neue Möglichkeiten auch zur Verbesserung des Reinigungsverfahrens für Messenger-RNAs. Indem man ein Gemisch verschiedener RNAs durch eine Säule schickt, an die denaturierte DNS adsorbiert worden ist, kann man leicht alle unspezifischen RNAs abtrennen, die nicht mit der DNS einen Komplex bilden und nicht an der Säule bleiben. Die RNS-Fraktion, die mit der DNS an die Säule gebunden bleibt, stellt die Messenger-RNS dar, die

dieser DNS homolog ist. Durch Änderung der Ionenstärke und der Temperatur des Puffers, mit dem die Säule mit dem Komplex DNS-m-RNS ausgewaschen wurde, war es möglich, den Komplex zu zerstören und die RNS von der DNS zu isolieren.
Die beschriebene Methode wurde erfolgreich zur Reinigung der RNS verschiedener Organismen verwendet: Bakterien, Pflanzen, Tiere.
Es gelang, auch die Annahme von JACOB und MONOD über die Heterogenität der Messenger-RNS hinsichtlich des Molekulargewichts zu bestätigen. RNS-Präparate, die aus Bakterien, HeLa-Zellen, Leukozyten, Leberkernen und anderen erhalten worden sind, verteilen sich nach dem Molekulargewicht über einen breiten Bereich (die Sedimentationskonstanten liegen im Bereich von 4 bis 45 Svedberg-Einheiten). Die Heterogenität der Messenger-RNS wurde auch mit anderen Methoden nachgewiesen. R. B. CHESIN und M. F. ŠEMJAKIN (1962) haben einen Unterschied zwischen der Messenger-RNS festgestellt, die am Anfang und am Ende der Entwicklung des Bakteriophagen *T2* in *E.coli*-Zellen synthetisiert wurde. Frühe RNAs steuern die Synthese der Enzyme, die zur Bildung der Phagen-DNS unerläßlich sind, während die späten RNAs für die Synthese der Phagenproteine und den Zusammenbau der Phagenpartikeln unbedingt notwendig sind. Um diese zwei RNS-Sorten zu trennen, haben CHESIN und ŠEMJAKIN die Methode der Pulsmarkierung und der Hybridisation von RNS mit DNS vereinigt und gezeigt, daß die frühe und die späte RNS verschiedene Abschnitte auf dem Molekül der Phagen-DNS besetzen. Es gelang auch zu bestimmen, daß sich die Schmelztemperatur der Hybriden frühe RNS-DNS und späte RNS-DNS unterscheidet, was von einer unterschiedlichen Nukleotidzusammensetzung dieser RNAs zeugte.
Die Entdeckung einer neuen Klasse von Nukleinsäuren — der Ribonuklein-Messenger-RNS — hat die Einwände beseitigt, die hinsichtlich der Richtigkeit des Schemas DNS-RNS-Protein ausgesprochen worden waren.
Die Hypothese von JACOB und MONOD, die die Existenz und das Verhalten einer bis dahin unbekannten Klasse von Nukleinsäuren vorausgesagt hatten, wurde vollständig bestätigt.
Ein nicht weniger hervorragendes Beispiel einer wissenschaftlichen Voraussage war die „Adaptor"-Hypothese von CRICK über die Existenz einer anderen Klasse von Ribonukleinsäuren — der Adaptor-RNAs (Transport-RNAs, Transfer-RNAs).
Als Voraussetzung für die Schaffung der Adaptorhypothese dienten die Schwierigkeiten bei der Aufklärung der sterischen Wechselwirkung der Nukleinsäurematrize für die Proteinsynthese und der Aminosäuren, die sich zur Polypeptidkette zusammenlagern. Die Länge dreier Nukleotide, die eine Aminosäure codieren (Triplett), beträgt ungefähr 10 Å, während die mittlere Länge eines Aminosäurerestes der Proteinkette 3 Å nicht überschreitet. Es ist ebenso schwierig, sich vorzustellen, auf welche Weise die Wechselwirkung erfolgt, wie die Aminosäure ihren Platz bei der Proteinsynthese „erkennt".
Um diese Schwierigkeiten zu umgehen, schlug CRICK vor, daß in der Zelle besondere Adaptor-RNAs vorhanden sind, deren Rolle erstens auf eine spezifische

Vereinigung mit der Aminosäure und zweitens auf die Erkennung des Platzes am Messengermolekül entsprechend der vorliegenden Aminosäure hinauslaufen müßte. Weil es in der Zelle nicht weniger als zwanzig Typen Aminosäuren gibt, müßte man die Existenz von nicht weniger als zwanzig Sorten Adaptor-RNAs annehmen. Außerdem nahm CRICK die Existenz von nicht weniger als zwanzig Arten besonderer Enzyme an, deren jedes die Vereinigung einer vorgegebenen Aminosäure mit einer RNS entsprechenden Typs steuern sollte.

Eine solche Hypothese erklärte vorzüglich alle Momente der Wechselwirkung von Nukleinsäure und Aminosäuren. Bevor sie jedoch experimentell bestätigt wurde, vergingen mehr als 3 Jahre. HOGLAND, STEPHENSON, KELLER und andere aus dem Laboratorium von SAMETCHNIK (USA) u. AGATA, NACHARA und MORITO (Japan) stellten niedermolekulare, lösliche Ribonukleinsäuren fest, die durch kovalente Bindung mit Aminosäuren vereinigt waren. Weitere Untersuchungen haben gezeigt, daß dies auch Moleküle der von CRICK vorausgesagten Adaptor-RNS sind. Heute verwendet man anstelle des Terminus „Adaptor- (oder lösliche) Säuren“ den Terminus „Transfer-RNAs“ (abgekürzt t-RNS).

Ein glänzender Beweis der Adaptor-Hypothese wurde in dem Experiment von CHAPEVILLE, LIPPMAN, EHRENSTEIN, VEINSBLUM, REY und BENZER (1962) geliefert. Um zu erkennen, was das Anordnen der Aminosäure am notwendigen Platz bestimmt — der Aminosäure selbst oder der ihr entsprechenden Transfer-RNS —, verfuhren die Autoren auf folgende Weise. Aus den Untersuchungen von NIRENBERG und OCHOA war bekannt, daß ein synthetisches Polyribonukleotid, das aus Uridyl- und Guanylsäuren zusammengesetzt ist (Poly-UG), als Matrize für den Einbau der Aminosäure Cystein in das Protein erscheint. Nach Schaffung eines Systems zur zellfreien Proteinsynthese, das aus Ribosomen, dem Überstand nach Zentrifugation eines Homogenates von *E. coli*-Zellen bei 105000 g und einer Matrize in Form von Poly-UG bestand, führten die Autoren in dieses System eine t-RNS ein, die bereits mit Cystein vereinigt war. Selbstverständlich konnte eine solche t-RNS (gemäß der Adaptorhypothese) nur eine Cystein-t-RNS sein. Es wurde festgestellt, daß unter diesen Bedingungen die Synthese eines Proteins erfolgt, das aus Cysteinresten besteht. Die Einführung von Alanin-t-RNS, die mit Alanin vereinigt ist, in ein solches System führte nicht zu einer merklichen Proteinsynthese: die Matrize Poly-UG codierte die Aminosäure Alanin nicht, und deshalb ging keine Proteinsynthese vor sich. Nachdem sie geprüft hatten, daß cys-t-RNS^{cys}[1]) aktiv und ala-t-RNS^{ala} nicht aktiv bezüglich der Proteinsynthese war, unternahmen die Autoren den folgenden Schritt. Mit Hilfe eines besonderen Katalysators — RANEY-Nickel — wurde von dem bereits an RNS gebundenen Cystein-Molekül eine SH-Gruppe abgetrennt, wodurch das Cystein in Alanin umgewandelt wurde (Abb. 16). Jetzt befand sich in den Händen der Forscher eine Transfer-RNS, die für Cystein spezifisch war,

[1]) In der Bezeichnung cys-t-RNS^{cys} zeigt die Vorsilbe „cys“ die Aminosäure Cystein an, die an die Cystein-Transfer-RNS gebunden ist. Die Silbe „cys“ oben nach dem Symbol t-RNS weist darauf hin, daß diese t-RNS als spezifisch für Cystein erscheint.

aber kein Cystein sondern Alanin trug. Vom Standpunkt der Adaptorhypothese CRICKS müßte sich eine solche anomale Aminoazyl-t-RNS wie eine Cystein-t-RNS verhalten, weil nach der Hypothese die wichtige Grundlage bei der Bestimmung der Spezifität der Anlagerung der Aminosäure nicht die Aminosäure selbst ist sondern jenes codierende Triplett, das bei der t-RNS vorhanden ist, die diese Aminosäure trägt. Weil die t-RNS durch die Desulfurierung nicht zerstört wurde und ihr Cystein-Triplett unverändert blieb, durfte man annehmen, daß die an diese t-RNS gebundene Aminosäure (im vorliegenden Falle Alanin) auch in das

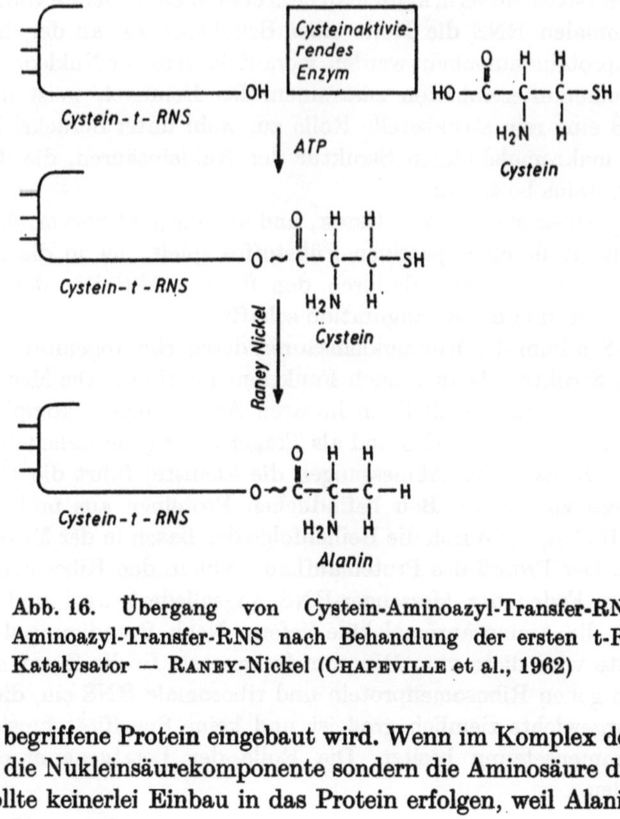

Abb. 16. Übergang von Cystein-Aminoazyl-Transfer-RNS in Alanin-Aminoazyl-Transfer-RNS nach Behandlung der ersten t-RNS mit einem Katalysator — RANEY-Nickel (CHAPEVILLE et al., 1962)

in Bildung begriffene Protein eingebaut wird. Wenn im Komplex der Aminazyl-t-RNS nicht die Nukleinsäurekomponente sondern die Aminosäure die Hauptsache wäre, so sollte keinerlei Einbau in das Protein erfolgen, weil Alanin nicht durch Poly-UG codiert wird.

In voller Übereinstimmung mit der Adaptorhypothese von CRICK wurde der Einbau der Aminosäure Alanin in die Protein-Fraktion registriert. Um zu beweisen, daß RANEY-Nickel nicht auf die Aminoazyl-t-RNS einwirkt, die keine SH-Gruppe hat, wurde mit diesem Katalysator eine Aminoazyl-t-RNS vom Typ Phenylalanin-t-RNS^{Phe} bearbeitet. Wie man auch erwarten sollte, erfolgte keinerlei Änderung der Aktivität dieser Adaptorsäure. Eine andere Behauptung der CRICKschen Hypothese (Existenz von nicht weniger als zwanzig verschiedenen t-RNAs und der gleichen Menge spezifischer Enzyme) wurde ebenfalls bewiesen.

Man muß noch einmal erwähnen, daß die Transfer-RNS ein kleines Molekulargewicht hat (ungefähr 25000) und in der Ultrazentrifuge mit einer Konstanten von annähernd 4S sedimentiert.

Die Rolle einer dritten Klasse von Ribonukleinsäuren — der ribosomalen — ist bisher nicht bekannt. Für eine direkte Beteiligung der r-RNS am Prozeß der Proteinsynthese liegen jedenfalls keine Daten vor. Ribosomale RNAs stellen 80—90% der Gesamt-RNS der Zelle dar, ihre Molekulargewichte sind ziemlich hoch und betragen 0,4—1,3 · 10^6. Es gibt Daten über den Selbstaufbau der Ribosomen aus Ribosomenprotein und RNS. Unter den Hypothesen, die sich hinsichtlich der Rolle der r-RNS äußern, kann man zwei erwähnen. Die erste von A. S. SPIRIN wies der ribosomalen RNS die Rolle einer Schablone zu, an der die Moleküle des Ribosomenproteins aufgebaut werden, worauf dann dieser Nukleoproteidstrang sich zu Ribosomenuntereinheiten zusammenrollt. Demnach weist diese Hypothese der RNS eine rein strukturelle Rolle zu, wohl unter Berücksichtigung der Spezifität der makromolekularen Struktur der Nukleinsäuren, die die Aufbauordnung des Proteins bestimmt.

Die zweite Hypothese stammt von CRICK, und aus ihr geht hervor, daß die ribosomale RNS die Rolle eines passiven Füllstoffes spielt, der in die Ribosomenproteine eingelagert wird und dadurch den für die Aktivität der Ribosomen notwendigen Raum und die Konfiguration schafft.

Somit hat das Studium der Ribonukleinsäuren deren Heterogenität sowohl nach Ausmaßen und Struktur als auch nach Funktionen enthüllt. Die Messenger-RNS erwies sich als die größte nach ihren linearen Abmessungen, komplementär zu bestimmten Abschnitten der DNS und als Trägerin der genetischen Information. Die Transfer-RNS (nach den Abmessungen die kleinste) führt die Übertragung der Aminosäuren zu den im Bau befindlichen Proteinen aus und hilft ihnen, ihren Platz zu finden, der durch die Reihenfolge der Basen in der Messenger-RNS vorgegeben ist. Der Prozeß des Proteinaufbaus geht in den Ribosomen vor sich, an die der lange Faden der Messenger-RNS angegliedert wird und denen die Transfer-RNAs die Aminosäuremoleküle liefern. Nach Beendigung des Aufbaus der Proteinkette wird diese vom Ribosom freigesetzt. In die Zusammensetzung der Ribosomen gehen Ribosomenprotein und ribosomale RNS ein, die bezüglich ihres Molekulargewichts ziemlich groß ist und keine Spezifität hinsichtlich der Nukleotidzusammensetzung besitzt. Die Rolle der Letztgenannten ist nicht bestimmt worden.

KAPITEL 2

Modifikationen der Primär- und Sekundärstruktur von Nukleinsäuren

Primär-, Sekundär- und Tertiärstrukturen

Unter der Primärstruktur polymerer Moleküle wird, wenn man LINDERSTRÖM-LANG folgt, der diesen Terminus für Proteine vorgeschlagen hat, eine Kette von Hauptvalenzen verstanden, die durch kovalente (chemische) Bindungen gehalten wird. Im Falle der Proteine bildet die Primärstruktur die Aufeinanderfolge der Aminosäuren, die in der Polypeptidkette vereinigt sind, im Falle der Nukleinsäuren wird die Primärstruktur durch die Reihenfolge der Nukleotide längs des Polymerfadens gegeben.

Zwischen den Gliedern der Polypeptidkette und den Basen des DNS-Fadens erfolgt eine Wechselwirkung offensichtlich wegen der Bildung von Wasserstoffbindungen. Die hierbei entstehenden Spiralstrukturen (PAULING—COREY-Spirale

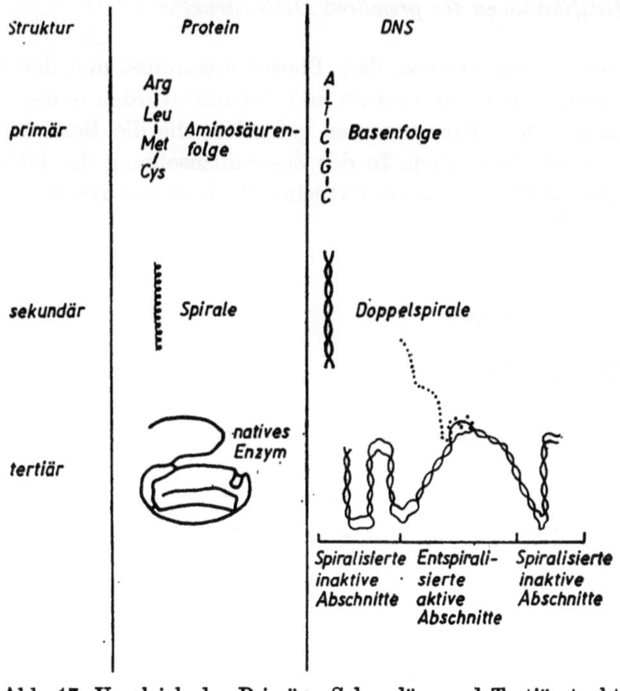

Abb. 17. Vergleich der Primär-, Sekundär- und Tertiärstruktur von Protein und DNS (FREESE, 1964)

im Fall der Proteine und DNS-Doppelspirale nach WATSON–CRICK) stellen die Sekundärstruktur dar. Die geordnete räumliche Organisation der Moleküle bedingt ihre intramolekulare Kristallisation.

Störungen der regelmäßigen Sekundärstruktur führen zur Krümmung der Spiralmoleküle, zur Bildung amorpher Abschnitte. Solche Störungen der Sekundärstruktur werden durch Ursachen hervorgerufen, die noch nicht bis zum Ende aufgeklärt sind (Bildung von Disulfidbrücken; Vorkommen monomerer Glieder, die die Regelmäßigkeit stören, wie z. B. Prolin und Oxyprolin in Proteinen, die die Biegungswinkel der Polypeptidkette deutlich ändern; Auftreten von VAN DER WAALS-Kräften zwischen den Radikalen der Moleküle usw.).

Das Verpacken der gebogenen Proteinketten in kompakte globuläre Strukturen führt zur Bildung der Tertiärstruktur. Man muß darauf hinweisen, daß eine solche Verpackung im Knäuel die freie Energie des Polymers stark verringert und ziemlich langen Strukturen gestattet, ein kompaktes Volumen einzunehmen (so hat die DNS der Bakterien eine Länge von 700–900 μ, aber sie wird in eine Struktur mit einem Durchmesser von insgesamt 1 μ verpackt (CAIRNS, 1963)). Auf Abb. 17 ist ein schematischer Vergleich zwischen den Primär-, Sekundär- und Tertiärstrukturen von Protein und DNS angegeben.

Modifikationen der primären DNS-Struktur

Außer dem Zucker Desoxyribose, dem Phosphorsäurerest und den vier kanonischen Basen (Adenin, Thymin, Guanin und Cytosin) wurden in der DNS-Zusammensetzung auch andere Komponenten gefunden, die die Bezeichnung Minoritätskomponenten erhalten haben. In der Zusammensetzung der DNS der geradzahligen T-Phagen wurde anstelle von Cytosin 5-Hydroxymethylcytosin festgestellt:

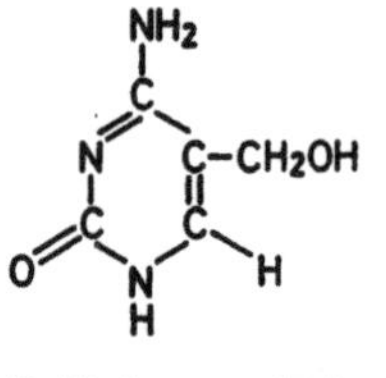

5-Hydroxymethylcytosin

Bei höheren Pflanzen und Tieren, aber auch in der DNS einiger Viren (z. B. *Polyoma-Virus*) erwies sich ein Teil des Cytosins als durch 5-Methylcytosin ersetzt.

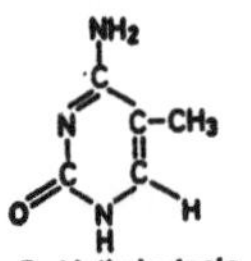

5-Methylcytosin

In der DNS von blaugrünen Algen wurden 6-Methylaminopurin und 5-Methylcytosin gefunden; 6-Methylaminopurin fand man auch in der Zusammensetzung der DNS von *T2*-Phagen. Auf je 200 Mol Adenin kommt 1 Mol 6-Methylaminopurin, was bei Umrechnung auf eine Phagenpartikel 500—600 ungewöhnliche Basen je DNS-Molekül ausmacht.

Außerdem wurde in der Zusammensetzung der DNS der geradzahligen *T*-Phagen Glukose festgestellt, die durch eine Glukosidbindung in 5-Stellung mit 5-Hydroxymethylcytosin verbunden ist:

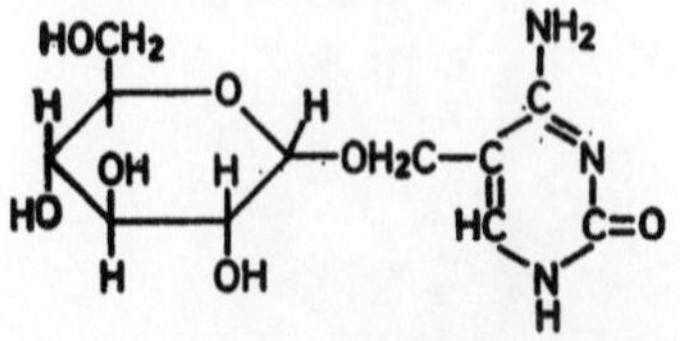

Wie mit Röntgenstruktur-Methoden gezeigt wurde (MOKUL'SKAJA u. a., 1966), behindert die Einführung der Glukose in das Innere der Doppelspirale den Übergang der A-Konfiguration in die B-Konfiguration (Abb. 18, 19). Abgesehen hiervon wurde ein Unterschied in der Menge der Glukosereste gefunden, die auf ein Hydroxymethylcytidylnukleotid bei verschiedenen Phagen kommen. Der Phage *T4* enthält nur mehrfach glukosidierte Basen, und bei den Phagen *T2* und *T6* trifft man neben nicht glukosidierten Basen mono- und diglukosidierte Basen (Tab. 1).

Tabelle 1

Glukosidierungsgrad von 5-Hydroxymethylcytosin (in %) bei Phagen der geradzahligen *T*-Gruppe

Bakteriophage	Ohne Glukose	ein Molekül Glukose	zwei Moleküle Glukose
T2	25	70	5
T6	25	72	3
T4	—	100	—

Die Unterschiede betreffen den Bindungscharakter zwischen der Glukose und der Hydroxylgruppe des Methylcytosins. Beim Phagen *T4* sind 68% der Glukose durch eine α-Glukosidbindung und 33% durch eine β-Glukosidbindung gebunden (Abb. 20).

Die Glukosidierung der DNS kann nicht nur an der Hydroxymethylgruppe des 5-Hydroxymethylcytosins erfolgen. In der DNS des transduzierenden Phagen *PBS-2* wurde Glukose gefunden, die an den Stickstoffring von Guanin und Cytosin gebunden war, aber auch Moleküle von Gentiobiose und an Desoxyribose gebundenes Uracil, und in einem Phagen, der *Bacillus subtilis* lysiert, 5-Hydroxymethyluracil.

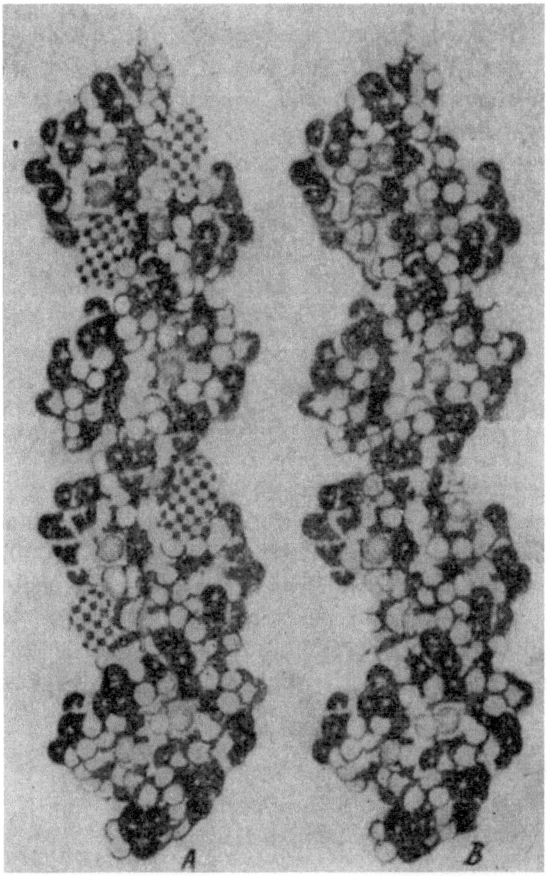

Abb. 18. Atommodelle der DNS in der B-Konformation

A — Glukosidierte DNS (Glukosereste gestrichelt); B — nichtglukosidierte DNS (MOKUL'SKAJA u. a., 1966)

Mannigfaltig modifizierte Basen wurden bei der Zusammensetzung der Transfer-RNAs gefunden. Bis jetzt ist die Struktur von sechs t-RNAs untersucht worden. Bei ihnen wurden nicht weniger als 10 ungewöhnliche Basen festgestellt (hauptsächlich methylierte), darunter Pseudouridylsäure, deren Ribose nicht an den Stickstoff, sondern an das 5. Kohlenstoffatom des Uracils gebunden ist, 1-Methyl- und N,N-Dimethylguanosin, Inosin- und 1-Methylinosinsäure.
Außerdem findet man in der Zusammensetzung von t-RNAs 5,6-Dihydrouracil und noch eine Klasse von Minoritätskomponenten, die Thionukleotide. Unter ihnen wurde 4-Thiouridin festgestellt.
Bisher haben wir von Komponenten der DNS und RNS gesprochen, die man in den Nukleinsäuren von Organismen findet, die unter natürlichen Bedingungen aufgewachsen sind. Man kann jedoch künstlich in die Zusammensetzung von

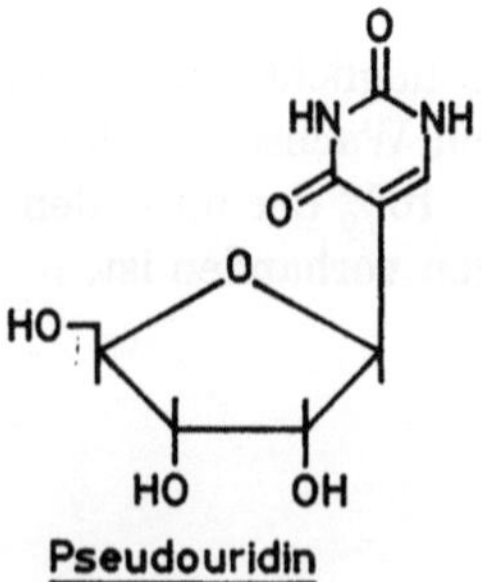

Pseudouridin

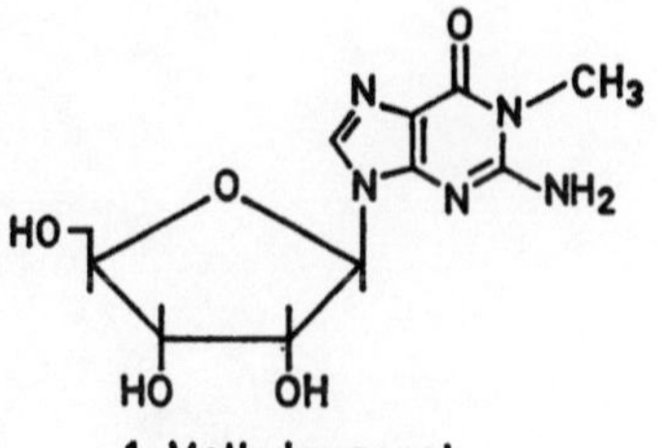

1-Methylguanosin

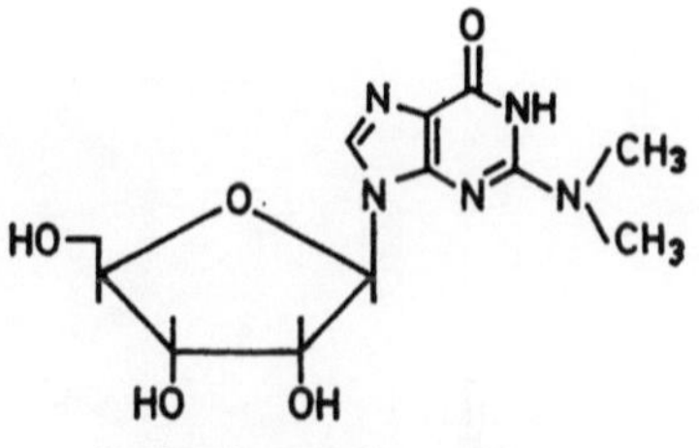

N, N — Dimethylguanosin

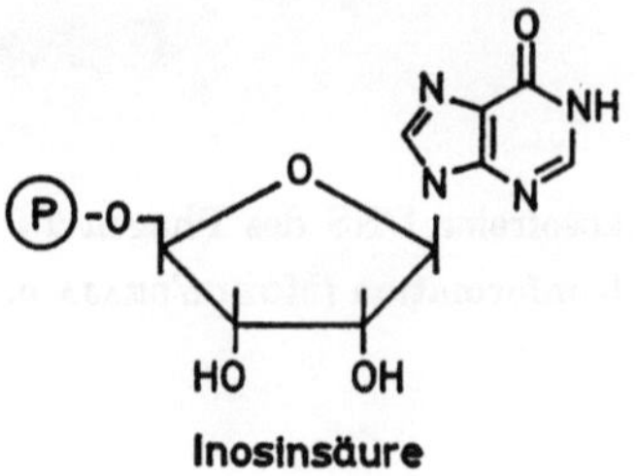

Inosinsäure

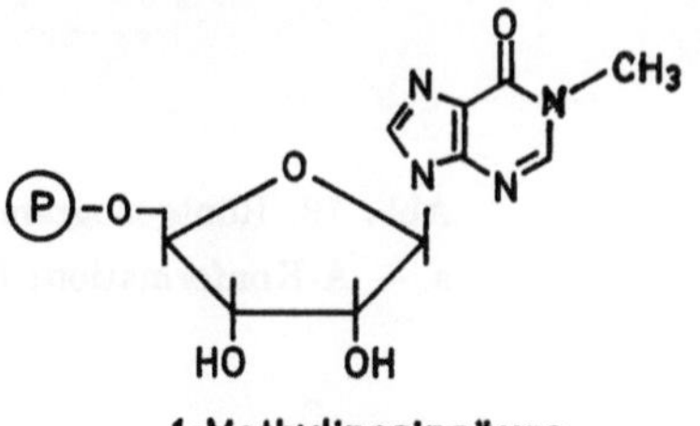

1-Methylinosinsäure

DNS und RNS verschiedene Abkömmlinge der normalen Nukleotide einführen, z. B. halogenierte Basen: Bromuracil, Joduracil, Fluoruracil, Chloruracil, Bromcytosin. An Stelle von Guanin kann Hypoxanthin eingebaut werden.
Die Einführung ungewöhnlicher Basen kommt im Grunde nicht in den Matrizeneigenschaften der Vererbungsmoleküle zum Ausdruck, weil Organismen mit veränderten Basen sich weiter entwickeln.
Hierbei ändern sich jedoch viele ihrer Eigenschaften deutlich (Strahlenempfindlichkeit, Mutabilität).
Die genetische Rolle der Modifikationen der Primärstruktur ist bisher ungenügend aufgeklärt worden. Was die Glukosidierung betrifft, so spielt sie eine wichtige Rolle bei der Erscheinung der „Modifikation durch Wirkung der Wirtszelle" („host cell modification"). So ist der Phage *T2*, der in Zellen von *E. coli B/3*, *B/7* oder *B/4* gewachsen ist, die das Enzym nicht enthalten, das die Glukosi-

dierung der Phagen-DNS ermöglicht, zur nachfolgenden Vermehrung in Zellen *E. coli B* unfähig. Nach dem Wachsen in den *B/3*- und *B/7*-Zellen enthielt der Phage *T2* nicht mehr als 5—10% der normalen Glukosemenge, die in einem auf *E. coli B* gewachsenen Phagen vorhanden ist.

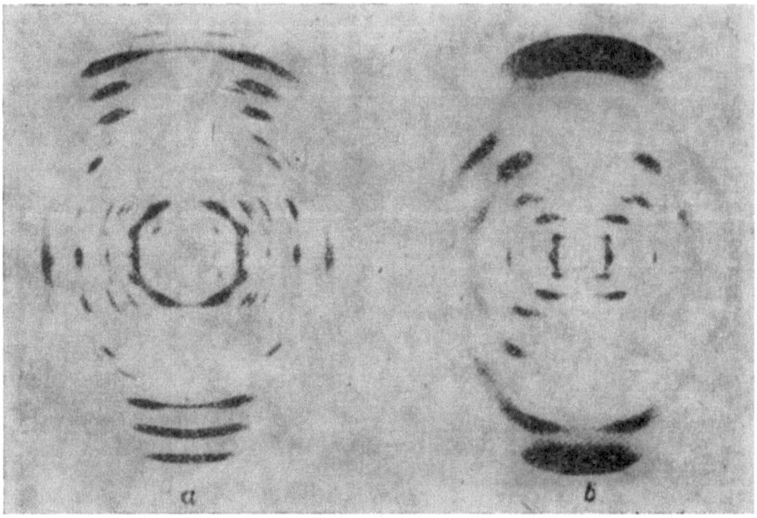

Abb. 19. Röntgenogramme glukosefreier DNS des Phagen *T2*
a — A-Konformation; b — B-Konformation (Mokul'skaja u. a., 1966)

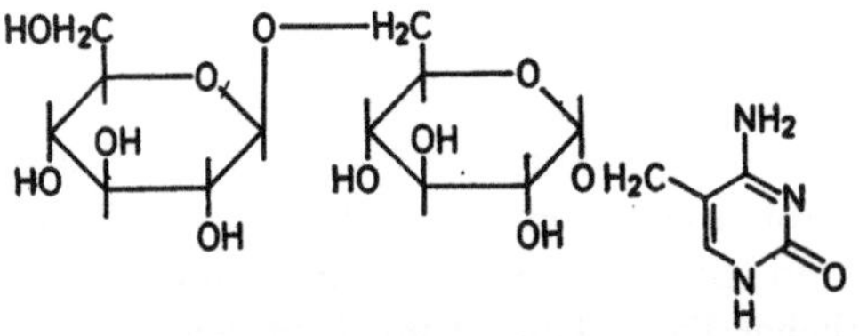

Abb. 20. Struktur des diglykosilierten Hydroxymethylcytosins

Ein solcher glukosefreier Phage konnte sich jedoch in den Zellen von *Shigella* vermehren, wobei nach der Vermehrung bei ihm die Ausgangsmenge an Glukose wiederhergestellt wurde und er zugleich die Fähigkeit zur Vermehrung in Zellen von *E. coli B* wiedererlangte.
Es ist möglich, daß die Glukosidierung die DNS des Phagen vor der Zerstörung durch Nukleasen schützt.

Methylierung der Nukleinsäuren

Unter den verschiedenen Modifikationen der Primärstruktur von Nukleinsäuren ist deren Methylierung am vollständigsten untersucht worden.
Methylgruppen beeinflussen die Struktur der Nukleinsäuren. Die Einführung einer hydrophoben Methylgruppe in die Struktur einer Purin- oder Pyrimidinbase ändert vor allem die Konformation des Nukleinsäuremoleküls und beeinflußt die Verteilung der Elektronendichte. Dies kann man am Beispiel des Methylguanins oder des 7-Methyldesoxyguanosins demonstrieren. (Abb. 21).
Die Einführung einer Methylgruppe in 7-Stellung führt dazu, daß die N-Glykosidbindung labil wird und im sauren Medium eine Abspaltung der Base unter Frei-

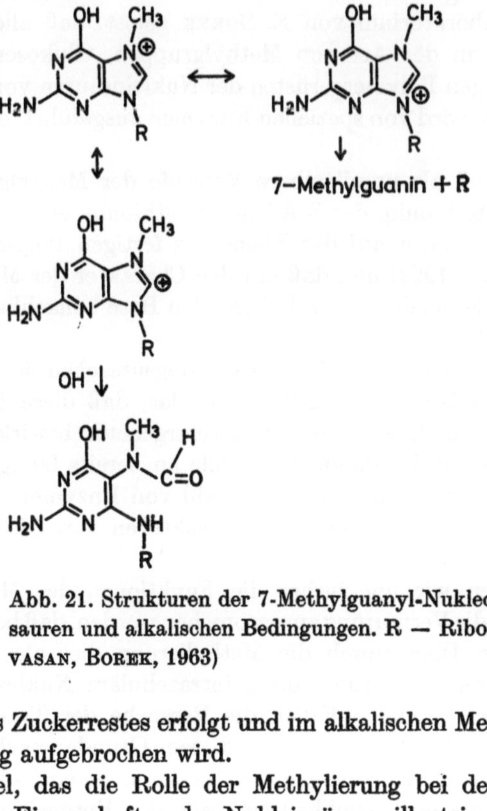

Abb. 21. Strukturen der 7-Methylguanyl-Nukleoside und ihr Verhalten unter sauren und alkalischen Bedingungen. R — Ribose oder Desoxyribose (Srinivasan, Borek, 1963)

setzung des Zuckerrestes erfolgt und im alkalischen Medium der Purinring an der 8,9-Bindung aufgebrochen wird.
Als Beispiel, das die Rolle der Methylierung bei der Änderung der physikochemischen Eigenschaften der Nukleinsäuren illustriert, kann der Vergleich von Polyuridyl- und Polythymidylsäure dienen. Da Thymin ein methyliertes Uracil darstellt (5-Methyluracil), kann die Polyribothymidylsäure als hochmethyliertes Polymer der Uridylsäure betrachtet werden. Polyuridyl- und Polythymidylsäure besitzen äußerst verschiedene Schmelztemperaturen.
Die Polyuridylsäure in Lösung stellt eine Zufallsspirale mit einer Schmelztemperatur von 8,5° dar, während Polythymidylsäure bei 36° schmilzt, was für den

hohen Ordnungsgrad zeugt (SHUGAR, SZER, 1962). Ebenso ändert sich die Fähigkeit zur Hybridisation mit Polyadenylsäure. Poly-T bindet sich bei weitem leichter durch Wasserstoffbindungen mit Poly-A als Poly-U.

Die Existenz einer breiten Klasse von Minoritätsverbindungen unter natürlichen Bedingungen schien den WATSON—CRICK-Regeln zu widersprechen. Wenn in der WATSON—CRICK-Theorie wirklich nur die Wechselwirkungen der kanonischen Basen (A + T und G + C) betrachtet worden sind, erscheint dann die Feststellung von Minoritätskomponenten in DNS und RNS nicht tatsächlich als Widerlegung oder wesentliche Korrektur der Theorie?

Die Befürchtungen bezüglich der Unrichtigkeit der WATSON—CRICK-Beziehungen erwiesen sich als unnötig. Die Paradoxa, die mit der Existenz der Minoritätskomponenten zusammenhängen, wurden durch die Beobachtungen der fundamentalen Tatsache im Laboratorium von E. BOREK gelöst, daß alle Modifikationen der Nukleinsäuren in der Art von Methylgruppen, Glukoseresten usw. in der Zelle an bereits fertigen Polymergerüsten der Nukleinsäuren vorgenommen werden. Ein solcher Ausbau wird von speziellen Enzymen ausgeführt, die Nukleinsäuren methylieren.

Es gelang festzustellen, daß als unmittelbare Vorstufe der Methylgruppen ein Derivat der Aminosäure Methionin, das S-Adenosylmethionin, erscheint und der Einbau der Methylgruppen selbst auf der Ebene des fertigen Polymermoleküls erfolgt (SRINIVASAN, BOREK, 1964) und daß auf den Charakter der Methylierung bis zu einem gewissen Grade die der zu methylierenden Base banachbarten Basen einwirken (DOSKOČIL, 1966).

Nach äußerst erfolgreicher Suche nach den Entstehungsursachen der Anomalien in der Primärstruktur von DNS und RNS wurde klar, daß diese Entdeckung keinerlei Aufhebung der Grundgesetze der Molekulargenetik bewirkt, weil der Einbau von Methylgruppen in die Polymermoleküle an bereits fertigen Blöcken ausgeführt wurde. Schließlich wurde eine große Zahl von Enzymen (mindestens 10) gefunden, die verschiedene Gruppen in die Strukturen von DNS und RNS einfügen können.

Nichtsdestoweniger können wir uns bisher die Funktionen der Methylierung nicht klar vorstellen. Es ist die Vermutung ausgesprochen worden, daß bei Änderung der Sekundärstruktur der DNS durch die Methylierung dies als Faktor des Schutzes der DNS vor ihrer Zerstörung durch intrazelluläre Nukleasen dienen kann. Bekanntlich endeten in vielen Fällen die Versuche der Transformation durch fremdartige DNS ergebnislos gerade aus diesem Grunde: nach dem Eindringen in die Zelle wurden die fremdartigen DNAs durch deren Nukleasen zerstört. Diese Annahme wurde noch stichhaltiger nach der Entdeckung der Artspezifität der Desoxyribonukleasen, aber auch nach der Feststellung eines Zusammenhanges zwischen der Methylierung und der Modifikation von Phagen durch die Wirtszelle.

So wurde auch angenommen, daß Methylgruppen irgendeine Rolle beim Beginn der Informationsablesung an der DNS spielen können. Zu dieser Zeit wurde in einzelnen Experimenten eine Abnahme der Matrizenaktivität von Polyuridyl-

und Polycytidylsäure nach Methylierung festgestellt. Auf dieser Basis wurde die Hypothese entwickelt, daß die Methylierung zur Ausschaltung der Matrizenaktivität dient.

Fast ganz am Anfang der Entdeckung von Methylierungsenzymen wurde die Meinung ausgesprochen, daß diese Enzyme an der Cancerogenese und an der Zelldifferenzierung höherer Organismen teilnehmen können.

Bedeutungsvoll ist die Beobachtung, daß die Methylierung von Polyadenylsäure deren Matrizeneigenschaften deutlich ändert: sogar eine unbedeutend methylierte Poly-A hört auf, die Synthese von Polylysin zu codieren. Ein ähnlicher Effekt wurde im Verhalten mit der Polyuridyl- und Polyribothymidylsäure beobachtet.

Was die Rolle der Methylgruppen in der Struktur der t-RNS betrifft, so sollte man auch von der großen Widersprüchlichkeit der vorhandenen Daten sprechen. Revell und Littauer (1966) haben eine Änderung der Akzeptorfähigkeit von methylierten t-RNAs im Vergleich zu nichtmethylierten festgestellt. Im ersten Falle wurde eine größere Spezifität der Bindung an m-RNS als bei nichtmethylierter t-RNS registriert und gezeigt, daß die Methylierung die Codonspezifität der phe-t-RNS ändert. Als Gegengewicht zu den Daten von Revell und Littauer hat Fleissner (1967) keinerlei Unterschied in den Codierungseigenschaften von normaler und submethylierter Phenylalanin-t-RNS beobachtet. Capra und Peterkofsky (1968) haben jedoch festgestellt, daß methylfreie Leucin-t-RNS im wesentlichen an Poly-CU gebunden wird, während normale t-RNS^{leu} Komplexe mit Poly-CU und Poly-UG mit gleicher Leichtigkeit bildet. Die Autoren gelangten zu dem Schluß, daß die Anwesenheit einer stark hydrophoben Gruppe in der Nähe des Anticodons die Realisierung der Codierungseigenschaften der Transfer-RNS fördert.

Im Laboratorium von A. A. Baev (Zacharjan, Venkstern, Baev, 1967) wurde die Frage nach der Rolle der Methylierung der Endgruppe ACC eines Mischpräparates von t-RNAs aus Bäckerhefe untersucht. Die aus dieser Quelle gewonnenen t-RNAs wurden chemisch methyliert, worauf sowohl die physikochemischen Kennziffern der nativen und methylierten t-RNS (Schmelzkurven, Sedimentationskonstanten, Zirkulardichroismus, Absorptionsspektrum), als auch die Akzeptoraktivität beider Typen von t-RNS untersucht wurden. Eine Methylierung des Endtripletts der t-RNS, die schon früher von Ebel und Mitarbeitern (Weil, Befort, Reither, Ebel, 1964; Bollack, Keith, Ebel, 1965) bemerkt worden ist, wurde endgültig bewiesen, und es wurde außerdem festgestellt, daß die Methylierung des endständigen Adenosins bei weitem schneller erfolgte als die Methylierung der Adenosine im Innern des t-RNS-Moleküls. Dadurch wurde wiederum die Rolle der Sekundärstruktur für die Methylierung der Basen bestätigt.

Modifikationen der Sekundärstruktur von Nukleinsäuren

Einsträngige DNS

Die allgemeine Verbreitung der zweisträngigen DNS, die von WATSON und CRICK vorausgesagt worden war, wurde bis 1959 als Regel angesehen, als SINSHEIMER (1959a, b) und dann TESSMAN (1959a, b, c) im Bakteriophagen *ΦX174* eine einsträngige DNS feststellten. Daß die Nukleinsäure des Phagen *ΦX174* eine DNS und keine RNS darstellte, folgte aus ihrer Resistenz gegen RNase und Alkalien, aus ihrer Hydrolysierbarkeit durch DNase und auch aus der positiven Reaktion auf Desoxypentose.

Für die Einsträngigkeit wurde durch die Resultate verschiedener Untersuchungsmethoden so überzeugend argumentiert, daß keinerlei Zweifel an der Realität der Existenz einsträngiger DNS aufkamen.

Vor allem wurde bei Messung der optischen Dichte (OD) eines DNS-Präparates im Ultraviolett im Temperaturbereich von 0—90° eine Anomalie festgestellt, die die DNS von *ΦX 174* vor der DNS anderer Arten deutlich auszeichnet. Es wurde ein fließendes Anwachsen der OD anstatt eines deutlich ausgeprägten Sprunges der OD bei der Denaturierung beobachtet. Ein solches fließendes Anwachsen begleitete immer die denaturierte einsträngige DNS.

Die zweite anomale Eigenschaft der DNS von *ΦX 174* war der Verstoß gegen die CHARGAFFschen Regeln: es gab keine Gleichheit der molaren Konzentrationen von A und T und G und C, die Thyminkonzentration im Bezug auf die als Einheit angenommene von Adenin war gleich 1,32, die von Guanin 0,98 und die von Cytosin 0,80. Das letzte wies ebenfalls auf das Fehlen der komplementären WATSON—CRICK-Spirale hin.

Das Fehlen der Doppelspiraligkeit bestätigten überzeugend die Resultate der Wechselwirkung von Formaldehyd mit *ΦX174*-DNS.

Formaldehyd, das eine Hydroxymethylierung von Aminogruppen der DNS-Basen nach dem Schema $-NH_2 + CH_2O \rightarrow -NH-CH_2OH$ realisiert, kann nur mit den freien Basen der denaturierten DNS in Wechselwirkung treten. Es trat jedoch leicht mit der DNS von *ΦX174* in Wechselwirkung, was zweifellos zu Gunsten der Einsträngigkeit dieses Moleküls sprach.

Nicht weniger charakteristisch war die Kinetik der Inaktivierung dieser DNS beim Zerfall von ^{32}P, der sich unter dem Phosphor der Zuckerphosphatkette befand. Ein Vergleich der Inaktivierungskinetik von *ΦX174*-DNS mit derjenigen von *T2*-DNS hat gezeigt, daß die erstgenannte mehr als 10mal empfindlicher gegen den ^{32}P-Zerfall ist. Die Effektivität der Inaktivierung näherte sich in diesen Falle dem Wert eins, und dies sprach dafür, daß jeder ^{32}P-Zerfall einen *ΦX174*-DNS-Strang zerriß. Eine solche Erscheinung konnte nur in dem Fall beobachtet werden, wenn die DNS durch einen Strang repräsentiert wurde. *ΦX174*-DNS unterschied sich in der Dichte nicht von zweisträngiger DNS. Bei der Gradientenzentrifugation wurde für zweisträngige DNS die Zahl 1,72 g/cm³ erhalten, während die Dichte von *ΦX174*-DNS 1,70 g/cm³ betrug.

Eine Bestätigung der Einsträngigkeit von *ΦX 174*-DNS wurde auch in Experimenten über das Mutieren dieses Phagen unter Einwirkung von salpetriger Säure erhalten (TESSMAN, 1959a, b). Bei Phagen mit zweisträngiger DNS war in der Mehrzahl der Fälle zur Vollendung der Mutation eine Replikation der DNS erforderlich, und die Nachkommenschaft der mutierten DNS bestand aus einem Gemisch normaler Formen und Mutanten, aber bei *ΦX 174* wurde die Entstehung der Mutante sofort beobachtet, und ihre ganze Nachkommenschaft war rein mutiert (Abb. 22). Die Liste der Bakteriophagen mit einsträngiger DNS ist nicht allein auf *ΦX 174* begrenzt.
Einsträngige DNS enthalten auch die Phagen *fR*, *f1*, und *fd*.

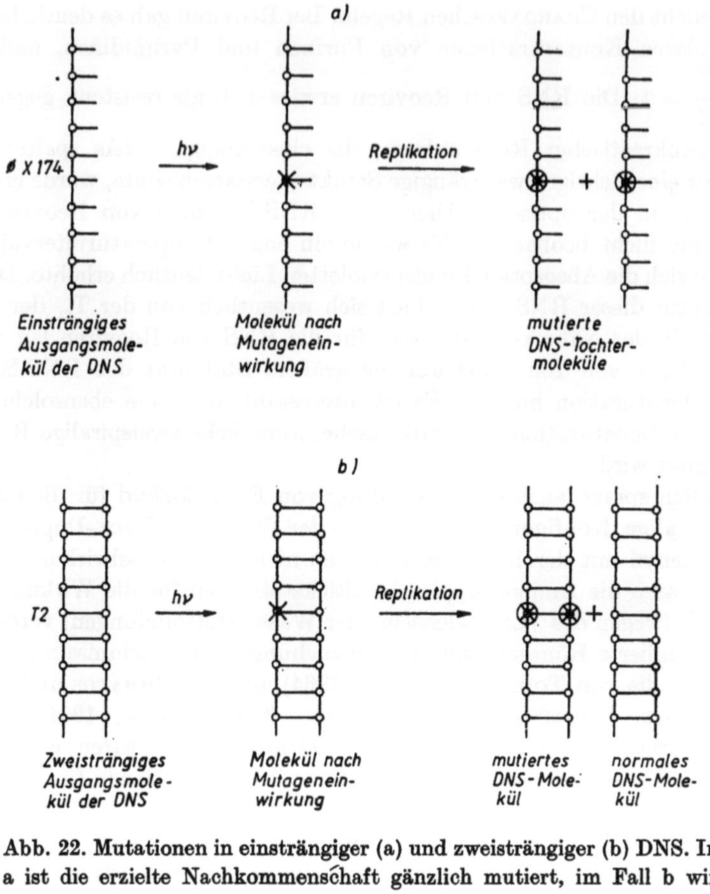

Abb. 22. Mutationen in einsträngiger (a) und zweisträngiger (b) DNS. Im Fall a ist die erzielte Nachkommenschaft gänzlich mutiert, im Fall b wird ein gemischter Klon gebildet

Zweisträngige RNAs

Es erfolgte eine Veränderung der Ansichten auch über die Sekundärstruktur der RNS. Lange Zeit fanden die Forscher nur einsträngige RNS-Moleküle. Tatsächlich sprachen viele Experimente dafür, daß eine partielle Spiralisierung der RNS erfolgt, und solche Spiralabschnitte wechseln mit amorphen, strukturlosen Abschnitten ab. Nichtsdestoweniger mußte die Ansicht von der RNS als ausschließlich einsträngiger Struktur überprüft werden, nachdem GOMATOS, TAMM, DAILY und FRANKLIN 1962 bei der Zusammensetzung tierischer Viren — Reoviren, und dann 1963 beim *Wundtumorvirus* der Pflanzen zweispiralige RNS beobachtet haben.

Gewöhnlich entspricht die Nukleotidzusammensetzung der RNS verschiedener Arten nicht den CHARGAFFschen Regeln. Bei Reoviren gab es deutliche Gleichheit der molaren Konzentrationen von Purinen und Pyrimidinen, außerdem war $\frac{A + C}{U + G} = 1$. Die RNS von Reoviren erwies sich als resistent gegen die Wirkung pankreatischer Ribonuklease, die einsträngige RNAs spaltet. Wie man auch für eine richtige zweisträngige Struktur erwarten sollte, wurde ein fließender Übergang in der optischen Dichte der RNS-Moleküle von Reoviren bei ihrer Erhitzung nicht beobachtet. Es wurde ein enges Temperaturintervall gefunden, bei dem sich die Absorption im ultravioletten Licht deutlich erhöhte. Die Schmelztemperatur dieser RNS unterschied sich wesentlich von der T_m der DNS. DNS schmolz in der Nähe von 90°, aber für die RNS von Reoviren lag diese Größe in der Nähe von 100°, was auf die größere Stabilität des RNS-Moleküls bei Wärmedenaturation hinwies. Es ist interessant, daß eine ebensolche Erhöhung der T der Denaturation für synthetische, künstliche zweispiralige Ribopolymere beobachtet wird.

Schließlich sprach auch die Anwendung von Formaldehyd für die streng geordnete spiralige Konfiguration vom Typ der WATSON—CRICK-Doppelspirale, weil Formaldehyd mit der RNS von Reoviren nicht in Wechselwirkung trat. Infolgedessen waren die Aminogruppen der Stickstoffbasen für die Wirkung des Formaldehyds (wegen des Vorhandenseins der Wasserstoffbindungen) verdeckt.

Eine detaillierte Röntgenstrukturuntersuchung vom Natriumsalz der RNS eines Reovirus, die von TOMITA und RICH (1964) und von GOMATOS und Mitarbeitern (LANGRIDGE, GOMATOS, 1963; GOMATOS, KLUG, TAMM, 1964) durchgeführt wurde, ergab eine für orientierte zweisträngige Strukturen charakteristische Streuung der Röntgenstrahlen, die Reflexe liefert, die denen für die A-Konfiguration zweisträngiger DNS ähnlich sind.

Eine Analyse der Matrizenaktivität der RNS von Reoviren hat gezeigt, daß sie RNS-Polymerase zur Synthese der Polynukleotide verwenden kann, deren Zusammensetzung mit der Matrize völlig identisch ist. Zur Synthese werden Ribonukleosidtriphosphate verwendet. Die Einführung von Aktinomycin D unterdrückte die Synthese.

Die Doppelspiraligkeit bedingte die Änderung einer Reihe biologischer Eigenschaften von Viren mit zweisträngiger RNS. Insbesondere ist die Vermehrungsgeschwindigkeit von Reoviren bei weitem kleiner als bei Viren mit einsträngiger RNS. Die Infektion mit Reoviren führt zur Unterdrückung der DNS-Synthese der Wirtszelle.

Ringförmige DNAs

Die ersten überzeugenden Beweise zugunsten der Ringförmigkeit der DNS wurden für Bakterien-DNS geliefert (Žakob, Vol'man, 1962). Die Grundlage für eine derartige Schlußfolgerung waren die Daten einer genetischen Analyse der Reihenfolge von Marken, die bei Verwendung verschiedener Hfr-Linien in das Rezipientenbakterium von *E. coli* eintreten. Die hierbei erzielten Daten konnten nur unter Annahme der Ringförmigkeit der nativen Bakterien-DNS und der Möglichkeit ihres Bruches an verschiedenen Punkten erklärt werden. Die geistreiche Hypothese von Jacob und Wollman, die die Wechselwirkung des F-Faktors

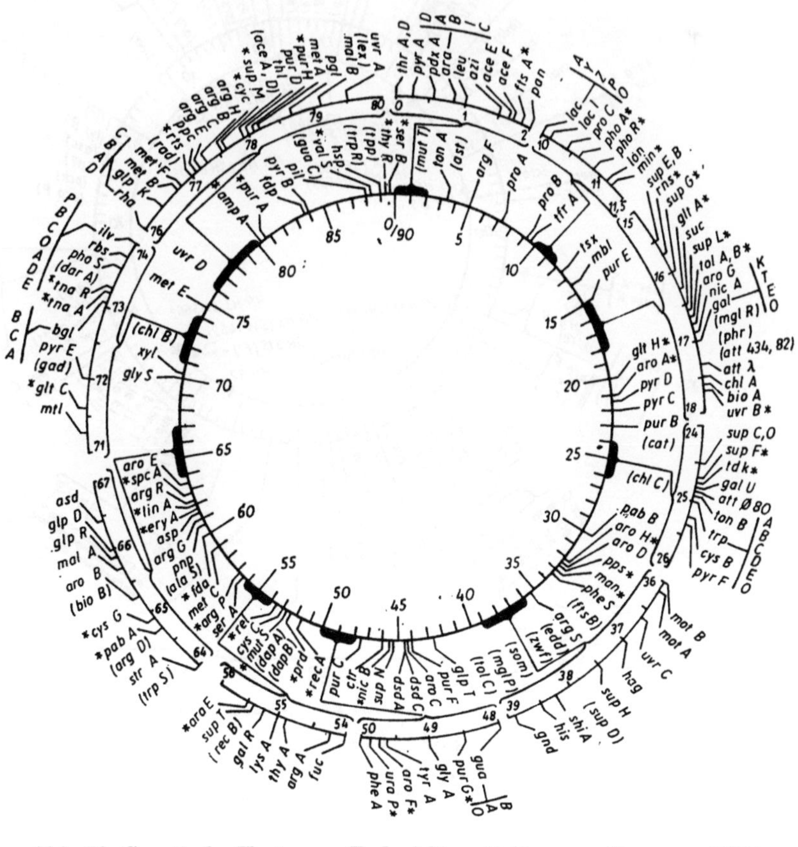

Abb. 23. Genetische Karte von *Escherichia coli* (Taylor, Trotter, 1967)

und des Bakterienchromosoms und die Reihenfolge des Eintritts der Chromosomen bei der Konjugation erklärt hatte, erhielt später in den Experimenten der gleichen Autoren eine Bestätigung.

Die Schlußfolgerung der Zirkularität bakterieller DNS wurde elektronenmikroskopisch durch Cairns (1963) bestätigt. Auf den Abb. 23 u. 24 sind die ringförmigen genetischen Karten der Bakterien *Escherischia coli* und *Salmonella typhimurium* angegeben.

Die Ringförmigkeit der DNS wurde auch für Phagen-DNAs festgestellt.

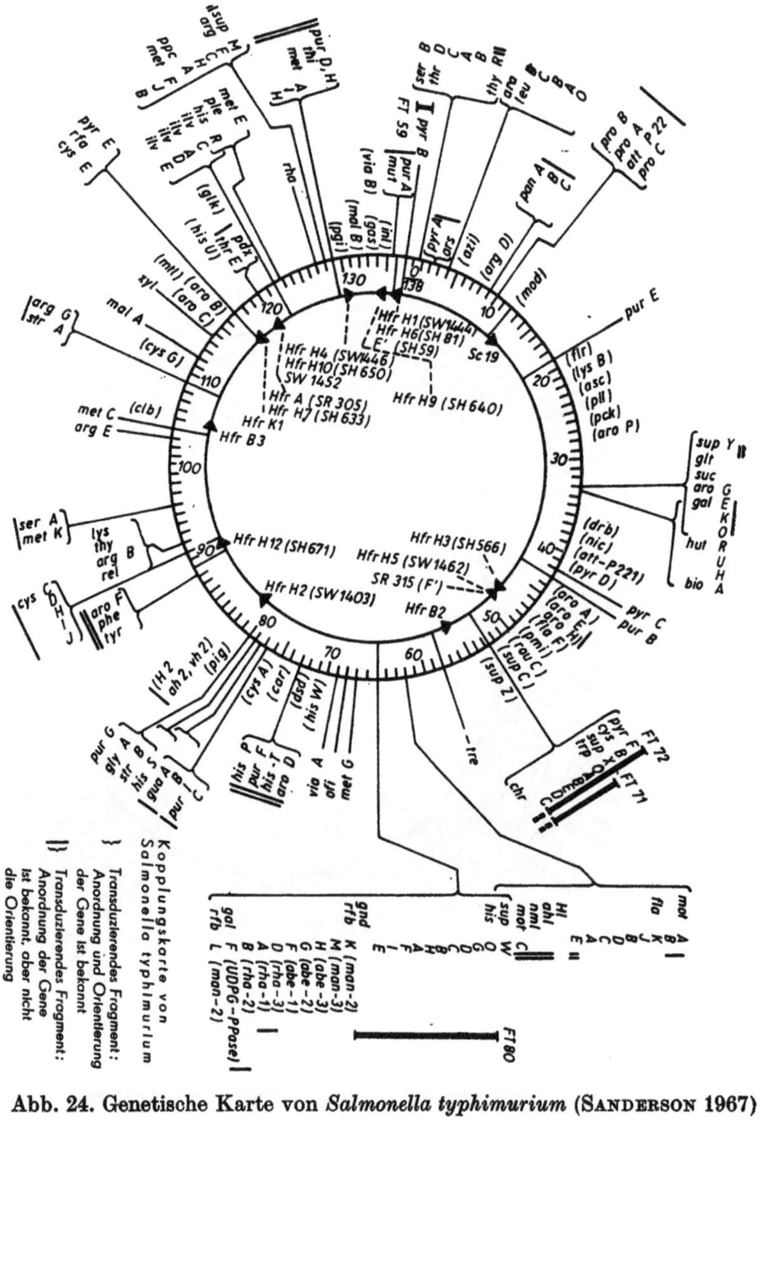

Abb. 24. Genetische Karte von *Salmonella typhimurium* (Sanderson 1967)

Der erste Beweis dieser Art wurde von FIERS und SINSHEIMER (1962) für den Phagen *ΦX 174* geliefert. Mit physikochemischen Methoden (Sedimentation, Untersuchung des Abbaus der DNS reifer Phagenpartikeln durch Phosphodiesterase und andere Enzyme, Untersuchung des Denaturationsprofils der DNS) haben gezeigt, daß die DNS von *ΦX 174* eine Ringform hat und daß der DNS-Strang durch eine feste (möglicherweise kovalente) Bindung zu einem Ring geschlossen ist.

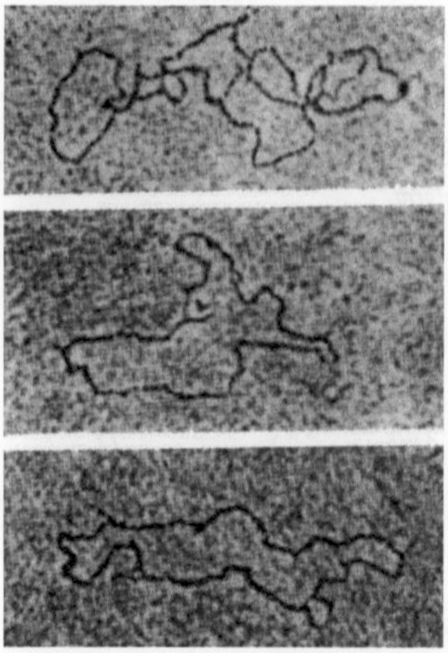

Abb. 25. Elektronen-Mikrofotografien einsträngiger DNS-Moleküle des Phagen *ΦX174*. Es ist die Ringform der Moleküle zu sehen (FREIFELDER et al., 1964)

Später konnten FREIFELDER, KLEINSCHMIDT und SINSHEIMER (1964), indem sie die Methode der Aufbringung von DNS auf Proteineinschichtfilme modifizierten, Elektronenmikrofotografien von *ΦX 174*-DNS erhalten, auf denen die Ringförmigkeit dieser Struktur deutlich zu sehen war (Abb. 25).
Eine interessante Situation ergab sich beim Studium der Chromosomen der Bakteriophagen *T 2* und *T 4*. Unter Verwendung der Methode der Dreifaktorkreuzung haben STREISINGER und BRUCE (1960) schon im Jahre 1960 gezeigt, daß die genetischen Marken dieser Phagen eine ununterbrochene genetische Karte bilden. Diese Schlußfolgerung wurde bestätigt, nachdem Methoden zur Untersuchung sogenannter thermosensibler Mutanten (ts-Mutanten) ausgearbeitet worden waren. Nach Untersuchung einer großen Zahl gleichmäßig auf der genetischen Karte verteilter ts-Mutanten hat EDGAR (s. BERNSTEIN, EDGAR, DENHARDT, 1965) festgestellt, daß die gewonnene Karte wiederum ringförmig war; zu derselben Schlußfolgerung führte die Untersuchung von Amber-Muta-

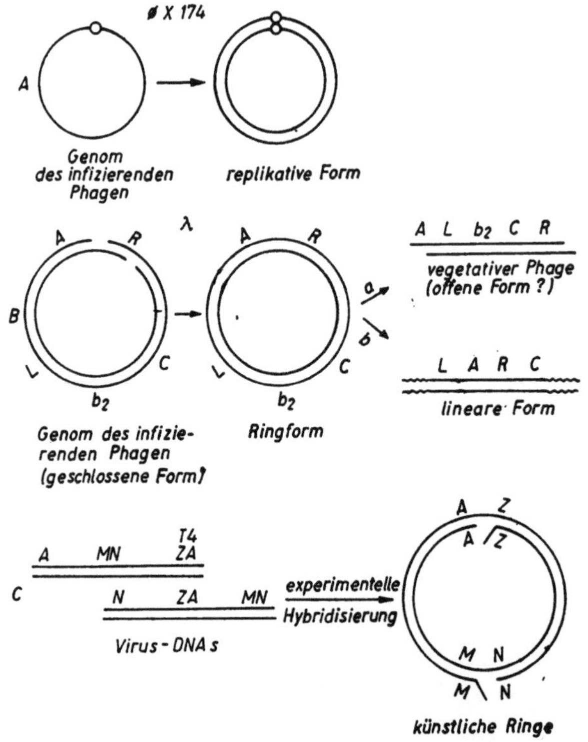

Abb. 26. Übergang der Ringform in die lineare Form bei verschiedenen Phagen

A – einsträngige „endlose" DNS reifer Partikeln des Phagen *ΦX 174*, die in die zweisträngige replikative Form nach der Infektion der Bakterien mit dem Phagen übergeht; B – wechselseitige Umwandlung der DNS des Phagen λ. Das lineare DNS-Molekül kann zu einem Ring (geschlossene Form) auf dem Wege der komplementären Paarung der einsträngigen Endabschnitte des Phagen vereinigt werden. Bei der Infektion des Bakteriums wandelt sich das Molekül offenbar in einen echten Ring um. Dieser kann entweder die offene Form des lytischen Phagen ergeben oder bei der Lysogenisierung in die Struktur des Bakterienchromosoms eintreten, (was durch die Wellenlinie angedeutet ist). Während der Lysogenisierung erfolgt die Vereinigung mit dem Wirtschromosom unter Beteiligung des Gens b_2, da eine Mutation in b_2 zur Störung der Lysogenisierung führt. Die Mutation von b_2 ist mit einem Verlust von 15% des Materials des Phagenchromosoms verbunden; C – DNS-Moleküle des Phagen *T 4*, die an den Enden Verdoppelungen besitzen, können künstliche Ringe liefern, wenn man die Moleküle schmilzt und sie hybridisiert (EDGAR, 1965)

tionen verschiedener Gene. Alle physikochemischen und zytologischen Untersuchungsmethoden der DNS dieser Phagen sprachen jedoch dafür, daß die Struktur ihrer DNS linear ist. Allein durch Hitzedenaturierung von DNS der Phagen *T2* und *T4* konnte man eine künstliche Gewinnung von Ringformen bei diesen Phagen erreichen (THOMAS, MCHATTIE, 1964).
Beim Phagen λ schließt sich die DNS bei der Vermehrung in der Wirtszelle zum Ring, während die aus Phagenpartikeln isolierte DNS eine lineare Form besitzt. Die beiderseitigen Übergänge der Ring- und linearen Form der Phagen-DNS werden auf Abb. 26 gezeigt.
Weitere Experimente haben gezeigt, daß die DNS von λ „klebrige" Enden besitzt, durch die sich das Molekül auch zum Ring schließt. Die Entproteinisierung des Phagen λ führt zur Bildung linearer Moleküle, während die Suspension der DNS in Lösungen hoher Ionenstärke den Übergang zur zyklischen Form begünstigt (RIS, CHANDLER, 1963). Eine Erhöhung der DNS-Konzentration führt zur Vereinigung der Moleküle „Ende an Ende" und zur Bildung langer Stränge. Die Natur der klebrigen Enden wurde im Laboratorium von HERSHEY untersucht. Es zeigte sich, daß die Enden nur einsträngige DNS-Abschnitte mit Basenfolgen darstellten, die zu denen des jeweils anderen Endes komplementär waren. Mit Hilfe der KORNBERG-Polymerase gelang es, die einsträngigen Abschnitte zu zweisträngigen weiterzubauen, wonach eine Schließung der DNS zu einer zyklischen Struktur unmöglich wurde (HERSHEY, BURGI, 1965; STRACK, KAISER, 1965; KAISER, INMAN, 1965), und das Molekül verlor seine Infektiosität. Es erfolgten Größenabschätzungen der einsträngigen DNS-Abschnitte des Phagen λ (WANG, DAVIDSON, 1966). Es zeigte sich, daß ihre Länge 15 Nukleotide nicht überschreitet. Die Schließung des Ringes wird durch niedrige Salzkonzentrationen, niedrige Temperatur (HERSHEY, BURGI, INGRAHAM, 1963) und Formaldehyd (SZYBALSKI, 1964) verhindert. Ein Schema der beiderseitigen Umwandlungen von Ring- und linearer Form der DNS ist in Abb. 27 dargestellt.

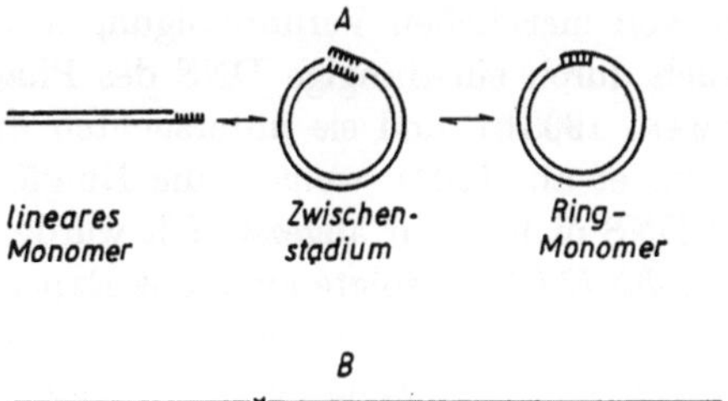

Abb. 27. Übergang der linearen DNS des Phagen λ in die ringförmige

A — Zweischrittreaktion des Übergangs des linearen Monomers in das Ringmonomer; B — komplementäre Paarung an den einsträngigen „klebrigen" Molekülenden (WANG, DAVIDSON, 1966)

Replikative Formen von DNS-haltigen Bakteriophagen

Nach der Feststellung der Einsträngigkeit und Zirkularität der DNS des Phagen *ΦX 174* fand SINSHEIMER eine dritte, außerordentlich interessante Besonderheit dieses Phagen. Bei der Infektion von *E. coli*-Zellen wandelte sich die DNS von *ΦX 174* aus der einsträngigen in die zweisträngige Struktur um. Die intrazelluläre DNS unterschied sich von der DNS freier Viruspartikeln in vielen Merkmalen: ihre Dichte war 1,707 g/cm³, was einer zweisträngigen Struktur entsprach und sich deutlich von der Dichte der DNS des reifen Phagen unterschied (1,725 g/cm³); die Erhitzung der gereinigten intrazellulären DNS von *ΦX* (HAYASHI, HAYASHI, SPIEGELMAN, 1963b) führte zu einem deutlichen hyperchromatischen Effekt, der das Schmelzen zweisträngiger DNS in dem streng begrenzten Intervall der Schmelztemperatur (86,5°) begleitet. Sowohl einspiralige als auch zweispiralige DNAs erwiesen sich bei Infektion von Bakterienprotoplasten als infektiös. Die Vermutung, daß die zweisträngige Struktur eine Hybride des DNS-Stranges mit einem an ihr synthetisierten RNS-Strang darstellt, wurde dadurch widerlegt, daß die erhaltene Struktur durch DNase zerstört wurde, während die DNS-RNS-Hybride bekanntlich gegen die Wirkung von DNasen resistent ist.

Die aus der einsträngigen nach Infektion von Bakterienzellen gebildete zweisträngige DNS erhielt die Bezeichnung replikative Form (RF). Eine Besonderheit der replikativen Form war die erhöhte Resistenz gegen Ultraviolettbestrahlung im Vergleich zu einsträngiger DNS. YARUS und SINSHEIMER (1964) kamen zu dem Schluß, daß diese Resistenz mit der Reparierbarkeit zweisträngiger DNS zusammenhängt (s. Kapitel 7). Die Anwendung schonender Isolierungsmethoden gestattete, gleichzeitig in zwei Laboratorien (von SINSHEIMER und von SPIEGELMAN) die zweisträngige replikative Form von *ΦX 174*-DNS als Ringstruktur zu isolieren. M. HAYASHI, M. N. HAYASAHI und SPIEGELMAN konnten unter Benutzung einer mehrmaligen chromatografischen Reinigung von DNS an Säulen mit methyliertem Albumin, das auf Kieselgur aufgebracht wurde (MAK-Chromatografie), die replikative Form erhalten, die von merklichen Verunreinigungen sowohl durch DNS der Bakterienzelle als auch durch einsträngige DNS des Phagen frei war (HAYASHI, HAYASHI, SPIEGELMAN, 1963b), und sie untersuchten ihre Form im Elektronenmikroskop (CHANDLER et al., 1964), wonach die Ringförmigkeit der replikativen Form von *ΦX 174*-DNS nicht mehr angezweifelt wurde (Abb. 28).

Die Ringförmigkeit der RF von *ΦX174*-DNS folgte auch aus Experimenten von BURTON und SINSHEIMER (1963), die diese mit Hilfe von Exonukleasen nicht hydrolysieren konnten, dies aber nach Verwendung von Endonukleasen erreichten.

Die genetische Bedeutung der Ringförmigkeit der replikativen Form wurde in gewissem Grade in den folgenden Untersuchungen von SPIEGELMAN und Mitarbeitern (HAYASHI, HAYASHI, SPIEGELMAN, 1964) aufgeklärt. Es handelt sich darum, daß es lange Zeit nicht gelang, einen der Widersprüche zu lösen, die mit der RNS-Replikation an der zweisträngigen DNS zusammenhängen. Die Entdeckung eines transkribierenden Enzyms (DNS-abhängige RNS-Polymerase) und die Entwicklung von Reinigungsmethoden der DNS gestatteten, den Charakter der RNS-Synthesen in vitro zu untersuchen. Sehr lange vor diesen Untersuchungen erörterte CRICK, von rein logischen Voraussetzungen ausgehend, eine mögliche Mehrdeutigkeit der Information, die von den verschiedenen Strängen eines DNS-Moleküls getragen wird. Tatsächlich mußte, wenn auf einem Strang z. B. ATGACGTACG geschrieben wird, auf dem zweiten (unter Berücksichtigung der Antiparallelität der Stränge)[1]) die Information CGTACGTCAT gelesen werden.

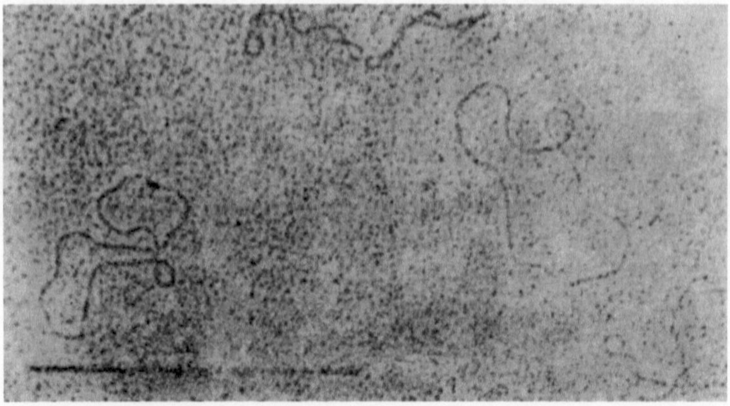

Abb 28. Elektronenmikrofotografie ringförmiger Strukturen der replikativen Formen der DNS des Phagen *ΦX174* (CHANDLER, HAYASHI, 1964)

Hieraus konnten drei Möglichkeiten folgen:

1. Unter in-vivo-Bedingungen wird nur einer der Stränge des DNS-Moleküls gelesen; 2. die Ablesung erfolgt an beiden Strängen des DNS-Moleküls, aber die eine m-RNS wird schon hier zerstört; 3. beide Stränge der synthetisierten RNS werden für verschiedene Zwecke benutzt.

Die ersten in-vitro-Experimente (GEIDUSCHEK, NAKAMOTO, WEISS, 1961; CHAMBERLIN, BERG, 1962) schienen die erste Alternative abzulehnen; beide DNS-Stränge wurden in m-RNAs transkribiert.
Eine Analyse der Transkription in intakten Zellen (HAYASHI, HAYASHI, SPIEGELMAN, 1963a; GREENSPAN, MARMUR, 1963; TOCCHINI-VALENTINI et al., 1963) hat jedoch ergeben, daß nur ein Strang des DNS-Moleküls eine m-RNS liefert. Der Widerspruch zwischen dem Charakter der Synthesen unter Bedingungen in vitro und in vivo wurde in bedeutendem Maße durch die Arbeit von HAYASHI und SPIEGELMAN (HAYASHI, HAYASHI, SPIEGELMAN, 1964) beseitigt. Die mini-

[1]) Im DNS-Molekül sind die Stränge antiparallel. Da man einen beliebigen DNS-Strang vom 5'-Ende zum 3'-Ende hin zu lesen anfängt, werden die Leserichtungen beider Stränge einander entgegengesetzt sein.

male Länge der RF von *ΦX174*-DNS (etwa 5500 Nukleotide) und die vollkommenen Methoden der Isolierung und Reinigung gestatteten den Autoren, ein Präparat mit einem 90%igen Gehalt an ringförmigen RF von *ΦX174*-DNS und nahezu frei von Endonukleasen zu gewinnen. Es gelang ebenfalls, ein von Beimengungen freies Präparat der DNS-abhängigen RNS-Polymerase zu erhalten. Die mit Hilfe dieses Enzyms durchgeführte RNS-Synthese an ganzen ringförmigen Strukturen der replikativen Form, an replikativen Formen, die durch Ultraschall zerstört waren, und an einsträngiger DNS reifer Phagenpartikeln hat gezeigt, daß die RNS-Synthese bei intaktem Ring nur an einem Strang ausgeführt wird. Diese Folgerung wurde durch eine Analyse der nächsten Nachbarn in der DNS nach der KORNBERG-Methode (SWARTZ, TRAUTNER, KORNBERG, 1962) und eine Hybridisierung der DNS-Moleküle mit DNS-Strängen aus der reifen und replikativen Form des Virus bestätigt. Wurde der Ring jedoch zerrissen, begann die Synthese der m-RNS an beiden DNS-Strängen. Die an ungeschädigter, ringförmiger RF synthetisierte RNS konnte mit einem der RF-Stränge hybridisiert werden, war aber zum DNS-Strang des reifen Phagen nicht komplementär. Der letztgenannte Umstand gewann besonderes Interesse, nachdem der Replikationscharakter einsträngiger RNS-haltiger Viren untersucht worden war.

Replikative Formen RNS-haltiger Viren

Gleichzeitig mit dem Nachweis des Überganges einsträngiger DNS von Bakterienviren in die doppelspiralige replikative Form bei ihrer Vermehrung wurde der gleiche Verdopplungsmechanismus prinzipiell für RNS-haltige Viren festgestellt.
MONTAGNIER und SAUNDERS (1963) stießen bei der Untersuchung des Vermehrungszyklus vom Enzephalomyocarditis-Virus (*EMCV*) auf die Tatsache der Verdopplung der einsträngigen RNS zu einer zweisträngigen Struktur nach der *EMCV*-Infektion einer Kultur von Ascitestumorzellen Krebs II.
BALTIMORE et al. (1964) haben unter Verwendung von Radioisotopen in *HeLa*-Zellen, die mit Poliomyelitis-Virus infiziert waren, RNase-resistente RNS-Moleküle des Virus identifiziert, die sich in den Sedimentationseigenschaften von denen gewöhnlicher einsträngiger RNS unterschieden.
Die Feststellung einer replikativen zweisträngigen Form von RNS warf eine Frage von prinzipieller Bedeutung auf. Bis dahin war lediglich der Prozeß der Synthese einsträngiger RNS an der DNS-Matrize bekannt, und für diesen Prozeß kannte man ein Enzym, das RNS synthetisiert. Im Falle der zweisträngigen RNS änderten sich jedoch die Synthesebedingungen und konnten einen anderen Enzymmechanismus erforderlich machen. Diese Frage erforderte umso mehr eine Entscheidung, weil im Jahre 1963 viele Bakterien- und Tierviren mit Ribonukleinsäure als Informationsmolekül entdeckt worden waren, insbesondere wurden die RNS-haltigen Phagen *f2*, *MS2*, *R17*, *fr* u. a. entdeckt.
Das erste Anzeichen für die Existenz eines besonderen Enzymsystems, das die

Synthese von RNS-Viren steuert, die die RNS als Matrize enthalten, war die Feststellung von COOPER und ZINDER der Unabhängigkeit der Synthese solcher RNS von der DNS-Synthese der Zelle am Beispiel des Phagen *f2* im Jahre 1962. Ein Jahr später stellten HAYWOOD und SINSHEIMER fest, daß die Unterdrückung der DNS-Synthese der Zelle durch Aktinomycin noch bis zur Infektion von *E. coli*-Zellen mit dem Bakteriophagen *MS2* auf die Bildung einer ganz vollwertigen Nachkommenschaft dieses Phagen überhaupt nicht einwirkt.

Die Isolierung eines speziellen Enzyms, das die RNS-Synthese an einer RNS-Matrize durchführt, ließ nicht lange auf sich warten. Es wurde auch die Isolierung einer RNS-abhängigen RNS-Polymerase (RNS-Replikase) aus tierischen und Bakterienzellen beschrieben, die mit RNS-haltigen Viren infiziert worden waren. Mit Hilfe der RNS-Replikase gelang es, eine RNS-Synthese in vitro nach Inkubation ^{14}C-markierter Ribonukleosidtriphosphate und einem Primer in Gestalt von RNS des Phagen *MS2* durchzuführen (HARUNA, NOZU, ONTAKA, SPIEGELMAN, 1963). Die in vitro synthetisierte RNS verblieb an der Matrizen-RNS, wodurch sie offensichtlich eine zweisträngige Struktur ergab, die einer replikativen Form ähnlich ist.

Experimente mit der RNS-abhängigen RNS-Polymerase wiesen zweifellos auf den semikonservativen Replikationsmechanismus der einsträngigen RNS bei der Bildung der zweisträngigen replikativen Form hin.

Unter Zusammenfassung der Schlußfolgerungen bezüglich des Mechanismus der RNS-Synthese in Zellen, die mit RNS-haltigen Viren infiziert worden waren, schlugen WEISSMAN u. a. (WEISSMAN, BORST, BURDON, BILLETER, OCHOA, 1964) das folgende Schema für die Reihenfolge der Erscheinungen in infizierten Zellen vor.

Der in die Wirtszelle eingedrungene RNS-Strang des Virus („Plus"-Strang) synthetisiert 1. den komplementären „Minus"-Strang, der zusammen mit dem elterlichen „Plus"-Strang die zweisträngige replikative Form ergibt; 2. beginnt

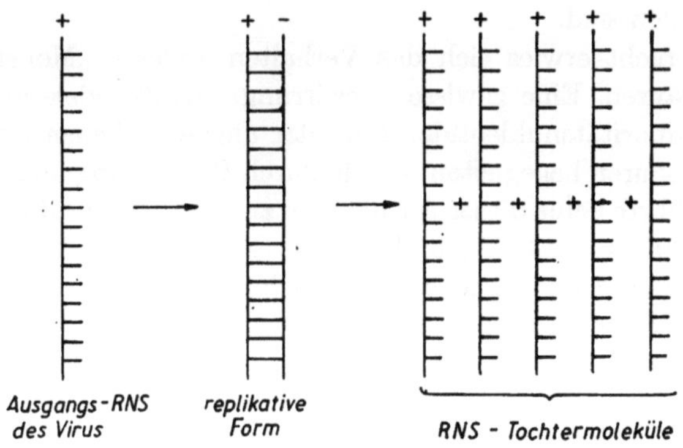

Abb. 29. Schema der Synthese von RNS-Tochtermolekülen bei der Vermehrung RNS-haltiger Viren

von der replikativen Form als Matrize aus die Synthese neuer „Plus"-Stränge. Diese „Plus"-Stränge bilden, indem sie sich mit Eiweiß umhüllen, den Anfang der Tochterpartikeln (Abb. 29).

Die Frage, ob für den ersten und zweiten Prozeß zwei Enzyme notwendig sind oder aber die RNS-Replikase beide Prozesse steuert, blieb offen. Genetische Daten, die im Laboratorium von Zinder gewonnen wurden (Experimente mit temperatursensiblen Mutanten) zeugen für die Existenz von wenigstens zwei Enzymen.

Die Untersuchungen, die das Problem der Bildung RNS-haltiger Viren betrafen, wurden innerhalb kurzer Zeit auf breiter Front durchgeführt. Replikative Formen, die den oben beschriebenen ähnlich sind, wurden bei folgenden RNS-haltigen Phagen gefunden: *fr, R17, β, M12*; bei folgenden Tierviren: Semliki-Forest-Virus, *Polio-Virus, Mengo*; bei folgenden Pflanzenviren: *Tabak-Mosaik-Virus, Rübengelbvirus* u. a.

Der Feststellung von Viren mit einsträngiger DNS und dann mit zweisträngiger RNS begegneten sogar die Autoren dieser Entdeckungen selbst mit Befremden. Robert Sinsheimer schrieb, indem er sich der Geschichte des Beweises der Einsträngigkeit der DNS beim Phagen *ΦX 174* erinnerte: „Wir fühlten uns genau so, als ob wir im Zoo in der Abteilung Wiederkäuer plötzlich auf ein Einhorn gestoßen wären" (Sinsheimer, 1962).

Die Zeit jedoch, während der Viren mit einsträngiger DNS als „Ausnahmen der Regeln" erschienen, war von kurzer Dauer. Am allgemeinen Schema der Replikation der Nukleinsäuren mußten keine Veränderungen vorgenommen werden. Nichts bestätigt Regeln so gut wie ihre Ausnahmen. Es zeigte sich, daß die Entwicklung „ungesetzlicher" Viren Gesetzmäßigkeiten unterworfen ist, die für beliebige andere Organismen bekannt sind. Nachdem sie sich hinter den Grenzen der Zellen versteckt haben, werfen die Viren die „Maske" ab, und in völliger Übereinstimmung mit den Regeln von Crick und Watson bauen sie eine zweisträngige Struktur, wobei sie diese unter Beachtung aller Rituale bauen, die in lebenden Zellen üblich sind.

Als ebenso regelgerecht erwies sich das Verhalten anderer „Monstren" in der Welt der Nukleinsäuren. Eine gewisse Verwirrung, mit der viele anfänglich der Entdeckung der Minoritätsnukleotide, dann der ungewöhnlichen ein- und zweisträngigen Nukleinsäuren begegneten, wurde durch Beruhigung und Befriedigung ersetzt. Bis heute führte keine dieser Ausnahmen zu einer Überprüfung der Grundsituation der Molekulargenetik. Wenn daher das Schiff der Molekulargenetik, das sich ständig mit neuen Passagieren besetzt, auch Stürme erwartet, so sind diese vorläufig noch hinter dem Horizont.

KAPITEL 3

Der genetische Code

Das Problem des genetischen Codes entstand in der Wissenschaft fast gleichzeitig mit dem Auftauchen der WATSON—CRICK-Struktur der DNS. Es wird allgemein angenommen, daß die genaue Problemstellung vom Entsprechen der genetischen Niederschrift in der DNS und der Reihenfolge der Aminosäuren in den Proteinen von GAMOW bald nach dem Erscheinen des Artikels von WATSON und CRICK formuliert wurde (GAMOV, 1954a, b). In seinem inzwischen erschienenen rückschauenden Überblick über das Problem des Codes erinnert CRICK (1966) an zwei noch frühere Arbeiten, die von Codierungsfragen handeln, nämlich an die Arbeiten von CALDWELL und HINSHELWOOD (1950) und DOUNCE (1952). Obgleich sich in allen drei Arbeiten die Autoren bemühten, das Gesetz des Entsprechens zwischen der Niederschrift in der DNS und dem Protein zu finden, stellte nur GAMOW streng die Aufgabe der Codierung und zeigte deutlich, daß die Information in der DNS nur in dem Falle in die Information des Proteins übersetzt werden kann, wenn man annimmt, daß 4 Sinnelemente der Nukleinsäure — die Stickstoffbasen — in Gruppen zu 3 Basen kombiniert werden. Solche Dreierkombinationen aus 4 Elementen gibt es 64, und dies ist mehr als ausreichend zur Codierung von 20 Aminosäuren. Obgleich das konkrete, von GAMOW vorgeschlagene Modell des Codes nicht richtig war, erwies sich die Idee der Codierung selbst als richtig und rief eine Reihe von Arbeiten hervor, die nicht nur zur Aufdeckung der Natur des Codes geführt haben, sondern auch zur Feststellung des Baues aller 64 Tripletts (Codons), die die Aminosäuren codieren.
Zu unserer Aufgabe gehört nicht die detaillierte Beschreibung aller Codeprobleme, um so mehr als es solche Zusammenfassungen bereits gibt (The genetic code, 1966; BRESLER, 1966; UOTSON, 1968; IČAS, 1971), und deshalb verweilen wir nur bei den allgemeinsten Gesetzmäßigkeiten des Codeproblems, die zum Verständnis der Natur der Mutagenese unbedingt notwendig sind.

Nachweis der Triplettnatur des genetischen Codes

Der Nachweis der Triplettnatur des genetischen Codes wurde von CRICK u. a. (CRICK, BARNETT, BRENNER, WATTS-TOBIN, 1961) geführt.
Bevor wir mit der Darlegung der Resultate beginnen, die von diesen Autoren erhalten worden sind, wollen wir kurz von den Eigenschaften der Mutanten

berichten, die in der genannten Arbeit verwendet worden sind. Unter den verschiedenen Mutanten, die für Phagen der geradzahligen *T*-Gruppe bekannt sind, wurde wohl die von A. HERSHEY (1946) entdeckte r-Mutante als allererste beschrieben. Das Charakteristikum dieser Mutante ist das Fehlen des Phänomens der Lysehemmung. Wenn die Bakterien vom Wildtyp des Phagen infiziert werden und nach einem kurzen Zeitraum eine nochmalige Infektion dieser Zellen durch den gleichen Phagentyp erfolgt, dann wird die Zerstörung der Zellen (Lysis) und das Freisetzen neuer Phagengenerationen gehemmt. Bei der Titration des Phagen auf dem Bakterienrasen bildet sich um die Phagenpartikel, die anfangs ein Bakterium infiziert hatten, eine Lysiszone (Plaque). Aus der Zelle, die mit einer Phagenkorpuskel infiziert wurde, kommen schon etwa hundert Partikeln heraus: diese infizieren ihrerseits die nächstgelegenen Bakterienzellen, und der Vermehrungsprozeß nimmt einen lawinenartigen Charakter an. Hierbei werden im Zentrum der Aufhellung im Rasen alle Bakterien zerstört, aber an den Rändern der sich bildenden Aufhellungen erfolgt unvermeidlich eine wiederholte Infektion der Zellen, die von einer Lysehemmung begleitet wird. Die nochmals infizierten Zellen werden durch den Phagen beträchtlich später zerstört als die einmalig infizierten. Dies bedingt das Auftreten von Aufhellungen mit durchsichtigem Zentrum, das von einer Zone unvollständiger Lysis umgeben ist (Aureole oder Diffusionszone). HERSHEY beschrieb jedoch eine Phagenmutante, die keine Aufhellungen mit Aureole liefert, sondern sehr große Aufhellungen ohne Aureole mit deutlich umschriebenem Rand und außerdem in bedeutend kürzeren Zeiträumen als beim Wildphagen bildet. Diese schnell lysierende Phagenmutante wurde von HERSHEY r-Mutante genannt (vom englischen Wort rapid — schnell), und sie ergab keine Lysehemmung, wie von DOERMANN (1948) festgestellt wurde. Mit der r-Mutante infizierte Bakterien wurden zur gewöhnlichen Zeit lysiert, unabhängig davon, ob sie nochmals mit der r-Mutante oder einem Phagen des Wildtyps infiziert wurden.

Als zweite Besonderheit der r-Mutanten zeigte sich, daß es gelang, sie in drei Klassen r I, r II und r III einzuteilen in Abhängigkeit vom Verhalten auf verschiedenen Zellinien der Wirtsbakterien (BENZER, 1955). Der Wildtyp des Phagen lieferte kleine Aufhellungen mit Hof (wilder Phänotyp) auf einem beliebigen der drei Stämme des Darmstäbchens *E. coli B*, *S* oder *K12* (λ).

Die Mutanten, die zur Klasse r I gehören, lieferten große Plaques ohne Hof vom Mutantentyp auf allen drei Stämmen; die Mutanten r II lieferten den Mutanten-Phänotyp auf *E. coli B*, auf *E. coli S* bildeten sie Plaques vom Wildtyp, und auf *E. coli K12* (λ) bildeten sie überhaupt keine Plaques; die Mutanten r III lieferten Plaques des Mutantentyps auf *E. coli B* und Plaques vom Wildtyp auf den beiden anderen Stämmen (Tab. 2). Diese Situation war für die Arbeit der Genetiker äußerst bequem. Die r II-Mutanten wurden leicht nach einer Testaussaat auf *E. coli K12* (λ) ausgesondert. Alle Mutanten, die auf diesem Stamm keine Plaques lieferten, gehörten zum r II-Typ. Zugleich konnte man bei Verwendung von r II-Mutanten äußerst einfach Rückmutanten aussondern — der Übergang vom r II- zum Wildtyp gab dem Phagen die Fähigkeit zurück, auf *E. coli K12* (λ) zu wachsen, und deshalb war es möglich, durch Auszählung der Plaquezahl in den Schalen mit einem Rasen von *E. coli K12* (λ), der mit r II-Phagenmutanten besät war, die Zahl der Revertanten einfach zu bestimmen.

Tabelle 2

Phänotyp von r-Mutanten des Phagen *T4* bei Aussaat auf *E. coli B*, *E. coli S* und *E. coli K*

Phagenstamm	*B*	*S**	*K**
Wildtyp	Wild	Wild	Wild
r I	r	r	r
r II	r	Wild	—
r III	r	Wild	Wild

* S — *E. coli K12* — ein nicht lysogenisierter *E. coli*-Stamm, der für den Phagen λ sensibel ist; K — *E. coli K12*(λ) — ein mit dem Phagen λ lysogenisierter *E. coli K12*-Stamm.

Dieses methodische Verfahren wurde auch von Crick und Mitautoren verwendet. Zur Induktion von Mutationen benutzten sie das Akridinanalogon Proflavin, das entweder eine überzählige Base in die Basenfolge der DNS einschieben oder eine der Basen wegnehmen kann (s. Abschnitt über Akridinfarbstoffe, Teil III).
Mit Hilfe des Proflavins erhielten die Autoren die erste r II-Mutation, die sie mit dem Symbol FCO bezeichneten (die ersten zwei Buchstaben entsprechen dem Monogramm von Fr. Crick).
Gleich danach bearbeiteten sie auch die Mutante mit Proflavin und konnten aus ihr Revertanten erhalten (Crick nannte diese Rückmutationen FCO-Suppressor-Mutationen). Ein Teil der Revertanten entstand spontan.
Wenn die Proflavin-r II-Mutante als Ergebnis eines Basenausfalles entstand, so kann sie offensichtlich zum Wildtyp nach Einfügen einer überzähligen Base revertieren.
Diese Überlegung kann man durch das folgende Schema illustrieren.
Wir wollen die Inschrift der DNS in der Form der Buchstabenfolge ABCABCABCABCABCABC bezeichnen.
Wenn man von dem Gamowschen Vorschlag ausgeht, daß ein Sinnelement in der DNS (Codon) aus drei Basen besteht und mit Hilfe eines solchen Elementes eine Aminosäure codiert wird (das Codon ist dreibuchstabig), so müssen wir annehmen, wenn eine Base einen Buchstaben in unserer Inschrift darstellt, daß in unserer Inschrift 6 Aminosäuren codiert sind:

ABC	ABC	ABC	ABC	ABC	ABC
1.AS	2.AS	3.AS	4.AS	5.AS	6.AS

Hierbei machte Crick folgende Vorschläge:

1. Der genetische Code überlappt sich nicht, und die genetische Information wird nacheinander in Dreiergruppen ohne Auslassen von Buchstaben und ohne „Kommata" gelesen:

ABC ABC ABC ABC ABC ABC

2. Zum richtigen Lesen ist es unerläßlich, daß der Leseprozeß an einem streng bestimmten Fixpunkt (Nullpunkt) beginnt. Im gegenteiligen Fall wird das Lesen der Inschrift eine entstellte oder sinnlose Form haben:

AB CAB CAB CAB CAB CAB C

Wenn man diese Überlegungen beachtet, kann man sowohl die Folgen der Entstehung von Proflavinmutanten als auch den Entstehungsmechanismus von Suppressormutationen leicht erklären. Wenn man annimmt, daß die erste FCO-Mutation die Folge der Einführung einer überzähligen Base war (wir wollen sie als „+"-Mutation bezeichnen), so führt das zu folgender Entstellung der Inschrift:

überzähliger Buchstabe
↓
ABC ABA CAB CAB CAB CAB C

Die Mutante wird eine Schädigung in den ganzen Genabschnitt hineintragen, der mit dem überzähligen Buchstaben beginnt.

Von dieser FCO-Mutante erhielten Crick und Mitarbeiter 18 Revertanten, die wegen des Ausfalls einer Base in der Nachbarschaft der eingefügten entstehen konnten:

Inschrift bis zum Ausfall	ABC	ABA	CAB	CAB	CAB	CAB	C
		↑		↓			
		Einfügung		Ausfall			
Inschrift nach dem Ausfall	ABC	ABA	CAB	ABC	ABC	ABC	

Eine zweite Mutation mit dem anderen Vorzeichen („—"-Mutation oder Ausfall) stellte das Lesen fast auf der ganzen Strecke wieder her mit Ausnahme eines kurzen Abschnittes, der zwischen dem eingefügten und dem ausgefallenen Buchstaben eingeschlossen ist:

ABC ABA CAB ABC ABC ABC
└───────┘

Wenn zwei ausgetauschte Aminosäuren die Struktur des zu codierenden Proteins nicht wesentlich verzerren, so wird eine solche Suppression einen Organismus vom Wild- oder Pseudowild-Phänotyp ergeben. Gerade von dieser Art zeigten sich auch die von Crick und Mitarbeitern erhaltenen Revertanten.

Unter Verwendung genetischer Methoden vermochten die Autoren zu bestimmen, daß alle 18 Suppressor-Mutationen mit einem Phänotyp vom Pseudowildtyp tatsächlich Doppelmutanten waren; das folgte aus dem oben angeführten Schema. Die Rückkehr zum Pseudowildtyp war an die Entstehung einer Suppressor-Mutation gebunden. Die 18 Suppressor-Mutationen wurden auf dem Chromosom des Phagen *T4* kartiert und lagen auf beiden Seiten der FCO-Mutation (Abb. 30).

Natürlich mußten, wenn die erste Mutation als „+"-Mutation angenommen wurde, die Suppressoren „—"-Mutationen sein[1]).

Indem sie im weiteren nicht mehr FCO sondern deren Suppressor-Mutanten benutzten,. erhielten die Autoren Revertanten zu dieser (mit anderen Worten, Suppressoren bereits vorhandener Suppressor-Mutanten). Sie mußten „+"-Mutanten sein.

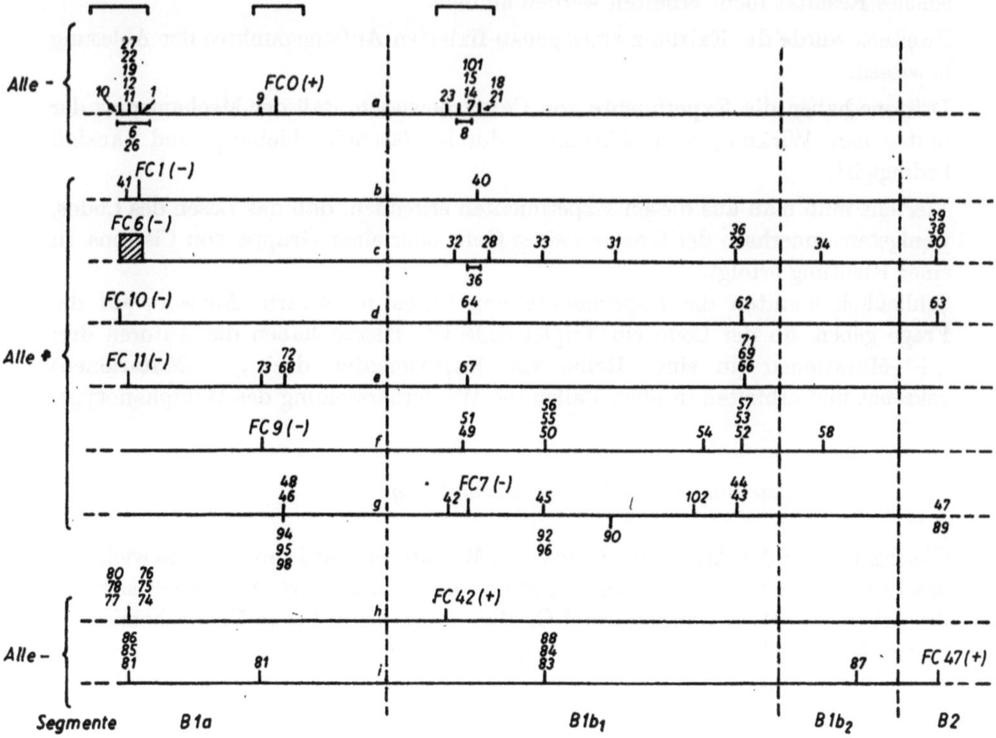

Abb. 30. Karte der rII-Mutanten, die von Crick und Mitarbeitern isoliert worden sind. Alle Mutanten wurden am linken Ende des B-Cistrons kartiert — in den Segmenten B1a, B1b$_1$, B1b$_2$ und B2 (Krik, Barnett, Brenner, Vatts-Tobin, 1963)

1) Die Schlußfolgerung aus dem Experiment wird nicht geändert, wenn man die erste FCO-Mutation als „—"-Mutation annimmt.

Hiernach wurde die Prüfung der ganzen Hypothese möglich, weil man bei der Kreuzung der ersten Suppressor-Mutante („—"-Mutation) mit der sie supprimierenden Mutante („+"-Mutation) das Auftreten eines Pseudowild-Phänotyps erwarten sollte, was auch im Experiment festgestellt wurde.

Die Gruppe von CRICK erhielt eine große Zahl von Suppressormutanten 1., 2. und höherer Ordnungen und Revertanten zu diesen, und sie kartierten sie (Abb. 30). Unter Verwendung dieser Garnitur einer großen Zahl von „+"- und „—"-Mutanten überzeugten sich die Autoren von der Richtigkeit der gemachten Vorschläge.

Dadurch bewiesen CRICK und Mitarbeiter die Realität der drei Hauptthesen einer allgemeinen Theorie des genetischen Codes.

Erstens wurde die Kontinuität des Lesens der genetischen Schrift bewiesen. Bei informationslosen Zwischenräumen innerhalb der Grenzen des Gens hätte ein solches Resultat nicht erhalten werden können.

Zweitens wurde die Existenz eines genau fixierten Anfangspunktes der Ablesung bewiesen.

Drittens haben die Experimente von CRICK bewiesen, daß der Mechanismus der mutagenen Wirkung von Akridinen durch Baseneinschiebung und -ausfall bedingt ist.

Viertens muß man aus diesen Experimenten erkennen, daß das Lesen des Codes, wenigstens innerhalb der Grenzen eines Gens oder einer Gruppe von Cistrons, in einer Richtung erfolgt.

Schließlich konnten die Experimente von CRICK u. Mitarb. Antwort auf die Frage geben, ob der Code ein Triplettcode ist. Hierzu haben die Autoren drei „+"-Mutationen (in einer Reihe von Experimenten drei „—"-Mutationen) gekreuzt und erhielten in allen Fällen die Wiederherstellung des Wildphänotyps.

Feststellung der Codonzusammensetzung

Gleichzeitig mit der Arbeit von CRICK und Mitautoren wurde eine andere wichtige, das Problem des Codes betreffende Untersuchung ausgeführt. Es handelt sich um die Arbeit von M. NIRENBERG und G. MATTHAEI, die auf dem V. biochemischen Kongreß in Moskau veröffentlicht wurde. Die Autoren studierten die Proteinsynthese in einem zellfreien *E. coli*-System, wobei in dieses als Primer verschiedene Fraktionen ribosomaler RNAs aus *E. coli* und Hefen eingeführt und synthetische Polynukleotide zum System zugegeben wurden (NIRENBERG und MATTEI, 1963).

Die Autoren beobachteten bei Einführung von Polyuridylsäure (RNS, die nur Uracilbasen enthält) als Primer einen höchst intensiven Einbau von Aminosäuren in das zu synthetisierende Protein. Dieser Einbau war fast 1000mal größer als bei der Kontrolle, bei der in das Medium überhaupt kein Primer eingebracht wird.

Die Zugabe von Uridin-mono-, -di- und -triphosphaten anstelle von Poly-U führte nicht zu einem solchen Einbau.
Die Analyse des hierbei synthetisierten Proteins hat gezeigt, daß es nur aus einer Aminosäure — Phenylalanin — besteht, und dieses Protein muß man Polyphenylalanin nennen. Die Zugabe anderer Primer — Polyadenyl-, Polycytidyl-, Polyinosylsäure und ihrer Gemische — anstelle von Poly-U zum Reaktionsgemisch führte nicht zur Synthese von Polyphenylalanin (Tab. 3). Die Entfernung der übrigen 19 Aminosäuren aus dem Medium wirkte sich auf die Synthese von Protein aus der im Medium verbleibenden Aminosäure Phenylalanin nicht aus.

Tabelle 3

Einfluß verschiedener Polynukleotide auf den Einbau von Phenylalanin

Experiment	Reaktionsgemisch	Aktivität, Impulse/min. je mg Protein
1	Komplett*	44
	Komplett + 10 μg Polyuridylsäure	39800
	Komplett + 10 μg Polyadenylsäure	50
	Komplett + 10 μg Polycytidylsäure	38
	Komplett + 10 μg Polyinosylsäure	57
	Komplett + 10 μg Gemisch Poly-U + Poly-A (2:1)	53
2	Komplett	75
	Komplett + 10 μg Uridinmonophosphat	81
	Komplett + 10 μg Uridindiphosphat	77
	Komplett + 10 μg Uridintriphosphat	72
3	Komplett	70
	Komplett + 10 μg Polyuridylsäure	29500
	Komplett + 19 Aminosäuren	31700

* Das komplette Reaktionsgemisch enthält Mg^{++}-Ionen, ATP, Mercaptoäthanol, ATP-erzeugendes System und 20 l-Aminosäuren. Zum Gemisch wurden gewaschene Ribosomen und die unerläßlichen Enzymfraktionen aus *E. coli* gegeben.

Auf diese Weise stellten Nirenberg und Matthaei die Zusammensetzung des ersten der in der Natur vorkommenden 64 Codons fest. Es zeigte sich, daß die Aminosäure Phenylalanin in der DNS durch das Codon AAA (oder UUU für die RNS) codiert wird.
Die Arbeit von Nirenberg und Matthaei eröffnete einen prinzipiell neuen Zugang zum Studium der Zusammensetzung der Codons. Da gegen 1961 die Biochemiker künstliche Polyribonukleotide vorgegebener Zusammensetzung zu synthetisieren begannen, stellte die Arbeit zur Erlangung von Polymeren mit gewünschter Basenkombination keine besondere Schwierigkeit dar. Zur Untersuchung der

Zusammensetzung aller Codons war es erforderlich, Kopolymere herzustellen, die eine unterschiedliche Kombination der 4 Ribonukleotide besaßen. Beispielsweise war es bei der Kombination von Uracil und Guanin im Verhältnis 1:1 im Polymer am wahrscheinlichsten, das Polymer UGUGUGUGUG zu erhalten. Die Häufigkeit, das Paar UU und GG in einem solchen Polymer anzutreffen, ist niedriger als die für das Paar UG. Deshalb sollte man beim Studium des Einbaus der Aminosäuren in das Protein in einem zellfreien System erwarten, daß vorzugsweise zwei Aminosäuren eingebaut werden, die durch die Tripletts UGU und GUG codiert werden.

Wenn man aber in das Kopolymer Uracil und Guanin im Verhältnis 1:5 einbringt, so sollte man in einem Polymer erwarten, die Reihenfolge UGGGGGUGGGGGU mit großer Häufigkeit anzutreffen, und dann kann man einen großen Einbau der Aminosäuren erwarten, die durch die Dreiergruppen UGG, GGG, GUG und GGU codiert werden.

Dieses Prinzip wurde in den Laboratorien von M. Nirenberg und S. Ochoa in weitem Maße angewandt. Als Ergebnis der intensiven Arbeit dieser Laboratorien wurde gegen Ende 1962 eine Tabelle aufgestellt, in der die Zusammensetzungen der Codons für die Mehrzahl der Aminosäuren angegeben wurden. In diesen Daten war jedoch keine Information darüber enthalten, in welcher Anordnung die Basen in einem beliebigen konkreten Fall aufeinander folgen. Nun zeigte es sich, daß die Ermittlung der exakten Basenfolge in den Codons bei weitem schwieriger als alles bisher bewältigte war. Doch auch diese Aufgabe wurde in kürzester Zeit dank des geistreichen Verfahrens gelöst, das von M. Nirenberg und F. Leder angewandt wurde (Nirenberg, Leder, 1964).

In allen vorangegangenen Experimenten wurden die Ribosomen in den zellfreien Systemen mit Messenger-RNS beladen (gleichgültig welcher Art die RNS war oder welche synthetischen Polynukleotide hierzu benutzt wurden). Nirenberg und Leder setzten sich das Ziel zu bestimmen, welche minimale Länge der Oligonukleotide mit dem Ribosom vereinigt werden muß, um eine spezifische Bindung der Aminoazyl-t-RNS an das Ribosom hervorzurufen. Es gelang ihnen zu zeigen, daß eine solche minimale „Informations"-RNS ein Trinukleotid sein kann. Natürlich erfolgte keinerlei Proteinsynthese bei der Einführung eines Trinukleotids in das Ribosom, und es wurde nur die Bindung einer Aminoazyl-t-RNS an das Ribosom beobachtet, aber wenn die Aminoazyl-t-RNS mit ^{14}C markiert worden war, konnte diese Bindung an den Komplex Ribosom + Trinukleotid leicht registriert werden.

Die Autoren untersuchten nicht nur, wie sich die Sorptionsfähigkeit des Komplexes Ribosom + Oligonukleotid ändert, sondern bestimmten auch den Einfluß der endständigen Phosphate auf die Bindung der Aminoazyl-t-RNS. Es zeigte sich, daß sich der Bindungsgrad bei Erniedrigung der Basenzahl im Oligonukleotid von 12 auf 3 fast gar nicht ändert. Aber man brauchte nur ein Dinukleotid zu nehmen, und schon fiel die Bindung der t-RNS deutlich ab. Eine gleiche Erniedrigung wurde beobachtet, wenn sich am 3'-Ende des Oligonukleotids eine Phosphatgruppe befand. Wenn sich aber eine Phosphatgruppe am 5'-Ende befand, so erfolgte die Bindung der Aminoazyl-t-RNS im Vergleich zu einem Oligonukleotid, das an diesem Ende eine Base trug, sogar noch etwas aktiver.

Der Hauptvorteil dieser Methode bestand darin, daß es möglich war, als Primer Trinukleotide exakt bekannten Aufbaues zu benutzen. Solche Trinukleotide konnten mit Hilfe einer rein chemischen Synthese hergestellt werden, indem bekannte Basen der Reihe nach aneinander gefügt wurden. Nachdem sie nachgewiesen hatten, daß solche Trinukleotide die Aminoazyl-t-RNAs nicht zufällig binden sondern gemäß den Komplementaritätsregeln (das Codon der m-RNS vereinigt sich mit dem Anticodon der t-RNS), konnten NIRENBERG und Mitarbeiter (NIRENBERG, LEDER, BERNFIELD et al., 1965) zur unmittelbaren Prüfung der Basenanordnung in den Codons übergehen. Selbstverständlich erfolgte hierbei keinerlei Proteinsynthese. Da sie wußten, welche Aminosäure markiert war, konnten die Autoren genau die Bindung der die betreffende Aminosäure tragenden t-RNS an das verwendete Trinukleotid feststellen. Mit einer solchen Methode wurde hinreichend schnell eine fast vollständige Information über den Aufbau der Codons der genetischen Schrift erhalten. Auf jeden Fall konnten 50 der 64 Codons mit einem hohen Genauigkeitsgrad bestimmt werden.

Die von NIRENBERG und anderen aufgestellte Codontabelle kann als endgültig angesehen werden. Eine Überprüfung der Daten von NIRENBERG und LEDER wurde von einer Reihe von Forschern durchgeführt. Hierbei wurde auch zusätzliche Information erhalten.

Vor allem muß man die Methode von Gobind KHORANA erwähnen, mit deren Hilfe es gelang, die Mehrzahl der Daten von NIRENBERG und Mitarbeitern zu überprüfen. KHORANA und Mitarbeiter (BYRD, OHTSUKA, MOON, KHORANA, 1965) synthetisierten kurze Oligonukleotide und verwendeten sie als Primer für die DNS-Synthese im DNS-Polymerase-System. Die künstlich synthetisierte DNS übertraf im Molekulargewicht um ein Vielfaches den benutzten Primer, aber es ist interessant, daß die Basenfolge in der synthetisierten DNS einige hundertmal die Basenfolge des DNS-Primers wiederholte.

Diese Methode wurde auch zum Studium des Codes angewendet (NISHIMURA et al., 1965).

Es wurde ein kurzes RNS-Molekül synthetisiert, in dem bekannte Basen periodisch aufeinander folgten. Eines der synthetisierten Moleküle hatte z. B. die Reihenfolge UGUGUGUG. Man sollte erwarten, daß an solcher Matrize ein Polypeptid aus zwei Aminosäuren aufgebaut wird, die durch sich wiederholende Tripletts kodiert werden: UGU—GUG—UGU—GUG...

Und das erhaltene Polypeptid besaß tatsächlich den Aufbau Cys-Val-Cys-Val...

Ein ähnlicher Beweis gestattete KHORANA, die Richtigkeit von 27 Codons zu bestätigen und, was besonders wichtig ist, gerade jener Codons, die nach der Methode von NIRENBERG und LEDER nur mit geringer Genauigkeit bestimmt worden waren (KHORANA, BÜCHI et al., 1966).

Andere Prüfungsmethoden für die Richtigkeit der Basenanordnung in den Codons beruhten auf der Untersuchung des Austausches von Aminosäuren in den Proteinen einer Reihe von Viren (WITTMANN, WITTMANN-LIEBOLD, 1966; REICH-

MAN et al., 1966; SARABHAI, STRETTON, BRENNER, BOLLE, 1964) und Bakterien (GAREN, SIDDIQI, 1962; WEIGERT et al., 1966).
Eine vollständigere Darlegung dieser Resultate wird im vorletzten Kapitel des Buches gegeben. Hier aber führen wir nur die Tabelle des genetischen Codes (Tab. 4) und nur einen Teil der Daten über die Untersuchung der Struktur mutierter und normaler Proteine an.

Tabelle 4

Tabelle des genetischen Codes

erstes Nukleotid	zweites Nukleotid				drittes Nukleotid
	U	C	A	G	
U	Phe	Ser	Tyr	Cys	U
	Phe	Ser	Tyr	Cys	C
	Leu	Ser	Ochre	Opal	A
	Leu	Ser	Amber	Try	G
C	Leu	Pro	His	Arg	U
	Leu	Pro	His	Arg	C
	Leu	Pro	GluN	Arg	A
	Leu	Pro	GluN	Arg	G
A	Ile	Thr	AspN	Ser	U
	Ile	Thr	AspN	Ser	C
	Ile	Thr	Lys	Arg	A
	Met*	Thr	Lys	Arg	G
G	Val	Ala	Asp	Gly	U
	Val	Ala	Asp	Gly	C
	Val	Ala	Glu	Gly	A
	Val*	Ala	Glu	Gly	G

* Am 5'-Ende der Kette der m-RNS dient das genannte Codon als Initiator des Wachstums für die Proteinkette und codiert Formylmethionin

STREISINGER u. Mitarbeiter vermochten die Richtigkeit der Idee von CRICK über die Verschiebung des Lesens bei Hinzufügung oder Ausfall von Nukleotiden mit Hilfe der Untersuchung der Struktur von Lysozym normaler und mutierter *T4*-Phagen zu beweisen. Die Mutante entstand aus der Einführung einer überzähligen Base, die Revertante war tatsächlich ein Pseudowildorganismus, weil fünf Aminosäuren im Lysozym im Vergleich zum Lysozym des *T4*-Wildphagen ausgetauscht waren.
Ein Vergleich der Codons für die Aminosäuren in der normalen Reihenfolge mit den Codons in der Reihenfolge der Mutante hat gezeigt, daß die Verschiebung des Leserasters um ein Nukleotid Tripletts ergibt, die vollständig mit Tripletts zusammenfallen, die auf Grund von Experimenten im zellfreien System isoliert worden sind.

Eben diese Idee wurde Experimenten im Laboratorium von Charles YANOFSKY zugrunde gelegt, die das A-Protein von Tryptophan-Synthetase untersuchten (BRAMMAR, BERGER, YANOFSKY, 1967). Von der Mutante A9813, für die die Reihenfolge der Aminosäuren im A-Protein untersucht worden war, wurden die spontanen Revertanten PR-8 und PR-11 erhalten. Ein Vergleich der Aminosäurenfolge im A-Protein der Tryptophan-Synthetase dieser 3 Phagen ergab einen Austausch von 5 Aminosäuren bei PR-11.

PR-8	Gly–Tyr–Thr–**Phe**–**Cys**–**Cys**–**His**–**Gly**–Ala ...
Wildtyp	Gly–Tyr–Thr–Tyr–Leu–Leu–Ser–Arg–Ala ...
PR-11	Gly–Tyr–**Asp**–**Leu**–Leu–Leu–Ser–Arg–Ala ...

Die erhaltenen Austausche kann man leicht erklären, wenn man statt der Aminosäure die entsprechenden Codons aufschreibt:

Mutante PR–8

```
Wildtyp:   ... Thr  —Tyr— Leu  —Leu— Ser —Arg— Ala
                U     U                U     U
           ... ACC—UAU—CUG—CUG—UCA—CGC—GCC ...
                A  |                 |  A     A
                G  |   —A        +G  |  G     G
                   |                 |
                U  ↓  U              ↓  U
PR–8       ... ACC—UUC—UGC—UGU—CAC—GGC—GCC— ...
                A                       A
                G                       G

           ... Thr  —Phe  —Cys  —Cys  —His  —Gly  —Ala
```

Mutante PR–11

```
Wildtyp:   ... Tyr  —Thr  —Tyr  —Leu ...
                U                U
           ... UAC—ACC—UAU—CUG ...
                   |+A  |—A
                U  ↓    ↓        U
           ... UAC—AAC—CUU—CUG ...
PR–11      ... Tyr  —Asp  —Leu  —Leu ...
```

Außer diesen spontanen Revertanten wurde die Revertante ICR-13 mit Hilfe des Mutagens Akridin-Yperit ICR-191A erhalten. Bei dieser Mutante wurde die Folge

Thr–**Tyr**–**Leu**–**Ser**–**Arg**–**Ala**–Gly–Val– durch

Thr–**Phe**–**Cys**–**Cys**–**His**–**Glu**–**GluN**–Gly–Val– ersetzt

Die durchgeführte Untersuchung gestattete, zu einem Schluß auf den Aufbau der folgenden Codons zu gelangen:

Wildtyp: Thr—ACC; Tyr—UAU; Leu—CUG; Ser—UCA; Arg—CGA

Mutanten: Asp—AAC; Leu—CUU; Cys—UGU; UGC; His—CAC;
Glu—GAG; Gly—GGA; Arg—CGG.

Gegenwärtig ist die Arbeit zur Prüfung der Richtigkeit der Codetabelle in vivo, die auf Grund von Experimenten in vitro aufgestellt worden ist, in vollem Gange. Außerordentlich günstige Objekte für eine solche Prüfung sind das A-Protein der Tryptophan-Synthetase (das im Laboratorium von YANOFSKY untersucht wird), das Lysozymgen des Bakteriophagen *T4* (Gruppe STREISINGER), die Alkaliphosphatase von *E. coli* (GAREN u. Mitarb.), das Kopfprotein des Phagen *T4* (STRETTON, KAPLAN, BRENNER) und das Hüllprotein des *Tabakmosaikvirus* (WITTMANN). Ihre Untersuchung umfaßt das Studium des Aminosäureaustausches in den Mutanten-Sites nach Einwirkung von Mutagenen, das Studium von Mutanten mit Verschiebung des Leserasters (Rastermutanten) und die Bestimmung des Aminosäureaustausches bei Reversion von Unsinnmutanten. Es sind in vivo 52 der 61 sinnvollen Codons geprüft worden, die in Experimenten in vitro bestimmt worden waren (Tab. 5).

Tabelle 5

Aufbau der Codons, an verschiedenen Systemen in Experimenten in vivo geprüft

Aminosäure	Codon*	Verwendetes System**
Ala	GCU	T.-S. (10); *TMV* (11)
	GCC	T.-S. (10)
	GCA	T.-S. (10); (1)
Arg	**CGA**	T.-S. (2)
	CGG	T.-S. (2)
	AGA	T.-S. (1)
	AGG	*T4*-L (8)
AspN	AAU	T.-S. (10,3); *TMV* (11); *T4*-L (3)
	AAC	T.-S. (10,2)
Asp	GAU	T.-S. (10); *TMV* (11)
	GAC	T.-S. (10)
Cys	UGU	*T4*-L; T.-S. (3,2)
	UGC	T.-S. (2); *TMV* (11)
GluN	**CAA**	A.-P. (4)
	CAG	T.-S. (5,10); A.-P. (4); *T4*-L (6)

Aminosäure	Codon*	Verwendetes System**
Glu	GAA	T.-S. (1); A.-P. (4); *T4*-L(8)
	GAA	*TMV* (11)
	GAG	T.-S. (2,5); A.-P. (4)
Gly	GGU	T.-S. (10); *TMV* (11)
	GGC	T.-S. (10)
	GGA	T.-S. (10, 1, 2)
	GGA	*TMV* (11)
His	CAU	*T4*-L (3)
	CAC	T.-S. (2); *T4*-L (3)
Ile	AUA	T.-S. (1); *T4*-L (9); *TMV* (11)
	AUU	T.-S. (10); *TMV* (11)
Leu	UUG	T.-S. (10) A.-P. (4)
	UUG	*TMV* (11)
	UUA	*T4*-L (3); A.-P. (4)
	CUU	T.-S. (2); *T4*-L (3); *TMV* (11)
	CUG	T.-S. (2)
	CUC	*TMV* (11)
Lys	AAA	*TMV* (11); *T4*-L (3); A.-P. (4)
	AAG	*T4*-L (3); A.-P. (4)
Met	AUG	T.-S. (5); *T4*-L (7, 9); *TMV* (11)
Phe	UUU	T.-S. (10); *TMV* (11)
Pro	CCA	*T4*-L (3)
	CCC	*TMV* (11)
Ser	UCA	T.-S. (2); *T4*-L (3); A.-P. (4)
	UCC	*TMV* (11)
	UCG	A.-P. (4); *TMV* (11)
	AGU	*T4*-L (3); *TMV* (11)
	AGC	T.-S. (1)
	UCU	*TMV* (11)
Thr	ACA	T.-S. (1)
	ACG	*TMV* (11)
	ACC	T.-S. (2)
	ACU	*TMV* (11)
Try	UGG	A.-P. (4); *T4*-Hp (6); *T4*-L (9)

Aminosäure	Codon*	Verwendetes System**
Tyr	**UAU**	T.-S. (2); *T4*-L (9)
	UAC	*TMV* (11)
Val	GUC	*T4*-L (3); T.-S. (10, 3)
	GUA	T.-S. (1); *T4*-L (9)
	GUG	T.-S. (10, 5, 7)
	GUU	T.-S. (10); *TMV* (11)

* Die fettgedruckten Codons wurden am Wildtyp von *E. coli* festgestellt.

** T.-S. — A-Protein der Tryptophan-Synthetase von *E. coli*; A.-P. — Alkali-Phosphatase von *E. coli*; *T4*-Hp — Hüllprotein des Phagen *T4*; *T4*-L — Lysozym des Phagen *T4*.

1 — Yanofsky, Ito, Horn (1966);
2 — Brammar, Berger, Yanofsky (1967);
3 — Streisinger, Okoda et al. (1966);
4 — Weigert, Galucci, Lanka, Garen (1966);
5 — Drapeau et al. (zit. nach (10);
6 — Stretton, Kaplan, Brenner (1966);
7 — Berger, Yanofsky (1967);
8 — Inouye, Akaboshi, Tsugita, Streisinger, Okoda (1967);
9 — Tsugita et al. (zit. nach 10);
10 — Berger, Brammar, Yanofsky (1968);
11 — Wittmann, Wittmann-Liebold (1966).

Degeneration des Codes

Aus einer Gegenüberstellung der Codons für Leucin, Cystein und Arginin bei Wildtyp und Mutante kann man schließen, daß für ein und dieselbe Aminosäure verschiedene Codons verwendet werden. Diese Erscheinung, die Degeneration des Codes genannt wird, ergab sich theoretisch aus der Gamowschen Hypothese, weil den 64 möglichen Codons nur 20 Aminosäuren gegenüberstanden. Nur wenn man nicht annehmen will, daß die Zahl der sinnlosen Codons (d. h. solche, die keine Aminosäure codieren) fast um das Dreifache die Zahl der sinnvollen Codons übersteigt, so muß man zulassen, daß auf eine Aminosäure mehr als ein Codon entfällt. Experimente in vitro, die zur Aufstellung der Code-Tabelle geführt haben, zeigten die Richtigkeit der Annahme einer Code-Degeneration, und die Prüfung der Codons in vivo unterstrich die Richtigkeit dieser Annahme.

Die Degeneration des Codes bietet große Möglichkeiten, die „genetische Sprache" verschiedener Gruppen von Organismen unterschiedlich zu gestalten. Die Fähigkeit, eines der Codons im Sinne einer bestimmten Aminosäure zu verstehen, kann bei einem anderen Organismus fehlen. Offensichtlich dient zur universellen Erkennung solcher Unterschiede die Existenz solcher t-RNAs, die nur ein bestimmtes Codon aus der ganzen Garnitur möglicher Codons für eine vorgegebene

Aminosäure erkennen. Da die Bindung der m-RNS mit der t-RNS bei komplementärer Paarung der m-RNS und des Anticodons in der t-RNS erfolgt, bedeutet die Anwesenheit des betreffenden Codons in der m-RNS noch nicht, daß es unbedingt im Organismus gelesen wird. Wenn keine t-RNS vorhanden ist, die sich mit ihm vereinigen kann, erfolgt keine Anlagerung der Aminosäure, und dieses Codon erweist sich für den betreffenden Organismus als sinnlos.

Eine experimentelle Bestätigung dieser Situation ergibt sich aus Experimenten zur Proteinsynthese im zellfreien System. Lange Zeit gelang es nicht, das Protein des *Tabakmosaikvirus* zu synthetisieren, wenn RNS des *Tabakmosaikvirus* (*TMV*) in ein zellfreies System aus *E. coli* eingeführt wurde. Es wurden kurze Abschnitte des *TMV*-Proteins synthetisiert, aber ein vollendetes Protein zu erhalten, gelang nicht. Es war vernünftig anzunehmen, daß der Abbruch der Proteinsynthese wegen des Fehlens jener t-RNAs in *E. coli* erfolgt, die alle im *TMV* benutzten Codons erkennen könnten. Deshalb erfolgte, sobald die Synthese bis zu einem für *E. coli* sinnlosen Codon gelangte, keine Anlagerung einer Aminosäure an dieser Stelle.

Nahm man jedoch für die Synthese im zellfreien *E. coli*-System RNS eines anderen RNS-haltigen Virus, des Bakteriophagen *f2*, der zur Vermehrung in *E. coli* fähig ist, so wurde die RNS vollständig gelesen und ein vollwertiges Protein des Phagen *f2* produziert.

Das Problem der Degeneration des Codes besitzt noch einen wichtigen evolutionären Aspekt. Champe und Benzer stellten fest, daß dank der Degeneration des Codes verschiedene Organismen „in verschiedenen Sprachen sprechen" können. Wenn für ein und dieselbe Aminosäure verschiedene t-RNAs existieren, so ist es nicht ausgeschlossen, daß in einem Organismus ein Codon dieser Aminosäure gelesen wird (sie hat die entsprechende t-RNS), in einem anderen aber nicht (weil in dem zweiten Organismus nur die t-RNS für ein zweites Codon vorhanden sein wird).

Die Situation ist wahrscheinlich noch komplizierter, als wir es uns heute vorstellen. Es ist insbesondere möglich, daß die Lage dieses oder jenes Codons in der m-RNS irgendeine Rolle bei ihrer richtigen Ablesung spielt. Wir wollen dies durch ein Beispiel erklären. Für Arginin sind 6 Codons bekannt: CGU, CGC, CGA, CGG, AGA und AGG. Aus Hefen wurden 2 t-RNAs isoliert (t-RNS^{arg}-1 und t-RNS^{arg}-2). Es zeigte sich, daß die t-RNS-1 an Ribosomen von *E. coli* nur als Antwort auf die Zugabe der ersten vier Codons gebunden wird und die t-RNS-2 als Antwort auf AGA und AGG. Wenn aber als Matrize die RNS der α-Kette von Kaninchen-Hämoglobin verwendet wurde, zeigte sich (Weinsblum et al., 1967), daß die t-RNS-1 Arginin nur mit dem C-terminalen Codon vereinigt (Position 141) und die t-RNS-2 nur in der ersten Hälfte der Matrize (Position 31). Gleichzeitig muß in der m-RNS für die α-Kette in Position 92 das Codon CGG sein, das ebenfalls gemäß der Code-Tabelle Arginin codiert. Es gelang jedoch kein einziges Mal, den Einbau von radioaktivem Arginin in diese Position mit einer der verwendeten t-RNAs festzustellen. In Experimenten in vitro gelang es ebenfalls nicht, eine dieser t-RNAs mit Ribosomen zu vereinigen, die das Triplett CGG trugen.

Vielleicht wird die Spezifität der Angliederung individueller t-RNAs durch den Charakter der Wechselwirkung Codon-Anticodon bestimmt, aber es ist nicht ausgeschlossen, daß die Wechselwirkung von der Lage des Codons in der m-RNS abhängt.

Unsinncodons

Abgesehen von den Situationen, in denen der Code in seltenen Fällen wegen seiner Degeneration und des Fehlens der notwendigen Transport-RNS nicht gelesen werden kann, wurden drei Codons gefunden — UAA, UAG und UGA, die unter normalen Bedingungen keinerlei Aminosäuren codieren und als sinnlos erscheinen. Das erste solche Codon ist UAG, vereinbarungsgemäß Amber-Codon genannt. Im Kapitel „Mutationen und genetischer Code“ werden wir diese Mutationen eingehender betrachten. Die Entstehung des Codons UAG als Mutation im RNS-Strang führt dazu, daß die Proteinsynthese an diesem Codon abbricht. Weil das Amber-Codon in einem beliebigen Gen entstehen kann, ist es durch die Gewinnung von Amber-Codons (und besonders sogenannter Suppressoren von Amber-Codons) möglich, die Vorstellung von der Zahl der Gene bei einem bestimmten Organismus beträchtlich auszuweiten. Dieses Verfahren wurde besonders erfolgreich beim Phagen *T4* angewandt.
Interessant ist die Entstehung des Terminus „Amber“. Der erste Forscher, der Ambermutanten erhalten hatte, war BERNSTEIN. Die Übersetzung seines Namens ins Englische heißt Amber. Aus diesem Grunde nennt eine Reihe russischer Autoren die Ambermutanten und Ambercodons Bernsteinmutanten und Bernsteincodons.
Das zweite Unsinncodon UAA wird Ochre-Codon genannt. Sehr lange Zeit gelang es nicht, endgültig zu zeigen, daß das Codon UGA ebenfalls sinnlos und den UAA- und UAG-Codons analog ist, aber kürzlich wurde dies vollbracht. Es wird Opal-Codon genannt.
Auf diese Weise ist gezeigt worden, daß die Proteinsynthese an drei speziellen Unsinncodons abbricht. Die Bedeutung solcher Codons ist sehr groß, weil man sich ohne sie nicht vorstellen könnte, wie die Synthese des Proteins im Ribosom an den erforderlichen Punkten stoppt, wenn durch das Ribosom Messenger-RNS mit einigen Genen (von einem Operon) zugleich hindurch geht.

Startpunkt in der Messenger-RNS

Die folgende wichtige Frage, die das Funktionieren des genetischen Codes betrifft, ist das Problem des genauen Beginns der Ablesung der m-RNS. Wie wir gesehen haben, hängt davon, ob die Proteinsynthese an einem entsprechenden Punkt beginnt, das richtige Lesen der Information eines ganzen Gens ab. Es gelang jedoch lange Zeit hindurch nicht zu verstehen, wie die Zelle den Anfangspunkt des Lesens erkennt. Jetzt häufen sich Daten dafür an, daß die zwei Codons AUG und GUG und möglicherweise das Codon UUG ein solcher Startpunkt sein können. Wenn diese Codons in der Mitte der m-RNS angetroffen werden, codiert AUG Methionin, GUG Valin und UUG Leucin. Allen genannten Codons wird, wenn sie am Anfang der m-RNS stehen, eine Methionin-Transfer-RNS angelagert, die auch eine Formylgruppe besitzt, welche an die Aminosäure gebunden ist.

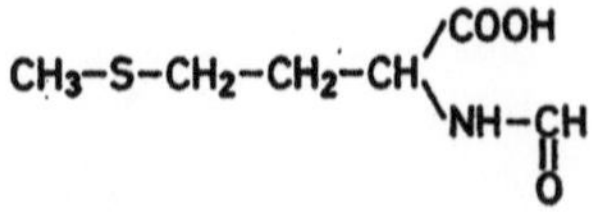

Diese Formylmethionin-t-RNS (Fmet-t-RNS) nimmt am Beginn der Synthese der Polypeptidkette bei *E. coli* teil, aber auch bei der Verwendung synthetischer Polynukleotide und natürlicher Messenger-RNAs.
Außer der Formylmethionin-t-RNS wurde eine nicht formylierte Methionin-t-RNS, die met-t-RNS isoliert. Diese t-RNS ist nicht in der Lage, die Proteinsynthese zu beginnen und baut Methionin nur in der Mitte einer im Aufbau befindlichen Kette ein. Zur gleichen Zeit wurde gezeigt, daß die Fmet-t-RNS Formylmethionin nur in dem Falle angliedern kann, wenn das Codon AUG in der Nähe des 5'-Endes oder am 5'-Ende selbst der m-RNS gelegen ist. Wir wollen anmerken, daß die Ablesung der m-RNS am 5'-Ende beginnt und am 3'-Ende aufhört. Es wurden spezielle Kofaktoren isoliert, die den Prozeß der Angliederung von Fmet an das Protein bei Anwesenheit des Codons AUG in der Nähe des 5'-Endes stark beschleunigen, aber diese Kofaktoren zeigten keinerlei Einfluß auf den Einbau von Glycyl-t-RNS oder Lysyl-t-RNS im Beisein der Trinukleotide GGU oder AAA, die für Glycin und Lysin spezifisch sind.
Die wichtige Rolle der Fmet-t-RNS für den Beginn der Proteinsynthese folgt auch aus der Tatsache, daß bei Vorhandensein des initiierenden Codons, der Formylmethionin-t-RNS und der Kofaktoren die Geschwindigkeit der Proteinsynthese um das zehn- bis hundertfache anwächst. Alle de novo aufgebaut werdenden Polypeptidketten tragen am Ende Formylmethionin, aber im weiteren können die Formylgruppe und nicht selten das Methionin von den bereits fertigen Protein-Molekülen durch spezielle Enzyme abgespalten werden. Eine solche Abspaltung wurde in einer Reihe von Bakterienzellen beobachtet. Es wurde gezeigt, daß die initiierende Aktivität der Fmet-t-RNS in hohem Grade von der Anwesenheit von Mg^{++}-Ionen abhängt.
Die Schlußfolgerung, daß die Ablesung der genetischen Matrize an einem fixierten Punkt beginnt, wurde von Streisinger und Mitarbeitern bei der Untersuchung des Lysozyms des Phagen *T4* bestätigt. (Terzaghi, Okada et al., 1966; Okada et al., 1966). Die Autoren haben gezeigt, daß die Primärstruktur des Lysozyms von Phagen des Wildtyps und solchen des Pseudowildtyps, die zwei proflavininduzierte Mutationen tragen, sich durch die Aufeinanderfolge von fünf Aminosäuren unterscheiden. Demnach wurden von der ersten Mutation, die die Ablesung um ein Zeichen verschob, alle weiteren Codons bis zur zweiten, die Ablesung korrigierenden Mutation unrichtig gelesen.

TEIL II

DIE NATUR DER LETALMUTATIONEN UND IHRE REPARATUR

„Es ist möglich, daß das Geheimnis der autokatalytischen Struktur des Genes am schnellsten enträtselt wird, sei es als Ergebnis eines Angriffs von Seiten der reinen physikalischen Chemie oder, wenn die Biologen sich entscheiden, zur Untersuchung der Chromosomen, Viren oder Bakteriophagen physikalische und chemische Methoden zu verwenden.“

Herman Muller,

„Das Gen als Grundlage des Lebens“, 1929

KAPITEL 4

Molekulare Mechanismen der Wirkung ionisierender Strahlung auf lebende Organismen

Unter den verschiedenartigen Strahlungen, die als inaktivierende und mutagene Agentien angewendet werden, erfuhren die ultravioletten (UV) und Röntgenstrahlen die größte Verbreitung. Die molekularen Mechanismen ihrer Wirkung, besonders die der ultravioletten Strahlen, sind sehr eingehend studiert worden, und in den weiteren Darlegungen werden wir bevorzugt diese zwei Strahlenarten beschreiben. Sowohl die ultravioletten als auch die Röntgenstrahlen stellen elektromagnetische Wellen dar. Der Unterschied zwischen ihnen besteht in den Wellenlängen. Wellen im Bereich von 4000 bis 10 Å heißen ultraviolette und elektromagnetische Schwingungen mit Wellenlängen von 10 bis 0,1 Å Röntgenstrahlen. Eine Gegenüberstellung dieser Zahlen spricht klar dafür, daß der Bereich der kurzen ultravioletten Strahlen kontinuierlich in das Gebiet der langwelligen Röntgenstrahlen übergeht. Aber im Wirkungsmechanismus gibt es einen wesentlichen Unterschied. Röntgenstrahlen gehören entsprechend dem Charakter ihrer Wirkung zur ionisierenden Strahlung und ultraviolette zur nichtionisierenden. Dementsprechend werden wir auch die molekularen Wirkungsmechanismen dieser Strahlen auf lebende Systeme getrennt betrachten.

Einige physikalische Begriffe

Um die nicht zufällige Lokalisation der Absorptionspunkte ultravioletter Strahlen zu zeigen, ist es unerläßlich, die relative Effektivität der Strahlung verschiedener Wellenlängen zu betrachten.

In einigen Fällen führt bei Bestrahlung getrockneter Filme eine Ionisation zur Inaktivierung von zwei Molekülen auf einmal, aber das kann eine Folge der Bildung von Dimeren sein. Eine jede Ionisation erfordert im Mittel 30 eV. Die Energie eines jeden Ultraviolettquants im Wellenlängenbereich von 245—247 nm (2450—2470 Å, die von den Nukleinsäure-Molekülen am wirksamsten absorbierten Strahlen) übersteigt 30 eV. Dennoch führt die Absorption eines solchen Ultraviolettquantes, wie zahlreiche Untersuchungen gezeigt haben, nicht zur Ionisation von Molekülen. Ein wesentlicher Hinweis auf die wichtige Rolle der Energieübertragungsprozesse längs des Moleküls im Falle der ultravioletten Strahlen ist der, daß im Mittel in einem inaktivierten Protein- oder Nukleinsäuremolekül 500 bis 5000 eV absorbiert werden (SETLOW, 1960). Somit ist die relative Effektivität der ultravioletten Strahlung nicht groß.

Zur experimentellen Bestimmung der Effektivität der UV-Strahlung untersucht man die Abhängigkeit der Inaktivierung einer vorgegebenen Substanz von der Menge der absorbierten Quanten. Als Maß der Inaktivierung werden in den verschiedenen Fällen verschiedene Größen dienen. Wenn die Inaktivierung biologischer Objekte, z. B. Bakteriophagen oder transformierende DNS, untersucht wird, so kann man sie nach dem Verlust der lytischen oder Transformationsfähigkeit beurteilen. Wenn polymere Moleküle untersucht werden, so kann man Veränderungen mit physikalischen Methoden nachweisen, z. B. an der Änderung der Viskosität (LAUFFER, TRKULA, BUZZELL, 1956), an der Sedimentationsgeschwindigkeit in der Zentrifuge usw. (ENGLANDER, BUZZELL, LAUFFER, 1960; WOHLHIETER, BUZZELL, LAUFFER, 1960; COACHRAN, BUZZELL, LAUFFER, 1962).
Experimente, die mit der Untersuchung des Einflusses der Bestrahlung auf biologische Materialien zusammenhängen, werden üblicherweise folgendermaßen durchgeführt. In einem Experiment bestimmt man die Abhängigkeit der Inaktivierung von der Wellenlänge. In einem anderen nimmt man für das gleiche Material die Absorptionskurve der betreffenden Strahlung im gleichen Wellenlängenintervall auf. Die relative biologische Aktivität kann man bestimmen als

$$E = e^{-\sigma D},$$

wo E — die relative biologische Aktivität, D — die Dosis der auffallenden Strahlung in Photonen je cm^2 und σ — ein Proportionalitätskoeffizient ist, der die Dimension cm^2/Photon besitzt. Er heißt auch Inaktivierungsquerschnitt. Der Inaktivierungsquerschnitt σ stellt die relative Wahrscheinlichkeit dafür dar, daß das auftreffende Photon das Molekül inaktiviert. Die Abhängigkeit von σ von der Wellenlänge nennt man Wirkungsspektrum.
Die Absorption des Lichtes, das durch eine vorgegebene Probe der Dicke x in cm hindurch geht, welche n Moleküle je cm^3 enthält, erfolgt exponentiell:

$$\frac{I}{I_0} = e^{-Snx},$$

S — nennt man den Absorptionsquerschnitt, und er stellt die relative Wahrscheinlichkeit dafür dar, daß das gegebene Photon absorbiert wird. Offensichtlich hat S die Dimension cm^2/Molekül. Die Abhängigkeit von S von der Wellenlänge wird Absorptionsspektrum genannt.
Das Ziel der durchgeführten Experimente ist der Vergleich zweier gewonnener Spektren: des Wirkungs- und des Absorptionsspektrums. Eines der Vergleichsverfahren besteht in der Berechnung der Quantenausbeute für verschiedene Wellenlängen. Quantenausbeute nennt man das Verhältnis von σ zu S. Die erhaltene Größe bestimmt die Zahl der Moleküle, die durch ein absorbiertes Photon inaktiviert worden sind:

$$\Phi = \frac{\sigma}{S}.$$

Bei der Untersuchung der Quantenausbeute der Inaktivierung von Bakteriophagen und Bakterien muß man die Aufmerksamkeit auf die Bestrahlungsbedingungen und besonders auf das Medium richten, in dem die Phagen suspendiert sind. Für synthetische oder natürliche Polymere sind wichtige Kennziffern, die die Größe der Quantenausbeute beeinflussen, die Abmessungen des Polymers, seine Komponenten, die Tertiärstruktur usw. Bis heute ist eine große Menge von Untersuchungen zum Studium der Quantenausbeuten sowohl für synthetische und natürliche Nukleinsäure- und Proteinmoleküle (und ihre monomeren Komponenten) als auch für viele Viren und Bakteriophagen durchgeführt worden.

Wir wollen uns nur auf ganz knappe Daten über Quantenausbeuten der Inaktivierung einiger Polymere und Bakteriophagen beschränken (Tab. 6) und verweisen den Leser zur eingehenden Bekanntschaft mit diesen Fragen auf die zusammenfassenden Artikel von McLaren, 1949; Errera, 1953; Shugar, Wierzchowski, 1958.

Trotz der Interpretationsschwierigkeiten dieser Daten können einige Schlußfolgerungen gezogen werden. Aus Tab. 6 ist ersichtlich, daß unter allen genannten Verbindungen die Uridylsäure am empfindlichsten für die Wirkung des UV ist. Deshalb ist es nicht verwunderlich, daß das Wirkungsspektrum für die RNS dem Wirkungsspektrum für Uridylsäure ähnlich ist.

Das Wirkungsspektrum für einsträngige DNS des Bakteriophagen *ΦX 174* erwies sich als sehr ähnlich dem Wirkungsspektrum des Cytosins (Sinsheimer, 1959a). Dies wird durch die höhere Empfindlichkeit des Cytosins im Vergleich mit den anderen, am Aufbau der DNS beteiligten Basen erklärt.

Wir haben schon gesagt, daß ein Vergleich des Wirkungs- und Absorptionsspektrums zu bestimmen gestattet, in welchem Maße die Quantenausbeute von der Wellenlänge abhängt. Als Beispiel für das Zusammenfallen der Form dieser beiden Spektren für die zweisträngige DNS aus Kälberthymus können die Kurven auf Abb. 31 dienen.

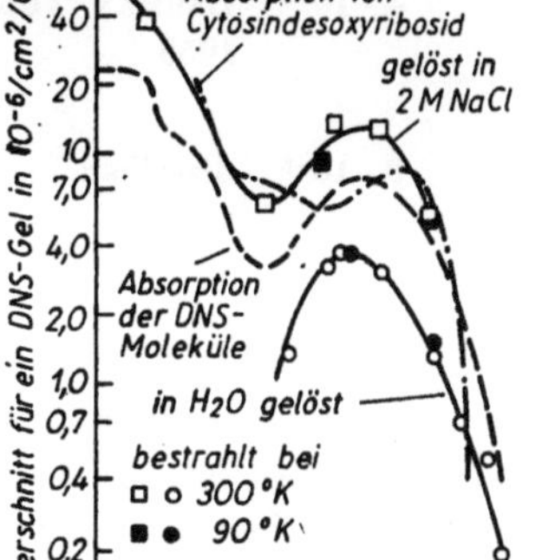

Abb. 31. Wirkungsspektrum für die durch UV-Strahlen induzierte Reaktion des Übergangs der DNS in den unlöslichen Zustand. Die DNS wurde im trockenen Zustand bestrahlt und danach entweder in H_2O oder in 2 M NaCl gelöst. Zum Vergleich wird das Absorptionsspektrum von DNS und Cytosindesoxyribosid gezeigt (Setlow, 1962)

Die strahlenchemischen Veränderungen an Proteinen bei Einwirkung ultravioletter Strahlen auf diese sind bedeutend schwerer zu interpretieren. Bis heute ist von einer großen Menge verschiedenartigster Proteine die Empfindlichkeit für ultraviolette Strahlung untersucht worden. Wie man auch erwarten sollte, führt nicht selten eine Vergrößerung der Molekülabmessungen des Proteins zu einer Verringerung der Quantenausbeute (McLaren, 1955). Einen großen Einfluß

Tabelle 6

Quantenausbeuten der Inaktivierung einiger Nukleotide, Nukleinsäuren und Viren

Objekt	Bestrahlungseffekt	Quantenausbeute	Literaturquelle
Uridylsäure	Zerstörung	$2 \cdot 10^{-2}$	Sinsheimer, 1954
Cytidylsäure	Zerstörung	$8 \cdot 10^{-3}$	Wierzchowski, Shugar, 1957
Thymidylsäure	Zerstörung	$6 \cdot 10^{-2}$	Shugar, Wierzchowski, 1958
Infektiöse RNS des *Tabakmosaikvirus* (*TMV*)	Verlust der Infektiosität	$3 \cdot 10^{-4}$	McLaren, Takahashi, 1957
TMV-RNS	Bruch des Moleküls	$3{,}5 \cdot 10^{-6}$	Coachran, Buzzell, Lauffer, 1962
Tabakmosaikvirus	Verlust der Infektiosität	$5 \cdot 10^{-5}$	McLaren, Takahashi, 1957
TMV-RNS, im flüssigen Stickstoff eingefroren	ebenso	$7 \cdot 10^{-4}$	dieselben
Genetische Marken der transformierenden DNS von Pneumokokken	Verlust der Transformationsfähigkeit	$4 \cdot 10^{-3}$	Lerman, Tolmach, 1959
Transformierende DNS von Pneumokokken (Bestrahlung bei 77 °K)	ebenso	$8 \cdot 10^{-3}$	dieselben

auf die Größe der Quantenausbeute zeigt die Anwesenheit schwefelhaltiger Aminosäuren (Cystein und Cystin). Je höher ihr Gehalt ist, um so größer ist die Quantenausbeute. Bekanntlich werden die Besonderheiten der Tertiärstruktur von Proteinen in beträchtlichem Maße von den Disulfidbrücken (S—S-Bindungen) bestimmt (Abb. 32). Es ist auch gezeigt worden, daß eine Beschädigung der Tertiärstruktur von Proteinen einen entscheidenden Einfluß auf die Veränderung der biologischen Eigenschaften der Proteine (insbesondere ihrer Enzymaktivität) aufweist. Die Rolle des Cystins bei der Proteinaktivität ist hinreichend begründet.

Um die Rolle des Cystins bei der Schädigung von Proteinen durch ultraviolette Strahlen zu zeigen, wollen wir zwei Arten von Kurven anführen: 1. Ein Vergleich typischer Wirkungs- und Absorptionsspektren für Proteine, die wenig Cystin (z. B. DN-ase: 0,5% Cystin) und überhaupt keines enthalten (Gramicidin). Die

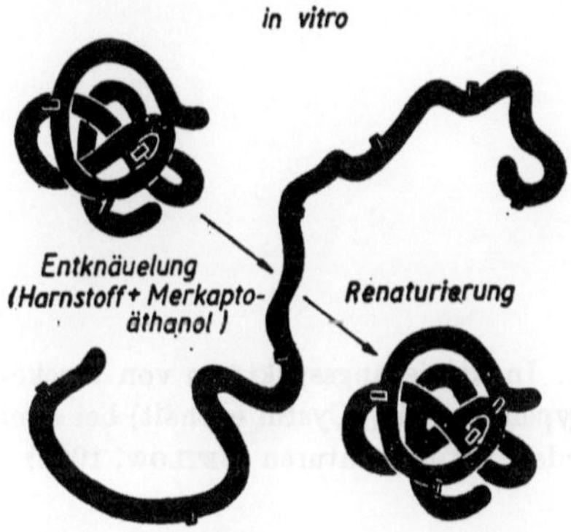

Abb. 32. Gegenseitige Übergänge von linearer Polypeptidkette und globulärem Protein. Das native globuläre Protein mit intramolekularen Disulfidbrücken kann in die lineare Form bei Zerstörung der Disulfidbrücken übergehen. Ein solches Auseinanderwickeln kann man in einer in-vitro-Reaktion durch Einbringen von β-Merkaptoäthanol und 8M Harnstoff in das Medium erreichen. Die vollständige Entfernung dieser Stoffe wird durch ein spontanes Zusammenwickeln der Polypeptidkette zu globulärem Protein begleitet (Epstein, Goldberger, Anfinsen, 1966)

Daten sind aus Arbeiten von Setlow entnommen (Setlow, Doyle, 1957; Setlow, Silverman, Watts, 1958). 2. Ebenso für Proteine mit hohem Cystingehalt (Trypsin: es enthält 4,0% Cystin).

Aus Abb. 33 ist die Parallelität der Wirkungs- und Absorptionsspektren für Cystin nicht enthaltende Proteine und aus Abb. 34 der Unterschied im Charakter dieser Spektren für Trypsin klar zu ersehen.

Die angeführten Daten sprechen dafür, daß im ersten Fall die Quantenausbeute

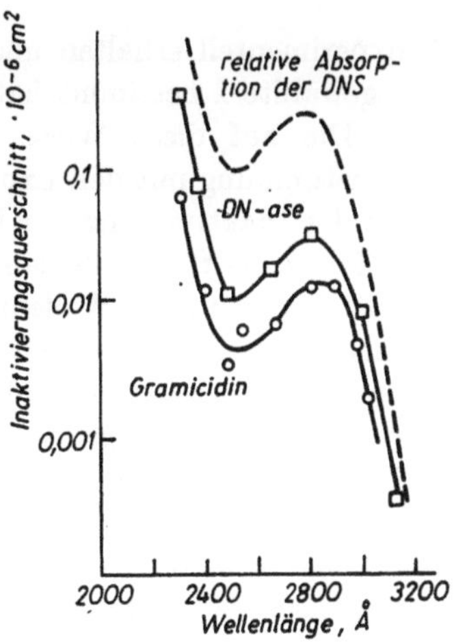

Abb. 33. Wirkungsspektrum für die Inaktivierung von DN-ase (eines Proteins, das ungefähr 0,5% Cystin enthält) und von Gramicidin (eines zyklischen Polypeptids, das kein Cystin enthält). Die DN-ase wurde in 0,5M Phosphatpuffer (pH 6,3) und das Gramicidin in Alkohol gelöst (Setlow, 1962)

praktisch nicht von der Wellenlänge abhängt, aber im zweiten Fall solche Abhängigkeit existiert. Das Letzte erklärt sich dadurch, daß, obwohl das Absorptionsspektrum des Proteins dem Absorptionsspektrum der aromatischen Aminosäuren Tyrosin und Tryptophan nahekommt und der Absorptionskoeffizient des Cystins sehr klein ist, die Inaktivierung des Trypsins trotzdem eine Folge der vorherrschenden Rolle des Cystins ist.

Wir wollen zwei parallel ablaufende Prozesse betrachten — die Photonenabsorption durch Cystin und durch aromatische Aminosäuren. Das erste Ereignis

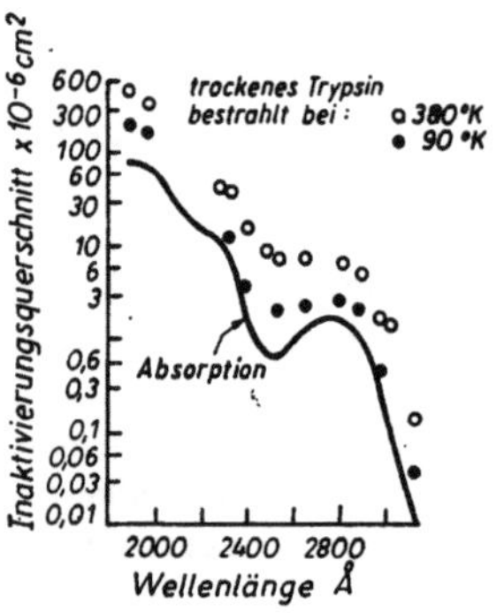

Abb. 34. Inaktivierungsspektrum von trockenem Trypsin (das 4% Cystin enthält) bei zwei verschiedenen Temperaturen (SETLOW, 1962)

möge einem Absorptionsquerschnitt S_c und einer Quantenausbeute φ_c entsprechen, für den zweiten Fall S_a und φ_a. Dann wird der zu beobachtende Inaktivierungsquerschnitt

$$\sigma = S_c\varphi_c + S_a\varphi_a.$$

Wenn man annimmt, daß sich φ_c und φ_a langsam mit der Änderung der Wellenlänge ändern, aber S_c und S_a sich merklich ändern, kann man schreiben

$$\sigma(\lambda) = S_c(\lambda)\,\varphi_c + S_a(\lambda)\,\varphi_a.$$

Wenn man die Werte von σ, S_c und S_a experimentell erhalten und die Werte φ_c und φ_a für zwei beliebige willkürlich ausgewählte λ bestimmt hat, kann man das gesamte Wirkungsspektrum erhalten. Die auf diese Weise berechneten Wirkungsspektren zeigen eine völlige Übereinstimmung mit den experimentellen und bezeugen die große Rolle des Cystins bei der Inaktivierung der Proteine.

Man muß berücksichtigen, daß diese Schlußfolgerung für Wellenlängen gerechtfertigt ist, die oberhalb von 180 nm liegen. Bei Änderung der Wellenlänge wächst der Inaktivierungsquerschnitt bedeutend schneller als der Absorptionsquerschnitt, und dementsprechend wächst die Quantenausbeute schnell an und nähert sich dem Wert eins. Ein deutliches Anwachsen des Inaktivierungsquerschnitts wird gerade in jenem Wellenlängenbereich beobachtet, in dem die Effektivität der Ionisation groß wird.

Zwischen den Wellenlängen, bei denen die Quantenausbeute klein ist, und den Wellenlängen, bei denen sie stark anwächst, liegt ein Übergangsgebiet

(160—110 nm). In diesem Wellenlängenintervall beginnt ein Teil der Photonen bereits die Proteinmoleküle zu ionisieren, aber die übrigen regen sie weiterhin nur an. Die diese Erscheinung begleitende Erhöhung der Quantenausbeute ist auch eine Folge des Überganges einiger anregender Photonen zu ionisierenden. Demnach kann man die hohe Effektivität der ionisierenden Strahlung gerade mit der ionisierenden Natur dieser Strahlung in Zusammenhang bringen. Hieraus folgt ein anderer wichtiger Schluß: die vollständige Größe der absorbierten Energie spielt keine große Rolle bei der Inaktivierung, sondern der Charakter der Wechselwirkung der Quanten mit dem Molekül (Anregung oder Abreißen eines Elektrons) erscheint als bestimmende Größe.

Wenn wir Bilanz ziehen, stellen wir fest, daß die Anwendung der genannten Methode des Vergleiches der Wirkungs- und Absorptionsspektren die Möglichkeit gegeben hat, erstens hinreichend deutlich den nicht zufälligen Charakter der Absorption des Ultravioletts festzustellen, zweitens hat sie gezeigt, daß bei Einwirkung von ultravioletter Strahlung Nukleinsäuren in höherem Grade geschädigt werden als Proteine, und drittens zeigte sie jene monomeren Komponenten der Proteine und Nukleinsäuren, die den größten Veränderungen ausgesetzt sind. Wahrscheinlich wurzelt die Hauptursache der Unbrauchbarkeit der diskutierten Methode für Röntgenstrahlen in Schwierigkeiten experimentellen Charakters. Vor allem wird im Übergangsgebiet zwischen Röntgen- und Ultraviolettbereich des Spektrums eine intensive Absorption von Quanten durch die Luft beobachtet. Eine nicht geringe Rolle spielt auch, daß die Stabilität der Strahlungsquellen beim Übergang vom nahen Ultraviolett- zum langwelligen Röntgenbereich niedrig ist, Monochromatoren in diesen Intervallen äußerst ungenau sind und gleichzeitig Inaktivierungsquerschnitt und Quantenausbeute schnell mit dem Übergang zum hauptsächlich ionisierenden Typ der Wechselwirkung von Strahlung und Materie anwachsen. Ein derartig schnelles Anwachsen dieser Kennziffern, das von einer möglichen Inhomogenität in der Qualität der von der Apparatur emittierten Strahlung begleitet wird, gestattet nicht, genaue Zahlen zu erhalten. Man muß auch auf die Schwierigkeit der Präparation homogener biologischer Materialien usw. hinweisen. Die Ausarbeitung einer neuen Methode zum Studium der Strahlenempfindlichkeit — der Methode der spezifischen Halogenierung von Nukleinsäuren — gestattete jedoch, viele Schwierigkeiten zu umgehen und zu beweisen, daß auch im Falle der ionisierenden Strahlung die Inaktivierung biologischer Objekte hauptsächlich mit der Schädigung der Nukleinsäuren zusammenhängt.

Einfluß der Einführung halogenierter Basen in die DNS auf deren Strahlenempfindlichkeit

Beim Züchten von Bakterien und Zellgewebekulturen in einem synthetischen Medium, das an Stelle von Thymin dessen Analoge 5-Bromuracil oder 5-Joduracil enthält, erfolgt eine weitgehende Ersetzung von Thymin durch Analoge in den neu synthetisierten DNS-Molekülen. Statt Bromuracil und Joduracil kann man für die gleichen Zwecke 5-Bromdesoxyuridin und 5-Joddesoxyuridin benutzen:

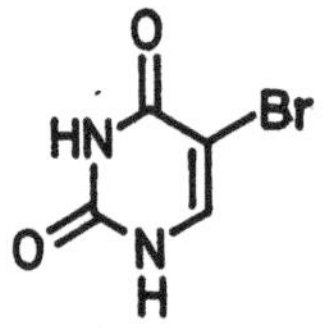

5-Bromuracil

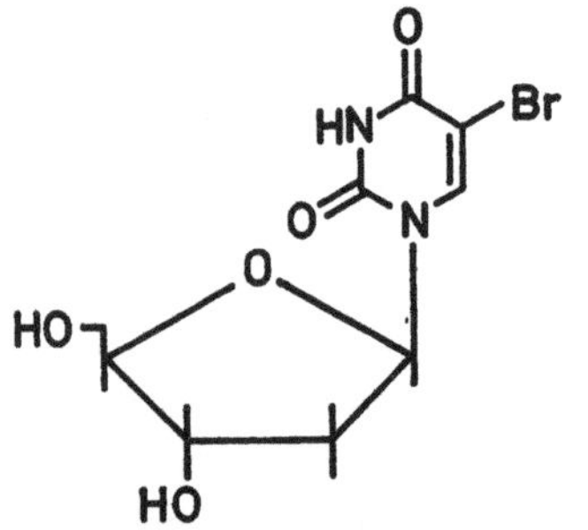

5-Brom-2'-desoxyuridin

Diesen Prozeß werden wir im weiteren als Halogenierung der DNS bezeichnen. Bei der Untersuchung der Strahlenempfindlichkeit von Zellen, in deren DNS eine Halogenierung erfolgte, wurde eine deutliche Vergrößerung der Empfindlichkeit für eine Bestrahlung sowohl mit ultravioletten als auch mit Röntgenstrahlen festgestellt.
So hat Greer (1960) ein 65-faches Anwachsen der Empfindlichkeit von *E. coli*-Zellen, die 5-Bromuracil enthielten, gegen Ultraviolett der Wellenlänge 254 nm festgestellt.
Gleichzeitig wurde derselbe Effekt im Laboratorium von Szybalski (Djordjevich, Szybalski, 1960; Opara-Kubinska et al., 1961) für Kulturen menschlicher Zellen beobachtet. In diesen Experimenten wurde der Austausch mit 5-Brom- und 5-Joddesoxyuridin vorgenommen und die Bestrahlung sowohl mit Ultraviolett- als auch mit Röntgenstrahlen durchgeführt.
Das Spektrum der verwendeten Analoga wurde in den Experimenten im Laboratorium von Kaplan beträchtlich erweitert (Kaplan, Smith, Tomlin, 1961). Außer den Pyrimidinanaloga wurden Purinanaloga erprobt: 6-Thioguanin (TG) und dann (Kaplan, Smith, Tomlin, 1962) 6-Merkaptopurin (6-MP), 2-Aminopurin (2-AP), 8-Azaguanin (8-AG), 6-Methylmerkaptopurin (6-MMP) und 2-Merkapto-6-aminopurin (2,6-MAP). Die Bestrahlung wurde mit Röntgenstrahlen durchgeführt. Die Änderung der Strahlenempfindlichkeit wurde nach der Änderung der Neigung der Überlebenskurven bei Bestrahlung mit verschiedenen Röntgenstrahldosen beurteilt (Kaplan, Zavarine, Early, 1962). Später untersuchten sie auch den Einfluß der Gaszusammensetzung des Mediums, in dem die Bestrahlung von *E. coli*-Thymin durchgeführt wurde (Tab. 7).
Aus der Tabelle ist zu ersehen, daß die Analoga der Pyrimidinbasen die Strahlenempfindlichkeit sowohl in der Stickstoff- als auch in der Sauerstoffatmosphäre vergrößerten, während bei Verwendung von Analoga der Purinbasen die Empfindlichkeit nur bei Bestrahlung in Sauerstoffatmosphäre zunahm.
Bis heute ist die Natur des Sauerstoffeffekts nicht völlig aufgeklärt worden. Man

Tabelle 7

Verhältnis der Neigung der halblogarithmischen Dosis-Überlebenskurven nach der Bestrahlung mit Röntgenstrahlen in Stickstoff- oder Sauerstoffatmosphäre

Basenanaloga	Analoga in O_2-Atmosphäre / Kontrolle	Analoga in N_2-Atmosphäre / Kontrolle	Kontrolle in O_2-Atmosphäre / Kontrolle	Analoga in O_2-Atmosphäre / Analoga
5-BU	2,07	3,03	3,33	2,45
5-JU	1,60	1,53	2,54	2,67
TG	2,02	0,9–1,1	1,85–2,36	4,0
6-MP	2,02	0,9–1,1	1,85–2,36	4,0
2-AP	1,93	0,9–1,1	1,85–2,36	3,8

meint, daß die Anwesenheit von Sauerstoff die Bildung aktiver Radikale bedingt, die einen starken Einfluß auf die zu bestrahlenden Materialien ausüben.

Aus Zellen, die in Anwesenheit von Analogen gezüchtet wurden, wurde die DNS extrahiert, gereinigt und auf die Empfindlichkeit ihrer Transformationsfähigkeit gegen Bestrahlung untersucht. Eine Serie solcher Experimente wurde von Szybalski und Mitarbeitern durchgeführt (Opara-Kubinska et al., 1961; Szybalski, Opara-Kubinska, 1962; Szybalski, Lorkiewicz, 1962). Die Autoren stellten sich die Aufgabe zu beweisen, daß die DNS von Bakterien und Säugerzellen die Hauptstruktur ist, die sich unter der Einwirkung ionisierender Strahlung ändert. Hierfür verglichen sie die Überlebenskurven der Zellen, die zur Vorbereitung in einem Medium mit 5-BDU gezüchtet worden waren, und diejenigen der aus diesen Zellen isolierten transformierenden DNS.

Auf Abb. 35 sind die Daten von Opara-Kubinska angegeben, die wir aus der Arbeit von Szybalski und Lorkiewicz (1962) entnommen haben. Die Transformationsaktivität der DNS (*Bacillus subtilis*) wurde an der Fähigkeit der DNS aus normalen Zellen gemessen, indolabhängige Rezipizientenzellen zur Prototrophie zu transformieren. Die Wildtypzellen von *B. subtilis* wurden 4 Stunden lang in Beisein von 5-Bromdesoxyuridin (100 µg je ml Medium) gezüchtet, und dann wurde die Strahlenempfindlichkeit der halogenierten und normalen Zellen und der aus diesen isolierten DNAs bestimmt. Selbst das Überleben unbestrahlter Zellen sinkt beim Ablauf einiger Teilungen im Beisein des Analogons. Deshalb verglichen die Autoren unter Umgehung der Fehler, die mit der inaktivierenden Wirkung des BDU selbst zusammenhängen, die Strahlenempfindlichkeit von Zellen, die eine und zwei Teilungen in Beisein des Analogons durchgemacht haben. Als Ergebnis der Untersuchungen konnten sie deutlich zeigen, daß bei Bestrahlung mit Röntgenstrahlen: 1. die Überlebenskurven der Kontrollzellen und der aus diesen isolierten DNS zusammenfallen; 2. die Empfindlichkeit der Zellen, die eine Teilung im Beisein von 5-BDU durchgemacht haben, und der aus

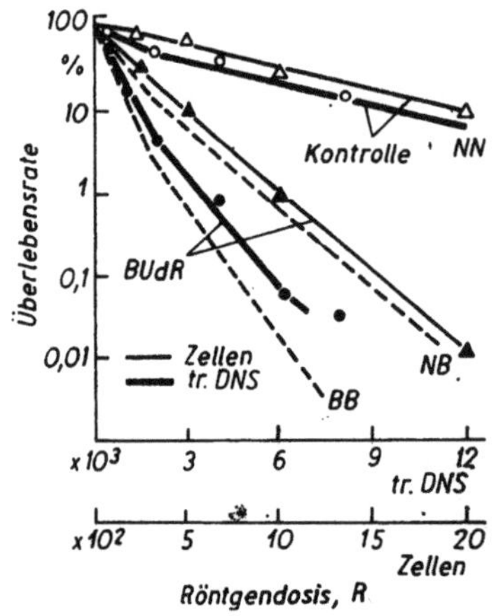

Abb. 35. Beweis für die entscheidende Rolle der Nukleinsäuren bei der Zellschädigung durch Röntgenstrahlen bei Einbau von Brom- und Fluordesoxyuridin in die Zellen von *Bacillus subtilis* und ihre transformierende DNS

NN – normale DNS; NB – DNS, deren einer Strang mit 5-BU markiert ist; BB – DNS, deren beide Stränge mit 5-BU markiert sind (Szybalski, Lorkiewicz, 1962)

diesen Zellen isolierten DNS ebenfalls identisch ist; 3. der Einbau von 5-BDU zu identischer Vergrößerung (auf das 3,5fache) der Empfindlichkeit gegen Bestrahlung sowohl der Zellen als auch der DNS im Vergleich zu den Kontrollen führt.

Die Hauptschlußfolgerung, zu der die Autoren gelangten, bestand darin, daß die für die Strahlenempfindlichkeit der Zelle sowohl gegen Röntgen- als auch ultraviolette Strahlen verantwortliche Hauptkomponente ihre DNS ist.

Die Arbeiten zur Ersetzung der Basen der Zell-DNS durch Analoge wurden logischerweise durch Untersuchungen der Strahlenempfindlichkeit von Bakteriophagen fortgesetzt, deren DNS halogeniert worden war. Unter ihnen sollte man

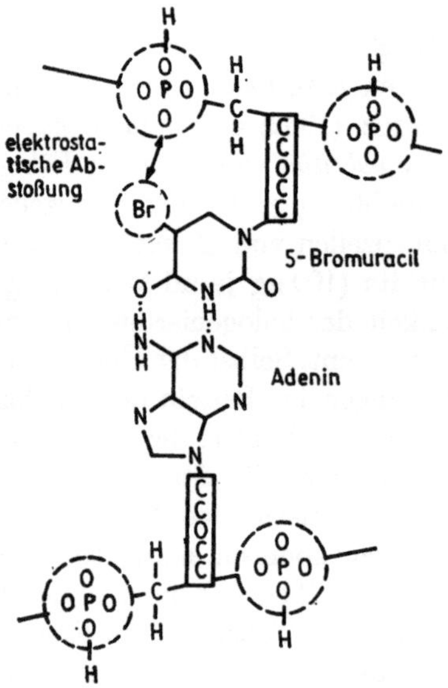

Abb. 36. Sterische Wechselbeziehungen zwischen den Phosphatgruppen und dem Halogen, das die Methylgruppe des Thymins im DNS-Molekül ersetzt (Szybalski, Lorkiewicz, 1962)

die Arbeit von STAHL et al. (1961) hervorheben, die eine 75fache Vergrößerung der Strahlenempfindlichkeit des Bakteriophagen *T2 v* bei Einführung von 5-BDU in diesen festgestellt haben. Der gleiche Effekt wurde von HOWARD-FLANDERS und Mitarbeitern und TANOOKA (HOWARD-FLANDERS, BOYCE, THERIOT, 1962; TANOOKA, 1964) und vielen anderen Autoren beobachtet.

Eine Ersetzung von Basen durch Analoge kann auch im RNS-Molekül erfolgen. JEENER und ROSSELS (1953) stellten den Einbau von Thiouracil, das mit ^{35}S markiert war, in die RNS von *Tabakmosaikvirus* fest, und GORDON und STAEHELIN (1958) ersetzten Uracil in der RNS durch Fluoruracil; BEČAREVIČ et al. (1963) zeigten eine Erhöhung der Strahlenempfindlichkeit von *TMV*-RNS nach einem solchen Austausch.

Bei der Betrachtung der Ursache der deutlichen Erhöhung der Strahlenempfindlichkeit bei Ersetzung der Basen durch Analoge haben SZYBALSKI und andere (SZYBALSKI, LORKIEWICZ, 1962) die Annahme ausgesprochen, daß eine Halogenierung, z. B. eine Ersetzung durch 5-BDU, zu einer Änderung der Elektronendichte im DNS-Molekül führt, was in einer Labilität des Polymers an dieser Stelle zum Ausdruck kommt. Das Br-Atom, das die Methylgruppe im Thymin in 5er Stellung ersetzt,

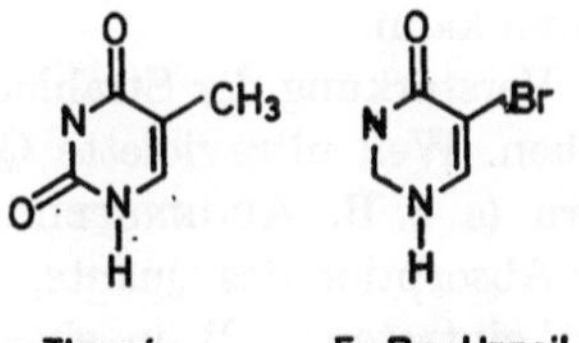

führt nach der Vorstellung von SZYBALSKI (1962) zu einer elektrostatischen Abstoßung zwischen dem Phosphatrest der Zuckerphosphatkette der DNS und der halogenierten Base. Hierdurch schwächt sich die Bindung zwischen Zucker und Base (in 1-Stellung), was auch eine erhöhte Strahlenempfindlichkeit in diesem DNS-Abschnitt bedingt (Abb. 36).

Ein indirekter Beweis für die Richtigkeit dieser Annahme wurde von WACKER und TRÄGER (1963) geliefert. Um die Änderung der Elektronendichte im Pyrimidinring nach Austausch der Gruppen in den Positionen 2,4 und 5 zu charakterisieren, benutzten die Autoren die Bindungsstärke zwischen Desoxyribose und Base. Verschiedene Desoxyribonukleoside wurden unter gleichartigen Bedingungen hydrolysiert und die Menge der abgespaltenen Desoxyribose gemessen. Die erzielten Daten sind unten angegeben.

Aus diesen Daten ist ersichtlich, welchen Einfluß verschiedene Substituenten in 5-Stellung des Pyrimidinringes auf die Bindungsstärke Zucker-Base aufweisen. Die Ersetzung des 5-Protons des Desoxyuridins durch ein Bromatom erhöht die Labilität der Glykosidbindung um mehr als das 5-fache.

Obgleich eine solche Erklärung der Labilität des Polymers am Ort der Einführung halogenierter Basen lange Zeit als richtig angesehen wurde, sammeln sich jetzt

Desoxynukleosid	Menge der abgespaltenen Desoxyribose (in relativen Einheiten)
Desoxyuridin	0,7
Thymidin	1,0
5-Bromdesoxyuridin	3,7
5-Chlordesoxyuridin	3,9
Desoxyuridin-Dimer	19,6
Thymidin-Dimer	19,8
Desoxycytidin	21,0
Desoxyguanosin	23,3

dagegen sprechende Daten an. Am ehesten hängt die starke inaktivierende Wirkung der Halogenierung damit zusammen, daß die Einführung von Bromuracil die Verteilung der Elektronendichte der Base und des ganzen Nukleotids deutlich ändert. Infolgedessen reagieren die halogenierten Basen schneller mit den die modifizierte DNS umgebenden Molekülen, und dies führt zur Zerstörung des Kerns und zur Inaktivierung des DNS-Moleküls.

Im weiteren bemühen wir uns zu zeigen, daß man offenbar auf dieselbe Weise das mutagene Verhalten von 5-BDU erklären kann.

Die Rolle der halogenierten Basen bei der Verstärkung der Strahlenempfindlichkeit kann auch noch in folgendem bestehen. Weil ultraviolette Quanten möglicherweise längs der DNS-Kette wandern (s. z. B. AUGENSTEIN, 1963), muß die Strahlenschädigung nicht am Orte der Absorption des Quants, sondern kann in einem „schwachen" Abschnitt der DNS eintreten, z. B. in einem Nukleotid, das eine halogenierte Base enthält.

Die Hauptschlußfolgerung, die aus den Untersuchungen der Strahleninaktivierung von DNS-Molekülen und Organismen gezogen worden ist, bei denen ein Teil der Basen durch halogenierte Basen ersetzt wurde, besteht darin, daß bei der biologischen Inaktivierung nicht nur bei Ultraviolett- sondern auch bei Röntgenbestrahlung Schädigungen der DNS-Moleküle den Hauptbeitrag liefern.

Weitere Beweise für die bevorzugte Rolle von Nukleinsäureschäden bei der biologischen Inaktivierung

Heute ist die Summe der Beweise für die bevorzugte Rolle des DNS-Schadens beim Inaktivierungseffekt ionisierender Strahlung derart groß, daß diese Schlußfolgerung nicht mehr angezweifelt werden kann.

Vor allem folgt dies aus den Experimenten von B. L. ASTAUROV mit dem Maulbeer-Seidenspinner *Bombyx mori*. Es wurde die Inaktivierung von Eizellen des Seidenspinners durch Röntgenbestrahlung untersucht. Bei alleiniger Bestrahlung der Zellkerne erwiesen sich die zur Inaktivierung der Zellen führenden Dosen als um den Faktor tausend kleiner als jene Dosen, die bei alleiniger Bestrahlung des Zytoplasmas zur Inaktivierung der Zellen erforderlich waren.

Die Schlußfolgerung von Astaurov wurde in Experimenten von Zirkle und Bloom (1953) bestätigt, die zur getrennten Bestrahlung von Kern und Zytoplasma ein Protonen-Mikrobündel benutzten.

Ein unzweideutiger Hinweis auf die Rolle des Kerns bei der Schädigung der Zellen folgte aus einer Versuchsserie von R. Mortimer (1958) mit polyploiden Hefezellen. Eine Änderung des Ploidiegrades der Zellen, anders ausgedrückt des DNS-Gehaltes der Zelle, wurde immer von einer Änderung der Strahlenempfindlichkeit der Zellen begleitet. Der gleiche Schluß folgte aus Untersuchungen an Pflanzenzellen, deren Strahlenresistenz sich parallel zur Änderung des errechneten Chromosomenvolumens änderte (Sparrow, 1965).[1])

Die Reaktion von Zellen auf Bestrahlung hängt in beträchtlichem Maße vom Kompliziertheitsgrad der Organisation des Vererbungsapparates dieser Zellen ab. G. Kaplan und L. Moses (1964) und M. Terzi (1961) untersuchten diese Frage und zeigten eine Korrelation zwischen Strahlenempfindlichkeit, DNS-Menge in der Zelle und Organisation des genetischen Apparates. Besonders positiv in dieser Beziehung sind die Resultate der Versuche von Kaplan und Moses. Bei der Untersuchung einer ausgedehnten Reihe von Organismen von Viren bis zu tierischen Zellen hinsichtlich ihrer Empfindlichkeit für Röntgenbestrahlung teilten Kaplan und Moses alle untersuchten Organismen in 4 Klassen ein.

In die erste Klasse mit der größten Strahlenempfindlichkeit fielen die Viren mit einsträngiger DNS und RNS. In die zweite Klasse mit geringerer Strahlenempfindlichkeit fielen die Viren mit zweisträngiger DNS. Der Unterschied der Dosen, die zur Verringerung des Überlebens bis auf 37% erforderlich waren, machte bei den Viren der ersten und zweiten Klasse fast zwei Größenordnungen aus.

Die folgende Klasse, die eine fast tausendmal größere Strahlenresistenz besaß, wurde von haploiden Bakterienzellen und Hefen gebildet.

Die höchste Strahlenresistenz entwickelten schließlich die diploiden Zellen — von Hefen bis zu Säugerzellen, d. h. Zellen, bei denen die Nukleoproteidstrukturen echte Chromosomen bilden.

---

[1]) Anmerkung des Übersetzers und Herausgebers: An dieser Stelle sollte auch an die Arbeiten von Stein und Laskowski erinnert werden. Diese Autoren haben die Strahlenempfindlichkeit von Hefen (*Saccharomyces cerevisiae*) in Abhängigkeit vom Ploidiegrad untersucht. Es war ihnen gelungen, aus einem haploiden Hefestamm genetisch praktisch identische di-, tri-, tetra- und hexaploide Linien zu züchten. Interessanterweise ergab sich nicht, wie man erwarten sollte, eine stetig mit der Zahl der Chromosomensätze steigende Strahlenresistenz. Diese ging vielmehr durch ein Maximum, um dann wieder abzunehmen, und zwar erwies sich die triploide Linie als am resistentesten. Dies gilt sowohl für ionisierende als auch für ultraviolette Strahlen. Die Autoren entwickelten zugleich eine interessante Theorie zur Deutung dieser Befunde, die in gewissem Sinne eine Weiterentwicklung der Treffbereichstheorie darstellt, aber leider viel zu wenig beachtet worden ist. Ihr neuer Hauptgedanke besteht in der getrennten Berücksichtigung genetisch und nichtgenetisch relevanter Schadensereignisse (Treffer) (Stein, Laskowski, 1958, 1959, 1960; Laskowski, Stein, 1960; Laskowski, Brustad, Stein, 1959; Stein, 1961).

Es ist interessant, daß in jeder Klasse folgende deutliche Abhängigkeit gefunden wurde: die Strahlenresistenz erhöhte sich mit der Vergrößerung der Nukleotidanzahl in der DNS.
Der Versuch, die Strahlenempfindlichkeit mit dem volumenmäßigen Gehalt an DNS in den Zellen in Zusammenhang zu bringen[1]), wurde an Pflanzen unternommen. SPARROW und MIKSCHE (1961) stellten eine Korrelation zwischen Zellkernvolumen und Strahlenempfindlichkeit bei 23 Arten von Gräsern fest. Sie fanden, daß das Kernvolumen auch mit der darin enthaltenen DNS korreliert ist, und sprachen die Annahme aus, daß eine enge Verbindung zwischen dem DNS-Gehalt in Pflanzenzellen und ihrer Strahlenempfindlichkeit existiert.
Diese Annahme lag einer Serie von Arbeiten aus dem Brookhaven National Laboratory zugrunde, in denen SPARROW und Mitarbeiter gewichtige Beweise für die Richtigkeit ihrer Hypothese vorlegten.
In der letzten Arbeit (BAETCKE et al., 1967) haben die Autoren bei 30 Arten höherer Pflanzen aus 10 Familien das Kernvolumen, das Volumen der Interphasenchromosomen, die auf den Kern und auf die Chromosomen entfallende DNS-Menge bestimmt und eine deutliche negative Korrelation zwischen der Strahlenempfindlichkeit der Pflanzen und dem DNS-Gehalt im Chromosom gezeigt. Der DNS-Gehalt im Kern ist sehr viel schwächer mit der Strahlenempfindlichkeit korreliert. Diese Abhängigkeit tritt auch bei beträchtlicher Erhöhung des Ploidiegrades auf (unter der Zahl der untersuchten Organismen befanden sich verschiedene Polyploide einschließlich der 22-ploiden Art *Chrysanthemum lacustre*).

Molekulare Umbauten, die durch Röntgenstrahlung hervorgerufen werden

Im Vergleich mit dem Fortschritt, der beim Studium der molekularen Wirkungsmechanismen der ultravioletten Strahlen auf die Vererbungsmoleküle erreicht wurde, sind unsere Kenntnisse von der Wirkung der Röntgenstrahlen spärlicher.
Die Einwirkung ionisierender Strahlung auf Polymere führt zur Verminderung des Molekulargewichts (SPARROW, ROSENFELD, 1946; TAYLOR et al., 1948; BUTLER 1949; KOENIG, PERRINGS, 1953; SCHOLES, WEISS, 1954; CAVALIERY et

---

[1]) Anmerkung des Herausgebers und Übersetzers:
Den zum Nachweis von Vitamin B_{12} verwendeten Bakterienstamm *Lactobacillus leichmannii 313* kann man durch B_{12}-Entzug und ersatzweise Zufütterung eines Desoxyribosids veranlassen, den DNS-Gehalt pro Zelle auf 1/3 des Normalwertes bei unverändertem RNS-Gehalt zu senken. (WACKER et al. 1956). Damit werden diese Zellen zugleich sensibler (Faktor 1,4) für UV-Strahlen von 253,7 nm (ECKART und WACKER, 1960a, b; ECKART 1960). Als Deutungshypothese wurde vorgeschlagen, daß die voll ernährte Zelle zusätzliche, informationslose DNS enthält, die als Fänger von UV-Quanten dient, wobei die in ihr gesetzten Schäden für ein normales Weiterleben, Wachsen und Teilen der Zelle ohne Bedeutung sind.

al., 1955), als Folge des Bruches von Bindungen — durch Zerstörung der Hauptvalenzen in der Kette (für die DNS erfordert ein solcher Schaden offensichtlich Brüche beider Stränge des Moleküls), Entstehung von Vernetzungen, d. h. Bildung von Bindungen zwischen den Strängen der polymeren Moleküle (Interstrangvernetzungen) oder in einem Strang — Intrastrangvernetzung (SHUGAR, BARANOWSKA, 1960; LETT, STACEY, ALEXANDER, 1961a; GUDA, FRAJOLA, LESSLER, 1962), Desaminierung und Depurinisierung (SCHOLES, WEISS, 1950), Teildenaturierung der DNS (COX et al., 1958; PEACOCKE, PRESTON, 1960; SARKAR, 1962; HAGEN, WILD, 1964; COLLYNS et al., 1965). Es wurde auch bewiesen, daß eine Ionisation zu Einstrangbrüchen in der DNS führt (HAGEN, 1964; DAVISON, FREIFELDER, HOLLOWAY, 1964; SUMMERS, SZYBALSKI, 1965).

Kleine Bestrahlungsdosen, die zur Verminderung der Matrizenaktivität der DNS bei der RNS-Synthese führen, rufen Veränderungen an der Viskosität, der Sedimentationsgeschwindigkeit in der Zentrifuge, der Schmelztemperatur und der Empfindlichkeit gegen hydrolytische Enzyme hervor, was insgesamt für Ein- und Zweistrangbrüche und partielle Denaturation spricht (HARRINGTON, 1966). Sowohl bei Vernetzungen als auch bei der Zerstörung werden oft Radikale gebildet.

Vernetzungen der Moleküle sind mit Hilfe vieler Forschungsmethoden leicht zu registrieren. Es wird eine Verringerung der Löslichkeit und eine Vergrößerung des Molekulargewichts, des Elastizitätsmoduls polymerer Materialien, der Transparenz von Lösungen usw. beobachtet. Bei biologisch wichtigen Molekülen — Proteinen und Nukleinsäuren — erscheint der Effekt der Vernetzungen vor allem in einer Veränderung oder einem völligen Verschwinden der biologischen Aktivität, einem unvollständigen Auseinandergehen der DNS-Stränge bei der Denaturation usw. Eine Zerschlagung der Biopolymere, die gerade von solchen Beeinträchtigungen der biologischen Aktivität begleitet ist, wird durch ebenso deutliche aber entgegengesetzt gerichtete physikochemische Veränderungen wie bei den Vernetzungen charakterisiert.

An der Entstehung beider Schadenstypen sind zwei Typen von Reaktionen beteiligt: direkte und indirekte. Im ersten Fall erfolgt eine unmittelbare Wechselwirkung der Quanten mit den Molekülen der zu untersuchenden Substanzen, die von einer Ionisation begleitet wird, im zweiten Fall wird eine solche Wechselwirkung durch die Radikale vermittelt, die im Medium entstehen, das das zu untersuchende Molekül umgibt. Natürlich überwiegen bei der Bestrahlung trockener Filme der Substanz die direkten Effekte (SMOLUCHOWSKI, 1959) und bei Bestrahlung von Lösungen die indirekten (wässrige Lösungen wurden besonders eingehend untersucht DAINTON, 1959; DUBININ, 1961).

Die Bestrahlung in einem Medium mit Sauerstoff erhöht deren Effektivität beträchtlich. Die Verstärkung der Reaktionen kann durch eine Reaktion des Sauerstoffs mit freien Radikalen bedingt sein. Der Sauerstoffeffekt wurde für alle Fälle von Bestrahlung festgestellt: trockene Filme, Gase, Flüssigkeiten („Role of oxygen and peroxides in radiation chemistry“, Symp. B. Proc. Int. Congr. Radiat. Res. in: „Radiation Res., Suppl. 1“ 1959, S. 199—215), isolierte

Nukleoproteide, Proteine, Nukleinsäuren, Zellen und ganze Organismen (GRAY, 1959; ŠČEPOT'EVA, ARDAŠNIKOV u. a., 1959).

Da nicht alle Bindungen in den Polymeren in energetischer Hinsicht gleichwertig sind, wird in vielen Fällen eine Energieübertragung längs der Polymerkette bis zu jenem Punkt beobachtet, an dem die Bindung schwach ist. Eine solche Übertragung ist sowohl für wasserfreie Systeme (z. B. wird das Zerbrechen des Isooktans nach Bestrahlung vorzugsweise an einem Punkte beobachtet) als auch für Lösungen beschrieben worden.

Alle diskutierten Effekte — direkte und indirekte Wirkung, Vernetzungen und Zerstörungen, Freisetzung kleiner Moleküle, Sauerstoffeffekt, Energieübertragung — treten auch in biologischen Systemen auf. Obgleich auf dem Gebiet der Untersuchung ionisierender Strahlung mehr als einmal Versuche unternommen wurden, eine einheitliche Theorie zu schaffen, die die Wechselwirkung von Strahlung und lebender Materie hinreichend beschreibt (LI, 1963; BAK, ALEXANDER, 1963; CIMMER, 1962, u. a.), existiert eine solche Theorie bisher nicht. Der Umfang der Untersuchungen, die der Analyse der schädigenden und der mutagenen Wirkung der Strahlung gewidmet sind, wächst mit jedem Tage. Zahlreiche Abhängigkeiten, die für die einen Molekültypen festgestellt wurden, wurden durch Daten für andere Typen widerlegt. Man kann sich als Beispiel auf die Untersuchung der relativen Empfindlichkeit (G) der Moleküle gegen ein und dieselbe Bestrahlungsdosis (z. B. 100 eV) berufen. Für Vorstufen der Nukleinsäuren wurde je nach Zunahme der Kompliziertheit des Moleküls eine Verminderung der Empfindlichkeit festgestellt. So ist freies Adenin empfindlicher als in Verbindung mit Ribose (Adenosin), dieses ist seinerseits empfindlicher als Adenosinmonophosphat (Adenylsäure). DNS und RNS sind sehr viel weniger empfindlich als die einzelnen Nukleotide. Diese Regel wurde auch an vielen Proteinen bestätigt. Andere Proteinmoleküle erwiesen sich jedoch als ebenso empfindlich wie ihre niedermolekularen Vorstufen, und man muß erkennen, daß man die Ursachen dieses oder jenes Grades der Molekularempfindlichkeit in ihrem intramolekularen Bau suchen sollte. G-Werte (Zahl geschädigter Moleküle je 100 eV absorbierter Enegie) für biologisch aktive Moleküle (AKKERMAN, 1965) sind nachstehend angegeben.

Präparat	G	Präparat	G
DNS	0,0039	Carboxypeptidase	0,55
RNS	0,0072	Hexokinase	0,033
Adenylsäure	0,164	Katalase	0,009
Adenosin	0,196	DPNH	1,7
Adenin	0,676	Äthylalkohol	5,9
Alkoholdehydrogenase		Koenzym A	9,2
aus Hefen	3,4	Glutathion	10,7

In der letzten Zeit ergab sich in der Strahlengenetik der Phagen eine Schwierigkeit bei der Erklärung eines Faktors 5 in der Effektivität der Inaktivierung zwischen dem Phagen *T4* und der zweisträngigen replikativen Form des Phagen

ΦX 174 bei ihrer Bestrahlung mit Röntgen- oder γ-Strahlen. Nach den klassischen Vorstellungen der Treffertheorie müssen diese Effektivitäten gleich sein. Um einen solchen Widerspruch zwischen Theorie und Experiment zu erklären, wurde die Hypothese aufgestellt, daß beim Phagen *T 4* nur 0,05 des Genoms der „kritische Abschnitt“ sind, während bei der replikativen Form des Phagen *ΦX 174* dieser Abschnitt 0,25 des Genoms darstellt (Ginoza, Miller, 1965).
Die Erklärung dieses Widerspruchs erwies sich jedoch als bedeutend einfacher. Den Unterschied zwischen 0,25 und 0,05 könnte man verstehen, wenn im ersten Fall die Inaktivierung nach dem Bruch eines Stranges, und im zweiten erst nach einem Doppelstrangbruch erfolgen würde. Inzwischen haben physikochemische Untersuchungen der gegenseitigen Umwandlungen der doppelsträngigen und der einsträngigen Form der DNS des Phagen *ΦX 174* gezeigt, daß die Präparate der replikativen DNS-Formen von *ΦX 174* aus zwei Komponenten bestehen. Komponente I stellt einen zweisträngigen geschlossenen Ring dar und sedimentiert mit einer Konstante 21 S. Komponente II bewahrt noch die Ringstruktur, besitzt jedoch bereits einen zerrissenen Ring und wird durch eine Sedimentationskonstante von 17 S charakterisiert. Außerdem gibt es eine lineare Form der DNS von *ΦX 174* mit einer Sedimentationskonstanten von 15 S. Beide Ringstrukturen bewahren noch die Infektiosität, aber die lineare Form besitzt keine Infektiosität und kann als inaktiviert angesehen werden.
Da die 17 S-Form leicht in die 15 S-Komponente übergeht, ist es klar, daß zum Übergang der (infektiösen) 21 S-Komponente in die (nichtinfektiöse) 15 S-Komponente bereits ein Einstrangbruch ausreichend ist. Das Umwandlungsschema kann, wie folgt, zusammengefaßt werden:

21 S-Komponente ——Röntgen- und γ-Strahlen——→ 17 S-Komponente ——spontan——→ 15 S-Komponente

(21 S- und 17 S-Komponente: infektiöse Formen; 15 S-Komponente: nichtinfektiöse Form)

Eine Bestrahlung, die Einstrangbrüche in der replikativen Form der DNS von *ΦX 174* hervorruft, führt zur Inaktivierung genau nach dem angeführten Schema, was von Taylor und Ginoza (1967) bewiesen wurde.
Somit besteht der wesentliche Unterschied in der Antwort der Phagen *T 4* und *ΦX 174* auf die Bestrahlung mit ionisierender Strahlung darin, daß zur Inaktivierung des Phagen *T 4* Doppelstrangbrüche erforderlich sind und für den Phagen *ΦX 174* Einstrangbrüche ausreichen.

Einfluß der ionisierenden Strahlung auf Nukleinsäuren und Nukleoproteide

Es wurden sowohl Ein- und Zweistrangbrüche der RNS und DNS als auch Vernetzungen der DNS-Stränge beschrieben.
Schon im Jahre 1940 haben Wollman und Lacassagne die inaktivierende

Wirkung von Röntgenstrahlen auf Phagen und eine unterschiedliche Strahlenempfindlichkeit verschiedener Phagen festgestellt. Ein Suspendieren der Phagen in Bouillon verminderte die Inaktivierung wegen der Beseitigung der Rolle freier Radikale. Die Empfindlichkeit der Phagen wuchs mit der Größe, die durch Ultrafiltration und Ultrazentrifugation bestimmt wurde, was mit den Schlußfolgerungen der Treffbereichstheorie zusammenfiel.

In jüngster Zeit ist die Anwendbarkeit der Treffbereichstheorie auf Phagen mit einsträngigen Nukleinsäuren von GINOZA (1963) demonstriert worden. Der Autor untersuchte das *Tabakmosaikvirus* und seine RNS, den Phagen *ΦX 174* und seine DNS, den Phagen *R17* und seine RNS. Es wurden folgende Fragen untersucht: 1. ob die Schadenanalyse auf der Grundlage der Treffbereichstheorie gerechtfertigt ist, 2. ob die Einkapselung der Nukleinsäuren durch Protein auf die Strahlenempfindlichkeit Einfluß hat, 3. Natur und Grad des Schutzes oder umgekehrt Verstärkung der inaktivierenden Wirkung durch im Medium gelöste Substanzen, in dem die Bestrahlung mit Röntgen- oder γ-Strahlen (^{60}Co) durchgeführt wurden. Für *ΦX 174* erhielt man eine ideale Eintrefferkurve im Bereich von wenigstens zwei Größenordnungen der Inaktivierung, und das berechnete Treffbereichsvolumen (der strahlenempfindliche Teil des Virus) fiel mit den physikalischen Abmessungen der Phagennukleinsäure zusammen, die von SINSHEIMER mit physikochemischen Methoden bestimmt worden sind ($1{,}74 \cdot 10^6$ in den Experimenten von GINOZA und $1{,}66$—$2{,}02 \cdot 10^6$ nach Daten von SINSHEIMER).

Ein Hinweis auf chemische Veränderungen der Struktur von Proteinen und Nukleinsäuren nach Bestrahlung waren die Daten zur Änderung der Molekulargewichte. CAROLL et al. (1954) stellten eine Vergrößerung des Molekulargewichts von Serumalbumin und eine Erhöhung der Absorption im Ultraviolett nach Bestrahlung fest, was eine Folge der Dimerisation von Molekülen bei der Entstehung von Disulfidgruppen S—S und Diphenylbindungen sein konnte (die z. B. zwischen Phenylalaninresten entstehen).

Um diese Annahme zu prüfen, bestrahlten die Autoren ein einfaches Protein, das keine aromatischen Aminosäuren enthielt (Salmin). Dieses Protein ergab keine Dimere (es wurde die Aufrechterhaltung unveränderter Sedimentationskonstanten und eine unbedeutende Vergrößerung der optischen Dichte im UV festgestellt). Zahlreiche Daten zeugten auch für einen anderen Prozeß in den Proteinen — die Zerlegung der Moleküle (LI, 1963).

Die gleichen Vernetzungs- und Zerschlagungsprozesse wurden auch für Nukleinsäuren beschrieben (WACKER, DELLWEG, LODEMANN, 1961; KLUOWEN et al., 1962). Einer der ersten Bestrahlungseffekte war die Verminderung der Viskosität nach Bestrahlung (SPARROW, ROSENFELD, 1946; TAYLOR, GREENSTEIN, HOLLAENDER, 1948; BUTLER, SMITH, 1950), die von einer Verringerung des Molekulargewichts begleitet wurde. Ein Bruch der DNS-Moleküle nach Bestrahlung wurde von vielen Autoren festgestellt (TAYLOR, GREENSTEIN, HOLLAENDER, 1948; DANIELS, SCHOLES, WEISS, 1953) sowohl für DNS-Lösungen als auch bei Bestrahlung trockener Proben von Natriumsalz der DNS (ALEXANDER, STACEY,

1955). Dies konnte die Folge eines Bruches des Zucker-Phosphatgerüstes der DNS oder einer Basenzerstörung sein.

Gleichzeitig mit dem Nachweis einer DNS-Zerlegung registrierte eine Reihe von Autoren durch die Bestrahlung bedingte Vernetzungen. Ein solcher Schluß folgte vor allem aus Experimenten zur DNS-Isolierung aus bestrahlten Nukleoproteiden oder ganzen Zellen. Die DNS-Menge, die vor und nach der Bestrahlung isoliert wurde, war fast immer verschieden. Es wurde die Vermutung ausgesprochen, daß die Bestrahlung die DNS und die Proteine in einen einheitlichen Komplex bindet (ALEXANDER, STACEY, 1958a). Eine Verminderung des Anteils freier DNS ging parallel mit einer Vergrößerung der Bestrahlungsdosis (ALEXANDER, STACEY, 1959). Zusammen damit endeten Versuche, den DNS-Protein-Komplex aus bestrahlten Fischspermien zu isolieren, ohne Ergebnis. Die wahrscheinlichste Ursache der Unlöslichkeit des DNS-Teils der Spermien nach der Bestrahlung waren, nach Meinung der Autoren, Vernetzungen der DNS-Moleküle. Ein Hinweis hierauf war die Bildung eines gallertartigen DNS-Niederschlags, der durch Zentrifugierung isoliert wurde. Experimente mit von Proteinen gereinigter DNS bestätigten ebenfalls die Entstehung von Vernetzungen in der DNS.

Die Menge der Schäden in der DNS fällt bei ihrer Vereinigung mit Protein sowohl in nativen Nukleoproteiden als auch in künstlichen Komplexen deutlich ab. Eine Bestrahlung von Lösungen eines Nukleoproteins, das aus Kälberthymus isoliert worden war, mit Dosen von $1{,}3 \cdot 10^5$ rad führte nicht zu einer merklichen Veränderung der Basen, obwohl in Versuchen mit reiner DNS bei solchen Dosen der Prozentsatz an veränderten Basen hoch war (SCHOLES, WEISS, 1962).

Die Zugabe von Histonen zur reinen DNS erniedrigte ebenfalls stark den Schädigungsgrad der Nukleotide, obgleich der Schutzeffekt niedriger war als bei nativen Nukleoproteinen. Die Schutzwirkung der Proteine ist offenbar daran gebunden, daß die bei der Bestrahlung entstehenden freien Radikale bevorzugt mit den Proteinen reagieren und die Nukleinsäuren nicht erreichen (KAUFMANN et al., 1955).

Neben den Prozessen der Zerlegung und der Vernetzungen der DNS-Stränge in bestrahlter DNS wurde ein Bruch von Wasserstoffbrücken festgestellt (BUTLER, 1959). Eine Titration der DNS vor und nach der Bestrahlung enthüllte den Bruch von Wasserstoffbrücken innerhalb der doppelsträngigen Struktur. Zu dem gleichen Schluß führten Untersuchungen der Ultraviolettabsorption an bestrahlten Proben. PEACOCKE und PRESTON (1960) haben ausgerechnet, daß jede 100 eV 2—3 Querbrüche der Nukleotidketten und 38 Brüche von Wasserstoffbrücken ergeben. Infolgedessen entfallen auf jeden Bruch der Nukleotidkette rund 16,4 Brüche von H-Brücken, und man kann annehmen, daß jedes gebrochene Nukleotid von einem Gebiet mit je 8 gebrochenen Wasserstoffbrücken auf beiden Seiten umgeben ist. Wenn es so ist, so muß die Wirkung der Bestrahlung bis zu einem gewissen Grade die Schmelztemperatur des Polymers erniedrigen, was auch von BUTLER (1956) festgestellt wurde. Der Effekt des Brechens von Wasserstoffbrücken wurde bei Bestrahlung in Salzlösungen verschiedener Konzentrationen modifiziert.

Bestrahlung von Nuleosiden und Nukleotiden

Welche Abschnitte in Nukleinsäuremolekülen am verwundbarsten für die Wirkung der Bestrahlung sind, kann man aus den Untersuchungen verschiedener Komponenten dieser Säuren verstehen. Die Untersuchungen haben gezeigt, daß erstens die Strahlenempfindlichkeit in folgender Reihenfolge wächst: Nukleinsäure < Nukleosid < Nukleotid < freie Base; zweitens sich die Pyrimidinbasen als empfindlicher für Röntgenstrahlen erwiesen als die Purinbasen (SCHOLES, 1963).
Die G-Werte für die Basenzerstörung in verschiedenen Nukleosiden und Nukleotiden bei Bestrahlung wäßriger Lösungen ($2 \cdot 10^{-4}$ M) mit Röntgenstrahlen (200 kV) im Sauerstoffmedium (1 at) (SCHOLES, WEISS, 1962) sind nachstehend angegeben.

Verbindung	G	Verbindung	G
Uracil (p_H 5,3)	1,95	Thymidin (p_H 7)	1,75
Uridin (p_H 5,3—70)	1,72	Thymidylsäure (p_H 7)	1,65
Uridylsäure (p_H 3,8—70)	1,65	Adenin (p_H 7)	1,09
		Adenosin (p_H 7)	0,92
Thymin (p_H 7)	1,90	Adenylsäure (p_H 7)	0,77

450000 R zerstören 50% des Cytosins, Thymins und Uracils und nur 20% des Guanins und 8% des Adenins — bei Bestrahlung im wäßrigen Medium (LOCHMANN, WEINBLUM, WACKER, 1964). Eine Erhöhung der Empfindlichkeit für die Bestrahlung wird auch an Polynukleotiden beobachtet: 160000 R zerstören 32% des Uracils in der Polyuridylsäure und 3% des Adenins in der Polyadenylsäure.
Eine Analyse der Bestrahlungsprodukte durch Ionenaustauscherchromatografie hat gezeigt, daß in einer bestrahlten Lösung von Adenylsäure außer Adenin noch andere Komponenten vorhanden sind, am ehesten Basenzerfallsprodukte (SCHOLES, WEISS, 1962). Außerdem haben die gleichen Autoren in der Lösung freigesetzte Phosphatgruppen festgestellt und auch Oxydationsprodukte der Zuckerreste bemerkt. HEMS (1958) beschrieb Pyrimidin-Formamidverbindungen in bestrahlten Guanylsäurelösungen.

Bestrahlung von Purin- und Pyrimidinbasen

Wie früher gezeigt wurde, sind die Pyrimidinbasen am strahlenempfindlichsten. Diese Situation wurde noch einmal von SCHOLES und WEISS (1962) unter Verwendung von zwei Methoden bestätigt: 1. Spektrofotometrie der Bestrahlungsprodukte und 2. Papierchromatografie. Beide Methoden lieferten ähnliche Resultate (Tab. 8).

Tabelle 8

Basenzerstörungen in wäßrigen Lösungen ($2 \cdot 10^{-4}$ M) durch Röntgenstrahlen (200 kV) im Medium mit Sauerstoff (p_H 5,1 — 5,7)

Base	Größe G* bestimmt durch Spektrofotometrie	Chromatografie	Base	Größe G* bestimmt durch Spektrofotometrie	Chromatografie
Thymin	1,89	1,91	Adenin	1,09	1,13
Cytosin	2,05—2,28	2,16	Xanthin	1,36	1,32
Uracil	1,93	—	Harnsäure	1,39	1,48
Dimethyl-uracil	1,85	1,91			

* Zahl geschädigter Moleküle auf 100 eV absorbierter Energie

Einfluß der Bestrahlung auf die Matrizenaktivität von Nukleinsäuren

Die Bestrahlung mit ionisierender Strahlung zeigt eine hemmende Wirkung auf die RNS-Synthese mit Hilfe der RNS-Polymerase. Die Kinetik des Unterdrükkungsprozesses der DNS-Aktivität in der RNS-Polymerase-Reaktion wurde von Zimmermann et al. (1964) untersucht. Die Autoren haben einen exponentiellen Verlauf der Inaktivierung der Matrizenaktivität von DNS aus Kälberthymus gezeigt und den Einbau von Adenosinmonophosphat-^{14}C in RNS bei verschiedenen Röntgenstrahldosen untersucht (Abb. 37). Außerdem wurde gezeigt, daß die Einführung von röntgenbestrahlter DNS neben normaler DNS in ein System zur RNS-Synthese zu Unterdrückung des Einbaues von RNS-Vorstufen im Vergleich mit normaler DNS führt.

Eine interessante Analyse der Bestrahlungsfolgen wurde von Wacker und Chandra (1964) vorgenommen. Aus Zellen von *E. coli* wurden Messenger- und Transfer-RNAs für Phenylalanin und Lysin isoliert und mit Röntgenstrahlen bestrahlt (100 kV, 8 mA, Intensität der Bestrahlung 30 kR/min, ungefilterte Röntgenstrahlung). Da als Codon für Phenylalanin in der m-RNS Pyrimidinbasen

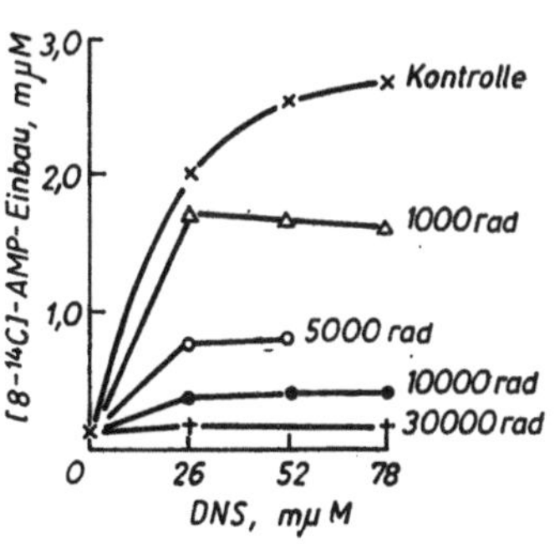

Abb. 37. Inaktivierung der Matrizenaktivität der DNS in der Reaktion der Synthese von Messenger-RNS bei Einwirkung von Röntgenstrahlen auf die DNS (Zimmermann et al., 1964)

Phenylalanin wird durch das Triplett UUU codiert) und für Lysin Purinbasen Poly-A), erscheinen, so sollte man erwarten, daß die Matrizenfunktionen der m-RNAs bei der Phenylalanin-RNS sehr viel stärker geschädigt werden als bei der Lysin-RNS. Dagegen mußte das Vorhandensein der Anticodon-Nukleotidfolgen in den Transfer-RNAs (AAA für Phenylalanin und UUU für Lysin) zu einer größeren Strahlenempfindlichkeit der Lysin-RNS im Vergleich zur Phenylalanin-t-RNS führen. Beide Annahmen wurden vollständig bestätigt (Tab. 9). Bei einer Bestrahlungsdosis von 45 kR (es wurde m-RNS bestrahlt), wurde der Einbau von Phenylalanin in Protein um 50% gehemmt, während bei der Polylysinsynthese eine Dosis von 160 kR die Synthese nur um 30% herunterdrückte. Die entsprechenden Transfer-RNAs zeigten eine entgegengesetzte Abhängigkeit: Lysin-t-RNS war fast zweimal empfindlicher gegen Bestrahlung als die Phenylalanin-t-RNS.

Tabelle 9

Schädigung der Matrizenaktivität von Messenger- und Transfer-RNS bei Einwirkung von Röntgenstrahlen

Bestrahlungs-dosis kR	Hemmung der Synthese, %			
	Polyphenylalanin		Polylysin	
	m-RNS	t-RNS	m-RNS	t-RNS
0	0	0	0	0
20	32	9	13	15
40	45	11	23	19
80	71	14	31	23
160	87	17	33	31

KAPITEL 5

Molekulare Mechanismen der Wirkung ultravioletter Strahlung auf Nukleinsäuren

Eine Ultraviolettbestrahlung zeigt eine vielfältige Wirkung auf den genetischen Apparat lebender Organismen. Schäden durch Ultraviolettstrahlung können beide Grundfunktionen des genetischen Materials berühren: die Bewahrung der Erbinformation in der Phylogenese und die hiermit verbundene Replikation der DNS; die Entfaltung des genetischen Programms in der Ontogenese und die hiermit verbundenen Prozesse der Transkription und Translation.

Die meisten Untersuchungen zum Studium des Einflusses der Bestrahlung auf die Vererbung wurden auf dem ersten Gebiet ausgeführt. Jedoch wurde die Rolle der Ultraviolettbestrahlung bei Veränderungen des Erbprogramms auf der phänotypischen Ebene ebenfalls deutlich und unzweideutig gezeigt. Untersuchungen auf diesem Gebiet zeigen den Verlust der Synthese adaptiver Enzyme in bestrahlten Zellen (Swenson, 1950; Swenson, Giese, 1950) und die Inaktivierung von Genfunktionen bei Phagen (s. den Abschnitt über die Rettung von Genen — marker rescue — in Kapitel 6). Bei der Untersuchung der Inaktivierung dreier Gene, die zum Galaktoseoperon gehören, wurde gezeigt, daß der Grad ihrer Schädigung mit der Anordnung der Gene im Operon zusammenfällt. Die Empfindlichkeit der Synthese der drei Enzyme nimmt in folgender Ordnung zu: Epimerase, Transferase, Kinase (Starlinger, Kölsch, 1964).

Ein Einfluß auf die Synthese der Messenger-RNS wurde in Arbeiten von Grossman (1962), Swenson und Setlow (1964) und anderen festgestellt. Die Inaktivierung der Ribosomen wurde in einer Arbeit von Kagawa und Mitarbeitern (1967) untersucht. Den Einfluß ultravioletter Strahlen auf die biologische Funktion der Transfer-RNS untersuchten Buc und Scott (1966).

In Kapitel 4 wurde die Wechselwirkung der Strahlung mit Proteinen und Nukleinsäuren betrachtet, und es wurde gezeigt, daß Ultraviolettstrahlen im Bereich von 230 bis 300 nm bevorzugt mit Nukleinsäuren in Wechselwirkung treten. Jetzt wollen wir zur Beschreibung der molekularen Umbauten übergehen, die durch Ultraviolettbestrahlung in DNS und RNS hervorgerufen werden.

Thymindimerisation

Im Jahre 1958 bemerkten Beukers, Ijlstra und Berends als erste einen Unterschied im Verhalten wäßriger und gefrorener Lösungen von ^{14}C-Thymin (Beukers, Ijlstra, Berends, 1958). Bei Bestrahlung der gefrorenen Thyminlösung entwickelte sich ein Fotoprodukt, das chromatografisch von Thymin abtrennbar war und sich bei wiederholter Bestrahlung in Wasser erneut in Thymin umwandelte. Bei der Bestrahlung von Thymidin und Uracil wurden ebenfalls ungewöhnliche Produkte gebildet, aber in bedeutend geringerem Grade.

Nach Ablauf von zwei Jahren gelang es in drei Laboratorien zugleich zu zeigen, daß ein solches Fotoprodukt des Thymins sein Dimer ist, und es gelang, dieses Fotoprodukt zu isolieren.

Beukers und Berends (1960a) zeigten zuerst die Bildung von Thymindimeren nach Bestrahlung gefrorener Thyminlösungen, und dann konnten sie diese isolieren und charakterisieren (Beukers, Berends 1960b). Gleichzeitig mit ihnen gelangten Shugar und Baranowska (1960) zu dem Schluß, daß bei Bestrahlung einsträngiger Polynukleotide eine Wechselwirkung zwischen benachbarten Pyrimidinbasen erfolgt, als deren Ergebnis dimere Produkte gebildet werden. Ein Zyklobutanring entstand infolge einer Schließung der 5- und 6-Bindungen zweier Pyrimidinringe:

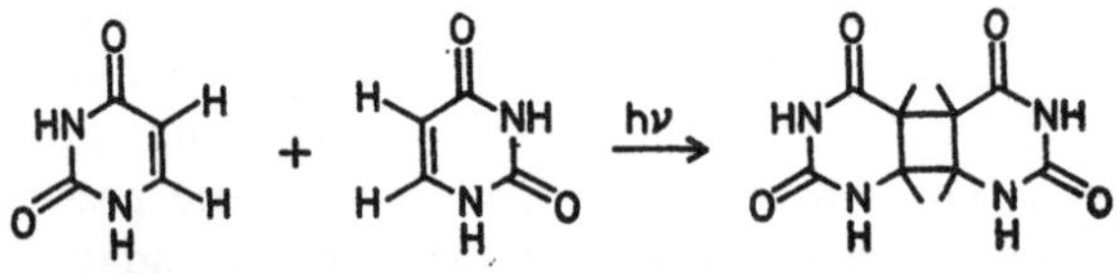

Und schließlich vermochten zur gleichen Zeit Wacker uud Mitarbeiter (Wacker, Dellweg, Weinblum, 1960), Thymindimere aus nativen DNS-Molekülen von Bakterien zu isolieren. Bakterien, die in einem Medium gezüchtet wurden, das ^{14}C-Thymin enthielt, wurden mit Ultraviolett der Wellenlänge 253,7 nm bestrahlt. Nach der Bestrahlung wurde die Bakteriensuspension zerstört, die DNS isoliert, diese ihrerseits hydrolysiert, und die gewonnenen Basen wurden mit Hilfe der Papierchromatografie getrennt. Im Hydrolysat der bestrahlten Bakterien wurde ein Fotoprodukt vom Typ eines Dimers festgestellt, das sich im Hydrolysat unbestrahlter Bakterien nicht befand.

Auf diese Weise wurde gleichzeitig an drei Modellen (Nukleotidlösungen, einsträngiges Nukleinsäurepolymer und native Bakterien-DNS) ein und dasselbe Phänomen erhalten — die Dimerisation von Thymin durch Ultraviolettbestrahlung. Diese Arbeiten zogen zugleich die Aufmerksamkeit der Forscher auf sich, weil zum ersten Mal ein Fotoprodukt beobachtet und sogar isoliert wurde, das, wie sich später erwies, für den Schaden an der Nukleinsäure verantwortlich ist.

Ein Jahr später haben Wulff und Fraenkel (1961) unter Bestätigung der Bildung eines Zyklobutanringes (Thymindimer) unter Einwirkung von Ultraviolett die Frage einer möglichen Isomerie der Dimere betrachtet und gezeigt, daß es vier solche Isomere geben kann (zwei Cis- und zwei Trans-Isomere). Die anfängliche Annahme von Beukers und Berends (1960b) der Existenz von Thymindimeren in Trans-Form wurde von Seiten Wackers u. a. einer Kritik unterzogen (Wacker, Dellweg, Lodemann, 1961). Bei der Untersuchung der von ihnen erhaltenen dimeren Strukturen gelangten sie zu dem Schluß, daß die im Experiment zu beobachtenden Thymindimere am ehesten als Cis-Isomere mit folgendem Aufbau erscheinen:

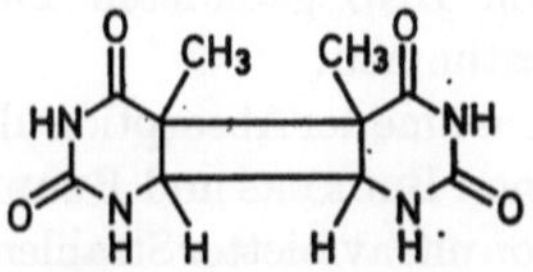

Eine solche Form wurde später von BEUKERS und BERENDS (1961) ebenfalls erhalten. SHUGAR (1962) bestätigte, daß Thymindimere in Cis-Form existieren. Bei Bestrahlung wäßriger gefrorener Lösungen von Thymin (BLACKBURN, DAVIES, 1965) und Thymidin gelang es, weitere fünf isomere Dimerformen zu isolieren und zu charakterisieren (WEINBLUM, JOHNS, 1966). Eine Analyse der Ursachen, die zur Bildung der Zyklobutanstruktur führen, hat enthüllt, daß der Übergang zu Dimeren mit einer Polarisation der Doppelbindungen in den Gruppen O=C—C=C oder NH—C—C=C verbunden ist (die zweite Struktur wird bedeutend schwächer polarisiert). Offenbar ist die Entstehung der Dimere nicht mit der Bildung freier Radikale verbunden, und die Dimerisierung tritt als Folge der Entstehung eines Triplettzustandes ein, weil die Einführung von Paramagnetika (Ca^{++}-, Mn^{++}-, Fe^{++}-Ionen) oder eine Anreicherung des Mediums mit Sauerstoff die Dimerisierungsreaktion hemmt, während Verbindungen, die Radikale zerstören, auf die Dimerisierung nicht einwirken (BEUKERS, BERENDS, 1960a, 1960b).

Entstehungshäufigkeit von Thymindimeren

Von vielen Forschern (SHUGAR, 1962; SETLOW, 1964a, b, 1966; HOWARD-FLANDERS, 1965; SMITH, 1964a u. a.) wurde bewiesen, daß vorzugsweise benachbarte Thyminreste dimerisiert werden können; das ist aus der Struktur der Dimere zu ersehen, und hierdurch erklärt es sich, daß WACKER u. a. (WACKER, DELLWEG, LODEMANN, 1961) durch Bestrahlung bei verschiedenen Bakterien nur 9 bis 18% der Gesamtmenge des in der DNS dieser Bakterien enthaltenen Thymins zu dimerisieren vermochten. Bei Bestrahlung wäßriger Lösungen von Thymin, Thymidin oder Thymidylsäure mit ultravioletten Strahlen (0,1 mMol, UV-Dosis $= 5 \cdot 10^5$ erg/mm²) stellte WACKER nur 1—2% Fotoprodukte fest, die Thymindimeren ähnlich sind; jedoch nach Bestrahlung von Thymidyl-(5' → 3')-Thymidin (TpT) entstanden bereits 33% Thymindimere bezogen auf den Gesamtthymingehalt. Aber besonders deutlich demonstrieren WACKER und Mitarbeiter (WACKER, DELLWEG, LODEMANN, 1961) die Abhängigkeit der Dimerbildung von der Lage der Thyminreste in Di- und Polynukleotiden nach Ersetzen eines Teils des Thymins in Dinukleotiden vom Typ TpT durch Adenin (TpA) und bei Vergrößerung des Abstandes zwischen den Thyminresten durch Einführung einer zweiten Phosphatgruppe in das Dinukleotid mit Bildung von Thymidyl-(3'-Pyrophosphat-3')-Thymidin (TppT). Die Ausbeute an Fotoprodukt verringerte sich hierbei auf 12 bzw. 6%.

Die Zahl der bei Ultraviolettbestrahlung von DNS gebildeten Thymindimere kann man mit drei unabhängigen Methoden bestimmen:

1. Spektrofotometrisch — Untersuchung der Abnahme der Absorption ultravioletten Lichtes durch Proben der bestrahlten DNS. Schon BEUKERS und BERENDS (1960a) bemerkten einen deutlichen Abfall der Absorption ultravioletter Strahlen der Wellenlänge 270 nm beim Entstehen von Thymindimeren (die Änderungen der Absorption hängen mit der Absättigung der 5,6-Doppelbindungen zusammen). SETLOW und CARRIER (1963) studierten diesen Prozeß im einzelnen und zeigten, daß eine Bestrahlung von nativer Kälberthymus-DNS mit ultravioletten Strahlen im Bereich von 250 bis 290 nm (Dosis $4—12 \cdot 10^5$ erg/mm^2) von einer Verringerung der Absorption bei 270 nm begleitet wird und daß die Größe des Abfalls als ein gutes Kennzeichen zum Beweis des Dimerisierungsprozesses dienen kann. Die Absorption durch die einzelnen Basen ist bei dieser Wellenlänge bedeutend schwächer. Hitzedenaturierte und bestrahlte DNS lieferte ebenfalls einen Abfall der Absorption bei 270 nm.

2. Säurehydrolyse der bestrahlten DNS, die vorher mit ^{3}H-Thymidin markiert worden ist. BEUKERS et al. (1958), WACKER u. a. (WACKER, DELLWEG, WEINBLUM, 1960) benutzten zur Isolierung der Dimere Chlorsäure. Eine Kombination beider Methoden (Spektrofotometrie und Säurehydrolyse) wurde zur Analyse der Kinetik der Thymindimerisierung verwendet (WULFF, RUPERT, 1962; WULFF, 1963a).

3. Enzymatische Hydrolyse der mit ^{32}P oder ^{3}H-Thymidin markierten DNS (SETLOW, CARRIER, BOLLUM, 1964).

Alle drei Methoden ergaben ähnliche Werte für die Zahl der bei gleichartigen Bestrahlungsdosen entstehenden Thymindimere.

In Versuchen des Laboratoriums von Richard SETLOW wurden sowohl native als auch denaturierte DNAs aus verschiedenen Quellen untersucht. Ihr Gehalt an Thyminnukleotiden und an nebeneinanderstehenden Thyminen (TT) wurde früher von A. KORNBERG und Mitarbeitern (JOSSE, KAISER, KORNBERG, 1961) bestimmt. SETLOW und CARRIER (1963) verglichen die Zahlenwerte der nebeneinanderstehenden Thymine, die aus der Änderung der Ultraviolettabsorption nach Bestrahlung der DNS berechnet worden waren, mit den gleichen Zahlen aus KORNBERGS Experimenten und zeigten, daß die Zahl der Dimere, bezogen auf die Zahl der nebeneinanderliegenden Thymine, in allen untersuchten Arten von DNS zusammenfällt. (Tab. 10).

Weil die Zahl der entstehenden Dimere der Bestrahlungsdosis proportional ist, konnten SETLOW, SWENSON und CARRIER (1963) die mittlere DNS-Länge ausrechnen, auf der ein Dimer entsteht; nach ihren Berechnungen erzeugt eine ultraviolette Strahlendosis von 2 erg/mm^2 bei der Wellenlänge 265 nm ein Dimer auf annähernd 350 μ Länge des DNS-Stranges.

WULFF (1963a) hat die Quantenausbeute der Dimerisierung in nativen DNS-

Molekülen für drei Wellenlängen des ultravioletten Lichtes (285, 254, 275 nm) bestimmt. DEERING und SETLOW (1963) bestimmten nach Berechnung des Reaktionsquerschnittes der Dimerisierung von Thymindi- und -polynukleotiden und ihres Absorptionsquerschnittes für ultraviolettes Licht die Quantenausbeute der Dimerbildung für diesen Fall. Das Wirkungsspektrum für die Bildung von Thymindimeren fiel mit dem Absorptionsspektrum zusammen, die Quantenausbeute war etwa 0,01 für Dithymidylsäure und 0,02 für Polythymidylsäure. Den Faktor 2 beim Unterschied der Quantenausbeute erklärten die Autoren dadurch, daß die Wahrscheinlichkeit einer Dimerbildung zwischen einem Thymin und dem benachbarten Thyminrest für ein Polynukleotid zweimal größer als für die Dinukleotide ist.

Tabelle 10

Relative Menge an Thymindimeren ($\widehat{TT}$), die nach Bestrahlung von DNS verschiedener Herkunft entstehen

DNS	Gehalt, % nach Daten von KORNBERG*		Menge an Dimeren $\widehat{TT}$, nach Absorptionsänderung der bestrahlten DNS berechnet, %**		mittlere Größe $\widehat{TT}$
	T	TT	native DNS	denaturierte DNS	
Phage *T4*	32	11	5,8	6,3	0,55
Phage *T2*	32	11	5,7	5,5	0,51
Kälberthymus	98	8,6	4,8	4,3	0,53
M. lysodeikticus	14	1,8	1,2	1,2	0,67
pTpT	100	50	—	42	0,84
Poly-T	100	100	—	31	0,31

* JOSSE, KAISER, KORNBERG, 1961.

** SETLOW, CARRIER, 1963.

Unter Benutzung des Umstandes, daß die Zahl der Dimere für kleine Dosen dosisproportional ist, haben SETLOW und CARRIER (1963) ihre Daten für sehr niedrige Dosen (die zur biologischen Inaktivierung führen) extrapoliert und die Menge an Thymindimeren berechnet, die zur Inaktivierung von DNS aus verschiedenen Quellen erforderlich ist. Nach ihren Berechnungen kommen bei einer Dosis von 100 erg/mm^2 auf jedes Nukleotid der DNS $5 \cdot 10^{-5}$ Thymindimere, und ultraviolette Strahlen der Wellenlänge 280 nm erzeugen in einem DNS-Molekül mit einem Gewicht von $6 \cdot 10^6$D($2 \cdot 10^4$ Nukleotide) $2 \cdot 10^4 \times 5 \cdot 10^{-5}$ Dimere oder ein Thymindimer auf ein solches Molekül. In einem DNS-Molekül des Phagen *T2* (Molekulargewicht 130—160 Millionen) wird eine UV-Strahlendosis von 100 erg/mm^2 demnach rund 30 Dimere ergeben. Da nun die mittlere Letaldosis für *T2* bei 280 nm 200 erg/mm² beträgt (SETLOW, CARRIER, 1963), so muß dies ungefähr 6 Thymindimeren je DNS-Molekül entsprechen.

Alle diese Berechnungen wurden jedoch für ultraviolette Strahlen der Wellenlänge 280 nm durchgeführt. Kürzlich wandten sich RUPP und HOWARD-FLANDERS (1968) erneut der Frage nach der Entstehungshäufigkeit von Pyrimidimeren in der DNS zu und zeigten, daß bei Bestrahlung von *E. coli* mit ultravioletten Strahlen der Wellenlänge 253,7 nm die Dosis 1 erg/mm² ungefähr 6 Pyrimidindimere auf 10^7 Nukleotide ergibt.

Bei gleichartigen Ultraviolettdosen wurden in denaturierter einsträngiger DNS mehr Thymindimere gebildet als in nativer zweisträngiger DNS. Die Dimerbildung führt zur Verringerung des Abstandes zwischen benachbarten Thyminringen, wobei sich deren Orientierung verändert. Als Endeffekt dieser Störungen tritt eine lokale Verzerrung der WATSON—CRICK-Spirale auf.

In letzter Zeit wurden Daten bezüglich der Entstehung von Thymindimeren bei Einführung von RNS- und DNS-Synthesehemmern erhalten. Insbesondere ist bekannt, daß 6-Azathymin, das Thymin in der DNS teilweise ersetzen kann, zu einer 10—20fachen Verringerung der Inaktivierung bei Bestrahlung mit Ultraviolett führt. Den gleichen Effekt bewirkt 6-Azauracil, das nicht in die DNS eingebaut wird. Es wurde angenommen, daß die Schutzwirkung dieser Verbindungen durch eine Verringerung der Zahl der Thymindimere in der DNS bedingt ist. Eine quantitative Nachprüfung der durch Ultraviolett (253,7 nm) in der DNS von *Streptococcus fäcalis* induzierten Anzahl von Dimeren hat jedoch gezeigt, daß keinerlei Änderung in der Dimerzahl beobachtet wird, wenn der Stamm in einem Medium mit 6-Azathymin und 6-Azauracil gewachsen ist, obwohl die Überlebensrate solcher Zellen 10—20 mal höher war als bei Kontrollzellen, die in einem Medium ohne Azapyrimidine bestrahlt wurden (GÜNTHER, PRUSOFF, 1967). Die Einführung dieser Substanzen führte ebenfalls nicht zur Selektion resistenterer Zellen. Es gelang auch nicht, die Entstehung von Mischdimeren aus Thymin und 6-Azathymin zu beobachten. Demnach kann Azathymin keinen unmittelbaren Einfluß auf die DNS ausüben, und man muß den Schutzeffekt dieser Verbindungen in irgendeinem anderen Mechanismus suchen, der möglicherweise mit einem Einfluß auf die Synthese der Messenger-RNS zusammenhängt.

Dimerbildung bei herabgesetzter Temperatur

Die Bildungsgeschwindigkeit der Dimere verringert sich bei Herabsetzung der Temperatur beträchtlich. Bei Bestrahlung von DNS aus *E. coli* und Polyuridylsäure bei 77°K, die in einem Gemisch von Äthylenglykol und Wasser gelöst waren, konnte RAHN (1966) keine Bildung von Thymindimeren registrieren. Diese ersten Experimente von RAHN konnten von zwei verschiedenen Gesichtspunkten aus erklärt werden. Es ist möglich, daß das Fehlen von Dimeren eine Folge der Temperaturerniedrigung war. Aber man darf auch nicht ausschließen, daß die deutliche Verringerung der Dimerausbeute überhaupt nicht mit der

Temperaturerniedrigung zusammenhängt, sondern mit der Anwesenheit von Äthylenglykol im Medium. Bekanntlich hängt die Bildungsgeschwindigkeit der Dimere in hohem Grade von der Sekundär- und Tertiärstruktur des Polymers ab. Wie Nagata u. a. (Nagata, Imamura, Tagashira, Kadama, 1965) feststellten, ist für die Entstehung von Dimeren eine solche DNS-Konformation am günstigsten, in der die benachbarten Thyminreste relativ zueinander um 36° gedreht sind. Gleichzeitig ist bekannt, daß Äthylenglykol zur Denaturierung der DNS führt und infolgedessen die Konformation des Moleküls verändert. Deshalb konnte die Abnahme der Zahl von Thymindimeren fast bis auf null in einer bei 77 °K bestrahlten DNS durch die Anwesenheit von Äthylenglykol im Medium und nicht durch die Temperaturerniedrigung erklärt werden. Dies konnte um so wahrscheinlicher erscheinen, weil eine biologische Inaktivierung auch bei niedrigen Temperaturen registriert wurde.

Es war schwierig, die Daten von Rahn in eine eindeutige Beziehung mit den Resultaten von Ashwood-Smith et al. (1965) und von Levine und Cox (1963) zu bringen, die eine Inaktivierung von Bakterien und Phagen bei niedriger Temperatur gezeigt hatten. Es ist möglich, daß bei ihren Versuchen die DNS-Konformation nicht verändert wurde und Dimere entstanden.

Die Entscheidung zwischen diesen beiden Möglichkeiten (Rolle der Temperaturerniedrigung oder der Konformationsänderung) und der Beweis einer Verminderung der Dimerausbeute bei Temperaturerniedrigung wurde von Hosszu und Rahn (1967) herbeigeführt. Die Autoren bestrahlten DNS von *E. coli* in Wasser und in einem Gemisch von Äthylenglykol und Wasser (1:1) und zeigten, daß mit Erniedrigung der Temperatur die Zahl der Thymindimere in beiden Fällen fortlaufend abnimmt. Ein Unterschied bestand darin, daß bei der Bestrahlung in Äthylenglykol die Zahl der Thymindimere in der DNS bei allen Temperaturen 2—3 mal kleiner war als bei Bestrahlung in Wasser.

Zerstörung der Dimere durch kurzwellige UV-Strahlung und sichtbares Licht

Bei der Aufklärung der Natur und der biologischen Rolle der Thymindimere kam den Untersuchungen der Zerstörung der Dimere durch ultraviolette Strahlen kürzerer Wellenlängen große Bedeutung zu. Eine solche Dimerzerstörung mit Bruch des Zyklobutanringes und Bildung zweier normaler Thymine wurde bereits in den ersten Arbeiten von Beukers und Berends festgestellt. Die Reaktion der Ultraviolettstrahlung mit hintereinander liegenden Thyminresten kann man folgendermaßen darstellen:

$$\text{---- pT pT ----} \underset{}{\overset{h\nu}{\rightleftharpoons}} \text{---- p}\widehat{\text{TpT}}\text{ ----}$$

Langwellige Strahlung (um 280 nm) verschiebt die Reaktion nach rechts und kürzere Wellenlängen (239 nm) nach links. Die Quantenausbeute für jede der

Reaktionen ist für jede Wellenlänge konstant (JOHNS, RAPAPORT, DELBRÜCK, 1962). Weil das Verhältnis des Absorptionskoeffizienten der Thyminreste zum Absorptionskoeffizienten des Dimers sich beim Übergang von 235 auf 285 nm um den Faktor tausend ändert (WULFF, 1963a), kann sich die Lage des fotostabilen Gleichgewichts im TpT infolgedessen gründlich bei Veränderung der Wellenlänge des zur Bestrahlung benutzten Lichtes ändern. Bei 235 nm sind die Absorptionskoeffizienten des Dimers und der einzelnen Thymine annähernd gleich, und der fotostabile Zustand der Reaktion wird bei fast vollständigem Übergang des Dimers in Monomere erreicht. Die Quantenausbeute der Bildungsreaktion von Thymindimeren bei Bestrahlung mit 235 nm beträgt nur 0,01—0,02 (SETLOW, 1964; WULFF, 1963a), während der Zerfall der Thymindimere in Monomere mit einer Quantenausbeute vor sich geht, die nahe bei eins liegt. Bei 285 nm jedoch, wenn der Absorptionskoeffizient des Monomers ungefähr 10^3 mal größer als der Extinktionskoeffizient des Dimers ist, liegt der Gleichgewichtszustand der Reaktion fast gänzlich auf der Seite des Dimers (JOHNS, RAPAPORT, DELBRÜCK, 1962). Damit die durch ultraviolette Strahlen der Wellenlänge 285 nm gebildeten Dimere durch Bestrahlung mit $\lambda = 235$ nm revertiert werden, darf die Anfangsdosis der 235 nm-Bestrahlung nicht kleiner als $1{,}5 \cdot 10^4$ erg/mm² sein (SETLOW, SETLOW, 1963). Offensichtlich erklären sich hierdurch die vergeblichen Versuche einer Reihe von Autoren (KLECZKOWSKI, 1963; KLECZKOWSKI, KLECZKOWSKI, 1965), eine Reversion der UV-Schäden zu erreichen, die durch Bestrahlung mit kleinen Dosen ($< 5 \cdot 10^3$ erg/mm²) der Wellenlänge 235 nm hervorgerufen worden sind.

Infolgedessen kann man von einem Wert des Gleichgewichtes zu einem anderen übergehen, indem man die Wellenlänge des auffallenden Lichtes ändert. Wenn man z. B. die Probe anfangs mit großen Dosen bei 290 nm bestrahlt, so entsteht eine große Zahl von Thymindimeren, und wenn man dann diese Probe mit Licht einer kürzeren Wellenlänge (239 nm) bestrahlt, so muß die zweite Bestrahlung zur Zerstörung der Dimere führen und man wird einen Gleichgewichtswert erreichen können, der für die letztgenannte der verwendeten Wellenlängen charakteristisch ist. Ein solches Experiment wurde von SETLOW und CARRIER für eine Kalbsthymus-DNS (SETLOW, CARRIER, 1963) und von DEERING und SETLOW für Polythymidylsäure (DEERING, SETLOW, 1963) durchgeführt. Die Bestrahlung der Thymus-DNS mit steigenden Dosen ultravioletter Strahlen der Wellenlänge 290 nm führte zur Bildung von Thymindimeren. Die Reaktion wurde von einem Abfall der Absorption des ultravioletten Lichtes der Wellenlänge 270 nm begleitet (Abb. 38). Nachdem die DNS-Proben eine Dosis von $1-2 \cdot 10^5$ erg/mm² erhalten hatten, wurden sie kurzzeitig einer Ultraviolettbestrahlung der Wellenlänge 280 nm unterworfen, und dann dem Licht mit $\lambda = 239$ nm. Hierbei wurde ein deutliches Ansteigen der UV-Absorption ($\lambda = 270$ nm) beobachtet, was für eine Spaltung der Dimere sprach.

Eine Erhöhung der Absorption bei Bestrahlung einer zuvor dimerisierten Probe mit Licht der Wellenlänge 239 nm wurde bis zu einem bestimmten Wert beobachtet, und dann mündete die Kurve in ein Plateau. Der Gleichgewichtswert,

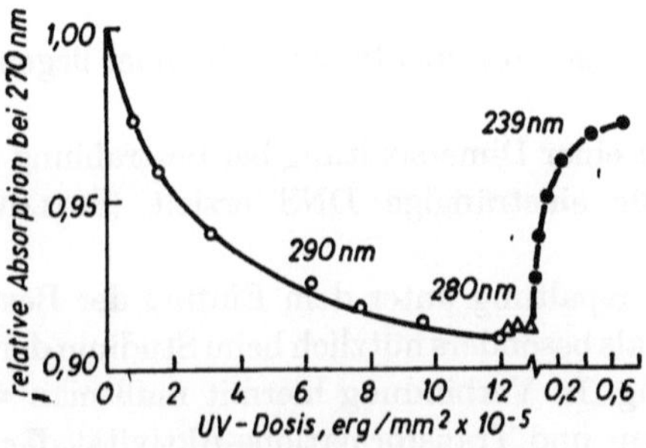

Abb. 38. Änderungen der Absorption für UV-Strahlen (270 nm) durch Moleküle der Kalbsthymus-DNS, die mit verschiedenen Wellenlängen bestrahlt worden sind. Bei Einwirkung von UV-Strahlen der Wellenlänge 290 nm wird eine Abnahme der Absorption beobachtet, die mit der Entstehung von Thymindimeren zusammenhängt. Eine anschließende Behandlung dieser Probe mit UV-Strahlen der Wellenlänge 239 nm führt zu einem steilen Anstieg der Absorption, was mit der Spaltung der Dimere zusammenhängt (SETLOW, CARRIER, 1963)

wie in den Experimenten mit Polythymidylsäure gezeigt wurde, (DEERING, SETLOW, 1963), hing nicht davon ab, ob sie zugleich mit ultraviolettem Licht der Wellenlänge 240 nm bestrahlt wurde, oder ob vorher UV der Wellenlänge 290 nm auf die Polythymidylsäure einwirkte (Abb. 39).

Aus dem Grad der Reversion der UV-Absorption (270 nm) war es möglich, auf die Menge an Dimeren in der DNS unterschiedlicher Provenienz zu schließen. Der höchste Reversionsgrad wurde für DNS mit dem höchsten Gehalt an nebeneinanderliegenden Thyminen (DNS des Phagen *T2* 11% TT), der niedrigste für *M. lysodeikticus* (1,8% TT) beobachtet. Kalbsthymus-DNS nahm einen Zwischen-

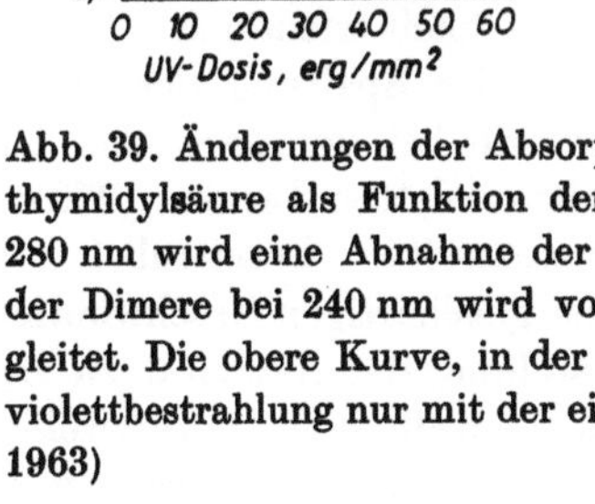

Abb. 39. Änderungen der Absorption für UV-Strahlen (265 nm) durch Polythymidylsäure als Funktion der Bestrahlungsdosis. Nach Bestrahlung mit 280 nm wird eine Abnahme der Absorption beobachtet, und die Zerstörung der Dimere bei 240 nm wird von einem steilen Anstieg der Absorption begleitet. Die obere Kurve, in der rechten Ecke der Abbildung, ist eine Ultraviolettbestrahlung nur mit der einen Wellenlänge 240 nm (DEERING, SETLOW, 1963)

wert ein (in dieser DNS beträgt der Prozentsatz nebeneinander liegender Thyminreste 8,5).
Prinzipiell das gleiche Resultat einer Dimerspaltung bei Bestrahlung mit kürzeren Wellenlängen wurde auch für einsträngige DNS erzielt (SETLOW, CARRIER, 1963).
Die Untersuchungen der Dimerspaltung unter dem Einfluß der Bestrahlung mit kürzeren Wellen erwiesen sich als besonders nützlich beim Studium der biologischen Rolle der Thymindimerisierung. In Verbindung hiermit muß man vor allem die Wiederherstellung der Matrizen- und Transformations-Aktivität der durch ultraviolettes Licht längerer Wellen inaktivierten DNS-Moleküle mit Hilfe der kurz-

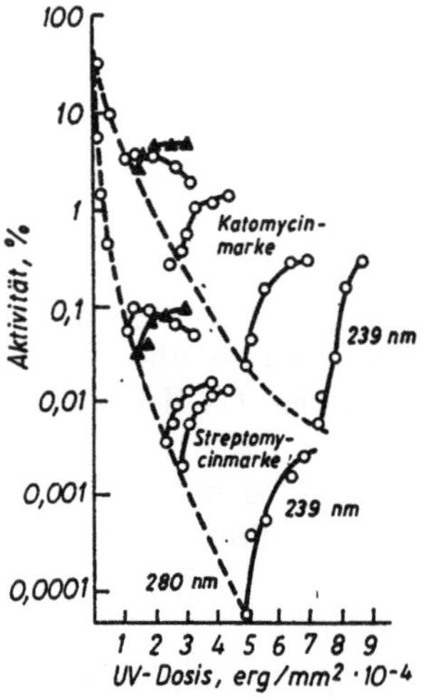

Abb. 40. Einfluß der Bestrahlung mit langwelligem und kurzwelligem UV auf die Transformationsaktivität von DNS (SETLOW, SETLOW, 1962)

welligen Bestrahlung erwähnen (SETLOW, SETLOW, 1962; BOLLUM, SETLOW, 1963). Transformierende DNS von *Haemophilus influenzae* wurde mit verschiedenen Dosen ultravioletter Strahlen der Wellenlänge 280 nm bestrahlt und dann die Inaktivierung der Transformationsfähigkeit an zwei Marken geprüft: Resistenz gegen Streptomycin und Cathomycin (Novobiocin) (Abb. 40). Danach wurden die bestrahlten und inaktivierten Proben nochmals mit ultravioletten Strahlen kürzerer Wellenlänge (239 nm) bestrahlt, die Dimere spalteten und dadurch in beträchtlichem Maße die Transformationsfähigkeit wiederherstellten.
Der ursächliche Zusammenhang zwischen der Spaltung der Dimere und der Wiederherstellung der DNS-Aktivität wurde bei der parallelen Untersuchung der Änderung in der Absorption des ultravioletten Lichtes (270 nm) und der Wiederherstellung der Transformationsaktivität anschaulich demonstriert (Abb. 41). Beide Prozesse liefen mit höchst gleichartigen Geschwindigkeiten ab.
Es gelang nicht, eine völlige Wiederherstellung der Aktivität zu erreichen. Die Autoren meinen, daß das durch zwei Ursachen bedingt ist: 1. kurzwellige Strahlung (239 nm) spaltet nicht alle Dimere und 2. existieren fotochemische, von der

Ultraviolettstrahlung hervorgerufene Schäden in der DNS, die von Thymindimeren verschieden sind.
Außer der Spaltung der Dimere durch ultraviolettes Licht der Wellenlänge 239 nm hat eine Reihe Autoren den Prozeß der Fotoreaktivierung beschrieben (s. Kapitel 7), bei dem die Schäden, die durch die Bestrahlung mit ultraviolettem Licht hervorgerufen worden sind, bei Beleuchtung mit sichtbarem Licht beseitigt werden. Die Fotoreaktivierung wird mit Hilfe spezieller fotoreaktivierender Enzyme durchgeführt (s. Abschnitt „Fotoreaktivierung" in Kapitel 7).
Nachdem sie ein solches Enzym aus Hefen isoliert hatten, haben Wulff und Rupert (1962) gezeigt, daß die Zahl der Dimere in der bestrahlten DNS deutlich

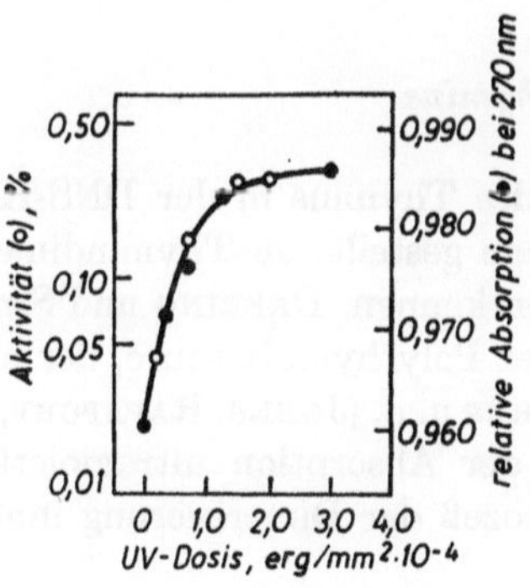

Abb. 41. Reaktivierung transformierender DNS von *Haemophilus influenzae*, die mit UV-Strahlen der Wellenlänge 280 nm inaktiviert worden ist, nach ihrer Bestrahlung mit kurzwelligem UV. Das Zusammenfallen der Wiederherstellung der Aktivität (Cathomycin-Marke) der transformierenden DNS (linke Skala) und der Abnahme der Absorption bei 270 nm (rechte Skala) zeugen für den gegenseitigen Zusammenhang beider Prozesse.

abnimmt, wenn sie mit Licht (~ 365 nm) im Beisein des fotoreaktivierenden Enzyms beleuchtet wird. Die von Wulff und Rupert erhaltenen Daten sind nachstehend angegeben.

Probe	Thymindimere (Imp/min)
unbestrahlte DNS	8
	6
bestrahlte DNS	447
	418
bestrahlte DNS + Enzym im Dunkeln	81
	97
bestrahlte DNS + erhitztes Enzym im Licht	107
	84
bestrahlte DNS + Enzym im Licht	4
	0

Eine vorherige Erhitzung des Enzyms hob seine Aktivität auf, und es hörte auf, die Dimere im Licht zu beseitigen. Im Dunkeln erwies sich das normale Enzym als wenig effektiv.

WACKER und GERSTENBERGER (1963) haben auf Grund von Experimenten mit Fotoreaktivierung in einem Medium mit Wasserstoffperoxyd die Vermutung ausgesprochen, daß das fotoreaktivierende Enzym ein Thymindimer in zwei monomere Thymine spaltet.
Eine Thymindimerisation nimmt offensichtlich auch an dem Mutationsprozeß teil, der durch ultraviolette Strahlen induziert wird. E. WITKIN u. a. (WITKIN, SICURELLA, BENNET, 1963) beobachteten nach Ultraviolettbestrahlung von *E. coli*-Zellen, die das fotoreaktivierende Enzym enthalten, und von Zellen, denen es als Ergebnis einer Mutation fehlte, daß im ersten Falle die Zahl der Mutationen nach der Bestrahlung beträchtlich niedriger war als in den Zellen, die nicht zur Aufhebung des Effekts der Thymindimerisierung fähig sind.

Interstrangdimerisation des Thymins

Beim Studium des Einflusses der Lage des Thymins in der DNS-Kette auf die Entstehung von Dimeren wurde die Frage gestellt, ob Thymindimere zwischen zwei polymeren DNS-Molekülen entstehen können. DEERING und SETLOW (1963) und SETLOW (1962) haben am Beispiel der Polythymidylsäure, der nativen DNS und der denaturierten DNS, aber auch JOHNS u. a. (JOHNS, RAPAPORT, DELBRÜCK, 1962) bei Untersuchung der Änderung der Absorption ultravioletter Strahlen mit der Dosis haben gezeigt, daß der Prozeß der Dimerisierung innerhalb eines Stranges des DNS-Moleküls abläuft.
Zwischen zwei Strängen eines nativen DNS-Moleküls in Lösung entstehen offenbar keine Dimere. Nichtsdestoweniger kann man annehmen, daß eine Verletzung der strengen DNS-Konformation, die mit einer Krümmung des Moleküls zusammenhängt (z. B. im dicht gepackten Zustand in den Phagenköpfen) und zu lokalem Aufbrechen von Wasserstoffbindungen führt, durch eine Interstrangdimerisation von Thyminen ihren Abschluß findet. Eine solche Dimerisation ist ebenfalls während der DNS-Replikation möglich, und man darf die Rolle intermolekularer Vernetzungen bei der Aufhebung der Matrizenrolle der DNS nicht a priori ausschließen.
Auf die Möglichkeit der Entstehung von Vernetzungen zwischen zwei DNS-Molekülen infolge Bildung intermolekularer Thymindimere weisen Daten von VAKKER (1965) hin. Bei Bestrahlung einer wäßrigen Lösung von ^{3}H-Thymidyl-(3'-5')-Desoxyadenosin mit ultraviolettem Licht der Wellenlänge 254 nm ($7 \cdot 10^5$ erg/mm^2) bemerkte er eine Abnahme der UV-Absorption bei 262 nm um 6%. Nach Hydrolyse des Präparates wurden die Basen chromatografisch auf Papier getrennt und außer den Flecken, die A und T entsprechen, wurde ein dritter Fleck erhalten, der dem Dimer $\widehat{TT}$ entsprach und Radioaktivität besaß. Nach Elution dieses Fleckes und wiederholter Bestrahlung in Wasser wurde das Entstehen radioaktiven Thymins festgestellt. Auf Grund dessen zog der Autor den Schluß, daß das erhaltene Produkt eine Folge der Dimerisierung benachbarter Desoxyribonukleotidmoleküle sein konnte.

Die Wirkung ultravioletter Strahlung auf Uracilbasen

Als erster Hinweis auf die Schädigung von Uracilbasen bei ultravioletter Bestrahlung dienten Versuche mit Bestrahlung RNS-haltiger Viren. Oster und McLaren (1950) fanden bei Bestrahlung von RNS des *Tabakmosaikvirus* bei großen Dosen eine Verringerung der Viskosität der RNS-Lösung und einen Verlust der Fähigkeit, durch Safranin gefärbt zu werden, was nach ihrer Meinung für eine Zerlegung der Moleküle sprach.

Der erste Typ von Reaktionen, die die fotochemischen Veränderungen der Uracilkomponente der RNS begleiteten, die Bildung von Uracilhydraten, wurde 1949 von Sinsheimer und Hastings beschrieben. An das Uracilmolekül wurde ein Molekül Wasser an der 5,6-Doppelbindung gebunden. Die Fotohydratation des Uracils an der 5,6-Doppelbindung wurde auch von Moore (1958) gefunden.

Der andere Typ von Reaktionen, die die Bestrahlung von Uracil begleiten, ist die Bildung von Dimeren. Wierzchowski und Shugar (1959) fanden bei Bestrahlung von Diuridyl- und Polyuridylsäure mit ultraviolettem Licht der Wellenlänge 253,7 nm, daß Wärme die Reaktion der ultravioletten Strahlen teilweise revertiert. Die beobachtete Verringerung der Absorption der bestrahlten Proben für ultraviolettes Licht (260 nm) wurde durch Wärmebehandlung nicht aufgehoben. Da die Fotohydrate des Uracils wärmeempfindliche Fotoprodukte sind, ist es möglich, daß die Absorptionsminderung durch die Entstehung von Uracildimeren bedingt war.

Die Frage nach der Möglichkeit einer Dimerisierung von Uracil wurde im Laboratorium von Wacker (Vakker, 1965) untersucht. Bei der Bestrahlung von Uracil in tritiiertem Wasser traten zwei Bestrahlungsprodukte auf, die A und B genannt wurden. Es wurde die Kinetik der Bildung dieser Komponenten in Abhängigkeit von der Dosis der ultravioletten Strahlen und der Uracilkonzentration untersucht. Dabei stellte sich heraus, daß bei kleineren Dosen der ultravioletten Strahlen mehr von Komponente A als von Komponente B gebildet wird, während bei Anwachsen der Dosis ultravioletter Strahlen Komponente B überwiegt.

Nach chromatografischer Trennung beider Komponenten untersuchten die Autoren deren Absorptionsspektren für ultraviolettes Licht. Unter Berücksichtigung, daß sowohl die A- als auch die B-Komponente des Uracils die Doppelbindung in 5,6-Stellung verloren haben, studierten die Autoren die thermische Stabilität beider Komponenten, ihr Verhalten nach wiederholter Bestrahlung in Wasser und ihre Stabilität bei Übertragung in saures und alkalisches Medium. Im Ergebnis kamen sie zu dem Schluß, daß Komponente A ein Uracildimer darstellt, aber Komponente B nach ihrer Meinung ein Produkt der Addition von Wasser zum Uracilmolekül sein könnte. In den Versuchen Wackers verhielt sich Uridin ebenso wie Uracil. Das Studium der Reversibilität der Uracilreaktion mit UV, das von Rörsch u. a. (Rörsch, Beukers, Ijlstra, Berends, 1958) durchgeführt wurde, zeigte ebenfalls, daß von den drei Komponenten, die bei Bestrahlung von Uracil in wäßriger Phase gebildet werden, nur eine (am wahrscheinlichsten das Hydrat) zur Rückumwandlung fähig ist. Eine Bestrahlung von Polyuridylsäure (SWENSON, SETLOW, 1963; SETLOW, 1966) mit ultravioletten Strahlen der Wellenlänge 265 nm und 240 nm und eine Untersuchung der Ultraviolettabsorption (270 nm) der Reaktionsprodukte hat den Unterschied von Poly-U zu den anderen Homopolymeren gezeigt. Vor allem bemerkten die Autoren die Bildung sowohl von Dimeren als auch von Hydraten. Eine kürzerwellige Bestrahlung (240 nm) spaltet die Uracildimere (ähnlich der Spaltung der Thymindimere) und bildet Hydrate. Bei Vergrößerung der UV-Dosen (von $10 \cdot 10^4$ bis $30 \cdot 10^4$ erg/mm²) verstärkt sich die Hydratisierungsreaktion, infolgedessen bleiben weniger Uracile zur Dimerisation übrig. Bei großen Dosen kann fast das ganze Polymer hydratisiert werden.

Ein eingehendes Studium der Quantenausbeuten (Tab. 11) und der Reaktionsquerschnitte der Dimerisierung und Hydratisierung freier Uracilmoleküle und der Polyuridylsäure (SWENSON, SETLOW, 1963) gestattete, ein ziemlich vollständiges Bild der vom ultravioletten Licht am Uracil induzierten Veränderungen zu entwerfen und die Veränderungen in den Uracil- und Thyminderivaten zu vergleichen.

In bestrahlter Polyuridylsäure werden wenigstens zwei Fotoprodukte gebildet: 1. Uracilhydrate und 2. Uracil—Uracil-Dimere (Abb. 42).

Die Entstehung von Uracildimeren wird im sauerstofffreien Medium fast vollständig unterdrückt, während der Sauerstoffgehalt auf die Entstehung von Uracilhydraten keinen Einfluß aufweist. Die Lebensdauer des angeregten Zustandes, der zur Uracildimerisierung führt, wird zu etwa 10^{-5}—10^{-6} s abgeschätzt (SZTUMPF-KULIKOWSKA et al., 1967; GREENSTOCK et al., 1967).

Tabelle 11

Quantenausbeuten für fotochemische Prozesse in Poly-U, Poly-T und Uridin

Wellenlänge, nm	Hydratation		Dimerbildung		Dimerzerstörung	
	Poly-U	Uridin	Poly-U	Poly-T	Poly-U	Poly-T
238	0,009	0,017	0,014	0,036	0,48	1,2
248	0,010	0,019	0,098	—	—	—
265	(0,0084)	0,017	(0,0058)	0,022	—	—
280	0,011	0,016	(0,0014)	0,014	—	—

Die wichtige Rolle des Uracils bei der biologischen Inaktivierung durch Ultraviolettbestrahlung wurde von ADMAN und DOTY (1967) gezeigt. Die Autoren untersuchten die Inaktivierung der Akzeptoraktivität von Alanin-t-RNS (Anticodons CGU, CGA). Es zeigte sich, daß die Schädigung der t-RNS-Moleküle durch eine Modifikation des Uracils bedingt ist, wobei die Schädigung von 8 Uracilresten im Molekül (etwa die Hälfte aller Uracile) zu seiner vollständigen Inaktivierung führt.

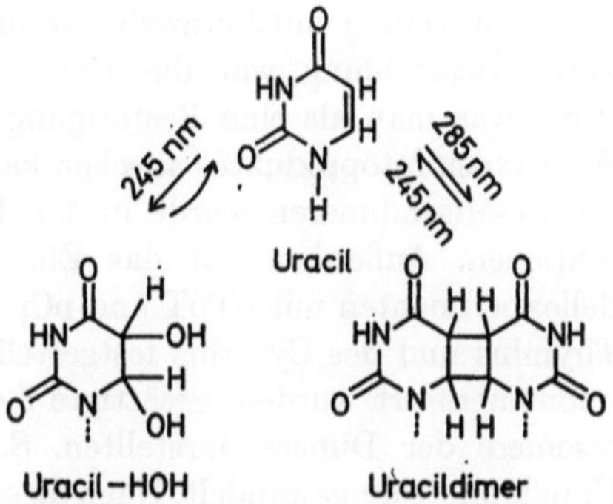

Abb. 42. Fotoprodukte der mit UV-Strahlen behandelten Polyuridylsäure (Grossman, 1963)

Schäden des Cytosins nach Bestrahlung mit ultraviolettem Licht

Schäden des Cytosins bei Bestrahlung von DNS oder freien Basen im gefrorenen Zustand oder im flüssigen Medium mit ultraviolettem Licht wurden von vielen Autoren festgestellt (Dellweg, Wacker, 1962; Smith, 1963; Daniels, Grimison, 1964). Die unmittelbare Beteiligung von Cytosinschäden an der biologischen Inaktivierung wurde von Walter Sauerbier am Modell der Bakterienviren nachgewiesen. Beim Phagen *T4vx* waren 0,66 letale Treffer je Phagenteilchen durch Schäden bedingt, die nicht mit Thymindimeren zusammenhängen (Sauerbier, Haug, 1964). Um zu klären, welchen Anteil dieser Nichtthyminschäden die Cytosinschäden ausmachen, wurde der Phage *T1* verwendet, nachdem das Cytosin mit Tritiumatomen markiert worden war (Sauerbier, 1964). Ein solcher Phage wurde mit Ultraviolett der Wellenlänge 253,7 nm bestrahlt. Zellen von *E. coli 15 T⁻ A⁻ U⁻*, die zur Thyminsynthese unfähig sind, wurden mit Phagen infiziert, deren DNS mit ^{3}H-Cytosin markiert war. In das Medium wurde radioaktives Uracil eingebracht (5,6-^{3}H-Uracil), das als Vorstufe von Thymin und Cytosin bei der DNS-Synthese dienen konnte (s. Kapitel 1). Da weder die Bakterien noch der Phage *T1* Thymin synthetisieren konnten, konnte die Markierung nur in das Cytosin der Phagen-DNS eingebaut werden, und die Autoren waren in der Lage, nach Reinigung des Lysates von bakterieller DNS und RNS mit Hilfe von DNase und RNase, die auf Viruspartikeln nicht einwirkten, und nach Erhalt eines reinen Phagenpräparates mit den Methoden der Sedimentation die Zusammensetzung der hieraus synthetisierten DNS zu analysieren. Nach dem Chromatografieren des Hydrolysates unbestrahlter und bestrahlter Phagen fand Sauerbier, daß der Anteil der Cytosin-Fotoprodukte des bestrahlten Phagen im Vergleich zur Kontrolle deutlich ansteigt. Um zu zeigen, daß dieses Produkt ein Cytosindimer ist, benutzte der Autor einen *T1*-Phagen, der im Stamm *E. coli* B_{s-1} vermehrt worden war, welcher keine Enzyme der Dunkelreparatur synthetisiert und deshalb nicht in der Lage ist, Cytosindimere im Falle ihrer Entstehung auszuschneiden. Die Menge an Cytosinprodukten im Phagen *T1* wuchs mit der Dosis an. Nachdem er diese Fotoprodukte chromatografisch isoliert hatte, unterwarf sie der Autor einer erneuten Bestrahlung mit kurzwelligem ultraviolettem Licht (240 nm). Nach der erneuten Bestrahlung war das Cytosinfotoprodukt in freie Cytosin-Moleküle gespalten, was man als eine Bestätigung der Schlußfolgerung über die Dimernatur des Cytosinfotoproduktes ansehen kann.

Die Entstehung von Cytosin-Thymin-Mischdimeren wurde in den Laboratorien von WACKER und WULFF beschrieben. Außerdem hat das Ehepaar SETLOW (SETLOW, SETLOW, 1966) in Modellexperimenten mit pTpT und pCpC ungewöhnliche Typen von Dimeren des Thymins und des Cytosins festgestellt, die durch kurzwelliges Ultraviolett nicht monomerisiert wurden, gesättigte 5,6-Bindungen besaßen und vermutlich Transisomere der Dimere darstellten. Solche Transisomere des Cytosins wurden in Uracildimere umgewandelt. Nach dieser Mitteilung vom Übergang des dimerisierten Cytosins in Uracil waren die Daten von BEUKERS und BERENDS (1961), MARMUR und GROSSMAN (1961) und VAKKER (1965) erklärbar, die ein Thymin-Uracil-Mischdimer beschrieben hatten, das nach der Ultraviolettbestrahlung von nativer und renaturierter DNS, von Nukleinsäurenkomponenten und von gefrorenen Thymin-2-^{14}C- und Uracil-2-^{14}C-Lösungen entstanden war. Abgesehen von der unmittelbaren Vernetzung von Thymin und Uracil konnten im letzten Falle die Thymin-Uracil-Mischdimere durch Desaminierung von Cytosin und dessen hierdurch erfolgter Umwandlung in Uracil entstehen.

Die Identität der Dimere in bestrahlten Polynukleotiden mit den Dimeren in der DNS, aber auch die Bildung von TU-Dimeren aus TC-Dimeren durch Desaminierung der letztgenannten wurde von WEINBLUM (1967) nachgewiesen.

Ähnlich den Thymin- und Uracildimeren wurden die Cytosindimere durch kurzwellige Bestrahlung in Lösung gespalten (SETLOW, 1966). Somit konnte die Dimerisierungsreaktion der Pyrimidinbasen (Py) mit Bildung der Zyklobutanstrukturen als für alle Pyrimidinbasen bewiesen gelten. Die Reaktion ist reversibel und kann auf folgende Weise geschrieben werden

$$-\,\mathrm{Py\,Py'}\,- \underset{\text{kurzwellige Bestrahlung}}{\overset{\text{langwellige Bestrahlung}}{\rightleftarrows}} -\,\overline{\mathrm{Py\,Py}}\,-$$

Was die Cytosindimere betrifft, so läuft ihre Spaltung durch kurzwelliges ultraviolettes Licht bedeutend intensiver als die Spaltung der Thymindimere ab, offensichtlich erfolgt dies wegen der intensiveren Absorption von Quanten des kurzwelligen ultravioletten Lichts durch die Cytosindimere.

Die chromatografische Analyse der Säurehydrolysate markierter DNS von *E. coli* (SETLOW, 1966) hat gezeigt, daß bei Ultraviolettbestrahlung mit der Wellenlänge 265 nm und einer Dosis von $2 \cdot 10^3$ erg/mm^2 die folgende Anzahl von Dimeren je Nukleotid gebildet wird:

$\widehat{\mathrm{CC}}$	$1{,}4 \cdot 10^{-4}$
$\widehat{\mathrm{CT}}$	$6{,}6 \cdot 10^{-4}$
$\widehat{\mathrm{TT}}$	$11{,}7 \cdot 10^{-4}$

Schon nach den ersten Mitteilungen über die Entdeckung der Thymindimerisation durch Ultraviolettbestrahlung war die fast einmütige Meinung, daß gerade die Dimere einen wesentlichen Beitrag zur Inaktivierung und zur Mutationsaktivität biologischer Objekte liefern. Bevor jedoch diese eher intuitiven als streng argumentierten Ansichten eine experimentelle Unterstützung erhielten, war eine vielseitige Untersuchung der Rolle der Dimerisation der Pyrimidinbasen erforderlich. Heute besitzen wir eine ausreichende Menge an Beweisen dafür, daß die Dimere eine der für den Ultraviolettschaden biologischer Systeme verantwortlichen Grundstrukturen sind.

Die Dimere der Pyrimidinbasen wurden als Hauptschadenstypen der Polynukleotide und der nativen DNS im flüssigen Zustand und in gefrorenen Lösungen mit den Methoden der Sedimentations- und Röntgenstrukturanalyse, durch Untersuchung der Absorption im Infrarotgebiet, aber auch mit Methoden der Kern- und Elektronen-Resonanz identifiziert. Die Fotoprodukte wurden mit den Methoden der Chromatografie isoliert und wiederum als Pyrimidindimere identifiziert. Die Dimere sind keine Artefakte der Isolierung, was aus der quantitativen Untersuchung der Absorptionsänderung bestrahlter DNS-Moleküle folgt, die mit der Zahl der isolierten Dimere korreliert ist. Durch eine Untersuchung der Schädigung von transformierender Bakterien-DNS[1]) wurde festgestellt, daß eine Bestrahlung dieser DNS mit ultraviolettem Licht der Wellenlänge 260 nm und länger die Aktivität der DNS aufhebt. Eine nachfolgende kurzwellige Bestrahlung stellt 50 bis 70% der Aktivität wieder her, und eine Bearbeitung mit fotoreaktivierenden Enzymen restauriert 90% der Transformationsaktivität. Dies zeigt, daß bis zu 90% der biologischen Schäden eben mit Dimerveränderungen der Erbmoleküle zusammenhängen.

Eine Korrelation zwischen der Thymindimerisierung und der Inaktivierung der Bakterien wurde ebenfalls von Wacker, Dellweg und Jacherts (1962) gezeigt. Durch Ultraviolettbestrahlung mit der Wellenlänge 254 nm von ruhenden oder sich synchron teilenden Zellen von *E. coli 15T⁻*, die thyminbedürftig sind, stellten die Autoren eine Korrelation zwischen dem Grad der Inaktivierung und der Thymindimerisierung fest. Die Bakteriensuspension, die mehr getötete Zellen enthielt, trug proportional die größere Zahl von Thymindimeren.

Die mittlere Letaldosis (die einer Überlebensrate von 37% entspricht) läßt mindestens ein Dimer entstehen (die Berechnung wurde für Bakterien, Viren und transformierende DNS durchgeführt), aber solche Dosen reichen offensichtlich nicht aus, um eine merkliche Anzahl von Brüchen oder Vernetzungen in zweisträngiger DNS hervorzurufen.

Die Erscheinung der Fotoreaktivierung, bei der durch ultraviolette Strahlen geschädigte Organismen durch eine nachfolgende Bestrahlung mit sichtbarem

---

[1]) Ähnliche Experimente wurden auch an DNS durchgeführt, die als Matrize für die DNS-Synthese unter Beteiligung von Polymerasen aus Kälberthymus untersucht wurde.

Licht oder mit langwelligem ultraviolettem Licht (bis 350 nm) reaktiviert werden können, aber auch in-vitro-Experimente (mit Hilfe gereinigter Enzyme) zeigen, daß die Fotoreaktivierung gerade mit den Dimeren der Pyrimidinbasen zu tun hat und wenig auf andere Schadenstypen einwirkt.
Die schon lange von den Strahlengenetikern festgestellte Tatsache, daß eine Bestrahlung empfindlicher Bakterien mit kleinen Dosen ultravioletter Strahlen die DNS-Synthese unterbricht, wurde erst nach der Feststellung aufgeklärt, daß solche kleinen Dosen (ungefähr 30 erg/mm²) zur Entstehung von etwa 5 bis 15 Dimeren aus Pyrimidinbasen auf je 1000 μ Länge der DNS ausreichen. Im weiteren wurden zwei andere wichtige Kennzeichen bestimmt: die Zahl der monomerisierten Dimere nach fotoreaktivierender Behandlung ultraviolettbestrahlter Bakterien und die Fähigkeit dieser Bakterien, Kolonien zu bilden. Daß diese Untersuchungen zu einem einheitlichen Bild geführt und ein vollständiges Entsprechen des Anteils der gespaltenen Dimere und des Wiederherstellungsgrades der Koloniebildungsfähigkeit der Bakterien gezeigt haben, sprach ohne Zweifel für die bevorzugte Rolle der Dimere bei der Schädigung von Bakterien.
Außer solchen strahlenempfindlichen Bakterien wurden viele Bakterienstämme isoliert, die gegen die Bestrahlung resistent sind. Die Resistenz ist, wie festgestellt werden konnte, in diesen Zellen durch die Anwesenheit besonderer Enzyme bedingt, die zur Abspaltung der Dimere aus den DNS-Molekülen fähig sind. Die durch die Abspaltung in den DNS-Molekülen entstandenen Lücken werden danach mit Hilfe anderer Enzyme zugebaut und auf diese Weise die nach der Bestrahlung der Zellen mit ultravioletten Strahlen erhaltenen Schäden beseitigt. Die Rolle der Dimere ist auch in diesem Falle unzweideutig nachgewiesen worden.
Es wurde ebenfalls festgestellt, daß Organismen, die mehr Thymin in der DNS enthalten, stärker geschädigt werden. Die Ersetzung von Thymin durch Bromuracil und andere halogenierte Thyminanaloga, aber auch die Anlagerung von Proflavin an die DNS, die die Arbeit der fotoreaktivierenden Enzyme stören, führt zur Steigerung der biologischen Inaktivierung.
Die schädigende Rolle der Thymindimere zeigte sich in einer Unterdrückung der Matrizenfunktion der DNS. Bekanntlich erweist sich die Ultraviolettbestrahlung als verhängnisvoll für die Fähigkeit der DNS, als Matrize für die Synthese neuer DNS zu dienen. Bollum und Setlow nahmen an, daß eine solche Störung durch die Entstehung von Thymindimeren bedingt war. DNS, die an einer bestrahlten Matrize synthetisiert worden ist, besitzt eine Basenzusammensetzung, die zur Ausgangsmatrize nicht völlig komplementär ist. Eine Analyse der nächsten Nachbarschaft in dieser DNS hat eine Abweichung in der Nukleotidzusammensetzung von der Ausgangs-DNS gezeigt. Setlow, Carrier und Bollum (1963) und Bollum und Setlow (1963) fanden, daß das synthetisierte Produkt ein Defizit an AA-Folgen und einen Überschuß an GG-Folgen besitzt. Diese Anomalie erhielt eine einfache Erklärung, wenn man annahm, daß gegenüber den vorhandenen Thymindimeren nicht die komplementären AA-Nukleotide sondern

GG-Folgen aufgebaut werden. Dadurch wurde auch die Entstehung von Mutationen verständlich, die mit der Ultraviolettbestrahlung zusammenhingen. Als äußerst interessant erwies sich die Untersuchung der Proteinsynthese in einem zellfreien System, in dem als Matrize Polyuridylsäure verwendet wurde, die mit Ultraviolett bestrahlt worden war (GROSSMAN, 1963).
Normalerweise codiert Poly-U die Synthese von Polyphenylalanin. Die Bestrahlung führte jedoch neben Phenylalanin zum Einbau von ^{14}C-Serin in das Protein, wobei eine Zunahme des Einbaugrades von ^{14}C-Serin durch eine Abnahme des Phenylalanineinbaus begleitet wird. Die Schaffung dehydratisierender Bedingungen führte zur Erniedrigung des Einbaus von ^{14}C-Serin und zeigte sich nur teilweise in einer Vergrößerung des Phenylalanineinbaus. GROSSMAN kam zu dem Schluß, daß die Verringerung des Phenylalanineinbaus durch die Entstehung eines Uracildimers bedingt war. Eine erneute Bestrahlung mit kurzen Wellen (249 nm) wurde von einer Vergrößerung des Phenylalanineinbaus begleitet.
Alle diese Daten sprechen dafür, daß die Pyrimidindimere zweifellos an der Schädigung der biologischen Aktivität bei der Ultraviolettbestrahlung lebender Organismen teilhaben.
Nicht alle Thymindimere, die bei der Ultraviolettbestrahlung entstehen, führen zur Inaktivierung. Die Zahl der Pyrimidindimere je Phagenpartikel ist immer größer als die Zahl der letalen Treffer (WULFF, 1963b; SAUERBIER, 1964), was offensichtlich von „nicht letalen" Dimeren zeugt oder von der Reparierbarkeit eines Teiles der Dimere. Aber selbst wenn die Reparaturprozesse fehlen und die Dimere folglich in der DNS-Struktur erhalten bleiben müssen, zeigt sich, daß nicht alle entstandenen Dimere zur Inaktivierung führen. SAUERBIER und HAUG (1964) fanden nach Berechnung der Zahl der Thymindimere und des Anteils der „letalen" Dimere, daß nur eines von sieben Thymindimeren, die im Phagen *T4 v⁻x⁻* gebildet werden, zur Inaktivierung führt.
Die Gene v und x des Phagen *T4* sind für die Synthese der Reparaturenzyme des Phagen verantwortlich (s. Kapitel 7). Phagenmutanten bezüglich dieser Gene können Dimere nicht reparieren und unterscheiden sich durch eine bedeutend größere Strahlenempfindlichkeit vom Wildtyp. Deshalb kommt der Schlußfolgerung von SAUERBIER und HAUG eine besondere Bedeutung zu. Auf Grund ihrer Daten muß man anerkennen, daß bei weitem nicht alle Dimere zur Inaktivierung führen. Man darf allerdings eine Teilnahme der Reparatursysteme der Zellen an der Reparatur von Phagenschäden nicht hundertprozentig ausschließen, wenn seine eigenen Reparaturgene mutiert sind.

Obwohl die oben angeführten Daten auf die biologische Rolle der Pyrimidindimerisation hinweisen, beginnt sich der molekulare Mechanismus ihrer Schadenswirkung erst in letzter Zeit zu klären.
Im Jahre 1966 studierten SWENSON und SETLOW den Einfluß kleiner Ultraviolettdosen auf die Geschwindigkeit der DNS-Synthese in bestrahlten Zellen. Sie verwendeten die Stämme *E. coli* B_{s-3}, B_{s-8}, B_{s-12}, die zur Reparatur von Schäden in der DNS nicht fähig sind (s. Kapitel 7), und zeigten, daß in diesen Stämmen nach Bestrahlung die Geschwindigkeit des Einbaus von ^{3}H-Thymidin in de novo

synthetisierte DNS dreimal kleiner ist als in unbestrahlten Zellen des Wildtyps. Eine deutliche Verminderung der Einbaugeschwindigkeit von ^{3}H-Thymidin in DNS nach Bestrahlung wurde für einen anderen Mutantenstamm von *E. coli*, B_{s-1}, festgestellt, der ebenfalls mit kleinen Dosen Ultraviolett bestrahlt wurde (Mattern, Zwenk, Rörsch, 1966; Greenberg, 1967). Eine solche Verlangsamung der Synthese wurde bereits von Bollum und Setlow (1963) vorausgesagt.

Setlow hat 1964 eine grafische Darstellung veröffentlicht, auf der die Geschwindigkeit der DNS-Synthese längs des DNS-Moleküls aufgetragen war; gegenüber vom Dimer verlangsamte sich diese Geschwindigkeit deutlich, aber nach dem Vorbeigehen der DNS-Polymerase am Dimer wurde die Synthesegeschwindigkeit in der vorherigen Höhe wiederhergestellt (Setlow, 1964b). Einige Zeit schien es, daß diese Annahme unrichtig ist, aber kürzlich haben Rupp und Howard-Flanders (1968) experimentell bestätigt, daß in der DNS auftretende Dimere von Pyrimidinbasen, wenn sie nicht durch Reparaturenzyme vor Beginn der DNS-Replikation[1]) beseitigt werden, zu einer deutlichen Verlangsamung der Geschwindigkeit der DNS-Synthese führen. Nach einer Dosis von 45 erg/mm^2, die etwa 270 Dimere im Bakteriengenom erzeugt, verringerte sich die Geschwindigkeit der DNS-Synthese um den Faktor 2 und die Zellen teilten sich nicht nach 45 min wie gewöhnlich, sondern erst nach 90 min. Wenn die Annahme von Setlow über die Verlangsamung der DNS-Synthese gegenüber einem Dimer richtig ist, so sollte man annehmen, daß an jedem Dimer bis zu 10 s verloren werden. Außerdem haben Rupp und Howard-Flanders festgestellt, daß man in der ersten Zeit nach der Bestrahlung an den mütterlichen Strängen der bestrahlten DNS ziemlich kurze Abschnitte von DNS-Tochtersträngen beobachten kann. Im Verlauf der Zeit nahm die Zahl der kurzen Stränge fortschreitend ab, und vor Einsetzen der Zellteilung wurden keine kurzen Stränge mehr festgestellt.

Die Länge der kurzen Fragmente der neu synthetisierten DNS war am Anfang der Syntheseperiode mit der Länge der Abschnitte der mütterlichen DNS korreliert, die zwischen benachbarten Dimeren eingeschlossen waren. Diese Beobachtung konnte so interpretiert werden, daß die Synthese neuer DNS gegenüber dem Dimer stoppt (es bleibt eine Lücke) oder aber, daß an dieser Stelle eine unrichtige Kette synthetisiert wird, die bei der Isolierung der DNS leicht bricht. Nach Verlauf einer gewissen Zeit wird entweder die Lücke geschlossen oder der unrichtige Abschnitt wird zerstört und durch die richtigen Nukleotide ersetzt.

Eine Entscheidung zwischen diesen Alternativen zu treffen und die Hypothese von Setlow über die Verlangsamung der DNS-Synthese gegenüber den Dimeren endgültig zu bestätigen oder zu verwerfen, ist bisher nicht gelungen. Aber die Hypothese von Setlow ist offenbar doch richtig. Eine weitere indirekte Bestätigung für sie folgt aus der Arbeit von Bremer et al. (1968), die festgestellt haben, daß sogleich nach der Bestrahlung von *E. coli B*, *E. coli B/r* und *E. coli* B_{s-1}

[1]) In den Experimenten von Rupp und Howard-Flanders wurde der Stamm *E. coli K12 uvr A6* verwendet, der fast keine Enzyme zur Dunkelreparatur besitzt.

mit Ultraviolett ein Synthesestop der Messenger-RNS an dem Punkt eintritt, der den Ultraviolettschaden trägt. Mit Vergrößerung der Dosis wächst die Zahl solcher Punkte und die Länge der synthetisierten m-RNS-Moleküle verringert sich. Nach dem Stop der Synthese am Schadensort wird sowohl das RNS-Polymerasemolekül als auch das unvollendete Molekül m-RNS von der Matrize abgeworfen.

Hydratation von Cytosin und Uracil

Der Prozeß der nukleophilen Anlagerung von Wasser an Uracil, aber auch an Cytosin nach Einwirkung ultravioletter Strahlen auf isolierte und intakte Nukleinsäuren wurde von Šugar (1962) untersucht.
Ein Molekül Wasser lagert sich diesen Nukleotiden an der 5,6-Doppelbindung so an, wie aus dem nachstehenden Schema ersichtlich ist

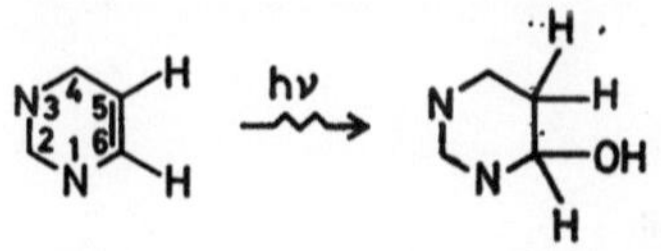

Als Ergebnis der Reaktion wird das 6-Hydroxy-5,6-dihydroderivat des Uracils und Cytosins gebildet. Wang (1958) vermochte zu beweisen, daß 1,3-Dimethyluracil nach Bestrahlung mit ultraviolettem Licht in einen hydratisierten Zustand übergeht, wobei es sich in 1,3-Dimethyl-6-hydroxydihydrouracil umwandelt. Im darauffolgenden Jahre trat er (Wang, 1959) mit einer Hypothese hervor, die die fotochemische Umwandlung von Uracilkomponenten vollkommen anders erklärte. Nach seiner Meinung entsteht als Ergebnis der Ultraviolettbestrahlung im Cytosin- und Uracil-Molekül ein Tautomer durch Verlagerung eines Protons von Stickstoff N1 zum Kohlenstoff in 6-Stellung, als dessen Folge die 5,6-Doppelbindung durch die 1,6-Doppelbindung ersetzt wird. Wierzchowski und Shugar (1961) haben jedoch gezeigt, daß diese Annahme unrichtig ist, und sie führten ziemlich gewichtige Argumente zu Gunsten der Vorstellung von der Hydratation des Uracils und Cytosins nach Bestrahlung an. Sie haben auch das Verhalten der hydratisierten Produkte dieser Nukleotide unter verschiedenen Bearbeitungsbedingungen studiert. Es zeigte sich, daß das hydratisierte Uracil im Dunkeln bei Zimmertemperatur relativ stabil ist und daß zur hinreichend schnellen Entfernung des Wassers eine Temperaturerhöhung bis auf 70—90° erforderlich ist. Das Bestrahlungsprodukt des Cytosins erwies sich als weniger stabil, und bisweilen lief der Dehydratationsprozeß mit meßbarer Geschwindigkeit bei einer Temperatur von 20—40° ab.
Eine pH-Änderung sowohl zur sauren als auch zur alkalischen Seite führte ebenfalls zu einer merklichen Dehydratation dieser Fotoprodukte. Eine Bestrahlung mit kurzen ultravioletten Strahlen spaltete die Hydrate nicht (McLaren, Shugar, 1964).

Ziemlich eingehend wurde die Fotochemie des Cytidins im Laboratorium von JOHNS studiert. FREEMAN, HARIHARAN und JOHNS (1965) verwendeten ^{32}P-markiertes Cytidilyl-(3'–5')-cytidin, und mit Hilfe von Elektrophorese und Chromatographie isolierten sie eine Reihe stabiler Fotoprodukte und Fotozwischenprodukte dieser Verbindung.
Die ersten Bestrahlungsprodukte von CpC waren $\widehat{\mathrm{CpC}}$-Dimere oder das Hydrat C*pC (das Hydrat wird mit einem Sternchen bezeichnet). Die Dimere sind instabil und können unter Einwirkung von Ultraviolettstrahlung und spontan entweder in CpC übergehen oder zu $\widehat{\mathrm{UpC}}$ desaminiert werden. Das $\widehat{\mathrm{UpC}}$ seinerseits geht entweder in UpC über oder wird spontan zum stabilen Dimer $\widehat{\mathrm{UpU}}$ desaminiert.

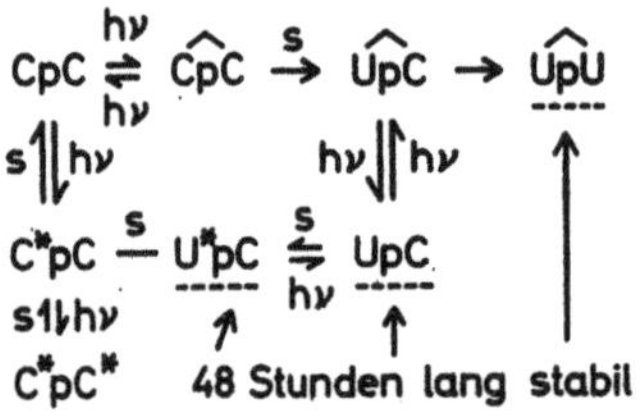

hν bezeichnet die fotochemische Reaktion, s die spontane Wärmereaktion, die stabilen Fotoprodukte sind unterstrichen.
Die Entstehung eines Cytosinhydrates nach Bestrahlung und dessen schneller Übergang in Uracilhydrat wurde von einer Reihe Autoren gezeigt (SCHUSTER, 1964; ONO, WILSON, GROSSMAN, 1965; JOHNS, LE BLANC, FREEMAN, 1965). Offensichtlich erscheint dieser Übergang C → U als aktivstes mutagenes Ereignis, weil U, indem es sich mit Adenin paart, zu einer Transition führt.
Die Entstehungsgeschwindigkeit von Uracilhydraten hängt stark vom Ordnungsgrad des Polymers ab. In einer Reihe von Arbeiten aus dem Laboratorium von JOHNS (siehe DE BOER, PEARSON, JOHNS, 1967) wurde gezeigt, daß in einer geordneten Struktur vom Typ Poly-(U + A) die Entstehungsgeschwindigkeit von Hydraten 10mal geringer war als im zufällig orientierten Poly-U-Polymer. Die Bildungsgeschwindigkeit der Dimere ist bedeutend weniger empfindlich gegen die Geordnetheit der Systeme und ändert sich beim Übergang von Poly-(A + U) zu Poly-U mit einem Koeffizienten, der kleiner als 5 ist.
Ein wichtiger, von JOHNS bemerkter Umstand ist, daß die Entstehung von Fotoprodukten bei Bestrahlung die Sekundärstruktur geordneter Polynukleotide zerstört. Bei einer Schädigung bis zu 25% der Uracile, die an einem Polymer beteiligt sind, wird die Sekundärstruktur fast im ganzen Polymer verletzt. Auf die Ausbeute an Fotoprodukten wirkt sich die Anwesenheit von $MgCl_2$ oder Spermin im Medium aus. Ihre Zugabe zum Medium führt zu einer relativen Verminderung der Dimerenzahl.
5,6-Dihydro-6-hydroxycytosin erscheint trotz seiner ziemlichen Instabilität offenbar als Hauptform des hydratisierten Cytosinderivates, das bei Ultraviolett-

bestrahlung entsteht. Dies wurde durch eine Reihe von Methoden bewiesen: durch Vergleich des Absorptionsspektrums und des pK_a der Derivate des 5,6-Dihydrocytosins und des Fotoproduktes, das bei Bestrahlung des Cytosins entsteht; durch Ähnlichkeit des chromatografischen Verhaltens von chemisch synthetisiertem 5,6-Dihydro-6-hydroxycytosin und vom Fotoprodukt, das bei Ultraviolettbestrahlung erhalten wurde (Fahr, Kleber, Boebinger, 1966).

Andere Änderungen in den Nukleinsäuren nach Ultraviolettbestrahlung

Obwohl die Dimerisierungs- und Hydratationsreaktionen der Nukleotide eine wichtige Rolle bei der biologischen Inaktivierung von DNS und RNS spielen, ist die Wirkung der Ultraviolettstrahlung auf biologisch wichtige Moleküle nicht auf diese zwei Klassen von Reaktionen beschränkt. Man muß mit Smith, Hodgins und O'Leary (1966) übereinstimmen, die vollkommen zutreffend bemerkt haben: „... das exponentielle Anwachsen der Aufsätze über die Thymindimere hat uns fast blind gemacht, und wir vergessen, daß 30—50% des ultravioletten Lichtes Veränderungen induzieren, die in Wirklichkeit keine Thymindimere sind".
In der Tat schätzen verschiedene Autoren den Anteil der Schäden, die sich nicht auf Thymindimere beziehen, unterschiedlich ein. Setlow meinte, daß die Dimerisation 90% aller Schäden durch Ultraviolettbestrahlung ausmacht, während in der Arbeit von Castellani, Jagger und Setlow (1964) eine bedeutend geringere Zahl — etwa 30% — genannt wurde.
Die Entdeckung der wichtigen Rolle der Hydrate von Pyrimidinbasen (besonders von Cytosin) bei der biologischen Inaktivierung stellte erste gewichtige Einwände gegen die übermäßige Übertreibung der Rolle der Thymindimere dar. Die Entdeckung der inaktivierenden und mutagenen Schädigung des Cytosins durch Ultraviolettstrahlung gestattete, noch einen Irrtum zu überwinden. Bevor die Schäden am Cytosin entdeckt worden waren, wurde in der Literatur die Frage diskutiert, warum in allen gegenwärtig auf unserem Planeten vorhandenen Organismen die AT-Paare mit annähernd der gleichen Häufigkeit angetroffen werden wie die GC-Paare. Denn da man nur wußte, daß der am meisten verbreitete mutagene Faktor die Strahlung ist und daß er hauptsächlich auf Thymin wirkt, konnte man annehmen, daß im Laufe der Evolution ein großer Teil der AT-Paare durch GC-Paare ersetzt worden ist. In Wirklichkeit aber wurde keinerlei Verdrängung von AT-Paaren durch GC-Paare beobachtet, und das rief bei einigen Forschern Erstaunen hervor. Die Entdeckung der Cytosinhydrate und die Aufklärung ihrer Rolle bei der Inaktivierung und Mutagenese zog diese Frage aus der Diskussion und brachte „die Rechtsansprüche" der AT- und GC-Paare ins Gleichgewicht.
Es wäre jedoch naiv zu folgern, daß Dimere und Hydrate die einzigen Bestrahlungsprodukte der Nukleinsäuren sind. Obgleich einige der vermerkten Schadensarten (z. B. Bruch von Wasserstoffbindungen) Sekundärfolgen der Dimerisation

oder Hydratation sein können, sollte man anerkennen, daß allein durch die Dimere und Hydrate der Pyrimidinbasen die Klasse der Schäden, die mit der ultravioletten Strahlung zusammenhängen, nicht erschöpft ist.

Bruch der Wasserstoffbindungen

Wir beginnen den Überblick über diese Schäden mit dem Bruch von Wasserstoffbindungen zwischen den komplementären Strängen der DNS. Der Bruch von Wasserstoffbindungen in der Doppelspirale der DNS wurde von SAUERBIER (1960a, b), von DOTY et al. (1959) und von GROSSMAN, LEVINE und ALLISON (1961) in Experimenten mit Formaldehyd gezeigt. Bekanntlich reagiert Formaldehyd mit den freien Aminogruppen der Basen (STAEHELIN, 1958; SAUERBIER, 1960a, b). Deshalb konnte man den Bruch von Wasserstoffbindungen bestimmen, indem man die Bindung von Formaldehyd sofort nach der Bestrahlung der DNS maß. Zu diesem Zwecke bestrahlte SAUERBIER (1960b) den Phagen *T1* in einem Medium mit 0,9% Formaldehyd. Gleichzeitig zeigte er, daß die Anwesenheit von Formaldehyd im Medium während der Bestrahlung nicht zu Brüchen der DNS führt.
Eine Vergrößerung der Ultraviolettbestrahlungsdosen wurde durch eine Zunahme der Formaldehydbindung begleitet, was auf einen Bruch von Wasserstoffbindungen hinwies. Als Beweis für die Richtigkeit der Behauptung von Brüchen der Wasserstoffbindungen diente eine zweite Serie von Experimenten SAUERBIERS, in denen ein Phage mit einsträngiger DNS — *ΦX 174* bestrahlt wurde. In diesem Falle durfte keinerlei Zunahme der Bindung eintreten, was auch im Experiment bestätigt wurde.
Auf eine partielle Denaturierung der bestrahlten DNS weist eine Erhöhung des Extinktionskoeffizienten hin. MARMUR und GROSSMAN (1961) haben festgestellt, daß keine vollständige Restitution der zerstörten Wasserstoffbindungen erfolgt, offenbar wegen einer irreversiblen Veränderung an den Nukleotiden. Dieser gleiche Schluß folgte aus Versuchen mit Kälberthymus-DNS (KLUOWEN, APPELMAN, BARENDSEN, 1962). Möglicherweise ist die partielle Denaturierung eine Folge der großen Zahl von Dimeren und Hydraten in zweisträngigen Polynukleotiden.
Im Laboratorium von JOHNS wurde gezeigt, daß die Schädigung von 25% aller Uracile in einem geordneten Kopolymer Poly-(U + A) zur vollständigen Verletzung seiner Sekundärstruktur führt, aber die Zugabe von $MgCl_2$ und Spermin zum Medium begünstigt eine relative Verringerung der Dimeranzahl (DE BOER, PEARSON, JOHNS, 1967).

Vernetzungen der DNS-Stränge

Intra- und intermolekulare Vernetzungen der DNS unter Einwirkung von Ultraviolett- und Röntgenstrahlung wurden von einer Reihe von Autoren beschrieben (KAPLAN 1955; BARANOWSKA, SHUGAR, 1960; LETT, STACEY, ALEXANDER, 1961b).

Eingehender wurde das Entstehen von Interstrangvernetzungen in der DNS nach UV-Bestrahlung von GLIŠIN und DOTY (1967) untersucht. Das Wirkungsspektrum für die Entstehung von Vernetzungen in der DNS von *E. coli* fiel mit dem Absorptionsspektrum von Thymin zusammen. Um die Natur der Vernetzungen zu verstehen und die Bedingungen aufzuklären, die ihre Entstehung begünstigen, untersuchten die Autoren den Einfluß von Temperatur, pH und Ionenstärke auf den Vernetzungsprozeß der DNS-Stränge unter der Wirkung ultravioletter Strahlung. Es war natürlich anzunehmen, daß eine Denaturierung der DNS helfen muß, die Basen anzunähern (insbesondere die Thyminbasen), die in den gegenüberliegenden Strängen liegen. Auf diese Weise wird bei Erhöhung der Temperatur die Zahl der Abschnitte mit lokal gestörter Spiralstruktur in der DNS zunehmen und die Zahl der Vernetzungen sich vergrößern. Das Experiment bestätigte die Richtigkeit dieser Annahme. Der Prozentsatz der Quervernetzungen wuchs mit der Erhöhung der Temperatur, und nahe der Schmelztemperatur (von 75 bis 85 °C) wurde eine deutliche Zunahme der Zahl der Vernetzungen bei Bestrahlung beobachtet. Bei weiterer Erhöhung der Temperatur (über die T_s-Grenze hinaus) wurde ein Auseinanderweichen der DNS-Stränge beobachtet, und dies wurde von einem ebenso deutlichen Abfall der Zahl der Vernetzungen begleitet. Da die Möglichkeit des Kontaktes zwischen den gegenüberliegenden Strängen von der Konzentration der Salze in der Lösung abhängt, untersuchten die Autoren den Einfluß der Ionenstärke auf den Prozeß der Quervernetzung. Bei Erniedrigung der Kationenkonzentration wurde eine Abnahme der Dimerenzahl beobachtet. Bei einer Temperatur von 55 °C und 0,01 M Na^+ wurden keine vernetzten Moleküle festgestellt.

Aber höchst interessant und ziemlich unerwartet war der Nachweis, daß intramolekulare Vernetzungen der Stränge wenig Einfluß auf die biologische Aktivität der DNS aufweisen. Als Test für die Aktivität wurde die Transformationsaktivität der DNS von *H. influenzae* verwendet, die eine Streptomycinmarke trägt. Aus Zellen von *H. influenzae* isolierte DNS-Proben wurden bei verschiedenen Temperaturen in 0,2 M NaCl gebracht und mit ein und derselben Dosis (8000 erg/mm^2) bestrahlt. Nach der Bestrahlung wurden die Lösungen in gleiche Portionen geteilt und ein Teil jeder Probe einer Erhitzung zur Denaturierung der DNS und anschließender Ultrazentrifugation im CsCl-Gradienten zur Bestimmung des Prozentsatzes vernetzter Moleküle unterworfen, und der andere Teil der Proben wurde in Transformationsexperimenten geprüft. Nur Proben, die vernetzte Moleküle enthielten, entwickelten Transformationsaktivität. Noch mehr als dies, die maximale Aktivität wurde mit den Proben erhalten, die bei einer über dem Schmelzpunkt liegenden Temperatur bestrahlt wurden und die bei der Prüfung auf den Vernetzungsgrad die größte Menge an Vernetzungen zeigten. Die Autoren interpretierten dieses Resultat auf folgende Weise. Da die DNS-Proben vor der Transformation denaturiert wurden und die denaturierte DNS unter den Bedingungen ihrer Experimente eine geringfügige Transformationsaktivität besaß, behinderte die Existenz von Vernetzungen das völlige Auseinanderweichen der Stränge und begünstigte demgegenüber ihre

Renaturierung. Gleichzeitig darf man aber in diesen Versuchen nicht ausschließen, daß Vernetzungen der DNS nach oder während des Eindringens der DNS in die Zelle durch Reparatursysteme beseitigt werden. Es ist durchaus möglich, daß Vernetzungen, die die native Struktur der transformierenden DNS zu erhalten helfen, dann im Verlauf der Reparatur herausgeschnitten werden und deshalb sich nicht an der biologischen Aktivität der DNS zeigen. Auf jeden Fall kann man jetzt nicht sicher sagen, ob Vernetzungen der DNS die Aktivität rauben.

Vernetzungen von DNS mit Proteinen

Ein anderer wichtiger Typ der DNS-Schäden sind Vernetzungen von Protein und DNS, die durch physiologische Dosen ultravioletter Strahlen induziert werden. Er ist von Alexander und Moroson (1962) und Smith (1962) beschrieben worden. Beide Arbeiten wurden an *E. coli* ausgeführt. Eine Analyse dieser Schadensart wurde in einer Reihe Arbeiten von Smith (1964a, b, c) gegeben. Es gelang ihm zu zeigen, daß diese Schäden nicht mit Thymindimeren zusammenhängen: sie unterliegen nicht der Fotoreaktivierung, ihre Entstehung ist nicht durch eine Vereinigung des fotoreaktivierenden Enzyms mit der DNS bedingt, und schließlich wurden solche Vernetzungen in in-vitro-Versuchen festgestellt, wenn gereinigte DNS und Proteinfraktionen, die nachweislich keine Reparaturenzyme enthielten, mit ultravioletten Strahlen bestrahlt wurden.
Smith gelang es außerdem, ein Fotomischprodukt von Uracil und Cystein (5-S-Cystein-6-hydrouracil) zu isolieren.
Das Zusammenfallen der Überlebenskurve und der Bildungskurve von DNS-Protein-Vernetzungen in den Zellen von *E. coli 15 $T^-A^-U^-$* diente als Grundlage für den Schluß, daß die Vernetzungen eine wichtige Rolle bei der Herabsetzung der Überlebensrate bestrahlter Zellen spielen (Smith, Hodgkins, O'Leary, 1966).
Wir wollen besonders unterstreichen, daß der Mechanismus der Vernetzungsreaktion von DNS und Protein bisher nicht aufgeklärt ist. Ebenso unklar ist es, warum solche Vernetzungen die Überlebensrate deutlich verändern. Zweifellos behindern die Vernetzungen den normalen Ablauf der DNS-Replikation, es gelang jedoch noch nicht, den Mechanismus dieses Einflusses zu verstehen. Möglicherweise werden die Vernetzungen bei der Entstehung der Hydrate gebildet.
Ultraviolette Strahlen verändern außerdem Proteine irreversibel (McLaren, Shugar, 1964), was sich an ihrer biologischen Aktivität zeigt und die Überlebensrate der Organismen beeinflußt. Am stärksten werden bei den Proteinen Cystin- und Histidinreste geschädigt.
Wenn man von funktionellen Störungen spricht, die durch die Bestrahlung bedingt sind, sollte man an die Arbeit von Hewitt und Billen (1965) erinnern, die eine Änderung der Orientierung der DNS-Synthese beschrieben haben. Wenn in einer gewöhnlichen Zelle die Replikation sukzessive am ganzen Strang abläuft, wobei an einem Punkt begonnen wird, so kann die Replikation nach der Bestrahlung an vielen Punkten des Chromosoms beginnen.

KAPITEL 6

Multiplizitäts- und Kreuzreaktivierung von strahlungsinaktivierten Viren

In den letzten 15—20 Jahren wurde ein einzigartiges Verhalten lebender Organismen entdeckt, die Selbstheilung von Schäden ihres genetischen Apparates. Zuallererst wurde die Erscheinung der Reparatur von Strahlenschäden entdeckt, und in den letzten 2—3 Jahren wurde klar, daß auch viele Arten chemischer Schäden geheilt werden können. Dieser Umstand veranlaßte viele Forscher, ihre Anstrengungen auf das Studium der Reparaturprozesse von Schäden zu richten, die durch Bestrahlung und chemische Einwirkungen hervorgerufen worden sind.
Das Problem der Reparatur bei den verschiedenartigsten Organismen wurde intensiv bearbeitet und wurde eines der sich am stürmischsten entwickelnden Gebiete der Genetik. Daß das gesamte Forschungsgebiet interessant und wichtig ist, kann man auch daraus ersehen, daß die Entdeckung der Reparatur dazu zwang, die Schlußfolgerungen der Theorie der Mutagenese und Inaktivierung zu überprüfen und in beträchtlichem Maße zu korrigieren.
Jedoch auch hier sind für uns die Reaktivierungsmechanismen von Ultraviolettschäden weitgehend verständlich, während die Reparatur von Schäden, die durch ionisierende Strahlung hervorgerufen worden sind, noch nicht sehr weit untersucht worden ist.
Im weiteren werden wir W. HARM (1963a) folgen, der die Reparaturprozesse von Ultraviolettschäden in zwei Typen eingeteilt hat: unspezifische Reparatur (Multiplizitäts- und Kreuzreaktivierung) und eine spezifische Reparatur, die durch besondere Genmechanismen bedingt ist (Gene eines Reparatursystems).

Multiplizitätsreaktivierung

Wenn man Bakterienzellen mit ultraviolettbestrahlten Phagen so infiziert, daß auf eine Zelle nicht mehr als eine Viruspartikel kommt, so können die inaktivierten Phagen zwar an das Bakterium adsorbiert werden, sich aber nicht mehr vermehren. Wenn man jedoch die Zellen mit solchen inaktivierten Partikeln mit großer Vielheit infiziert, so beginnen die inaktivierten Partikeln sich zu vermehren und ergeben eine vollwertige Nachkommenschaft.
Diese auf den ersten Blick paradoxe Entdeckung wurde 1942 von LURIA und DELBRÜCK gemacht. Bei der Untersuchung der Interferenz zwischen den Bak-

terienviren α und γ stellten LURIA und DELBRÜCK (1942) fest, daß durch Ultraviolett inaktivierte Phagen bei Mehrfachinfektion der Zellen eine geringe Zunahme der Zahl der Plaques im Vergleich mit dem Fall ergaben, wenn auf eine Zelle im Mittel nur eine Phagenpartikel entfiel. Diese in der Folge Multiplizitätsreaktivierung genannte Erscheinung zog anfangs nicht die Aufmerksamkeit der Forscher auf sich, und sie sahen die Ursache der beobachteten Zunahme der Plaquezahl darin, daß die wahre Zahl der infizierten Bakterien diejenige überstieg, die in den Versuchen von ihnen berechnet worden war.
Jedoch nach Verlauf von vier Jahren kehrte LURIA (1947) zu dieser Frage zurück und bestätigte nicht nur eindeutig die Existenz der Multiplizitätsreaktivierung, sondern untersuchte sie auch ziemlich eingehend.
In seiner Arbeit wurden Phagen der *T*-Gruppe untersucht, die *E. coli* infizieren. Der Autor stellte fest, daß nur geradzahlige *T*-Phagen (*T2, T4, T6*) reaktiviert werden können und ungeradzahlige *T*-Phagen (*T1* und *T7*) dieser Reaktivierung nicht unterzogen werden. Wenn zu den Zellen konzentrierte Suspensionen der verschiedenen Phagen zugegeben wurden, so führte die Kombination der geradzahligen Phagen mit ungeradzahligen nicht zum Auftreten einer infektiösen Nachkommenschaft. Dagegen konnten die Phagen *T2, T4, T6* einander reaktivieren. Hierbei war erforderlich, daß die Zelle beide Phagen adsorbieren konnte. Eine Mischinfektion mit den Phagen *T2* und *T6* z. B. reaktivierte diese nur bei Passage in den Zellen von *E. coli B*, aber nicht im Stamm *B/6*, der für den Phagen *T6* nicht sensibel ist.
Obgleich seit der Zeit der Entdeckung der Bakteriophagen im Jahre 1915 durch TWORT 30 Jahre vergangen waren, waren die Vorstellungen über die Phagen weitgehend archaisch geblieben. Nicht nur die Phagengenetik konnte noch nicht entstehen, sondern nicht einmal der Entwicklungszyklus der Phagen war bis zum Ende studiert worden. Noch immer wurde die Frage diskutiert, ob der Phage ein Enzym oder irgend etwas einer Zelle nahestehendes sei. Es versteht sich von selbst, daß LURIA in eine äußerst schwierige Situation geraten war. Er fand aus ihr einen Ausweg, indem er eine spekulative Hypothese schuf, die jedoch durch experimentelle Fakten bestätigt wurde. LURIA nahm an, daß der Phage nach dem Eindringen in die Zelle in eine gewisse Zahl von Untereinheiten (Loci) zerfällt, deren jede zur Phagenvermehrung unerläßlich ist, wobei jedes beliebige dieser Teilchen durch Bestrahlung unabhängig geschädigt werden kann. Bei Mehrfachinfektion eines Bakteriums mit einigen inaktivierten Phagenpartikeln zugleich konnte man jedoch einen kompletten Satz ungeschädigter Loci zusammenbekommen.
Indem er als Ausgangspunkt seiner Hypothese die These annahm, daß jede Phagenpartikel eine bestimmte Zahl sich selbst reproduzierender „Einheiten" (Loci) enthält, die in der Lage sind, unter Strahlenwirkung Letalmutationen durchzumachen, konnte er als Grundbedingung der Reaktivierung folgende Situation herausstellen: eine Reaktivierung ist nur in dem Falle möglich, wenn jeder der Loci wenigstens in einer der infizierenden Partikeln keine Letalmutation trägt.

Um die Wahrscheinlichkeit eines solchen Ereignisses abzuschätzen, betrachtete LURIA folgendes Modell. Vor allem ist offensichtlich, daß diese Wahrscheinlichkeit von der Bestrahlungsdosis abhängt. Wir wollen annehmen, daß jeder Phage n Loci trägt, die zu Letalmutationen fähig sind. Die Wahrscheinlichkeit, daß ein bestimmter Locus keine Letalmutation erhält, ist gleich $e^{-r/n}$, wo r die mittlere Zahl letaler Treffer je Partikel ist.
Dann ist die Wahrscheinlichkeit dafür, daß der gegebene Locus eine Letalmutation erhält, gleich $1 - e^{-r/n}$. Wenn man annimmt, daß insgesamt K Phagenpartikeln vorhanden sind, so ist die Wahrscheinlichkeit dafür, daß der gegebene Locus eine Letalmutation in allen K Phagenpartikeln erhält, $= (1 - e^{-r/n})^k$, und die Wahrscheinlichkeit, daß der gegebene Locus in keinem der K Partikeln eine Letalmutation erhält, ist $= 1 - (1 - e^{-r/n})^k$.
Um eine infektiöse Nachkommenschaft zu erhalten, ist es notwendig, daß kein einziger der n Loci in allen K Viruspartikeln eine Letalmutation trägt. Die Wahrscheinlichkeit dieses Ereignisses ist

$$Y_k = \left[1 - \left(1 - e^{-\frac{r}{n}}\right)^k\right]^n. \tag{1}$$

Um abzuschätzen, ob die erhaltene Beziehung im Experiment erfüllt wird, berechnete LURIA den Wert Y_k für kleine Dosen, d. h. für $r/n \ll 1$. Hierbei nahm der Ausdruck (1) die Form an

$$Y_k = e^{-\frac{r^k}{n^{k-1}}}.$$

In dem häufigen Falle einer Infektionsmultiplizität von 2 vereinfachte sich der Ausdruck für die Wahrscheinlichkeit Y_k:

$$Y_2 = \left[1 - \left(1 - e^{-\frac{r}{n}}\right)^2\right]^n,$$

und für kleine Dosen

$$Y_2 \simeq e^{-r^2/n}.$$

Auf diese Weise kann man sehen, daß der Wert von Y_2 für kleine Dosen gegen eins strebt, wenn man nur annimmt, daß die Effektivität der Übertragung eines ungeschädigten Locus auf eine Partikel, die die Letalmutation in diesem Locus trägt, hinreichend groß ist. Mit anderen Worten, wenn sich unter den K Phagenpartikeln auch nur eine befindet, die einen ungeschädigten Locus trägt, so wird dieser Locus bestimmt zur Bildung eines aktiven Phagen übertragen. Die Experimente von LURIA zeigten die Richtigkeit dieser Annahme, weil in seinen Untersuchungen für kleine Dosen tatsächlich eine vollständige Reaktivierung der durch Ultraviolettbestrahlung inaktivierten Phagen beobachtet wurde. Die Reaktivierung wurde immer beobachtet, selbst für große Bestrahlungsdosen, wenn auch mit geringerer Wahrscheinlichkeit.

Formel (1) fordert, daß mit Vergrößerung der Zahl K, d. h. der Zahl der an eine Zelle adsorbierten Partikeln, die Reaktivierungswahrscheinlichkeit zunimmt. Die Experimente bestätigten die Richtigkeit auch dieser Annahme.

Aus Formel (1) ergab sich auch noch eine interessante Schlußfolgerung. Auf Grund der experimentellen Reaktivierungskurven verschiedener Phagen konnte man den Wert Y für verschiedene Infektionsmultiplizitäten (K) erhalten und die Zahl n der Loci in jedem Phagen abschätzen, die Letalmutationen liefern. Indem er K gleich der mittleren Infektionsmultiplizität annahm, berechnete Luria, daß im Phagen *T2* 45,5 Einheiten n, im Phagen *T4* 32, im Phagen *T6* 50 und im Phagen *T5* 15 vorhanden sind.[1])

Früher waren auf der Basis der Berechnung der geschädigten Loci nach der Treffbereichstheorie für diese Phagen etwas kleinere Zahlen erhalten worden.

Später nahm Luria (Luria, Dulbecco, 1949) von diesen Zahlen Abstand und lieferte folgende Werte für n: *T2* 25; *T4* 15; *T6* 30; *T5* 5. Hierbei wies er auf zwei Fehlerursachen in den anfänglichen Berechnungen hin: 1) Wenn man K gleich 2 nimmt, muß man unbedingt beachten, daß tatsächlich viele Zellen mit mehr als zwei Phagen infiziert worden sind; 2) Die Reaktivierungswahrscheinlichkeit ist keine konstante Größe.

Nun gelang es Luria festzustellen, daß die vielfach mit inaktivierten Phagen infizierten Zellen mit großer Wahrscheinlichkeit eine lebensfähige Nachkommenschaft lieferten.

Eine detaillierte Untersuchung der Reaktivierungsmechanismen wurde von Luria und Dulbecco im Jahre 1949 durchgeführt (Luria, Dulbecco, 1949). Vor allem erhob sich die Frage, welche Rolle die Wirtszelle bei der Reaktivierung spielt. Die Autoren haben festgestellt, daß die Zahl der Plaques nicht zunimmt, wenn man die Bakterien zerstört und sie dem Zentrifugieren bei hinreichend großen Werten von g unterwirft und die im Niederschlag erhaltene zytoplasmatische Fraktion zum System inaktivierter Phage + Bakterium hinzugegeben wird. Hieraus zogen die Autoren den Schluß, daß die Reaktivierung nicht infolge der Teilnahme irgendeiner Bakterienkomponente vor sich geht.

Außerdem waren alle Bakterien, die nach mehrfacher Infektion mit inaktivierten Partikeln keine Phagen freisetzten, überhaupt nicht in der Lage zu lysieren.

Die Autoren kehrten noch einmal zur Frage der Möglichkeit einer Reaktivierung geradzahliger *T*-Phagen durch ungeradzahlige zurück und erhielten keine Vergrößerung der Plaquezahlen und zwar bei keiner der Kombinationen aus geradzahligen und ungeradzahligen Bakteriophagen. Gleichzeitig wurde eine Ver-

---

[1]) Bis zur Einführung der Methode des Studiums thermosensibler Mutanten in die Phagengenetik durch Edgar und Epstein meinte man lange Zeit, daß die genannten Phagen durch ungefähr solche Zahl von Genen gekennzeichnet seien. Edgar und Epstein machten klar, daß die Zahl der Gene bei den geradzahligen *T*-Phagen 60 übersteigt. Die Funktion der Mehrzahl der Gene, die mit der Methode der thermosensiblen Mutanten untersucht wurden, hängt jedoch mit der Kontrolle der Synthese von Phagenproteinen oder -Nukleinsäuren zusammen, und ihre Schädigung führt zum letalen Effekt.

größerung der Plaquezahl immer bei Mehrfachinfektion von Bakterien sowohl mit bestrahlten als auch mit unbestrahlten geradzahligen Phagen in verschiedenen Kombinationen (die sogenannte Kreuzreaktivierung) beobachtet.

Es wurde auch demonstriert, daß die Reaktivierung nicht von einem Kontakt der Phagen untereinander vor der Infektion der Wirtszelle abhängt.

Die Erscheinung der Multiplizitätsreaktivierung wurde in den folgenden Jahren für viele Bakterienviren beschrieben. KELLENBERGER und WEIGLE (1958) fanden sie beim Phagen λ, BERNSTEIN (1957) beim *Vi-Phagen II* von *Salmonella typhi*, PRELL (1960) beim Phagen *P 22* von *S. typhimurium*, TESSMAN und Mitarbeiter beim Phagen *T1* (TESSMAN, OZAKI, 1960; SAUERBIER, 1962a).

Die Liste der Organismen, die der Multiplizitätsreaktivierung unterliegen, ist nicht allein auf die Bakterienviren begrenzt. DRAKE (1956) beschrieb die Erscheinung der Multiplizitätsreaktivierung für das Virus der Poliomyelitis (ein RNS-haltiges Virus), das durch Ultraviolettbestrahlung inaktiviert worden war, und CAIRNS (1955) für das RNS-haltige *Grippevirus*.

Über die Verbreitung der Multiplizitätsreaktivierung kann man sich aus der Tatsache ein Urteil bilden, daß diese Erscheinung inzwischen für alle Typen von Tierviren beschrieben worden ist. Unter den RNS-haltigen Viren wurde sie sowohl für Viren mit einsträngiger RNS, die schon erwähnten Viren der Poliomyelitis (DRAKE, 1956), der Grippe (BARRY, 1961) der fowl plaque (Geflügelpest), das *Newcastle-Virus* (DRAKE 1962; KIRAVAITIS, SIMON, 1965), als auch für Viren mit zweisträngiger RNS (McCLAIN, Mary SPENDLOVE, 1966) nachgewiesen. Diese Erscheinung wurde auch für das DNS-haltige *Vakzinevirus* beschrieben (ABEL, 1962; GALASSO, SHARP, 1963). Im letztgenannten Fall gelang es nicht nur, eine Verstärkung der Multiplizitätsreaktivierung bei mehrfacher Infektion der Zellen zu zeigen, sondern auch den gleichen Effekt bei der Einführung von Globuli (Klümpchen) von Viruspartikeln in die Zelle zu registrieren, die bei der Titration nur einen Plaque ergeben, aber trotzdem mehrere Viren enthalten. Zur Gewinnung der Klümpchen wurde 0,1 M $MgCl_2$ verwendet, in dem das Virus resuspendiert wurde. Nach 2, 6, 12 und 24 Stunden wurde ein fortschreitendes Zusammenkleben der Viruskorpuskeln beobachtet (ABEL, 1962). Der direkte Beweis dafür, daß die Vergrößerung der Überlebensrate bestrahlter Partikeln des *Vakzinevirus* durch das Eindringen einer ziemlich großen Zahl von Viruskorpuskeln in die Zelle bedingt war (für dieses Virus betrug die Multiplizität bis zu 100 Partikeln je Zelle), wurde von GALASSO und SHARP (1963) und SHARP und KIM (1966) gefunden, die eine elektronenmikroskopische Untersuchung der infizierten Zellen vorgenommen haben. Darüber hinaus haben SHARP und DUNLAP (1966) mit Durchführung einer elektronenmikroskopischen Kontrolle der Zahl der Viruspartikeln in den Aggregaten, die der Reaktivierung unterzogen wurden, gezeigt, daß nur beim Eindringen einer Gruppe von 5 oder mehr Viruspartikeln in die Zelle die Multiplizitätsreaktivierung beobachtet wird. Die Autoren, die sich auf McCLAIN, SPENDLOVE und LENNETT (unveröffentlichte Daten) berufen, sagen, daß unbestrahlte *Reoviren* sich in BC-S-1- und in L 929-Zellen gleichartig vermehren, daß aber nach UV-Bestrahlung der Vermehrungsgrad in L 929-Zellen

fortschreitend abnimmt, wobei er weniger als 0,1 des Vermehrungsgrades in BC-S-1 erreicht, was sowohl mit der Plaque-Methode als auch mit der Immuno-Fluoreszenz-Methode gezeigt wurde. Die Autoren leiten daraus die Vermutung ab, daß die Linie BC-S-1 hcr-Enzyme enthält, die den Bakterienenzymen ähnlich sind.
Somit wurde die neue Erscheinung bei den molekularen Umwandlungsprozessen, die die Vermehrung der Bakteriophagen in der Zelle begleiten, die Erscheinung der Multiplizitätsreaktivierung, durch den Autor der Entdeckung mit Hilfe einer äußerst interessanten Hypothese über den Zerfall des Phagenchromosoms in einzelne Fragmente aufgeklärt, die zufällig miteinander kombiniert werden. Luria bewegte sich im Milieu von Physikern und nicht von Genetikern, er nahm an der Arbeit eines von Max Delbrück zusammengeführten Kollektives teil, und für ihn hatte die Vorstellung vom Zerfall der genetischen Matrize in einige separate Untereinheiten nichts Seltsames, obwohl eine solche Annahme für Genetiker äußerst seltsam klang, die an die Stabilität der genetischen Strukturen gewöhnt waren. Alle Berechnungen der theoretischen Genetik bauten immer auf der Annahme der Unveränderlichkeit der Genanordnung in den Chromosomen auf. Hierdurch gelang es, die genetischen Chromosomenkarten zu berechnen, und von dieser Position aus mußte zweifellos die Hypothese von Luria zumindest seltsam anmuten.
Natürlich wäre es vom heutigen Standpunkt aus wesentlich einfacher, eine Hypothese aufzustellen, die die Prinzipien des genetischen Austausches von Genen bei höheren Organismen (Crossing over oder Rekombination, wie man jetzt übereingekommen ist, einen solchen Austausch zu bezeichnen) auf Prozesse bei Phagen überträgt. Man sollte jedoch nicht vergessen, daß in jenen Jahren keinerlei konkrete Vorstellungen von den genetischen Prozessen bei Phagen existierten und die Erscheinung der Rekombination erst im Jahre 1953 beschrieben wurde. Offensichtlich erklärt sich hieraus jener Enthusiasmus, mit dem man der Hypothese von Luria begegnete, und jene große Zahl experimenteller und theoretischer Arbeiten, die auf dieser Hypothese basierten.
Dessenungeachtet wurden die Klippen dieser Hypothese mit der Zeit bloßgelegt.
Vor allem betraf dies die Erklärungen der Verbindung letaler und nicht letaler Mutationen. Indem er die Existenz etlicher (weniger) Phagenuntereinheiten annahm, ging Luria davon aus, daß in einer solchen Untereinheit sich mehrere Gene befinden müssen. Wenn man von der Treffbereichstheorie ausgeht, dann wird die Bestrahlung zur Inaktivierung einzelner Gene führen, und dann müßte man feststellen, was mit den ungeschädigten Marken geschieht, die sich in einer Untereinheit mit einem inaktivierten Gen befinden. Steht man konsequent auf dem Standpunkt der Luria-Hypothese, dann muß man anerkennen, daß bei der Montage eines vollwertigen Phagenchromosoms eine Untereinheit auch mit nur einzelnen inaktivierten Genen trotzdem unbrauchbar sein wird, und daß mit Vergrößerung der Dosis die Zahl der ungeschädigten Untereinheiten sich schnell verringern wird. Wenn tatsächlich ein zufälliger Austausch einzelner Blöcke

der Phagenchromosomen stattfände, so wäre die Wahrscheinlichkeit dafür, daß zusammen mit den ungeschädigten Loci geschädigte übertragen würden, ziemlich hoch, und dann wäre die Effektivität der Multiplizitätsreaktivierung klein. Die Daten von LURIA (1947) und von LURIA und DULBECCO (1949) standen dazu im Widerspruch.

Die hohe Effektivität der Multiplizitätsreaktivierung zeugte dafür, daß eine große Zahl von letalen Mutationen in den Genomen reaktivierter Phagen nicht in den Eigenschaften dieser Phagen zum Ausdruck kommt. Es entstand der Eindruck, daß die Letalschäden überhaupt nicht repliziert werden. Zur Aufklärung dieses Problems wurden Versuche mit der sogenannten Kreuzreaktivierung durchgeführt.

Cross reactivation oder Marker rescue
(„Kreuzreaktivierung" oder „Genrettung")

Mit dem Terminus „Multiplizitätsreaktivierung" definierte man die Erzielung lebensfähiger Phagen nach Infektion von Bakterien mit inaktivierten bestrahlten Phagen in einer Zahl, die größer als eins war, und mit dem von LURIA und DULBECCO (1949) vorgeschlagenen Terminus „Kreuzreaktivierung" beschrieb man die Reaktivierung von Phagen bei der gleichzeitigen Infektion von Bakterien mit einem strahleninaktivierten Phagen und einem lebensfähigen, sich aber genetisch von dem inaktivierten unterscheidenden Phagen.

Ein Phage, der wegen der Verletzung irgendwelcher Funktionen durch Bestrahlung unfähig ist, sich zu vermehren, trägt eine Reihe unbeschädigter Gene. Der mit ihm in die Kombination genommene lebensfähige Phage besitzt eine Reihe von Mutationen. Nach der gleichzeitigen Infektion mit solchen Phagen trug ein kleiner Teil der Nachkommenschaft an Stelle der Mutationen deren Wildallele, die vom bestrahlten Elter stammten. Es geschah das, was LURIA (1952) treffend „marker rescue" genannt hat, wenn nämlich die Gene, die anscheinend für eine bestimmte Phagenpopulation deswegen verloren wären, weil sie sich in den Korpuskeln inaktivierter Phagen befinden, auf lebensfähige Phagenpartikeln übergehen und sich als gerettet erweisen.

Wie für die Multiplizitätsreaktivierung zog LURIA auch zur Erklärung der Kreuzreaktivierung die Hypothese der Kombination von Abschnitten des Phagenchromosoms heran. Gerade diese Kreuzreaktivierung wurde von DOERMANN, CHASE und STAHL (1955) zur Prüfung verwendet, ob die letalen Partikeln Gene mitnehmen, die nicht inaktiviert worden sind. Anders ausgedrückt, sie versuchten mit dieser Methode, das Grundpostulat von LURIA, die Kombinationsnatur der Reaktivierung, zu prüfen.

Die Arbeit wurde am System der r II-Mutationen des Bakteriophagen *T4* ausgeführt — genaueres über r II-Mutationen siehe im Aufsatz von BENZER (1961). Der Bereich der r II-Mutationen besteht aus den 2 Cistrons A und B, die aneinander grenzen. Bei der Infektion von Bakterien mit zwei r II-Mutanten des

Phagen *T4*, von denen die eine im A-Cistron und die andere im B-Cistron liegt, wird eine Komplementierung oder gegenseitige Ergänzung der Funktionen beobachtet. Der erste Phage bildet das Produkt des ungeschädigten Cistrons B, und der zweite Phage gewährleistet die Synthese des Produkts vom Cistron A. Als Ergebnis befinden sich Produkte beider Gene in der Zelle, die zur Phagenentwicklung unerläßlich sind, und deswegen wird eine Nachkommenschaft der Phagen gebildet, die für die Mischinfektion benutzt worden waren.

Eine wichtige Besonderheit der r II-Mutanten des Phagen *T4* ist ihre Unfähigkeit, auf dem Stamm *E. coli K12 (λ)* zu wachsen und die Fähigkeit, sehr große durchsichtige Plaques mit deutlich umschriebenem Rand (r-Plaques) auf dem Stamm *E. coli B* zu bilden.

Da die Wildtypphagen sowohl auf der *B*-Kultur als auch auf der *K*-Kultur Plaques bilden, sind die entstehenden r II-Mutanten leicht auszusondern. Alle r-Mutanten, die auf Stamm *B* erscheinen und keine Plaques auf Stamm *K* ergeben, sind auch r II-Mutanten. Noch einfacher ist das Arbeiten mit Rückmutanten vom r II- zum Wildtyp. Die Entstehung der Revertanten kann man leicht quantitativ berechnen, wenn man r II-Mutanten auf einem Rasen von *E. coli K12 (λ)* aussät und die Plaques zählt. Sie alle werden von Revertanten des Phagen *T4* r II gebildet.

Neben den r-Mutanten wurden m-Mutanten entdeckt, die winzige (minute) Plaques bilden und tu-Mutanten, deren Plaques trübe (turbid) waren.

Alle diese Mutantentypen (r, tu und m) wurden auch von DOERMANN, CHASE und STAHL in der Arbeit über die Kreuzrekombination verwendet. Vor allem haben die Autoren gezeigt, daß „marker rescue“ auftritt. Hierzu inaktivierten sie den Phagen $T4r^+$, der das Wildallel des r-Gens trägt, mit ultravioletten Strahlen (maximale Bestrahlungsdosis 24 min, was 50 Treffern je Partikel entspricht). Danach infizierten sie Zellen von *E. coli B* mit solchen inaktivierten Phagen und außerdem mit lebensfähigen Phagen, die aber bezüglich des r-Gens Mutanten waren. Wenn keine Kreuzreaktivierung vor sich ging, dann mußten die Überlebenskurven der r^+-Phagen bei Bestrahlung sowohl der einfach mit einem r^+-Phagen als auch der mehrfach infizierten (r^+ + r-Phagen) Bakterien zusammenfallen. Bei einer solchen Mehrfachinfektion wurde jedoch das „marker rescue“ von r^+ sehr deutlich registriert (Abb. 43, Kurven 1 und 2). Bei einer Bestrahlungsdosis, die die Population des Phagen $T4\,r^+$ fast 100%ig inaktivierte, bewahrten fast alle Partikeln des inaktivierten Phagen die Fähigkeit, ihr r^+-Gen auf den Phagen *T4 r* zu übertragen. Natürlich veranlaßte ein solches Ergebnis die Autoren, sich dem Studium des Übertragungsmechanismus der nicht inaktivierten Gene von inaktivierten Partikeln auf lebende während der Kreuzreaktivierung zuzuwenden. Die LURIA-Hypothese verlangte, daß bei der Inaktivierung eines Gens in einem sich unabhängig vermehrenden Fragment des Phagenchromosoms die übrigen Gene dieses Fragments nicht in die reaktivierte Partikel geraten können. Diese Situation nannte G. STENT eine Reaktivierung vom Typ „alles oder nichts“. Im entgegengesetzten Fall dürfte keinerlei gemeinsames Verschwinden von Genen nach der Bestrahlung existieren oder aber man müßte zu der äußerst unlogischen Annahme einer sehr großen Zahl sich unabhängig replizierender Fragmente des Phagenchromosoms übergehen.

In den Experimenten von DOERMANN, CHASE und STAHL (1955) und DOERMANN (1961) zur Prüfung dieser Alternative wurden Bakterienzellen mit inaktivierten *T 2*- und *T 4*-Phagen vom Wildtyp und mit einer lebensfähigen Mutante von *T 4* infiziert, die zugleich drei mutierte Gene trug: m, r und tu. Um das Erscheinen der Nachkommenschaft nicht aus einem Bakteriengemisch sondern aus einzelnen

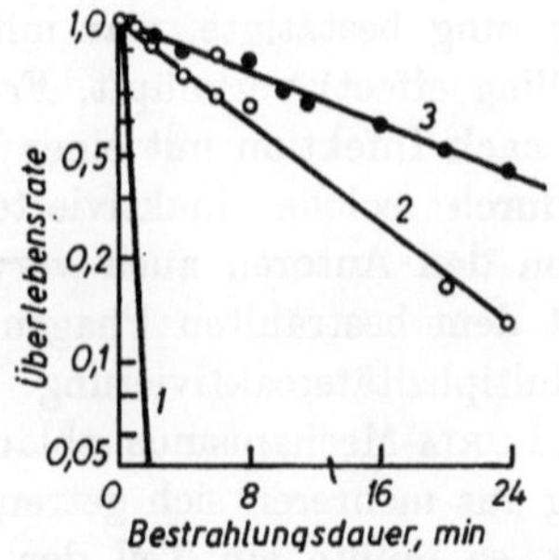

Abb. 43. Marker rescue („Markenrettung") von r^+ bei Kreuzung von UV-bestrahlten *T 4r*$^+$-Phagen und lebensfähigen *T 4r*-Phagen

1 — Überlebensrate der *T 4r*$^+$-Phagenpartikeln bei Einzelinfektion; 2 — Anteil der Zellen, die die Fähigkeit bewahrt haben, bei Mischinfektion mit bestrahlten *T 4r*$^+$- und unbestrahlten *T 4r*-Phagen wenigstens eine lebensfähige *T 4r*$^+$-Phagenpartikel zu liefern; 3 — Anteil der *T 4r*$^+$-Phagen, die die Fähigkeit zum Killing-effect (DOERMANN, CHASE, STAHL, 1955) bewahrt haben

Zellen zu verfolgen, wurden die Versuche nach dem Typ des Einzelwurf-Experiments (single burst) angestellt (BURNET, 1929; ELLIS, DELBRÜCK, 1939). Die Suspension mit den infizierten Bakterien verdünnte man in einem solchen Grade, daß sich in den Proben weniger als ein Bakterium befand. Hierbei konnte man die Zahl der Proben genau berechnen, die nur ein Bakterium enthielten, und infolgedessen sowohl die Zahl der aus einzelnen Zellen hervorgehenden Phagen als auch die qualitative Zusammensetzung der Phagennachkommenschaft aus einer infizierten Bakterienzelle bestimmen.

Um zu verfolgen, ob die Inaktivierung des Phagen mit einer Herausführung einer Marke aus der Ordnung zusammenhängt oder ob die Marken einzeln, ungekoppelt inaktiviert werden (oder „k. o. geschlagen werden", wie DOERMANN und Mitautoren sagten), benutzten die Autoren zwei Typen von Dreifachmutanten — im ersten Fall lagen die Marken eng aneinander grenzend auf dem Chromosom, im zweiten lagen sie auf der Karte in beträchtlichem Abstand.

Die Schlußfolgerung aus dem Experiment fiel mit der Hypothese von der Kombination der Fragmente des Phagenchromosoms nicht zusammen. Ein beliebiges Merkmal des bestrahlten Elters konnte unabhängig von anderen Merkmalen übertragen werden. In der Nachkommenschaft eines Bakteriums wurde eine

Marke „gerettet“, in einem andern Bakterium erfolgte die Rettung eines anderen Gens. Die Gene wurden einzeln k. o. geschlagen, und die „Alles-oder-nichts“-Hypothese erklärte den Prozeß nicht.

Die Formulierung der von den Autoren gestellten Frage lautete so: Werden letale Marken, die sich mit gesunden Marken in einem Fragment befinden, repliziert? Die auf experimentellem Wege erhaltene Antwort hieß: Letale Marken werden nicht repliziert und nehmen nicht an einer Kombination teil, die zur Markenrettung (Marker rescue) führt.

Der zweite Versuch, der diese Schlußfolgerung bestätigte, war mit einer Bestimmung des Effekts der Zelltötung (Killing effect) verknüpft. Früher wurde festgestellt (Delbrück, 1940), daß Zellen nach Infektion mit einer hinreichend großen Anzahl inaktivierter Phagen durch solche inaktivierten Phagen getötet werden. Diese Methode wurde von den Autoren auch verwendet. Im ersten Experiment wurden die Zellen mit dem bestrahlten Phagen mit hoher Multiplizität infiziert. Hierbei wurde Multiplizitätsreaktivierung beobachtet. Wenn man annimmt, daß sie nach dem Luria-Mechanismus abläuft und die Phagenpartikeln während der Vermehrung aus mehreren sich getrennt vermehrenden Stücken zusammengebaut werden, so müßte ein Teil der zusammengebauten Phagenpartikeln strahleninaktivierte Gene tragen. In solchen Partikeln gäbe es neben vielen normalen Genen inaktivierte Marken, und diese Phagen wären nicht lebensfähig und ergäben keine Plaques. Um sie trotzdem im Experiment zu berechnen, bestimmten die Autoren zwei Kenngrößen. Einerseits berechneten sie die Zahl der lebensfähigen Bakterienzellen vor Beginn des Experimentes und nach der Adsorption der Phagen an diese. Hierdurch wurde die Zahl der von Phagen „getöteten“ Bakterien bestimmt. Andererseits wurde die Zahl der Phagen berechnet, die fähig waren, Plaques zu erzeugen. Wäre die Zahl der getöteten Bakterien größer als die der lebensfähigen Phagen, so mußte man anerkennen, daß ein Teil der Bakterien von nicht lebensfähigen Phagenpartikeln getötet worden ist. Die Existenz solcher Phagen konnte auch eine Folge dessen sein, daß der Zusammenbau der Phagen aus mehreren Fragmenten erfolgt, in denen sich neben vielen normalen Genen auch inaktivierte befinden. Im Experiment wurde jedoch in keinem Fall gefunden, daß die Zahl getöteter Zellen die Zahl der Plaques überstieg, und die Autoren waren gezwungen, auf die Möglichkeit der Kombination von Fragmenten zu verzichten, die letale Gene tragen.

Zusätzliche Information dafür, daß das geschädigte Material nicht an der Übertragung des genetischen Materials teilnimmt, wurde in Versuchen zur Ausmessung der Plaque-Größe gewonnen. Wenn man annimmt, daß sich letale Marken trotzdem reproduzieren, so würden, je höher die Bestrahlungsdosis wäre, um so mehr Fragmente mit letalen Marken entstehen, und um so mehr würden diese im vegetativen Pool der infizierten Zelle synthetisiert werden. Dann würde die Plaque-Größe fortschreitend mit der Dosis abnehmen. Die Versuche haben dies jedoch nicht bestätigt und dadurch noch einmal gezeigt, daß Letalmutationen nicht reproduziert und nicht in den Prozeß der Multiplizitätsreaktivierung einbezogen werden.

Somit führten drei Gruppen von Daten (hohe Effektivität der Multiplizitätsreaktivierung; erfolglose Versuche, Letalmutationen in der Nachkommenschaft reaktivierter, bestrahlter Phagen zu finden; das Fehlen einer Größenabnahme der Plaques mit zunehmender Bestrahlungsdosis) die Autoren zu der Schlußfolgerung, daß die Hypothese von der Replikation des bestrahlten Phagen oder der Fragmente seines Chromosoms nach dem Typ „alles oder nichts" unrichtig ist.

Es schien, daß eine solche Schlußfolgerung die Autoren veranlassen mußte zu sagen, daß man die Erklärung des Phänomens der Multiplizitäts- und Kreuzreaktivierung in der Rekombination suchen sollte, um so mehr als ihre Arbeit im Jahre 1955 ausgeführt wurde, als die Rekombination bei Phagen bereits entdeckt war und sich die Arbeit „Genetische Rekombination und Replikation bei Bakteriophagen" nannte. Aber das Bestechende an der LURIA-Hypothese war derart stark, daß die Autoren am Ende des Artikels trotzdem die rettende Vermutung ausgesprochen haben, daß möglicherweise in der mit bestrahlten Phagen infizierten Zelle viele kurze Replicas gebildet werden, die sich dann zu vollwertigen infektiösen Partikeln vereinigen.

Schließlich sollte man erwähnen, daß die Erscheinung der Markenrettung (Marker rescue) analog zur Multiplizitätsreaktivierung auch bei Tierviren festgestellt worden ist. Auf die Beteiligung der Virusnukleinsäuren an der Erscheinung der Multiplizitätsreaktivierung kann man auch deshalb schließen, weil McCLAIN und SPENDLOVE (1966), als sie eine Arbeit zum Beweis der Existenz der Multiplizitätsreaktivierung bei drei Typen von Reoviren (Reoviren besitzen eine zweisträngige RNS), die ultraviolett bestrahlt, mit Proflavin behandelt und dann mit sichtbarem Licht bestrahlt (fotodynamischer Effekt) und erhitzt wurden, ausführten, nur in den ersten beiden Fällen eine Multiplizitätsreaktivierung fanden und im letzten keine feststellen konnten. Da die inaktivierende Wirkung der UV-Bestrahlung und des fotodynamischen Effektes mit einem Angriff auf die DNS zusammenhängt, aber die Wärme mit einer Schädigung des Hüllproteins, zogen die Autoren den Schluß, daß die Nukleinsäure bei der Multiplizitätsreaktivierung die entscheidende Rolle spielt.

Widerlegung der LURIA-Theorie von der Kombination der Loci

Schon bevor DOERMANN und Mitautoren zur Schlußfolgerung des Nichtzutreffens der von LURIA gegebenen Erklärung der Multiplizitätsreaktivierung gelangten, führte R. DULBECCO einen Versuch durch, den er selbst einen kritischen nannte, und der zeigte, daß die Idee von den sich selbständig replizierenden Chromosomenfragmenten unrichtig ist (DULBECCO, 1952). Zu diesem Schluß kam er aus folgenden Gründen.

Aus der ursprünglichen Hypothese von LURIA und DULBECCO folgte für eine Zelle, die mit k Partikeln des bestrahlten Phagen infiziert wird, wenn in diesen k Partikeln auch nur eine unbeschädigte Kopie jedes der n Gene (Loci) geblieben ist, daß diese alle dann unbedingt so umkombiniert werden, daß die Grundlage eines vollwertigen Phagen geschaffen wird. Denn nach Voraussetzung verläuft die Umkombination bei Mehrfachinfektion außerordentlich effektiv. DULBECCO stellte sich im Zusammenhang hiermit folgende Frage. Nach kleinen Bestrahlungsdosen wird es bei Mehrfachinfektion für jeden vorgegebenen Locus immer mehrere ungeschädigte Loci der verschiedenen in die Zelle eingedrungenen Phagen geben. Bei Vergrößerung der Bestrahlungsdosis wird die Zahl der ungeschädigten analogen Loci fortschreitend abnehmen, und es wird schließlich der Moment eintreten, wo von jedem der n Loci insgesamt nur eine ungeschädigte Kopie übrigbleibt. Dann muß die Endneigung der Überlebenskurve für mehrfach infizierte Zellen (Polykomplexe) bei sehr großen Dosen mit der Kurvenneigung für Monokomplexe zusammenfallen.

DULBECCO untersuchte die Überlebensrate von Phagen bei verschiedenen Infektionszahlen in einem sehr breiten Dosisbereich der Ultraviolettbestrahlung, aber die von ihm erhaltenen Kurven unterschieden sich sehr stark in der Neigung, und nicht eine von ihnen fiel mit der Kurve für einfach infizierte Zellen zusammen. Auf Grund dessen kam DULBECCO zu dem Schluß, daß die Rekombinationstheorie der Multiplizitätsreaktivierung (MR), die die Kombination ungeschädigter Fragmente mehrerer Elternpartikeln eines Phagen annimmt, unrichtig ist[1]). Gleichzeitig war aber die theoretische Basis von DULBECCO selbst etwas schwach. Seine Annahme, daß eine Dosis existieren muß, bei der von jedem der n Gene nur eine ungeschädigte Kopie übrigbleibt, beruhte darauf, daß die Länge und die Strahlenempfindlichkeit aller n Gene gleichartig ist. Wie wir jetzt wissen, ist diese Annahme vollkommen unrichtig, und es ist unmöglich, eine solche Dosis zu erhalten.

Eine andere wahrscheinliche Ursache für das Nichtzusammenfallen der Kurvenneigungen in den Versuchen von DULBECCO konnte sein, daß die von ihm in Betracht gezogenen Kennziffern der Infektionszahl nicht völlig exakt waren. Schon früher hatte DULBECCO selbst festgestellt, daß sich die Zellen, die als Wirte bei der Mehrfachinfektion benutzt werden, in ihrer Größe stark unterscheiden und infolgedessen eine POISSON-Verteilung der Zahl der an den einzelnen Zellen adsorbierten Phagen nicht erfüllt ist (DULBECCO, 1949b).

Dies benutzten CAIRNS und WATSON (1956). Durch reale Berechnung der Infektionszahl in den DULBECCOschen Versuchen zeigten die Autoren, daß man tatsächlich die Kombinationstheorie als zuverlässig ansehen kann, wenn man die Variabilität der Zellabmessungen berücksichtigt.

Dieser letzte Versuch, Fakten, die den Experimenten zur Multiplizitätsreaktivierung entstammten, mit der Idee einer Kombination von Chromosomenloci in Übereinstimmung zu bringen, wurde jedoch nach einigen Monaten zurückgewiesen.

---

[1]) Für einen virulenten Typisierungsphagen von *S. typhi* wurde eine solche Dosis, bei der die Neigung der Überlebenskurve von Multikomplexen (Zweifachinfektion) gleich der Neigung der Überlebenskurve einfach infizierter Zellen wurde, in Versuchen von BERNSTEIN (1957) erreicht.

W. HARM (1956) hat deutlich gezeigt, daß diese Variabilität die Neigungsdifferenzen der theoretisch zu erwartenden und der experimentell gefundenen Kurve nicht erklären kann. Bevor er die Zellen mit bestrahlten Phagen infizierte, ließ HARM die Zellsuspension durch ein Pyrex F-Glasfilter passieren und erhielt eine Suspension (10^5 Zellen), die überhaupt keine filamentösen Zellen enthielt. Danach infizierte er eine solche bezüglich der Zellgröße einheitliche und eine gewöhnliche Kultur (mit einer großen Menge filamentöser Zellen) mit Phagen und bestimmte die Überlebensrate der Phagen, die verschiedene Ultraviolettdosen erhalten hatten, unter den Bedingungen unterschiedlicher Infektionszahlen. Ein merklicher Unterschied in den Kurvenneigungen, die bei Infektion einheitlicher und gewöhnlicher Suspensionen erhalten wurden, wurde nicht festgestellt, dafür zeigte sich, wie auch in den Versuchen von DULBECCO, deutlich ein Unterschied in den Kurvenneigungen bei Einzel- und Mehrfachinfektion. Es zeigte sich, daß eine vollständige 100%ige Reaktivierung der bestrahlten Phagen, wie sie von LURIA und DULBECCO (1949) erhalten worden war, nicht beobachtet wird und, daß nur 60% aller Multikomplexe reaktiviert werden. In den Grenzen dieser 60% wird die Reaktivierung äußerst effektiv realisiert.

Bezüglich dessen, was die praktisch vollständige Reaktivierung dieser 60% bedingt, spricht HARM die Meinung aus, daß sie die Folge einer Zerlegung von 60% aller in die Zellen eingedrungenen Phagenpartikeln in eine große Zahl von Untereinheiten (möglicherweise einige hundert) sein kann, die auch miteinander mit hoher Effektivität rekombinieren.

Auf diese Weise wurden zwei Arten von Fakten erhalten, die zur Erklärung ein irgendwie neues Herangehen erforderlich machten. Erstens führte die Mehrfachinfektion zu einer sehr beträchtlichen Wiederherstellung (100 bis 60%) der bei der Bestrahlung erzeugten Schäden; zweitens führten jene Letalschäden, die entweder die Gesamteffektivität der Multiplizitätsreaktivierung herabsetzen oder zu einem starken „k. o.-Schlagen“ der Marken bei Mischinfektion mit normalen genetisch markierten Phagenpartikeln führen mußten, nicht zu diesen Ergebnissen.

Wie schon früher erwähnt, haben viele Autoren die Vermutung ausgesprochen, daß diese beiden wenig wahrscheinlichen Ereignisse vom Standpunkt der Rekombination ganzer Genome der Phagenpartikeln untereinander aus bedeutend einfacher verstanden werden könnten, wenn man annimmt, daß das Phagengenom nach dem Eindringen in die Zelle in mehrere Fragmente zerfällt, wonach die Rekombinationswahrscheinlichkeit stark zunimmt.

Diese Annahmen wurden an einem Modell der Multiplizitätsreaktivierung studiert, das von dem Mathematiker Niels BARICELLI (1956) aufgestellt und streng berechnet worden ist.

Die Grundthesen der vollkommen formalen und gänzlich „erfundenen“ Hypothese von BARICELLI waren folgende: 1) nach dem Eindringen in die Zelle zerfällt das Phagenchromosom in Fragmente. Unter den gewöhnlichen Bedingungen (ohne Bestrahlung) wird das Phagenchromosom in mehrere Teile geteilt (BARICELLI meinte, daß drei Untereinheiten des Phagenchromosoms gebildet werden);

2) jedes Fragment enthält eine ziemlich große Zahl linear angeordneter Gene, und man sollte annehmen, daß die früher für die geradzahlige Gruppe der *T*-Phagen berechnete Zahl 25 zu klein ist; 3) die „Chromosomen" reproduzieren sich unabhängig voneinander. Wenn die Bestrahlung die „Chromosomen" in mehreren Abschnitten schädigt, so replizieren sich nur die gesunden Chromosomen; 4) nach der Replikation können sich diese „Chromosomen" vereinigen und ein vollwertiges Phagengenom bilden; 5) alle Phagengene werden in zwei ungleiche und sich nach ihren Eigenschaften deutlich unterscheidende Gruppen geteilt a) gewöhnliche (reguläre) Gene, wobei die Inaktivierung eines jeden von diesen nicht zur Inaktivierung des Phagen führt (mit anderen Worten, die Inaktivierungswahrscheinlichkeit für diese ist im Vergleich mit der Inaktivierungswahrscheinlichkeit der ganzen Phagenpartikel vernachlässigbar klein) und b) mehrere hochverwundbare Gene (Vulnerable centers), deren Inaktivierungswahrscheinlichkeit man nicht vernachlässigen darf.
Baricelli hat ein formales Schema aufgebaut, das alle diese Thesen berücksichtigt, und hat eine Gleichung für die Multiplizitätsreaktivierung erhalten. Diese Gleichung genügte vollkommen den experimentellen Resultaten von Dulbecco (1952). Der Autor kam zu dem Schluß, daß man ohne Berücksichtigung der Hypothese von den Vulnerable centers sich nicht vorstellen kann, daß es möglich ist, die Experimente von Dulbecco zu erklären.

Die Natur der Multiplizitätsreaktivierung

Obwohl die Rechnung von Baricelli auf vielen nicht realen Thesen basierte, beschrieb die Endgleichung, zu der er gelangte, vollkommen richtig den Prozeß der Multiplizitätsreaktivierung. Die nachfolgende Entwicklung der Forschungen über die Virusvermehrung im Zellinnern lieferte die Möglichkeit, die wirklichen Mechanismen der Baricellischen Annahmen zu verstehen. Wenn sie auch modifiziert wurden, blieb doch ihre gedankliche Bedeutung bestehen, und gleichzeitig erhielt die Theorie der Multiplizitätsreaktivierung eine strenge mathematische Beschreibung.
Die Geschichte mit den Gleichungen Baricellis hat anschaulich gezeigt, was ein mathematischer Apparat leistet, der streng unter den Bedingungen biologischer Versuche angewandt wird.
Nach einer Reihe erfolgloser Versuche, die Richtigkeit der Luria-Hypothese zu beweisen, hat selbst der Autor der Hypothese öffentlich anerkannt, daß die Multiplizitätsreaktivierung auf dem Wege des Austausches ungeschädigter Abschnitte des genetischen Materials vor sich geht (Luria, 1952).
Der anfangs vom Autor vorgeschlagene Mechanismus hatte sich als unrichtig erwiesen, aber die eigentliche Idee Lurias von der Existenz eines genetischen Austausches von nichtstrahlengeschädigten Genen war richtig. Es gibt keinen Zweifel, daß diese Hypothese viele Forscher zur Durchführung interessanter Versuche angeregt hat. Noch vor der „Ära der Genetik der Mikroorganismen"

ausgesprochen, spielte sie eine hervorragende Rolle beim Herannahen dieser Ära. Offensichtlich ist der eigentliche Begriff der Rekombination, der in den folgenden Jahren in der Biologie der kleinsten Bewohner unseres Planeten so schnell angenommen wurde, für seine schnelle Anerkennung gerade der Grundidee der LURIA-Hypothese verpflichtet.

Somit wurde das Verständnis des Mechanismus der Multiplizitätsreaktivierung bei Viren möglich, nachdem bei Bakteriophagen ein dem Crossing over bei höheren Organismen analoger Prozeß entdeckt worden war. Gemäß diesem Gesichtspunkt mußte als erste Etappe der Reaktivierung die Rekombination ablaufen, und erst danach konnte die lebensfähige rekombinierte Partikel anfangen, sich zu vermehren.

Dieser Sachverhalt wurde im Jahre 1958 von R. EPSTEIN (1958) bewiesen. In seinem Experiment verwendete er einen ausgedehnten Satz sowohl nahe beieinanderliegender (r_{61}, r_{64}, r_{60}, r_{43} und r_{75}), als auch durch einen beträchtlichen Abstand getrennter Mutanten (tu_{24g}, h_{41}, tu_{45a}). Der Autor verfolgte sorgfältig die Infektionszahl und legte Beweise dafür vor, daß die erste Etappe der Multiplizitätsreaktivierung die Rekombination bestrahlter Phagen ist, die in das Bakterium eingedrungen sind und erst danach die Replikation der vollwertigen Phagengenome erfolgt.

Um dies zu zeigen, zerstörte EPSTEIN die Zelle kurze Zeit nach der Virusadsorption und verglich die hierbei festgestellten Rekombinanten mit denjenigen, die nach normaler Lysis der Zellen erhalten wurden. Wenn nach der Infektion zuerst die Rekombination durchgeführt wird und erst danach sich die Rekombinanten in der Zelle replizieren, so sollte man ein Zusammenfallen der Rekombinationshäufigkeit in Kulturen mit vorzeitig hervorgerufener Lysis und den Kulturen erwarten, die normal lysiert worden sind. Ein solches Zusammenfallen wurde tatsächlich festgestellt.

Zu dem gleichen Schluß gelangte der Autor auch nach der Untersuchung der Nachkommenausbeute aus einer Zelle. Wenn in mehrfach infizierten Komplexen eine Kreuzung der genetischen Strukturen der Vermehrung vorausgehen muß, so sollte man eine klonale Verteilung der Rekombinanten erwarten, was auch in den Versuchen festgestellt wurde.

Bezüglich neuer Daten, die sich mit der Rekombinationsnatur der Multiplizitätsreaktivierung befassen, wollen wir bei denen von F. WOMACK verweilen, die beim Studium der Kreuzreaktivierung große Unterschiede in der Reaktivierbarkeit bei amber-Mutanten festgestellt hat, die mit ultravioletten Strahlen bestrahlt worden waren (WOMACK, 1965). Eine Erklärung der Unterschiede konnte man in zwei Grundannahmen suchen: entweder in einer unterschiedlichen Empfindlichkeit verschiedener, von der amber-Mutation betroffener Gene für ultraviolette Strahlung; oder in einer unterschiedlichen Fähigkeit dieser Gene zur Rekombination. Das letzte konnte seinerseits die Folge einer Strukturinhomogenität des Phagengenoms, einer unterschiedlichen Länge der Loci usw. sein. Insbesondere war es logisch anzunehmen, daß jene Gene, die mehr Pyrimidinbasen tragen, stärker durch ultraviolette Quanten geschädigt werden. Die letzte

Annahme jedoch erwies sich, wie Muhammed und Steinberg (1966) gezeigt haben, am ehesten als irreal. Sie inaktivierten den Wildtyp des Phagen *T4D* mit ultravioletten Strahlen und infizierten mit ihm Zellen von *E. coli CR 63* mit kleiner Multiplizität (0,1 bis 0,3 für Phagen, die mit UV der Wellenlänge 235 bis 290 nm, und 0,5 für Phagen, die mit einer Bestrahlung von 230—234,5 nm inaktiviert worden waren), und danach infizierten sie diese Zellen mit sieben verschiedenen amber-Mutanten mit einer Multiplizität von 2—4. Die infizierten Zellen wurden vor Einsetzen der Lysis auf einen *E. coli B*-Rasen ausgesät, auf dem amber-Mutanten keine Plaques ergeben (nichtpermissiver Wirt). Sich bildende Plaques konnten nur als Ergebnis einer Übertragung des am^+-Gens von den durch UV-Bestrahlung des Wildtyps inaktivierten Phagen auf die amber-Mutanten entstehen. Hierbei bemerkten die Autoren erneut einen fast 10fachen Unterschied in der Kreuzreaktivierung bei verschiedenen amber-Mutanten. Zugleich erhielten die Autoren nach Berechnung des Wirkungsspektrums für die Kreuzreaktivierung zusammenfallende Kurven für alle amber-Mutanten und lehnten hierdurch Unterschiede in der Nukleotidzusammensetzung der untersuchten Gene ab. Es bleibt übrig einzusehen, daß eine unterschiedliche Häufigkeit für „marker rescue" durch Unterschiede in der Rekombinationsgeschwindigkeit dieser Gene bedingt ist. Natürlich können solche Unterschiede in der Größe der Rekombination innerhalb der Grenzen der verschiedenen Gene eines Genoms eine große Bedeutung für die Berechnung der genetischen Karten aufweisen, weil die Abschätzungen, die man selbst bei Berücksichtigung einer hohen negativen Interferenz erhält, den wahren physikalischen Abstand zwischen den Genen und die Abmessungen der Gene selbst nicht widerspiegeln. Insbesondere dieser Umstand vermindert die Nützlichkeit der Methode der Kartenberechnung, die auf einer Berücksichtigung der Größe der Multiplizitätsreaktivierung beruht (Baricelli, Caplan, 1966).

Nach der Feststellung der Rolle der Rekombination bei dem Phänomen der Multiplizitätsreaktivierung erhob sich die Frage, was die „vulnerable centers" darstellen könnten, deren Existenz die Berechnung von Baricelli forderte. Wie wir uns erinnern, konnte Baricelli den zahlreichen experimentellen Daten nur bei Einführung des besonderen Begriffes „vulnerable centers" genügen. Schäden in einem beliebigen anderen Abschnitt des Virusgenoms konnten mit beliebiger Wahrscheinlichkeit reaktiviert werden, aber Schäden in einem Teil des Genoms (Baricelli nannte sie auch „vulnerable centers") entzogen dem Phagen die Möglichkeit, reaktiviert zu werden. Berechnungen von Harm, die auf Daten seiner Experimente beruhten, haben gezeigt, daß beim Phagen *T4* diese „vulnerable centers" 40% des gesamten Genoms ausmachten.

Jetzt, nach der Aufklärung der Rekombinationsnatur der Multiplizitätsreaktivierung konnte man die These vorbringen, daß gerade jene Gene „verletzbar" (vulnerable) sein konnten, die für Funktionen verantwortlich sind, die der Rekombination vorausgehen. Eine Verletzung der der Rekombination vorausgehenden Reaktionen und der folgenden Etappe — der Replikation rekombinierter Phagengenome — wäre offensichtlich für den Phagen letal. Später werden Beweise

für diesen Satz angeführt werden, einstweilen wollen wir aber anmerken, daß in den Versuchen von EPSTEIN ein anderes Beispiel von „vulnerable centers“ beschrieben worden ist.
Wie wir uns erinnern, sind die rII-Mutanten des Phagen *T4* nicht in der Lage, sich in einer Kultur von *E. coli K12 (λ)* zu entwickeln und Plaques zu erzeugen. Dem muß man hinzufügen, daß Seymour BENZER (1961) das rII-Gen in zwei Unterbereiche – die Cistrons A und B – zu unterteilen vermochte. Auf diese Weise wurden alle rII-Mutanten nach den beiden Cistrons A und B aufgeteilt, und es erwies sich, daß bei Infektion einer Kultur von *E. coli K12 (λ)* mit zwei r-Mutanten, die verschiedenen Cistrons angehören, eine Komplementierung erfolgt und man eine vollwertige Phagennachkommenschaft erhält. Gleichzeitig führte eine Mehrfachinfektion der Bakterien mit Mutanten, die in einem Cistron lagen, nicht zur Bildung einer Nachkommenschaft. Folglich konnte man die zwei Cistrons A und B als zwei verletzbare Gene ansehen, wobei die Schädigung eines jeden von ihnen die Vermehrung der Phagen in der Kultur von *E. coli K12 (λ)* unterband.
EPSTEIN gelang es außerdem zu zeigen, daß, wenn man unter sich die Effektivitäten der Multiplizitätsreaktivierung bei Infektion mit r-Mutanten aus einem Cistron und mit einer r-Mutante und gleichzeitig mit dem Wildphagen vergleicht, im zweiten Falle die Reaktivierung stärker erfolgt. Weil dieser Unterschied eine Folge der Variabilität bei der Mehrfachinfektion sein konnte, ergriff der Autor Vorsichtsmaßregeln, die die Infektion einer Zelle mit mehr als zwei Partikeln nicht zuließen. Hierzu wurde eine Kultur von *E. coli K12 (λ)* mit der Multiplizität 0,08–0,15 infiziert, 10 min adsorbieren gelassen, danach wurde zur Adsorptionsmischung Antiserum gegen den Phagen *T4* zugegeben. Nach weiteren 10 min wurde die Suspension zur Verhinderung einer Sekundärinfektion durch nicht agglutinierte Phagen mit salzfreiem Medium verdünnt. Ein Satz sowohl ziemlich weit von einander entfernter (tu_{24g} und tu_{45a}) als auch in einem Cistron gelegener (r_{61} und r_{64} aus dem Cistron A und r_{60}, r_{43} und r_{75} aus dem Cistron B) Mutanten gestattete EPSTEIN zu zeigen, daß der erwähnte Effekt nicht eine Folge der Variabilität der Infektion ist. Außerdem bemerkte er, daß die Ultraviolettbestrahlung die Rekombinationsfrequenz stimuliert – eine Erscheinung, die vorher von JACOB und WOLLMAN (1955) beschrieben worden war.
Die Verwendung von rII-Mutanten gestattete auch, die Erhaltung von Funktionen bei bestrahlten Phagen zu studieren (KRIEG, 1959a). Zellen von *E. coli K12 (λ)* wurden gleichzeitig mit dem bestrahlten Wildphagen *T4* und einer seiner rII-Mutanten infiziert. Die infizierten Bakterien wurden auf Schalen ausgesät, die mit *E. coli B/6*-Bakterien (einem Abkömmling von *E. coli B*) beschickt waren. Um einen Plaque auf dem Rasen von *E. coli B* zu bilden, mußten die Phagen zuerst die *K12 (λ)*-Zellen lysieren. Dies könnten die Wildtypphagen tun, wenn sie nicht durch Bestrahlung inaktiviert worden wären. Lebende *T4 rII*-Phagen sind, wie wir uns erinnern, nicht in der Lage, *K12 (λ)*-Bakterien zu lysieren. Trotzdem wurden Plaques (hierbei welche vom Wildtyp) in diesem Experiment erhalten. Offensichtlich besteht die einzige Erklärung dieses Phäno-

mens darin, daß die Bestrahlung die Phagen inaktiviert hat, aber bei der Mehrzahl von ihnen sich nicht die rII-Gene, sondern irgendwelche anderen als getroffen erwiesen. Nach Eindringen in das Bakterium konnte das Wildallel des rII-Gens des bestrahlten Phagen die Information für die Synthese von Stoffen liefern, die zur Phagenentwicklung unbedingt notwendig sind. Gerade diese Information reicht bei der Phagenmutante *T4 rII* nicht für eine Ausbeute aus Bakterien von *E. coli K12 (λ)*, und nur mit Hilfe eines „inaktivierten" Partners bei Mehrfachinfektion konnte der Phage *T4 rII* die *K*-Zellen lysieren und Plaques auf *E. coli B* liefern.

Ein analoger Effekt der Erhaltung von Funktionen bei völliger Aufhebung der DNS-Synthese bei dem bestrahlten Phagen *T2* wurde im Laboratorium von L. Levine festgestellt (Murakami, van Vunakis, Levine, 1959). Der Phage *T2* wurde durch Ultraviolettbestrahlung bis zu einem solchen Grade inaktiviert, daß er zwar nach Zugabe zu einer Kultur von *E. coli B*-Zellen noch adsorbiert werden und seine DNS in die Zelle einschleusen konnte, aber seine Fähigkeit zur DNS-Synthese vollständig verlor (Abb. 44). Gleichzeitig verletzte die Bestrahlung eine andere Phagenfunktion nicht — die Synthese von Phagenprotein, und nach Infektion der Zellen realisierte ein solcher inaktivierter Phage diese

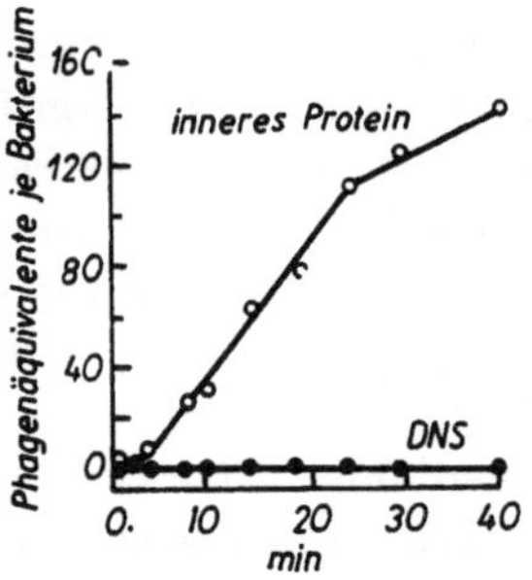

Abb. 44. Synthese des inneren Proteins in Zellen von *E. coli B*, die mit UV-bestrahlten *T2*-Phagen mit einer mittleren Infektionszahl von 4 infiziert worden sind. Der Bestrahlungsdosis entspricht ein Überleben von $1{,}2 \cdot 10^{-5}$. Auf der Abszisse ist die Entwicklungszeit des Phagen in den Zellen in Minuten aufgetragen (Murakami, van Vunakis, Levine, 1959)

Funktion. Dieser Versuch war außerdem auch dadurch interessant, daß er auf die Natur der „vulnerable centers" hinweist. Die Aufhebung der DNS-Synthese durch Bestrahlung und die Erhaltung der Funktion der Synthese des inneren Proteins zeigt unzweideutig, daß die Etappen, die der DNS-Synthese vorausgehen, die „verwundbaren Stellen" für die Bestrahlung darstellen. In den letzten Jahren beginnt der Mechanismus der Synthese von Phagenkorpuskeln klar zu werden (Champe, 1963), und man kann folgern, daß gerade die Reaktionen der Vorbereitung zur Synthese und die DNS-Synthese des Phagen selbst in sehr viel höherem Grade verwundbar sind, weil eine beliebige Verletzung an diesen nicht ergänzt werden kann.

Schließlich sollte man erwähnen, daß das Bemühen, das Phänomen der Multiplizitätsreaktivierung bei RNS-haltigen Phagen festzustellen, das von Rozental' u. a. (1966) unternommen wurde, erfolglos endete. Die Autoren meinen, daß ihr

Resultat sehr direkt die Rekombinationsnatur der Multiplizitätsreaktivierung unterstützt, da es bisher nicht gelang, bei diesen Phagen eine Rekombination zu beobachten.

Multiplizitätsreaktivierung von Phagen, die durch Röntgen- oder γ-Bestrahlung inaktiviert worden sind

Bisher haben wir von der Multiplizitätsreaktivierung von Bakteriophagen gesprochen, die durch Ultraviolettbestrahlung inaktiviert worden waren. Die Multiplizitätsreaktivierung ist jedoch nicht auf diesen Fall beschränkt. Schon im Jahre 1950 stellte J. WATSON (1950) dieses Phänomen bei der Mehrfachinfektion mit geradzahligen *T*-Phagen fest, die im synthetischen Medium M9 und in Bouillon mit Röntgenstrahlen bestrahlt worden waren. Es wurde auch eine Kreuzreaktivierung von *T2*-Phagen bei Mischinfektion mit lebensfähigen *T6*-Phagen registriert. Für die ungeradzahligen *T*-Phagen wurde weder eine Multiplizitäts- noch eine Kreuzreaktivierung erhalten. Zugleich war die Effektivität der Reaktivierung für die röntgenbestrahlten Phagen bedeutend geringer als bei Ultraviolettbestrahlung. Außerdem führte WATSON eine gemischte Reaktivierung von Phagen durch, die durch Röntgen- und Ultraviolettbestrahlung inaktiviert worden waren. Der durch Röntgenstrahlen inaktivierte Phage $T2r^+$ lieferte bei Mehrfachinfektion nur eine r^+-Nachkommenschaft, der durch ultraviolette Strahlen inaktivierte Phage *T2r* lieferte nur eine r-Nachkommenschaft, aber eine Mischinfektion der Bakterien mit beiden Phagentypen ergab einen Mischphänotyp (gesprenkelte Löcher — „mottled plaques“ $T2r^+$ und *T2r*).
WEIGLE und BERTANI (1956) haben eine Multiplizitätsreaktivierung von *T2*-Phagen beschrieben, die mit γ-Strahlen inaktiviert worden waren. Sie haben auch gezeigt, daß die Effektivität der Multiplizitätsreaktivierung deutlich ansteigt, wenn man nicht den extrazellulären, sondern den an die Zelle adsorbierten Phagen mit Röntgenstrahlen bestrahlt. Die Autoren interpretierten den großen Unterschied in der Multiplizitätsreaktivierung von Phagen, die im extrazellulären Zustand inaktiviert wurden, und von solchen, die an die Zelle vorher adsorbiert waren, als Folge einer Schädigung der ersten Reaktionen, die von einem an die Zelle angehefteten oder sogar in sie eingedrungenen Phagen bereits durchlaufen sind.
Eine detaillierte Untersuchung des Unterschiedes in der Reaktivierung bei Bestrahlung extra- und intrazellulärer *T4*-Phagen wurde von HARM (1958a) unternommen. Die Überlebenskurven der geradzahligen *T*-Phagen (*T2, T4* und *T6*) nach Röntgenbestrahlung in den frühen Stadien des intrazellulären Entwicklungszyklus waren exponentiell, und ihre Neigung war 1,6mal steiler als die Neigung der Überlebenskurve der in vitro bestrahlten Phagen. Gleichzeitig fielen die Überlebenskurven nach γ-Bestrahlung intra- und extrazellulärer Phagen nahezu zusammen. Bei intrazellulärer Bestrahlung verlief die Multiplizitäts- und die Kreuzreaktivierung fast ebenso effektiv wie die Multiplizitätsreaktivierung

nach Ultraviolettbestrahlung. HARM bestätigte noch einmal, daß der Prozeß der Reaktivierung nach Bestrahlung extrazellulärer Phagen wenig effektiv ist.
Somit stimmten die Daten von HARM mit dem Standpunkt von WEIGLE und BERTANI überein, daß die schwache Multiplizitätsreaktivierung von Bakteriophagen, die in vitro mit Röntgenstrahlen bestrahlt worden sind, als eine Folge der Schädigung irgendwelcher Anfangsreaktionen der Anheftung des Phagen an die Zelle und der Injektion seiner Nukleinsäure in die Zelle erscheint. Nach Durchlaufen dieser Stadien verlief die Reaktion sowohl in den Versuchen von WEIGLE und BERTANI als auch in den Experimenten von HARM mit ziemlich hoher Effektivität.
Einen derart wesentlichen Unterschied bei Ultraviolett- und Röntgenbestrahlung kann man bis zu einem gewissen Grade durch einen Unterschied in den molekularen Wirkungsmechanismen dieser beiden Strahlungsarten erklären. Bei der Diskussion dieser Mechanismen haben wir gesagt, daß Röntgenstrahlen die Proteine bedeutend stärker schädigen als die ultravioletten Strahlen (im biologisch aktiven Dosisbereich). Da die Reaktionen der Adsorption des Phagen an die Zellrezeptoren und der Injektion seiner Nukleinsäure in die Zelle im wesentlichen an die Phagenproteine gebunden sind, so ist es nicht verwunderlich, daß ein Unterschied im Verhalten der Phagen beobachtet wird, die mit Röntgenstrahlen in vitro und nach ihrer Anheftung an die Zelle bestrahlt worden sind.
Eine zweite mögliche Erklärung für den geringeren Grad der Reaktivierung von Phagen, die mit Röntgenstrahlen bestrahlt worden sind, hängt damit zusammen, daß die Röntgenschäden von den Zellenzymen weniger effektiv repariert werden (siehe Kap. 7), und die Reparatur intramolekularer Schäden zweifellos dem Ablauf der Multiplizitätsreaktivierung helfen muß.
In letzter Zeit ist die Multiplizitätsreaktivierung nach γ-Bestrahlung auch für das *Grippevirus* beschrieben worden (GILKER et al., 1967).

Multiplizitätsreaktivierung von Phagen, die durch ^{32}P-Zerfall, Wärme oder chemische Einwirkungen inaktiviert worden sind

Der radioaktive Phosphor ^{32}P, der in die Phosphatgruppen der Zuckerphosphatkette der Nukleinsäuren eingebaut worden ist, ruft eine Inaktivierung der Viren und Bakterien hervor, wie von HERSHEY, KAMEN, KENNEDY und GEST (1951) festgestellt und dann durch zahlreiche Untersuchungen bestätigt wurde.
Das Phänomen der Multiplizitätsreaktivierung wurde auch für Phagen beobachtet, die durch den Zerfall von in die DNS eingebautem ^{32}P inaktiviert worden sind (PRATT, STENT, HARRIMAN, 1961).
Durch die Untersuchung der Phageninaktivierung infolge ^{32}P-Zerfalls in verschiedenen Stadien der intrazellulären Synthese zeigten die Autoren, daß in den sehr frühen Etappen, wenn in der Zelle noch keine Synthese von Phagen-DNS beginnt, eine Erhöhung der Resistenz gegen die durch ^{32}P-Zerfall bedingte

Inaktivierung beobachtet wird. Es wäre natürlich, diese Resultate als Folge einer Rekombination zu erklären, die noch vor dem Einsetzen der Synthese der neuen Phagen-DNS abläuft. Als Ergebnis einer solchen Rekombination könnten Kopien gebildet werden, die aus gänzlich ungeschädigter DNS bestehen, und eine solche vollwertige Phagen-DNS könnte sich vermehren, was die Erhöhung der Resistenz erklären würde. Die Autoren stellten jedoch bei der Untersuchung der Abhängigkeit der Resistenz von der Zahl der in die Zelle eingedrungenen Phagenpartikeln fest, daß bei kleinen Infektionszahlen, gleich 0,2, trotzdem eine Erhöhung der Resistenz erfolgt. Diese Daten wurden als der Multiplizitätsreaktivierung widersprechend gedeutet.

Im folgenden Jahr bewies jedoch SYMONDS (1962) die Fehlerhaftigkeit des Standpunktes von PRATT, STENT und HARRIMAN. Schon vorher haben SYMONDS und McCLOY (1958) festgestellt, daß bei niedriger Infektionszahl (0,01) keinerlei Resistenz gegen die Inaktivierung durch ^{32}P-Zerfall für den Komplex Bakterium + Phage *T2* beobachtet wird. In dieser Arbeit untersuchte SYMONDS das Überleben von Komplexen Bakterium + Phage bei zwei Werten der Infektionszahl: 0,2 wie in den Versuchen von PRATT, STENT und HARRIMAN und 0,01 wie in seinen früheren Versuchen.

Die intrazelluläre Synthese von Phagen-DNS beginnt 5 min nach der Infektion (für *T2* und *T4*). Vor dieser Zeit befinden sich nur Elterngenome in der Zelle. Infolgedessen führt im Laufe dieser 5 min vom Beginn der Infektion der Bakterien an eine applizierte beliebige Bestrahlungsdosis gemäß der Treffbereichstheorie zu einem konstanten Schaden. Deshalb kann, wenn man eine Resistenz gegen die Bestrahlung beobachtet, diese das Resultat des Auftretens irgendeines Mechanismus sein, der genetische Schäden beseitigt. Gemäß der Theorie der Multiplizitätsreaktivierung liefert ein beliebiger, einige geschädigte Genome enthaltender Komplex solange eine lebensfähige Nachkommenschaft, solange sich in der Zelle ein kompletter Satz der ungeschädigten Cistrons befindet, die das Phagengenom bilden. Die Entstehung eines vollwertigen Genoms ist die Folge der Rekombination.

Unter Beachtung dieser Überlegungen hat SYMONDS gezeigt, daß die von PRATT u. a. beobachtete Erhöhung der Resistenz gegen die Inaktivierung durch ^{32}P-Zerfall in den frühen Etappen der Infektion nur bei Zellen erhalten werden kann, die mehr als ein Phagenchromosom tragen. Er demonstrierte dies durch Bestrahlung der Komplexe mit einer fixen Dosis ultravioletter Strahlen. Der Prozentsatz solcher Individuen bei einer Infektionszahl von 0,2 erwies sich dafür als ausreichend, um eine Vergrößerung der Überlebensrate zwischen der 2. und 3. Minute nach Beginn der Infektion zu ergeben. Zugleich wurde keinerlei Vergrößerung der Strahlenempfindlichkeit bis zum Einsetzen der DNS-Synthese beobachtet, wenn die Infektionszahl 0,01 betrug.

Auf diese Weise zeigte die Gesamtheit der Versuche von SYMONDS die Möglichkeit einer Multiplizitätsreaktivierung auch für den Fall der Inkorporation von ^{32}P in die Phagen-DNS.

Gleichzeitig wurde das Phänomen der Multiplizitätsreaktivierung auch bei

Mehrfachinfektion von Bakterien mit *T2*-Phagen festgestellt, die durch Hitze inaktiviert worden waren (Kiho, Watanabe, 1960).
Es gelang, eine Multiplizitätsreaktivierung für Viren zu registrieren, die durch Stickstofflost inaktiviert worden waren (Kim, Sharp, 1967).

Multiplizitätsaktivierung unbehandelter Viren

Neben der Multiplizitätsreaktivierung bestrahlter oder durch chemische Einwirkungen geschädigter Viren wurde kürzlich das Phänomen der Vergrößerung der Proportion plaquebildender Einheiten des *Vakzinevirus* bei Aggregation der Viruspartikeln in Klümpchen beschrieben. Das DNS-haltige *Vakzinevirus* kann auf Kaninchennierenzellen und L-Zellen von Mäusefibroblasten vermehrt und titriert werden. Eine langdauernde Kultivierung des *Vakzinevirus* in L-Zellen (24 bis 300 Passagen) wird von einer Vergrößerung der Ausbeute an Viruspartikeln aus der Zelle begleitet (bis 100000 Partikeln). Aber man braucht das Virus nur einmal auf Kaninchennierenzellen passieren zu lassen, damit seine Fähigkeit zur Vermehrung in L-Zellen deutlich absinkt.
Dalton, Kim und Sharp (1967) haben einen interessanten Fakt beobachtet. Wenn sie L-Zellen nicht mit einzelnen Partikeln des *Vakzinevirus* infizierten, die eine Passage auf Nierenzellen vom Kaninchen durchgemacht hatten, sondern mit Aggregaten (Klümpchen) der Viruspartikeln, wuchs die Ausbeute an plaquebildenden Einheiten (PBE) des Virus aus den Zellen stark an. Man brauchte die Aggregate der Viruspartikeln nur zu zerstören, damit die Ausbeute an PBE deutlich abfiel. Eine wiederholte Aggregation stellte erneut die normale Ausbeute an PBE aus den Zellen wieder her (Tab. 12).
Dieses Experiment spricht dafür, daß während der Vermehrung des *Vakzinevirus* in Kaninchennierenzellen viele defekte Viruspartikeln entstehen. Bei der Infektion von L-Zellen wird eine solche defekte Entwicklung nicht beobachtet, und daher schaffen wir durch gleichzeitige Infektion der L-Zellen durch mehrere Partikeln (Partikelaggregate) die Bedingungen für einen Prozeß, der der Multiplizitätsreaktivierung analog ist. Da das Virus bei der Passage keinerlei äußeren Einwirkungen ausgesetzt war, schlugen die Autoren für dieses Phänomen den Terminus „Multiplizitätsaktivierung" vor.

Tabelle 12
Vermehrung des *Vakzinevirus* in L-Zellen nach vorheriger einmaliger Passage in Kaninchennierenzellen

Physikalischer Zustand der infizierenden Viruspartikeln	Einzelne Viruspartikeln bei der Infektion, %	PBE je ml virushaltiger Flüssigkeit nach der Vermehrung
aggregiert	13	11000
dispergiert	76	2700
reaggregiert	19	12000

Zum Abschluß dieses Kapitels wollen wir noch einmal die wichtige Rolle unterstreichen, die die Experimente zur Multiplizitäts- und zur Kreuzreaktivierung beim Verständnis vieler fundamentaler Probleme der Molekulargenetik gespielt haben (Rekombination, Replikation, Mechanismus der Schädigung genetischer Funktionen und Reparatur genetischer Schäden). Eine enorme Bedeutung besaß die deutliche Voraussage einer unterschiedlichen Wichtigkeit der Funktionen des Erbmaterials — wesentlicherer und dafür leichter verwundbarer, und für die Entwicklung weniger wesentlicher und daher mit einer sich dem Wert eins nähernden Wahrscheinlichkeit reaktivierbarer.

Die in diesem Kapitel beschriebenen Arten der Reaktivierung erschöpfen nicht alle Verfahren, derer sich die Natur bedient, um das genetische Material vor der Inaktivierung durch die verschiedenartigen Faktoren zu retten. Die dem Studium der verschiedenartigen Rettungsmechanismen vor genetischen Schäden gewidmeten Untersuchungen haben heute ein derartig großes Ausmaß angenommen, daß die Arbeiten zur „unspezifischen" Reparatur bisweilen in der Flut der Mitteilungen und Ideen verlorengehen, die mit diesem fruchtbringenden Zweig der Molekulargenetik zusammenhängen. Aber man darf nicht vergessen, daß die Grundidee dieser ganzen Richtung — die Möglichkeit der Rettung vor Schäden — in den ersten Arbeiten zur Multiplizitätsreaktivierung begründet wurde, und das erleichterte die Aufgabe der Suche nach Mechanismen und Mitteln der Reparatur genetischer Schäden.

KAPITEL 7

Reparatur von Strahlenschäden des genetischen Materials

„Die Fähigkeit, sich von Verletzungen zu erholen, ist für Lebewesen charakteristisch. Ob eine Verletzung nun von mechanischer, thermischer, chemischer oder Strahlenbehandlung herrührt, die Lebensprozesse antworten immer in einer Art und Weise, die danach strebt, den Organismus zu erhalten — eine Fähigkeit, die durch die natürliche Selektion begünstigt wird."

Claude RUPERT und Walter HARM, 1966

Je weiter die Erforschung der Reparaturprozesse fortschreitet, um so klarer wird ihr allumfassender Charakter.

Noch vor zwanzig, dreißig Jahren suchten die Strahlenbiologen beim Bemühen, die Natur der Strahlenschäden aufzuklären, die Lösung des Problems in einer einfachen und adäquaten Antwort des miteinander in Wechselwirkung tretenden Quants und Atoms. In dieser Wechselwirkung wurden letzten Endes nur die Energie des Quants und der Zustand des Atoms berücksichtigt. Die Möglichkeit der Zelle, in diesen Prozeß einzugreifen und sein Resultat bis zur vollständigen Liquidierung der Verletzung zu modifizieren, wurde nicht in Erwägung gezogen.

Das mechanische Herangehen an die Beschreibung der Wechselwirkung von Strahlung und Materie, allein in den ersten Etappen des Studiums der Antwort von Lebewesen auf Bestrahlung möglich, wurde heute durch ein System von Anschauungen abgelöst, das die komplizierten und vielgestaltigen Reaktionen der Zelle auf äußere Einwirkungen beschreibt.

Die Zusammensetzung eines kompletten Bildes der Reparatur genetischer Verletzungen aus einzelnen Fragmenten, die im Laufe der Experimente auf diesem Gebiet erhalten worden waren, förderten die bald nach den ersten Mitteilungen über die Reparaturprozesse erscheinenden sehr schönen Übersichtsartikel, die die sich mit den Jahren anhäufenden Fakten konsequent verallgemeinerten (DULBECCO, 1955; JAGGER, 1958; HARM, 1963a; RUPERT, 1964; HOWARD-FLANDERS, 1965). Eine große Rolle spielten auch die fast gänzlich den Reparaturprozessen gewidmeten Symposien (J. Cell. Comp. Physiol. 58, suppl. 1, 1961, Symposium on recovery of cells from injury, Gatlinburg, Tennessee, 1961;

Sobels F. H. (ed.), Repair from Genetic Radiation Damage, 1963; Genetical aspects of radiosensitivity: Mechanisms of repair, 1966).

Das Problem der Reparatur von Strahlenschäden der Vererbungsmoleküle wurde lange Zeit nur an Bakterien- und Virussystemen gelöst. Erst in letzter Zeit erschienen Untersuchungen zur Reparatur in Zellen höherer Organismen (Pilze, Pflanzen, Kulturen von Säugetiergeweben).

Am vollständigsten sind zwei Typen von Reaktivierung untersucht worden — die Fotoreaktivierung und die Thermoreaktivierung (viele Forscher ziehen es vor, von einer Reaktivierung mit Hilfe der Wirtszelle zu sprechen, obwohl dieser Terminus schwerlich als gelungen angesehen werden kann; Bakterienzellen, die eine Reparatur bestrahlter Bakteriophagen durchführen, können auch ihre eigenen Schäden mit Hilfe der gleichen Enzyme reparieren). Außer diesen zwei Arten von Reparatur sind die „Ultraviolettreaktivierung“ und die Reaktivierung mit Hilfe der v- und x-Gene ziemlich gut untersucht worden. Der ausführlichste Übersichtsartikel der genannten Reaktivierungsarten ist die zusammenfassende Darstellung von Claude Rupert und Walter Harm (1966), die die Literatur bis zum Jahre 1965 verarbeitet haben. In unserer Darlegung werden wir der Einteilung der Reparaturarten folgen, die von Rupert und Harm vorgenommen wurde.

Fotoreaktivierung

Die Fotoreaktivierung oder die Wiederherstellung der Lebensfähigkeit in verschiedenen biologischen Systemen, die zuerst mit ultraviolettem und danach mit sichtbarem Licht bestrahlt werden, wurde vor nicht weniger als einem Vierteljahrhundert entdeckt. Offensichtlich kann man die Versuche von Prat (1936), die schon 1936 ausgeführt worden sind, als Versuche mit Fotoreaktivierung ansehen. Jedoch wurde ein deutlicher experimenteller Beweis der Fotoreaktivierung zuerst im Jahre 1949 von Albert Kelner (1949b) und von Renato Dulbecco (1949a) geführt. Der Terminus „Fotoreaktivierung“ wurde Kelner von Delbrück nahegelegt. In der ersten Arbeit untersuchte Kelner die Wiederherstellung des Überlebens nach erneuter Bestrahlung der Konidien bei *Streptomyces griseus* mit sichtbarem Licht (Abb. 45). In kurzer Zeit vermochte Kelner, eine ausgedehnte Nachprüfung des von ihm entdeckten Phänomens durchzuführen, und im gleichen Jahre 1949 veröffentlichte er die zweite Arbeit (Kelner, 1949a), in der er über die Fotoreaktivierung bestrahlter Zellen von *E. coli*, *Penicillium notatum* und *Saccharomyces cerevisiae* berichtete. Außerdem wurde von ihm gezeigt, daß die Häufigkeit der Entstehung von gegen den Phagen *T1* resistenten Mutanten von *E. coli B/r* bei Bestrahlung der Zellen unter fotoreaktivierenden Bedingungen im Vergleich zum Dunkeln absinkt. Als Untersuchungsobjekt dienten R. Dulbecco Bakteriophagen der *T*-Serie. Dulbecco bestrahlte die Phagen mit ultraviolettem Licht der Wellenlänge 253,7 nm und infizierte mit ihnen *E. coli* im Dunkeln und im Licht. Im zweiten Fall vergrößerte sich die Überlebensrate auf

das 1000fache. Dulbecco untersuchte die Abhängigkeit der Fotoreaktivierung von der Dosis der Ultraviolettbestrahlung, von Intensität und Zusammensetzung des sichtbaren Lichtes und von der Bebrütungszeit im sichtbaren Licht.
Das Jahr 1949 erwies sich als fruchtbringend für das Studium der Fotoreaktivierung. Dieses Phänomen wurde ebenfalls für höhere Organismen von Blum et al. (1949) und von Marshak (1949) beschrieben, die festgestellt haben, daß die durch eine Ultraviolettbestrahlung hervorgerufene Hemmung in der Furchung der Eier des Seeigels *Arbacia punctulata* durch sichtbares Licht aufgehoben werden kann.

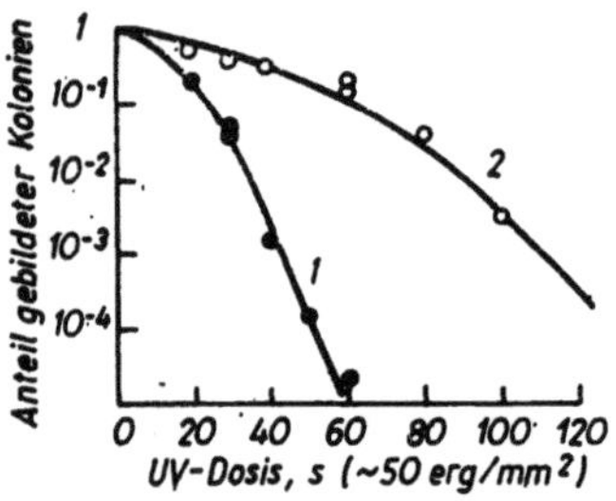

Abb. 45. Wiederherstellung der Fähigkeit, Kolonien zu bilden, bei Zellen von *E. coli B/r*

1 — im Dunkeln; 2 — im Licht (Kelner, 1949)

Seitdem erweitert sich die Reihe der Organismen, bei denen das Phänomen der Fotoreaktivierung beschrieben worden ist, von Jahr zu Jahr. „Viren, Bakterien, Algen, Pilze, Protozoen, Eier von Insekten und Stachelhäutern, Embryonalgewebe von Insekten und Epithelgewebe von Wirbeltieren — an all diesen Objekten ist gezeigt worden, daß der Einfluß der Ultraviolettbestrahlung in hohem Grade durch eine nachfolgende Applikation von Licht beseitigt werden kann. In gleicher Weise einer Beeinflussung unterworfen sind verschiedene Arten von Verletzungen, die durch Ultraviolett hervorgerufen wurden, einschließlich einer Verhinderung oder Hemmung der Zellteilung oder Eientwicklung, der Induktion von Mutationen, der Hemmung der DNS-Synthese, der Interferenz mit der Infektiosität der Viren und der Entstehung zytogenetischer Veränderungen — das Verzeichnis ist bei weitem nicht erschöpfend" (Rupert, Harm, 1966, S. 13). Ebenso breit erstreckt sich der Wellenlängenbereich, der eine nachfolgende Fotoreaktivierung zuläßt — von 220 bis 340 nm. Eine Fotorestauration wurde sowohl mit einer Bestrahlung beobachtet, deren Wellenlänge die Wellenlänge der ersten Bestrahlung überstieg (Jagger, 1958), als auch mit einer zweiten Bestrahlung mit kurzwelliger Strahlung (Halldal, 1961) (Abb. 46).
Bereits in den ersten Untersuchungen (Dulbecco, 1949a) wurde festgestellt, daß die Fotoreaktivierung UV-bestrahlter Bakteriophagen nur in dem Fall erfolgte, wenn der Phage in das Bakterieninnere eindrang. Eine Fotoreaktivierung extrazellulärer Phagen erwies sich als unwirksam.

Es ist vollkommen verständlich, daß die Forscher, die die Fotoreaktivierung festgestellt haben, zunächst ihre Aufmerksamkeit auf zwei Fragen richteten: 1. welche Strukturen der Viren, Bakterien, vielzelligen Organismen für das Phänomen verantwortlich sind und 2. wie der Mechanismus der Fotoreaktivierung beschaffen ist.

Das erste Problem wurde in kurzer Zeit und eindeutig gelöst. Die Daten von Kelner (1949a, 1953) und anderer Autoren (z. B. Novick, Szilard, 1949) zeugten dafür, daß die DNS der Fotoreaktivierung unterworfen ist. Die Lösung des zweiten Problems wurde aber erst nach der Ermittlung der Natur der Ultraviolett-

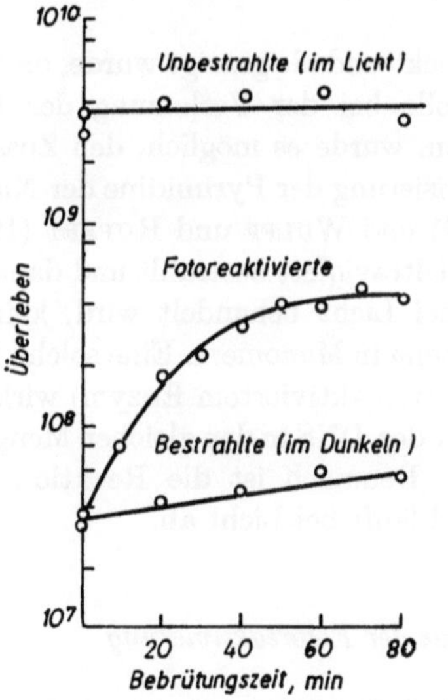

Abb. 46. Fotoreaktivierung der Zellen von *E. coli B/r* (Rupert, 1961)

schäden in der DNS möglich. Tatsächlich wurde ziemlich bald nach der Beschreibung der Fotoreaktivierung durch Kelner und Dulbecco die Enzymnatur der Reaktion gezeigt.

Es gelang, das Enzym zu isolieren und in in-vitro-Reaktionen (Rupert, Goodgal, Herriott, 1958; Rupert, 1960b) an transformierender Bakterien-DNS, an infektiöser Virus-DNS und an anderen Objekten zu erforschen und zu zeigen, daß die Behandlung mit dem Enzym unter den Bedingungen der Beleuchtung mit sichtbarem Licht zur Wiederherstellung der Funktion der DNS führt. Hierbei wurden 90% aller Schäden beseitigt, die durch die Ultraviolettbestrahlung hervorgerufen worden waren (Rupert 1960a; Harm, Rupert, 1963). Kürzlich erhielt Muhammed (1965) eine ziemlich reine Präparation des fotoreaktivierenden Enzyms aus Hefe.

Außerordentlich wichtig war der durch Rupert geführte Nachweis der Identität des Enzyms, das die Fotoreaktivierung unter in-vitro-Bedingungen realisiert, mit dem Enzym, das diesen Prozeß in der Zelle durchführt (Rupert, 1965). Bekanntlich besitzen Reaktionen in vitro häufig nur eine höchst entfernte Ähnlichkeit mit den intrazellulären Reaktionen, und die Ermittlung der Natur und des Mechanismus einer Reaktion in vitro bedeutet noch nicht, daß gerade diese Reaktion im Innern der Zelle abläuft.

Die physiologischen Bedingungen, die die Reaktion des fotoreaktivierenden Enzyms mit der DNS in vivo charakterisieren, wurden gegen 1961 ziemlich eingehend untersucht. Jedoch zur Feststellung des molekularen Wirkungsmechanismus des Enzyms waren die erhaltenen Angaben vor allem aus dem einfachen Grunde unzureichend, weil der Mechanismus der Verletzungen der Erbmoleküle, die durch die Ultraviolettbestrahlung hervorgerufen wurden, noch nicht bekannt war.

Erst als die Thymindimerisierung entdeckt und als gezeigt wurde, daß die Dimere der Pyrimidinbasen eine wichtige Rolle bei der Verletzung der biologischen Funktionen von DNS und RNS spielen, wurde es möglich, den Zusammenhang zwischen Fotoreaktivierung und Dimerisierung der Pyrimidine der Nukleinsäuren zu erforschen. Wie von Wacker (1961) und Wulff und Rupert (1962) gezeigt wurde, verbleiben in der DNS, die mit Ultraviolett bestrahlt und danach mit dem fotoreaktivierenden Enzym in vitro bei Licht behandelt wird, keine Thymindimere, offensichtlich wegen ihrer Spaltung in Monomere. Eine solche Behandlung im Dunkeln (oder bei Licht, aber mit hitzeinaktiviertem Enzym) wirkt sich nicht auf die Dimere aus, und diese werden in der DNS in den gleichen Mengen wie auch vor Beginn der Reaktion festgestellt. Demnach ist die Reaktion der Dimerspaltung in Monomere enzymatisch und läuft bei Licht ab.

Der molekulare Mechanismus der Fotoreaktivierung

Hinsichtlich der Fotoreaktivierung sind Bakterienzellen und Bakteriophagen am meisten studiert worden. Offensichtlich ist der molekulare Mechanismus der Fotoreaktivierung für diese beiden Objekte ein und derselbe. Hierauf weist vor allem die Ähnlichkeit in den Wirkungsspektren der Fotoreaktivierung (Rupert, 1960a) und die Analyse der Schäden in der DNS vor und nach der Fotoreaktivierung hin.

Es gelang, das fotoreaktivierende Enzym aus zwei Quellen zu isolieren: *E. coli* und Bäckerhefe (*Saccharomyces cerevisiae*). Es wurde keinerlei wesentlicher Unterschied in der Wirkung der aus Hefe und *Bacterium coli* isolierten Enzyme festgestellt. Beide Enzyme benutzen DNS als Substrat und steuern die Reaktion der Dimerspaltung der Pyrimidinbasen. Wir wollen die Schlußfolgerungen aus diesen Experimenten kurz zusammenfassen.

1. Das Enzym aus jeder der Quellen (sowohl aus Hefe als auch aus *Bacterium coli*) realisiert die vollständige Reaktion der Wiederherstellung der transformierenden DNS, die aus Zellen von *Haemophilus influenzae* isoliert worden ist, und eine mit dem einen Enzym maximal reparierte DNS wird durch das zweite Enzym nicht weiter repariert (Rupert, 1960b). Gleichzeitig sind die Enzyme nicht absolut identisch, wie von Rupert (1964) gezeigt wurde. Die Reaktion erfordert Licht

und kann bei Entfernung der Lichtquelle gestoppt werden. Aus diesen Versuchen folgt der äußerst wichtige Schluß, daß beide Enzyme ein und dieselben molekularen Verletzungen reparieren, die durch Bestrahlung hervorgerufen werden.
Dann gelang es, einen Extrakt aus den Zellen von Seeigeleiern zu gewinnen (Gook, Setlow, 1966) und eine Fotoreaktivierung von durch ultraviolettes Licht inaktivierter transformierender DNS von *Haemophilus influenzae* durchzuführen. Der Grad der Fotoreaktivierung fiel mit demjenigen für das Enzym aus Hefe zusammen. In beiden Fällen wurden 90% der Verletzungen einer mit 253,7 nm bestrahlten DNS reaktiviert. Eine Erhitzung des Präparates oder eine Behandlung mit Trypsin beseitigte die Aktivität des fotoreaktivierenden Enzyms vollständig. Auf diese Weise wurde die Existenz eines fotoreaktivierenden Enzyms auch für vielzellige Organismen bewiesen.
2. Das Enzym aus Bäckerhefe tritt mit der DNS in Wechselwirkung. Dies wurde in einem eleganten Experiment in vitro gezeigt (Rupert, 1960a). Vor allem wurde das Enzym mit physikochemischen Methoden charakterisiert (Sedimentations- und Gelfiltrationsmethoden). Bei präparativer Ultrazentrifugation (100000 g 4 Std.) eines Gemisches aus unbestrahlter DNS und dem Enzym verblieb dieses in der Oberflächenschicht der Zentrifugenglasflüssigkeit, und die DNS setzte sich am Boden des Röhrchens ab. Man brauchte nur die DNS mit ultraviolettem Licht zu bestrahlen, damit sich das Enzym mit der DNS (im Dunkeln) zu einem stabilen Komplex vereinigte, und dieser Komplex sedimentierte im Schwerefeld mit annähernd der gleichen Geschwindigkeit wie die DNS.
Der Komplex „DNS + Enzym" wurde auch mit der Methode der Gelfiltration festgestellt. Unbestrahlte DNS und Enzym wurden auf einer Säule mit Sephadex G-75 getrennt, aber bei Verwendung bestrahlter DNS wurde die Bildung eines Komplexes mit dem Enzym beobachtet. Hierbei erwarb das Enzym eine Resistenz gegen Hitze und gegen Inaktivierung durch Schwermetalle (Rupert, 1962b; Porath, 1960) (Tab. 13).

Tabelle 13

Schutz des fotoreaktivierenden Enzyms aus Hefe vor Hitzeinaktivierung bei Vereinigung mit bestrahlter transformierender DNS

zum Enzympräparat zugegebene DNS	Erhitzungszeit bei 63°, min	Transformations-aktivität	Rest-aktivität	50%ige Inaktivierung*, s
nicht zugegeben	0	1,06	0,35	40
	1	0,37	—	—
unbestrahlt	0	0,96	0,30	36
	1	0,28	—	—
bestrahlt	0	0,92	0,77	168
	1	0,71	—	—

* Die Zeit, die der Hälfte des „Lebens" bei 63° entspricht, wurde aus der exponentiellen Inaktivierungskurve errechnet.

Jedoch eine Beleuchtung des Komplexes „bestrahlte DNS + Enzym" mit sichtbarem Licht vor Beginn der Analyse in der Ultrazentrifuge und mit der Methode der Gelfiltration zerstörte den Komplex, DNS und Enzym wurden gesondert voneinander festgestellt, und die Aktivität der bestrahlten DNS wurde wiederhergestellt. Das Enzym erwarb von neuem die Empfindlichkeit für Erhitzung. Demnach kann man die ganze Reaktion der bestrahlten DNS mit dem fotoreaktivierenden Enzym aus Hefe durch folgende Gleichung darstellen:

$$E + S \underset{K_2}{\overset{K_1}{\rightleftharpoons}} ES \underset{K_3}{\overset{h\nu}{\longrightarrow}} E + P$$

Der Wert der Konstanten K_3 wächst mit der Steigerung der Intensität des einfallenden Lichtes.

Als ungewöhnliche Besonderheit der Fotoreaktivierungsreaktion erscheint ihre Abhängigkeit von den Quanten des sichtbaren Lichtes. Gewöhnlich tritt als Faktor, der chemische Reaktionen aktiviert, die Wärmeenergie auf. Hier aber wird die Aktivierung der Reaktion mit Hilfe der Lichtenergie erreicht.

Die Abhängigkeit der Geschwindigkeit der Wiederherstellung der Aktivität bestrahlter transformierender DNS von der Konzentration dieser DNS stimmt vollkommen mit den kinetischen Gleichungen von Michaelis-Menten überein. In völliger Übereinstimmung mit ihnen wird eine Konkurrenzinhibierung der Reaktion bei Einführung bestrahlter DNS aus anderen Quellen (Kälberthymus, *E. coli* u. a.) (Rupert, 1958, 1962a) beobachtet. Die Zugabe im Licht (aber nicht in der Dunkelheit) von fremder bestrahlter DNS zum Enzym, bevor in das Reaktionsgemisch transformierende DNS eingebracht wird, zeigt sich nicht in der Fotoreaktivierung der letztgenannten, weil das Enzym erfolgreich beschäftigt ist, die als erste eingebrachte fremde DNS zu reaktivieren. Es ist interessant, daß sich aktiv als Konkurrenzinhibitor der Reaktion einsträngige DNS erwiesen hat (aus dem Phagen *Φ X174* oder hitzedenaturierte DNS), selbst wenn sie unbestrahlt war. Ihre Bestrahlung mit ultraviolettem Licht erhöhte den Inhibitionsgrad. RNS zeigte sich als inaktiv (Rupert, 1964).

Die Methode der Untersuchung der Konkurrenzinhibition gab den Forschern ein Verfahren in die Hand, in vitro Ultraviolettschäden in der DNS festzustellen, die keine Transformationsaktivität besaß.

3. Es war wichtig, den Grad der Ähnlichkeit in der in-vitro-Reaktion mit dem festzustellen, was sich in den lebenden Organismen vollzieht. Das wurde möglich, nachdem Harm und Hillebrandt im Jahre 1962 einen Stamm von *E. coli B* isoliert hatten, der bezüglich des fotoreaktivierenden Enzyms mutiert war, phr⁻ (Harm, Hillebrandt, 1962). Nach Gewinnung von Extrakten aus normalen Zellen von *E. coli* und aus mutierten phr⁻-Zellen bewies Rupert (1965), daß nur der erste Extrakt fähig war, die Aktivität transformierender DNS wiederherzustellen, während die Extrakte der Mutantenzellen eine solche Fähigkeit nicht besaßen. Eine quantitative Messung der Reaktionsgeschwindigkeit gestattete dem Autor, eine mögliche These von der Existenz eines Inhibitors der Fotoreakti-

vierungsreaktion in den phr⁻-Zellen abzulehnen. Dieser Beweis wurde in einem Versuch erhalten, in dem es gelang, nach der Mischung der Extrakte aus normalen und mutierten Zellen zu zeigen, daß der Grad der Fotoreaktivierung in diesem Fall um den Faktor 2 im Vergleich mit einem Extrakt aus einer normalen Zelle absinkt.

Ähnliche Experimente wurden an Zellen von *S. cerevisiae* und *Haemophilus influenzae* durchgeführt.

Der Schluß auf die Rolle der fotoreaktivierenden Enzyme bei der Aufhebung des Bestrahlungseffektes in den Zellen wurde aus anderen Versuchen mit phr-Mutanten gezogen. In diesen Versuchen wurden mit Ultraviolett bestrahlte Zellen von *E. coli B* und *E. coli phr⁻* mit fotoreaktivierendem Licht behandelt, aus ihnen DNS isoliert und diese in der Reaktion zur Konkurrenzinhibition der Fotoreaktivierung transformierter DNS in vitro benutzt. Hierbei wurde das Fehlen von Schäden nur in der DNS aus normalen Zellen gefunden. Die phr⁻-Zellen erwiesen sich als unfähig zur intrazellulären Fotoreaktivierung von Ultraviolettschäden, und ihre DNS hemmte die Fotoreaktivierungsreaktion in vitro.

4. Als nächstes Glied in der Beweiskette für die Rolle der fotoreaktivierenden Enzyme in biologischen Objekten dienten die Untersuchungen intramolekularer Umbauten in der fotoreaktivierten DNS. Die grundlegenden Experimente auf diesem Gebiet wurden im Laboratorium von Richard Setlow angestellt.

Nach der Entdeckung der wichtigen Rolle der Dimere aus Pyrimidinbasen bei der biologischen Inaktivierung der DNS (s. Kapitel V) erhob sich die Frage der Wechselwirkung der Dimere und der fotoreaktivierenden Enzyme. Vor allem wurde festgestellt, daß die Fotoreaktivierung die Menge an Thymindimeren verringert (Setlow, Setlow, 1963). Die Autoren haben einen interessanten Test ausgearbeitet, der es ihnen gestattete, die Schlußfolgerung zu begründen, daß das fotoreaktivierende Enzym die Dimere in Monomere spaltet. Schon ein Jahr früher hatten sie (Setlow, Setlow, 1962) quantitativ bewiesen, daß die in der DNS durch ultraviolettes Licht der Wellenlänge 280 nm gebildeten Dimere bei erneuter Ultraviolettbestrahlung mit der Wellenlänge 230 nm in Monomere gespalten werden. Zur Nachprüfung der These von der Spaltungsaktivität des fotoreaktivierenden Enzyms behandelten sie ultraviolettbestrahlte (280 nm) transformierende DNS zuerst mit dem fotoreaktivierendem Enzym aus Hefe und danach mit ultraviolettem Licht (230 nm) und in umgekehrter Reihenfolge. In beiden Fällen wurde eine annähernd gleiche Vergrößerung der Transformationsaktivität festgestellt, woraufhin die Autoren schlossen, daß die biologische Rolle „des fotoreaktivierenden Präparates aus Hefe fast gänzlich (oder vielleicht gänzlich) auf einen Bruch der Thymindimere hinausläuft“. Der Spaltungsprozeß der Dimere wurde von einer Vergrößerung der biologischen Aktivität begleitet. Eine Reihe von Experimenten führte zweifelsfrei zu der Schlußfolgerung vom bedeutenden Einfluß der fotoreaktivierenden Enzyme gerade auf die Dimere der Pyrimidinbasen. Die Rolle des Enzyms besteht offensichtlich im wesentlichen in einem Bruch der Bindungen, die zwischen Pyrimidinbasen nach ihrer Bestrahlung mit Ultraviolett entstanden sind und zur Bildung der Zyklobutanstruktur des Dimers geführt haben. Das eleganteste Experiment jedoch zur Identifizierung des intramolekularen Anlagerungsortes der fotoreaktivierenden Enzyme wurde unter Verwendung synthetischer Desoxyribopolynukleotide ausgeführt. SETLOW, CARRIER und BOLLUM (1965) bestrahlten Polydesoxyinosin-Cytidylsäure (dIdC) mit ultravioletten Strahlen (λ 280 nm). Das Polymer ist dadurch interessant, daß der eine seiner Stränge gänzlich aus ununterbrochen aufeinanderfolgenden Purinnukleotiden (Inosin — ein Adeninanalogon) und der andere gänzlich aus Pyrimidinbasen (aus Cytosinen) besteht. Das Polymer wurde mit ^{3}H-Cytosin markiert, was den Autoren gestattete, das Bestrahlungsprodukt dieses Moleküls zu verfolgen und zu zeigen, daß als Folge der Bestrahlung ein Cytosindimer gebildet wird (das offensichtlich wegen der Desaminierung des Cytosins in ein Uracildimer übergeht). Die Behandlung eines solchen bestrahlten Moleküls mit einem fotoreaktivierenden Enzym wurde von einem Verschwinden der Dimere aus dem Hydrolysat des Poly-dCdC begleitet. Es blieb anzunehmen, daß die Fotoreaktivierung das Dimer spaltete, wobei es dieses monomerisierte. Gleichzeitig hiermit wurden verschiedene zwei- und einsträngige synthetische Polymere im System der Inhibierung der Fotoreaktivierung untersucht und gezeigt, daß die Bestrahlung zur Bildung von Molekülen führt, die konkurrierend mit dem fotoreaktivierenden Enzym eines zellfreien Systems in Wechselwirkung treten, während eine Vorbehandlung dieser bestrahlten Moleküle mit dem fotoreaktivierenden Enzym im Licht ihre Hemmfähigkeit vollständig aufhebt (SETLOW, BOLLUM, BOILING, 1965).

Die Chemie der Spaltungsreaktion der Dimere ist nicht untersucht worden. Es ist unklar, ob diese Reaktion in einem Schritt verwirklicht wird, oder ob der Prozeß mehrere Etappen umfaßt. Es ist ebenfalls nicht aufgeklärt, welche physiologischen Bedingungen für den Ablauf der Reaktion erforderlich sind. Offensichtlich spielen dabei Peroxyde oder aktive Radikale irgendeine Rolle, die mit Hilfe des fotoreaktivierenden Enzyms entstehen. Auf jeden Fall haben WACKER und GERSTENBERGER (1963) gezeigt, daß Zellen von *E. coli B*, die durch ultraviolette Strahlen inaktiviert worden waren (die Überlebensrate betrug 59%), durch eine Behandlung mit H_2O_2 (3 µg/ml) bis zu einer Überlebensrate von 80% und bei Kombination von H_2O_2 und sichtbarem Licht bis zu 97% reaktiviert werden konnten.

WACKER und Mitarbeiter (WACKER, CHANDRA, 1964) untersuchten die Matrizenaktivität von Polyuridylsäure, die mit ultraviolettem Licht in der Dosierung $1{,}2 \cdot 10^5$ und $2{,}4 \cdot 10^5$ erg/mm^2 bestrahlt worden ist, und stellten fest, daß die Behandlung mit H_2O_2 und mit sichtbarem Licht die Fähigkeit, in einem zellfreien System Phenylalanin zu codieren, nach der ersten Dosis vollständig und nach der zweiten Dosis zu 87,4% wiederherstellt.

Am Schluß dieses Abschnittes kann man mit Befriedigung die Arbeit einschätzen, die auf dem Teilgebiet der Untersuchung der Fotoreaktivierungsprozesse geleistet worden ist. Es wurde ein fotoreaktivierendes Enzym beschrieben, isoliert und untersucht, das die Reaktion der Fotoreaktivierung in vitro realisieren kann. Es wurden Mutanten isoliert, denen das fotoreaktivierende Enzym fehlt.

Schließlich wurde bewiesen, daß die Struktur, an der das fotoreaktivierende Enzym tätig wird, die DNS (aber offensichtlich nicht die RNS) ist, und die Rolle des Enzyms besteht aller Wahrscheinlichkeit nach in der Spaltung der Dimere der Pyrimidinbasen in Monomere und in der Wiederherstellung der nativen Konfiguration der DNS.

Fotoprotektion und indirekte Fotoreaktivierung

Untersuchungen aus den vierziger, fünfziger Jahren des Spektrums ultravioletter Strahlen, die die Verletzungen an den Nukleinsäuren hervorrufen, enthüllten einen Wellenlängenbereich, der nicht auf die DNS einwirkt. Insbesondere erwies sich das nahe Ultraviolett als inaktiv. Im Jahre 1956 beschrieb WEATHERWAX (1956a) ein interessantes Phänomen, das mit der Wirkung dieser Strahlen auf *E. coli B* zusammenhängt. Bakterienzellen, die mit nahe beim sichtbaren liegendem ultravioletten Licht vorbestrahlt worden waren, wurden bedeutend weniger für eine nachfolgende Bestrahlung mit ultraviolettem Licht der Wellenlänge 253,7 nm empfindlich.

Diese Erscheinung der Empfindlichkeitsabnahme mit Hilfe einer Vorbehandlung wurde von JAGGER zum Unterschied von der oben beschriebenen Fotoreaktivierung, deren Wirkung erst nach der inaktivierenden Bestrahlung einsetzt, Fotoprotektion genannt (JAGGER, 1958).

Der deutliche Unterschied des Mechanismus der Fotoprotektion von dem der Fotoreaktivierung wurde von RUPERT (1965) und von JAGGER und STAFFORD (1965) bewiesen. In phr⁻-Zellen, denen fotoreaktivierende Enzyme vollkommen fehlen, wurde Fotoprotektion beobachtet. Ein Vergleich beider Prozesse gestattete RUPERT und HARM (1966), die Kennzeichen zu beschreiben, die den einen Prozeß von dem anderen unterscheiden.

1. Die Geschwindigkeit der Fotoreaktivierung nimmt bei Erhöhung der Temperatur zu. Die Fotoprotektion hängt fast gar nicht von der Temperatur ab.
2. Die Fotoprotektion ist nicht an ein fotoreaktivierendes Enzym gebunden.
3. Die integrale Bestrahlungsdosis, die zur Fotoprotektion erforderlich ist, ist kleiner als die für die Fotoreaktivierung notwendigen Dosen.
4. Das Wirkungsspektrum für die Fotoreaktivierung ist bedeutend breiter als das Spektrum für die Fotoprotektion (JAGGER, 1960). Die Wellenlängen für den ersten Prozeß erstrecken sich von 300 bis 450 nm, während die Fotoprotektion nur bei Anwendung von Wellenlängen zwischen 320 und 370 nm beobachtet wird.

Die Entdeckung der Fotoprotektion lieferte die Möglichkeit, Licht in gewisse Versuche zu bringen, die früher ausgeführt worden waren und auf der Basis der Fotoreaktivierung keine Erklärung gefunden hatten. Dies betrifft vor allem Versuche zur Prophageninduktion. Lysogene Bakterien, die die genetischen Strukturen der Phagen im gebundenen (integrierten) Zustand tragen, können diese Eigenschaft verlieren. Hierbei geht der Phage aus dem integrierten in den autonomen Zustand über, tritt in die Vermehrung ein, lysiert das Bakterium und gelangt nach außen. Die Induktion des Phagen zur vegetativen Vermehrung kann durch eine Reihe von Agentien hervorgerufen werden, worunter sich auch die Ultraviolettstrahlung befindet. Bereits im Jahre 1951 stellte CANTELMO (1951) eine Verringerung der Zahl induzierter Zellen nach einer Vorbehandlung mit langwelligem ultraviolettem Licht fest. Das Phänomen wurde viele Male für den Fall der Ultraviolettbestrahlung von lysogenen Bakterien bestätigt. Prinzipiell der gleiche Effekt wurde in den Versuchen von LATARJET (1951) und von DULBECCO und WEIGLE (1952) gefunden, die die Induktionshäufigkeit des Prophagen durch Röntgenstrahlen mit Hilfe einer zusätzlichen Bestrahlung mit langwelligem ultraviolettem Licht herabsetzen konnten.

Ein anderes Phänomen, das der Fotoprotektion ähnlich ist, stellt die „indirekte Fotoreaktivierung" dar (JAGGER, STAFFORD, 1965), wenn die Nachbehandlung der ultraviolett bestrahlten Zellen von *E. coli B phr*⁻ von einer Vergrößerung der Überlebensrate begleitet wird. Eine Erhöhung der Überlebensrate wurde nur bei Bestrahlung mit Licht einer Wellenlänge um 350 nm beobachtet (KELNER, 1965), erfolgte aber nicht bei 405 nm — einer Bestrahlung, die für die Fotoreaktivierung charakteristisch ist (JAGGER, STAFFORD, 1965).

Verbreitung der Fotoreaktivierung in der belebten Welt

Die Möglichkeit der Fotoreaktivierung von Verletzungen, die durch Bestrahlung hervorgerufen worden sind, ist nicht nur auf Bakterien und niedere Organismen (z. B. einzellige Pilze) beschränkt. Wir haben schon daran erinnert, das COOK und Jane SETLOW die Fähigkeit eines Extrakts aus Seeigeleiern bewiesen haben, eine Fotoreaktivierung der transformierenden DNS von *Haemophilus influenzae* mit der gleichen Effektivität zu realisieren wie auch mit Hilfe des fotoreaktivierenden Enzyms aus Hefe.

Mitteilungen ähnlicher Art erschienen auch schon früher. Es wurden verschiedene Typen von Säugergeweben untersucht, und als Kriterium einer Fotoreaktivierbarkeit dienten solche Kennzeichen wie die Inaktivierung der Zellen und Organismen durch Bestrahlung, die Hemmung der DNS-Synthese, der Aminosäureneinbau, Chromosomenaberrationen und sogar die Cancerogenese — eine Zusammenstellung dieser Daten ist in dem Übersichtsartikel von CLEAVER (1966) angegeben. Die gewonnenen Daten sind widersprüchlich. In einem Teil der Versuche — Überleben von Mäusen (RIECK, CARLSON, 1955) und Ascitestumorzellen (ROE, STEVENS, 1965), Einbau von Aminosäuren in isolierte Leberkerne (LOGAN, ERRERA, FICQ, 1959) — wurde eine Fotoreaktivierung beobachtet, andere Experimente endeten ohne Erfolg.

MUHAMMED und TROSCO (1967) fanden kein fotoreaktivierendes Enzym in Extrakten aus Eiern, Larven, Puppen und erwachsenen Individuen von *Drosophila*. Natürlich konnten kaum alle ausgewählten Kriterien und noch weniger alle benutzten Modelle (insbesondere Zellen innerer Organe von Tieren) die Erscheinung der Fotoreaktivierung zeigen, und deshalb durften die negativen Resultate einer Reihe von Versuchen die Forscher nicht entmutigen. Sehr viel wichtiger ist der prinzipielle Erfolg der positiven Experimente, die zu Gunsten der Verbreitung des Fotoreaktivierungsmechanismus im Tierreich sprechen.

Eine Abschätzung der Verbreitung der fotoreaktivierenden Aktivität bei vielzelligen Organismen wurde von Cook und McGrath (1967) vorgenommen. Die

Tabelle 14

Fotoreaktivierungsaktivität in Vielzellergeweben, die mit UV-Strahlen behandelter transformierender DNS von *Haemophilus influenzae* geprüft wurden

Tier	Gewebe, die Fotoreaktivierungsaktivität besitzen	Gewebe, die keine Fotoreaktivierungsaktivität besitzen
Seeigel (*Arbacia punctulata*)	Hoden, Eier, Eierstock + Eier	–
Blumenschmetterling (*Anagasta kühniella*)	Bauch erwachsener Weibchen	–
Landkrebs (*Gecarcinus lateralis*)	Hoden, Eierstock, Epithelien, Muskeln, Herzmuskel	Magennebendrüsen
echter Knochenfisch (*Haemulon sciurus*)	Zellen der Rückenflosse in der Flossenkultur	–
Kröte (*Bufo marinus*)	Leucozyten	Blutserum, Erythrozyten
Frosch (*Rana pipiens*)	Skelettmuskeln, Herzmuskeln, Ischiasnerv, Gehirn, Leber	Blutserum, Erythrozyten
Kücken	Fibroblastenprimärkultur, 4-tägige Embryonen, Gehirn des erwachsenen Tieres	Nieren, Leber, Skelettmuskeln, Eiereiweiß, Eigelb
Maus	0	Haut
Kaninchen	0	Haut
Ratte	0	Leber, Skelettmuskeln, Herzmuskel, Eierstock, Hoden, Gehirn
Kalb	0	Frucht (3 cm)

Autoren homogenisierten verschiedene Organe vielzelliger tierischer Organismen und führten eine Untersuchung ihrer Fotoreaktivierungsfähigkeit durch. In der ersten Versuchsreihe mit Homogenaten behandelten sie die mit ultraviolettem Licht bestrahlte transformierende DNS von *Haemophilus influenzae* im Licht und im Dunkeln und untersuchten die Wiederherstellung der biologischen Aktivität. In der zweiten Serie untersuchten sie Froschleberhomogenate, die eine merkliche Fotoreaktivierungsaktivität besaßen. Die Homogenate wurden in vier Teile geteilt, und jeder von diesen wurde so behandelt, daß in der ersten Probe bevorzugt die löslichen Enzyme, Lysosomen und Mikrosomen enthalten waren; in der zweiten Probe — die Mitochondrien; in der dritten — die Zellkerne, und die vierte stellte selbst ein Homogenat dar, das nicht in Fraktionen aufgeteilt wurde.

Die Resultate der ersten Versuchsserie sind in Tabelle 14 angegeben, aus der hervorgeht, daß die Gewebe der Mehrzahl vielzelliger Organismen mit Ausnahme der Säugetiere, eine fotoreaktivierende Aktivität besitzen. Nur in Fibroblasten, die aus 4-tägigen Hühnerembryonen gewonnen waren, wurde eine Fotoreaktivierungsaktivität festgestellt.

Die zweite Versuchsserie führte zu dem Schluß, daß die fotoreaktivierenden Enzyme löslich sind und sich bei Zerstörung der Zellen mit den Zellkernen in Lösungen niedriger Ionenstärke vereinigen.

In letzter Zeit haben die Bemühungen eines deutlichen Beweises der molekularen Mechanismen der Fotoreaktivierung bei höheren Tieren zum Erfolg geführt. James Regan und John Cook (1967) haben Daten gründlicher Experimente veröffentlicht, die die Existenz fotoreaktivierender Enzyme in einer permanenten Linie von GF-Zellen der Flosse des Fisches *Haemulon sciurus* bewiesen, die in vitro 7 Jahre lang kultiviert worden waren.

Sie bestrahlten eine Monoschicht von GF-Zellen mit ultravioletten Strahlen der Wellenlänge 265 nm und den Dosen 50 und 100 erg. Bei der Beleuchtung mit fotoreaktivierendem Licht vergrößerte sich die Überlebensrate der GF-Zellen auf das Zweifache im Vergleich zu den Zellen, die im Dunkeln gezüchtet wurden. Tatsächlich unterschieden sich die Wachstumskurven unter den Bedingungen der Fotoreaktivierung trotzdem durch eine zweifach kleinere Neigung im Vergleich zu den Kontrollkurven der unbestrahlten Zellen. Anders ausgedrückt wurden bei der Fotoreaktivierung nur 50% der bestrahlten Zellen wiederhergestellt. Der Effekt der Fotoreaktivierung verstärkte sich im Maße der Zunahme der Kultivierungszeit vom Augenblick der Bestrahlung an (der Versuch wurde vier Tage fortgesetzt). Die Autoren verfolgten außerdem die DNS-Synthese in den bestrahlten Zellen (Dosis 75 erg), die der Fotoreaktivierung unterworfen waren und ohne diese. Im ersten Falle verstärkte sich die DNS-Synthese um mehr als das Dreifache. Das wies darauf hin, daß die Fotoreaktivierung die Hemmwirkung der Bestrahlung auf die DNS-Synthese aufhebt.

Um den molekularen Wirkungsmechanismus der fotoreaktivierenden Enzyme aus tierischen Zellen aufzuklären, wurde ein Extrakt dieser Zellen hergestellt und mit transformierender DNS von *Haemophilus influenzae* behandelt, die mit ultravioletten Strahlen bestrahlt worden war. Im Licht vergrößerte sich die Transformationsaktivität der bestrahlten DNS nach Behandlung mit einem Homogenat aus GF-Zellen um das 20fache im Vergleich zur DNS, die unter den gleichen Bedingungen im Dunkeln bebrütet wurde: die 20fache Zunahme entspricht einer Reparatur von 90% aller DNS-Verletzungen, und diese Ziffer ist für alle untersuchten Reparaturen mit dem Enzym aus Bäckerhefe maximal. Eine Erhitzung des GF-Homogenats für 10 min bei 65° beseitigte seine Reparaturaktivität vollständig. Im folgenden Experiment verglichen die Autoren die Zahl der Thymindimere und der Thymin-Uracil-Mischdimere (aus Thymin-Cytosin-Dimeren nach Desaminierung des letztgenannten zu Uracil entstanden) in bestrahlter transformierender DNS bei Behandlung mit GF-Homogenat im Licht und im Dunkeln. Beide Arten von Dimeren verschwanden aus der DNS, nachdem sie mit dem Homogenat 60 min dem Licht exponiert wurden, blieben aber in den dunklen Proben erhalten. Gleichzeitig wurde keinerlei Vorkommen von Dimeren in der TCE[1])-löslichen Fraktion nach Verlauf von 120 min nach dem Beginn der fotoreaktivierenden Behandlung gefunden. Es wurde auch der Beweis eines fast vollständigen Verschwindens der Thymindimere aus der DNS der GF-Zellen selbst bei ihrer Fotoreaktivierung nach Bestrahlung erhalten.

Eine Gegenüberstellung der Daten zur Verstärkung des Wachstums bestrahlter GF-Zellen mit den Daten über die Monomerisierung der Dimere zeugt dafür, daß die Überlebensrate nur bis zum 50%-Niveau wiederhergestellt wird, obwohl bis zu 90% aller Dimere der Monomerisierung unterliegen. Nach Meinung der Autoren zeigt dies, „daß nicht alle Pyrimidindimere gleich wichtig für das Überleben der Zellen sind, obwohl nichts über einen wirklichen Mechanismus bekannt ist, vermittelst dessen die Dimere der Pyrimidinbasen auf das Überleben von Eukaryotenzellen einwirken".

Abschließend muß man bemerken, daß die Mißerfolge im Auffinden der Fotoreaktivierung bei höheren Organismen damit zusammenhängen konnten, daß diese Systeme, die in früheren Entwicklungsstadien aktiv waren, beim Übergang zum Erwachsenenzustand reprimiert wurden. Als Hinweis darauf kann der Versuch von Pfefferkorn, Boyce und Coady (1966) dienen, die eine Fotoreaktivierung in Embryonalzellen des Hühnchens festgestellt haben, während die Suche nach diesem Reparatursystem in Geweben erwachsener Hähne erfolglos endete (Cook, McGrath, 1967).

Eine Fotoreaktivierung wurde auch bei der blaugrünen Alge *Plectonema boryanum* festgestellt (Wu, Lewin, Werbin, 1968). Algen können sowohl eigene Ultraviolettschäden als auch den ultraviolettbestrahlten Phytophagen *LLP-1* reaktivieren, der *Plectonema* infiziert. Aus den Algenzellen wurde ein Extrakt hergestellt, der die Fotoreaktivierungsreaktion gewährleisten kann (Werbin, Rupert, 1968). Als Beweis dafür, daß die fotoreaktivierende Aktivität des Extraktes durch das Vorhandensein eines Enzyms bedingt ist, dienten Experimente, in denen gezeigt wurde, daß eine Hitzebehandlung und die Zugabe von Trypsin dem Extrakt die

[1]) TCE = Trichloressigsäure

Aktivität nahmen; eine Abkühlung des Reaktionsgemisches auf 0°C stoppte die Reaktion; der Grad der Fotoreaktivierung hing von der Lichtdosis und der Eiweißmenge im Algenextrakt ab. Der fotoreaktivierende Faktor wurde, wie es sich für ein Protein gehört, aus dem Extrakt durch Aceton gefällt und an ein Calcium-Phosphat-Gel sorbiert.

Die Fähigkeit zur Fotoreaktivierung ist auch für höhere Pflanzen beschrieben worden (TROSCO, MANSOUR, 1969). BAWDEN und KLECZKOWSKI (1959), RUSHIZKI et al. (1960) und LOZERON und GORDON (1964) bemerkten eine teilweise Wiederherstellung der Infektiosität bestrahlter RNS des *TMV* nach Bebrütung der infizierten Blätter der Tabakpflanzen im Licht.

In der Universität von Berkley wurde kürzlich die Erscheinung der Fotoreaktivierung von Virus-RNS in den Blättern von *Chenopodium amaranticolor Coste*, *Phaseolus vulgaris L. var. Pinto B.*, *Nicotiana tabacum L. var. Xanthi* untersucht (WERBIN et al., 1966). Die Wiederherstellung der Infektiosität der RNS des *Tabakmosaikvirus* erfolgte nur bei Haltung der infizierten Blätter im Licht (aber nicht im Dunkeln), auf Grund dessen die Autoren den Schluß des Fehlens von Enzymen der Dunkelreparatur in den Blättern dieser Pflanzen zogen (s. Abschnitt „Dunkelreparatur"). Es ist interessant, daß bisher eine Fotoreaktivierung von RNS-Molekülen durch Enzyme aus Mikroorganismen nicht realisiert worden ist. Aus diesem Grunde strebten die Autoren nicht nach einer sorgfältigen Reinigung der DNS in den Transformationsversuchen (RUPERT, 1961). Daher gestattet die Erscheinung der Fotoreaktivierung von Virus-RNS in Pflanzenblättern anzunehmen, daß es in diesen ein anderes fotoreaktivierendes Enzym gibt als in den bisher untersuchten Mikroorganismen.

Demnach ist das Phänomen der Fotoreaktivierung nicht auf die Welt der Mikroorganismen beschränkt, sondern wird auch bei Tieren und bei Pflanzen festgestellt. Obgleich bis zum heutigen Tage diese Erscheinung bei höheren Organismen wenig untersucht worden ist, kann man nicht daran zweifeln, daß eine solche wichtige evolutorische Erwerbung, wie die Möglichkeit zur Reparatur von Strahlenschäden, in der belebten Welt weit verbreitet sein muß.

Dunkelreparatur

Die Geschichte der Entdeckung einer anderen Art Reparatur von Strahlenschäden begann seltsamerweise mit einer fehlerhaften Annahme. Alan GAREN und Norton ZINDER führten in ihrer großen Arbeit „Strahlenbiologischer Beweis einer partiellen genetischen Homologie zwischen Bakteriophage und Wirtsbakterium" (GAREN, ZINDER, 1955) eine interessante grafische Darstellung an: aus einem Punkte entsprang eine Schar von Kurven mit verschiedener Neigung (Abb. 47). Die Kurven bezeichneten die Überlebensrate von *P 22*-Phagen, die Bakterien *S. typhimurium* infiziert hatten. Die Phagen wurden vorher mit Ultraviolett bestrahlt und dann mit ihnen Bakterienzellen infiziert, die gleichfalls mit Ultraviolett vorbestrahlt worden waren. In Abhängigkeit von der Bestrahlungsdosis nahmen die Überlebenskurven der Bakterien eine verschiedene Neigung an, dergestalt daß die Neigung mit wachsender Dosis zunahm.

Dieser deutliche experimentelle Fakt wurde von den Autoren ebenso wahr wie auch falsch interpretiert. Sie meinten, daß die unterschiedliche Neigung eine Widerspiegelung des unterschiedlichen Reparaturgrades der geschädigten Phagen-DNS durch die Bakterien bedeutet. Eine Bestrahlung der Bakterien selbst rief in

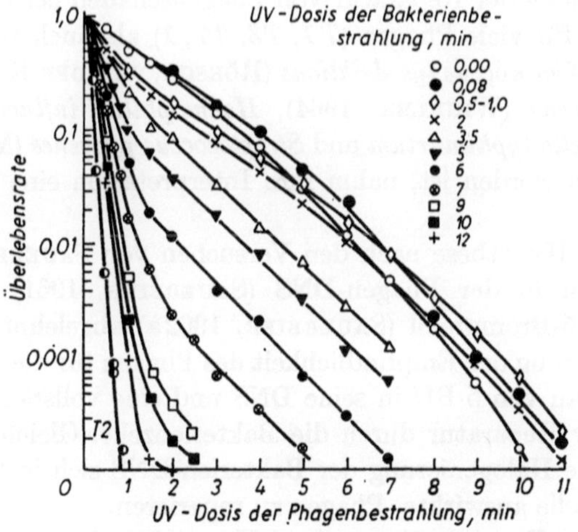

Abb. 47. Überlebenskurven einer virulenten Mutante des Phagen *P22*, die mit UV-Strahlen vor Infektion von *Salmonellatyphimurium*-Zellen bestrahlt wurde, die ebenfalls mit verschiedenen UV-Dosen vorbestrahlt worden waren. Im Experiment wurde eine Ultraviolettreaktivierung des Phagen *P22* bei seinem Aufenthalt in leicht bestrahlten Bakterien (0,5—1 min) festgestellt. Zum Vergleich ist die Überlebenskurve des Phagen *T2* unter diesen Bedingungen gezeigt (Garen, Zinder, 1955)

ihnen Verletzungen hervor, und sie verloren schrittweise die Fähigkeit, Phagenschäden zu reaktivieren. Heute wissen wir, daß diese Annahme von Garen und Zinder völlig berechtigt war. Aber von ihnen wurde auch eine Ansicht über den Reparaturmechanismus ausgesprochen. „Von unserem Versuch ausgehend nahmen wir an, daß es eine partielle Homologie zwischen dem Phagen *P22* und seinem Wirt gibt und daß das Material der Wirtszelle nach der Infektion das durch ultraviolettes Licht geschädigte homologe Material des Phagen ersetzen kann. Diese Art Reaktivierung des Phagen durch das Wirtsgenom kann nicht zustande kommen, wenn der Phage durch ^{32}P oder durch Röntgenstrahlen geschädigt wurde oder, wenn das Material der Wirtszelle selbst geschädigt war“, schrieben sie.

Der Annahme einer partiellen Homologie zwischen dem Genom des Wirtsbakteriums und des Phagen, die sogar in die Überschrift des Artikels einging (obwohl das eigentliche Material über den Versuch mit der Reparatur weniger als ein Viertel aller im Artikel beschriebenen Versuche einnahm), begegneten viele mit Interesse; G. STENT veröffentlichte sogar im Jahre 1958 einen Übersichtsartikel, in dem er die Beweise zu Gunsten dieser Hypothese zusammenfaßte (STENT, 1958).

Jedoch hielt die Hypothese mit der Zeit einer Nachprüfung nicht stand. Obgleich die eigentliche Erscheinung der Reparatur von Phagenschäden bei Infektion von Bakterienzellen sowohl für viele Phagen (*T1, T3, T7, λ*) als auch für viele Bakterienarten — *E. coli, Micrococcus lysodeikticus* (RÖRSCH, VAN DER KAMP, ADEMA, 1964), *Serratia marcescens* (WINKLER, 1964), *Haemophilus influenzae* (HARM, RUPERT, 1963), *Salmonella typhimurium* und *Streptococcus pyogenes* (MALKE, 1965) und andere beschrieben worden ist, nahm ihre Interpretation eine vollkommen andere Form an.

Vor allem mußte diese Hypothese nach den Versuchen von SAUERBIER mit der Ersetzung von Thymin in der Phagen-DNS (SAUERBIER, 1961) und in der Bakterien-DNS durch 5-Bromuracil (SAUERBIER, 1962a) abgelehnt werden. Er bemerkte eine Vergrößerung der Empfindlichkeit des Phagen für die Ultraviolettbestrahlung nach Einbau von 5-BU in seine DNS und eine vollständige Beseitigung der Fähigkeit zur Reparatur durch die Bakterienzelle. Gleichzeitig stellte der Autor fest, daß eine Halogenierung der Bakterien-DNS sich in keiner Weise auf die Fähigkeit der Zelle auswirkte, Phagen zu reparieren.

Zwei Jahre früher hatten ELLISON, FEINER und HILL (1960) festgestellt, daß eine von Ruth F. HILL (1958) isolierte Mutante von Bakterium *E. coli B* aufhörte, Ultraviolettschäden der Phagen *T1, T3* und *T7* zu reparieren. Dieser Mutantenstamm selbst (sie nannte ihn *E. coli* B_{s-1}) zeichnete sich durch hohe Empfindlichkeit für Ultraviolett aus. Es war natürlich, beide Phänomene als Folge einer Ursache zu vereinigen: des Verlustes irgendeines intrazellularen Agens, das für die Beseitigung der Verletzungen sowohl in der Phagen-DNS als auch in der DNS der Zelle selbst verantwortlich ist. Obgleich beide Ereignisse ursächlich zusammenhängen, gibt es zwischen ihnen keine absolute Abhängigkeit. HILL und FEINER (1964) isolierten die Mutante *E. coli* B_{s-3}, die die gleiche verminderte Fähigkeit für die Vermehrung des bestrahlten Phagen *T1* besitzt wie auch der Stamm B_{s-1}, aber dafür gegen die Bestrahlung resistent ist. Eine Analyse dieses Phänomens (HILL, 1964) gestattete den Schluß, daß die Erhöhung der Empfindlichkeit der Zellen für die Bestrahlung und die Herabsetzung der Fähigkeit, Ultraviolettschäden in der DNS der Phagen *T1, T3* und *λ* zu restaurieren, ein kompliziertes Bild der Wechselwirkung intrazellulärer Ereignisse darstellt.

In der Folge gelang es auch zu zeigen, daß die Unterschiede zwischen den Phagen hinsichtlich der Fähigkeit, durch ein und dieselben Bakterienzellen reaktiviert zu werden (wir erinnern uns, daß bereits GAREN und ZINDER die Unfähigkeit der Phagen *T2, T4, T5* und *T6* festgestellt haben, von *E. coli B*-Zellen repariert zu werden), mit Besonderheiten der Phagen zusammenhängen und nicht mit einer fehlenden Homologie zwischen ihrem Genom und den Bakterienchromosomen[1]). Diese Konzeption wurde noch überzeugender, nachdem HILL und SIMSON (1961) die Mutante *E. coli* B_{s-2} isoliert hatten, die aufhörte, Schäden des eigenen Genoms zu reparieren, aber noch fähig zur Korrektur der Schäden in der Phagen-DNS war. Eine mögliche Erklärung eines solchen Verhaltens der Mutante B_{s-2} lief darauf hinaus, daß die Bakterienzellen die Fähigkeit nicht verloren haben, ein Enzym zu synthetisieren, das Ultraviolettschäden reparieren kann. Die Menge eines solchen Enzyms ist in normalen Zellen ausreichend zur Reparatur von Schäden ihrer DNS und der DNS des Phagen. Aber wenn die Mutante B_{s-1} das Enzym gänzlich verloren hat, so ist es in den B_{s-2}-Zellen unzureichend zur Beseitigung ihrer Schäden, reicht aber noch zur Korrektur der Defekte in der Phagen-DNS. Der Gesichtspunkt, daß die Reaktivierung durch die Wirtszelle mit Hilfe besonderer Enzyme realisiert wird, wurde durch Versuche in vitro vollauf bestätigt. Weil die Reaktion einer Reparatur solcher Art im Dunkeln ablaufen kann, wurde für sie die Bezeichnung „Dunkelreparatur" vorgeschlagen, die sie von der „Fotoreaktivierung" unterscheidet.

Die Dunkelreparatur ist nicht auf Bakterien beschränkt. Bei vielen Pilzen wurden Mutanten mit erhöhter Empfindlichkeit für ultraviolette Strahlen beschrieben. Solche Mutanten wurden bei *Ustilago maydis* (HOLLIDAY, 1965), *Aspergillus rugulosus* (LENNOX, TUVESON, 1967), *A. nidulans* (LANIER, TUVESON, LENNOX, 1968), *Neurospora crassa* (CHANG, TUVESON, 1967), *Schizosaccharomyces pombe* (HAEFNER, HOWREY, 1967) gefunden. Als Mangel der Mehrzahl der Arbeiten mit diesen Pilzen erscheint der Umstand, daß der exakte Beweis eines Defektes in den Genen der Dunkelreparatur nicht vorgelegt wurde, obwohl viele indirekte Daten zu Gunsten einer Verletzung eben dieses Reparatursystems sprachen.

Schließlich wurde gefunden, daß bei einer Reihe von Pilzen — *Neurospora crassa, Schizosaccharomyces pombe* (CHANG, TUVESON, 1967; HAEFNER, HOWREY, 1967) — die Eigenschaft der Reparierbarkeit durch zytoplasmatische Erbfaktoren bestimmt werden kann.

Der molekulare Mechanismus der Dunkelreparatur

Ein erster Erfolg auf dem Weg zur Kenntnis des molekularen Mechanismus der Dunkelreparatur war die Gewinnung einer Reihe von Bakterienstämmen, die bezüglich des Enzyms der Dunkelreparatur defekt sind. Diese Mutanten, die durch das Symbol hcr^- (host cell reactivation deficiency) bezeichnet werden, wurden für die Stämme *E. coli B, E. coli K12, E. coli K12* (λ) u. a. gefunden (s. die Zusammenfassung RÖRSCH, VAN DE PUTTE, MATTERN, ZWENK, 1966), die

[1]) Hier ist es angebracht zu erwähnen, daß das Ausmaß der Reparatur der Phagen *T1, T3* und *T7* in ein und denselben Zellen unterschiedlich ist (30, 10 bzw. 10%), jedoch erhöht das Hungern der Bakterienzellen im Verlaufe von 30—60 min die Reparatur deutlich (SAUERBIER, 1962b).

Mutanten wurden kartiert, und die genetische Analyse lieferte die Möglichkeit, mehrere Loci auf dem Chromosom von *E. coli* zu bestimmen, die von Genen der Dunkelreparatur eingenommen wurden (Abb. 48) (Howard-Flanders, Boyce, Simson, Theriot, 1962; Rörsch, Edelman, Cohen, 1963; van de Putte et al., 1965).

Die Verwendung von Extrakten der hcr⁻-Mutanten und hcr⁺-Zellen gestattete, die Reaktion der Dunkelreparatur in vitro eingehend zu studieren (Rörsch,

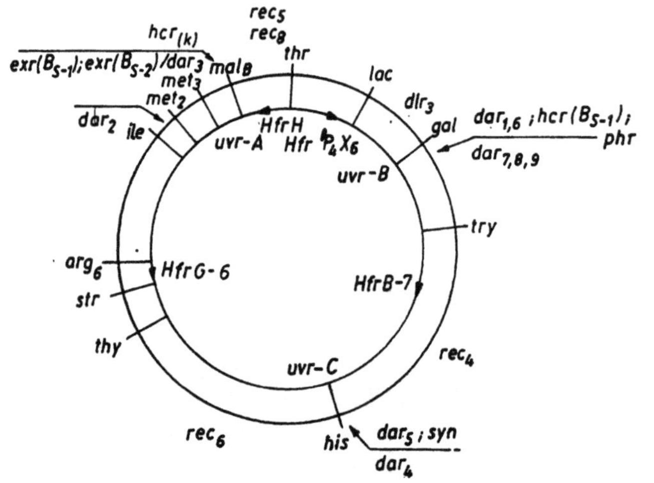

Abb. 48. Lage der Gene des Reparatursystems auf der genetischen Karte von *E. coli* (Rörsch et al., 1966)

van der Kamp, Adema, 1964). Die zweisträngige replikative Form der DNS des Phagen *ΦX174*, die Infektiosität besitzt, wurde mit ultraviolettem Licht bestrahlt und danach in vitro mit einem Extrakt aus *Micrococcus lysodeikticus* behandelt. Nach Infektion von Sphäroplasten der hcr⁻- und hcr⁺-Stämme von *E. coli K12 S* mit dieser DNS stellten die Autoren eine merkliche Vergrößerung der Infektiosität der DNS im Vergleich mit der Probe der unbehandelten DNS fest. Bei Einführung der in vitro reparierten DNS in die hcr⁺-Sphäroplasten wurde der gleiche Grad von Reaktivierung beobachtet wie bei der Einführung in hcr⁻-Zellen, was für eine fast gleichartige Wiederherstellung der Infektionsaktivität in den Reaktionen in vitro und in vivo zeugte. Tatsächlich wurde die Infektion von Sphäroplasten der hcr⁺-Zellen von *E. coli K12 S* mit bestrahlter, aber noch nicht in vitro behandelter RF von *ΦX174* durch eine bedeutendere Wiederherstellung als in der Reaktion in vitro begleitet. Die Dunkelreparatur wurde ebenfalls in den Versuchen von Elder und Beers (1964, 1965b) studiert, die in vitro bestrahlte transformierende DNS von *H. influenzae* mit einem Extrakt aus *M. lysodeikticus* behandelt hatten.

Es ist vollkommen verständlich, daß die Entdeckung der Enzyme der Dunkelreparatur, mit anderen Worten der molekulare Zugang zum Studium dieses Problems, die Aufklärung des Substrates der Enzyme erforderlich gemacht hat. Als Schlüssel zu seiner Auffindung konnte folgende Beobachtung dienen. Die Reparatur der Ultraviolettschäden der DNS des Phagen *T1* mit Hilfe eines fotoreaktivierenden Enzyms führt zur Wiederherstellung von 80% aller Schäden. Im Fall der Dunkelreparatur erwiesen sich 85% aller Schäden als wiederhergestellt. Die Kombination von Fotoreaktivierung und Dunkelreparatur fand ihren Abschluß mit einer Wiederherstellung von 95% der Schäden (Ellison, Feiner, Hill, 1960). Dieses Resultat spricht dafür, daß im Grunde beide Enzyme an ein und demselben Substrat wirksam werden. Weil eine der Hauptarten von DNS-Schäden bei den fotochemischen Reaktionen, die die Ultraviolettbestrahlung begleiten, die Bildung von Dimeren der Pyrimidinbasen darstellt, war es sinnvoll anzunehmen, daß die Dunkelreparatur es mit diesen Schäden zu tun hat. Jedoch sprach ein wesentlicher Unterschied in den Bedingungen, die für beide Reaktionen erforderlich sind (die Unerläßlichkeit des Lichtes für die Fotoreaktivierung und die Möglichkeit des Ablaufs der zweiten Reaktion im Dunkeln), dafür, daß die Art und Weise der Einwirkung auf die Dimere in beiden Fällen verschieden ist. Außerdem können bei der Dunkelreparatur auch andere intramolekulare Umbauten korrigiert werden (Setlow, Carrier, Bollum, 1965). Am interessantesten auf diesem Gebiet sind die Resultate von Hanawalt und Haynes (1965), die dafür zeugen, daß neben den Dimeren der Pyrimidinbasen auch Schäden der Dunkelreparatur unterliegen, die überhaupt nicht mit Pyrimidinen zusammenhängen. Die Reparatur wurde bei der Behandlung von *E. coli TAU bar* mit dem bifunktionellen alkylierenden Agens Stickstofflost festgestellt, das auf den Stickstoff des Guanins (in Position 7) einwirkt. In der Arbeit von Cerdá-Olmedo und Hanawalt (1967) wurde eine Dunkelreparatur nach Einwirkung von N-Methyl-N-nitro-N-nitrosoguanidin erreicht. Schließlich können mit Hilfe dieses gleichen Reparatursystems Schäden beseitigt werden, die durch Mitomycin C hervorgerufen worden sind (Boyce, Howard-Flanders, 1964a). Deshalb sollte man, obwohl die Reaktion des Herausschneidens von Dimeren am eingehendsten untersucht worden ist, nicht denken, daß lediglich Dimerschäden repariert werden können.

Exzision von Dimeren der Pyrimidinbasen aus bestrahlter DNS im Prozeß der Dunkelreparatur

Wie wir uns erinnern, haben Wulff und Rupert (1962) und Setlow, Swenson und Carrier (1963) gezeigt, daß bei der Fotoreaktivierung eine Spaltung der Dimere, ihre Monomerisierung, beobachtet wird. Die nach der Bestrahlung entstandenen Thymindimere verschwinden auch nach der Dunkelreparatur aus der DNS (Setlow, Carrier, 1964). Die Dimere verschwanden nur in den hcr^+-Zellen, aber nicht in den hcr^--Stämmen. Aber es zeigte sich, daß im Verlauf der Dunkelreparatur die Dimere nicht gespalten sondern aus der DNS ausgestoßen werden.

Der direkte Beweis der Abspaltung der Dimere aus der bestrahlten DNS mit Hilfe der Enzyme der Dunkelreparatur wurde in der Arbeit von BOYCE und HOWARD-FLANDERS (1964b) geführt, die ebenfalls festgestellt hatten, daß die Zellen eines hcr⁻-Stammes unfähig sind, Dimere aus der geschädigten DNS herauszuschneiden. Die Zellen von *E. coli K12* setzten kurz nach der Bestrahlung mit ultraviolettem Licht kurze Oligonukleotide frei. Die Menge der von den Zellen abgesonderten DNS wuchs mit der Dosis, und bei einer Dosis von 200 erg/mm^2, die bis zu 1000 Dimere in der DNS von *E. coli K12* ergab, wurden mehr als 10% des gesamten DNS-Gehaltes abgesondert, aber das Zugrundegehen der Zellen nahm hierbei nicht zu[1]), mit anderen Worten, ein Massenaustritt von DNS wurde nicht von letalen Folgen begleitet. Dazu ist diese DNS-Absonderung nicht mit der Proteinabsonderung korreliert, weil weniger als 2% des radioaktiven Leucins der Zelle nach Bestrahlung im Medium gefunden werden konnten.
Die Autoren brachten die Freisetzung von DNS-Fragmenten mit der Abspaltung von Dimeren in Verbindung. Um diese Annahme zu prüfen, verglichen sie den Prozeß in den Zellen von *E. coli K12 hcr*$^+$ mit demjenigen bei den hcr$^-$-Mutanten und fanden, daß im zweiten Falle keinerlei Freisetzung von DNS-Fragmenten erfolgt (BOYCE, HOWARD-FLANDERS, 1964a). Auch nach einer Behandlung der Zellen mit Mitomycin C, das die DNS-Stränge vernetzt, beobachten sie das Herausschneiden der geschädigten DNS-Abschnitte nur beim hcr$^+$-Stamm.
Ein anderer, äußerst eleganter Beweis für das Ausschneiden von Dimeren aus der DNS wurde von ONO und SHIMAZU (1967) geführt. Bekanntlich ist es nicht gelungen, das Phänomen der Dunkelreparatur an Phagen mit einsträngiger DNS zu finden. Das Fehlen der Dunkelreparatur im genannten Falle hing offenbar damit zusammen, daß die Abspaltung der dimerisierten Abschnitte unbedingt von einem Bruch des Moleküls und infolgedessen von seiner Inaktivierung begleitet wird. Diesen Umstand nutzten auch die Autoren aus. Da die DNS dieser Phagen ringförmig ist (FIERS, SINSHEIMER, 1962), führt die Abspaltung der Dimere zum Aufbrechen des Ringes. ONO und SHIMAZU schufen solche Bedingungen in den Zellen von *E. coli C* und dessen mutierten Abkömmlingen *E. coli C syn*$^-$, bei denen der Übergang der einsträngigen DNS in die zweisträngige replikative Form unmöglich war, und danach untersuchten sie bestrahlte DNS bestrahlter und intakter Phagen in den Zellen beider Stämme. Es zeigte sich, daß in den hcr$^+$-Zellen (*E. coli C*) der Übergang der Ringstrukturen der DNS des Phagen φR in lineare beobachtet wird, was in der Mutante, die das hcr-Enzym verloren hatte, nicht gefunden wurde. Auf diese Weise klärte das Studium der molekularen Mechanismen von Dunkelreparatur und Fotoreaktivierung den wesentlichen

---

[1]) In letzter Zeit wurde eine teilweise Zerlegung der DNS des bestrahlten Phagen λ (ROULAND-DUSSOIX, 1967) nach Infektion von hcr$^+$-Zellen beobachtet. Die Phagen-DNS wurde mit ^{32}P markiert, und 40% der Markierung wurden bei Infektion von hcr$^+$-Zellen von *E. coli K12* freigesetzt. Aus hcr$^-$-Zellen wurde ebenfalls eine Ausbeute bis zu 20% der Markierung beobachtet, was die Folge eines anderen Reparaturmechanismus als dem des hcr-Systems oder einer Restreparaturaktivität der hcr$^-$-Zellen sein konnte.

Unterschied im Verhalten der für die beiden Prozesse verantwortlichen Enzyme auf. Das fotoreaktivierende Enzym halbierte das Dimer, wobei die DNS ihre native Sekundärstruktur wiedererhielt. Im Unterschied dazu schnitt das Enzym der Dunkelreparatur die Dimere der Pyrimidinnukleotide gänzlich aus der bestrahlten DNS heraus, wobei es auf diese Weise die einen Schäden beseitigte, aber andere Schäden in Form von Lücken in einem der Stränge der DNS-Polynukleotidkette zurückließ. Die verbleibenden Lücken mußten durch andere Enzyme geschlossen werden, die in der Lage sind, die Orte der Verletzungen in der zweisträngigen Struktur zu finden. Diese die Lücke zubauenden Enzyme brauchen offensichtlich nicht unbedingt nur an die Dunkelreparatur gebunden zu sein, sondern sie dienen auch anderen Reaktionen. Die Kompliziertheit der Reaktion der Dunkelreparatur im Vergleich zur Fotoreaktivierung ging auch aus der Existenz einer Etappe hervor, die der Abspaltung der geschädigten Abschnitte vorausgeht und zwar aus der Etappe des Zerschneidens des DNS-Moleküls in der Nähe des Schadens.
Die Reihenfolge der Ereignisse, die zur Reparatur führen, muß man folgendermaßen aufstellen:

1. In der Nähe des Schadenortes macht ein besonderes, diesen Ort erkennendes Enzym einen Schnitt durch einen Strang des Moleküls[1]).
2. Von der Schnittstelle beginnend erfolgt die Abspaltung des geschädigten Stückes.
3. Die Lücke wird durch Exonukleasen verbreitert.
4. Die verbreiterte Lücke wird durch DNS-Polymerase zugebaut.
5. Es erfolgt die Bindung des eingebauten Stückes an die DNS-Kette mit Hilfe einer Polynukleotidligase.

Die Reaktionsfolge bei der Dunkelreparatur bestrahlter DNS

Die Komplexität des Reparaturprozesses kann durch seine Mehrstufigkeit deutlich demonstriert werden.

Erkennung des Schadenortes

Als erste Etappe der Reparatur erscheint die Erkennung des Schadenortes durch das Enzym. Wie wir früher gesehen haben (s. Abschnitt „Molekularer Mechanismus der Dunkelreparatur"), unterliegen der Dunkelreparatur die Dimere der

[1]) Man kann nicht sagen, ob der geschädigte Strang oder der ihm gegenüberliegende durchgeschnitten wird. Am ehesten schneidet das Enzym mit verschiedener Wahrscheinlichkeit einen beliebigen Strang im geschädigten DNS-Abschnitt, und dann beseitigt der Schnitt und die nachfolgende Abspaltung des geschädigten Abschnittes den Schaden, aber der Schnitt des gegenüberliegenden Stranges und das Herausschneiden des Abschnitts, der dem geschädigten gegenüberliegt, hört nach dem Zubauen der Lücke durch Entstehung einer Mutation auf (s. auch S. 425–431).

Pyrimidinbasen und möglicherweise andere Schäden (z. B. alkylierte Purinbasen u. a.). Genau anzugeben, welche Arten von Verletzungen der Reparatur unterliegen, sind wir einstweilen nicht in der Lage. Genau so kann man nicht sagen, ob ein oder mehrere Enzyme an der Erkennung des Schadenortes teilnehmen. Offensichtlich kann eine logische Annahme, die die Reparatur von nach ihrer chemischen Natur unterschiedlichen Schäden und das Fehlen der Reparatur bei halogenierter DNS erklärt, die Annahme sein, daß keine bestimmte Art von Basenveränderungen der DNS, sondern die veränderte Sekundärstruktur der DNS repariert wird.

Eine indirekte Bestätigung der Richtigkeit dieser Annahme wurde in unseren Experimenten erhalten. Wir benutzten den Phagen λ, der keine Gene der Dunkelreparatur besitzt, und bearbeiteten ihn mit einer Lösung von 1M Hydroxylamin. Nach unserer Annahme (Soyfer, 1969a), die kürzlich in Experimenten von Smrt (1970) bewiesen worden ist, durfte Hydroxylamin die Paarung von Cytosin mit Guanin nicht verhindern, und das heißt, es durfte auch die Sekundärstruktur der DNS nicht wesentlich verändern. Deshalb sollte man erwarten, daß die Überlebenskurven dieser Phagen in den Zellen von *E. coli uvr*$^+$ (mit normalen Systemen von Reparaturenzymen) und in den Zellen von *E. coli uvr*$^-$ (mit einem

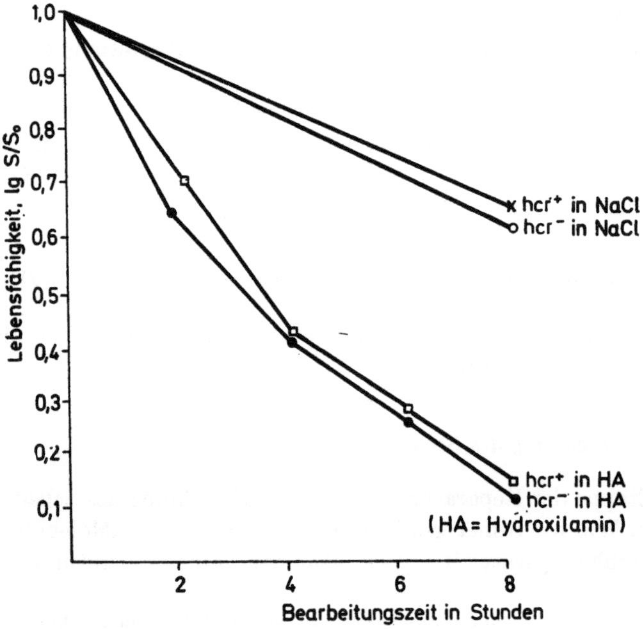

Abb. 49. Nichtreparierbarkeit von Schäden, die beim Phagen λ durch 1M Hydroxylamin-Lösung (in 1M NaCl bei pH 7,5 gelöst) induziert worden sind.

Der Phage wurde extrazellulär behandelt, danach wurden mit ihm Zellen von *E. coli hcr*$^+$ und hcr$^-$ infiziert (Sojfer 1969b)

Defekt im Ausschneiden geschädigter Abschnitte) zusammenfallen. Gerade dieses Ergebnis wurde in unseren Experimenten gefunden (SOYFER, 1969b, 1970), als wir ein vollständiges Zusammenfallen der Überlebenskurven des mit Hydroxylamin behandelten Phagen λ in den Zellen beider Bakterienstämme feststellten (Abb. 49).

Durchschneiden des geschädigten Stranges

Wenn es in der DNS einen Schaden gibt, der von den Enzymen der Dunkelreparatur erkannt werden kann, so beginnt das erste Stadium der Dunkelreparatur – das Durchschneiden des geschädigten DNS-Stranges in der Nähe des Schadenortes.

Einige Zeit lang war es schwer zu sagen, ob die Etappe des Strangdurchschneidens als einzelner Schritt des Reparaturprozesses erscheint, der der Ausstoßung des Dimers vorausgeht, oder aber ob beide Phänomene von ein und demselben Enzym vollbracht werden. Heute kann man jedoch den ersten Gesichtspunkt als bewiesen ansehen.

Hinweise darauf, daß das Durchschneiden eines Stranges der Abspaltung der Dimere vorausgeht, kann man in Versuchen finden, die im Laboratorium von A. RÖRSCH ausgeführt worden sind. Bei der Überprüfung der Resultate von CARRIER und SETLOW (1966), die die Ausstoßung von Dimeren aus bestrahlter DNS in vitro mit Hilfe von Extrakten aus *M. lysodeikticus* beschrieben, haben JANSZ, POUWELS und VAN ROTEDAM (1963) gefunden, daß eine 5–10malige Reinigung des Extraktes seine Fähigkeit aufhebt, Dimere abzuspalten oder kurze DNS-Abschnitte herauszuschneiden. Ihre Annahme bestand darin, daß die Reinigung des Extraktes zur Entfernung des Enzyms führt, das den Strang durchschneidet, oder des Enzyms, das den Schneideort erkennt. Eine gewisse Bestätigung ihrer Annahme fanden sie in den Versuchen mit der bestrahlten replikativen Form der DNS des Phagen *ΦX174*. Die DNS (RF) dieses Phagen besteht aus zwei Komponenten: (I) mit der Sedimentationskonstante 21S und (II) mit der Sedimentationskonstante 17S. Das 21S-Produkt kann durch Behandlung mit einer geringen Menge Endonuklease I in 17S umgewandelt werden, aber hierbei verschwindet die biologische Aktivität des Präparates. Außerdem wird der Übergang aus dem Zustand I in den Zustand II bei einem einzelnen Bruch eines beliebigen der RF-Stränge beobachtet (JANSZ, POUWELS, 1965), und hierbei bleibt die biologische Aktivität erhalten (beide Komponenten besitzen die gleiche Infektiosität für Sphäroplasten).

Um zu verstehen, ob Reparatur, Bruch eines Stranges und Aktivität des gereinigten Extraktes von *M. lysodeikticus* zusammenhängen, haben VAN SLUIS und RÖRSCH (zit. nach RÖRSCH et al., 1966) die RF (Komponente I) mit Ultraviolett bestrahlt und behandelten sie dann mit einem an DEAE-Zellulose 10mal gereinigten Extrakt. Die RF (I) wandelte sich in die RF (II) um unter Erhaltung der biologischen Aktivität. Keinerlei Übergang wurde mit unbestrahlter RF beobachtet. Nebenbei gesagt, konnten die Autoren keine Abspaltung kurzer

DNS-Fragmente aus der bestrahlten und mit gereinigtem Extrakt behandelten RF der DNS des Phagen *ΦX 174* beobachten. Dadurch haben die Autoren gezeigt, daß die Veränderung der Primärstruktur der DNS als unerläßliche Bedingung für die enzymatische Veränderung der Sekundärstruktur erscheint (Übergang aus Zustand I in II) und daß die Reinigung des Enzyms seine Möglichkeiten aufhebt: a) entweder den Schadenort zu erkennen, b) oder ein Dimer aus der DNS abzuspalten. Der Schluß von der Unterschiedlichkeit der Etappen des Durchschneidens eines DNS-Stranges und des Ausstoßens geschädigter Abschnitte ist durch BRIDGES und MUNSON (1966) bekräftigt worden. Die Autoren untersuchten die Reparatur der Mutanten *E. coli B/r WP2*, ihres Abkömmlings *E. coli B/r WP2 hcr⁻* und von *E. coli* B_{s-1} nach Bestrahlung mit Röntgen- und γ-Strahlen. Es zeigte sich, daß *E. coli* B_{s-1} nicht in der Lage ist, Schäden zu reparieren, die durch ionisierende Strahlung hervorgerufen worden sind, und keine Abschnitte mit verletzter genetischer Information freisetzen kann, und daß die Mutante *E. coli B/r WP2 hcr⁻* nicht in der Lage ist, Ultraviolettschäden zu reparieren, aber Schäden, die durch ionisierende Strahlung hervorgerufen worden sind, reparieren kann. BRIDGES und MUNSON nahmen an, daß der Unterschied zwischen den Stämmen *E. coli* B_{s-1} und *E. coli B/r WP2 hcr⁻* darin besteht, daß dem ersten Stamm die Fähigkeit sowohl zum Schneiden als auch zum Abspalten, und dem zweiten Stamm nur die zum Schneiden fehlt. Die Ultraviolettbestrahlung induziert fast keine Brüche in der DNS, und weil die WP2 hcr⁻-Zellen nach Meinung der Autoren ebenfalls die DNS nicht in der Nähe des geschädigten Abschnittes durchschneiden können, bleibt der UV-Schaden ungeheilt. Im Falle einer ionisierenden Bestrahlung ist ein Durchschneiden der DNS nicht erforderlich, weil die Bestrahlung selbst Einstrangbrüche hervorruft und die nächsten Etappen der Reparatur normal ablaufen. Um dies zu prüfen, benutzten die Autoren Stickstofflost und Methylmethansulfonat. Das erste kann in der Regel nicht zum Bruch der DNS führen, deshalb wurden die von ihm hervorgerufenen Schäden durch Zellen von *E. coli WP2 hcr⁻* nicht repariert, und das zweite liefert Einstrangbrüche der DNS wegen der Zerstörung der Zuckerphosphatkette der DNS nach Depurinisierung des alkylierten Guanins (s. Abschnitt „Chemische Mutagenese“), und die damit behandelten Zellen wurden aktiv repariert (s. Abb. 54).
Der direkte Beweis für die Etappe des Durchschneidens eines DNS-Stranges wurde von SHIMADA, OGAWA und TOMIZAWA (1968) gefunden. In ihren Versuchen untersuchten sie die Reparatur des Phagen λ in verschiedenen Mutanten von *E. coli K12*, die zur Dunkelreparatur unfähig waren. Mit Hilfe der Zonalzentrifugation im alkalischen und neutralen Saccharosegradienten kann man die linearen Moleküle des Phagen λ von Molekülen unterscheiden, in denen nur ein DNS-Strang durch eine kovalente Bindung zum Ring geschlossen ist und von Molekülen, in denen beide Stränge kovalent gebunden sind. Unter Anwendung dieser Methode haben die Autoren gezeigt, daß die Mutante uvr B gerade hinsichtlich der Fähigkeit defekt ist, einen Strang der DNS des Phagen λ durchzuschneiden.
Ein erster Hinweis auf die Existenz eines Enzyms, das das Durchschneiden des geschädigten DNS-Stranges gewährleistet, war das Experiment von STRAUSS

(1962), der aus dem Extrakt von *Micrococcus lysodeikticus* ein Protein isoliert hat, das die mit ultraviolettem Licht vorher bestrahlte transformierende DNS von *Bacillus subtilis* inaktiviert. Dieses Enzym entwickelte an unbestrahlter DNS keine Aktivität. Gleich danach wurde die Freisetzung von Oligonukleotiden und Nukleotiden aus bestrahlter DNS bei deren Behandlung mit einem Extrakt aus *M. lysodeikticus* beschrieben (Morigushi, Suzuki, 1966; Carrier, Setlow, 1966; Nakayama et al., 1967), aber in keinem dieser Experimente wurde ein deutlicher Beweis dafür vorgelegt, daß gerade die Endonukleaseaktivität im Extrakt festgestellt wird.

Die Induktion von Einstrangbrüchen bei einem ungeschädigten zweisträngigen DNS-Molekül wurde von Strauss, Searashi und Robbins (1966) bewiesen, als sie einen Extrakt aus *M. lysodeikticus* und bestrahlte DNS benutzten. Ein Jahr später gelang es einem Kollektiv japanischer Forscher, aus dem Extrakt dieser Bakterien eine Fraktion zu isolieren, die eine Endonuklease enthielt, und zu zeigen, daß sie bei Abwesenheit von Mg^{++}-Ionen arbeitet (Shimada et al., 1967). Eine Mutante von *M. lysodeikticus*, die zur Ausstoßung geschädigter Abschnitte aus der DNS unfähig war, erwies sich als defekt bezüglich dieses Enzyms.

Die Autoren behandelten *E. coli*-DNS, die mit ultraviolettem Licht bestrahlt worden war, mit dem Extrakt und verfolgten die Änderung des Sedimentationsprofils der behandelten DNS. Die Sedimentationsgeschwindigkeit verringerte sich nur in dem Falle, wenn bestrahlte DNS aus normalen (also nicht aus mutierten) Zellen mit dem Extrakt behandelt wurde. Die Entstehung von Einstrangbrüchen wurde mit Hilfe der Zonalzentrifugation festgestellt. Bestrahlte, aber nicht mit Extrakt behandelte DNS enthielt eine unmeßbar kleine Zahl von Einzelbrüchen.

Auf diese Weise wurde die Beteiligung von Endonukleasen an den ersten Akten der Dunkelreparatur bewiesen. Gleichzeitig gestatten die Daten dieser Autoren anzunehmen, daß die Endonukleaseaktivität des Extraktes aus *M. lysodeikticus* wenigstens durch zwei Enzyme bedingt ist (durch das A-Enzym, das kein Mg^{++} braucht und Brüche bildet, und durch die B-Fraktion, die Mg^{++} braucht und die A-Fraktion arbeitsfähig macht). Mit Sicherheit zu sagen, ob das von Shimada und anderen festgestellte Enzym das eigentliche Enzym ist, das den ersten Schritt in der Reaktion der Dunkelreparatur bedingt, ist schwierig, weil die Mutante von *M. lysodeikticus*, die keine Endonukleaseaktivität besitzt, durch dieselbe Strahlenempfindlichkeit charakterisiert wird wie auch der Wildtyp.

Schließlich wurde die Endonuklease, die die DNS in der Nähe eines durch UV-Strahlung hervorgerufenen Schadens einschneidet, 1969 in reiner Form isoliert und charakterisiert (Kaplan, Kushner, Grossman, 1969).

Ausschneiden geschädigter Abschnitte und Verbreiterung der Lücke

Die Größe des herausgeschnittenen Abschnitts ist nicht genau bekannt. Setlow und Carrier meinen, daß der größere Teil geschädigter Abschnitte, die Dimere tragen, aus den Zellen in Form von Trinukleotiden entfernt wird (Setlow, Carrier, 1964). Möglicherweise werden tatsächlich sehr viel größere Abschnitte herausgeschnitten, aber danach durch intrazelluläre Enzyme in Trinukleotide gespalten. HOWARD-FLANDERS und Mitarbeiter (AOKI, BOYCE, HOWARD-FLANDERS, 1966) nehmen an, daß die Dimere in Form von Dinukleotiden herausgeschnitten werden, aber danach die gebildete Lücke durch Nukleasen verbreitert wird. Da festgestellt wurde, daß bis zu 40% der gesamten DNS von *E. coli hcr*⁺ im Prozeß der Dunkelreparatur abgebaut werden (HOWARD-FLANDERS, 1965; RÖRSCH et al., 1966), nahm HOWARD-FLANDERS an, daß unmittelbar nach dem Herausschneiden eines Dimers eine Verbreiterung der Lücke erfolgt, so daß bis zu 1000 DNS-Nukleotide (d. h. etwa im Gebiet eines Genes) von den Bruchenden des DNS-Stranges abgehängt werden.

Indem wir zur Etappe der Abspaltung zurückkehren, wollen wir bemerken, daß es gegenwärtig schwierig ist zu sagen, welches der Enzyme am Ausschneiden des geschädigten DNS-Fragments teilnimmt. Möglicherweise wird der von einer Endonuklease eingeschnittene DNS-Abschnitt, der das Dimer enthält, durch eine andere Endonuklease abgeschnitten, und die gebildete Lücke wird durch eine Exonuklease verbreitert. Es wird angenommen (HOWARD-FLANDERS, 1965; RÖRSCH et al., 1966), daß ein solches Enzym die Exonuklease III oder ein ihr ähnliches Enzym sein könnte. Diese Nuklease kann einen Strang eines doppelsträngigen Komplexes zerstören, indem sie die 5'-Mononukleotide von den Bruchenden des einen DNS-Stranges abspaltet. In der Reaktion gelingt es, bis zu 40—48% der gesamten DNS zu hydrolysieren. Der verbleibende Teil des Moleküls, der durch dieses Enzym nicht zerstört worden ist, stellt eine einsträngige Struktur dar mit Ausnahme kurzer zweisträngiger Abschnitte, die den Zusammenhalt des Moleküls aufrecht erhalten. Auf diese Weise kann das Enzym Abschnitte aus beiden Strängen zerstören, aber die Tätigkeit hört in dem Moment auf, wenn eine weitere Zerstörung der DNS ohne ihr Zerbrechen unmöglich ist. Diese Eigenschaft des Enzyms, die Ganzheit des Genoms zu erhalten, aber in bedeutendem Maße das Material der DNS zu verdauen, macht die Annahme ihrer möglichen Beteiligung an der Reparatur von Schäden äußerst glaubwürdig. Die unterschiedliche Lokalisierung der genetischen Determinanten, die die Enzyme der Dunkelreparatur (die die Dimere herausschneiden) und die Enzyme bestimmen, die die Schäden wieder schließen, folgte insbesondere aus der Arbeit von HOWARD-FLANDERS (1964), in der er feststellte, daß die bis dahin bekannten Bereiche des Genoms von *E. coli K12*, die für die Enzyme der Dunkelreparatur verantwortlich sind (uvr A, uvr B, uvr C) nur über Enzyme, die Dimere herausschneiden, Information liefern. Offenbar werden zur Abspaltung gleichzeitig alle drei Gene benötigt (zit. nach BOYCE, 1966).

Die Reaktion der Freisetzung geschädigter Abschnitte wird in den Zellen von *E. coli TAU bar* beim Fehlen von Thymin im Medium nicht unterdrückt (SCHUSTER, BOYCE, 1964), was für die Getrenntheit der Ausschneide- und Zubaureaktion spricht. Es wurde gezeigt, daß das Herausschneiden Energie erfordert und der Prozeß aufhört, wenn die bestrahlte DNS in einem Medium ohne Glukose behandelt wird (SETLOW, CARRIER, 1964). Das Stehenbleiben der Reaktion erfolgt auch bei Einführung von EDTA ins Medium (HANAWALT, 1966b).

Kürzlich wurde aus *E. coli* eine ATP-abhängige Exonuklease isoliert, die durch die rec B- und rec C-Gene codiert wird (Oishi, 1969) und eine DNS-Polymerase, die ebenfalls die Eigenschaften einer 5' → 3'-Exonuklease entwickelt (Kelly et al., 1969). Diese beiden Enzyme entwickelten Aktivität nur an zweisträngiger DNS. Tatsächlich wurde aus *Micrococcus luteus* eine Pyrimidindimere wirksam abspaltende Exonuklease isoliert, die auch einsträngige DNS hydrolysierte (Kaplan et al., 1969).

Wiederaufbau des zerstörten Abschnittes

Nach dem Herausschneiden des Dimers und der Verbreiterung der Lücke erfolgt ein Zubau der gebildeten Lücke. Den Aufbau eines DNS-Moleküls, in dem die dimerisierten Abschnitte herausgeschnitten wurden, untersuchten Pettijohn und Hanawalt (1963). Sie benutzten den Umstand, daß bei der Ultrazentrifugation im Cäsiumchlorid-Dichtegradienten ein DNS-Präparat, in welchem ein Teil des Thymins durch 5-Bromuracil ersetzt worden ist, von normalen DNS-Molekülen abgesondert werden kann. Zellen von *E. coli TAU bar*, die Thyminmangelmutanten sind, wurden mit Ultraviolett bestrahlt und dann in ein Medium übertragen, wo Thymin durch 5-Bromuracil ersetzt worden war. Wenn die Zelle nach der Abspaltung der Dimere in der Lage ist, die einsträngigen Abschnitte zu zweisträngigen aufzubauen, so sollte man an Stelle von Thymin den Einbau von 5-BU erwarten. Nach Isolierung der DNS aus reparierten Zellen untersuchten die Autoren ihre Dichte und zeigten, daß es in den Zellextrakten Moleküle verschiedener Dichte gab — von leichter (normaler) DNS, die nur Thymin trägt, bis zur DNS, in der fast das gesamte Thymin durch Bromuracil ersetzt war.

Zwischen der partiellen Replikation der DNS in den zerstörten Abschnitten des einen Stranges im Doppelstrangkomplex und der normalen Replikation der DNS vor oder während der Zellteilung existieren grundlegende Unterschiede (Abb. 50). Erstens verläuft die Replikation während der Reparatur nicht nach dem semikonservativen Mechanismus wie die normale Replikation, sondern folgt einem nicht konservativen Mechanismus (Abb. 51). Zweitens besteht, wie Versuche im Laboratorium von Hanawalt (1966b) gezeigt haben, der wichtigste Unterschied beider Prozesse darin, daß, wenn die Reparatur-Replikation in den Zellen von *E. coli TAU bar* bei Abwesenheit der Proteinsynthese ablaufen kann, die normale Replikation unbedingt die Proteinsynthese braucht. Die Realisierung der Reparatur bei Abwesenheit von Aminosäuren weist darauf hin, daß die Synthese der Reparaturenzyme nicht durch die bestrahlte DNS induziert wird und daß diese Enzyme bereits in der Zelle vorhanden sein müssen.

Demnach sind die Reparaturenzyme den Kontrollmechanismen der normalen Replikation nicht untergeordnet, und man sollte für sie andere Kontrollsysteme suchen.

Gleichzeitig kann die Schlußfolgerung von nicht semikonservativen Replikationsverfahren nicht als Artefakt angesehen werden, weil die Wiederherstellung des

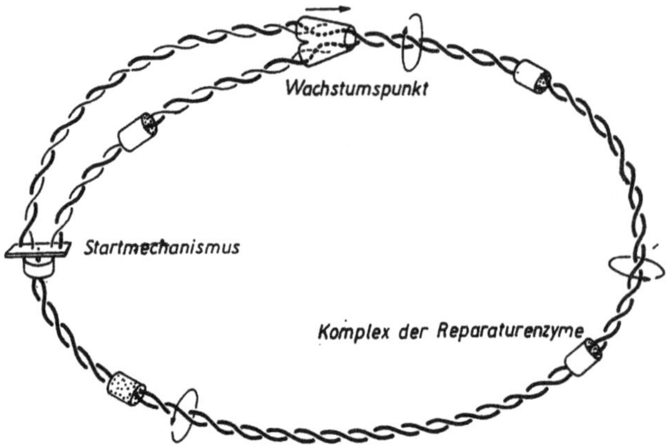

Abb. 50. Hypothetisches Modell des Replikationscharakters von Zell- und Virus-DNS. Es werden zwei verschiedene Prozesse gezeigt: die replikative Replikation und die Reparaturreplikation (HANAWALT, 1966b)

Überlebens in den Versuchen von HANAWALT (1966a), 95% erreichte. Der nicht konservative Charakter der Replikation wurde auch in der Arbeit von PAULING und HANAWALT (1965) gezeigt.

Obwohl noch wenig über die Enzyme bekannt ist, die die Reparatursynthese der DNS steuern, wurde bewiesen, daß zur Reparatur-Replikation der DNS bei *E. coli* verschiedene Enzyme herangezogen werden (COUCH, HANAWALT, 1967).

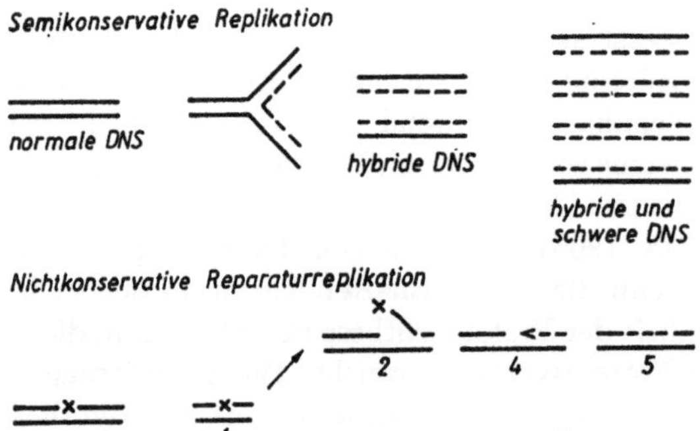

Abb. 51. Normale und Reparatur-Replikation von Nukleinsäuren

1 — Erkennung des Schadenortes und Durchschneiden eines Stranges; 2 — Abspaltung des geschädigten Abschnittes; 3 — Zubauen und Losreißen des geschädigten Abschnitts; 4 — Zubauen der Lücke; 5 — Wiedervereinigung; 6 — Abspaltung und Wiederherstellung (HANAWALT, 1966b)

Es wurde die Vermutung ausgesprochen, daß die DNS-Polymerase von KORNBERG die Reparaturreplikation ausführt und ein anderes Enzym, das charakterisiert werden konnte (OKAZAKI et al., 1970; HARWOOD et al., 1970), die normale Replikation.
Der Mechanismus Ausschneiden—Aufbauen erklärte auf einfache Weise, warum einsträngige DNS (z. B. aus dem Phagen *ΦX 174*) der Reparatur nicht unterliegt (SINSHEIMER, STARMAN, NAGLER, GUTHRIE, 1962), während ihre zweisträngige replikative Form durch die hcr-Enzyme repariert werden kann und deshalb fast eine Größenordnung weniger empfindlich für die Bestrahlung ist (RÖRSCH, VAN DER KAMP, ADEMA, 1964; YARUS, SINSHEIMER, 1964; JANSZ, POUWELS, VAN ROTEDAM, 1963). Es ist klar, daß die Abspaltung dimerisierter Abschnitte aus der einsträngigen DNS von einem Bruch des Moleküls und seiner Inaktivierung begleitet wird. Ebenso einfach kann man erklären, warum die Mehrzahl der DNS-Verletzungen beim Zerfall von ^{32}P oder bei Bestrahlung mit hochionisierender Strahlung nicht repariert wird. Es handelt sich darum, daß in beiden Fällen offensichtlich ein gleichzeitiger Bruch beider Stränge des DNS-Moleküls beobachtet wird (STENT, FUERST, 1955).
Nach dem Wiederaufbau des Stranges wird die DNS-Synthese der reparierten Moleküle wiederhergestellt (BOYCE, HOWARD-FLANDERS, 1964b; SETLOW, CARRIER, 1964; RIKLIS, 1965).

Vereinigung der aufgebauten Enden mit dem Polynukleotidstrang

Die letzte Etappe in der Reparatur von Schäden ist die Vereinigung des Endes des zugebauten Abschnittes mit dem Strangende der nativen DNS. Daß eine solche Vereinigung im reparierten Molekül erfolgt, wurde von PETTIJOHN und HANAWALT (1964) bewiesen. Eine bestrahlte und reparierte DNS wurde geschmolzen und im Gradienten gefällt ($CsCl_2$ und Zonalzentrifugation im Saccharosegradienten). Die Verteilung der Stränge nach dem Molekulargewicht entsprach der nativen DNS. Die Vereinigung der DNS-Fragmente während der Dunkelreparatur wurde von PAULING und HAMM (1970) gezeigt.
Die letzte Reaktion erfordert die Vereinigung des Zuckers und des Phosphats des gebrochenen Stranges des zweisträngigen DNS-Komplexes durch eine Phosphoesterbindung. Im Jahre 1967 beschrieben WEISS und RICHARDSON (1967) das Enzym Polynukleotidligase, das diese Reaktion katalysiert, wobei es Einstrangbrüche durch Bildung einer Phosphodiesterbindung repariert (Abb. 52). Die Autoren haben gezeigt, daß für die Tätigkeit des Enzyms die Zugabe von Mg^{++} und ATP unbedingt notwendig ist. Das Ersetzen von ATP durch andere Triphosphate wurde von einer vollständigen Beendigung der Enzymtätigkeit begleitet. Die Ligase muß an vielen Prozessen teilnehmen, die mit der Lebenstätigkeit zusammenhängen: bei der Rekombination, der

Reparatur, der Umwandlung linearer DNS-Moleküle in ringförmige[1]). Obwohl das Enzym von den Autoren erst nach Infektion von *E. coli* mit Phagen *T4* gefunden wurde und in der 5. min. nach der Infektion zum Vorschein kam, ist es auch in nicht infizierten Zellen vorhanden. Insbesondere beschrieb GELLERT (1967) die Umwandlung der linearen Formen der DNS des Phagen λ in ringförmige, kovalent gebundene Moleküle nach Behandlung der ersten mit einem Extrakt aus einer Reihe von Stämmen von *E. coli B* und *E. coli K12*. Es ist interessant, daß Extrakte aus rec⁻-Stämmen von *E. coli K12* (AB 2463 und JC — 1569)

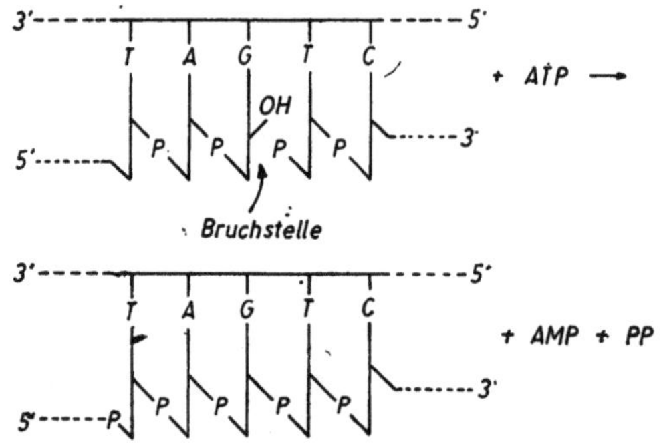

Abb. 52. Funktionsschema der Polynukleotidligase, die die Bildung der Phosphodiesterbindung am Orte eines Einstrangbruches des DNS-Doppelstrangs katalysiert. Als Ergebnis werden zwei getrennte Polynukleotidstränge durch eine kovalente Bindung vereinigt. PP — anorganisches Pyrophosphat (WEISS, RICHARDSON, 1967)

ebenfalls die Fähigkeit besaßen, die „klebrigen" Enden der DNS des Phagen λ kovalent zu binden. Ein Extrakt aus *E. coli*, der Ligaseaktivität besitzt, wurde in späteren Arbeiten festgestellt (BECKER, GEFTER, HURWITZ, 1967; OLIVERA, LEHMAN, 1967). Der gereinigte Extrakt unterscheidet sich jedoch von der Phagenpolynukleotidligase dadurch, daß er an Stelle von ATP als Kofaktor DPN braucht (ZIMMERMAN et al., 1967).

In der nächsten Mitteilung konnten FAREED und RICHARDSON (1967) beweisen, daß die Polynukleotidligaseaktivität mit dem dreißigsten Gen des Phagen *T4* zusammenhängt. Der Beweis hierfür wurde nach der Untersuchung einer Reihe von amber- und t-Mutanten des Phagen *T4* gefunden, die im 1., 30., 32., 33., 39., 41.—47., 52., 55., 56., 58.—63. Gen lokalisiert sind. Es zeigte sich, daß nur amber-Mutanten des dreißigsten Gens keine Ligaseaktivität zeigten, und ein Enzym, daß von den ts-Mutanten dieses Phagen synthetisiert wird, war bei 25 °C aktiv,

[1]) R. OKAZAKI u. a. haben bewiesen, daß die Ligase unmittelbar an der Vereinigung der Fragmente der im Bau befindlichen DNS-Kette (OKAZAKI-Fragmente) zu einer einheitlichen Polynukleotidkette teilnimmt (OKAZAKI, R., et al., 1968, Proc. Nat. Acad. Sci. USA **59**, 598—605).

wurde aber bei 37 °C inaktiviert. Nach der Reinigung des Enzyms aus *E. coli B* stieg seine Aktivität auf das 1000fache, und es zeigte Aktivität auch bei der Reaktion in vitro. Hierbei stellte die Polynukleotidligase die Transformationsfähigkeit einer DNS des Phagen *T4* wieder her, die Einzelbrüche trug, welche infolge Behandlung mit pankreatischer DNase entstanden waren (Bautz, 1967). Eine interessante Eigenschaft der Ligase, die im Laboratorium von Kornberg festgestellt wurde (Cozzarelli, Melechen, Jovin, Kornberg, 1967), ist die Fähigkeit, Polynukleotidzellulose mit der DNS zu vereinigen. Man kann an einen Zellulosefaden ein Oligonukleotid binden, und eine solche Struktur kann durch die Ligase mit einer Phosphodiesterbindung an den DNS-Strang gebunden werden. Auf diese Weise kann man sich das allgemeine Schema der Dunkelreparatur folgendermaßen vorstellen (Abb. 53).

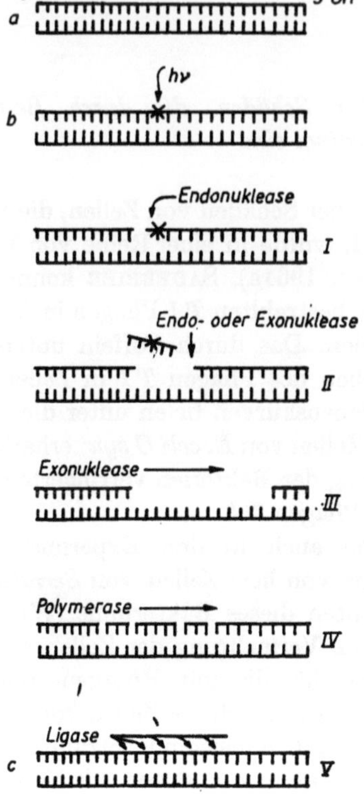

Abb. 53. Schema der Reparaturprozesse bei der Dunkelreparatur

a — Ausgangs-DNS, b — geschädigte DNS, c — reparierte DNS, I — Einschneiden, II — Abspaltung, III — Verbreiterung der Lücke, IV — Reparaturreplikation, V — Vereinigung der Enden

Einfluß der Fraktionierung und Intensität der Bestrahlung auf die Dunkelreparatur von Ultraviolett-Letalschäden bei E. coli

Harm (1967, 1968) hat festgestellt, daß das Überleben der Zellen von *E. coli*-Wildstämmen wie *B* und *C* und der Mutante *B/r* bei Verteilung ein und derselben Ultraviolettbestrahlungsdosis auf zwei oder mehr Portionen oder bei Erniedrigung der Bestrahlungsaktivität zum Beispiel auf 80 erg/mm²/Std bedeutend verstärkt werden kann. Dieser Effekt erwies sich als an die Enzyme der Dunkelreparatur gebunden. Der Zwischenraum zwischen den Bestrahlungen oder auch die deutliche Vergrößerung der Bestrahlungszeit gewährleistet die Bedingungen für den Ablauf der Reparaturreaktion während dieser Zeit. Unter diesen Bedingungen verschwand die Schulter der Überlebenskurve für B/r-Zellen, die üblicherweise in der Dosis-Effekt-Kurve vorhanden ist, und die Kurve begradigte sich. Eine Erhöhung der Bestrahlungsleistung oder auch die Verringerung der Zeitabstände zwischen den aufeinanderfolgenden Bestrahlungen mit einer fraktionierten Dosis führt dazu, daß zu irgendeinem Zeitpunkt ein Gleichgewicht eintritt, und der Schaden wird gerade in dem Moment repariert, wenn er entsteht. Eine weitere Erhöhung der Dosis führt zur Entstehung einer solchen Menge von Schäden, daß sie nicht mehr repariert werden können, und hierbei wird ein Absinken des Reparaturgrades beobachtet.

Dunkelreparatur genetischer Schäden, die durch Bestrahlung mit Röntgen- oder γ-Strahlen bedingt sind

Die Möglichkeit der Reparatur genetischer Schäden von Zellen, die mit Röntgen- oder γ-Strahlen bestrahlt worden sind, wurde in einer Reihe von Versuchen demonstriert (SAUERBIER, 1964; HAYNES, 1964a). SAUERBIER konnte eine Reparatur von 22% der Letalschäden des γ-bestrahlten *T1*-Phagen in *E. coli B*-Zellen im Vergleich zu *E. coli* B_{s-1} feststellen. Das durch Coffein unterdrückte hcr-System vermochte nicht, das Überleben des Phagen *T1* in Zellen von *E. coli C syn*$^+$ zu beeinflussen, und die Überlebenskurven fielen unter diesen Bedingungen mit den bei der Untersuchung der Zellen von *E. coli C syn*$^-$ erhaltenen Kurven zusammen. Eine Ultraviolettbestrahlung der Bakterien verringerte die Fähigkeit zur Reparatur γ-bestrahlter DNS des Phagen *T1*.

Eine unbedeutende Reparatur wurde auch in den Experimenten mit dem γ-bestrahlten Phagen $\varkappa$ nach Infektion von hcr$^+$-Zellen von *Serratia marcescens* beobachtet, nicht aber mit hcr-Mutanten dieses Bakteriums (WINKLER, 1964). BRIDGES und MUNSON (1966) haben die Vermehrung der Zellen von *E. coli B/r WP2* und seiner hcr$^-$-Mutante untersucht, die mit Röntgen- und γ-Strahlen bestrahlt worden waren. Gleichzeitig erwiesen sich die Zellen von *E. coli* B_{s-1} als unfähig zur Reparatur von Schäden durch ionisierende Strahlung. Der Unterschied des Stammes B_{s-1} von den hcr$^-$-Stämmen und von B/r hängt aller Wahrscheinlichkeit nach damit zusammen, daß die erste Mutante eine Reihe von Enzymen der Dunkelreparatur verlor, die zweite ein Enzym einbüßte, das DNS schneidet, aber noch fähig ist, geschädigte Abschnitte auszustoßen, und die dritte besitzt alle Enzyme des Reparatursystems und ist deshalb gegen Bestrahlung resistent. Die Schlußfolgerung vom Verlust des DNS schneidenden Enzyms durch die hcr$^-$-Stämme folgt aus der Gegenüberstellung von 3 Fakten: Zellen dieses Stammes sind nicht in der Lage, Phagenschäden zu reparieren und spalten keine Dimere ab; sie reparieren die Schäden durch ionisierende Strahlung, die einen DNS-Strang brechen; eine Reparatur wird auch in dem Fall beobachtet, wenn die Zellen mit Methylmethansulfonat behandelt wurden, das einen DNS-Strang bricht (Wahl, 1965), findet aber nicht bei Einwirkung von Stickstofflost auf die Zellen statt, das nach Meinung der Autoren keine DNS-Brüche erzeugt (Abb. 54).

Der Gesichtspunkt, daß die Reparatur von Röntgenverletzungen mit Hilfe des Systems der Abspaltung geschädigter Abschnitte erfolgt, wurde von Haynes (1964b), Howard-Flanders (1965) und Searashi und Strauss (1965) bekräf-

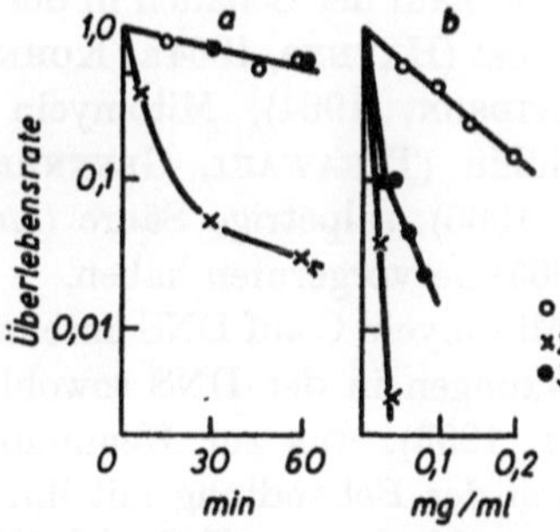

Abb. 54. Überlebensraten dreier Stämme von *E. coli B*, die mit Methylmethansulfonat (a) und Stickstofflost (b) behandelt wurden
1 — *E. coli B/r, WP2*; 2 — *E. coli* B_{s-1}; 3 — *E. coli WP2 hcr⁻* (Bridges, Munson, 1966)

tigt. Letzte Daten nötigen jedoch dazu, das Problem erneut zu betrachten und die früheren Ansichten in beträchtlichem Maße zu ändern. Es handelt sich darum, daß die Reparatur von Schäden, die durch ionisierende Strahlung hervorgerufen wurden, mit Hilfe anderer Mechanismen erfolgt als durch die Abspaltung von Dimeren.

Dieser Schluß folgte vor allem aus Daten von Munson und Bridges (1966), die gezeigt haben, daß bei 16 °C der Prozeß der Reparatur von Strahlenschäden abläuft, die durch ionisierende Strahlung bedingt sind. Dieser Reparaturakt hat nichts gemeinsam mit dem Ausschneiden—Ausflicken und kann mit gleicher Intensität in hcr^+- und hcr^--Zellen von *E. coli B/r WP2* ablaufen.

Andererseits gelangten Nakai und Matsumoto (1967) zu dem gleichen Schluß, nachdem sie eine Hefe-Mutante isoliert hatten, die für Ultraviolettbestrahlung unempfindlich, aber für die Inaktivierung durch Röntgenstrahlen hochempfindlich ist. Die wohl ausgedehntesten Experimente auf diesem Gebiet haben Kato und Kondo (1967) durchgeführt. Sie isolierten Mutanten von *E. coli B*, die normal hinsichtlich der hcr-Reaktivierung ultraviolettinaktivierter Phagen *T1* und *T3* waren, aber mit verminderter hcr-Fähigkeit für die gleichen Phagen, wenn sie mit Röntgenstrahlen inaktiviert waren. Gleichzeitig waren mehrere Mutanten hochempfindlich für Ultraviolettbestrahlung, unterschieden sich aber nur unbedeutend in ihrer Empfindlichkeit für Röntgenbestrahlung von den Wildstämmen. Diese Stämme verloren die Fähigkeit, den UV-behandelten Phagen zu reakti-

vieren, reparierten aber Schäden des Phagenchromosoms, die durch Röntgenstrahlen hervorgerufen worden waren.
Bei der Betrachtung ihrer eigenen und der bis zu dieser Zeit in der Literatur angesammelten Daten kamen sie zu dem Schluß, daß im Falle der Röntgenbestrahlung irgendein neues, noch nicht bestimmtes Reparatursystem operieren muß, das nicht mit der Abspaltung geschädigter Abschnitte zusammenhängt.

Dunkelreparatur chemischer DNS-Schäden

Das System der Dunkelreparatur kann die Zahl der Schäden in der DNS herabsetzen, die solche Agentien wie Stickstofflost (HAYNES, 1964a; KOHN et al., 1965) und Schwefellost (PAPIRMEISTER, DAVIDSON, 1964), Mitomycin C (BOYCE, HOWARD-FLANDERS, 1964a), Carcinophillin (TERAWAKI, GREENBERG, 1966b), 4-Nitrochinolin-1-oxyd (KONDO, KATO, 1966), salpetrige Säure (LANIER et al., 1968) und andere (LAWLEY, BROOKS, 1965) hervorgerufen haben.
Ziemlich gründlich ist die Wirkung von Mitomycin C auf DNS untersucht worden. Ähnlich der Bestrahlung ruft es Vernetzungen in der DNS sowohl in vitro als auch in vivo hervor (IYER, SZYBALSKI, 1963), was zur Hemmung der DNS-Synthese führt (SHIBA et al., 1959); nach der Behandlung mit ihm wird genau wie auch bei Ultraviolettbestrahlung der Abbau eines Teils der DNS-Moleküle (BOYCE, HOWARD-FLANDERS, 1964a), die Bildung fadenförmiger Zellen (KILGORE, GREENBERG, 1961) und die Induktion von Prophagen (NAKATA et al., 1962) beobachtet. Beide Agentien sind für Mikroorganismen mutagen (OTSUI et al., 1959). Offensichtlich verbindet ein großer Teil der vom Mitomycin gebildeten Bindungen zwei DNS-Stränge durch Interstrang-Vernetzungen (SZYBALSKI, IYER, 1964; IYER, SZYBALSKI, 1963), und was besonders interessant ist, im Innern der Zelle ist der Effekt des Mitomycins eher nicht durch dieses selbst bedingt, sondern durch irgendeines seiner Derivate[1]), das DNS alkyliert (FREESE, FREESE, 1966).
Gleichzeitig hing der Effekt des Mitomycins allem Anschein nach nicht mit der Thymindimerisierung zusammen. Dieser Schluß folgt auch aus Versuchen, die die Unfähigkeit des FR-Enzyms zeigten, Schäden aufzuheben, die durch Mitomycin hervorgerufen wurden (ZAMPIERI, GREENBERG, 1965).
Zum Unterschied vom FR-System kann das System der Dunkelreparatur der Zellen Schäden beseitigen, die durch Mitomycin und Carcinophillin hervorgerufen wurden (BOYCE, HOWARD-FLANDERS, 1964a; TERAWAKI, GREENBERG, 1966a; MAHLER, 1966). Eine Reparatur nach Behandlung mit Mitomycin wurde in hcr^+-Stämmen, nicht aber in hcr^--Zellen von *E. coli* und *Bac. subtilis* beobachtet. Das letzte Resultat ist in dem Sinne sehr wichtig, daß es auf einen anderen Reparaturmechanismus als die Abspaltung von Dimeren hinweist. In der Tat, wenn Mitomycin schnell zwei DNS-Stränge fest miteinander koppelt und allem Anschein

[1]) Offenbar durch Reduktionsprodukte des Mitomycins (IYER, SZYBALSKI, 1963).

nach Pyrimidinbasen nicht dimerisiert, so weist die Entfernung ihrer Schäden durch das hcr-System auf einen uns bisher nicht bekannten Mechanismus der Wirkung der Dunkelreparatur-Enzyme hin. Dieser Schluß erscheint im Lichte der Daten von TERAWAKI und GREENBERG (1966a) noch stichhaltiger, die ein unterschiedliches Verhalten von hcr⁻-Stämmen von *E. coli* im Hinblick auf Mitomycin festgestellt haben. Diese selben Stämme reaktivieren völlig gleichartig den ultraviolettbestrahlten Phagen *T 1*.

Untersuchungen im Laboratorium von A. G. SKAWRONSKAJA (SMIRNOV, SKAVRONSKAJA, 1968a; SMIRNOV, 1969) haben die Frage nach der Reparierbarkeit von Mitomycin C induzierten Schäden aufgeklärt, indem sie gezeigt haben, daß die durch dieses Agens hervorgerufenen letalen Schäden repariert werden, die Mutationsschäden aber nicht.

Zur gleichen Schlußfolgerung bezüglich des Nitrosoguanidins gelangten HANAWALT und Mitarbeiter (CERDÁ-OLMEDO, HANAWALT, 1967, 1968), jedoch zeugen die im Laboratorium von SKAWRONSKAJA erzielten Daten dafür, daß weder die letalen noch die mutativen, von Nitrosoguanidin ausgelösten Schäden der Reparatur unterliegen (SMIRNOV, SKAVRONSKAJA, 1968b; SMIRNOV, FAVORSKAJA, 1970).

Die Frage der Reparatur von Schäden, die durch salpetrige Säure hervorgerufen worden sind, bleibt umstritten. Obwohl LANIER et al. (1968) die Reparierbarkeit dieser Schäden gezeigt haben, erhielt SH. A. KZOJAN ein negatives Resultat (KCOJAN, 1970). Statt dessen konnte sie die Reparatur von Schäden durch Sarkolysin registrieren.

Der Mechanismus der Reparatur chemisch verursachter DNS-Schäden, besonders im Falle bifunktioneller alkylierender Agentien, bleibt ziemlich nebelhaft. Wir wollen dies am Beispiel der Senfgase zeigen. Man nimmt an, daß Stickstofflost in der DNS Interstrangvernetzungen der Guanine hervorruft. Ihre Reparatur durch das System der Dunkelreparaturenzyme spricht ebenso wie auch die Entfernung der durch andere, keine Dimere bildende chemische Verbindungen verursachten Schäden für die Richtigkeit der Schlußfolgerung von der vielgestaltigen Wirkung der Dunkelreparaturenzyme. Und so empfehlen HOWARD-FLANDERS und BOYCE (1966) bei der Diskussion der Versuche mit Schwefellost, der mit ^{35}S markiert war, nachdem sie nach der Dunkelreparatur eine Freisetzung von vorher an die DNS-Kette gebundenem ^{35}S beobachtet hatten, das folgende Reparaturmodell: 1) das Schneideenzym schneidet den Schaden aus dem einen Strang heraus; 2) die gebildete Lücke wird zugemacht, wobei das Vorhandensein eines Schadens am N-7-Atom des Guanins im gegenüberliegenden Strang das Guanin nicht dabei stört, als Matrize für den komplementären Zubau zu fungieren; 3) nach Schließung der Lücke im ersten Strang wird der zweite Strang durchgeschnitten und der beschädigte Abschnitt ausgestoßen; 4) die Lücke wird geschlossen. Inwieweit dieses Modell richtig ist, wird die Zeit zeigen. Der Gedanke, daß die intrazelluläre Reparatur der alkylierten Basen der DNS genau so realisiert wird wie die Reparatur der strahlengeschädigten Basen, hatte viel für sich, nachdem mitgeteilt worden war, daß durch Stickstofflost verursachte Schäden in

UV-empfindlichen Zellen von *E. coli* nicht repariert werden (Kohn, Steigbigel, Spears, 1965). Reiter und Strauss (1965) haben jedoch gezeigt, daß die Reparatur von Folgen der Behandlung mit monofunktionellen alkylierenden Agentien auch in Zellen erfolgt, die Ultraviolett-Schäden nicht reparieren können, aber ein Jahr später wurde im gleichen Laboratorium gezeigt (Reiter, Strauss, Marone, Robbins, 1966), daß Aktinomycin, obwohl es die Reparatur von Ultraviolettschäden inhibiert, auf die Reparatur von Schäden nicht einwirkt, die durch Methylmethansulfonat hervorgerufen worden sind.
Es gibt Gründe anzunehmen, daß die Kette der Enzymprozesse bei der Reparatur von Ultraviolett- und chemischen Schäden der DNS ähnlich ist. Dafür spricht vor allem der Umstand, daß das Vorhandensein von Einstrangbrüchen in der DNS von Zellen, die mit Methylmethansulfonat behandelt worden sind, in Sedimentationsexperimenten der denaturierten DNS-Moleküle nachgewiesen werden konnte (Reiter, Strauss, Robbins, Marone, 1967). Diese Autoren bewiesen außerdem, daß beim Reparaturprozeß die Abspaltung eines Teiles der DNS und das anschließende Zubauen der Lücke vor sich gehen. Mit anderen Worten, die Reparatur der MMS-induzierten Schäden schließt den Mechanismus Exzision-Resynthese ein. Die reparierte DNS verliert die Empfindlichkeit für die Strauss-Wahlsche Nuklease (Strauss, Wahl, 1964).
Beim Prozeß der Reparatur von Schäden, die durch chemische Agentien hervorgerufen worden sind, fällt ein Teil der Etappen mit solchen der Reparatur von Strahlenschäden zusammen. So haben Hanawalt und Haynes (1965) bewiesen, daß bei Behandlung der Zellen von *E. coli B/r* und *E. coli* B_{s-1} mit Stickstofflost in den Zellen von *E. coli B/r* eine nichtkonservative Reparatur beobachtet wird: in kurze DNS-Abschnitte wird neues Material anstelle der herausgeschnittenen beschädigten Abschnitte eingebaut, wonach die gebildeten neuen Abschnitte der DNS-Stränge durch kovalente Bindungen mit den alten Enden der Stränge vereinigt werden. Haynes und andere (Haynes, 1964a, 1966; Haynes, Patrick, Baptist, 1964) meinen, daß man alle diese Fakten erklären kann, wenn man von der Annahme ausgeht, daß am Beginn der Dunkelreparatur das die Reaktion ausführende Enzym nicht eine bestimmte veränderte Base oder Gruppe von Basen in der DNS erkennt, sondern die Abschnitte mit veränderter Sekundärkonfiguration der DNS. Wie schon oben ausgesprochen wurde, stimmen die Resultate unserer Experimente (Soyfer 1969a, b; Sojfer 1970a) mit dieser Annahme überein.

Hemmung der Reaktionen der Dunkelreparatur

Nachdem die molekularen Mechanismen der Dunkelreparatur untersucht worden waren, wurden die Wege zur Hemmung dieses Reparatursystems klar. Erstens kann man auf die Gene einwirken, die die Synthese der Reparaturenzyme kontrollieren, und vermittels dessen die Synthese benötigter Proteine abbrechen.

Zweitens kann man auf das Reparatursystem auf der Ebene fertiger Genprodukte einwirken und dadurch deren Aktivität aufheben.
Wir können Beispiele für beide Arten der Inhibition anführen. Eine Verletzung der Gene des Reparatursystems wird entweder durch Bestrahlung der Zellen erreicht (wie es wahrscheinlich in den ersten Versuchen von GAREN und ZINDER vorlag) oder durch Behandlung mit chemischen Mutagenen. Zahlreiche Mutationen der Gene des hcr-Systems demonstrieren uns Beispiele für Hemmung gerade auf dieser Ebene.
Eine Hemmung auf der Produktebene erfolgt offensichtlich im Falle der Einwirkung von Coffein (LIEB, 1961) oder Akriflavin (WITKIN, 1961) auf hcr$^+$-Zellen. FEINER und HILL (1963) haben die Hemmung des hcr-Systems bei einer Konzentration von 1 mg je ml Medium beschrieben. Zwei Jahre vorher hatte E. WITKIN nicht nur eine Änderung des Überlebens sondern auch der Mutabilität bei ultraviolettbestrahlten Zellen von *E. coli* beschrieben, die mit Akriflavin behandelt worden waren (WITKIN, 1961, 1963). Eine Herabsetzung des Überlebens bestrahlter Phagen wird auch in dem Fall beobachtet, wenn man die phageninfizierten Zellen mit Akriflavin behandelt (FEINER, HILL 1963). Die Fotoreaktivierung wird durch Akriflavin nicht gehemmt, was von WITKIN (1963) und auch von DAVIES (1966) in Versuchen mit *Chlamydomonas reinhardi* gezeigt wurde.
Eine andere Substanz, die auf die Enzyme des hcr-Systems einwirkt, ist das Coffein, das den Zellen in einer Konzentration von 1—10 mg/ml zugegeben wird (METZGER, 1964; SAUERBIER, 1964). Hinsichtlich des Coffeins ist auch bekannt, daß es das fotoreaktivierende System nicht beeinflußt und nur auf die Enzyme der Dunkelreparatur einwirkt. Das dient bis zu einem gewissen Grade als Beweis dafür, daß es nicht auf der Ebene der DNS sondern auf die Enzyme der Dunkelreparatur wirkt. Denn bekanntlich werden fast 80% der von den hcr-Enzymen korrigierbaren Schäden auch vom fotoreaktivierenden Enzym korrigiert, folglich würde eine Verbindung des Coffeins mit der DNS die Arbeit des zweiten Enzyms behindern, was tatsächlich nicht beobachtet wird. Gleichzeitig darf man jetzt noch nicht bestimmt sagen, ob es als Konkurenzhemmstoff des Systems der Dunkelreparatur erscheint oder aber das Enzym irreversibel inaktiviert.
Der zweite Gesichtspunkt wird durch Experimente von HARM (1967) und SAUERBIER (1964) bestätigt. Wir haben schon früher gesagt, daß der Einbau halogenierter Basen in die DNS von Phagen deren Reparatur durch ein intrazelluläres Enzym der hcr$^+$-Stämme verhindert (SAUERBIER, 1961; RUPP, PRUSOFF, 1964). Die Zugabe von 0,01 M Cysteamin hebt den Hemmeffekt auf (HOTZ, 1964; RUPP, PRUSOFF, 1964). Die Zugabe von Coffein verhindert den Abbau der DNS-Moleküle der bestrahlten Phagen, mit denen man hcr$^+$-Zellen von *E. coli K12* infiziert (ROULLAND-DUSSOIX, 1967).
Natürlich sollte man nicht glauben, daß Coffein ein spezifischer Hemmstoff für die Dunkelreparatur in Bakterienzellen ist. Doch der Mechanismus seiner Wirkung bleibt vorerst nebelhaft.
Noch verwirrender erscheint die Wirkung von Coffein in den Zellen höherer Organismen. Eine Reihe von Autoren (REGAN, TROSCO, CARRIER, 1968) fand

keinen Einfluß von Coffein auf den Prozeß der Dimerabspaltung aus der DNS menschlicher Zellen (Hela-Zellen, s. auch EVANS, NORMAN, 1968; CLEAVER, 1969; WILKINSON et al., 1970; LINDAHL, 1971a), andere beschrieben eine solche Hemmung in Zellen des EHRLICH-Ascites-Karzinoms (HORIKAWA et al., 1968). In Mäusefibroblastenzellen (RAUTH, 1967) und sogar in Gerstenkeimlingen wurde eine Hemmung eines der Reparaturreplikation ähnlichen Prozesses durch Coffein festgestellt.

Eine eingehende Untersuchung der zytotoxischen Wirkung von Coffein (GOROŠKINA, SOJFER, 1971) hat gezeigt, daß Coffein nicht nur zu letalen Folgen führt, sondern auch die Ablaufzeit der Phasen des Zellzyklus in Kulturen von Hela-Zellen in die Länge zieht (Abb. 55).

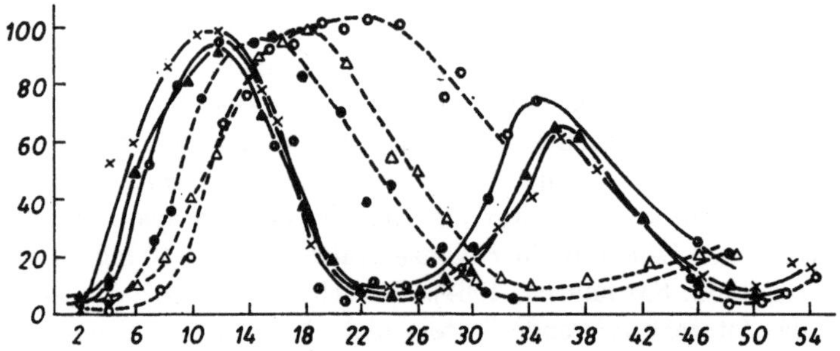

Abb. 55. Der Einfluß von Coffein auf die Dauer der Zellzyklusphasen in einer Kultur von *HeLa*-Zellen nach Ergebnissen autoradiografischer Untersuchungen. Als radioaktive Marke wurde ^{3}H-Thymidin (1 μC/ml; relative Aktivität 0,3 C/mM) verwendet. Die Marke hatte 30 min lang Kontakt, dann wurden die Zellen ausgewaschen und in einem Medium mit einem Überschuß an nichtmarkiertem Thymidin (30 μg/ml) weiter bebrütet.
Auf der Abszisse ist die Fixierungszeit in Stunden, auf der Ordinate das Verhältnis der Zahl der markierten Metaphasen zur Gesamtzahl der ausgezählten Metaphasen in % aufgetragen (GOROŠKINA, SOJFER, 1971).

Es ist fast nichts über die physiologischen Bedingungen bekannt, die zum Ablauf der Reaktionen der Dunkelreparatur unerläßlich sind. Diese Reaktionen brauchen Energie, weil bei Anwesenheit eines Hemmstoffes der oxydativen Phosphorylierung — des Dinitrophenols — die Reparaturreaktion völlig zum Stillstand kommt (METZGER, 1963). Zum Stillstand der Reaktion führt die Zugabe von Jodacetat (ELDER, BEERS, 1964, 1965a).

Die Enzymmenge in einer Zelle, selbst wenn sie nicht der Bestrahlung unterworfen wurde, ist ziemlich groß. Auf jeden Fall unterbricht das Stoppen der Proteinsynthese mit Chloramphenicol (25 μg/ml) und der Synthese der Messenger-RNS mit 6-Azauracil (200 μg/ml) nicht die Dunkelreparatur.

Das Phänomen der Wiederherstellung bei Haltung in Flüssigkeit (liquid holding)

Das Halten ultraviolett bestrahlter Zellen für 4—8 Std. in einem flüssigen Medium gleichgültig welcher Zusammensetzung (destilliertes Wasser, physiologische Kochsalzlösung, Phosphatpuffer, Medium M9 ohne Glukose usw.) vergrößert ihre Überlebensrate (ROBERTS, ALDOUS, 1949). Das Phänomen wurde „Erholung bei Haltung in Flüssigkeit" („liquid-holding recovery") genannt. Das Halten in Flüssigkeit begünstigt eine Hemmung der Zellteilung (ALPER, GILLEIS, 1960). Der größte Effekt wird mit einer Kultur erreicht, die sich im Stadium des logarithmischen Wachstums befindet (JAGGER, WISE, STAFFORD, 1964; CASTELLANI, JAGGER, SETLOW, 1964) (Abb. 56).

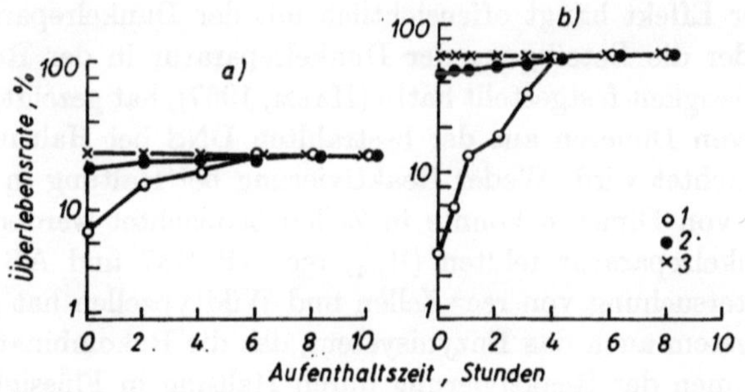

Abb. 56. Reaktivierung bei Haltung der Zellen von *E. coli B* in flüssigem Medium (liquid holding)

a — Zellen in der stationären Phase; b — Zellen in der logarithmischen Phase; 1 — ohne Fotoschutz; 2 — mit submaximalem Fotoschutz (380000 erg/mm²); 3 — mit maximalem Fotoschutz (570000 erg/mm²) (JAGGER et al., 1964)

Die Hemmung der Teilung wurde auch bei Fotoprotektion (JAGGER, WISE, STAFFORD, 1964) und indirekter Fotoreaktivierung festgestellt; dies gab JAGGER und STAFFORD (1965) Veranlassung zu postulieren, daß „die Hemmung der Teilung der Haupteffekt ist, der drei Phänome begleitet: Erholung bei Haltung in Flüssigkeit, Fotoprotektion und indirekte Fotoreaktivierung". Nach ihrer Meinung verschafft die Hemmung der Teilung dem Genom zusätzliche Zeit zur Ausheilung von Schäden, bevor sie in den sich replizierenden Tochter-DNAs fixiert werden.

Das Phänomen der Heilung bei Haltung in Flüssigkeit ist gewiß nicht nur den Bakterien der Art *E. coli B* eigen. Ein ähnliches Phänomen der Vergrößerung des Überlebens wurde schon im Laboratorium von A. HOLLAENDER in Versuchen der Jahre 1937 und 1941 (HOLLAENDER, CLAUS, 1937; HOLLAENDER, EMMONS, 1941) mit ultraviolettbestrahlten Pilzsporen bemerkt.

In letzter Zeit führte W. HARM eine Versuchsreihe zur Aufklärung der Natur der Reaktivierung bei Haltung in Flüssigkeit durch und kam zu dem Schluß, daß diese Art Reparatur nichts anderes als die Dunkelreparatur ist. Nach seiner Meinung fördert die Haltung nur einen besseren Ablauf der Dunkelreparatur. Dieser Schluß folgte aus Versuchen zum Vergleich der Fotoreaktivierung und der Dunkelreparatur bestrahlter Zellen unter den Bedingungen der Haltung in Flüssigkeit (HARM, 1968). Bei der Schaffung der allergünstigsten Bedingungen für den Ablauf der Fotoreaktivierung vergrößerte sich die Überlebensrate von *E. coli B/r*-Zellen, die mit Ultraviolett der Intensität 8 erg/mm²/s bestrahlt worden waren, von $\approx 10^{-4}$ auf mehr als 10^{-1}. Wenn man jedoch die Zellen nach der Bestrahlung in der Flüssigkeit (Puffer) im Dunkeln hält und danach einer Beleuchtung mit sichtbarem Licht unterwirft, so fällt der Grad der Fotoreaktivierung ab, aber das Überleben bleibt hierbei das gleiche wie bei maximaler Fotoreaktivierung. Der Effekt hängt offensichtlich mit der Dunkelreparatur zusammen. W. HARM, der die Beteiligung der Dunkelreparatur in der Reaktivierung bei Haltung in Flüssigkeit festgestellt hatte (HARM, 1967), hat gezeigt, daß hierbei eine Abspaltung von Dimeren aus der bestrahlten DNS bei Haltung in Puffer im Dunkeln beobachtet wird. Weder Reaktivierung bei Haltung in Flüssigkeit, noch Ausstoßung von Dimeren konnte in Zellen beobachtet werden, denen die Systeme der Dunkelreparatur fehlten (B_{s-1}, rec⁻ AB 2437 und AB 2480). Eine vergleichende Untersuchung von rec⁻-Zellen und Wildtypzellen hat gezeigt, daß neben dem hcr-System auch das Enzymsystem, das die Rekombination gewährleistet, das Phänomen der Reaktivierung durch Haltung in Flüssigkeit ergeben kann.

Charakteristik von E. coli-Mutanten, die an der Dunkelreparatur defekt sind

Alle bekannten Mutanten bezüglich der Dunkelreparatur kann man in vier Gruppen einteilen: uvr-A, uvr-B, uvr-C, uvr-D. Die drei ersten Gruppen wurden von HOWARD-FLANDERS isoliert, die Mutanten vom Typ uvr-D wurden im Laboratorium von TOMIZAWA beschrieben (OGAWA, SHIMADA, TOMIZAWA, 1968; SHIMADA, OGAWA, TOMIZAWA, 1968). Bei der Bezeichnung von Mutanten, die die Fähigkeit verloren haben, Strahlenschäden im Dunkeln zu reparieren, existiert eine große Uneinheitlichkeit. Zuerst wurden Mutanten von *E. coli* beschrieben, die keine Ultraviolettschäden bei *T1, T3, T7, λ* und anderen Phagen reparieren. Diese Mutanten wurden als hcr-Mutanten (host cell reactivation) bezeichnet. Danach wurde festgestellt, daß ein Teil dieser Mutanten auch Schäden nicht reparieren kann, die von ionisierender Strahlung hervorgerufen worden sind. Diese letztgenannten heißen exr-Mutanten. Danach benannte HOWARD-FLANDERS die von ihm beschriebenen hcr-Mutanten nun uvr-Mutanten (mutants defect in ultraviolet resistence), weil sie resistent gegen ionisierende Strahlung, aber sensibel für Ultraviolettbestrahlung waren. Nachdem festgestellt worden war, daß ein

Teil der hcr-(uvr)-Mutanten Schäden bei UV-Behandlung nach Bestrahlung mit sichtbarem Licht reparieren kann, aber dies nicht im Dunkeln[1]) vermag, wurde begonnen, diese Mutanten dar-Mutanten (mutants of the dark recovery system) zu nennen, um sie von den phr^+-Stämmen zu unterscheiden. Mutanten, die keine Fotoreaktivierung durchführen können, wurden als phr^--Mutanten bezeichnet.

Schließlich schlug RÖRSCH ein neues Nomenklatursystem für die Reparaturmutanten vor, das vielleicht schließlich und endlich auch von allen angenommen werden wird, aber einstweilen nur eine noch größere Verwirrung gestiftet hat. RÖRSCH unterteilte die dar-Mutanten in hcr und uvr, schrieb aber diesen Mutanten andere Kennzeichen zu als vorher. Wenn früher hcr ein Sammelbegriff war, zu dem alle Mutanten des Dunkelreparatursystems gehörten, so ordnete RÖRSCH jetzt hcr nur jene ultraviolettempfindlichen Mutanten zu, die die Fähigkeit verloren haben, Ultraviolettschäden der Phagen-DNS zu reparieren.

Jene Mutanten aber, die selbst für Ultraviolettbestrahlung empfindlich, noch die Fähigkeit bewahrt haben, Phagenschäden zu reparieren, nannte RÖRSCH uvr-Mutanten. Man kann leicht bemerken, daß zu dieser Klasse auch mehrere rec^--Mutanten gehören (Mutanten, die nicht selten für Ultraviolett- und Röntgenbestrahlung empfindlich, aber, was das wichtigste ist, hinsichtlich der genetischen Rekombination defekt sind). Gleichzeitig sollte man die von HOWARD-FLANDERS uvr-A, -B und -C genannten Mutanten nach der RÖRSCHschen Terminologie hcr-Mutanten nennen, weil sie die Fähigkeit zur Reparatur von Phagen-DNS verloren haben.

In letzter Zeit schlug W. HARM (1968) seine Klassifikation dieser Mutanten vor. Er teilte sie in zwei Klassen ein — err (excision resynthesis repair), die die Fähigkeit zur Abspaltung geschädigter Abschnitte und zum anschließenden Ausflicken der Lücke verloren haben, und rec, die die Fähigkeit zur genetischen Rekombination verloren haben.

Aus diesem Verzeichnis ist ersichtlich, daß die Vielfalt der Reaktionen, die bei der Dunkelreparatur ausgeführt werden (Erkennen, Durchschneiden eines Stranges, Abspaltung des geschädigten Abschnittes, Ausweitung der Lücke, Zubauen der Lücke, Vereinigung der Enden), die Beteiligung der Reparaturenzymsysteme nicht nur an der Korrektur von Schäden bei Bakterien sondern auch bei Phagen, die Verbindung mit dem Phänomen der Rekombination — daß all das zur Entdeckung einer Vielzahl unterschiedlicher Mutanten führte.

Wir wollen versuchen, die Bakterienmutanten zu charakterisieren, die hinsichtlich der Dunkelreparatur defekt sind. Viele Kennzeichen — Empfindlichkeit für Ultraviolettbestrahlung (und bisweilen auch für ionisierende Strahlung), Verlust der Fähigkeit zur Abspaltung eines Schadens aus der DNS, Aktivität hinsichtlich der Korrektur von Phagen-UV-Schäden — sind eben ziemlich eingehend beschrieben worden. Gleichzeitig wurden aber die Unterschiede zwischen den hcr-Mutanten (uvr-A, uvr-B, uvr-C und uvr-D) nicht aufgezeigt. Bisher wurden zunächst nur die Mutanten uvr-A, uvr-B und uvr-C beschrieben, die von HOWARD-

[1]) Diese Mutanten sollte man als echte Mutanten des Dunkelreparatursystems ansehen.

Flanders isoliert worden sind, nach ihren Eigenschaften als äußerst kompliziert erschienen und sich im wesentlichen durch die Lokalisierung auf der genetischen Karte unterschieden (s. Abschnitt „Genetische Karte der Mutanten des Reparatursystems").
Obwohl Rörsch auch unbedeutende phänotypische Unterschiede bei den zu den Bereichen A, B und C gehörenden Mutanten beschrieben hat (Mattern, Winden, Rörsch, 1965), ist es schwierig zu sagen, wodurch diese Unterschiede bedingt sind. Möglicherweise nehmen alle drei Gene an ein und denselben Reaktionen teil. Die Entdeckung der uvr-D-Mutante gestattete, erste wesentliche Unterschiede zwischen den uvr-Mutanten festzustellen.

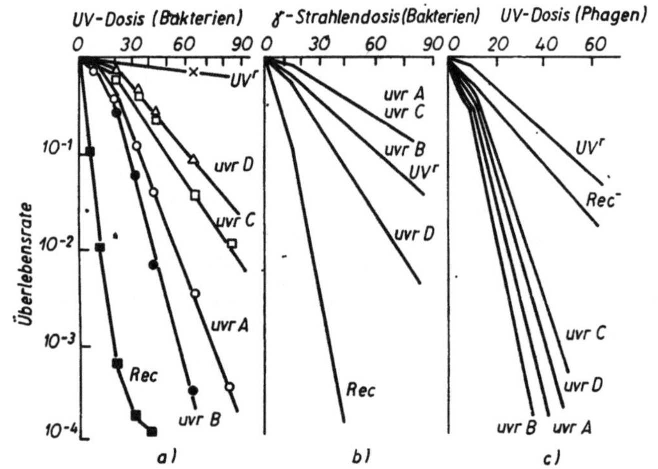

Abb. 57. Charakteristik verschiedener Mutanten, die hinsichtlich der Dunkelreparatur defekt sind

a — Anteil der überlebenden Bakterien nach Behandlung mit UV-Strahlen; b — das gleiche nach γ-Bestrahlung; c — Anteil der überlebenden Infektionszentren des mit UV-Strahlen behandelten Phagen λvh, der auf verschiedenen Bakterien ausgesät wurde (Ogawa, Shimada, Tomizawa, 1966)

1. Die uvr-D-Mutante ist sehr viel resistenter gegen ultraviolette Strahlen als die uvr-C-, uvr-A- und uvr-B-Mutanten (Abb. 57, a). Man kann sehen, daß auch die uvr-C-Mutante weniger sensibel für die Ultraviolettbestrahlung ist als die uvr-A- und die uvr-B-Stämme.
2. uvr-D unterscheidet sich von den übrigen hcr-Mutanten auch in der Fähigkeit, aus der DNS geschädigte Abschnitte abzuspalten. Zellen des Wildtyps, die gegen Ultraviolettbestrahlung resistent sind (UV^r), spalteten eine gewisse Menge DNS-Material während einer 2-stündigen Bebrütung nach der UV-Bestrahlung ab, aber die Stämme uvr-A, -B und -C waren dieser Fähigkeit vollständig beraubt. Ultraviolett bestrahlte Zellen von uvr-D dagegen stießen intensiv kurze Abschnitte ihrer DNS in die säurelösliche Fraktion aus. Wenn uvr-D-Bakterien

10 s lang ultraviolett bestrahlt wurden (Überlebensrate $1,4 \times 10^{-1}$), wurden im Verlauf der folgenden 2 Std. 55% der DNS abgebaut, und nach einer Bestrahlung von 40 s blieben nur 18% der DNS unabgebaut. Eine Abspaltung von DNS aus uvr-D-Bakterien (aber nicht aus UV^r und uvr-B) wurde auch bei Bebrütung nach γ-Bestrahlung beobachtet. Ein beträchtlicher DNS-Abbau nach Ultraviolett- und γ-Bestrahlung (aber weniger als bei uvr-D-Zellen) erfolgte in rec^--Mutanten von *E. coli.* Der DNS-Abbau nach der Bestrahlung wurde bei Zugabe von 4×10^{-3} M KCN zum Medium merklich unterdrückt.

3. uvr-D-Bakterien wurden durch γ-Strahlen sehr viel stärker geschädigt als die uvr-A-, -B- und -C-Stämme und die UV^r-Zellen (Abb. 57, b). Als am empfindlichsten für die Schadenwirkung ionisierender Strahlung erwiesen sich die rec^--Mutanten.

4. Alle hcr^--Mutanten (einschließlich uvr-D) sind annähernd in gleichem Grade zur Fotoreaktivierung von UV-Schäden befähigt. Zur Erreichung dieses oder jenes Grades der Fotoreaktivierung im uvr-D-Stamm muß man unbedingt den DNS-Abbau durch Kaliumcyanid unterdrücken. rec^--Bakterien sind nicht zur Fotoreaktivierung fähig, selbst nicht bei Zugabe von KCN.

5. Der uvr-D-Stamm unterscheidet sich von den übrigen hcr^--Mutanten in der Fähigkeit zur Fotoreaktivierung ultraviolett bestrahlter λ-Phagen. Wenn man die Bakterien mit solchen Phagen infiziert, so wird in den Stämmen uvr-A, uvr-B und uvr-C eine Fotoreaktivierung des Phagen λ beobachtet. Wenn man aber als Wirt Bakterien des Wildtyps, uvr-D und rec^- benutzt, die geschädigte Abschnitte abspalten können, so erfolgt ein schnelles Ausschneiden der durch die Ultraviolettbestrahlung geschädigten DNS-Abschnitte, und dem fotoreaktivierenden Enzym wird sein Substrat entzogen. Wenn man aber den Zellen KCN zugibt, das die Aktivität der Abbauenzyme unterdrückt, so erfolgt Fotoreaktivierung bei UV^r-, uvr-D- und rec^--Zellen mit der gleichen Geschwindigkeit wie bei uvr-A-, -B- und -C-Bakterien.

6. Später wird das Phänomen der Ultraviolettreaktivierung beschrieben werden (UVr), das darin besteht, daß das Überleben ultraviolett bestrahlter Phagen (solcher wie λ) anwächst, wenn man gleichzeitig auch die Wirtsbakterienzelle bestrahlt. Das UVr-Phänomen konnte auch bei Bakterien des Wildtyps und bei uvr-D beobachtet werden, aber diese Eigenschaft besaßen die übrigen hcr-Mutanten und rec^--Mutanten nicht.

7. Alle uvr-D-Mutanten können ultraviolett bestrahlte λ-Phagen nicht in solchem Grade reparieren wie Bakterien des Wildtyps UV^r und rec^--Mutanten.

8. Als Unterschied der uvr-D-Mutanten von den übrigen hcr-Zellen und den rec^--Stämmen erscheint die Dominanz des uvr-D^--Allels über das uvr-D^+-Allel. Bei Bildung von Heterogenoten, die gleichzeitig uvr-D^+- und uvr-D^--Allele tragen, trat das uvr-D^--Merkmal in Erscheinung.

9. Eine wertvolle Information über den molekularen Mechanismus der Mutationen uvr-B und uvr-D konnte nach Kreuzung dieser Mutanten untereinander erhalten werden. Die uvr-B Mutante ist nicht in der Lage, Schäden aus der DNS auszuschneiden. Der Grad der Abspaltung geschädigter Abschnitte aus der DNS

bestrahlter Zellen der Doppelmutante uvr-B-uvr-D erwies sich als bedeutend geringer als bei der uvr-D-Mutante. Nach Meinung von OGAWA, SHIMADA, TOMIZAWA (1968) kann das eine Folge davon sein, daß das uvr-B-Gen entweder für das Enzym zum Zerschneiden des Polynukleotidstranges (Endonuklease?) in der Nähe des Schadens oder für das Spaltungsenzym (Exonuklease vom Typ der Exonuklease III?) verantwortlich ist. Die Tatsache, daß uvr-B Röntgenschäden reparieren kann, spricht zu Gunsten der ersten Alternative. Die uvr-D-Zellen können Mutanten bezüglich der Resynthese neuer DNS im Abschnitt der Lücke sein, und dann wird die Doppelmutante, in der wegen der halbdominanten uvr-B-Mutation der erste Schritt der Dunkelreparatur nicht realisiert wird, sich durch geringere Geschwindigkeit des DNS-Abbaus als bei der uvr-D-Mutante auszeichnen. Die Dominanz von uvr-D⁻ über das uvr-D⁺-Allel gestattete den Autoren, einige Annahmen über den möglichen Mechanismus der Arbeit des uvr-D-Gens auszusprechen. Es kann entweder 1) eine veränderte Desoxyribonuklease ergeben, die geschädigte Abschnitte abspaltet, und in der Mutante wird mehr aktives Enzym synthetisiert werden als im Wildtyp, oder 2) die Funktion des Ausflickens der Lücke gewährleisten, und die Mutante wird diesen Prozeß blockieren, oder 3) den Übergang vom Abbau zum Beginn des Ausflickens der Lücke bestimmen, und das Mutantenprodukt wird diesen Übergang blockieren. Einstweilen jedoch kann man noch nichts bestimmtes über die Richtigkeit dieser Annahmen sagen.

10. Bisher wurde bei der Diskussion der hcr-Eigenschaften verschiedener Mutanten davon ausgegangen, daß Phagen, deren Schäden durch das hcr-System der Zellen repariert werden, sich in beliebigen Zellen mit einer funktionierenden Dunkelreparatur gleichartig verhalten. Wie jedoch W. HARM (1968) gezeigt hat, wird der ultraviolett bestrahlte Phage T1 in hcr⁺-Zellen repariert, aber der Phage λ wird durch die Enzyme der Dunkelreparatur und auch durch die an der Rekombination beteiligten Enzyme repariert.

Dunkelreparatur bei höheren Organismen

Die Entstehung von Thymindimeren in der DNS ultraviolett bestrahlter Zellen von Gewebekulturen des chinesischen Hamsters und bei L-Zellen von Mäusefibroblasten wurde in einer Reihe von Versuchen in den Laboratorien von CARRIER und KLIMEK bewiesen.

Als Hinweis auf die Ähnlichkeit der Prozesse, die in Bakterienzellen und in Zellen höherer Organismen ablaufen, diente der Umstand, daß auch bei den höheren das Spektrum der Mutationsentstehung mit dem Absorptionsspektrum der Nukleinsäuren zusammenfiel. Das wurde auch für Pflanzenzellen bewiesen — Staubkörner von *Tradescantia* (KIRBY-SMITH, CRAIG, 1957), Pilze (HOLLAENDER, EMMONS, 1941) und für Säugerzellen (CHU, 1963).

In der letztgenannten Arbeit wurde festgestellt, daß die Entstehungshäufigkeit von Chromosomenaberrationen sich mit der Wellenlänge ändert und in der Nähe von 265 nm ein Maximum hat.

Ebenso wie bei Bakterien und Phagen erhöht die Ersetzung von Thymidin durch 5-Brom- oder 5-Joddesoxyuridin die Strahlenempfindlichkeit von Säugerzellen bei Bestrahlung mit Ultraviolett (CHU, 1963). Unter Berücksichtigung dessen unternahmen TROSCO, CHU und CARRIER (1965) den Versuch, Dimere in der DNS embryonaler Zellen des chinesischen Hamsters (Zellen CH 461) nachzuweisen, die mit Ultraviolett der Wellenlänge 265 nm bei Dosen von 100 bis 2000 erg/mm² bestrahlt worden waren. In diesem Dosisbereich stieg die Zahl der Thymindimere linear mit der Dosis an. Die Fraktion der in den Säugerzellen entstandenen Thymindimere fiel quantitativ mit der bei Bakterien unter gleichen Bestrahlungsdosen zusammen. Unter Berücksichtigung der DNS-Menge je Zelle beim chinesischen Hamster berechneten die Autoren, daß bei einer Dosis von 100 erg/mm² ($\lambda = 265$ nm) in einem Kern $1{,}5 \cdot 10^5$ Thymindimere entstehen. Außerdem haben die Autoren gezeigt, daß die Schaffung von Bedingungen zum Ablauf der Reaktion der Fotoreaktivierung (UV-Bestrahlung mit anschließender Beleuchtung mit sichtbarem Licht) trotzdem nicht zur Verringerung der Dimerzahl führt. Offensichtlich enthielten die Zellen keine fotoreaktivierenden Enzyme.

Parallel untersuchten die Autoren die Zahl der entstehenden Chromatidenumbauten und stellten fest, daß bei der Dosis 100 erg/mm² im Mittel ein Chromatidenbruch je Zelle beobachtet wird.

STEWARD und HUMPHREY (1966) stellten einen Unterschied in der Menge an Thymindimeren fest, die in den Zellen des chinesischen Hamsters in den verschiedenen Phasen der mitotischen Teilung beobachtbar sind. Während der DNS-Synthese (S-Phase der Teilung) war die Zahl der Thymindimere um 34% höher als in der DNS von Zellen, die noch nicht in die Teilung eingetreten waren (G_1-Phase). Dieser Unterschied könnte durch die Reparatur eines Teils der in der G_1-Phase entstandenen Schäden erklärt werden.

Gleichzeitig endeten alle Versuche erfolglos, in den Zellen des chinesischen Hamsters entweder eine Spaltung der Dimere (ihre Monomerisierung) oder aber eine Ausstoßung der Dimere (excision) nachzuweisen. Die schon erwähnten Versuche von TROSCO, CHU und CARRIER (1965) hatten keine Fotoreaktivierung in diesen Zellen nachweisen können. TROSCO u. a. (TROSCO, KASSCHAU, COVINGTON, CHU, 1966) konnten in diesen Zellen auch keine Abspaltung von Dimeren nach dem Mechanismus der Dunkelreparatur finden.

Unter Berücksichtigung dessen mußten STEWARD und HUMPHREY (1966) andere Erklärungen des von ihnen festgestellten Effekts der erhöhten Entstehung von Dimeren in der S-Phase im Vergleich zur G_1-Phase suchen. Weil Größe und Form der Zellen, Verteilung und Konzentration des intrazellulären Materials, das ultraviolette Strahlen absorbieren kann, Kondensationsgrad des Chromatins usw. in den verschiedenen Stadien des Mitosezyklus unterschiedlich sind, kamen die Autoren zu dem Schluß, daß gerade durch diese Unterschiede auch der von ihnen gefundene Effekt erklärt werden kann.

Die Meinung vom Fehlen eines Reparatursystems in Säugerzellen, das dem der Dunkelreparatur bei Bakterien ähnlich ist, erhielt eine Bestätigung in Experimenten von KLIMEK (1966) und KLIMEK und VLASINOVA (1966), die das Fehlen einer Abspaltung von Dimeren in L-Zellen von Mäusefibroblasten feststellten, die ultraviolett bestrahlt worden waren, obwohl Thymindimere in diesen Zellen entstanden.

Und doch erwies sich der Schluß, daß bei höheren Tieren Reparatursysteme ähnlich der Dunkelreparatur fehlen, als verfrüht.

In letzter Zeit gelang es, in einem Experiment in vitro die Abspaltung von Dimeren in einer Reihe von Kulturen menschlicher Zellen zu beweisen. Eine erste kurze Mitteilung dieser Art wurde von REGAN und TROSCO gemacht, die gezeigt hatten, daß HeLa-, RA- und RAX 10-Zellen in der Lage sind, 40—50% der

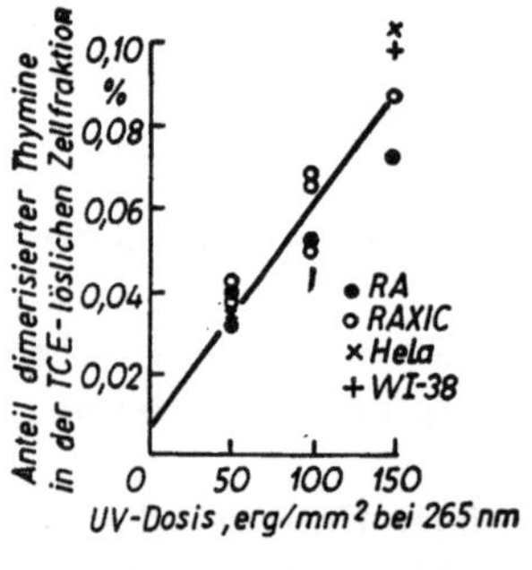

Abb. 58. Bildung von Pyrimidindimeren in Zellen einer Gewebekultur des Menschen, die mit UV-Strahlen behandelt wurden (REGAN, TROSCO, CARRIER, 1968)

durch Ultraviolettbestrahlung induzierten Thymindimere aus der DNS auszustoßen. Diese Abspaltung von Dimeren wurde nach 48 Std. nach der Bestrahlung beobachtet (REGAN, TROSCO, 1967).

Eine detaillierte Darlegung der Resultate dieser Versuche wurde im Artikel von REGAN, TROSCO und CARRIER (1968) vorgenommen. Die Arbeit wurde mit amniotischen RA- und RAX 10-Zellen, mit HeLa-Zellen und mit diploiden Zellen des Stammes WI-38 durchgeführt. Die DNS wurde mit ^{3}H-Thymidin markiert, und die Zellen wurden mit Ultraviolett bei 265 nm mit den Dosen 50, 100 und 150 erg/mm² bestrahlt. Mit Vergrößerung der Bestrahlungsdosis stieg die Zahl der Dimere linear an (Abb. 58). Nach 24 und 48 Std. nach der Bestrahlung untersuchten die Autoren die Ausbeute an Thymindimeren in der trichloressigsäure-

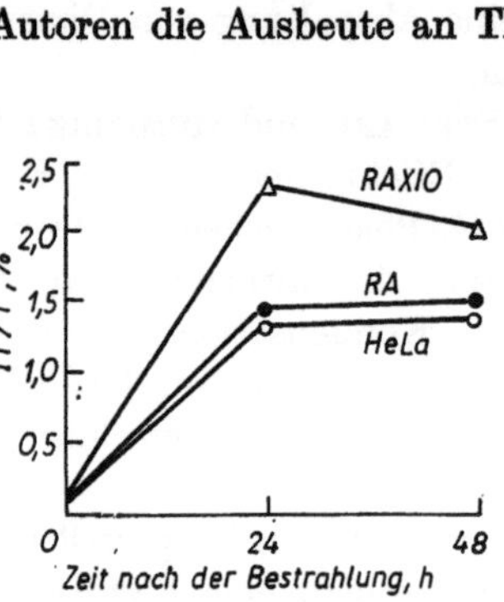

Abb. 59. Herausschneiden von Pyrimidindimeren aus Zellen einer Gewebekultur des Menschen, die mit UV-Strahlen behandelt wurden (50 erg/mm², $\lambda = 265$ nm). Der Grad des Herausschneidens wurde nach dem Auftreten von Dimeren in der Trichloressigsäure-löslichen Zellfraktion (REGAN, TROSCO, CARRIER, 1968) abgeschätzt

löslichen Fraktion (Abb. 59) und zeigten, daß die größte Dimerausbeute 24 Std. nach der Bestrahlung beobachtet wird. Die Zellen unterschieden sich in ihrer Fähigkeit zur Abspaltung von Dimeren. Das zeigte besonders der Stamm RAX 10, der als Abkömmling der amniotischen RA-Zellen erscheint, der aus RA-Zellen gewonnen wurde, die die Bestrahlung mit einer Dosis von 1000 R Röntgenstrahlen überlebt hatten.
Außerdem untersuchten die Autoren die Entstehung von Dimeren anderer Pyrimidinbasen, insbesondere des Cytosin-Thymindimers, das nach Desaminierung des Cytosins in das Uracil-Thymin-Dimer übergeht.

Tabelle 15

Verlust von Homodimeren ($\widehat{TT}$) und Heterodimeren ($\widehat{UT}$) aus der DNS von RAX 10-Zellen nach Einwirkung von UV-Strahlen (Dosis 100 erg/mm²)

Dimertyp	entstandene Dimere, %	in der DNS nach 24 Std. verbleibende Dimere, %
$\widehat{TT}$	0,044	0,028
$\widehat{UT}$	0,016	0,007
Summe	0,060	0,035

Aus den Daten der Tab. 15 ist ersichtlich, daß die Häufigkeit der Entstehung solcher Dimere 3 mal kleiner als die Häufigkeit des Auftretens von $\widehat{TT}$-Dimeren ist, obwohl der Grad der Spaltung beider Typen annähernd gleich ist (s. auch Varghese, Day III., 1970).
Zugabe von Coffein (9×10^{-3} M) zu den Zellen zeigte keine Wirkung auf den Prozeß der Ausstoßung von Dimeren.
So bewiesen die Autoren, daß sich Säugerzellen in ihrer Fähigkeit zur Abspaltung von Dimeren unterscheiden. Zellen von Mäusefibroblasten besitzen nicht die Fähigkeit zur Reparatur; Zellen des Menschen aber werden durch einen hohen Reparaturgrad charakterisiert (bis 50—60% aller entstandenen Dimere werden aus der DNS abgespalten). In der Diskussion zitierten die Autoren unveröffentlichte Daten von Cleaver und Painter, die die Existenz einer Reparaturreplikation gerade bei HeLa-Zellen zeigten. Äußerst interessant ist auch die Mitteilung, daß 50% der Schäden, die in Hela-Zellen durch alkylierende Verbindungen hervorgerufen werden, nach 24-stündigem Kultivieren der Zellen verschwinden.
Gleichzeitig mit Regan, Trosco und Carrier wurde die Abspaltung von Thymindimeren aus der DNS von Ehrlich-Ascites-Karzinomzellen von Horikawa et al. (1968) gezeigt. Eine detailliertere Analyse dieses Prozesses wurde von Sojfer u. a. (1970) ausgeführt. Als Wichtigstes wurden in der letztgenannten Arbeit Daten gewonnen, die für die Existenz eines Ausweitungsstadiums der Lücke nach dem Herausschneiden der Pyrimidinbasen-Dimere aus der DNS von Hela-Zellen

zeugen. Diese Schlußfolgerung wurde nach der Untersuchung der progressiv wachsenden Thyminausbeute in der säurelöslichen Fraktion der Zellen beim Ablauf der Dunkelreparatur gezogen.

Die in diesem Abschnitt angeführten Beweise für die Abspaltung von Dimeren aus Zellen des Menschen litten an einem Mangel — sie wurden an Krebszellen geführt, und es war nicht klar, ob Dimere aus normalen Zellen abgespalten werden. In letzter Zeit wurde ein solcher Beweis von SETLOW u. a. (SETLOW et al., 1969) für diploide Zellen der menschlichen Haut und von V. N. SOJFER u. a. (1971) für Lungenzellen des menschlichen Embryos erhalten. Der quantitative

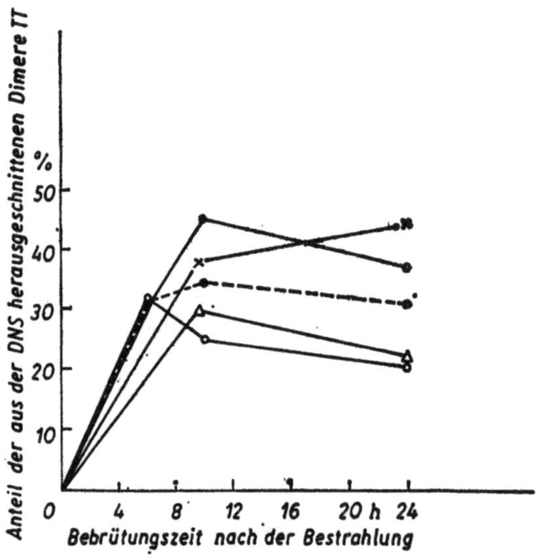

Abb. 60. Kinetik der Abspaltung von Thymindimeren aus der DNS diploider, UV-bestrahlter Zellen der Lunge eines menschlichen Embryos (SOJFER u. a., 1972)

Grad der Abspaltung erwies sich im letzten Falle als der gleiche wie für Hela-Zellen (Abb. 60). Eine maximale Abspaltung von Dimeren wurde 10—12 Stunden nach der Bestrahlung der Zellen beobachtet, und der Abspaltung waren bis zu 50% aller in der DNS entstandenen Dimere unterworfen.

In der Arbeit der Gruppe um SETLOW wurde festgestellt, daß die früher von CLEAVER (1968, 1969) aufgedeckte Ursache einer Erkrankung von Menschen an der Hautkrankheit der pigmentösen Xerodermie, die häufig in Hautkrebs übergeht, in einem Defekt des Reparatursystems wurzelt und darin besteht, daß in den Zellen der Haut Xerodermie-Kranker die in der Nähe von Thymindimeren die DNS einschneidenden Enzyme fehlen. Diese Schlußfolgerung wurde durch Resultate verschiedener Experimente gestützt, in denen das Einschneiden der DNS in normalen Zellen und sein Fehlen in den Zellen xerodermaler Gewebe nach UV-Bestrahlung in Versuchen mit Gradientenzentrifugation in einem alkalischen

Saccharosegradienten untersucht wurde (Setlow et al., 1969), in Experimenten zur Untersuchung der Reparaturreplikation in diesen Zellen und des Prozesses der Vereinigung der Fragmente nach Röntgenbestrahlung (Kleijer et al., 1970), in Versuchen, die die Verringerung der Reparatursynthese der DNS in acht Linien von Xerodermiezellen im Vergleich zu normalen Zellen zeigten (Bootsma et al., 1970), in direkten Experimenten, die das Fehlen des Herausschneidens der Zyklobutandimere aus der DNS von xerodermalen Zellen zeigten (Cleaver, Trosco, 1970).

So wurde in Experimenten mit Säugerzellen und insbesondere mit Zellen des Menschen die Existenz der gleichen Hauptetappen der Dunkelreparatur nachgewiesen, die in den Experimenten mit Mikroorganismen entdeckt worden waren: Einschneiden der bestrahlten DNS (Setlow et al., 1969), Herausschneiden der Dimere (Regan et al., 1968; Horrikawa et al., 1968; Sojfer u. a., 1970), Ausweitung der Lücke (Sojfer u. a., 1970), Reparaturreplikation (Cleaver, 1968, 1969, 1970; Cleaver, Trosco, 1970; Spiegler, Norman, 1970; Stich, San, 1970), Vereinigung der Fragmente (Kleijer et al., 1970).

Große Bedeutung für die weitere Entwicklung der Untersuchungen auf dem Gebiet der Reparatur bei höheren Organismen wird die Auffindung von Zelllinien des Menschen besitzen, die einen Defekt in den verschiedenen Etappen der Reparatur aufweisen. Solche Linien sind nicht nur für den Fall der pigmentösen Xerodermie isoliert worden, von dem oben die Rede war, sondern auch für Hela-Linien, aus denen die Unterlinie N° 4 isoliert wurde, die für Methylmethansulfonat empfindlich ist und eine erhöhte UV-Empfindlichkeit im Vergleich zur Eltern-Ausgangslinie entwickelt (Wilkinson et al., 1970). Unserer Ansicht nach erscheint für weitere Erfolge auf diesem Gebiet die Ausarbeitung eines experimentellen Modells als wichtig, analog dem Modell der Phagenreaktivierung mit Hilfe der Wirtszellen (HCR), das in letzter Zeit im System normaler und xerodermaler Zellen und des Virus *SV 40* von Aaronson und Lytle (1970) entwickelt wurde.

Schließlich sollte man erwähnen, daß Systeme der Dunkelreparatur bei Säugern offensichtlich nicht nur für den Fall extremer Einwirkungen von Faktoren, die in der Natur selten anzutreffen sind, auf die Organismen unerläßlich sondern alltäglich notwendig sind. Auf jeden Fall haben die von Trosco et al. (1970) angestellten Versuche gezeigt, daß bei Beleuchtung von Zellen des Menschen mit Sonnenlicht im Verlauf von 2, 3 und 5 Stunden ein lineares Ansteigen der Zahl von Thymindimeren in der DNS der Zellen beobachtet wird. Eine Monomerisierung dieser Dimere als Folge von Prozessen, die der Fotoreaktivierung oder der Fotoprotektion nahekommen (s. Ikenada, Patrick, Jagger, 1970), haben die Autoren nicht gefunden, und ihrer Meinung nach kann nur ein System der Dunkelreparatur diese Schäden beseitigen.

Reparatur von Bakteriophagen, die von den Genen v und x kontrolliert wird

Unter den beschriebenen Reparaturarten von Strahlenschäden kann allein die Fotoreaktivierung das Überleben der geradzahligen *T*-Phagen beeinflussen. Die übrigen Reparaturarten greifen die DNS der geradzahligen *T*-Phagen nicht an. Diese besondere Situation der Bakteriophagen *T2*, *T4* und *T6* hängt damit zusammen, daß sie Gene besitzen, die bei der Entwicklung in der Zelle die Synthese der Enzyme gewährleisten, die die Phagenschäden reparieren — die Gene v und x.

Bereits im Jahre 1949 beschrieb S. Luria einen starken Unterschied bei den Kurven der Inaktivierung der Bakteriophagen *T2* und *T4* durch ultraviolette Strahlen (Luria, 1949). Luria zeigte, daß die bedeutend größere Empfindlichkeit des Phagen *T2* im Vergleich zum Phagen *T4* genetisch determiniert ist und daß

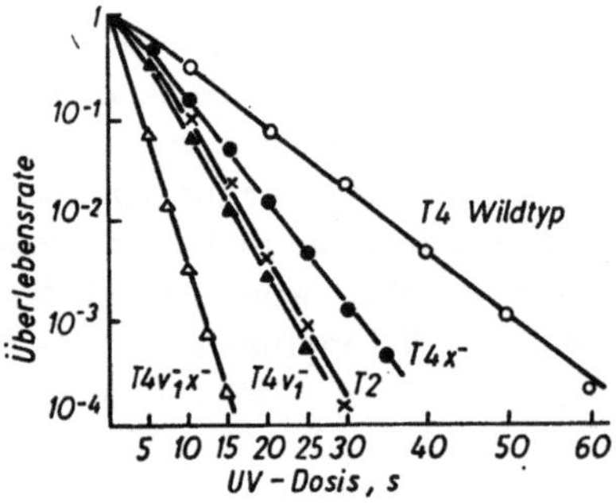

Abb. 61. Überlebensrate des Phagen *T2* und verschiedener Mutanten des Phagen *T4* als Funktion der UV-Dosis im Dunkeln (Harm, 1963)

dieses Merkmal von einem Phagen auf einen anderen mittels Rekombination übertragen werden kann. Das Merkmal wurde aller Wahrscheinlichkeit nach durch ein Gen bestimmt.

1963 stellte jedoch W. Harm die Existenz eines zweiten Gens — x — fest, das die Überlebensrate der Phagen *T2* und *T4* beeinflußt (Harm, 1963). Das mutierte Allel dieses x-Gens bedingte für den Phagen *T4* eine Empfindlichkeit für ultraviolette Strahlen zwischen der der Phagen $T4x^+$ und $T2x^+$ (Abb. 61). Wahrscheinlich kommt das x^+-Allel des x-Gens in den Phagen *T2*, *T4* und *T6* vor.

Die Reaktivierung durch das v-Gen

Streisinger (1956) bemühte sich, das v-Gen auf der genetischen Karte der Phagen *T2* und *T4* zu kartieren. Er fand, daß dieses Gen in der Nähe der rI-Region liegt. Von ihm wurde auch der Versuch unternommen, die Beteiligung des v-Gens an der Fotoreaktivierung aufzuklären. Die Existenz eines mutierten Allels v^- beim Phagen *T2* verlieh diesem Phagen eine (im Vergleich zum Phagen

$T4v^+$) erhöhte Empfindlichkeit für ultraviolette Strahlen, aber dafür erfährt der Phage *T2* immer eine intensivere Fotoreaktivierung bei Infektion von Bakterienzellen.

W. HARM konnte zeigen, daß die erhöhte Empfindlichkeit und die Eigenschaft einer aktiveren Antwort auf die Bestrahlung mit sichtbarem Licht nicht die Folge einer erhöhten Strahlenempfindlichkeit sind und nicht mit intensiver ablaufenden Primärreaktionen der Wechselwirkung von genetischem Material und Strahlenenergie verknüpft sind, sondern die Widerspiegelung enzymatischer Prozesse darstellen, die sich in der Zelle entwickeln — Prozesse der Schadenausbesserung (HARM, 1958b, 1959, 1961).

HARM inaktivierte eine Suspension des Bakteriophagen $T4v^+$ mit großen Dosen ultravioletter Strahlen (ungefähr 500 letale Treffer) und infizierte Zellen von *E. coli B* mit solchen Phagen. Die Phagen konnten sich nicht selbst vermehren, konnten aber noch das Produkt des v-Gens synthetisieren, das sie im normalen Zustand besaßen. Nach Infektion dieser Infektionskomplexe mit einem Bakteriophagen *T2*, der das mutierte Allel des v-Gens (das Allel v^-) trug, erhielt HARM Überlebenskurven des Phagen *T2* bei Ultraviolettbestrahlung, die mit den Kurven des Phagen $T4v^+$ zusammenfielen (Abb. 62). Auf diese Weise wurde festgestellt, daß die Funktion des v-Gens in der Synthese eines Enzyms besteht, das für beide Phagen spezifisch ist.

Im weiteren gelang es HARM, mit Hilfe von salpetriger Säure Mutanten des Phagen *T4* ($T4v_1^-$ und $T4v_2^-$) zu erhalten, die sich in ihrer Empfindlichkeit und Fotoreaktivierbarkeit nicht vom Phagen *T2* unterschieden. Zwischen diesen Mutanten gelang es, eine Rekombination durchzuführen. Trotzdem blieb die Frage offen, was denn das v-Gen bestimmt — die Eigenschaft der Fotoreaktivierung oder einen anderen Reparaturprozeß.

Die Daten von STREISINGER dafür, daß der Phage *T2* eine größere Fähigkeit zur Fotoreaktivierung entwickelt als der Phage $T4v^-$, und die Mitteilung von HARM über die Gewinnung der Mutanten $T4v_1^-$ und $T4v_2^-$, die sich in der Fotoreaktivierbarkeit nicht vom Phagen *T2* unterscheiden, durfte man noch nicht so behandeln, daß das v-Gen keinerlei Anteil an der Fotoreaktivierung nimmt und daß die Fotoreparatur durch die fotoreaktivierenden Enzyme der Zelle realisiert wird, daß aber das v-Gen nur günstige Bedingungen für den Ablauf der Reparaturreaktion schafft. Die Antwort auf die Frage wurde in Versuchen von HARM und HILLEBRANDT (1962) erhalten. Die Autoren benutzten die Mutanten *E. coli phr*$^-$, denen die fotoreaktivierenden Enzyme fehlten, und untersuchten den Reparaturprozeß der Phagen $T4v^+$ und $T4v_1^-$ nach UV-Bestrahlung in solchen Zellen. Der quantitativ unveränderte Reparaturgrad beider Phagen (die Überlebenskurven der Phagen $T4v^+$ und $T4v_1^-$ besaßen gleiche Unterschiede in den Neigungen bei Aussaat auf Stamm B oder B phr$^-$) bestärkte die Autoren in der Meinung, daß die Reaktivierung mit Hilfe des v-Gens und die Fotoreaktivierung verschiedene und unabhängige Phänomene sind.

WINKLER und Mitautoren (WINKLER et al., 1962) haben gezeigt, daß die Unterschiede zwischen den beiden Reparaturmechanismen auch spektrale Eigenschaften betreffen. Das fotoreaktivierende Enzym der Zelle *E. coli B* entwickelt eine fast gleiche Effektivität bei der Beseitigung von Schäden, die durch Ultraviolettbestrahlung im Wellenlängenbereich von 300 bis 400 nm hervorgerufen wurden. Für den Fall der Reaktivierung durch das v-Gen wird die allergrößte Reparatureffektivität für Phagen beobachtet, die durch Ultraviolettbestrahlung der Wellenlänge 302 nm inaktiviert worden sind und ist weniger effektiv im Wellenlängenbereich von 225 bis 297 nm.

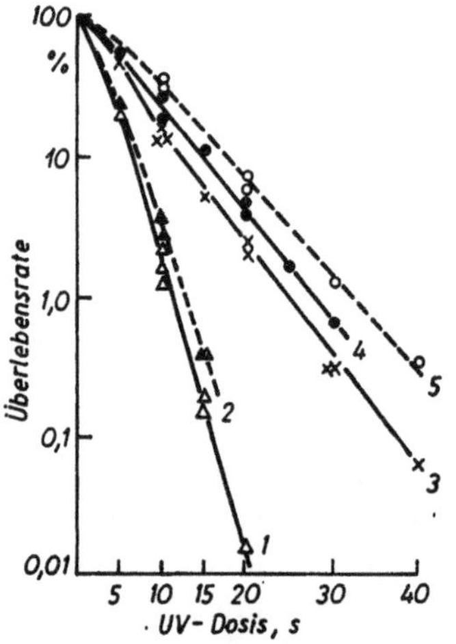

Abb. 62. Überlebenskurven der Phagen *T2* und *T4* unter verschiedenen Bedingungen nach Behandlung mit UV-Strahlen

1 — Überlebensrate des Phagen *T2* bei Infektion von *E. coli B*-Zellen mit der Multiplizität 1; 2 — Überlebensrate des Phagen *T2* bei gleichzeitiger Infektion mit *T2*-Phagen (Multiplizität 3), die mit einer großen UV-Dosis bestrahlt wurden; 3 — Überlebensrate des Phagen *T2* bei gleichzeitiger Infektion mit *T4*-Phagen, die ebenfalls mit großen UV-Dosen bestrahlt wurden (Multiplizität 3); 4 — Überlebensrate des Phagen *T4* bei Einzelinfektion; 5 — Überlebensrate des Phagen *T4* bei gleichzeitiger Infektion mit *T4*-Phagen, die eine große UV-Dosis erhalten haben (Harm, 1961)

Cavilla und Johns (1964) kamen jedoch bei der Durchführung einer detaillierten Untersuchung dieser Frage zu einer entgegengesetzten Schlußfolgerung. Sie zeigten, daß mit dem Übergang von der Wellenlänge 230 nm zu ultravioletten Strahlen der Wellenlänge 297 nm eine schrittweise Verringerung der v-Reaktivierung beobachtet wird. Obwohl Sauerbier (1964) meinte, daß das Produkt des v-Gens nicht an der Spaltung der Thymindimere teilnimmt, fanden R. Setlow und W. Carrier, daß beim Phagen *T4v*+ eine Spaltung der Dimere erfolgt, die durch Tätigkeit des v-Gens bedingt ist, aber Dimere im Stamm v− nicht gespalten werden (Setlow, Carrier, 1966a). Heute ist es fest bewiesen, daß das v-Gen ein Enzym liefert, welches die Dimere herausschneidet (BOYLE, 1969; YASUDA, SEKIGUCHI, 1970).

Als allgemeines Kennzeichen, das fast alle Reparaturarten von Ultraviolettschäden einander näher bringt, erscheint dasjenige, daß die Enzyme der Reparatursysteme mit Ausnahme des Systems der Ultraviolettreaktivierung Schäden halogenierter DNS-Moleküle nicht reparieren können. Dieser Regel ist auch die v-Gen-Reaktivierung unterworfen. Wie von STAHL und anderen (1961) gezeigt wurde, erfolgt die v-Gen-Reaktivierung nicht bei der Ersetzung von Thymin in der Phagen-DNS durch 5-Bromuracil.

Reaktivierung mit Hilfe des x-Gens

HARM erhielt Rekombinanten mit dem x- und dem v-Gen (Genotyp $T4v^-x^-$). Ihre Strahlenempfindlichkeit erwies sich als zweimal größer als bei den Phagen *T2* oder $T4v^-$ (Abb. 63) und viermal größer im Vergleich zum Phagen $T4v^+x^+$.

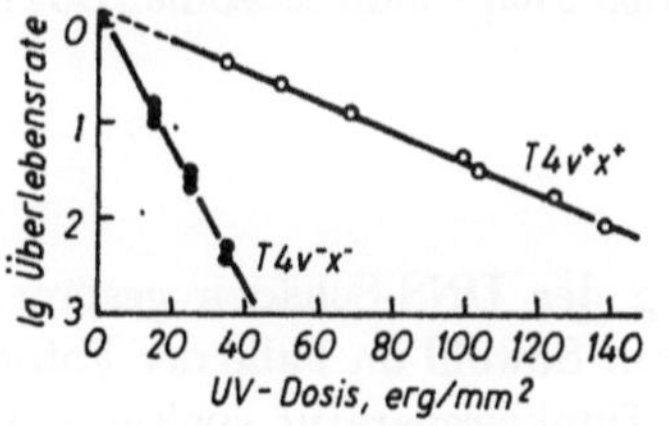

Abb. 63. Überlebenskurven der Bakteriophagen $T4\,v^+x^+$ und $T4\,v^-x^-$ bei Behandlung mit UV-Strahlen der Wellenlänge 260 nm

Ähnlich dem v-Gen reguliert das x-Gen die Reparatur von Phagenschäden auf dem Wege der Synthese eines Agens, das bei der Infektion der Zelle durch den Phagen in Funktion tritt (HARM, 1964; RUPERT, HARM, 1966). Das Überleben unter Bedingungen, die eine maximale Fotoreaktivierung gewährleisten, ist bei der Mutante x^- bedeutend niedriger als bei der v^--Mutante. Gleichzeitig findet die Dunkelreparatur mit Hilfe des x-Gens offensichtlich bis zu einem gewissen Grade statt.

Der molekulare Mechanismus der Tätigkeit des x-Gens bleibt vorerst unverstanden. HARM hat die Vermutung ausgesprochen, daß das x-Gen auf irgendeine Weise mit den Prozessen der genetischen Rekombination des Phagen zusammenhängt.

Eine Analyse der Wechselbeziehungen zwischen den drei Reparaturarten (die mit Hilfe des v- und des x-Gens und die Fotoreaktivierung), die von RUPERT und HARM (1966) vorgenommen wurde, führte zu folgenden Schlußfolgerungen.

1. Die Fotoreaktivierung ist am aktivsten.
2. 15% aller Ultraviolettschäden des Phagen können nicht repariert werden, selbst bei einer Kombination aller genannten Arten von Reparaturprozessen.
3. Die korrelative Beteiligung der verschiedenen Reparaturarten kann wie auf Abb. 64 dargestellt werden.

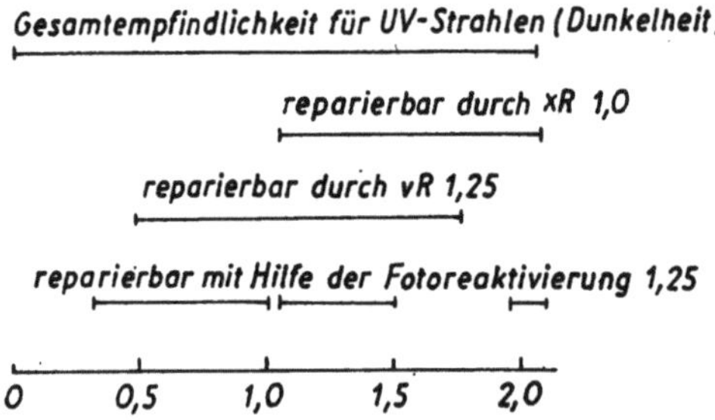

Abb. 64. Korrelative Beteiligung der verschiedenen Reparaturarten beim Bakteriophagen *T4*

xR — Reparatur durch das x-Gen, vR — Reparatur durch das v-Gen (RUPERT, HARM, 1966)

Kürzlich wurde noch ein Gen entdeckt, das die Strahlenempfindlichkeit von Phagen beeinflußt, das Gen y (BOYLE, SYMONDS, 1969). Alle drei Gene — v, x und y — liegen in verschiedenen Loci des Phagenchromosoms (BOYLE, 1969).

Postreplikative Reparatur

Bisher haben wir von der Beseitigung der DNS-Schäden gesprochen, die vor Beginn der Replikation realisiert werden. Sowohl im Falle der Fotoreaktivierung als auch während der Reaktionen der Dunkelreparatur spalten die Enzyme die Dimere oder schneiden sie aus der DNS bis zum Einsetzen der Verdoppelung der DNS-Moleküle heraus. Was aber geschieht mit den Dimeren und mit einer DNS, die Dimere trägt, wenn diese bis zum Beginn der Replikation erhalten bleiben? Eine Antwort auf diese Frage wurde in Experimenten von Fred RUPP und Paul HOWARD-FLANDERS erhalten (RUPP, HOWARD-FLANDERS, 1968). Die Autoren benutzten einen Bakterienstamm *E. coli K12*, dessen Zellen hinsichtlich der Fähigkeit, Dimere aus der DNS herauszuschneiden, defekt waren. Infolgedessen zeichnet sich dieser Stamm durch eine hohe Empfindlichkeit für ultraviolette Strahlung aus.

Nachdem die Autoren Zellen dieses Stammes *E. coli K12 uvr A6* einer UV-Bestrahlung unterworfen hatten, begannen sie, den Einbau Tritium-markierten Thymins in die DNS der Zellen zu verfolgen, und sie stellten fest, daß sogleich nach der Bestrahlung eine Hemmung der Initiation der DNS-Synthese beobachtet wird. Da ebenfalls kein Herausschneiden von Thymindimeren aus der DNS erfolgte, schlossen die Autoren, daß die Hemmung der Synthese durch das Vorhandensein von geschädigten, die Replikation behindernden Basen in der DNS bedingt ist. Nach einiger Zeit setzte jedoch der Einbau von ^{3}H-Thymidin ein, wobei die Einbaugeschwindigkeit bei höheren Bestrahlungsdosen niedriger war. Je mehr Thymindimere in der DNS vorhanden waren, um so größer war die Blockierung des Einbaues von markiertem Thymidin, die im Experiment beobachtet wurde. Die Autoren meinten, daß jedes Dimer die Polymerase einige Sekunden aufhält (ihre nachfolgende Berechnung hat gezeigt, daß diese Verzögerung an jedem Dimer 10 s ausmacht) und daß beim Durchgang eines Dimere enthaltenden DNS-Abschnittes durch die Polymerase die normale Vorschubgeschwindigkeit der Matrize durch die DNS-Polymerase hierdurch wiederhergestellt wird.

Um diese Vorstellung nachzuprüfen, benutzten die Autoren die Methode, die Molekulargewichte der synthetisierten DNS-Abschnitte mit Hilfe der Gradientenzentrifugation im alkalischen Saccharosegradienten, die von McGrath und Williams (1966) ausgearbeitet worden ist. Bestrahlte Zellen wurden in ein Medium mit radioaktivem Thymidin übertragen und mit Lysozym behandelt. Die gewonnenen Sphäroplasten der Zellen wurden vorsichtig auf die Oberschicht des Saccharosegradienten übertragen. Die Saccharose wurde auf pH 12 mit Hilfe von NaOH einjustiert. Unter diesen Bedingungen erfolgte eine Denaturierung der DNS, und die Abschnitte der einzelnen DNS-Stränge wurden der Ultrazentrifugation unterworfen. Die Distanzen, die die einzelnen DNS-Abschnitte in einer vorgegebenen Zeit vorrückten, waren ihrem Molekulargewicht proportional.

Die Methode von McGrath und Williams gestattete den Autoren, deutlich zu zeigen, daß nach der Bestrahlung kurze DNS-Abschnitte synthetisiert werden. Nach Berechnung der Länge der synthetisierten Abschnitte, ihrer Menge und auch der Zahl der in der DNS entstandenen Thymindimere stellten die Autoren fest, daß es zwischen allen drei Parametern eine deutliche Abhängigkeit gibt. Die Zahl der Brüche zwischen den synthetisierten Abschnitten entsprach genau der Zahl der Dimere, und die Länge der synthetisierten Stücke war gleich dem Abstand zwischen den Thymindimeren. Auf diese Weise stellten die Autoren fest, erstens daß die Dimere die DNS-Replikation behindern und zweitens, daß das diesen Prozeß ausführende Enyzm (die DNS-Polymerase) an der Matrize gegenüber dem geschädigten Abschnitt nur langsam vorrückt, wobei es an dieser Stelle eine Lücke erzeugt und dann nach dem Passieren dieser Stelle die normale Replikationsgeschwindigkeit wiederherstellt.

Bei der Analyse des weiteren Verhaltens der Zellen, die keine Thymindimere aus der DNS abspalten können, stellten Rupp und Howard-Flanders das Phänomen der postreplikativen Reparatur fest. Sie fanden, daß nach einer gewissen Zeit ein Zubauen (Ausflicken) der Lücken einsetzte und daß die Zahl der Fragmente, die bei der Ultrazentrifugation im alkalischen Saccharosegradienten nachweisbar waren, abzunehmen begann. Nach 120 Minuten waren alle Lücken zugebaut. Dadurch stellten Rupp und Howard-Flanders in dieser Arbeit fest, daß die Reparatur (das Zubauen der Lücke) nach der Replikation ausgeführt wird, ein Sachverhalt, der die Bezeichnung postreplikative Reparatur erhalten hat.

Eine detaillierte Analyse der postreplikativen Reparatur wurde im Laboratorium von Kendrew Smith durchgeführt (eine Zusammenfassung der von Smith und Mitarbeitern gewonnenen Daten findet man im Artikel von Smith, 1971).

Das wichtigste Ergebnis von Rupp und seinen Kollegen war der Beweis für ihre Vorstellungen, wie die Lücke zugebaut wird. Natürlich müßten in der synthe-

tisierten DNS viele Mutationen auftreten, wenn die Lücke auf der Basis der semikonservativen Replikation an der Matrize des gegenüberliegenden Stranges geschlossen würde. Tatsächlich war das aber nicht der Fall, und es wurde von Anfang an die von vielen mit Skepsis aufgenommene Vermutung ausgesprochen, daß das Ausfüllen der Lücke mit Hilfe eines rekombinationsartigen Prozesses erfolgt. Wenn die DNS mit der Lücke den fehlenden Abschnitt aus einem anderen zweisträngigen DNS-Molekül erhalten könnte, so würde dies zur Wiederherstellung der richtigen Ausgangsinformation im geschädigten Molekül führen. Dieser intersestrale Austausch wurde von RUPP et al. (1970) bewiesen, als sie die Zellen vorbereitend in einem schweren Medium anzüchteten, das das Stickstoffisotop ^{15}N und den leichten Kohlenstoff ^{13}C enthielt. Dann wurden die Zellen in ein leichtes Medium übertragen und mit ultraviolettem Licht bestrahlt. Hierbei wurde gefunden, daß ein intersestraler Austausch einsträngiger Abschnitte zwischen den Molekülen im Verlauf der postreplikativen Reparatur realisiert wird.
IYER und RUPP (1971) haben gezeigt, daß jede Lücke in jedem de novo synthetisierten Tochterstrang eine Länge von rund 1000 Nukleotiden besitzt.
In jüngster Zeit wurde festgestellt, daß die postreplikative Reparatur mit der Aktivität der rec-Gene von *Escherichia coli* zusammenhängt (s. die Übersicht von SMITH, 1971). Die biologische Rolle der postreplikativen Reparatur bleibt nichtsdestoweniger ziemlich nebelhaft. Obwohl die Wiederherstellung der nativen DNS-Struktur vollkommen überzeugend durch die Ultrazentrifugationsversuche im alkalischen Saccharosegradienten nachgewiesen worden ist, bleibt es unklar, ob eine solche „reparierte" DNS ihre volle biologische Aktivität bewahrt. Man darf indessen nicht ausschließen, daß aber trotz ausgefüllter Lücken solche DNAs nicht normal funktionieren können, weder während der normalen Replikation, noch während der Transkription. Weitere Experimente müssen die Bedeutung dieses sehr wichtigen und interessanten Prozesses aufklären. Dafür, daß die postreplikative Reparatur ziemlich weit verbreitet ist, spricht die Tatsache, daß LEHMAN (1972) erste Beweise dafür vorgelegt hat, daß die postreplikative Reparatur in Mäuse-Lymphomzellen abläuft.

Ultraviolettreaktivierung

Das Phänomen der Ultraviolettreaktivierung wurde von J. WEIGLE (1953) entdeckt. Der in vitro durch ultraviolette Strahlen inaktivierte Phage λ wurde nach dem Eindringen in vorbestrahlte Zellen oder nach Ultraviolettbestrahlung des Komplexes Phage-Bakterium reaktiviert. Dieses Phänomen wurde Ultraviolettreaktivierung genannt (UVR). Das Überleben bestrahlter Phagen vergrößerte sich auch bei schwacher Bestrahlung mit weichen Röntgenstrahlen (RUPERT, HARM, 1966). Die Ultraviolettreaktivierung ist bei Phagen weit verbreitet. Außer für Phagen λ wurde die UVR für die Phagen *T3* (WEIGLE, DULBECCO, 1953), *P22* (GAREN, ZINDER, 1955), *T1* (TESSMAN, 1956), *P2* (BERTANI, 1960), $\varkappa$, der *Serratia marcescens* infiziert (WINKLER, 1963) und auch für C_d

(KRIVISKIJ, SOLOV'EVA, 1963) beschrieben. Analog zur Dunkelreparatur wurde diese Reparaturart für geradzahlige *T*-Phagen und für *T5* nicht beschrieben (WEIGLE, 1953). Eine andere Besonderheit, die sowohl im Fall der Wirtszellenreaktivierung als auch im Falle der Ultraviolettreaktivierung in Erscheinung tritt, ist die, daß Mutationen, die das hcr-System beeinflussen, die Zellen oft auch der Fähigkeit zur Ultraviolettreaktivierung berauben (HARM, 1963). Die molekularen Mechanismen und offensichtlich die Enzyme beider Reparaturarten sind jedoch verschieden. Dies ist besonders anschaulich auch daraus zu ersehen, daß bei der Ultraviloletttreaktivierung nicht nur Phagen mit zweisträngiger DNS, sondern auch Phagen reaktiviert werden können, die eine einsträngige DNS tragen — *S 13* und *ΦX 174* (TESSMAN, OZAKI, 1957; HARM, 1963c). Gleichzeitig erfolgt keine Reparatur einsträngiger DNS mit Hilfe des hcr-Enzyms wegen der Abspaltung der Dimere, was zum Bruch der DNS führt. Hieraus kann man schließen, daß bei der Ultraviolettreaktivierung keine Ausstoßung von Dimeren der Pyrimidinbasen erfolgt und daß der Reparaturprozeß mit einem anderen molekularen Mechanismus zusammenhängt.

Am interessantesten sind die Daten zweier Untersuchungen, die die Ultraviolettreaktivierung von der Dunkelreparatur zu differenzieren gestatten: DUSSOIX (1964) und KNESER, METZGER und SAUERBIER (1965). Das Untersuchungsobjekt in beiden Arbeiten war Phage *λ*, der ultraviolett bestrahlt worden war, und in beiden Arbeiten wurde der gleiche Satz von Wirtszellstämmen benutzt: *E. coli K12 hcr⁻* und *E. coli K 12 hcr⁺*.

In den Versuchen von KNESER und Mitautoren konnte nach deren Meinung die Dunkelreparatur nicht realisiert werden. Aber unter diesen Bedingungen fand die Ultraviolettreaktivierung statt. Bekanntlich nimmt die Ersetzung von Thymin in der Phagen-DNS durch 5-Bromuracil dem hcr-Enyzm die Möglichkeit, solche DNS zu reparieren. Es ist ebenfalls bekannt, daß Coffein die Dunkelreparatur hemmt.

Indem die Autoren in der DNS des Phagen *λ* Thymin durch Bromuracil ersetzten und den Zellen Coffein zugaben, beugten sie der Möglichkeit der Dunkelreparatur bestrahlter DNS vor. Um sich noch mehr vor einer möglichen Rest-hcr-Reparatur zu sichern, benutzten sie dazu auch hcr⁻-Mutanten der Bakterienzellen. Unter diesen Bedingungen völliger Inhibition der Dunkelreparatur konnten sie eine Zunahme des Überlebens bestrahlter Phagen beobachten, nachdem die Zellen mit geringen Ultraviolettdosen bestrahlt worden waren. Dadurch wurde deutlich gezeigt, daß die Ultraviolettreaktivierung keine Beziehung zur hcr-Reaktivierung besitzt.

Aber dann stellt sich die Frage nach der Identifizierung des molekularen Mechanismus der Ultraviolettreaktivierung noch schärfer. Mehrere Hinweise hierzu enthält die Arbeit von DUSSOIX (1964). In ihren Versuchen wurde die Phagen-DNS mit ^{32}P markiert, und die Autorin untersuchte den DNS-Abbau bestrahlter und unbestrahlter Phagen nach Infektion bestrahlter und unbestrahlter Bakterienzellen. In den Versuchen wurde eine bedeutende Abnahme des DNS-Abbaus in den bestrahlten Bakterien im Vergleich zu den unbestrahlten registriert. Infolge-

dessen wurden im Falle der UV-Reaktivierung entweder irgendwelche anderen Nukleasen als bei der Dunkelreparatur oder ein ganz anderer Mechanismus in Tätigkeit gesetzt, und die verbleibende Abbauaktivität (nebenbei bemerkt auch bei der DNS des Phagen *T4* beobachtbar) ist das Ergebnis der in ihren Versuchen nicht bis zum Ende unterdrückten hcr-Enzyme.
Schließlich geben diese Experimente keine Antwort auf die Grundfrage, worin die Ultraviolettreaktivierung besteht, aber auf jeden Fall liefern sie ziemlich überzeugende Argumente gegen den Mechanismus einer Ausstoßung der Dimere.
Bei der Besprechung des Phänomens der Ultraviolettreaktivierung muß man an eine interessante, aber spekulative Hypothese von Harm (1963b) denken. Er nahm an, daß in den Zellen zwei einander ausschließende Prozesse — DNS-Abbau durch Nuklease und Reparatur der Schäden durch andere Arten von Nukleasen — realisiert werden. Das Überleben des Phagen stellt selbst einen integralen Prozeß dar, der sich aus der Wechselwirkung beider Prozesse gestaltet, und „das Gesamtüberleben wird durch das Gleichgewicht zwischen diesen beiden antagonistischen Prozessen in der Phagen-DNS bestimmt." Die Bestrahlung der Bakterien „verschiebt" nach Meinung von Harm „dieses Gleichgewicht zu höherer relativer Effektivität der Reparaturprozesse." Harm meint, daß seine Hypothese durch folgende Fakten unterstützt wird: erstens, daß es für die Ultraviolettreaktivierung nicht unbedingt nötig war, die Zelle zu bestrahlen, aber es war hinreichend, in diese neben dem Phagen zusätzliche DNS einzubringen, die vorher mit Ultraviolett bestrahlt worden war, zweitens die Experimente von Kellenberger et al. (1953), die einen schnellen Abbau des bestrahlten Phagen λ bei Infektion von unbestrahlten Bakterien durch ihn und eine Herabsetzung des Abbaus nach der Bestrahlung der Bakterien gezeigt haben und drittens, der Schluß (Kellenberger, Arber, 1962), daß die Ultraviolettreaktivierung das Resultat einer Konkurrenz um die Nuklease von seiten der Bakterien-DNS sein kann, die während der Bestrahlung der Zelle einen Schaden erhalten hat. Hätte eine solche Bestrahlung nicht stattgefunden, würden alle Nukleasen die Phagen-DNS als Substrat benutzen, aber die Bestrahlung der Zelle liefert ihnen zusätzliches Substrat in Form von Zell-DNS, was sich in einer Verringerung des Abbaus der Phagen-DNS äußert.
Bei der Betrachtung des Phänomens der Ultraviolettreaktivierung muß man unbedingt einen äußerst interessanten Fakt erwähnen, der mit dieser Art Reparatur zusammenhängt. Bei der Ultraviolettreaktivierung offenbart sich anscheinend eine anomale Eigenschaft dieser Reparaturart. Die Mutationsfrequenz beim reaktivierten Phagen nimmt zu (Weigle, 1953; Weigle, Dulbecco, 1953; Tessman, 1956; Winkler, 1963). Wie jedoch Rupert und Harm (1966) mit Recht bemerkt haben, braucht die letztgenannte Eigenschaft auch nicht kausal mit der Ultraviolettreaktivierung zusammenzuhängen. Bekanntlich wird die Ultraviolettbestrahlung von Bakterienzellen allein (Jacob, 1954) oder extrazellulären Bakteriophagen allein (Sojfer, 1966b) oder auch von Donor-DNS bei der Bakterientransformation (Kada, Markowich, 1963) von einer Vergrößerung der Mutationsfrequenz begleitet.

Möglicherweise verdankt eine solche Vergrößerung der Mutationsfrequenz tatsächlich ihr Entstehen dem Prozeß der Ultraviolettreaktivierung, weil das Fehlen des Ausstoßungsmechanismus für Dimere anzunehmen gestattet, daß die Vergrößerung des Überlebens mit der Rettung nur jener DNS-Moleküle zusammenhängt, die keine absolut letalen Schäden tragen. Die aktiv bleibenden DNS-Moleküle sind keiner „kompletten" Reparatur unterworfen, wie es bei der Ultraviolett-Fotoreaktivierung wäre. Als Ergebnis dessen erscheint das Überleben nichtletal geschädigter Moleküle, die eine große Menge von Mutationen tragen. Ob es sich tatsächlich so verhält, werden nur künftige Experimente klären können.

Phänomene einer indirekten Reaktivierung bei Bakterien

Heute ist es schwer zu entscheiden, ob diese oder jene aufgetretenen Effekte einer indirekten Inaktivierung genetische Gesetzmäßigkeiten widerspiegeln oder aber verschiedene physiologische Mechanismen in Gang setzen. Es erfordert Zeit und Mühe, um Antwort auf diese Frage zu erhalten. Auf jeden Fall können mehrere der Reaktivierungsverfahren offensichtlich nicht ohne direkte oder mittelbare Beteiligung genetischer Determinanten auskommen, und bei diesen Phänomenen wollen wir kurz verweilen.

Vor allem muß man sagen, daß ein bedeutender Teil der Untersuchungen mit Bakterium *E. coli* und besonders mit *E. coli B* durchgeführt worden ist. Dieses Bakterium zeichnet sich durch eine höhere Strahlenempfindlichkeit aus und bildet nach der Bestrahlung fadenförmige Zellen als Ergebnis einer vielfachen Teilung der Nukleoide des Bakteriums, aber eine Zellteilung erfolgt nicht. Infolgedessen bilden sich lange Zellen, die viele kernähnliche Strukturen — die Nukleoide — enthalten.

Aus dem Stamm *E. coli B* erhielt Evelyn WITKIN einen strahlenresistenten Abkömmling — *E. coli B/r* (WITKIN, 1964). Diese Mutante bildet keine fadenförmigen Zellen, bei ihr erfolgte eine Mutation im Gen fil (Bildung fadenförmiger Strukturen — Filamente). Das Gen fil ist auf dem Chromosom von *E. coli* zwischen den Genen try und gal lokalisiert[1]). Im Laboratorium von RÖRSCH wurde gezeigt (VAN DE PUTTE, WESTENBROCK, RÖRSCH, 1963), daß die Resistenz gegen ultraviolette Strahlen beim Stamm *E. coli B/r* nicht mit einer Mutation im hcr-System gekoppelt ist, und daß der hcr^--Stamm nicht nur aus dem Stamm B sondern auch aus dem Stamm B/r erhalten werden kann.

Der Stamm *E. coli K12* wird dadurch gekennzeichnet, daß er bei Bestrahlung keine Filamente bildet. HOWARD-FLANDERS erhielt eine Mutante, die von K12 abgeleitet ist und analog dem Stamm *E. coli B* fadenförmige Zellen bilden kann. Diese Mutante wurde lon genannt. Die Mutante lon liegt ebenso wie fil zwischen

[1]) Später konnten RÖRSCH und Mitarb. (1966) den Abschnitt, auf dem das Gen fil liegt, auf den Abschnitt einengen, der durch die Marken lac und gal des Bakterienchromosoms begrenzt wird.

den Genen gal und lac. Das Auftreten der Mutation lon beim K12-Stamm verlieh ihm eine hohe Empfindlichkeit für ultraviolette Strahlen.
Die Bildung fadenförmiger Zellen wird nicht nur durch ultraviolette sondern auch durch Röntgenstrahlen, ^{32}P-Zerfall, mehrere Antibiotika (Penicillin, Novobiocin) und Farbstoffe (Kristallviolett), aber auch durch Stickstofflost induziert.
Nach diesen Vorbemerkungen, die zur Kennzeichnung der Stämme *E. coli B*, K12 und ihrer Abkömmlinge unumgänglich waren, werden wir nun zur Beschreibung einiger Phänomene übergehen, die von HARM und RUPERT indirekte Reaktivierung von Strahlenschäden bei *E. coli B* genannt worden sind.

Wärmereaktivierung

Eine Vergrößerung des Überlebens wird bei Erhöhung der Bebrütungstemperatur bestrahlter Bakterien beobachtet (ANDERSON, 1949, 1951). Die allerhöchste Reaktivierung wurde bei einer Temperatur in der Nähe von 45 °C erreicht (BUZELL, 1956). Die Erhöhung der Temperatur führt dazu, daß sich die Überlebenskurven nach Bestrahlung bei *E. coli B* und *E. coli B/r* allmählich einander annähern (HARM, STEIN, 1952, 1953a) und schließlich beim Übergang auf 45° und höher bis zu 48° fast zusammenfallen (HARM, STEIN, 1953b). Die Thermoreaktivierung wurde nur bei Bestrahlung mit Ultraviolett der Wellenlänge unterhalb 313 nm beobachtet (STEIN, HARM, 1955) und konnte beim Stamm *E. coli* B_{s-1} realisiert werden (HILL, SIMSON, 1961).

Reaktivierung durch das Inkubationsmedium

Es sind verschiedene Modifikationen der Überlebenskurven beim Aufenthalt der Bakterien vor oder nach der Bestrahlung in einem Medium verschiedener Zusammensetzung (ROBERTS, ALDOUS, 1949; HARM, STEIN, 1953a; HEINMETS et al., 1954; RUPERT, HARM, 1966) und bei Änderung des pH (WEATHERWAX, 1956b) beschrieben worden.
Zur gleichen Art von Reparatur kann man die Beobachtung von VAN DE PUTTE, WESTENBROCK, RÖRSCH (1963) rechnen, daß die Zugabe von 0,08 M Pantoyllacton zum Medium, in dem sich *E. coli B* befindet, zu einer merklichen Reparatur bei Ultraviolettbestrahlung führt und das Abbrechen fadenförmiger Zellen behindert, aber auch den Hemmeffekt von Kristallviolett neutralisiert, das das Wachstum der *E. coli B*-Kultur unterdrückt. Außerdem unterdrückt Pantoyllacton die durch ultraviolette Strahlen induzierte Lysis einer wachsenden Kultur von *Bacillus subtilis*.

Katalase-Reaktivierung

Es sind verschiedene Veränderungen des Überlebens beschrieben worden, die mit der Zugabe verschiedener Enzyme des Atmungssystems (Katalase, Peroxydase u. a.) und verschiedener Zellextrakte (MONOD, TORRIANI, JOLIT, 1949) zum

Medium zusammenhängen. Der Effekt wird in allen Fällen bei Beleuchtung mit kleinen Dosen sichtbaren Lichtes verstärkt. Die Katalasereaktivierung ist im Laboratorium von LATARJET intensiv untersucht worden (LATARJET, CALDAS, 1952; LATARJET, CALDAS, MILETIC, MORENNE, 1954), in dieser Richtung sind viele Bakterienarten untersucht und es ist gezeigt worden, daß diese Reparaturart nicht nur beim Stamm *E. coli K12* sondern auch bei *B. megatherium 899* und *Pseudomonas pyocyanea 18(8)* vorkommt.

Reparatur und Rekombination

Im Jahre 1964 haben HOWARD-FLANDERS und BOYCE in einer kurzen Notiz die Schritte betrachtet, die für Dunkelreparatur und Rekombination erforderlich sind. Weil bei der Rekombination gemäß dem Modell von MESELSON und WEIGLE (1961) die komplementäre Vereinigung zweier zu kombinierender Moleküle erforderlich ist und hierbei die ungeschädigte Basenfolge bewahrt werden muß, die für diese Art charakteristisch ist (LEVINTHAL, 1959), kamen sie zu dem Schluß,

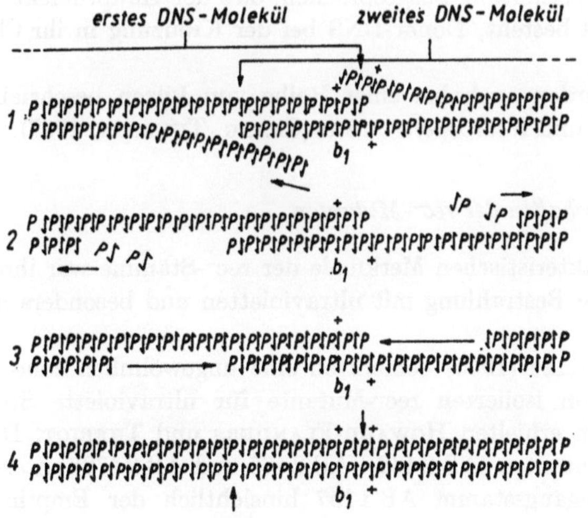

Abb. 65. Hypothetisches Schema zur Erklärung des Vereinigungsmechanismus zweier durchgeschnittener Enden der DNS-Moleküle bei der Rekombination. Die Phosphoesterbindungen sind durch das Zeichen P bezeichnet und die Nukleoside durch vertikale Striche

1 — einsträngige Ketten überlappen sich mit den 5'-Enden und paaren sich komplementär; 2 — die 3'-Enden werden durch Exonukleasen zerstört; 3 — die reparierende DNS-Polymerase baut komplementäre Nukleotide entsprechend der Nukleotidanordnung des gegenüberliegenden Stranges ein; 4 — nach dem Einbau der letzten komplementären Base erfolgt die Vereinigung des Zuckerphosphatgerüstes (HOWARD-FLANDERS, BOYCE, 1966)

daß mehrere Etappen bei der Rekombination und der Reparatur gemeinsam sein müssen (Abb. 65). Diese Schlußfolgerung erwies sich auch noch deshalb als begründet, weil nach MESELSON (1964) der Rekombinationsprozeß von einer lokalen DNS-Synthese in einem kurzen Segment des rekombinierten DNS-Moleküls begleitet wird. Nach Meinung von HOWARD-FLANDERS und BOYCE mußte man unter den Mutanten, die die Fähigkeit zum Reparieren verloren hatten, Mutanten finden, die bezüglich der Rekombinationsfähigkeit defekt sind. Diese Voraussage ging in Erfüllung.

Im Jahre 1965 isolierten A. CLARK und A. MARGULIES die erste Bakterien-Mutante, bei der die Fähigkeit zur Rekombination stark unterdrückt war. Als sie einen rec⁻-Stamm als Rezipienten in Kreuzungen mit rec⁺-Stämmen benutzten, fiel die Rekombinationsfrequenz in einem solchen System fast um den Faktor 1000 im Vergleich zu einer Kreuzung gewöhnlicher Stämme ab. Hinsichtlich der Fähigkeit zur Rekombination defekte Bakterienstämme wurden in einer Reihe von Laboratorien isoliert: HOWARD-FLANDERS und THERIOT (1966), FUERST und SIMINOVITCH (1965), RÖRSCH und Mitarb. (1966).

Diese Mutanten können konjugieren und ihr genetisches Material weitergeben, wenn sie als Donoren auftreten. In Verbindung hiermit haben HOWARD-FLANDERS und THERIOT die Vermutung ausgesprochen, daß der Hauptdefekt der rec⁻-Zelle in der Unfähigkeit besteht, Donor-DNS bei der Kreuzung in ihr Chromosom zu integrieren.

rec⁻-Mutanten wurden auch bei einer Reihe von Pilzen beschrieben: *Ustilago* (HOLLIDAY, 1967) und *Neurospora crassa* (CHANG, TUVESON, 1967).

Eigenschaften der rec⁻-Mutanten

1. Eines der charakteristischen Merkmale der rec⁻-Stämme war ihre hohe Empfindlichkeit für die Bestrahlung mit ultravioletten und besonders mit Röntgenstrahlen.

CLARK und MARGULIES (1965) bemerkten eine ungewöhnlich hohe Empfindlichkeit der von ihnen isolierten rec⁻-Mutante für ultraviolette Strahlen. Noch bestimmtere Daten erhielten HOWARD-FLANDERS und THERIOT. Die von ihnen isolierten 5 rec⁻-Mutanten (AB 2462—AB 2465 und AB 2472) unterschieden sich deutlich vom Ausgangsstamm AB 1157 hinsichtlich der Empfindlichkeit für Ultraviolettbestrahlung (Abb. 66).

2. Mutanten, die hinsichtlich der Rekombinationsaktivität defekt sind, zeichnen sich durch eine erhöhte Empfindlichkeit für viele chemische Mutagene aus — wie mono- und bifunktionelle alkylierende Verbindungen, Nitrosoguanidin, salpetrige Säure und Zerfall von in die DNS eingebautem radioaktiven Phosphor.

3. Die genannten Eigenschaften, besonders die Empfindlichkeit für ultraviolette Strahlen, brachten die rec⁻-Mutanten von *E. coli K12* in die Nähe der hcr⁻-Mutanten. Zum Vergleich bestrahlten die Autoren unter den gleichen Bedingungen eine hcr⁻-Mutante, die aus dem gleichen Zellstamm (uvr A6) erhalten worden war und in der Sammlung von HOWARD-FLANDERS unter der N° AB 1886 verzeichnet

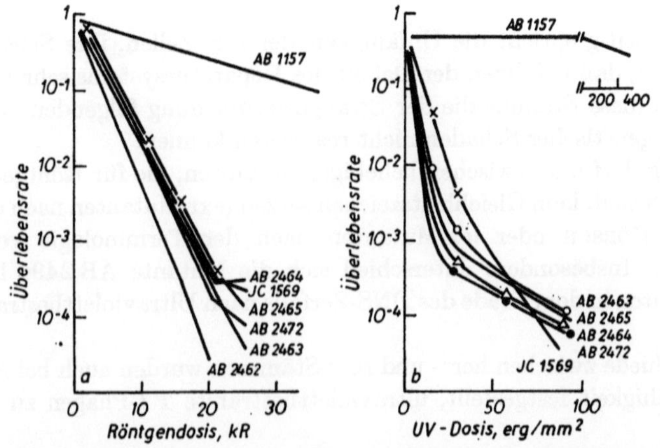

Abb. 66. Überlebensrate (Fähigkeit zur Koloniebildung) normaler Zellen von *E. coli K12* (AB 1157) und isolierter rec⁻-Stämme nach Einwirkung von Röntgen- (a) und UV-Strahlen (b) auf diese (HOWARD-FLANDERS, THERIOT, 1966)

wurde, und zeigten, daß ihre Inaktivierungskurve für ultraviolette Strahlen mit den Kurven der rec⁻-Mutanten zusammenfällt. Das Verhalten beider Typen von Mutanten erwies sich jedoch als äußerst unterschiedlich bei Bestrahlung mit Röntgenstrahlen. Die Mutante uvr A6 erwies sich als fast ebenso resistent gegen Bestrahlung wie der Elternstamm, während alle 5 rec⁻-Stämme durch Röntgenstrahlen mit hoher Effektivität inaktiviert wurden (Abb. 67).

Der Unterschied zwischen den Mutanten zeigt sich uns als höchst bedeutend. Wie früher gezeigt wurde, wurzelt einer der Unterschiede zwischen Röntgen- und Ultraviolettbestrahlung darin, daß die Röntgenstrahlen die Fähigkeit besitzen, aktiv mehr Einstrangbrüche der DNS im Vergleich zu ultravioletten Strahlen hervorzurufen. Deshalb kann eine Reihe von hcr⁻-Mutanten, die die Fähigkeit zum Zerschneiden der DNS verloren haben, Ultraviolettschäden nicht reparieren, kann aber Röntgenschäden reparieren. Gerade dies wurde in dem beschriebenen Versuch für die Mutante uvr A6 festgestellt.

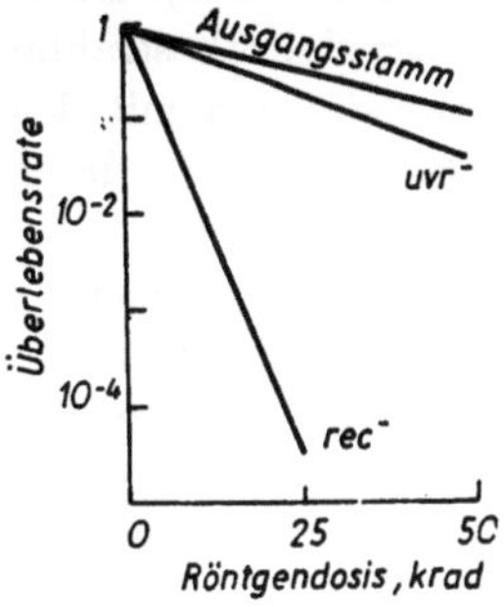

Abb. 67. Fähigkeit zur Koloniebildung bei 37° auf komplettem Nährmedium für den Elternstamm, die rec⁻-Mutante und die Mutante uvr-A6 von *E. coli K12* bei deren Bestrahlung mit Röntgenstrahlen (HOWARD-FLANDERS, BOYCE, 1966)

Aber gleichzeitig spricht die Unfähigkeit der rec⁻-Zellen, ihre Schäden zu reparieren, dafür, daß bei ihnen der Defekt des Reparatursystems sehr viel bedeutender ist und diese Stämme die der Strangzerschneidung folgenden Schritte in der Reparatur genetischer Schäden nicht realisieren können.
Gleichzeitig darf man zwischen beliebigen Mutanten, die für Röntgenbestrahlung empfindlich sind, kein Gleichheitszeichen setzen (exr-Mutanten nach der Terminologie von Rörsch oder lex-Mutanten nach der Terminologie von Howard-Flanders). Insbesondere unterschied sich die Mutante AB 2494 lex⁻ von den rec⁻-Mutanten in dem Grade des DNS-Zerfalls nach Ultraviolettbestrahlung beider Stämme.
4. Unterschiede zwischen hcr⁻- und rec⁻-Stämmen wurden auch bei ihrer Prüfung auf die Fähigkeit festgestellt, ultraviolettbestrahlte *T1*-Phagen zu reaktivieren.

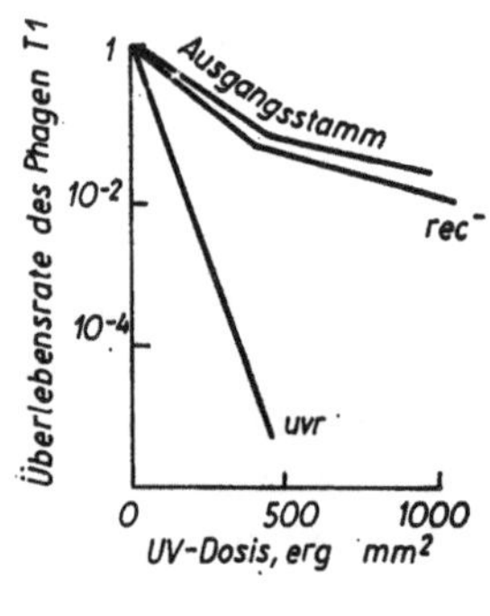

Abb. 68. Überlebensrate des Phagen *T1* in Wildtypzellen, einer rec⁻-Mutante und der uvr-A6-Mutante von *E. coli* (Howard-Flanders, Boyce, 1966)

rec⁻-Zellen unterschieden sich nicht vom Wildtyp hinsichtlich der Fähigkeit, *T1*-Phagen zu reaktivieren. Dieser Eigenschaft sind die Zellen des Stammes uvr A6 verlustig gegangen (Abb. 68). Die Zahl der Dimere, die unbedingt notwendig ist, um einen letalen Treffer für den Phagen *T1* zu liefern, fällt in rec⁻- und rec⁺-Stämmen zusammen und ist gleich 15. Somit hängt die Effektivität der Reparatur des Phagen *T1* nicht vom rec⁻-Merkmal ab.
5. Die ersten isolierten rec⁻-Mutanten gingen aus dem Stamm *E. coli K12* hervor, der für den Phagen λ lysogen ist, und unterschieden sich durch die Unfähigkeit zur Induktion des Prophagen (Fuerst, Siminovitch, 1965). Diese Zellen lassen keine Phagen frei, weder spontan noch bei Ultraviolettbestrahlung. Hertman und Luria (1967) konnten mit Hilfe einer Transduktion mit dem Phagen *P1* die rec⁺-Marke auf rec⁻-Zellen übertragen. Danach wurde die Induktion des Prophagen durch ultraviolette Strahlen normal durchgeführt.
Zur gleichen Zeit wurden in den Laboratorien von Rörsch und Howard-Flanders rec⁻-Mutanten isoliert, die sich fast gar nicht vom Elternstamm hinsichtlich der Fähigkeit unterschieden, den Prophagen λ zu induzieren. Diese Stämme unterschieden sich außerdem durch eine intermediäre Empfindlichkeit für eine Bestrahlung mit Röntgenstrahlen (die Mutanten AB 2470 und AB 2471 auf Abb. 69).

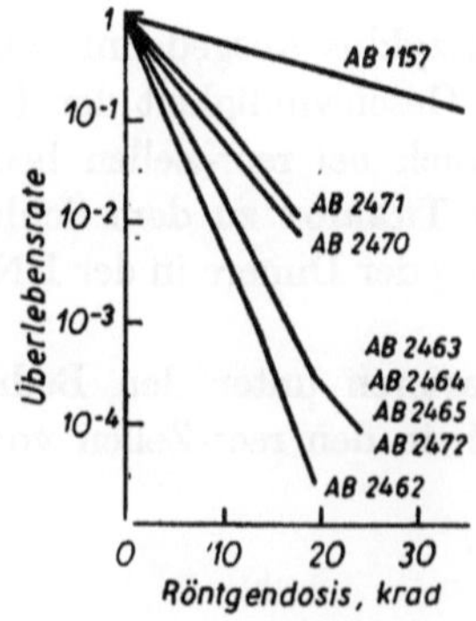

Abb. 69. Überlebensrate von Wildtypbakterien und verschiedenen rec⁻-Mutanten nach Einwirkung von Röntgenstrahlen (HOWARD-FLANDERS, THERIOT, 1966)

Biochemische Besonderheiten der rec⁻-Mutanten

Im Laboratorium von HOWARD-FLANDERS wurden gründliche Untersuchungen des Nukleinsäurestoffwechsels in rec⁻-Mutanten unternommen (HOWARD-FLANDERS, BOYCE, 1966; HOWARD-FLANDERS, THERIOT, 1966). Vor allem wurde festgestellt, daß nach ihrer Ultraviolettbestrahlung im Verlaufe von 2 Std. etwa 7% der DNS freigesetzt wurde, wenn die Zellen des Wildtyps kein DNS-Material in das Medium absonderten. Bei Zellen von AB 2463 rec⁻ 13 erfolgte der DNS-Abbau spontan mit hoher Geschwindigkeit. Bei Ultraviolettbestrahlung der rec⁻-Zellen mit ein und derselben Dosis überstieg die Abbaugeschwindigkeit der DNS diejenige beim Stamm rec⁺ um mehr als das 30fache (CLARK, CHAMBERLIN, BOYCE, HOWARD-FLANDERS, 1966). Die Mutante AB 2470, bei der der Prophage λ induziert werden kann und die durch eine intermediäre Empfindlichkeit für ultraviolette Strahlen charakterisiert wird, unterschied sich außerdem durch eine geringere Aktivität beim Abbau ihrer DNS (HOWARD-FLANDERS, THERIOT, STADEFORD, 1966).

Die nächste Etappe der Reparatur nach Abspaltung von DNS-Abschnitten ist das Zubauen der Lücke. Um diesen Prozeß bei hcr⁻- und rec⁻ Zellen zu vergleichen, wurde der Einbau von ^{3}H-Thymidin in beide Zelltypen nach Bestrahlung und unter normalen Bedingungen untersucht (HOWARD-FLANDERS, THERIOT, 1966). Wie aus Abb. 70 ersichtlich ist, unterschieden sich die rec⁻-Zellen durch ein niedrigeres Einbauniveau unter Standardbedingungen und waren fast völlig der Fähigkeit beraubt, nach UV-Bestrahlung mit einer Dosis von 200 erg/mm² ^{3}H-Thymidin einzubauen. Gleichzeitig wurde bei den Zellen der hcr⁻-Doppelmutante (AB 2429 uvrA uvrC) im Verlauf der ersten Stunde nach der Bestrahlung keinerlei DNS-Synthese registriert, aber zur zweiten Stunde erhöhte sich die Synthesegeschwindigkeit und erreichte 10% der Geschwindigkeit unter Kontrollbedingungen. Den Grund einer solchen Wiederherstellung konnte man nach der Untersuchung von RUPP und HOWARD-FLANDERS (1968) verstehen, die festgestellt hatten, daß der uvr-A6-Stamm die Enzyme der Dunkelreparatur nicht vollständig verloren hat. Da jedes Dimer die Geschwindigkeit der DNS-Synthese im Mittel um

10 s verzögert, wird der erste Replikationszyklus ausgedehnt, aber gegen die Mitte der zweiten Stunde erhöhte sich die Geschwindigkeit der DNS-Synthese. Offensichtlich wird die gleiche Situation auch bei rec⁻-Zellen beobachtet. Auf jeden Fall kamen Howard-Flanders und Theriot zu dem Schluß, daß 90% der Einstrangbrüche, die nach der Abspaltung der Dimere in der DNS verbleiben, in rec⁻-Zellen repariert werden können.

Somit waren alle Enzyme, die zum Reparieren unter den Bedingungen der Dunkelreparatur unbedingt notwendig sind, in den rec⁻-Zellen vorhanden, und

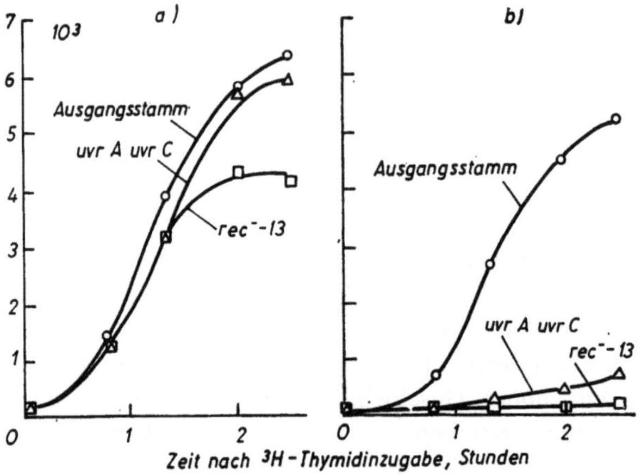

Abb. 70. Spiegel des Einbaus von ^3H-Thymidin in rec⁻-13-Zellen und in Zellen der Doppelmutante uvr A und uvr C
a — Kontrolle; b — Zellen, die mit einer Dosis von 200 erg/mm² bestrahlt würden

man mußte die Unterschiede zwischen rec⁻- und normalen Stämmen in irgendwelchen anderen Besonderheiten der Zelle suchen. Um dies noch mehr zu bekräftigen, haben Clark, Chamberlin, Boyce und Howard-Flanders (1966) das Syntheseniveau derjenigen Enzyme bestimmt, die als mögliche Kandidaten bei der Beteiligung am Akt der Dunkelreparatur auftreten konnten. Es wurde das Syntheseniveau von Endonuklease I, Exonuklease I, II und III und DNS-Polymerase untersucht. Es wurden keinerlei Unterschiede zwischen den rec⁻-Mutanten und den Zellen des Wildtyps bemerkt.

Schließlich wurde auf dem Wege der Kreuzung der Mutanten uvr A6 und rec 13 eine Doppelmutante erhalten, deren Verhalten auf den unterschiedlichen Charakter der Schädigungen, die beide Stämme erhalten haben, deutlich hinwies.

Die Doppelmutante war mehr als 200mal empfindlicher für ultraviolette Strahlung als der Wildstamm, 40mal empfindlicher als der Stamm uvr⁻rec⁺ und 15mal empfindlicher als der Stamm rec⁻uvr⁺.

Faßt man die Daten über die Kennzeichen der bezüglich Rekombination und

Reparatur defekten Mutanten zusammen, so kann man feststellen, daß beide Mechanismen offensichtlich viele gemeinsame Züge besitzen, obwohl wir nicht imstande sind, mit Sicherheit zu sagen, ob das Zusammenfallen der Eigenschaften von rec⁻- und hcr⁻-Mutanten nicht rein zufällig ist. Gleichzeitig zeugen die zahlreichen Unterschiede beider Typen von Mutanten dafür, daß die Schäden in beiden Fällen verschiedene Enzyme berühren, und wenn man für hcr⁻-Mutanten mehr oder weniger sicher den Charakter des Schadens angeben kann, so ist das für die rec⁻-Mutanten äußerst schwierig zu machen.

Howard-Flanders neigt in vielen Arbeiten dem Gedanken zu, daß im Falle der rec⁻-Mutanten irgendein hypothetischer Regulator, der den Abschluß des Prozesses der Reparaturreplikation steuert, vom Schaden betroffen wird. Dieser Regulator wird infolge der Mutation zum Repressor und unterdrückt das Ausflicken des Stranges bei der Reparatur und der Rekombination. Der Repressor ist hinsichtlich der Bakterien-DNS aktiv, beeinflußt aber die Phagen-DNS (für den Phagen *T1*) nicht. Diese Annahme erklärt nach Meinung von Howard-Flanders, warum bei einer Kreuzung der Stämme $rec^-(♂) \times rec^+(♀)$ eine Rekombination erfolgt, die reziproke Kreuzung dagegen erfolglos endet.

Ungeachtet der Verlockung der Hypothese verlangt sie, wie jede Hypothese, einen Beweis, und es bleibt abzuwarten, wann er gefunden wird.

Genetische Kontrolle der Rekombination bei temperenten Phagen

Die Untersuchung der genetischen Kontrolle der Rekombination erfordert insbesondere die Lösung der Fragen, welchen Anteil die Rekombinationsenzyme der Zelle an der Rekombination der Phagen haben, unter der Kontrolle welcher Gene (zellulärer oder viraler) der Übergang in den lysogenen Zustand der temperenten Viren realisiert wird, welchen Anteil die Rekombinationsgene der Viren (wenn sie existieren) an der Kontrolle der Strahlenempfindlichkeit dieser Viren haben.

Eine Zeitlang schien es, daß der Rekombinationsprozeß zum mindesten der temperenten Phagen sich unter der Kontrolle der Zellen befindet. In letzter Zeit jedoch wurden strenge Beweise erhalten, die für die Existenz eigener Rekombinationsgene bei diesen Phagen zeugen (*λ* und *φ 80*). Rekombinationsgene existieren auch bei virulenten Phagen (Tomizawa), obwohl diese Beweise weniger exakt sind.

Vor allem sollte man die Rekombinationsereignisse, die das intrazelluläre „Leben" der Viren *λ* und *φ 80* begleiten, in zwei Typen unterteilen. Virus *λ* kann in das Bakterienchromosom in einem völlig determinierten Punkt integriert werden. Die Integration wird nach dem Schema von Campbell vollzogen, sie erfolgt mit der zyklischen Form der DNS des Phagen *λ* und schließt den Mechanismus Bruch—Wiedervereinigung ein. Signer und Beckwith (1966) haben die Beweise geliefert, daß die Integration der Phagen-DNS in das Bakteriengenom die Rekombination einschließt.

Die Annahme, daß die integrative Rekombination ein spezielles Phagenenzym benötigt, wurde von einer Reihe Autoren ausgesprochen, und im Jahre 1968 wurden schließlich Mutanten der Phagen λ und *P22* isoliert, die die Fähigkeit verloren hatten, ihre DNS in das Bakteriengenom zu integrieren (Smith, Levine, 1967; Zissler, 1967; Gottesman, Yarmolinsky, 1968; Gingery, Echols, 1967). Diese Mutanten wurden mit dem Symbol int^- bezeichnet.

Andererseits erfolgt während der intrazellulären Entwicklung temperenter Phagen eine Rekombination zwischen den DNAs der Phagen selbst, als deren Folge Rekombinantenpartikeln entstehen. Diese Art von Austausch genetischer Information erhielt die Bezeichnung „vegetative Rekombination".

Brooks und Clark (1967) stellten fest, daß die vegetative Rekombination des Phagen λ in rec^+- und rec^--Bakterienstämmen etwa gleich realisiert wird, woraus folgte, daß der Phage λ selbst die Synthese von Rekombinationsenzymen induziert, wobei sich die Phagenenzyme von den Enzymen der Zelle unterscheiden.

Anders verhielt sich die Sache mit dem hybriden Phagen $\lambda - \varphi 80$. Der normale Phage $\lambda - \varphi 80$ realisierte eine gleiche vegetative Rekombination in rec^+- und rec^--Zellen. Im gleichen Jahre 1967 erhielt N. Franklin eine Mutante des Phagen $\lambda - \varphi 80$, die sich durch eine niedrige Sedimentationskonstante im Vergleich zum Wildtypphagen λ unterschied, und mit genetischen Methoden wies sie die Existenz einer Deletion im Zentrum des Genoms bei diesen Mutanten nach. Die Phagen, die die längsten Deletionen im Zentrum des Genoms besaßen, zeichneten sich durch eine 100mal kleinere Rekombinationsfähigkeit bei der Verwendung eines rec^--Stammes von *E. coli K12* als Wirt aus, aber diese Phagen rekombinierten normal in einem homologen rec^+-Stamm von *E. coli*. Das Gen (oder die Gruppe der Gene), das für die Rekombination beim Phagen λ verantwortlich ist, wurde zwischen den Marken c und h des Phagen kartiert. Weil der Defekt nur bei rec^--Bakterien auftrat und sich der Phage in rec^+-Zellen nicht vom normalen $\lambda - \varphi 80$-Phagen unterschied, mußte man die Abhängigkeit der Rekombinationsereignisse von den Zellenzymen und nur eine partielle Kontrolle der vegetativen Rekombination von Seiten des Phagengenoms annehmen.

Im Jahre 1968 wurde zugleich in zwei Laboratorien (im Massachusets Institute of Technology und in der Universität von Wisconsin) die genetische Natur beider Rekombinationsarten untersucht (Echols, Gingery, 1968; Echols, Gingery, Moore, 1968; Signer, Weil, 1968; Weil, Signer, 1968).

Von beiden Forschergruppen wurden mehrere Mutanten isoliert, die bezüglich der integrativen Rekombination defekt sind, und sie wurden in zwei Loci kartiert (int A und int B), und die Mutanten der vegetativen Rekombination red^- (recombination deficient) sind an einem Punkt der Karte lokalisiert (Abb. 71). Bei Vermehrung in rec^+-Bakterien verminderte sich die Rekombinationshäufigkeit der red^--Mutanten nur um das 5—10fache im Vergleich mit dem Wildtypphagen. Aber bei Verwendung von rec^--Bakterien als Wirt fiel die Rekombinationshäufigkeit der red^--Mutanten um den Faktor 100—1000. Man muß bemerken, daß der Abfall der Rekombinationsfrequenz ein und derselben red^--Mutanten von der Art des benutzten rec^--Wirtes abhing. Clark (1967) und Howard-

Flanders (1967) haben gezeigt, daß beim Bakterium *E. coli K12* die rec⁻-Mutationen wenigstens zu zwei Loci gehören. Die Mutanten rec⁻13 und rec⁻152 betreffen offensichtlich einen Locus und die Mutante rec⁻21 einen anderen. Bei Verwendung von Bakterien rec⁻13 und rec⁻152 wurde die höchste Unterdrückung der Rekombination (100—1000fach) der red⁻-Mutanten des Phagen registriert, aber in den Zellen des Stammes rec⁻21 verminderte sich die Rekombinationsfrequenz dieser gleichen red⁻-Mutanten nur um das 25fache.

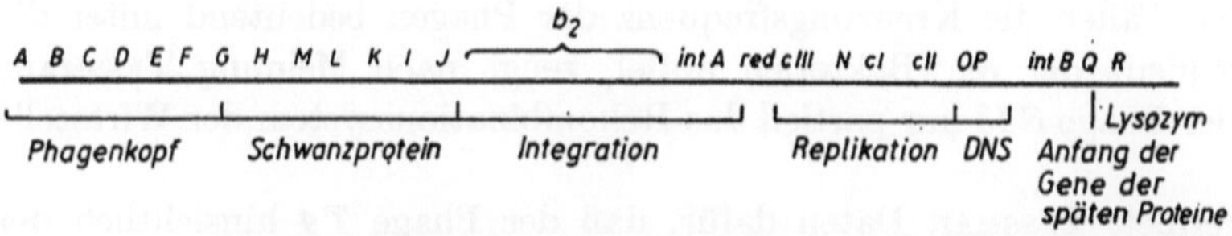

Abb. 71. Genetische Karte des Phagen λ mit Kennzeichnung der Gene für vegetative und integrative Rekombination. Die Gene von A bis R sind für die Bildung des Phagen bei Entwicklung lysierender Phagenpartikeln verantwortlich.
Die Gene cI, cII und cIII kontrollieren die Eigenschaft der Repression des superinfizierenden Phagen in lysogenen Bakterien; int A und int B sind die Gene der Rekombination bei der Integration des Prophagen in das Bakteriengenom; die b_2-Region hängt ebenfalls mit der Integration zusammen; das Gen red bestimmt die Eigenschaft der Rekombination im vegetativen Pool während der intrazellulären Reifung (Echols, Gingery, 1968)

Beim Studium der rec⁻-Mutanten von Bakterien stellten Clark und Margulies (1965) und Howard-Flanders und Theriot (1966) eine deutliche Vergrößerung der Empfindlichkeit dieser Mutanten für ultraviolette Strahlen fest. Es war interessant, die Strahlenempfindlichkeit von red⁻-Mutanten des Phagen mit der des Wildphagen zu vergleichen. Die Untersuchung dieser Frage klärte (Echols, Gingery, 1968), daß sich die bestrahlten red⁻-Mutanten fast nicht bezüglich ihres Überlebens bei Passagen in uvr⁺- und rec⁺-Bakterien von *E. coli K12* von Wildphagen unterscheiden. In rec⁻- und besonders in uvr⁻-Bakterien stieg jedoch die Letalität durch ultraviolette Strahlen bei red⁻-Mutanten stark an, was für eine gewisse Beteiligung des Produktes vom red⁻-Gen des Phagen λ an der Reparatur von Ultraviolettschäden spricht. Jedoch der größere Teil dieser Schäden wird beim Phagen λ durch Zellenenzyme repariert.

Die Daten über das vom red-Genom codierte Protein reichen einstweilen noch nicht aus, um irgendwelche bestimmten Meinungen abzuleiten. Das Vorhandensein einer eigenen Exonuklease beim Phagen λ (Radding, Szpirer, Thomas, 1967), die am ehesten durch ein Gen codiert wird, welches in dem kurzen Segment int-cIII des Chromosoms liegt (s. Abb. 71), aber auch das fast völlige Fehlen der Synthese dieses Enzyms durch red⁻-Mutanten des Phagen λ schaffen jedoch eine Begründung für die Annahme, daß die red-Gene die λ-Exonuklease synthetisieren (Signer, Weil, 1968).

Abschließend muß man an die Versuche von Irving TESSMAN (1966) erinnern, der die Rekombination des Phagen *S 13*, welcher dem Phagen *ΦX 174* nahesteht und ebenfalls eine einsträngige DNS besitzt, in rec+- und rec−-Zellen (Mutanten von CLARK und MARGULIES) untersucht hat. Beim Phagen *S13* sind bisher insgesamt 5 Gene gefunden worden. Es zeigte sich, daß die Rekombination bezüglich eines beliebigen davon in rec−-Zellen bedeutend erschwert ist, daß aber bei einem Teil der Mutanten die Fähigkeit zur Rekombination um den Faktor 20—40, und für die zweite Gruppe von Mutanten annähernd um das 4—8fache abfiel. Daß in beiden Fällen die Kreuzungsfrequenz der Phagen bedeutend unter die Kreuzungsfrequenz der rec−-Bakterien abfiel, zeugt nach Meinung TESSMANS davon, daß der Phage *S 13* nur partiell das Rekombinationssystem der Wirtszelle benutzt.
Gleichzeitig erhielt TESSMAN Daten dafür, daß der Phage *T 4* hinsichtlich der Rekombinationsfähigkeit von der Bakterienzelle vollkommen unabhängig ist, weil die Rekombinationshäufigkeit zweier rII-Mutanten des Phagen *T 4* in rec+- und rec−-Stämmen 8,5 bzw. 8% betrug.

Die genetische Karte der Mutanten des Reparatursystems

Die Isolierung eines breiten Mutantenspektrums der Gene des Reparatursystems stellte die sehr wichtige Aufgabe, die Lage dieser Gene auf der Chromosomenkarte von *E. coli* zu bestimmen.
Die Hauptarbeit in dieser Richtung wurde im Laboratorium von Arthur RÖRSCH in den Niederlanden geleistet (s. die Zusammenfassung RÖRSCH et al., 1966).
Das Verdienst dieser Forscher besteht darin, daß sie erneut alle Mutanten des Reparatursystems durchgesehen haben, die früher von ihnen selbst oder anderen Autoren erhalten worden waren, und daß sie alle Daten in ein einheitliches Schema gebracht haben.
Nach ihrer Klassifikation wurden alle diese Gene in 5 Klassen eingeteilt.

1. Mutanten mit erniedrigter Fähigkeit, sich nach Bestrahlung der Zellen mit Ultraviolett oder Röntgenstrahlen zu teilen (sogenannte dir- oder fil-Mutanten).
2. Für Ultraviolettbestrahlung empfindliche Mutanten, die die Fähigkeit verloren haben, Ultraviolettschäden an der DNS von Bakteriophagen zu reparieren (hcr-Mutanten).
3. Für Ultraviolettbestrahlung empfindliche Mutanten, die die Fähigkeit nicht verloren haben, Ultraviolettschäden an der DNS von Bakteriophagen zu reparieren (uvr-Mutanten).
4. Für Ultraviolettbestrahlung empfindliche Mutanten, die außerdem auch für Röntgenbestrahlung empfindlich sind (exr-Mutanten).
5. Mutanten, die für Ultraviolett- und Röntgenbestrahlung empfindlich und außerdem hinsichtlich der genetischen Rekombination defekt sind (rec−-Mutanten).

In Tabelle 16 sind die Eigenschaften dieser Mutanten zusammengefaßt. Unten werden wir eine kurze Charakteristik jeder Mutantenklasse geben.

Tabelle 16

Charakteristik der *E. coli*-Mutanten, die an den Reparatursystemen defekt sind

Mutante	Empfindlichkeit für UV-Strahlen		Empfindlichkeit für Röntgenstrahlen	Fähigkeit	
	Kulturen	Phage, der die Kultur infiziert		zur Rekombination	zur Teilung
dir-fil	i	r	i	+	–
hcr	s	s	r	+	+
uvr	s	r	r	+	+
exr	s	r	s	+	+
rec	s	r	s	–	+

Anmerkung: i — intermediär, r — resistent, s — sensibel.

dir-Mutanten

Bei einer Reihe von Bakterienstämmen, z. B. bei *E. coli B*, stoppen Ultraviolett- und Röntgenbestrahlung die Zellteilung, aber die Zellen bewahren noch die Fähigkeit zu wachsen, so daß lange, fadenförmige Zellen gebildet werden. Solch Zellen, die die normale Teilungsgeschwindigkeit wiederherstellen (wie z. B. Stamm B/3), wurden dir⁺-Zellen genannt. Im Laboratorium von Rörsch (van de Putte, Westenbrock, Rörsch, 1963; Rörsch, Edelman, van der Kamp, Cohen, 1962) wurde eine dir-Mutante isoliert, die *E. coli* B_{II} *fil*⁻ genannt wurde, und ihre Eigenschaften (Synthese von DNS, RNS und verschiedenen Zellwandkomponenten) wurden untersucht. Keinerlei Unterschiede bei diesen Kennzeichen wurden zwischen den Stämmen fil⁺ und fil⁻ festgestellt.

Wie schon früher bemerkt, ist auch die Rückmutation möglich: von Zellen, die keine Filamente (fadenförmige Zellen) bilden, z. B. *E. coli K12*, kann man eine Mutante erhalten, die fadenförmige Zellen nach Bestrahlung liefert (man hat sie dir-Mutanten genannt nach den ersten Buchstaben des englischen Ausdrucks division irradiation resistent).

Eine ähnliche Mutation von *E. coli K12*, die fadenförmige Zellen liefert, wurde von Howard-Flanders, Simson und Theriot (1964a) beschrieben und lon⁺ genannt.

Die Lokalisierung des dir-Gens wurde nach Durchführung von Kreuzungen eines Hfr-dir⁻-Stammes mit F⁻dir⁺-Stämmen aufgeklärt. Ähnlich den lon-Mutationen erwies sich das dir-Gen als zwischen den lac- und gal-Regionen des *E. coli*-Chromosoms gelegen.

Die Aktivität der dir^--, fil^-- und lon^--Allele kann durch Zugabe von Pantoyllacton zum Medium aufgehoben werden (van de Putte, Westenbrock, Rörsch, 1963). Die Rolle des Pantoyllactons ist nicht klar. Früher schien es, daß das Fehlen gerade dieses Metaboliten in den Zellen zur Fadenbildung führt, denn es wurde gezeigt, daß in ihnen die Synthese von Pantoyllacton unterdrückt ist (Grula, Grula, 1962). Im Laboratorium von A. Rörsch wurde jedoch eine Reihe von Pantoyllacton-bedürftigen Mutanten isoliert, aber keine von ihnen bildete filamentöse Zellen beim Züchten in einem Medium ohne Pantoyllacton.

Ein anderer Versuch, die Natur der dir-Mutationen festzustellen, wurde im gleichen Laboratorium unternommen und betraf den Zusammenhang der dir^--Mutanten und der Mutationen der die Zellteilung kontrollierenden Gene. Hierzu wurden fast 100 thermosensible Mutanten isoliert, die bei 28 °C normal wachsen, aber bei 42° Filamente liefern (van de Putte, Dillewijn, Rörsch, 1964). Keine einzige von ihnen lag in jener Region des Chromosoms, wo das dir-Gen lag, und keine war einer Änderung bei Zugabe von Pantoyllacton unterworfen. Demnach ist das dir-Gen, das die Zellteilung nach Bestrahlung beeinflußt, nicht mit den Genen gekoppelt, die die Zellteilung kontrollieren.

hcr-Mutanten

Mutanten dieses Typs sind bei *E. coli* (Stamm *E. coli* B_{s-1}, Hill, Simpson, 1961), bei *E. coli* B_{syn} (Rörsch, Edelman, van der Kamp, Cohen, 1962; Rörsch, Edelman, Cohen, 1963), bei *E. coli K 12 S* (*E. coli* hcr_k^- Harm, 1963a), bei den Stämmen uvr-A, uvr-B, uvr-C (Howard-Flanders, Boyce, Theriot, 1966) und uvr-D (Ogawa et al., 1968) und bei dem Abkömmling des Stammes *E. coli K 12* — *E. coli CR 34* (van de Putte, Sluis, Dillewijn, Rörsch, 1965) beschrieben worden.

Offensichtlich liegt die Mehrzahl der hcr-Mutationen in vier Regionen des *E. coli*-Chromosoms, von denen drei durch Howard-Flanders für die uvr-A-, uvr-B- und uvr-C-Mutationen gefunden wurden und eine für die uvr-D-Mutation im Laboratorium von Tomizawa (Ogawa, Shimada, Tomizawa, 1968; Shimada, Ogawa, Tomizawa, 1968) festgestellt wurde (Abb. 71 a). Die von Harm beschriebene Mutante hcr_k ist in der Nähe des Gens met_B lokalisiert und erscheint am ehesten als uvr-D-Mutante.

Der Stamm *E. coli* B_{s-1} ist eine Mutante in zwei Genen, die diesem Stamm eine ausnehmend hohe Empfindlichkeit für Ultraviolett und Röntgenbestrahlung verleihen. Greenberg (1967) hat gezeigt, daß ein Gen der Strahlenempfindlichkeit in der Nähe der Marken met A und met B liegt und die hcr-Eigenschaft der Bakterien nicht beeinflußt. Da hier aber auch das exr-Gen liegt, ist es möglich, daß die Empfindlichkeit des Stammes B_{s-1} für Röntgenstrahlen von einer Mutation gerade in diesem Gen abhängt. Ein anderes Gen der Strahlenempfindlichkeit von

E. coli B_{s-1} wird in der Nähe des gal-Locus kartiert, bestimmt die hcr-Eigenschaft des Bakteriums und ist aller Wahrscheinlichkeit nach mit dem Gen uvr-B bei *E. coli K12* identisch, das von HOWARD-FLANDERS gefunden wurde. Der Stamm *E. coli* B_{s-2} trägt offensichtlich nur eine Mutation in einem Gen, das in der Nähe der met-Loci liegt, und erscheint als Mutation des exr-Gens. *E. coli* B_{s-1} erscheint dazu noch als fil⁻-Mutante.

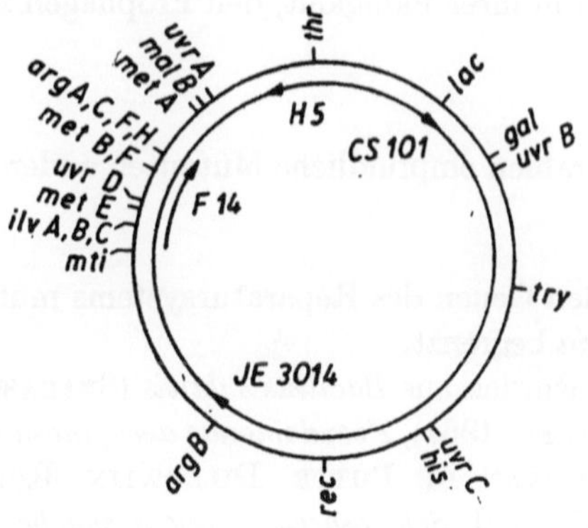

Abb. 71a. Genetische Karte von *E. coli K 12* mit Bezeichnung der Lage der Gene der Dunkelreparatur (SHIMAOA, OGAWA, TOMIZAWA, 1968)

uvr-Mutanten

Zum Typ der uvr-Mutanten rechnet Arthur RÖRSCH solche, die Schäden ihrer eigenen DNS im Dunkeln nicht reparieren können, sich aber noch die Fähigkeit bewahrt haben, Schäden des Phagenchromosoms zu reparieren. Unter den isolierten uvr-Mutanten lag nur eine in der uvr-A-Region, die übrigen entweder in uvr-B oder in uvr-C (s. Abb. 48).

exr-Mutanten

Mutanten, die für ultraviolette Strahlen empfindlich sind und außerdem eine hohe Empfindlichkeit für Röntgenbestrahlung erworben haben, erhielten die Bezeichnung exr-Mutanten. Sie liegen in der Nähe der uvr-A-Region (GREENBERG, 1964).

rec-Mutanten

Derartige Mutanten wurden von CLARK und MARGULIES (1965), HOWARD-FLANDERS und THERIOT (1966) und im Laboratorium von A. RÖRSCH (RÖRSCH et al., 1966) isoliert.
Die Lokalisierung der Mutationen, die von VAN DE PUTTE, ZWENK und RÖRSCH untersucht wurde, gestattete, diese Mutanten in drei Gruppen einzuteilen: zwei

Mutationen (rec_5; rec_8) lagen in der Nähe der thr-Marke, eine (rec_9) zwischen S^r und dem his-Operon (näher zum thy-Locus)[1]) und eine (rec_4) im Bereich zwischen den his- und try-Marken (s. Abb. 48), was auf den komplexen genetischen Charakter des Merkmals der Rekombinationsfähigkeit hinweist.
Es wurde gezeigt, daß der F^-rec^--Stamm noch die Fähigkeit zur Konjugation bewahrt, eine Rekombination jedoch nur bei Verwendung eines männlichen Stammes mit einer rec^+-Marke realisieren kann.
rec-Mutanten unterscheiden sich in ihrer Fähigkeit, den Prophagen zu induzieren (RÖRSCH et al., 1966).

Für ultraviolette Strahlen empfindliche Mutanten anderer Bakterienarten

Die Reihe der Stämme, die in den Genen des Reparatursystems mutiert sind, ist nicht auf die Gattung *Escherichia* begrenzt.
Strahlenempfindliche Mutanten wurden aus *Bacillus subtilis* (SEARASHI, STRAUSS, 1965), *Serratia marcescens* (WINKLER, 1964), *Pseudomonas aeruginosa* (HOLLOWAY, 1966), *Micrococcus lysodeikticus* (VAN DE PUTTE, DILLEWIJN, RÖRSCH, 1964), *Proteus mirabilis* (BÖHME, 1967) und *Schizosaccharomyces pombe* isoliert. Die Mehrzahl der Mutantenstämme wurde durch Behandlung mit chemischen Mutagenen erhalten. H. BÖHME (1967) z. B. verwendete in seinen Versuchen Äthylmethansulfonat, und im Laboratorium von A. RÖRSCH (VAN DE PUTTE, DILLEWIJN, RÖRSCH, 1964) wurde Nitrosoguanidin benutzt.
Mit Hilfe chemischer Mutagene gelang es, alle Arten von Mutanten des Reparatursystems zu erhalten, und die Mehrzahl waren Einschrittmutationen (RÖRSCH et al., 1966).

Schlußbetrachtung

Unsere Kenntnisse von der Natur und den Mechanismen der Antwort der Lebewesen auf Strahlen- und chemische Schäden unterscheiden sich so wesentlich von den Ansichten, die vor etwa 15—20 Jahren vorhanden waren, daß allein dies als Maß für den Fortschritt der Wissenschaft auf diesem Gebiet dienen kann. Und trotzdem lohnt es sich kaum, sich von den heutigen Erfolgen verführen zu lassen und zu hoffen, daß das wichtige bereits bekannt ist. Sicher ist die Antwort der Zelle sehr viel verschiedenartiger, als wir uns heute vorstellen. Niemand kann dafür garantieren, daß morgen neben der uns bekannten Dimerisierung, Hydratisierung, Abbau, Vernetzung und Ionisation nicht andere Verfahren des Bruches von DNS und Protein entdeckt werden, ebenso wie niemand das Recht hat, die mögliche Existenz anderer, uns noch nicht bekannter Reparaturmechanismen abzuleugnen.

---

[1]) Hier liegt auch die im Laboratorium von HOWARD-FLANDERS (HOWARD-FLANDERS, BOYCE, 1966) isolierte rec-Mutante.

Und der Bereich der Reparaturprozesse ist natürlich bedeutend breiter als uns heute bekannt ist. Die Geschlechtszellen langlebiger Organismen können DNS unverändert jahrzehntelang bewahren und manchmal auch mehr als ein halbes Jahrhundert. Während dieser Zeit wird die DNS sicherlich mit verschiedenen schädigen Agentien in Berührung kommen. Allein die Agentien mit Strahlennatur können einem DNS-Molekül der Geschlechtszellen mehr als hundert verschiedene Schäden zufügen. Nichtsdestoweniger kann die festzustellende Erhöhung der Mutationsfrequenz als Funktion des Alterns nicht mit der unproportional großen Zahl von Schäden verglichen werden, die man erwarten sollte. Zweifellos liegt die Ursache dieser Differenz in evolutionär befestigten Mechanismen der Reparatur.

Ein ebenso klares Bild der Rolle der Reparaturen stellen wir bei Bemühungen fest, die Zahl der zerstörten Bindungen bei einem letalen Ereignis in der DNS verschiedener Herkunft zu berechnen.

Eine Abschätzung der Zahl der veränderten chemischen Bindungen in der DNS je letalem Treffer ergibt folgende Größen: für einsträngige DNAs von Viren ist diese Zahl gleich 1, für zweisträngige Virus DNAs — von 5 bis 10, von 50 bis 100 für haploide Mikroorganismen und 1000 oder mehr für diploide Zellen einschließlich der Säugerzellen (Howard-Flanders, 1965). Solche wesentlichen Unterschiede beruhen vor allem auf hocheffektiven Schutzreaktionen in den Zellen, Reaktionen, die zur Reparatur genetischer Schäden führen.

Aber offensichtlich spielen die Reparatursysteme in der Zelle eine sehr viel größere Rolle. In Kapitel 12 werden Daten über die Beteiligung von Reparaturenzymen an der induzierten Mutagenese analysiert, und es wird eine Erklärung der Natur nicht nur der sichtbaren Mutationen bei Mikroben sondern auch der Chromosomenumbauten in den Zellen höherer Organismen vorgelegt. Oben wurde von den möglichen Verbindungen der Reparatur und der Rekombination gesprochen.

Schließlich beginnt man in der letzten Zeit, für die Rolle dieser gleichen Systeme bei der DNS-Replikation Zeugnisse zu sammeln. Dieser Schluß folgte vor allem aus Arbeiten von Okazaki (s. Seite 206) über die intermittierende Synthese der DNS bei Bakterien, weil bei ihnen eine Beteiligung der Polynukleotidligase am Prozeß der DNS-Synthese festgestellt wurde. Die Intermittenz der DNS-Replikation scheint offenbar für die ganze belebte Welt die Regel zu sein. Schandl und Taylor (1969) haben bewiesen, daß die DNS-Synthese in den Chromosomen der Zelle einer Gewebekultur des chinesischen Hamsters in Abschnitten einer Länge von rund 1000 Nukleotiden realisiert wird. Die nachfolgende Vereinigung der Fragmente muß die Ligase vollziehen.

In unseren Versuchen (Soyfer, Dorokov, 1969, 1970; Sojfer, Dorochov, 1970a, b) wurde ebenfalls eine mögliche Beteiligung der Reparatursysteme an der Phagenvermehrung gezeigt. Wir fanden, daß der Phage *T4DV⁻* 2—4mal aktiver in Zellen von *E. coli* B_{s-1} als in *E. coli B* vermehrt wird. Ein solcher Unterschied wurde für Wildtypphagen nicht festgestellt. Der Effekt wurde nicht nur mit der Untersuchung der Gesamtphagenernten aus der Bakterienpopulation, sondern auch in Versuchen über die Phagenausbeute aus einzelnen Zellen (single burst experiment) gezeigt. Eine Analyse der Erscheinung zeigte, daß sie nicht mit Unterschieden im Absorptionsgrad des Phagen an Zellen von *E. coli B* und B_{s-1} oder mit einer Verlängerung der Latenzperiode der Vermehrung zusammenhängt. Eine Zugabe von Coffein zum Medium führt zur Erhöhung der Phagenausbeute aus Zellen von *E. coli B*, was ebenfalls für die Beteiligung der Enzyme der Dunkelreparatur an der Phagenvermehrung zeugt.

Der Effekt hängt stark von der Infektionszahl ab und beginnt erst dann in Erscheinung zu treten, wenn das Verhältnis Phagen zu Bakterien sich als größer als zwei erweist.

Die festgestellte Erscheinung kann man als Folge der relativ häufigeren Entstehung von Einstrangbrüchen in der DNS vor Beginn ihres Auseinanderwickelns interpretieren. Das Fehlen eines deutlich ausgeprägten Effekts beim Phagen *T4D* kann durch die Autonomie des Phagen von den Zellenzymen bedingt sein. Der Phage *T4DV*⁻ hat diese Autonomie offenbar teilweise verloren.

Es ist noch zu früh, um davon zu sprechen, ob ein und dieselben Enzyme an den einzelnen Etappen von Reparatur, Rekombination, Mutagenese und Replikation teilnehmen oder ob für jeden dieser Prozesse in den Zellen eigene Enzyme vorhanden sind.

TEIL III

MOLEKULARE MUTATIONSMECHANISMEN

„Die künstliche Erzeugung von Mutationen ist nicht nur eine Methode, sie ist — ein Problem. Die Frage, wie neue Mutationen entstehen, ist bei weitem noch nicht gelöst, aber zum Verständnis der Evolution der organischen Welt ist es für uns wichtig, sie bis zum Ende zu lösen.“ N. K. Kolzow

„Über die künstliche Erzeugung von Mutationen“ (N. K. Kol'cov, „Ob iskusstvennom vyzyvanii mutacij“, 1934)

KAPITEL 8

Die allgemeine Natur der Mutationen

Terminologie

Unter den wichtigsten Kennzeichen der lebenden Materie ist eines der wesentlichsten die Eigenschaft, erblich feste Veränderungen (Mutationen) zu liefern. Ohne diese Eigenschaft ist es nicht möglich, sich die Evolution vorzustellen. Mutationen erscheinen außerdem als Ursache vieler Unglücke: Epidemien krankheitserregender Agentien, krebsige Entartungen, Erbkrankheiten. Gleichzeitig damit geben die Mutationen dem Menschen eine Vielzahl nützlicher Veränderungen in die Hände, die bei der Selektion von Pflanzen, Tieren und Mikroorganismen ausgenutzt werden.

Der Terminus „Mutation" erhielt eine weite Verbreitung nach der Vollendung des Hauptwerkes „Die Mutationstheorie" von DE VRIES. Nichtsdestoweniger wurde dieser Terminus früher zur Bestimmung von Individuen verwendet, die in ihren Merkmalen von den üblichen, normalen Individuen abweichen. Auf jeden Fall wurde dieses Phänomen schon 1658 von BROWNE beschrieben. S. S. ČETVERIKOV schlug 1926 vor, statt des Wortes „Mutation" den Terminus „Genovariation" zu verwenden. Aber obwohl man mit der exakteren Bedeutung des Terminus von TSCHETWERIKOW einverstanden sein muß, erfuhr er keine Verbreitung in der Wissenschaft, und sogar bei der Übersetzung seiner Arbeit in die englische Sprache ersetzten die Autoren der Übersetzung überall das Wort „Genovariation" durch das Wort „Mutation" (CHETVERIKOV, 1961).

Jeder Genetiker versteht intuitiv die Bedeutung des Begriffes „Mutation", und trotzdem ist es schwierig, eine exakte Definition dafür zu geben. Stephan ZAMENHOF (1967) hat kürzlich den Versuch unternommen, die Unterwasserfelsen aufzudecken, die auf dem Wege zu einer exakten Definition des Terminus liegen, nahm aber davon wieder Abstand, um untenstehende exakte Definition zu geben. Nach ihm können wir wiederholen, daß die Definitionen „Mutation ist eine Erbveränderung, die sich in einer Veränderung des Phänotyps widerspiegelt", oder „Mutation ist eine Veränderung der Gene", oder „Mutation — das sind solche Veränderungen der Gene, die nach der Entfernung eines Mutagens aus dem System bestehen bleiben", oder schließlich „Mutation ist eine Veränderung der Nukleotidfolge", alle unexakt sind und entweder eine doppelsinnige Ausdeutung zu geben gestatten oder das Wesen der Sache nicht richtig widerspiegeln. ZAMENHOF bemerkt sehr richtig, daß die strenge Definition der Mutation nicht einfach sein kann und dem Komplex der Bedingungen entsprechen muß, die dieser Definition auferlegt sind. Man kann ihm nicht zustimmen, wenn er meint, folgende

Besonderheiten der Mutationen unbedingt unterstreichen zu sollen: „Mutationen sind Veränderungen in den Substanzen (Nukleinsäuren), die die genetische Information tragen, bei denen a) die Veränderungen bei der Replikation dieser Substanz unter Abwesenheit eines beliebigen der bekannten Mutagene erhalten bleiben; b) die Änderungen nicht durch einfache Hinzufügung einer Substanz realisiert werden, die bereits genetische Information trägt (Episom im allgemeinen oder Virusnukleinsäure im besonderen); c) Änderungen entstehen nicht durch einfachen Austausch mit Substanzen, die bereits genetische Information tragen (andere Chromosomen oder deren Teile)".

Obgleich die ganze angeführte Definition insgesamt und einzelne ihrer Teile einer genügend begründeten Kritik unterzogen werden können, hat es Sinn, sich nicht in weitere Erklärungen einzulassen und sie als zeitbedingte Definition anzunehmen, die unser heutiges Verständnis des Mutageneseproblems widerspiegelt.

Mutagenesegeschwindigkeit. Ein anderer weit verbreiteter Terminus, der die Zahl der Mutationsereignisse je Zelle und je Generation (oder je Replikationszyklus der Nukleinsäuren) beschreibt, spiegelt ebenfalls den komplizierten vielstufigen Prozeß wider. Eine Änderung in der Primärstruktur der DNS (oder RNS bei einer Reihe von Viren), die durch Desaminierung, Depurinisierung, Dimerbildung usw. bedingt ist, muß in Veränderungen der Basenfolge übergehen. Beide Schritte werden mit unterschiedlichen Geschwindigkeiten und, was das wichtigste ist, zu verschiedenen Zeiten vollzogen. Durch Veränderung der Bedingungen für den Ablauf des ersten Schrittes (Primäränderung) kann man die Mutagenesegeschwindigkeit verändern. Aber das gleiche ist auch für den zweiten Schritt richtig. Mit anderen Worten kann man die Modifizierung der Mutagenesegeschwindigkeit auf verschiedenen Wegen erreichen, die mitunter schwer zu kontrollieren sind, und darin liegt die Ursache der großen Schwierigkeiten bei der Deutung der Veränderung der Geschwindigkeit des Mutationsprozesses.

Gegenwärtig ist es sogar schwierig, auf alle Ursachen hinzuweisen, die auf die Mutagenesegeschwindigkeit einwirken können. Darunter können sowohl Faktoren sein, die die Wechselwirkung des Mutagens mit der DNS beeinflussen (Änderungen der Mutagendosen; Reparaturprozesse, die der Replikation der DNS oder RNS vorausgehen; das Vorhandensein ungewöhnlicher Basen, die die Geschwindigkeit der Wechselwirkung von DNS und Mutagen ändern usw.), als auch Faktoren, die die Replikation der DNS stören oder sogar beschleunigen (Änderungen der Enzymaktivität; Anwesenheit einer Reihe von Aminosäuren; Unterdrückung der Proteinsynthese; Einführung basischer Farbstoffe in das Medium; Paarungsfehler usw.). Schließlich muß man unterstreichen, daß die Wechselwirkung von Mutagen und DNS nicht selten beim Fehlen der DNS-Synthese wesentlich geändert werden kann. Dieses Phänomen ist aller Wahrscheinlichkeit nach an einen teilweisen Austausch der DNS auf der Basis der nichtkonservativen DNS-Replikation gebunden (Bruch der DNS in mehreren Abschnitten und Ausflicken der entstandenen Lücken) und kann sich sogar unter den Bedingungen einer stationären Kultur oder in trockenen Samen entwickeln.

Mutationsfrequenz. Das Verhältnis der Mutantenzahl zur Zahl der überlebenden Individuen in einer Population heißt Mutationsfrequenz. Diese Definition behandelt den Mutationsprozeß unabhängig davon, wann und wie Mutanten entstanden sind. Weil es sich in der Mehrzahl der Fälle um einen ziemlich streng definierten Mutationstyp handelt, der im Versuch berücksichtigt wird, liefert die Berechnung der Mutationsfrequenz eine sehr zuverlässige und definierte Information.

Mutabilität. Nicht selten spricht man nicht vom Prozeß der Mutation irgendeines Gens, sondern allgemein vom Prozeß der Änderung der Vererbungsmatrizen. In diesen Fällen benutzt man bevorzugt den Terminus „Mutabilität", unter dem man sowohl eine Änderung eines vorgegebenen konkreten Gens als auch der ganzen Gesamtheit der Gene versteht. Da hierbei ein Teil der Mutationen nicht identifiziert werden kann, hat dieser Terminus nicht selten einen gewissen „theoretischen" Klang, der durch Daten aus der Untersuchung der Phänotypen nicht bekräftigt wird.

Komplikationen, die mit der Entdeckung von Mutationen zusammenhängen

Die Berechnung der Zahl der Mutationen stellt für sich allein eine schwierige Aufgabe dar, aber es ist sehr viel schwieriger und zuweilen einfach unmöglich, die wahre Zahl der an den Erbmolekülen erfolgten Verletzungen abzuschätzen.

Die Fälle, in denen man auf dem Wege der unmittelbaren Berechnung die erblichen Abweichungen bestimmen kann, sind ziemlich selten. Sie beschränken sich auf Chromosomenaberrationen bei höheren Organismen (Aneuploidie und Polyploidie, Verlust von Chromosomenteilen, Duplikationen, Translokationen, Inversionen, Chromomerenänderungen), die bisweilen nicht zu einem von uns bemerkbaren Unterschied in den Phänotypen führen, aber nichtsdestoweniger leicht bei mikroskopischer Untersuchung der Chromosomenpräparate unterscheidbar sind.

Bei Mikroorganismen ist die Möglichkeit zur unmittelbaren Feststellung von Mutationen noch seltener gegeben. Nomura und Benzer (1961) konnten bestimmen, daß die Deletion eines Abschnitts der Phagen-DNS zur Annäherung der Marken führt, die auf beiden Seiten des ausgefallenen Abschnitts liegen. Eine derartige indirekte Methode kann bei all ihrer Schwierigkeit mit Erfolg zur Aufklärung großer Deletionen des genetischen Materials angewendet werden ohne Rücksicht darauf, ob der ausgefallene Abschnitt irgendwelche Gene trug oder genetisch inert war. Ein anderes Verfahren, das zur Feststellung von Mutationen benutzt wird, wurde von Elisabeth Burgi ausgearbeitet. Sie konnte einen Unterschied in den Sedimentationseigenschaften normaler DNS und solcher DNS feststellen, die Deletionen trägt (Burgi, 1963).

Die beschriebenen Fälle, in denen der Forscher die Möglichkeit hat, die Ver-

änderungen der Erbstrukturen unmittelbar zu beobachten, die durch eine Mutation abgeschlossen werden, sind jedoch bei höheren Organismen relativ selten und bei Mikroorganismen äußerst selten.
Den Hauptbeitrag beim Mutationsprozeß liefern die Punktmutationen, die mit der Änderung einer Base oder eines Basenpaares im DNS-Molekül zusammenhängen. Die Folgen des Ausfalls, der Einschiebung oder des Austausches einer Base können gegenwärtig nur phänotypisch festgestellt werden. Man muß berücksichtigen, daß in diesen Fällen das „Verstärkerprinzip" eine enorme Bedeutung besitzt, weil das Erkennen der Mutationen mit dem Durcharbeiten eines großen Pools der veränderten Moleküle verbunden ist. Deshalb treten auch bei der Feststellung von Punktmutationen alle Schwierigkeiten auf, die mit der Überwindung des „Rauschens" auf dem Wege der Identifizierung des benötigten „Signals" zusammenhängen, was in der Radiophysik so gut und traurig bekannt ist.
Ihre Berechnung ist jedoch auch mit einer ganzen Reihe rein biologischer Hindernisse verbunden. Vor allem nach der Feststellung der Entartung des genetischen Codes, d. h. der Fähigkeit einer Reihe von Codons, ein und dieselbe Aminosäure zu determinieren, wurde es klar, daß wegen der Entartung des Codes eine merkliche Zahl von Punktmutationen in der DNS nicht in veränderte Aminosäuren übertragen werden wird. Vorläufige Berechnungen (Sonnenborn, 1965; Goldberg, Wittes, 1966) zeugen dafür, daß etwa 20% aller Punktmutationen aus diesem Grunde unberücksichtigt bleiben.
Ein anderer Grund der Unmöglichkeit, alle Punktmutationen zu berücksichtigen, hängt mit der Existenz von genetisch inerten oder sinnlosen Abschnitten in der DNS zusammen, die keine Proteine codieren.
Suppressormutationen, die bereits im Genom vorhanden sind, werden auch die Zahl der feststellbaren Punktmutationen herabsetzen.
Aber offenbar als am weitesten verbreitete Ursache einer Verminderung der Zahl nachweisbarer Mutationen dient unser Unvermögen, am Phänotyp Verletzungen zu bestimmen, die nicht die Enzymaktivität beeinflussen, z. B. den Austausch einer Aminosäure durch eine andere, aber vom gleichen Typ — „konservative Mutationen" (Smith, 1962a) oder Mutationen außerhalb des aktiven Zentrums des Enzyms (Yanofsky, Helinsky, Maling, 1961; Yanofsky, 1963) in einem Abschnitt, der für die Enzymaktivität als nicht kritisch erscheint.
Die Feststellung der wichtigen Rolle der Regulatorgene stellte eine neue Komplikation für die Berechnung der Mutationen dar. Offensichtlich können viele Mutationen, die gleichzeitig mit dem Auftreten von Mutationen der Regulatorgene entstehen, nicht erkannt werden.
Bisher war die Rede von den sogenannten sichtbaren Mutationen. Aber dieselbe schwierige Aufgabe der Aufdeckung der wahren Zahl von Mutationen entsteht bei der Untersuchung der „Letalmutationen". Das ist besonders begründet für Letalmutationen bei haploiden Organismen, weil rezessive Letalmutationen diploider Organismen (z. B. bei *Drosophila*) berechnet werden können. Man kann die Gene bedingt in zwei Typen einteilen: die ersten können Mutationen liefern,

die das Überleben nicht auf Null reduzieren, die zweiten wollen wir „wesentliche Gene“ nennen, deren Mutieren zum Tode der Organismen führt. Solche Gene können Gene sein, die die DNS- und RNS-Polymerasen liefern oder Gene verschiedener RNAs (Transport-, Ribosomen-RNAs) usw.
Wenn wir die Gene der ersten Art verfolgen, so kann die Berechnung ihrer Mutationen bei gleichzeitigem Mutieren von Genen der zweiten Art grundlegend geändert werden. Eine beliebige Letalmutation der Gene der zweiten Art wird unberücksichtigte Mutationen der ersten Art mit sich bringen. Tatsächlich hat die Entdeckung der Tatsache, daß eine Änderung der Kulturbedingungen Mutationen zu berücksichtigen gestattet, die unter anderen letal waren (bedingt letale Mutationen), und auch die Möglichkeit, die Letalität unter der Wirkung einer Reihe von Suppressorgenen aufzuheben, den Experimentatoren ein Verfahren in die Hand gegeben, den Teil der Mutationen zu bestimmen, die bei Verletzung „wesentlicher Gene“ zur Letalität führen.
Die Aufzählung aller genannten Schwierigkeiten wurde mit dem einzigen Ziel unternommen zu zeigen, daß jene quantitativen Kennzeichen, die man bei der Untersuchung der spontanen und induzierten Mutagenese erhält, Ableitungen vieler Parameter sind, von denen ein Teil nur mit Mühe berechenbar ist, und deshalb muß man diese quantitativen Kennzeichen immer mit einem entsprechenden Grad von Wahrscheinlichkeit bewerten. Die Formulierung richtiger Schlußfolgerungen kann nicht ohne Berücksichtigung der zugrunde liegenden Parameter erfolgen, die das Bild ändern.

Klassifikation der Mutationen

Vor allem muß man bemerken, daß früher alle beliebigen Erbänderungen als Mutationen angesehen wurden, heute aber ist dieser Begriff in seiner Bedeutung stark eingeengt worden. Auf Abb. 72 ist eine Klassifikation der Erbänderungen angegeben. Nach dieser Klassifikation werden Änderungen, die durch Umbauten im Zellkern (in den Chromosomen) hervorgerufen worden sind, von Änderungen unterschieden, die durch zytoplasmatische Faktoren (extrachromosomale Vererbung) bedingt sind. Die Kernveränderungen ihrerseits können sowohl mit einer Verletzung in den Chromosomensätzen (Verlust oder Erwerb einzelner Chromosomen — Aneuploidie, und ganzer Chromosomensätze — Polyploidie), als auch mit Änderungen der genetischen Information verbunden sein. Der letzte Fall kann mit zwei verschiedenen Prozessen zusammenhängen: 1) mit dem Erwerb von Information (mit Hilfe der Rekombination) entweder schon im gleichen Organismus vorhandener als auch von einem anderen Organismus übertragener. Diese Übertragung kann mit Hilfe der Transformation, Transduktion, Transfektion und Konjugation realisiert werden; 2) die genetische Information kann in den Grenzen einer Chromosomenmutation geändert werden. Die Mutationen können Punktmutationen (Abb. 73) oder größere Umbauten sein, die ein oder viele Gene umfassen. Offensichtlich ist der allerbeste Test zum Nachweis

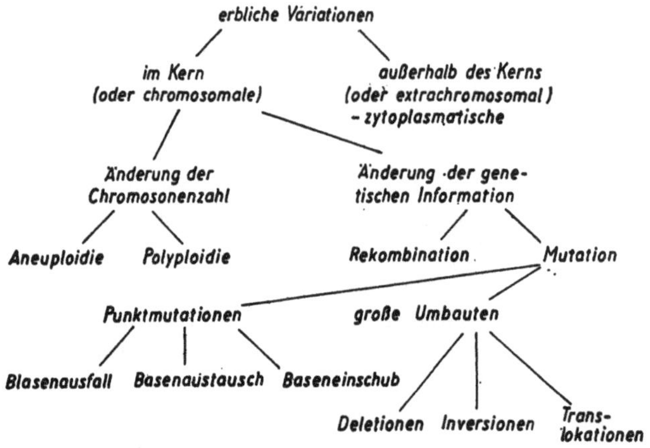

Abb. 72. Schema zur Erklärung der verschiedenen Typen von Änderungen der Erbinformation von Zellen

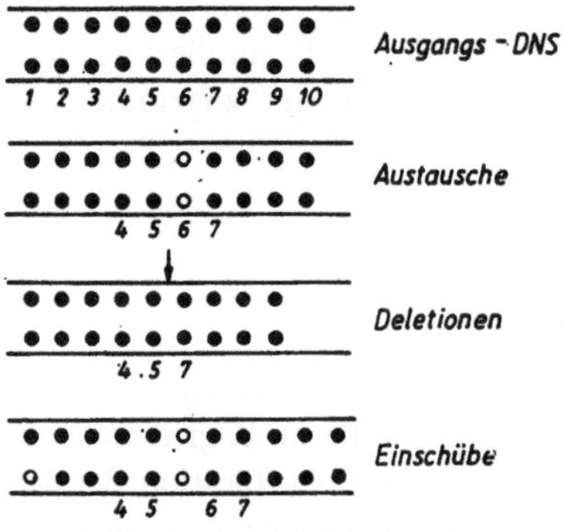

Abb. 73. Molekulare Mechanismen von Punktaustauschen, Deletionen und Einschüben in der DNS (Freese, Freese, 1966)

einer Nichtpunktmutation die Unfähigkeit solcher Mutanten, mit den anderen Mutanten zu rekombinieren, die alle miteinander rekombinieren können. Ein anderer qualitativer Unterschied der Punktmutationen ist ihre Fähigkeit zur Reversion (Rückmutation). Übrigens ergab eine Reihe von Punktmutationen in der rII-Region keine Reversionen.

Die Kinetik der Mutationsentstehung

In der erdrückenden Mehrzahl der Fälle führen die Experimentatoren eine Mutagenese in dem Dosisbereich oder bei den Mutagenkonzentrationen durch, wo die Kurven der Mutationsinduktion noch ihre Linearität[1]) bewahren. Bei Verlänge-

[1]) In der Mehrzahl der untersuchten Fälle folgt die Wechselwirkung von Mutagen und DNS einer Eintrefferkinetik, deshalb sind die Kurven der Mutationsinduktion linear.

rung der Behandlung geht die Kurve der Mutationsfrequenz in ein Plateau über und beginnt dann abzufallen. Diese Kurve mit einem Maximum, die gegenwärtig für viele Arten der Mutagenese (chemische und Strahlenmutagenese) beschrieben worden ist, wird eingehender in Kapitel 10 analysiert werden, jetzt wollen wir nur kurz die kinetischen Gesetzmäßigkeiten der Mutationsinduktion im Bereich des linearen Teils der Kurve der Mutationsfrequenz beschreiben.

Die Inaktivierung der Organismen folgt gewöhnlich folgender Gleichung:

$$\frac{B}{B_0} = e^{-\beta t} = e^{-n} \tag{1}$$

wo B — die Zahl der Individuen zur Zeit t, B_0 — die Zahl der Individuen vor Beginn der Behandlung zur Zeit t_0, t — die Behandlungszeit und β — die Inaktivierungskonstante ist.

Den Ausdruck βt kann man sich als Zahl der reagiert habenden Basen oder als ein Vielfaches davon vorstellen. Die Größe β hängt von der Dosisleistung oder der Mutagenkonzentration ab.

Eine detaillierte Analyse der komplizierteren Fälle, in denen die Inaktivierung nicht der angegebenen Gleichung folgt, wird in dem Buch von K. Cimmer „Problemy. količestvennoj radiobiologii" (Probleme der quantitativen Strahlenbiologie) (1962) gegeben, das anspruchsvoll, aber zugleich auch verständlich geschrieben ist. Alle Berechnungen Zimmers, die die Strahleneffekte betreffen, können auch auf die Fälle der chemischen Mutagenese übertragen werden, und wir verweisen den Leser auf das genannte Buch, um mit diesem Gebiet bekannt zu werden.

Hier aber wollen wir kurz den allereinfachsten Fall der Mutationsinduktion betrachten, bei dem die Induktion der Mutationen die Folge eines Eintreffervorgangs ist. Dieser Ausdruck bedeutet, daß die Mutation infolge einer chemischen Reaktion des Mutagens mit der DNS oder infolge des Auftreffens eines Strahlungsquants entsteht, und deshalb die Mutationsfrequenz bezogen auf einen lebensfähigen Organismus in linearer Abhängigkeit von der Zahl der reagiert habenden Basen anwachsen wird.

Die kinetische Theorie der Mutagenese (Bresler, 1966) nimmt an, daß in Abhängigkeit von der Behandlungszeit mit dem Mutagen die Zahl der überlebenden Zellen gemäß der Gleichung

$$\frac{dn_t}{dt} = -kIn_t, \tag{2}$$

abnimmt, wo n_t — die Zahl überlebender Zellen zur Zeit t, k — die Inaktivierungskonstante, die die Tötungswahrscheinlichkeit der Zellen bei der gegebenen Dosis widerspiegelt, und I — die Intensität der Wirkung des mutagenen Faktors (im Fall der Strahlenmutagenese — die Intensität des einfallenden Lichtes) ist. Durch Differentiieren dieser Gleichung erhalten wir:

$$n_t = n_0 e^{-kIt}, \tag{3}$$

wo n_0 — die Zahl der Individuen vor Beginn der Behandlung ist.

Die kinetische Gleichung, die die Mutantenentstehung beschreibt, sieht folgendermaßen aus:

$$\frac{dm_t}{dt} = k'In_t - kIn_t \tag{4}$$

wo k' — die Mutagenesekonstante, die die Entstehungswahrscheinlichkeit der Mutationen widerspiegelt, und m_t — die Zahl der Mutationen zur Zeit t ist. Das erste Glied der rechten Seite der Gleichung kennzeichnet die Zahl der neu entstehenden Mutationen, und das zweite Glied — die Zahl der zum gegebenen Zeitpunkt inaktivierten Mutanten.

Durch Integration von Gleichung (4) erhalten wir: $m_t = k'In_0te^{-kIt}$. (5)

Auf diese Weise wird der relative Anteil der Mutanten unter den Überlebenden m_t/n_t gleich:

$$\frac{m_t}{n_t} = k'It. \tag{6}$$

Das zeugt dafür, daß die Mutationsfrequenz linear mit der Einwirkungszeit des Mutagens wächst.

Unter Berücksichtigung des Hintergrundes der Spontanmutationen kann man Gleichung (6) folgendermaßen schreiben: $\frac{m_t}{n_t} = m_0 + k'It,$ (6')

wo m_0 — die Frequenz der Spontanmutationen ist.

Gleichung (6') hat diese Form nur in dem Falle, wenn die Mutation als Ergebnis einer einzigen Wechselwirkung entsteht. Wenn aber zur Induktion der Mutation mehr als eine chemische Reaktion (oder mehr als ein Treffer) nötig ist, so muß man das Glied k'It in Gleichung (6') in die entsprechende Potenz erheben.

Zum Abschluß kann man die typischen Kurven der Induktion von Hin- (Abb. 74) und Rückmutationen (Abb. 75) anführen.

Molekulare Grundlagen der Mutationsänderungen

Die einfachen theoretischen Voraussetzungen, die von E. Freese (1959a) gemacht wurden, haben gezeigt, daß für die intramolekularen Umbauten bei Punktmutationen zwei Hauptwege des Nukleotidaustausches in der DNS denkbar sind. Eine Purinbase kann durch die andere Purinbase ersetzt werden und eine Pyrimidinbase durch die andere Pyrimidinbase, oder Purin wird durch Pyrimidin ersetzt und umgekehrt.

Den ersten Weg nannte Freese Transition und den zweiten Transversion. Eine Zeitlang wurde in der russischen Literatur für den Fall des Austausches einer Purinbase durch eine Purinbase und einer Pyrimidinbase durch eine Pyrimidinbase der Terminus einfacher Austausch angewendet, und der zweite Fall, die

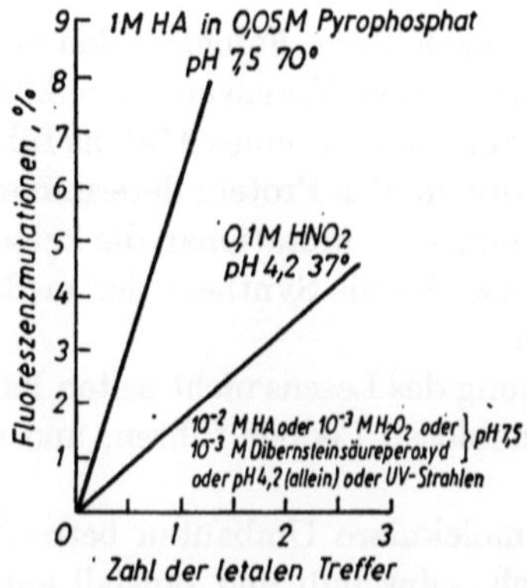

Abb. 74. Kurve der Induktion von Fluoreszenzmutationen in transformierender DNS durch Hydroxylamin und salpetrige Säure (Freese, Freese, 1966)

Austausche von Purin durch Pyrimidin oder die umgekehrten Austausche, wurden komplizierte oder Kreuzaustausche genannt.

Möglicherweise können Transversionen häufiger als Transitionen entstehen, weil bei der Transition GC in AT und AT in das Paar GC übergehen kann:

GC ↔ AT,
AT ↔ GC,

während bei der Transversion

GC ↔ CG,
GC ↔ TA,
AT ↔ TA,
AT ↔ CG.

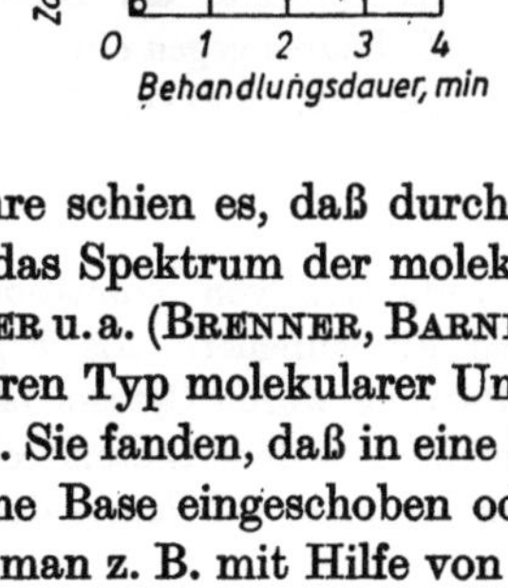

Abb. 75. Kurven der Induktion von Rückmutationen (rII → r^+) beim Bakteriophagen *T4* (Freese, 1961) nach Behandlung der Phagen mit salpetriger Säure. Die Ausgangsmutanten (rII) wurden durch Behandlung mit 5-BU erhalten (Freese, 1966)

Einige Jahre schien es, daß durch diese Fälle der Transitionen und der Transversionen das Spektrum der molekularen Umbauten in der DNS begrenzt wird, bis Brenner u.a. (Brenner, Barnett, Crick, Orgel, 1961) und Lerman (1964b)) einen anderen Typ molekularer Umbauten der DNS feststellten, die zu Mutationen führen. Sie fanden, daß in eine fertige oder im Bau befindliche Polynukleotidmatrize eine Base eingeschoben oder eine Base aus ihr herausgeworfen werden kann, was man z. B. mit Hilfe von Akridin realisieren kann.

Man kann die Punktmutationen auch nach ihrer Fähigkeit klassifizieren, den genetischen Code zu ändern. Transitionen und Transversionen können ebenso wie auch Rastermutationen entweder zur Bildung eines Codons führen, das die Einfügung einer unrichtigen Aminosäure in das Protein determiniert (missense mutations) oder zu sinnlosen Codons (nonsense mutations), die keinerlei Aminosäure codieren. Im letzten Fall wird entweder die Synthese der m-RNS oder die Synthese des Polypeptids unterbrochen.
Offensichtlich werden bei der Verschiebung des Lesens nicht selten Fälle beobachtet, in denen die Verschiebungen zu sinnlosen Codons führen, und das Ablesen der Matrize stoppt.
Im vorliegenden Kapitel werden nur molekulare Umbauten betrachtet, die bei Mutationen infolge von Basenaustausch, -einschub und -ausfall entstehen, und die Betrachtung der funktionalen Aspekte der Mutagenese wird bis zum Kapitel über den genetischen Code und die Mutationen zurückgestellt.

Wege des Einbaus falscher Basen

Es gibt wenigstens zwei Wege, falsche Basen in die DNS einzuführen. Das Mutagen kann auf die ruhende DNS einwirken und sie verändern. In einem solchen Fall wird gegenüber der geänderten Base bei der nächsten Replikation eine falsche Base eingesetzt werden. Es erfolgt das, was ein Replikationsfehler genannt worden ist (Abb. 76).
Die andere Möglichkeit der Entstehung einer Punktmutation hängt mit dem falschen Einbau eines Basenanalogons während der Replikation der normalen DNS zusammen (Einbaufehler). In diesem Fall wird sich das Basenanalogon mit einer normalen Base eines der sich replizierenden DNS-Stränge paaren. Die erhaltene Replica trägt jetzt in sich ein falsches Glied, und im folgenden Repli-

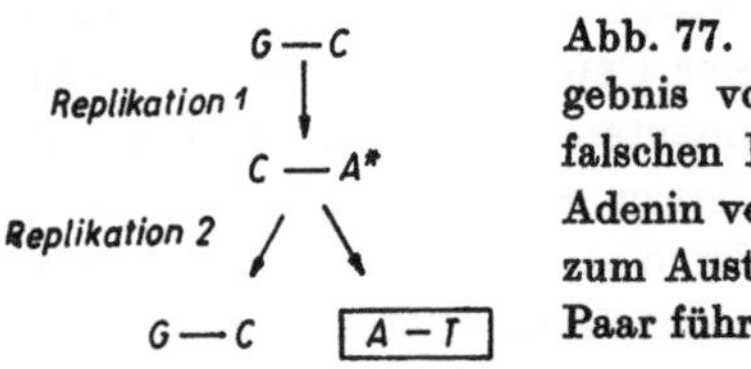

Abb. 76. Induktion von Transitionen als Ergebnis von Replikationsfehlern. In einem der Tochtermoleküle der DNS erfolgte der Austausch eines AT-Paares gegen ein GC-Paar (Freese, Freese, 1966)

Abb. 77. Induktion von Transitionen als Ergebnis von Einbaufehlern. Als Ergebnis einer falschen Paarung wurde Cytosin fälschlich mit Adenin vereinigt (seltene tautomere Form), was zum Austausch eines GC-Paares durch ein AT-Paar führte kationsakt wird gegenüber dem Analogon die zu ihm komplementäre Base eingebaut. Die Stabilisierung der Änderung tritt im dritten Replikationsakt ein, wenn zur falsch eingebauten Base ihr komplementärer Partner tritt und dadurch der Austausch des einen Basenpaares durch das andere (Mutanten-) Paar vollendet wird (Abb. 77).

Transitionen

Im Fall einer Mutation von Transitionstyp wird die Orientierung Purin-Pyrimidin aufrechterhalten. Wir wollen solche Mutationen am Beispiel der Bromuracilsubstitution betrachten. Bromuracil kann sich unter den üblichen Bedingungen sowohl mit Adenin als auch mit Guanin paaren (LAWLEY, BROOKES, 1962):

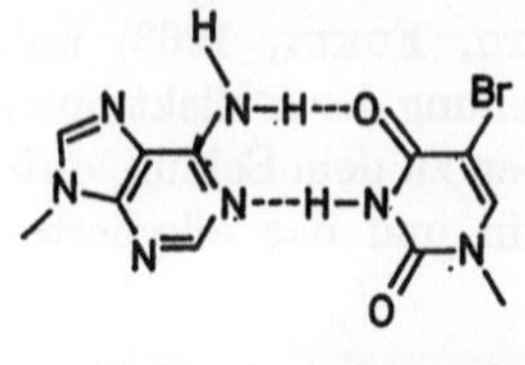

Adenin 5-Bromuracil (normale Ketoform)

Eine solche Paarung führt nicht zu Mutationen. Wenn die Bedingungen zur Unterdrückung der DNS-Synthese oder zur Unterdrückung des Einbaus von Thymin in die sich neu bildende DNS geschaffen werden, dann ersetzt Bromuracil Thymin in ihr, und das führt nicht zu letalen Folgen. Bromuracil kann jedoch zuweilen in die Enolform übergehen, wodurch es die Möglichkeit erwirbt, sich nicht mit Adenin sondern mit Guanin zu paaren:

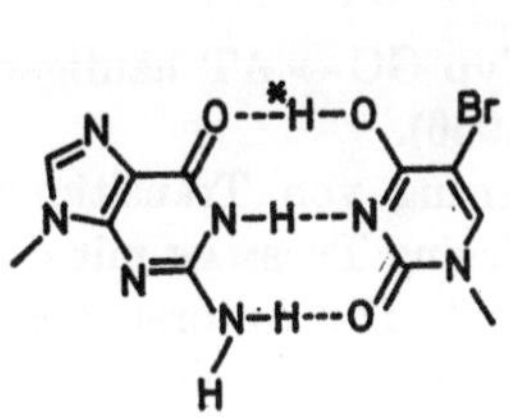

Guanin 5-Bromuracil (seltene Enolform)

Hierdurch kann der Paaraustausch entweder im Moment der DNS-Replikation oder als Einbaufehler erfolgen (FREESE, 1959b; RUDNER, 1961b). In beiden Fällen werden Transitionen vor sich gehen (Abb. 78). Im ersten Fall wird das Paar AT durch das Paar GC ersetzt werden, im zweiten Fall wird die Transition die Form haben: GC → AT. Mutationen von Transitionstyp können durch

Behandlung mit alkylierenden Verbindungen hervorgerufen werden. 7-Alkylguanin kann sich nach KRIEG (1963a) mit Thymin paaren:

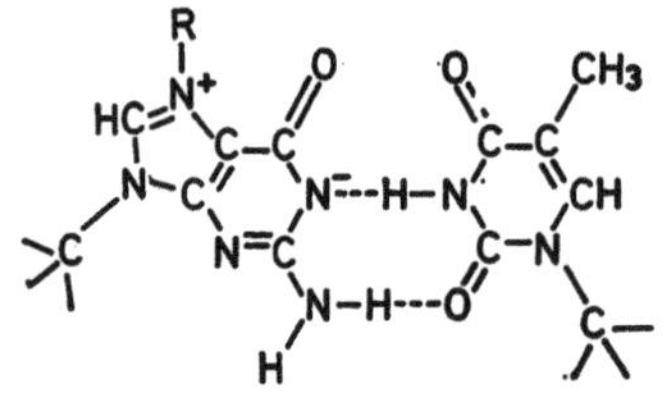

ionisiertes 7-Alkylguanin · Thymin

Diese Schlußfolgerung wurde von LAWLEY und BROOKES (LAWLEY, BROOKES, 1961; BROOKES, LAWLEY, 1964) geprüft und bestätigt. Der Übergang in die ungewöhnlichen tautomeren Formen nach der Alkylierung wurde von NAGATA und Mitarbeitern (NAGATA, IMAMURA, SAITO, FUKUI, 1963) untersucht. Die Autoren unternahmen den Versuch, die Verteilung der π-Elektronen des Guanins und der Cytidylsäure zu berechnen, und kamen zu dem Schluß, daß Alkylguanin nach der Tautomerisierung sich mit Thymin und das alkylierte Cytosin mit Adenin paaren kann:

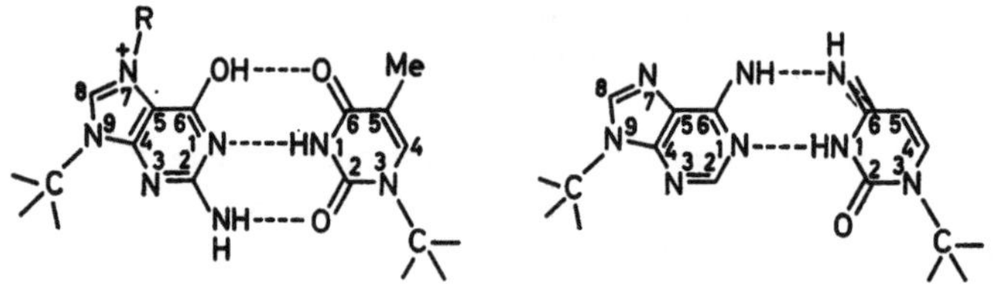

7-Alkylguanin (seltene tautomere Form) · Thymin · Adenin · Cytosin (seltene tautomere Form)

Offensichtlich erscheint der Übergang vom Typ GC $\rightarrow$ AT häufiger im zweiten Replikationsakt alkylierter DNS (LOVELESS, 1966).

Als Beweis für die Möglichkeit der Realisierung von Transitionsaustauschen dienten Experimente im Laboratorium von Irving TESSMAN mit dem Bakteriophagen *S13*, der eine einsträngige DNS besitzt. Die Autoren benutzten einen Satz von Mutagenen wie Hydroxylamin (HA), das mit Cytosin in Wechselwirkung tritt, Äthylmethansulfonat (ÄMS), das Guanin und Cytosin alkyliert, 5-Bromdesoxyuridin und 2-Aminopurin, die ein breites Wirkungsspektrum besitzen (s. Kapitel 10), und sie bestätigen die Bildung von Mutationen des Transitionstyps (HOWARD, TESSMAN, 1964a; TESSMAN, PODDAR, KUMAR, 1964). Das interessanteste Resultat jedoch hing mit dem Versuch zusammen, Rückmutationen unter der Einwirkung dieser gleichen Mutagene zu erhalten. Wenn z. B. HA bevorzugt mit Cytosin in Wechselwirkung treten kann, so kann es beim Übergang des Paares GC in AT (Hinmutation) die Rückoperation nicht realisieren, weil es im

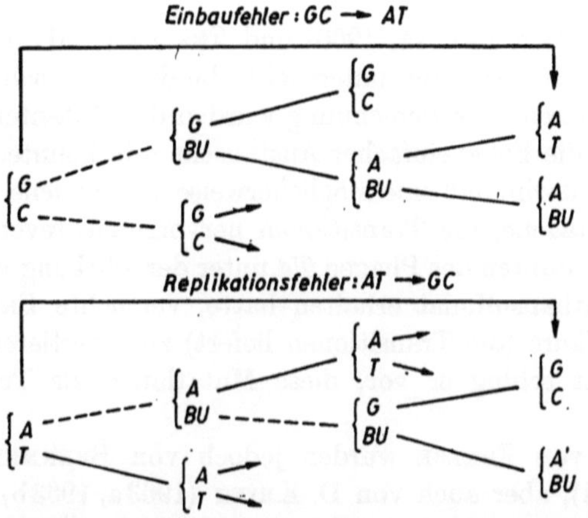

Abb. 78. Induktion von Transitionen unter Einwirkung von 5-Bromuracil

Mutantensite[1]) kein Cytosin geben wird, mit dem HA in Wechselwirkung tritt. Wenn dagegen HA in einem anderen (Mutanten-) Site eine große Zahl von Rückaustauschen hervorrief, war es hinsichtlich der Hinmutationen in dem gleichen Site nicht aktiv. Diese Regel erwies sich auch für andere Mutagene als richtig. Die Summe der erhaltenen Resultate konnte zur Identifizierung der in den mutierenden Sites des Phagen *S 13* liegenden Basen benutzt werden.

Transversionen

Die Beweise für die Existenz von Transversionen, das heißt solcher Austausche, bei denen die Orientierung Purin-Pyrimidin durch die umgekehrte ersetzt wird (das Paar GC wird durch CG oder TA und AT wird durch CG oder TA ersetzt), waren lange Zeit sehr viel weniger überzeugend als für die Transitionen.

Im Jahre 1960 schlugen E. Bautz-Freese und E. Freese (Bautz, Freese, 1960) ein Schema für die Entstehung von Transversionen vor, nach dem eine Depurinisierung der DNS, die durch alkylierende Agentien (z. B. durch Äthylmethansulfonat) hervorgerufen wird, zur Bildung von Lücken in einem der DNS-Stränge führt, und während der folgenden Replikation können am Ort der Lücke sowohl Pyrimidin- als auch Purinbasen eingeschoben werden. Die Einschiebung eines Pyrimidins führt zur Mutation vom Transversionstyp.

Zu Transversionen können gemäß dem Vorschlag von Freese auch niedrige pH-Werte führen, und außerdem meinte Freese, daß die Mehrzahl der Spontan-Mutationen durch Transversionsaustausche bedingt ist.

Der Versuch eines Existenzbeweises für Transversionen wurde von E. Bautz-

[1]) site (engl.) = allgemeinste Bezeichnung für die Lokalisation genetischer Marken, kleinste Untereinheit des Gens

Freese und Freese (Bautz, Freese, 1960) und Freese (1961) unternommen. In beiden Fällen wurden Revertanten untersucht, die durch verschiedene Mutagene induziert worden waren. Zur Berechnung wurden die Mutanten verwendet, deren Entstehung nicht die Folge einfacher Austausche sein konnte. Ein anderes Beweisverfahren besteht darin, daß eine möglicherweise entstandene Transversion nicht mit Hilfe der Mutagene, die Transitionen hervorrufen, revertiert werden konnte. Nachdem er r-Mutanten des Phagen *T4* unter der Wirkung von niedrigen pH-Werten und Äthyläthansulfonat erhalten hatte, versuchte Freese (1961), diese durch salpetrige Säure (die Transitionen liefert) zu revertieren, aber ohne Erfolg. Hierauf gestützt schlug er vor, diese Mutationen als Transversionen anzusehen.

Die Schlußfolgerungen von Freese wurden jedoch von Brenner, Barnett, Crick und Orgel (1961), aber auch von D. Krieg (1963a, 1963b) einer Kritik unterzogen. Diese Autoren sprachen vor allem Zweifel an der Überzeugungskraft des Testes aus, der von Freese zum Nachweis der Transversionen benutzt worden war, und formulierten dann eine Vorstellung von Punktmutationen, die durch Ausfälle und Einschiebungen einzelner Basen hervorgerufen wurden. Obwohl der Mechanismus Einschiebung—Ausfall offensichtlich bei der Mutagenese stattfindet (besonders durch Proflavin und seine Analoga hervorgerufen), waren die Daten für eine Verwerfung des Transversionsmechanismus offenbar unzureichend.

Der direkte Beweis für Transversionsaustausche wurde in Versuchen des Laboratoriums von Charles Yanofsky erhalten (Yanofsky, Horn, Thorpe, 1964; Yanofsky, Ito, Horn, 1966). Viele Jahre lang haben Yanofsky und Mitarbeiter ein System zur Erforschung nur eines Enzyms ausgearbeitet: der Tryptophansynthetase von *E. coli* und nicht einmal des ganzen Enzyms, sondern nur seiner einen Polypeptidkette (A-Protein). Aber diese Beschränkung des Versuchsobjektes in Verbindung mit der Breite der angewandten Methoden und der Verschiedenartigkeit des Herangehens lieferten Resultate von außerordentlicher Bedeutung. Darunter befinden sich Versuche zum Studium des Austausches von Aminosäuren bei Punktmutationen im A-Protein der Tryptophansynthetase. Yanofsky und Mitarbeiter haben einen Satz von Mutanten isoliert, die anomale Enzyme synthetisieren, bei denen im A-Protein Austausche einzelner Aminosäuren erfolgten (Tab. 17).

Tabelle 17

Aminosäureaustausche, die in verschiedenen Mutanten des A-Proteins der Tryptophansynthetase von *E. coli* vorkommen (Yanofsky, Ito, Horn, 1966)

Mutante	Mutagen*	Austausch	Mutante	Mutagen*	Austausch
A 23	UV	Gly → Arg	A 78	UV	Gly → Cys
A 46	UV	Gly → Glu	A 223	ÄMS	Thr → Ile
A 58	UV	Gly → Asp			

* UV — Behandlung mit UV-Strahlen; ÄMS — Behandlung mit Äthylmethansulfonat

Jede dieser Mutanten revertierte spontan oder unter Einwirkung verschiedener Mutagene, so daß sie eine der Reaktionen der Tryptophansynthese realisieren konnte. Bei den Revertanten wurden die Aminosäuren in den Sites untersucht, die vorher falsche Aminosäuren enthalten hatten. Nach Kenntnis des genetischen Codes für diese Aminosäuren konnte man feststellen, welche molekularen Austausche bei den Reversionen vor sich gegangen waren. Es zeigte sich, daß beim spontanen Mutieren und bei der Benutzung von Äthylmethansulfonat die erdrückende Mehrheit der entstehenden Mutationen zum Transversionstyp gehören, während 2-Aminopurin hauptsächlich zum Austausch des AT-Paares mit dem GC-Paar führte, d. h. zur Transition.

Mutationen, die durch Ausfall und Einschub von Basen hervorgerufen werden

Die logische Begründung für die Theorie „Ausfall — Einschub" war der Vorschlag von Francis Crick über die Natur des genetischen Codes und seiner Verletzungen. Diese Daten wurden bereits im Kapitel vom genetischen Code betrachtet, weshalb wir uns hier nur auf eine kurze Beschreibung beschränken.

Crick ging von folgenden Postulaten aus:

1. Die Ablesung der genetischen Matrize erfolgt in Basendreiergruppen.
2. Diese Ablesung wird ununterbrochen über alle Buchstaben (Basen) der DNS durchgeführt.
3. Die Ablesung beginnt an einem fixierten Punkt (Nullpunkt) in einer Richtung.

Wenn man sich die Inschrift in der DNS als irgendeine Basenfolge vorstellt — ABCABCABCABCABCABCABC, so wird sie beim Ablesen dieser Matrize in folgende Sinnelemente zerlegt:

ABC ABC ABC ABC ABC ABC ABC

Wie kann man diese Inschrift verletzen?

Offensichtlich kann man das durch zwei Elementarakte erreichen: durch die Einschiebung einer (beliebigen) überzähligen Base an einem beliebigen Ort der Folge:

ABC ABB CAB CAB CAB CAB CAB
↑
Einschiebung der Base B

oder durch Ausfall (Deletion) einer überzähligen Base:

ABC ACA BCA BCA BCA BCA BC
↓
Ausfall der Base B

Dieses formale Schema, das die Natur der Rastermutationen (Verschiebung des Leserahmens) ausgezeichnet erklärt hatte, bedurfte trotz aller seiner Qualitäten eines experimentellen Beweises seiner Richtigkeit. Es ist angebracht zu bemerken, daß sich die Theorie von CRICK von Grund auf von der Theorie der Mutagenese von E. FREESE unterschied. Nach FREESE konnten alle Änderungen in der Basenfolge mit einem Austausch der richtigen Base oder des Basenpaares gegen die falsche zusammenhängen. Die Theorie von FREESE betrachtete überhaupt keine Punktmutationen, die mit dem Ausfall oder Einschub von Basen zusammenhängen.

Der Beweis für die Richtigkeit der letzten Annahme wurde in der hervorragenden Arbeit von CRICK, BARNETT, BRENNER, WATTS-TOBIN (1961) gezeigt. Die Autoren entwickelten ein klug erdachtes und zugleich höchst einfaches Verfahren zum Beweis der Richtigkeit ihres Schemas. Schon in ihrer vorhergehenden Arbeit hatten CRICK und Mitarbeiter (BRENNER, BARNETT, CRICK, ORGEL, 1961) festgestellt, daß ein Agens, das Basen zufügt und entfernt (eine oder vielleicht zwei), Proflavin ist. Nachdem sie nun Proflavin benutzt hatten, erhielten CRICK und Mitarbeiter die erste Mutation in der rII-Region und nannten sie FCO. In der nächsten Etappe des Versuches wurde diese FCO-Mutante wiederholt mit Proflavin behandelt. Einer der Nachkommen der Mutante kehrte zum Ausgangs-Wildtyp zurück. Die Reversion konnte durch eine von zwei Ursachen bedingt sein: entweder erfolgte gemäß der Theorie von FREESE im Mutantensite bei der ersten Behandlung ein Austausch der Base gegen eine falsche und nach der zweiten Behandlung die Reversion dieser Base zur normalen; oder entsprechend der Theorie von CRICK führte die erste Behandlung zum Einschub oder Ausfall einer Base, und die zweite Behandlung rief neben dem geschädigten Site die gleiche Mutation des Ausfalls oder Einschubs aber mit entgegengesetztem Vorzeichen hervor (Suppressormutation). Wir wollen die zweite Möglichkeit eingehender betrachten. Hierzu kehren wir erneut zur Baseninschrift zurück:

ABC ABC ABC ABC ABC ABC ABC

Wir wollen annehmen, daß als Ergebnis des ersten Aktes der Behandlung mit Proflavin eine der Basen in der Matrize sich als ausgestoßen erweist („—“-Mutation):

ABC ACA BCA BCA BCA BCA BC

(wir wollen nebenbei bemerken, daß das Ergebnis nicht geändert wird, wenn wir nicht mit einem Ausfall sondern mit dem Einschub einer Base beginnen).

Nach dem zweiten Akt der Behandlung ist die Rückkehr zum Wildphänotyp in dem Fall möglich, wenn neben der ersten Mutation eine Suppressormutation des entgegengesetzten Vorzeichens (in unserem Beispiel Einschub einer Base, „+“-Mutation) erfolgt:

ABC ACA BBC ABC ABC ABC ABC
↑
Einschub

Wie man sieht, wurde fast in der ganzen Inschrift außer dem schmalen Abschnitt ACA BBC die richtige Reihenfolge der Basen wiederhergestellt. Wenn dieser kurze unwichtige Abschnitt die Aktivität des vom Gen codierten Proteins nicht wesentlich ändert, so wird nach der zweiten Mutation der Wild- (oder genauer der Pseudowild-) Phänotyp wiederhergestellt.

Das letzte, nämlich die Wiederherstellung des Pseudowild-Phänotyps wurde festgestellt. Es blieb zu erkennen, infolge welchen Mechanismus (FREESE oder CRICK) die Wiederherstellung erfolgte.

CRICK und Mitarbeiter isolierten viele Mutanten, die entweder „+"- oder „—"-Mutationen waren. Wenn sie tatsächlich „+" sind, so erfolgt die Wiederherstellung des Pseudowild-Phänotyps bei der Kreuzung dreier „+"-Mutationen und ihrer Vereinigung in einer Phagenpartikel (wenn nur der Code dreibuchstabig ist)[1]. Wir wollen uns dies durch die Buchstabeninschrift klarmachen:

ABC	ABC	ABC	ABB	CAB	CAB	CAB	1. „+"-Mutation
ABC	ABA	CAB	CAB	CAB	CAB	CAB	2. „+"-Mutation
ABC	ABC	ABC	CAB	CAB	CAB	CAB	3. „+"-Mutation
ABC	ABA	CAB	CCA	BBC	ABC	ABC	Pseudowildphage mit drei „+"-Mutationen.

Nachdem sie die Wiederherstellung des „Wild"-Phänotyps bei der Kreuzung dreier „+"-Mutationen und ebenso bei der Vereinigung dreier „—"-Mutationen erhalten hatten, bekräftigten CRICK und Mitarbeiter die Richtigkeit ihrer Theorie und bewiesen dadurch, daß neben den Transitionen und Transversionen ein dritter Typ molekularer Umbauten existiert, der Punktmutationen hervorruft und zwar Baseneinschub und -ausfall.

Vorkommen der Punktmutationen

Die beschriebenen molekularen Mechanismen der Mutationen basierten auf der einfachen aber äußerst wichtigen Annahme von der Punktnatur der Mutationen. Die Entwicklung der Vorstellungen von der Natur der Mutationen hat einen komplizierten Weg zurückgelegt von den naiven Vorstellungen LAMARCKS über die Mannigfaltigkeit der in der Evolution faßbaren Erbabweichungen bis zu den deutlichen (und in der Hauptsache experimentell geprüften) Voraussagen von S. S. TSCHETWERIKOW über die Einfachheit der Mutationen. Der Übergang zur Untersuchung der molekularen Strukturen der Vererbung belebte die alten Streitigkeiten erneut und bestätigte schon jetzt endgültig die Richtigkeit der Ideen von TSCHETWERIKOW.

Sobald eine molekulare Analyse der evolutionären Veränderungen möglich wurde, erhielt die Punktförmigkeit der Mutationen einen experimentellen Beweis. Gegenwärtig besitzen wir viele Beispiele, die bestätigen, daß die Punktmutationen

[1]) Nebenbei gesagt, war dieser Versuch auch der Beweis für den dreibuchstabigen Code.

die große Hauptstraße der Evolution darstellen, aber wir wollen nur bei zwei Beispielen verweilen.
Eine Analyse der Aminosäurenfolge in Hämoglobinen aus verschiedenen Quellen (CUKERKANDL', POLING, 1964) hat die Regel fest gesichert, daß die erdrückende Mehrheit der Austausche an einzelne Aminosäuren gebunden ist. Mehr noch, wenn man anstelle der veränderten Aminosäuren die ihnen entsprechenden Codons aufschreibt, so wird es offenkundig, daß fast überall die Aminosäurenaustausche infolge der Änderung von insgesamt nur einer Base im Codon erfolgten.
Das andere Beispiel wollen wir einer Arbeit aus dem Laboratorium von YANOFSKY (YANOFSKY, ITO, HORN, 1966) entnehmen. Von den Autoren wurden insgesamt mehr als 100 Mutanten untersucht, bei denen die Aminosäurenaustausche genau lokalisiert worden waren. „Mit Ausnahme der Mutation Glutaminsäure → Methionin stellen diese Austausche Änderungen eines Basenpaares dar. Der Austausch Glutaminsäure — Methionin muß zwei Basenpaare umfassen. Es ist interessant, daß der letzte Fall nur einmal angetroffen wurde, und diese Methioninmutante A33 revertierte nicht. Die Seltenheit der Entstehung von A33 und die Unfähigkeit dieser Mutante zu revertieren, unterstützten weiter die Ansicht, daß Mutationsereignisse gewöhnlich auf Austausche eines Basenpaares beschränkt sind", resümierten die Autoren (YANOFSKY, ITO, HORN, 1966, S. 161).

Genetisch bedingte Kontrolle der Mutationsfrequenz

Der Aufbau der genetischen Karten solcher Organismen wie *Drosophila* und Mais und danach die Entdeckung der mutagenen Rolle von Röntgen- und Ultraviolettbestrahlung führten zu einer interessanten Beobachtung, deren Sinn sich erst jetzt aufzuklären beginnt. Zwei außerordentlich intensiv arbeitende Forschergruppen, von Alexander HOLLAENDER und von Nikolai TIMOFEEFF-RESSOWSKI, untersuchten die Mutationshäufigkeit in verschiedenen Genen des X-Chromosoms von *Drosophila melanogaster*. Weibchen wurden mit Ultraviolett und Röntgenstrahlen bestrahlt.
Sechs Jahre nach diesen Pionierarbeiten vereinigten im Jahre 1942 SELL-BELEITIS und CATSCH die Daten beider Forschergruppen in einer grafischen Darstellung und verglichen die Kurven der Mutabilität, die durch Ultraviolett- und Röntgenbestrahlung bedingt war. Auf der Abszissenachse wurden nicht wie gewöhnlich die Bestrahlungsdosen aufgetragen sondern die Loci des X-Chromosoms von *Drosophila* (die Bestrahlungsdosen waren für jeden Locus annähernd die gleichen); auf der Ordinate wurden die Mutationen in Prozent aufgetragen (Abb. 79). SELL-BELEITIS und CATSCH richteten bei der Veröffentlichung dieser grafischen Darstellung ihre Aufmerksamkeit darauf, daß die Kurven für die Ultraviolett- und Röntgenbestrahlung im großen und ganzen zusammenfielen, aber für uns ist heute ein anderer Umstand sehr viel wichtiger, der der Aufmerksamkeit sowohl von HOLLAENDER und TIMOFEEFF-RESSOWSKI als auch der ihrer Interpretierer

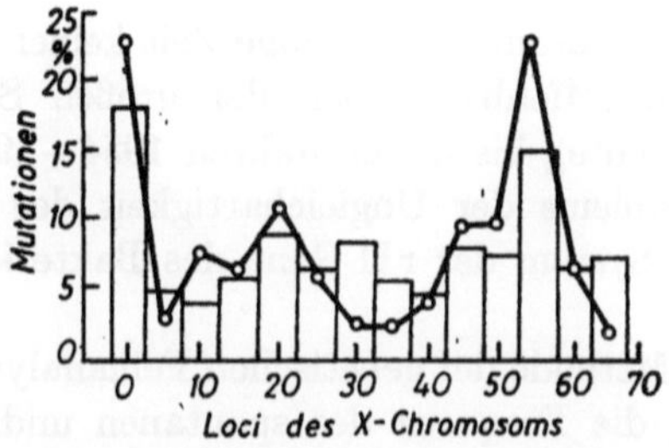

Abb. 79. Mutationsfrequenz, die von N. V. Timofeev-Resovskij und G. Meller in verschiedenen Loci des X-Chromosoms von *Drosophila* bei der Behandlung mit Röntgen- (Säulen) und UV-Strahlen (Kurve) beobachtet wurden (Sell-Beleitis, Catsch, 1942)

entgangen ist. Die Mutationshäufigkeit in den verschiedenen Loci des X-Chromosoms war äußerst unterschiedlich. Sowohl für Röntgen- als auch für Ultraviolettbestrahlung konnte man zwei bis drei äußerst verwundbare Abschnitte auf dem X-Chromosom angeben.

Auf diese Weise wurde erstmals die Nichtmonotonie der Mutationsaktivität in den Grenzen eines Chromosoms festgestellt.

Auf diese unterschiedliche Mutationsaktivität konzentrieren wir auch jetzt unsere Aufmerksamkeit.

Es wurde also in den Grenzen des Chromosoms eine nicht identische Strahlenresistenz der verschiedenen Loci bemerkt. Aber die Sache beschränkt sich nicht darauf. Lange Jahre meinte man, daß das Gen ein einheitliches Ganzes darstellt, das bei der Rekombination ungeteilt übertragen wird, als Ganzes mutiert und zugleich während der ganzen Zeit auch eine einzige Funktion bestimmt.

Diese eingewurzelte Ansicht vom Gen als Einheit von Funktion, Mutation und Crossing-over wurde durch die Untersuchungen von N. P. Dubinin und seinen Nachfolgern zerstört, die in Versuchen mit stufenförmigem Allelomorphismus gezeigt haben, daß das Gen aufgespalten ist. Dubinin gelang es, die Frequenz des Mutierens verschiedener Zentren längs des Gens zu bestimmen. Die von ihm erhaltene grafische Darstellung (Abb. 80) ähnelt sehr stark derjenigen aus der Arbeit von Sell-Beleitis und Catsch. Wir sehen wiederum, daß die Mutierfrequenz in verschiedenen Punkten des Gens bei weitem nicht gleich ist. Das gleiche Resultat wurde an *Drosophila* von Fahmy und Fahmy (1968) erhalten (Abb. 81).

Nach diesen Entdeckungen ist das Problem der Aufspaltung des Gens und das mit ihm zusammenhängende Problem der ungleichartigen Mutabilität verschie-

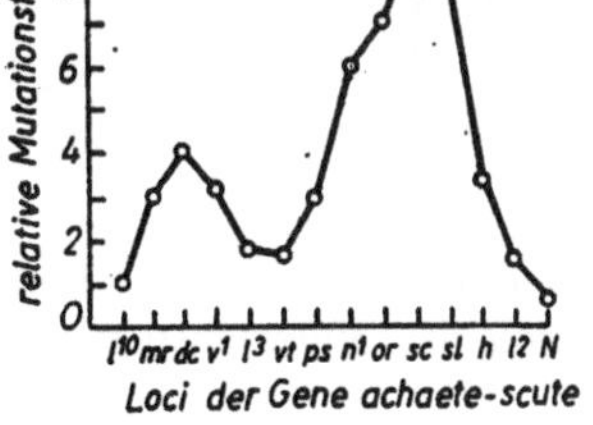

Abb. 80. Verteilung der Mutationshäufigkeiten auf die Loci der Gene achaete-scute nach Einwirkung von Röntgenstrahlen auf *Drosophila* (Dubinin, 1930a)

dener Abschnitte des Gens und der Chromosomen lange Zeit keiner detaillierten Untersuchung unterzogen worden (offenbar wegen der großen Schwierigkeit der Durchführung solcher Experimente), bis in den Jahren 1954—1957 Seymour BENZER die Bearbeitung des Problems der Ungleichartigkeit der Mutagenese an dem von ihm ausgearbeiteten System der rII-Gene des Bakteriophagen *T4* fest in Angriff nahm.

Die äußerste Empfindlichkeit der Methode der genetischen Feinanalyse gestattete BENZER, einzigartige Daten über die Frequenz des spontanen und induzierten Mutierens von mehr als 300 Sites zweier Gene — der Cistrons A und B der rII-

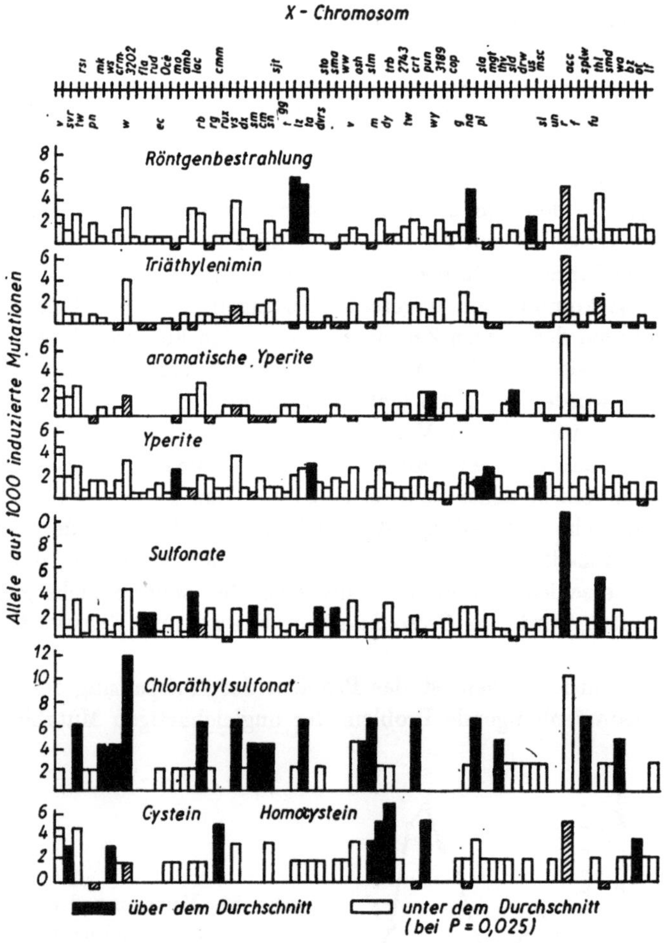

Abb. 81. Genetische Karten der Verteilung von Punktmutationen im X-Chromosom von *Drosophila* bei Induktion der Mutationen durch verschiedene Mutagene (FAHMY, FAHMY, 1968)

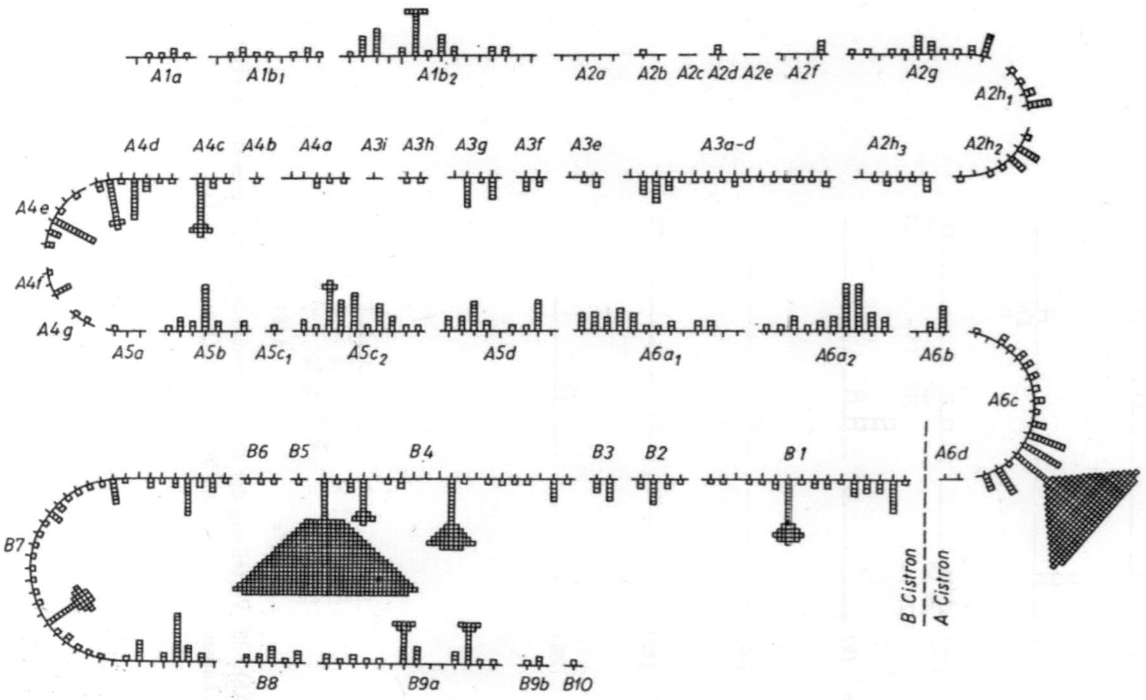

Abb. 82. Genetische Karte der von Benzer erhaltenen Spontanmutationen in der rII-Region des Phagen *T4*. Jedes Quadrat stellt eine unabhängig isolierte Mutante dar (Benzer, 1963)

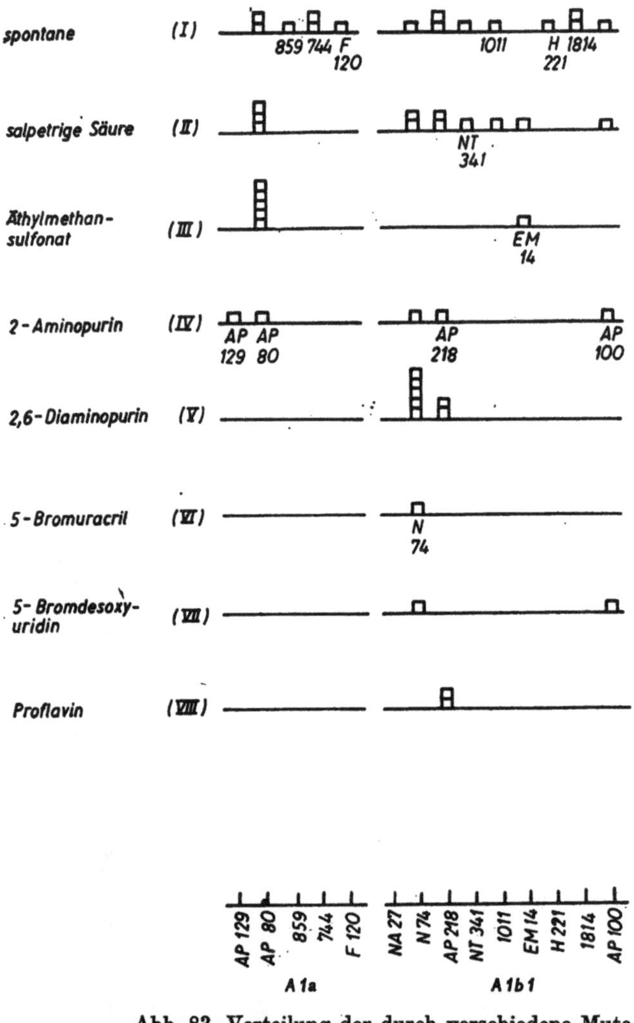

Abb. 83. Verteilung der durch verschiedene Mutagene in der rII-Region des Phagen *T4* induzierten Mutationen (Benzer, 1961)

Region zu erhalten (Benzer, 1955, 1959, 1961; Brenner, Benzer, Barnett, 1958). In keinem einzigen Falle stellte der Autor eine gleichmäßige Verteilung der Mutanten über die Länge der Gene fest. Insbesondere entstanden 40 Prozent der spontanen Mutanten insgesamt in zwei Sites (Abb. 82) — in einem im Cistron A und einem im Cistron B. Diese Punkte vorzugsweisen Mutierens wurden „heiße Punkte" (hot spots) genannt. Die hot spots wurden auch für jedes Mutagen festgestellt (Abb. 83), wobei es besonders wichtig ist, daß ein Zusammenfallen der hot spots für verschiedene Mutagene und spontane Mutationen nicht bemerkt

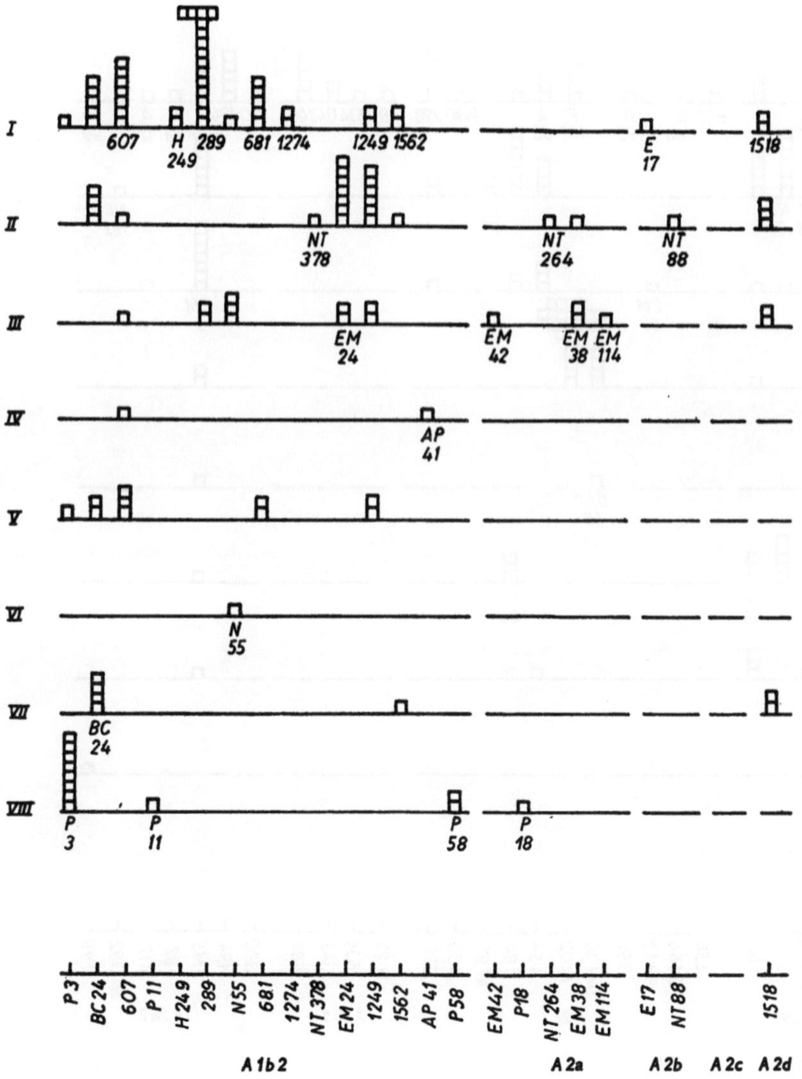

Abb. 83(2)

wurde. Diese Beobachtung BENZERS wurde in der Folge durch eine Vielzahl von Beispielen bekräftigt (FREESE, 1959a, b; HOWARD, TESSMAN, 1964a; TESSMAN, PODDAR, KUMAR, 1964; LACKS, 1966).

Das festgestellte Phänomen stellte vor die Forscher eine Reihe schwieriger und aufregender Fragen. Vor allem, wodurch wurde ein solcher Unterschied im Mutieren einzelner Sites hervorgerufen? Wird er durch den Ort dieses Sites im Gen vorgegeben, oder unterscheidet sich der labile Site selbst seiner chemischen Natur nach von den ihn umgebenden Partnern im Gen? Wird die Mutabilität eines

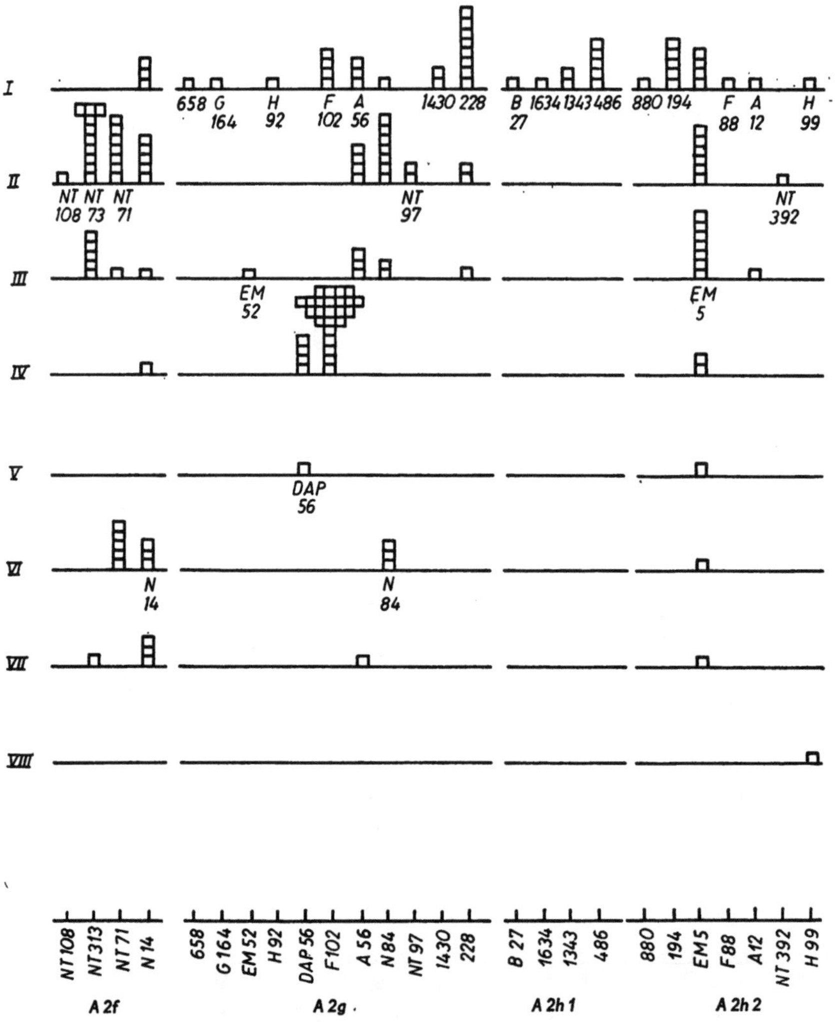

Abb. 83(3)

bestimmten Sites bei Übertragung des betreffenden Gens in ein anderes Genotyp-Medium schwanken, mit anderen Worten, ist die Eigenschaft eines solchen Mutierens ein individuelles Kennzeichen des Gens oder spiegelt sie die Mutationsstabilität der betreffenden Zelle wider?

Die Antwort auf die letzte Frage wird offensichtlich eindeutig für ein einzelnes Gen gelöst — s. die Zusammenfassung von Zamenhof (1967) — und führt dazu, daß für eine vorgegebene Verteilung der Mutationen auf seiner Länge das Gen selbst verantwortlich ist und nicht seine Nachbarn und nicht die Zelle, die dieses

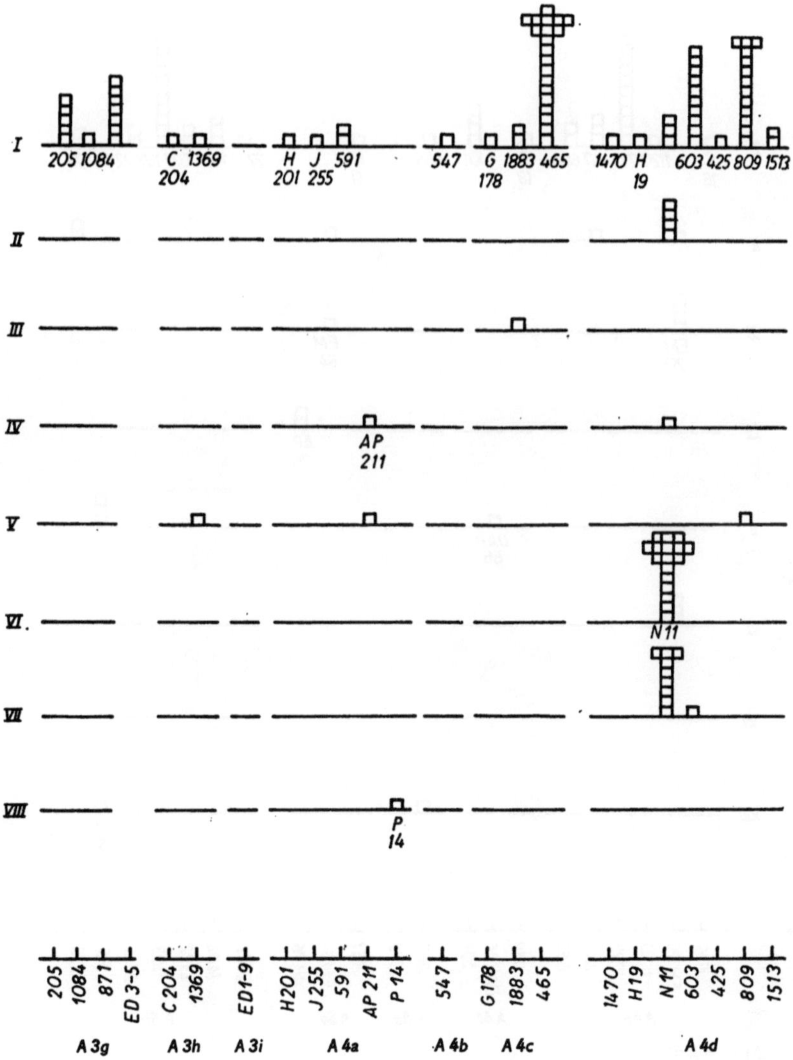

Abb. 83(4)

Gen trägt.[1]) Die Antwort auf die erste Frage ist sehr viel weniger bestimmt, und in diesem Falle sind die Forscher im wesentlichen auf Mutmaßungen beschränkt. Möglicherweise wirkt die Konformation und Stabilität der DNS-Spirale auf die Mutationsreaktion eines bestimmten Sites. Zweifellos besitzt das DNS-Molekül, das in den Phagenköpfen, in den Nukleoiden und Chromosomen dicht gepackt

[1]) Mit Ausnahme der Fälle, bei denen Verletzungen vom Typ eines „Mutatorgens" beobachtet werden, worüber gesondert gesprochen wird.

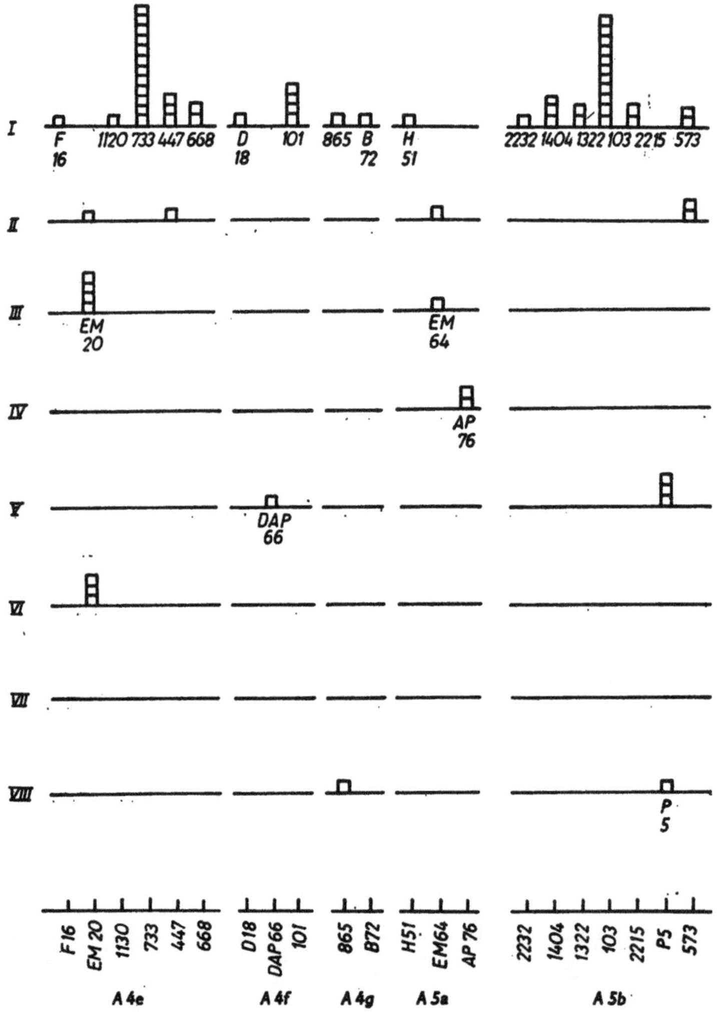

Abb. 83(5)

ist, Abschnitte mit verletzten Wasserstoffbrücken. Da mehrere Mutagene, z. B. Hydroxylamin (FREESE, STRACK, 1962) und salpetrige Säure (HORN, HERRIOTT, 1962) aktiver mit denaturierter als mit nativer DNS reagieren, darf man nicht bestreiten, daß eine lokale Verletzung der Sekundärstruktur der DNS in der Mutationsaktivität dieser Abschnitte zum Ausdruck kommt.
Diesem Phänomen kann eine Erscheinung nahestehen, die von TATUM (1965) und ZAMENHOF (1967) postuliert worden ist. Nach ihrer Hypothese können Abschnitte in der DNS, in Analogie zu mehreren Abschnitten in den Proteinen, auch noch dahingehend nicht identisch sein, daß die Verletzung eines Teils von ihnen

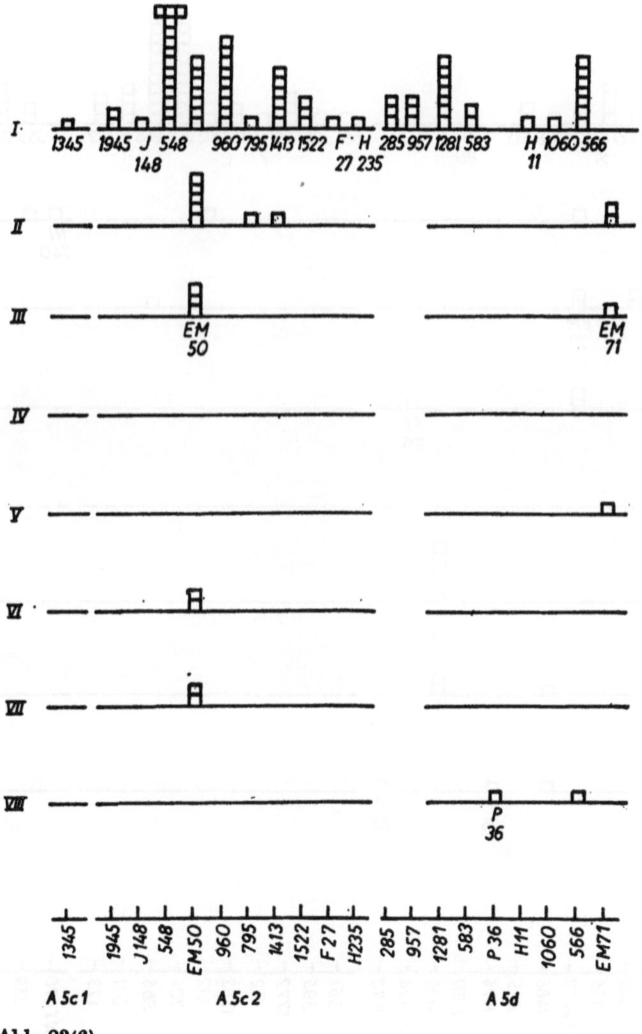

Abb. 83(6)

sich für die DNS als letal erweisen kann, z. B. wegen der Unmöglichkeit, sich ohne die Funktion dieser Abschnitte zu replizieren. Es ist sehr wahrscheinlich, daß sowohl in Proteinen der Austausch von nur einer Aminosäure zur völligen Aufhebung der Aktivität führen kann, als auch daß in der DNS die Änderung eines oder mehrerer Nukleotidpaare zu einem letalen Effekt führt. In einem solchen Falle werden diese Abschnitte als leere oder „kalte Punkte“ kartiert werden.
Eine andere mögliche Ursache der Ungleichheit der Sites ist die, daß die Mutagene mit den verschiedenen Basen unterschiedlich in Wechselwirkung treten (s. Kapitel 9). Das Resultat dieser vorzugsweisen Wechselwirkung mit bestimmten

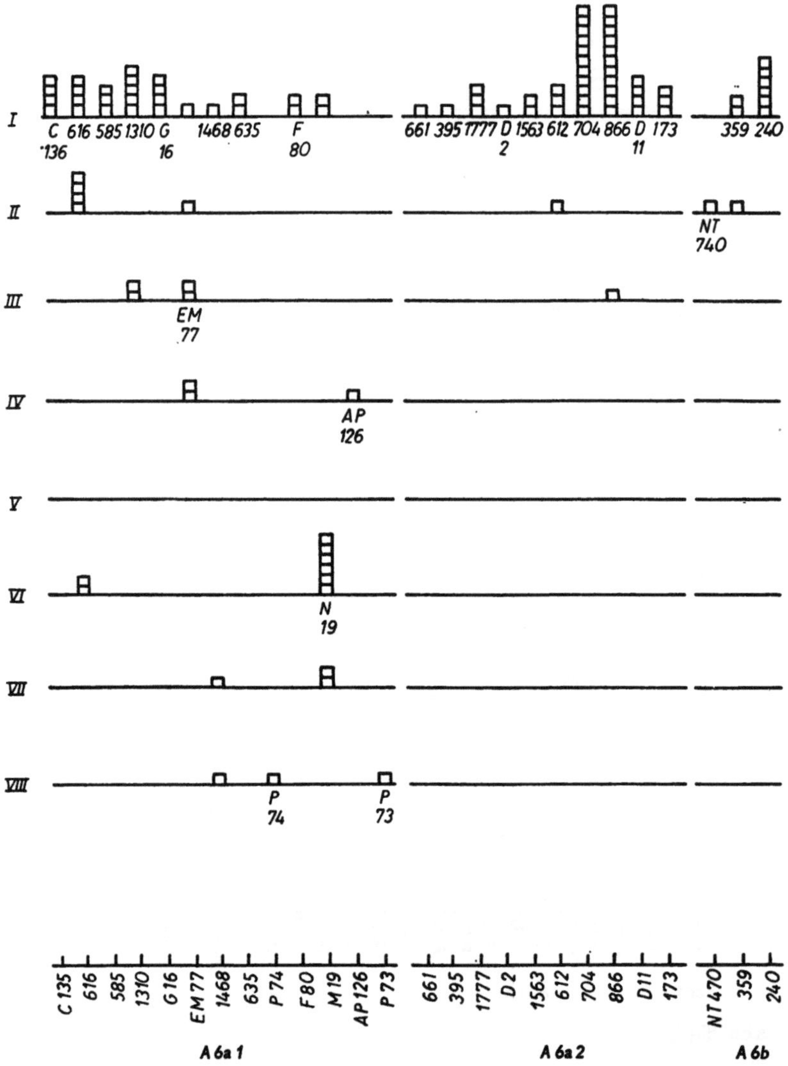

Abb. 83(7)

Basen und ihren Reihenfolgen können Unterschiede im Spektrum der Mutationen sein (sowohl der Hin- als auch der Rückmutationen).

Schließlich kann eine dritte mögliche Ursache der beobachteten Effekte mit der spezifischen Wechselwirkung bestimmter Basenfolgen mit den Enzymen zu-

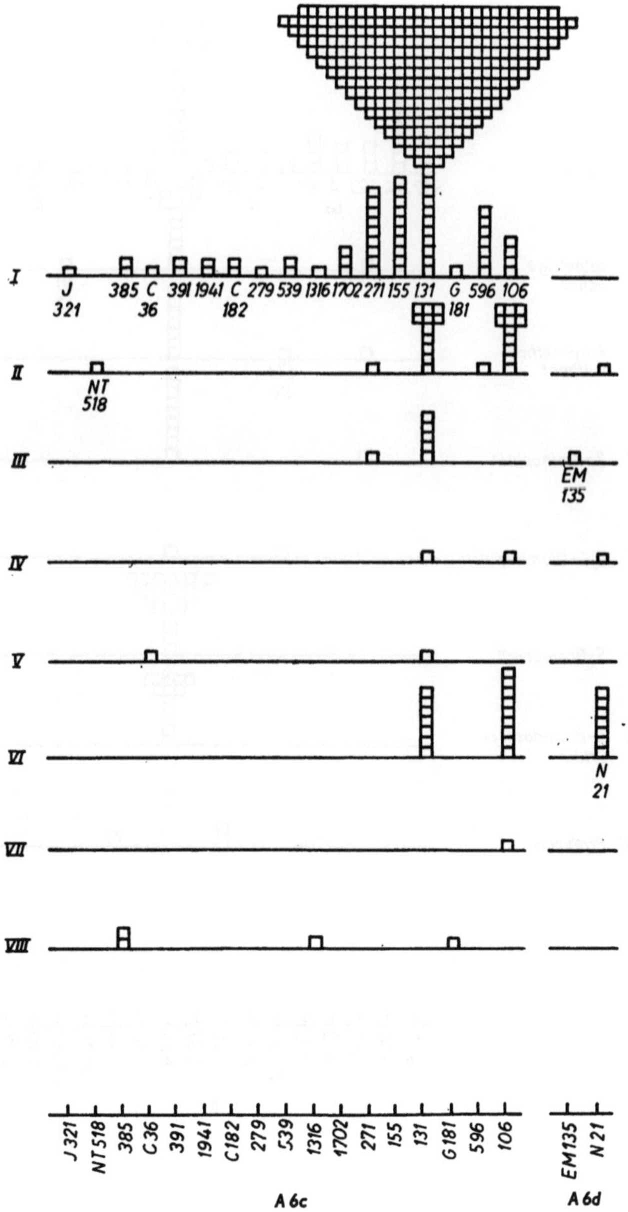

Abb. 83(8)

sammenhängen, die mit DNS und RNS operieren. Zwei Arten von Experimenten, die von Zamenhof (1967) erwähnt wurden, unterstreichen die Aktualität dieser Hypothese. A. Kornberg und Mitarbeiter haben bei in-vitro-Untersuchungen der DNS-Polymerase festgestellt, daß dieses Enzym 5-Bromuracil anstelle von Thymin

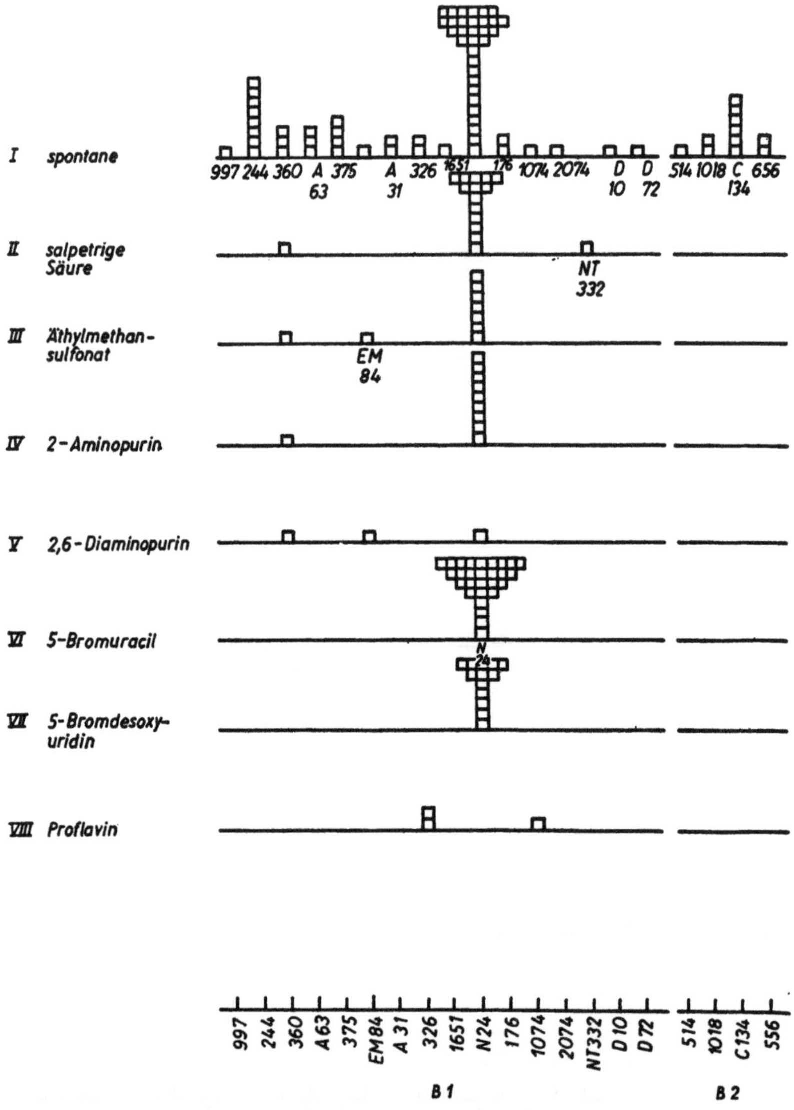

Abb. 83(9)

in ein Polymer vom Typ (dA — dT) nicht wie man erwarten sollte, gleichmäßig sondern selektiv einbaut. Ob für das Enzym der Bau der dem BU benachbarten

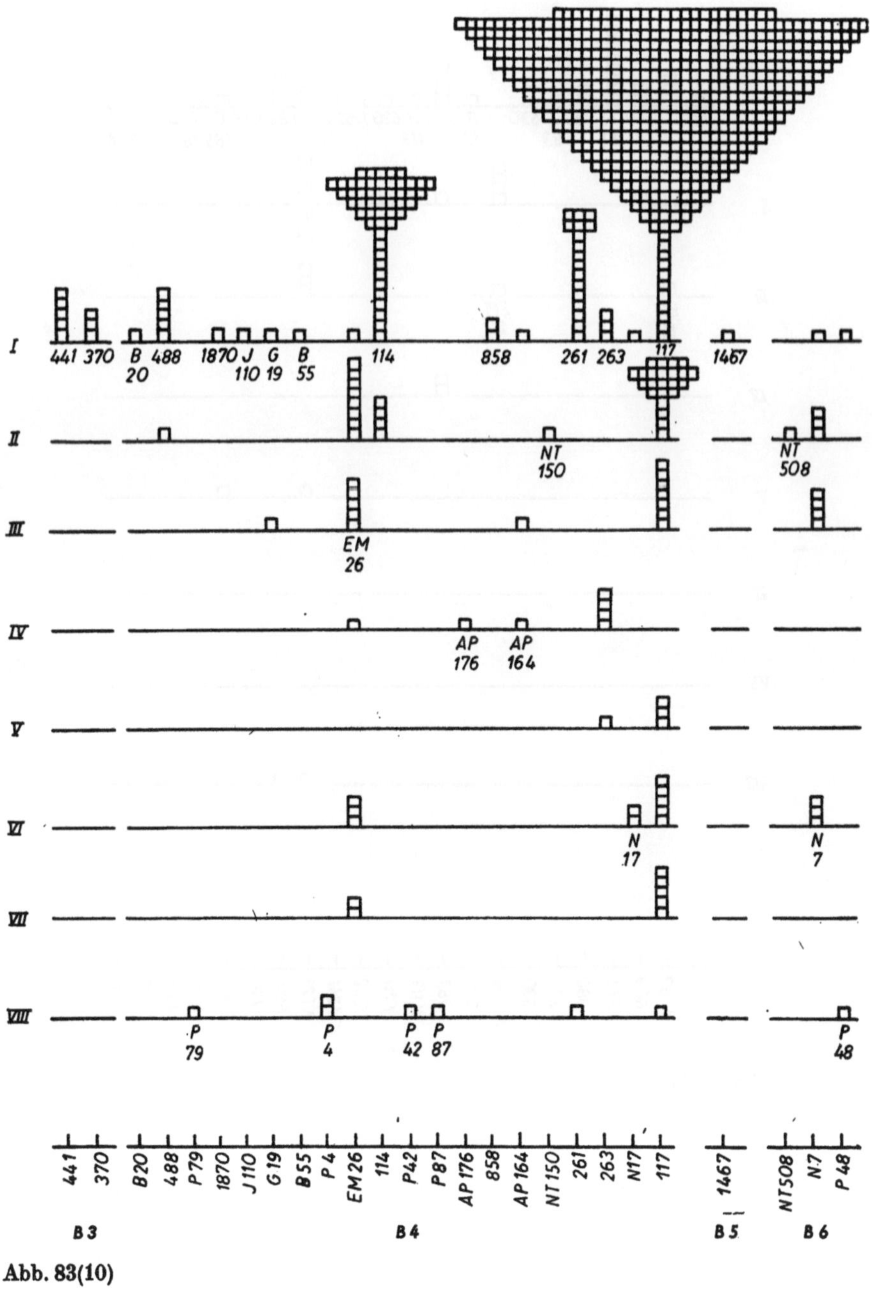

Abb. 83(10)

Basen oder die Konformation des Moleküls von Bedeutung ist, konnten die Autoren nicht bestimmen. Ein anderes wichtiges Experiment wurde mit RNS-Poly-

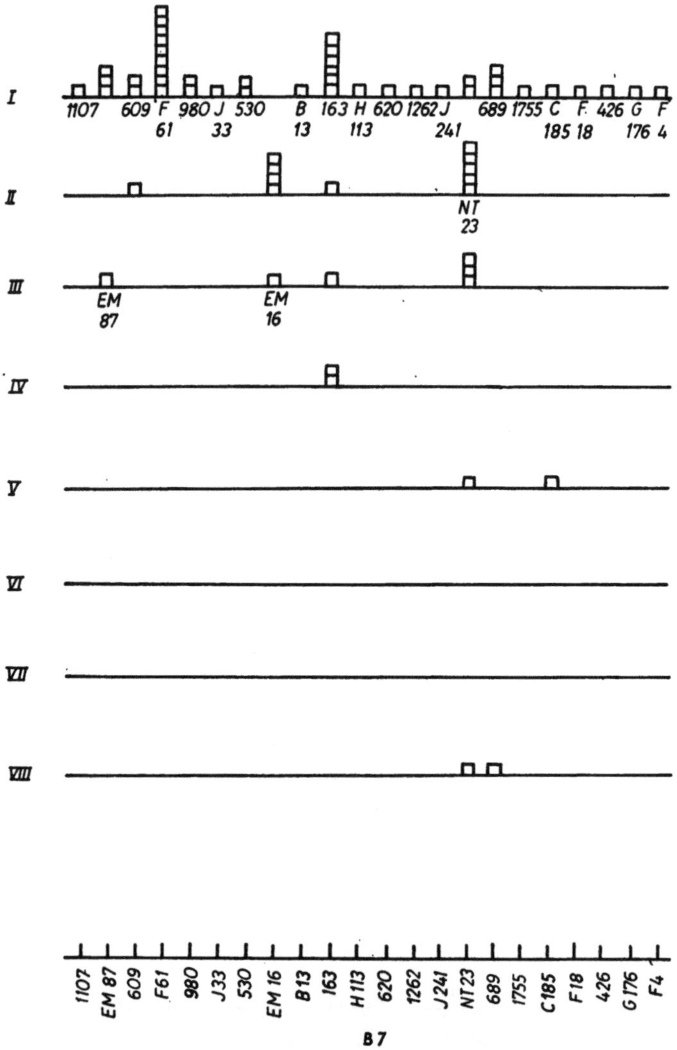

Abb. 83(11)

merase durchgeführt (Goldberg, Rabinowitz, 1961). Wiederum wurde die Selektivität der Wechselwirkung des Enzyms mit der Matrize bemerkt, die darin besteht, daß der Einbau der Uridin- und Pseudouridintriphosphate durch das Enzym nicht nach der Poisson-Formel sondern in streng definierten Abschnitten erfolgte. Es ist nicht ausgeschlossen, daß die Spezifität der Enzyme nicht nur auf dem Niveau der replikativen DNS-Synthese sondern auch im Moment der Reparatur von Schäden realisiert wird. Es ist sehr wahrscheinlich, daß ein Teil der Schäden

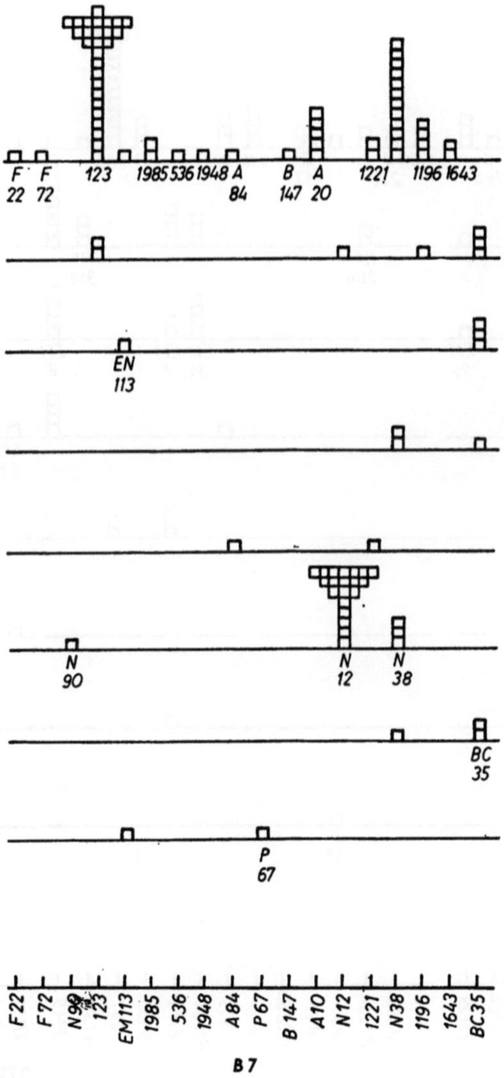

Abb. 83(12)

schlechter oder überhaupt nicht repariert wird, und das bedingt ein leichtes Schwanken der Mutationsfrequenz in dem betreffenden Site. Die Nichtreparierbarkeit der Bromuracilschäden, die in den vorhergehenden Kapiteln beschrieben wurde, ist ein Beispiel ähnlicher Art.

Man kann daraus schließen, daß die festgestellte Ungleichartigkeit im Mutagenesespektrum innerhalb einzelner Gene und längs der Chromosomen, die sich als ein völlig realer Fakt darstellt, noch weiterer Untersuchungen bedarf.

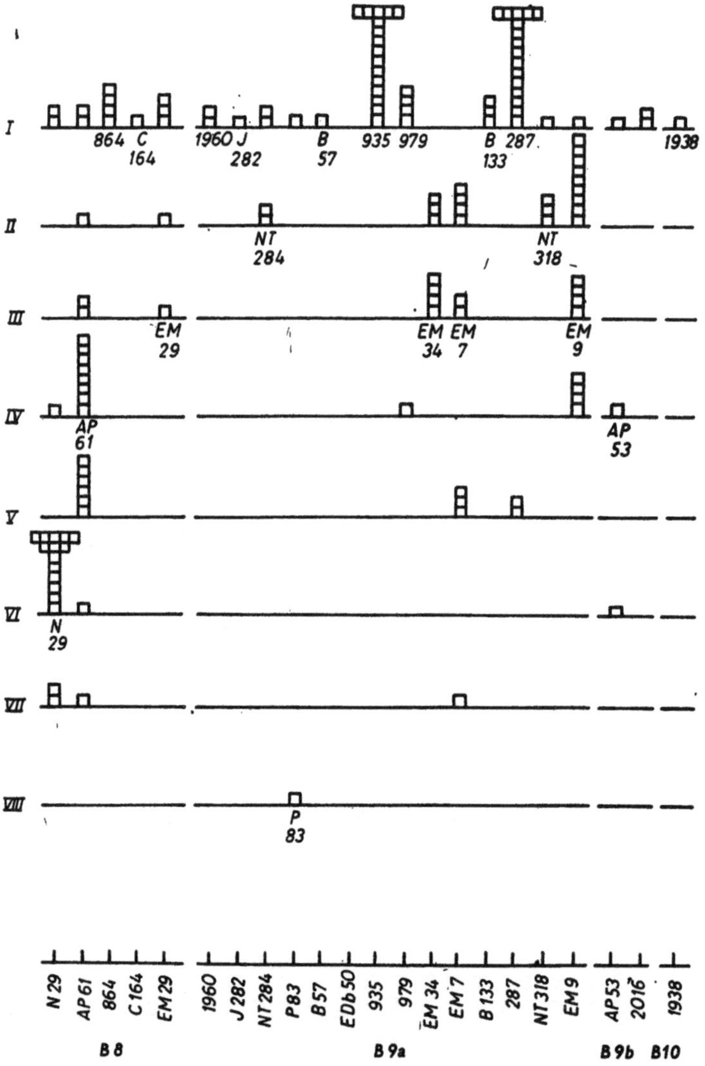

Abb. 83(13)

Das Problem des Mutatorgens

Als vollkommener Gegensatz zum ungleichartigen Mutieren einzelner Sites der DNS erscheint die ausbalancierte Vergrößerung der Frequenz des spontanen Mutierens aller Gene zugleich, die unerwartet zuweilen bei höheren — *Drosophila* (Demerec, 1941) und Mais (Rhoades, 1941; McClintock, 1951) — und niederen Organismen (*E. coli* und *Salmonella typhimurium*, Hefen, *Streptomyces*) auftritt.

Als erste beschrieben eine Erhöhung der Mutationshäufigkeit einer Reihe von Genen nach der Mutation 1941 Milislaw Demerec (1941) für *Drosophila* und M. Rhoades (1941) für Mais.

Bei *E. coli* wurden vier Mutatorstämme isoliert, in jedem von diesen ist ein solcher Effekt möglicherweise durch verschiedene Gene bedingt. Zumindest kann man heute meinen, daß vier Gene gefunden worden sind, deren Mutieren zu einer Erhöhung der Mutationsfrequenz in allen anderen Genen von *E. coli* führt. Treffers und Mitautoren (Treffers, Spinelli, Belser, 1954) stellten eine Vergrößerung der Mutationsgeschwindigkeit für Resistenz gegen Antibiotika und Bakteriophagen und für Reversion von der Auxotrophie bei einem Stamm von *E. coli K12* fest. Als Ursache der Erhöhung der Mutierungsfrequenz aller dieser Gene diente die Mutation eines Gens, das in der Nähe des Leucin-Gens liegt (Bacon, Treffers, 1961a, 1961b; Skaar, 1965). Goldstein und Smoot (1955) isolierten den sogenannten „Harvard-Stamm" von *E. coli*, bei dem die Häufigkeit der Spontanmutationen um mehr als 15% anstieg. Das Mutatorgen (man nannte es ast) zeigte Einfluß auf die Gene der Biosynthese der Purin- und Pyrimidinbasen, der Aminosäuren, Vitamine, Zuckervergärung, Frequenz der Entstehung von Doppelauxotrophie.

Der nächste Mutatorstamm wurde von Siegel und Bryson (1963) bei *E. coli B* isoliert. Dieses als mut 1 bezeichnete Gen wurde mit der Methode der Transduktion mit dem Phagen *P1Kc* in der Nähe des arg-B-Locus kartiert (Siegel, Bryson, 1967). Die Karte von *E. coli* mit Kennzeichnung aller gegenwärtig bekannten Mutatorgene ist in Abbildung 84 angegeben.

Demerec und Mitarbeiter (1957) fanden ein Mutatorgen bei *Salmonella typhimurium*, LT-7, und Miyake (1960) kartierte das Mutatorgen zwischen dem Methionin- und dem Threonin-Locus.

Die Untersuchungen im Laboratorium von Stephan Zamenhof gestatteten, die Natur der Mutatorgene ziemlich detailliert zu studieren (s. die Übersicht von Zamenhof, 1967). Vor allem wurde gezeigt, daß die Funktion des Mutatorgens nicht nur in einer bestimmten Zelle realisiert wird sondern auch in einer beliebigen anderen, in die das Gen übertragen werden kann. Das wurde mit Hilfe der Bakterientransformation getan. Die DNAs verschiedener Donorstämme von *Bacillus*

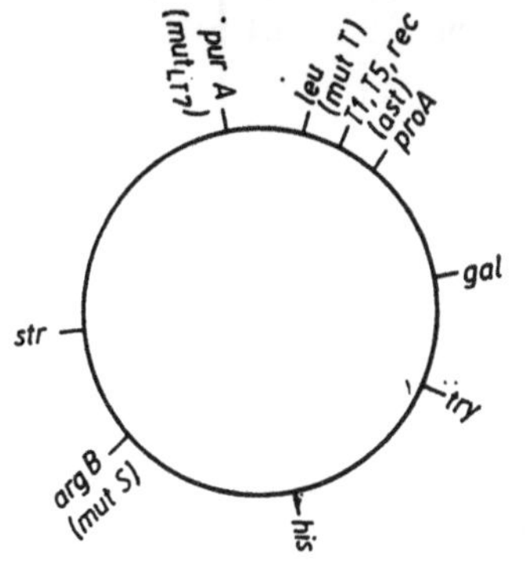

Abb. 84. Lokalisierung der Mutatorgene von *E. coli* und des *S. typhimurium*-Gens LT7 (Siegel, Bryson, 1967)

subtilis, und darunter Stämme mit stark erhöhter Mutierfrequenz, wurden in ein und denselben Rezipientenstamm von *B. subtilis* inkorporiert (ZAMENHOF, GIOVANNI-DONELLI, HELDENMUTH, 1962). Die Mutierfrequenz der Transformanten fiel streng mit der Mutationsfrequenz des verwendeten Donors zusammen (Tab. 18).

Tabelle 18

Mutierfrequenz der Donorzellen von *Bacillus subtilis* und der entsprechenden Transformanten (ZAMENHOF, GIOVANNI-DONELLI, HELDENMUTH, 1962)

Donor			Transformanten			
Stamm	Bedürftigkeit	Mutiergeschwindigkeit zur Prototrophie	Nummer des Stammes	Mutiergeschwindigkeit zur Prototrophie		mittlere Mutierfrequenz
21 ind+	Histidin−	$5{,}3 \cdot 10^{-7}$	1	6,4	$\cdot 10^{-7}$	$(4{,}3 \pm 2{,}5) \cdot 10^{-7}$
			2	6,0		
			3	6,9		
			4	1,6		
			5	3,2		
			6	1,4		
30 ind+	Histidin−	$2{,}0 \cdot 10^{-9}$	11	2,3	$\cdot 10^{-9}$	$(2{,}2 \pm 0{,}9) \cdot 10^{-9}$
			12	3,9		
			13	1,9		
			14	2,1		
			15	1,2		
			16	1,7		
W 22	Purin−	$8{,}15 \cdot 10^{-11}$	21	9,0	$\cdot 10^{-11}$	$(7{,}2 \pm 1{,}7) \cdot 10^{-11}$
			22	9,0		
			23	7,0		
			24	8,0		
			25	5,0		
			26	8,4		
			27	4,4		
			28	4,4		
			29	6,5		

Durch ein anderes interessantes Experiment wurde ein Mutatorgen (das mit ast vom griechischen αστασια — astasia — Instabilität bezeichnet wurde) mit Hilfe der Konjugation auf einen Stamm von *E. coli K12* übertragen. Patricia ZAMENHOF (1966), die dieses Experiment durchführte, konnte nicht nur das Gen ast kartieren (es erwies sich im folgenden Segment gelegen: thr — leu — T1,5 — ast, pro —), sondern auch seine Mutatorrolle in einem anderen Wirt bestätigen. Die

Frequenz der Spontanmutationen in den Rekombinantenzellen stieg ungefähr um das 1000fache, was vorher im Vaterstamm bemerkt worden war.

Die Natur des Mutatorgens muß man offenbar vor allem in den veränderten Eigenschaften der DNS-Polymerase suchen. SPEYER (1965) hat gezeigt, daß der Phage *T4*, der eine Mutation im Gen der DNS-Polymerase trägt, eine fast um das 2000fache erhöhte Mutierfrequenz besitzt. Die erhaltenen verschiedenen Allele dieses Gens beeinflussen unterschiedlich die r II-Region des Phagen, indem sie hot spots in verschiedenen Abschnitten bilden (KARAM, SPEYER, 1966).

YANOFSKY und Mitarbeiter (YANOFSKY, COX, HORN, 1966) haben (auf Grund des Studiums der Austausche, die im A-Protein der Tryptophansynthetase von *E. coli* realisiert wurden, die in Zellen mit dem Mutatorgen erfolgten) bestimmt, daß das Mutatorgen in dem von TREFFERS u. a. (TREFFERS, SPINELLI, BELSER, 1954) isolierten Stamm zu Austauschen von AT-Paaren gegen GC-Paare (Transversionen) führt.

KIRCHNER (1960) meint, daß der Mutatoreffekt durch die Synthese einer ungewöhnlichen Base bedingt sein kann, die die Mutationsfrequenz bei Einführung in die DNS erhöht. SIEGEL und BRYSON (1967) nehmen an, daß eine der Ursachen der koordinierten Erhöhung der Mutationsfrequenz eine Änderung im intrazellulären Medium, analog der Mutagenese ist, die durch die Anwesenheit von Mn^{++}-Ionen im Medium hervorgerufen worden ist. Mn^{++}-Ionen besitzen eine mutagene Wirkung sowohl auf Bakterien (DEMEREC, HANSON, 1951) als auch auf Phagen (ORGEL, ORGEL, 1965). Wie im Kapitel 10 gezeigt wird, liegen die Mn^{++}-Mutationen sehr gleichmäßig auf der ganzen Karte. BERG, FANCHER, CHAMBERLIN (1963) haben gezeigt, daß die Anwesenheit von Mn^{++}-Ionen den Einbau von Ribonukleotiden neben den Desoxyribonukleotiden in die DNS ermöglicht. Auf diese Weise führt das Vorhandensein dieses Ions im Medium zu Fehlern bei der Tätigkeit der DNS-Polymerase, und es ist möglich, daß das Mutatorgen auf analoge Weise mittelbar auf die DNS-Polymerase einwirken kann. Man muß den Vorschlag von ZAMENHOF, HELDENMUTH und ZAMENHOF (1966) erwähnen, die meinen, daß das Zusammenfallen der Lokalisation des ast-Gens und des rec-36-Gens nicht zufällig sein kann. Sie nehmen an, daß der Mutatoreffekt eine Folge der Verletzung der normalen Aktivität der Reparatursysteme ist.

Offensichtlich wird die Antwort auf die Frage nach den Mechanismen des Mutatoreffekts viele der oben erwähnten Hypothesen umfassen. Es kann mehrere Ursachen der Erhöhung der Mutationsfrequenz geben, obwohl die Sache kaum ohne Beteiligung der DNS-Polymerase wird auskommen können. Dafür, daß die Mutatorgene funktionell verschieden sind, zeugen die Daten von SIEGEL und BRYSON (1967), die die Doppelmutante mut T1 und mut S1 erhalten hatten (die das Mutatorgen von TREFFERS und die von ihnen isolierte Mutation mut S1 vereinigte), welche den summierten Effekt beider Gene hinsichtlich der Erhöhung der Mutierfrequenz besaß.

Bei der Aufklärung der Ursachen der hohen Mutabilität muß ernste Aufmerksamkeit insbesondere auf das Studium der Physiologie der Zellen gerichtet werden, die die Eigenschaft der Mutabilität erworben haben. Änderung der Ionenkonzentration, Verletzung des Salzgleichgewichts, Rolle der Polyanionen usw. können sich als ausschließlich wichtig bei der Entstehung dieses Phänomens erweisen. Mehrere Hinweise in dieser Hinsicht sind in der Literatur bereits vorhanden.

JOHNSON und BACH (1966) untersuchten die Wirkung von Polyaminen auf die Mutationsfrequenz beim Harvard-Stamm von *E. coli*. Obwohl die quantitativen Daten ihres Experiments infolge der großen Streuung viel zu wünschen übrig lassen, wurde immerhin bemerkt, daß Spermin und Chinakrin eine antimutagene Wirkung aufwiesen und die Frequenz der Spontanmutationen um 30 bis 50% herabsetzten. Die antimutagene Wirkung der Polyanionen wurde auch beim Wildstamm von *E. coli B* bei der Verwendung von 2-Aminopurin als Mutagen beobachtet.

Die Erhöhung der Mutationsfrequenz von Bakterien wurde auch bei der Einführung temperenter Phagen in diese festgestellt (TAYLOR, 1963). Der Mutatoreffekt wurde nur soweit beobachtet, solange das Virus nicht in das Prophagenstadium überging (d. h. im Augenblick der Infektion und Lysogenisation). Mit der Herstellung des lysogenen Stadiums hörte der Prophage auf, eine mutagene Wirkung aufzuweisen. Die Natur dieser Reaktion ist unbekannt, obwohl in anderen Experimenten (DAWSON, SMITH-KEARY, 1963; SCHWARTZ, 1965) Versuche gemacht wurden zu beweisen, daß die Episome beim Eintritt in die Zelle die Mutationsfrequenz durch Unterdrückung der Aktivität von Zellsuppressoren beeinflussen.

DAWSON und SMITH-KEARY (1963) beschrieben einen leucinbedürftigen Stamm von *S. typhimurium*, der mit einem Episom infiziert ist, welches eine hohe Mutationsfrequenz zur Prototrophie hervorrief. Es wurde angenommen, daß das Episom sich selbst mit dem Suppressorlocus (su-leu A) vereinigen und dadurch diesen Locus aktivieren kann.

Es ist auch der umgekehrte Einfluß bekannt. Wie seltsam es auch ist, eine Bakterienzelle mit einem Mutatorgen kann die Mutationsfrequenz im Phagen *T4* erhöhen (PIERSE, 1965), obwohl der Phage *T4* eine eigene DNS-Polymerase synthetisiert. Die Erhöhung der Mutabilität des Phagen war gering, und es ist möglich, daß die Zellenzyme bei gewissen Umständen am Aufbau der Phagen-DNS teilnehmen oder auf sie beim Prozeß der Reparaturreplikation einwirken können.

Episome, die die Mutationsgeschwindigkeit und die Streptomycinresistenz beeinflussen, wurden auch bei *E. coli* festgestellt (GUNDERSEN, JYSSUM, LIE, 1962; GUNDERSEN, 1963). Bei der Übertragung des Episoms auf den sensiblen Stamm erwarb der letzte eine Resistenz gegen niedrige Dosen Streptomycin und wurde durch eine erhöhte Geschwindigkeit der Mutabilität in Richtung auf hohe Streptomycinspiegel charakterisiert (GUNDERSEN, 1965). Die Mutation zur Resistenz war jedoch nicht die Folge einer genetischen Veränderung des Chromosoms. Wenn das Episom durch Behandlung mit Akridinfarbstoffen eliminiert wurde, ging die Resistenz ebenso verloren wie auch die Mutabilität. Der Autor nahm an, daß zur Unterdrückung der Empfindlichkeit für Dihydrostreptomycin das Episom mit dem Chromosom vereinigt werden muß.

Ginoza und Painter (1964) beschrieben einen RTF (resistance transfer factor) bei *E. coli*, der die Information für eine gemäßigte Resistenz gegen Chloramphenicol und Dihydrostreptomycin besaß und auch die Eigenschaft der Mutabilität mit hereinbrachte (es wurde der Erwerb einer Resistenz gegen hohe Giftspiegel untersucht). Nach Eliminierung des Episoms aus dem Stamm high level resistant wurde die niedrige nichtübertragbare Resistenz von neuem wiederhergestellt. Hieraus wurde der Schluß gezogen, daß die hohe Resistenz von der Zelle infolge Kopierens der Information für die Resistenz erworben wurde, die von der mit dem Chromosom vereinigten Episompartikel hereingebracht worden war.
Sompolinski et al. (1967) haben jedoch bei der Durchführung von Untersuchungen der Resistenz gegen Chloramphenicol, Dihydrostreptomycin und Tetrazyklin an *Salmonella typhi* gezeigt, daß es zwei episomale Faktoren gibt (der eine trägt die Resistenz gegen Chloramphenicol und Dihydrostreptomycin und der andere gegen Tetrazyklin) und daß bei ihrer Übertragung auf Stämme von *S. typhi*, *S. typhimurium* und *E. coli* die Eigenschaft der Resistenz gegen hohe Dosen der Antibiotica übertragen wird, daß aber die Eigenschaft nicht an die Aktivität der Chromosomen gebunden ist. Die Resistenz wird durch die zytoplasmatischen Partikeln bestimmt.

Das Problem der Prämutationen

Im Jahre 1946 veröffentlichte M. Demerec die Ergebnisse von Bestrahlungsexperimenten mit Ultraviolett und Röntgenstrahlen von *E. coli*-Bakterien, aus denen folgte, daß gleich nach der Bestrahlung, wenn sich die Bakterien noch nicht einmal zu teilen vermochten, die beobachtete Mutationsfrequenz etwas geringer war als nach Ablauf mehrerer Teilungszyklen (Demerec, 1946). Eine detaillierte Darstellung der Resultate wurde in dem Artikel von Demerec und Latarjet (1946) gegeben. Die Mutationsfrequenz (es wurden Mutationen von *E. coli B* und *E. coli B/r* zur Resistenz gegen den Phagen *T1* berücksichtigt), wuchs von Teilung zu Teilung, erreichte ein Maximum, begann danach abzusinken und kehrte nach der 12.—13. Teilung zur Anfangsfrequenz des Mutierens zurück. Hieraus folgte, daß sich ein von der Bestrahlung hervorgerufener Schaden nicht auf einmal gänzlich entwickelt. Es gibt gewisse Schäden (sogenannte prämutative), die lange Zeit nicht in der Lage sind, sich in einer Mutation zu stabilisieren. Demerec und Latarjet konnten keine einigermaßen befriedigende Erklärung der langdauernden Existenz von Prämutationsschäden vorstellen, aber sie lehnten solche Annahmen ab wie die Rolle der Schäden von Phagenrezeptoren auf der Oberfläche der Bakterienzelle; sich lange entwickelnde Schäden des Zytoplasmas, die erst bei späteren Replikationen auf den Kern übertragen werden; die Rolle der Ein-, Zwei- und Vielkernigkeit der Bakterien usw. Die Autoren kamen zu dem Schluß, daß „es gegenwärtig keine überzeugenden Beweise gibt, die es gestatten, eine bestimmte Meinung bezüglich der Mechanismen eines langsamen und verzögerten Auftretens von Mutationen zu haben“ (Demerec, Latarjet, 1946, S. 48).

Seitdem ist das Problem des molekularen Charakters der Prämutationsschäden nicht nur einmal in der sowjetischen und übrigen Literatur untersucht worden, aber nichtsdestoweniger haben wir uns nicht weit von DEMEREC und LATARJET entfernt.

Der Prozeß der Mutationsentwicklung kann in zwei Etappen zerlegt werden. Die erste — ist die Entstehung der primären molekularen Schäden im Chromosom, die als Folge des Aktes der Wechselwirkung zwischen Mutagen und DNS-Molekül erscheinen. Diese Schäden rufen eine Abweichung in der DNS-Struktur hervor (Anregung, Ionisation, Abreißen eines Atoms oder von Radikalen) und können hier auch wiederhergestellt werden. Wenn die Etappe der primären Wechselwirkung durch eine Veränderung der DNS-Struktur abgeschlossen wird, die eine hinreichende Zeit bewahrt wird, beginnt die zweite Etappe — die eigentliche Prämutation. Dieses Stadium ist ebenfalls metastabil und kann zum Ausgangsstadium zurückkehren. Zwischen der Prämutation und der echten Mutation liegt ein langer Weg, und erst nach seinem Durchschreiten kann die Prämutation durch eine echte Mutation abgeschlossen werden. Infolgedessen muß man eine dritte Etappe der Mutationsentstehung abtrennen — das Auftreten der Mutation selbst als Folge der Fixierung einer potentiellen Änderung in einem stabilen mutierten Molekularzustand.

Heutigen Tages ist es schwer zu entscheiden, welche molekularen Mechanismen jeder der Etappen zu Grunde liegen. Die Daten über die Natur der chemischen und Strahlenmutagenese geben trotz ihrer Ausgedehntheit keine ausreichende Information, um zu zeigen, mit welchen konkreten Veränderungen jede der drei Etappen der Mutationsentstehung zusammenhängt. Offensichtlich kann die Lebensdauer der Primärschädigung nach Sekunden oder Sekundenbruchteilen gemessen werden. So beträgt die Lebensdauer des angeregten Zustandes, der zur Dimerisierung von Uracil führt, 10^{-5}—10^{-6} s (SZTUMPF-KULIKOWSKA, SHUGAR, BOAG, 1967; GREENSTOCK, BROWN, HUNT, JOHNS, 1967).

Die zweite Etappe — die eigentliche potentielle Veränderung — kann mit solchen Ereignissen zusammenhängen, wie Dimerisierung von Pyrimidinbasen, die bei Bakterien einige Stunden und -zig Stunden bei höheren Organismen erhalten bleibt (REGAN, TROSCO, CARRIER, 1968) oder mit der Entstehung von N-7-alkyliertem Guanin das -zig Stunden erhalten bleiben kann (HOWARD-FLANDERS, BOYCE, 1966). Leider sind die Angaben über die Fähigkeit zur Aufrechterhaltung dieser oder jener Schäden fragmentarisch, und in dieser Richtung steht noch eine große experimentelle Arbeit bevor. Es ist noch rätselhafter, auf welche Weise der potentielle Schaden im Ablauf mehrerer Zyklen der DNS-Replikation bewahrt wird. Obwohl es z. B. bekannt ist, daß das Vorhandensein der Alkylgruppe im 7-Alkylguanin dessen normale Paarung mit Cytosin nicht behindert, bleibt der Übertragungsmechanismus anderer potentieller Veränderungen auf die Nachkommen in Nebel gehüllt.

Bis in die letzte Zeit war das Bild der verzögerten Mutagenese auch noch deshalb kompliziert, weil es nicht gelang, verschiedene Typen potentieller Schäden zu trennen. Die in der Literatur vorhandenen Daten gestatteten, Schadenstypen zu differenzieren und sie in drei Grundtypen einzuteilen: 1) potentielle Veränderungen mit kurzer Lebensdauer, die sehr viel kleiner als die Zeit des Zellzyklus sind; 2) langlebige potentielle Veränderungen, die in einer Mutation im ersten Zellzyklus nach der Anwendung des Mutagens fixiert werden; 3) sehr langlebige, sich replizierende potentielle Veränderungen, die in Mutationen nach Ablauf von mehreren Replikationszyklen fixiert werden können (Abb. 85).

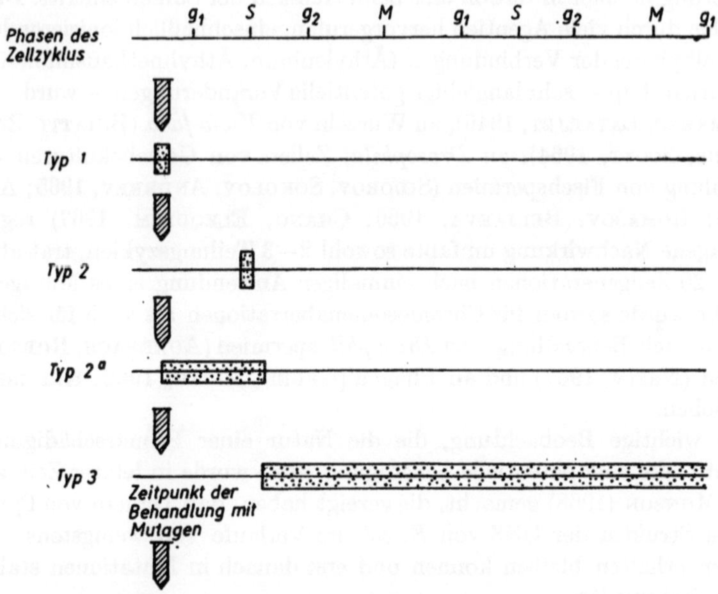

Abb. 85. Klassifizierung der Prämutationszustände hinsichtlich der Zeit des Auftretens der Mutation nach Behandlung mit dem Mutagen

1. Typ — kurzlebige potentielle Zustände, die sogleich nach der Behandlung mit dem Mutagen in einer Mutation fixiert werden; 2. Typ — langlebige Zustände — die Fixierung tritt erst während der DNS-Synthese (S-Phase) ein; 2a-Typ — die Fixierung kann sowohl während der S-Phase als auch bis zum Eintreten der Phase der DNS-Synthese erfolgen; 3. Typ — sehr langlebige potentielle Zustände, die im Verlaufe mehrerer Zellzyklen in Mutationen fixiert werden

Kurzlebige potentielle Schäden sind viele Mutationen bei Mikroorganismen. Sie werden auch bei höheren Lebewesen festgestellt. Bei der Einwirkung eines Mutagens in der G_1-Phase (vor Beginn der DNS-Synthese) entstehen Chromosomenmutationen. Dieser Typ einer „nichtverzögerten" Wirkung von Mutagenen wird hauptsächlich bei der Wirkung von ionisierenden Strahlungen und von Radiomimetika hervorgerufen.

Der zweite Typ der Veränderungen wurde in Versuchen an getrockneten Samen von *Crepis capillaris* (Dubinina, Dubinin, 1967, 1968), an Gerste (Rao, Natara-

JAN, 1965; MOUTSCHEN, DEGRAEVE, 1965) und an *Nigella damascena* (GILOT, MOUTSCHEN-DAHMEN, 1967) gefunden. Hierbei wurden sowohl Chromatid- als auch Chromosomen-Umbauten festgestellt. An den getrockneten Samen von *Crepis capillaris*, die mit Äthylenimin behandelt worden waren, wurde gezeigt (DUBININ, DUBININA, 1968), daß die potentiellen Schäden während der ganzen Aufbewahrungszeit vom Augenblick der Behandlung an erhalten bleiben und die Fixierung in einer Mutation erst beim Aussäen der Samen eintritt. Diese Schäden wurden durch viele Agentien hervorgerufen, einschließlich ionisierender Strahlung und alkylierender Verbindungen (Äthylenimin, Äthylmethansulfonat usw.).

Der dritte Typ — sehr langlebige potentielle Veränderungen — wurde an Bakterien (DEMEREC, LATARJET, 1946), an Wurzeln von *Vicia faba* (BUIATTI, RONCHI, 1963; EVANS, SCOTT, 1964), an *Drosophila*, Zellen von Gewebekulturen und bei Bestrahlung von Fischspermien (SIDOROV, SOKOLOV, ANDREEV, 1965; AKIF'EV u. a., 1965; ROMAŠOV, BELJAEVA, 1966; CHANG, ELEQUIUM, 1967) registriert. Die mutagene Nachwirkung umfaßte sowohl 2—3 Teilungszyklen, trat aber auch erst nach 20 Zellgenerationen nach einmaliger Anwendung eines Mutagens auf. Der Effekt wurde sowohl für Chromosomenaberrationen als auch für sichtbare Mutationen nach Behandlung von *Drosophila*spermien (AUERBACH, ROBSON, 1944), bei Hefen (NAZIM, 1967) und an Phagen (GREEN, KRIEG, 1962; KRIVISKI, 1965) beschrieben.

Eine wichtige Beobachtung, die die Natur einer Primärschädigung der DNS betrifft, die eine potentielle Schädigung wird, wurde in letzter Zeit von BRIDGES und MUNSON (1968) gemacht, die gezeigt haben, daß Dimere von Pyrimidinbasen in der Struktur der DNS von *E. coli* im Verlaufe von wenigstens vier Replikationen erhalten bleiben können und erst danach in Mutationen stabilisiert oder eliminiert werden.

KAPITEL 9

Chemische Mutagenese

Lange Zeit galt in der Genetik der hervorragende amerikanische Forscher Hermann MULLER als Pionier bei der Erforschung der induzierten Mutagenese. Auf dem V. Internationalen Genetischen Kongreß in Berlin im Jahre 1927 berichtete MULLER über die künstliche Hervorrufung von Mutationen unter der Wirkung von Röntgenstrahlen. Für diese Arbeit wurde ihm später der Nobelpreis verliehen. Das Studium der Literatur hat jedoch gezeigt, daß die Arbeit von MULLER in dieser Richtung keine Pioniertat war. Der erste Fall von Mutationserzeugung wurde im Jahre 1925 von G. A. NADSON und G. S. FILIPPOV beschrieben. In ihren Versuchen wurden Pilzzellen einer Röntgenbestrahlung ausgesetzt. Hierbei wurde die Wirkung der Röntgenstrahlen auf zwei Arten von Pilzen, *Mucor genevensis* und *Zygorhynchus mölleri*, untersucht. Die Autoren bestrahlten junge (18—20-stündige) Kulturen dieser Pilze mit verschiedenen, steigenden Dosen von Röntgenstrahlen. Hierbei wurde (offenbar zum ersten Mal) die Kinetik der letalen Strahlenwirkung beschrieben. Die Autoren bemerkten, daß nach 45-minütiger Bestrahlung in ihrer Anlage im Leningrader Institut für Röntgenologie und Radiologie eine vollständige Inaktivierung des Geschlechtsprozesses bei den Pilzen eintritt. Bei der Bestrahlung mit kleineren Dosen konnten die Autoren zwei Typen von Mutanten entdecken, die man beide nach der jetzt angenommenen Terminologie morphologische Mutanten nennen sollte. NADSON und FILIPPOV fanden erstens Pilzmutanten, deren Kolonien hell und dunkel waren und zweitens Kolonien mit veränderter Färbung (orange). Eine wichtige Besonderheit der gewonnenen Mutanten war, daß sie in der Regel sektoriert waren, d. h. ein Teil der Mutantenkolonien besaß die normale Färbung und ein Teil war verändert. Diese Eigenschaft des mosaikartigen Aussehens wurde auch von MULLER beobachtet und bleibt bis zur heutigen Zeit ein Gegenstand der Untersuchungen.

Um sich von dem echten erblichen Charakter der erhaltenen Veränderungen in der Kolonie-Morphologie röntgenbestrahlter Pilze zu überzeugen, verwendeten die Autoren die in der Genetik in breitem Maße benutzte Methode der Untersuchung der Nachkommen veränderter Individuen auf die Stabilität der erzielten Eigenschaften. Es wurden 8 Zellgenerationen aus der hellen Zone der Mutanten und 13 Generationen aus der dunklen Zone untersucht. Diese Arbeit hat gezeigt, daß es die Autoren mit echten Mutationen und nicht mit Dauermodifikationen zu tun hatten, weil im Verlauf aller Passagen die erbliche Stabilität beider Zelltypen vollständig bewahrt wurde. Die Arbeit von G. A. NADSON und G. S. FILIPPOV wurde im Mai 1925 auf dem III. Allunionskongreß der Röntgenologen und Radiologen in Leningrad vorgetragen und im gleichen Jahre 1925 im dritten Band des Vestnik rentgenologii iradiologii veröffentlicht. Nach dieser Arbeit brachen die Autoren ihre Untersuchungen auf dem Gebiet der Strahlenmutagenese nicht ab. Die im Jahre 1925 gewonnenen Mutanten kultivierten die Autoren noch fast 10 Jahre lang. In den Jahren 1926 und 1928 beschrieb G. A. NADSON eingehend die Eigenschaften der strahleninduzierten Mutanten und die allgemeinen Gesetzmäßigkeiten der Strahlenwirkung auf lebende Organismen. Die nachfolgende Entwicklung der Radiobiologen in den vierziger bis sechziger Jahren zeigte die Richtigkeit der Schlußfolgerungen von G. A. NADSON.

Wenden wir uns nun der Geschichte der Untersuchungen auf dem Gebiet der chemischen Mutagenese zu. In der Mehrzahl der genetischen Arbeiten werden hauptsächlich zwei Pioniere der chemischen Mutagenese erwähnt, die englische Forscherin Charlotte AUERBACH, die im Jahre 1944 zusammen mit J. ROBSON die Mutagenese unter Einwirkung von Alkylisothiozyanat beschrieben hat, und der sowjetische Genetiker I. A. RAPOPORT, der zur gleichen Zeit die mutagene Wirkung von Diäthyl- und Dimethylsulfat, Äthylenoxyd und verschiedenen Glykolen, aber auch von Äthylenimin gezeigt hat. Bedeutend seltener erwähnt man die Vorgänger von AUERBACH und RAPOPORT, den deutschen Forscher Erwin BAUR und die sowjetischen Genetiker W. W. SACHAROW, S. M. GERSCHENSON und M. Je. LOBASCHOW. Offensichtlich wurde ihre Rolle bei der Untersuchung der chemischen Mutagenese zuerst von Hans STUBBE im Jahre 1937 und dann von dem schwedischen Genetiker A. GUSTAFSSON bemerkt. Seinen Plenarvortrag auf dem Symposium über chemische Mutagenese im Jahre 1959 in Gatersleben (nebenbei gesagt das erste Symposium, dessen Arbeit gänzlich der chemischen Mutagenese gewidmet war) begann GUSTAFSSON mit folgenden Worten: „Im Jahre 1937 faßte STUBBE die bis zu dieser Zeit über Mutationen, die durch chemische Mittel induziert wurden, erhaltenen Daten zusammen. Er legte dar, daß Erwin BAUR solche Experimente bereits 1916 angefangen und das noch immer in der chemischen Mutagenese pertinente Problem gestellt hat: Wie kann man Mutationen spezifischer Gene nach Belieben induzieren. Weiter berichtete er, daß die dominante Mutation *Acorrugata* von *Antirrhinum* durch die chemischen Behandlungen leicht entsteht. Er zolle den Ergebnissen der sowjetrussischen Genetiker (SSACHAROV und Mitarbeiter) viel Aufmerksamkeit, die bei *Drosophila*-Mutationen durch Jodbehandlung induziert haben. Diese Pionierexperimente sind in der Pflanzengenetik auch von Interesse, weil Jod (und Chlor) als Mutagen auch bei Gerste wirkt (EHRENBERG et al., 1956; WETTSTEIN et al., 1959) und die Chromosomen bei *Oenothera* bricht (OEHLKERS, 1947). Bei genauer Prüfung dieser und anderer Daten, scheint kein Zweifel daran zu bestehen, daß die Probleme der chemischen Mutagenese nicht nur lange vor 1940 (von BAUR, STUBBE u. a.) diskutiert wurden, sondern auch definite positive Resultate (von SSACHAROV u. a.) erzielt worden sind.“[1])

---

[1]) A. GUSTAFSSON (1959) S. 14.

Das Studium der Geschichte der chemischen Mutagenese zeigt jedoch, daß vor den Arbeiten von SACHAROV (1932), GERŠENZON (1934), LOBAŠOV (1937), AUERBACH und ROBSON (1944, 1946) und RAPOPORT (1947, 1948a, b) im Laboratorium des Akadiemiemitgliedes NADSON vollkommen beweiskräftige Untersuchungen ausgeführt worden sind, die die chemische Mutagenese festgestellt haben. Es handelt sich um die Arbeiten des Gelehrten und Mitarbeiters von G. A. NADSON, M. N. MEJSEL'. Im Jahre 1928 veröffentlichte M. N. MEJSEL' im 4. Bande des „Mikrobiologičeskij žurnal" und in Nr. 43 der „Wochenschrift für Brauerei" die Ergebnisse seiner Untersuchungen über den Einfluß von Chloroformdämpfen auf die Entwicklung von Hefen. Er bemerkte, daß „bei langdauernder oder sehr intensiver Chloroformierung der Hefezellen (*Saccharomyces cerevisiae*, Rasse XII) einige davon beim Auswachsen nach der Narkose Kolonien liefern können, die sich in ihrer Form von den normalen unterscheiden: diese Kolonien besitzen unrichtige, gezackte Ränder und eine gewellte und oft faltige Oberfläche".[1] Der Autor isolierte die veränderten Kolonien und prüfte die Stabilität ihrer genetischen Merkmale durch 36 Generationen und zeigte, daß er echte Mutanten erhalten hatte. Nach 4 Jahren teilte M. N. MEJSEL' mit, daß die in all diesen Jahren kultivierten isolierten Mutanten ihre genotypischen Merkmale unverändert bewahren, aber er berichtete auch über die mutagene Wirkung schwacher Lösungen von Zyaniden (MEJSEL', 1932). Schließlich zeigte MEJSEL' im Jahre 1933 die kombinierte Wirkung von Steinkohlenteer und ultravioletten Strahlen, wobei er mit diesen Untersuchungen zur kombinierten Wirkung von Mutagenen ein Gebiet der Genetik einleitete, das sich gegenwärtig stürmisch entwikkelt.

Man sollte auch hervorheben, daß M. N. MEJSEL' schon in seiner ersten Arbeit von 1928 die Frage nach der molekularen Natur der chemischen Mutagenese in einer ganz modernen Darstellungsweise gestellt hat. Bei der Diskussion der Frage, auf welche Strukturen die mutationsauslösenden chemischen Substanzen wirken, schrieb er: „Die Bildung dieser neuen Rassen, die fast alle Kennzeichen von Mutanten haben, erscheinen offensichtlich als Resultat der Wirkung des Chloroforms auf einen inneren Faktor, der die Erbeigenschaften beeinflußt. Mit großer Wahrscheinlichkeit darf man annehmen, daß im vorliegenden Fall irgendeine Schädigung der Kernsubstanz der Zelle stattfindet. Unsere vorhergehenden Untersuchungen (NADSON, MEISSELL, 1926) haben gezeigt, daß die ziemlich deutlichen Veränderungen des Zellprotoplasmas unter Einwirkung von Narkotika reversibel sind und relativ reibungslos vertragen werden. Schon eine geringfügige Veränderung der Kernsubstanz bewirkt, wie man annehmen muß, bereits eine beträchtliche Veränderung der Zelleigenschaften, die durch Vererbung übertragen werden" (Seite 258). Nach annähernd 10 Jahren entbrannte in der Mikrobiologie ein Streit darüber, ob man bei Mikroben überhaupt von Mutanten, von der Existenz der Kernsubstanz, von der korrelativen Rolle des Zytoplasmas und der Nukleoide sprechen kann. Dieser Streit endete bekanntlich mit der vollständigen

[1] M. N. MEJSEL' (1928) S. 257—258.

Anerkennung der Möglichkeit, bei Mikroben Mutationen auszulösen, mit der Untersuchung der Kernsubstanz von Mikrobenzellen und mit dem Nachweis der Rolle der DNS bei der Übertragung der Erbinformation von Mikroorganismen. Es erwies sich der Gesichtspunkt als richtig, den M. N. MEJSEL' bereits im Jahre 1928 prophetisch ausgesprochen hatte.

Lange Zeit meinte man, daß die Entdeckung der prinzipiellen Möglichkeit, Mutationen bei Einwirkung chemischer Verbindungen auf Organismen hervorzurufen, in Versuchen von V. V. SACHAROV (1932) erreicht wurde. Nach Vorschlag von N. K. KOL'COV behandelte SACHAROV im Jahre 1931 *Drosophila*-Larven mit einer Lösung von Jod in Jodkali. Hierbei gelang es ihm, die Mutationsfrequenz zu erhöhen.

Seitdem ist der Bereich der untersuchten Substanzen, die die DNS verändern, ungewöhnlich angewachsen (s. den Sammelband „Chemische Mutagenese", 1960; Supermutageny, 1966; LOVELESS, 1966). Man kann es als fest gesichert ansehen, daß erbliche Veränderungen künstlich bei einem beliebigen Organismus hervorgerufen werden können, sei es ein Virus oder eine beliebige höhere Pflanze oder ein höheres Tier.

Die Wirkung von Mutagenen auf ruhende DNS und RNS

Salpetrige Säure

Desaminierung von Basen

Salpetrige Säure desaminiert hauptsächlich die Basen in der DNS, was zu Mutationen und Inaktivierungen führt (GIERER, MUNDRY, 1958; GRANOFF, 1961; FREESE, FREESE, 1961a).

Der Desaminierung können die drei Nukleotide in der DNS unterzogen werden, die NH_2-Gruppen besitzen (SCHUSTER, GIERER, MUNDRY, 1960).

Die Hauptgesetzmäßigkeiten der Desaminierungsreaktion wurden von SCHUSTER und seinen Mitarbeitern festgestellt. Sie haben auch gezeigt, daß die Basen in der RNS und DNS ebenso reagieren, wie die freien Basen (SCHUSTER, 1960; VIELMETTER, SCHUSTER, 1960; SCHUSTER, WILHELM, 1963). Hierbei wandelt sich Adenin in Hypoxanthin, Guanin in Xanthin und Cytosin in Uracil um:

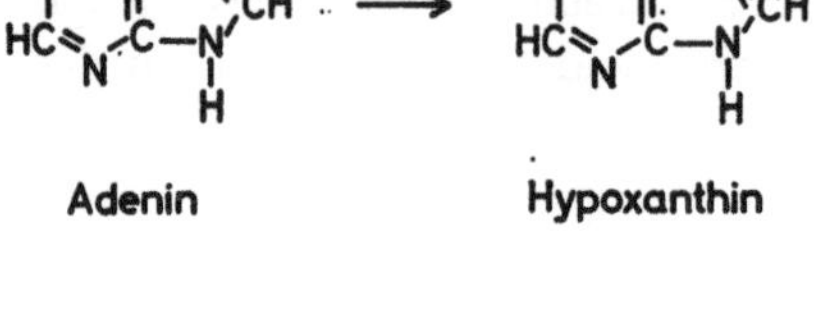

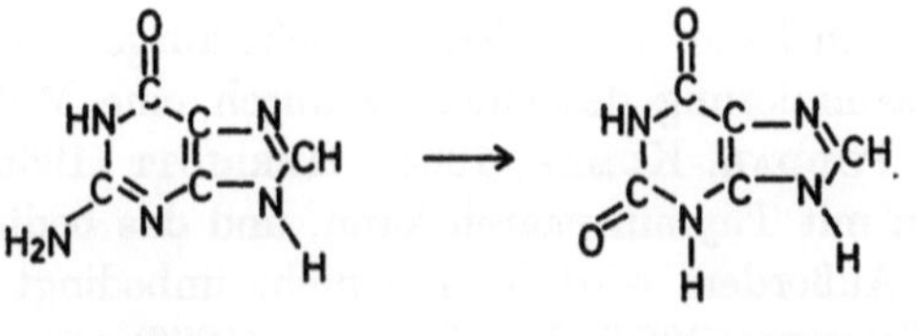

Guanin Xanthin

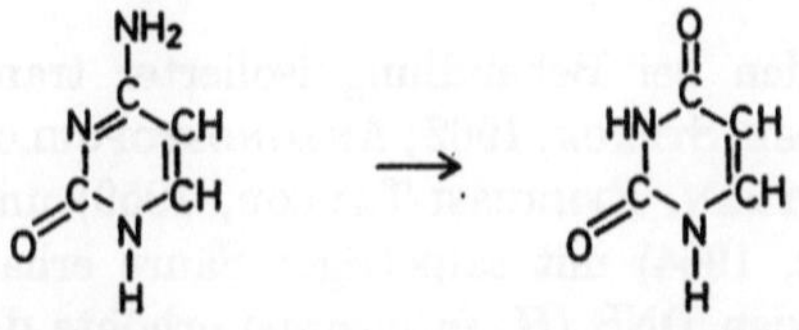

Cytosin Uracil

Xanthin bewahrt die Fähigkeit, sich mit Cytosin zu paaren, und deshalb führt die Desaminierung von Guanin nicht zu Mutationen, sondern liefert bevorzugt einen Inaktivierungseffekt (Freese, 1959a; Vielmetter, Schuster, 1960). Hypoxanthin und Uracil paaren sich mit Cytosin bzw. Adenin, was zu Mutationen von Transitionstyp führt:

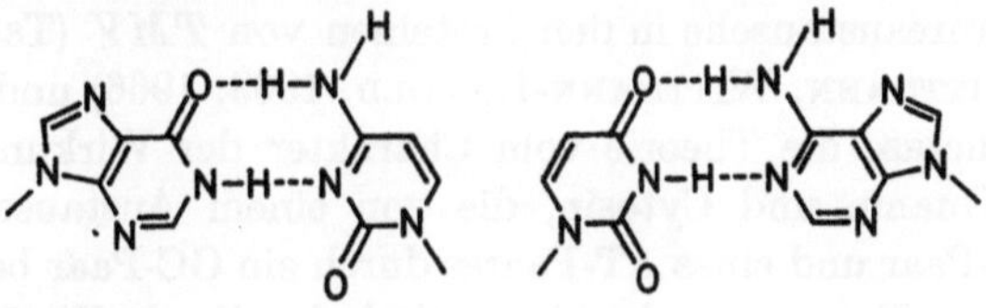

Hypoxanthin Cytosin Uracil Adenin

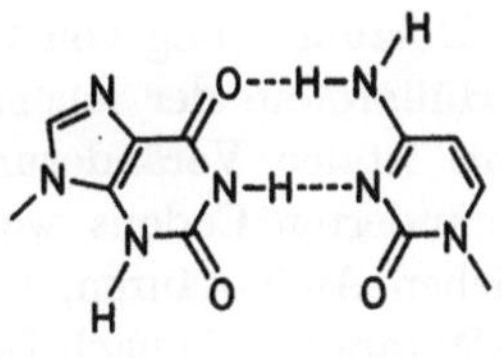

Xanthin Cytosin

Die Desaminierungsgeschwindigkeit der Basen in der DNS nimmt in folgender Reihe ab: Guanin, Cytosin, Adenin; die Basen in der RNS werden bei pH 4,2 annähernd mit gleicher Häufigkeit desaminiert. Bei Änderung des pH-Wertes von 5,0 bis 4,2 wird eine 90fache Vergrößerung der Desaminierungshäufigkeit von Cytosin und Adenin und nur eine 30fache für Guanin beobachtet. Die Mutationsfrequenz vergrößert sich hierbei um das 80fache, aber der letale Effekt nur um das 30fache, was als ein weiterer Beweis für den letalen Effekt der Desaminierung von Guanin angesehen werden kann. Es ist jedoch nicht ausgeschlossen, daß in mehreren Fällen eine Desaminierung des Guanins durch eine Mutation abgeschlossen wird (TESSMAN, PODDAR, KUMAR, 1964). HERRIOTT (1966) postuliert, daß sich Xanthin zuweilen mit Thymin paaren kann, und das bedingt die Entstehung von Mutationen. Außerdem wird Guanin nicht unbedingt zu Xanthin desaminiert (SCHUSTER, WILHELM, 1963). Wie SHAPIRO (1966) gezeigt hat, kann salpetrige Säure mit dem Stickstoff des Guaninringes reagieren, wobei es dieses in 2-Nitroinosin umwandelt.

Prinzipiell gleiche Daten wurden bei Behandlung isolierter transformierender DNS von *Bacillus subtilis* (FREESE, STRACK, 1962; ANAGNOSTOPOULOS, CRAWFORD, 1961), von Pneumokokken (LITMAN, EPHRUSSI-TAYLOR, 1959) und am Phagen *T4* (STRACK, FREESE, FREESE, 1964) mit salpetriger Säure erhalten. Die Denaturierung der transformierenden DNS (*H. influenzae*) erhöhte den mutagenen Effekt von salpetriger Säure (STRACK, FREESE, FREESE, 1964; HORN, HERRIOTT, 1962).

BAYLOR und MAHLER (1962) kamen beim Zusammenstellen von Daten über Mutagenese beim intra- und extrazellulären Phagen *T2* zu dem Schluß, daß salpetrige Säure sowohl in vitro als auch in vivo gleich wirkt, weil die Mutationsgeschwindigkeiten in beiden Fällen zusammenfielen. Die Wechselwirkungsreaktion von salpetriger Säure und transformierender DNS unterliegt einer Kinetik erster Ordnung (FREESE, STRACK, 1962). In letzter Zeit erhielt dank der Untersuchung der Aminosäureaustausche in den Proteinen von *TMV* (TSUGITA, 1962; WITTMANN, 1962; WITTMANN, WITTMANN-LIEBOLD, 1963, 1966) und am Beispiel der Tryptophansynthetase die Theorie vom Charakter der Wirkung salpetriger Säure auf Adenin, Guanin und Cytosin, die von einem Austausch eines GC-Paares durch ein AT-Paar und eines AT-Paares durch ein GC-Paar begleitet wird, eine volle Bestätigung. Besonders charakteristisch in dieser Hinsicht sind die Daten aus dem Laboratorium von WITTMANN (WITTMANN, WITTMANN-LIEBOLD, 1966). Insgesamt wurden ungefähr 200 *TMV*-Mutanten analysiert. Bei 55% aller untersuchten Mutanten führte die Desaminierung von Cytosin und Adenin zum Austausch von Aminosäuren im Hüllprotein der lebensfähigen Viruspartikeln; 25% aller Austausche endeten mit letalen Veränderungen, und bei 20% der Austausche determinierten die veränderten Codons wegen der Degeneriertheit des Codes auch weiterhin die gleichen Aminosäuren, wie in den Proteinen des Wildtyps. Die Daten für 24 *TMV*-Mutanten, die nach Behandlung des Virus mit salpetriger Säure isoliert worden waren, sind in Tabelle 19 zusammengestellt.

Alle Austausche, mit einer Ausnahme (Glutaminsäure → Asparaginsäure bei der Mutante PM2) bestätigten die Richtigkeit der Annahme, daß salpetrige Säure die Basen desaminiert, als deren Ergebnis Adenin durch Guanin und Cytosin durch Uracil ersetzt wird.

Der Beweis für die Desaminierung von Cytosin zu Uracil unter der Wirkung von salpetriger Säure wurde in Versuchen mit t-RNS$_{gly}$ erhalten. Das Anticodon der Glycin-t-RNS enthält das Triplett UCC. Durch Desaminierung des Cytosins kann man zwei Anticodons UUC und UCU erhalten, deren erstes sich mit dem Glutamin-

Tabelle 19

Aminosäurenaustausche und angenommene Nukleotidänderungen in 24 Mutanten des *Tabakmosaikvirus*, die mit salpetriger Säure behandelt worden waren (Wittmann, Wittmann-Liebold, 1966)

Änderungen im Code	Mutation	Änderungen im Code	Mutation
Asp → Gly GAU GGU	Ni 102	Ile → Met AUA AUG	Ni 1055
Glu → Gly GAA GGA	Ni 109	Asp → Ser AAU AGU	Ni 1103
Pro → Leu CCC CUC	Ni 118	Ile → Val AUU GUU	Ni 1103 Ni 1108
Ser → Phe UCU UUU	Ni 445	Pro → Ser CCC UCC	Ni 1045 Ni 1196 Ni 1234 Ni 1688
Tre → Ile ACU AUU	Ni 458 Ni 568 Ni 470 Ni 2032 Ni 462 Ni 2204 Ni PM2	Pro → Leu CCC CUC	Ni 1688 Ni 1927 Ni 2029
Ser → Leu UCG UUG	Ni 462 Ni 2204 Ni 2239	Tyr → Cys UAC UGC	Ni 2068
Thr → Met ACG AUG	Ni 630 Ni 725	Glu → Asp GAA GAU	Ni PM2

codon GAA vereinigt, deren zweites mit dem Arginincodon AGA. Aber da die Vereinigung der Aminosäure mit der desaminierten t-RNS genauso wie immer vor sich gehen wird (das Aminosäurezentrum der t-RNS bleibt unverändert), werden solche Moleküle anstelle von Arginin und Glutamin Glycin einführen. Diese Vermutung wurde von Carbon und Curry (1968) geprüft. Die Voraussage, daß die Desaminierung zur Entstehung des Anticodons UCC durch UCU und UUC führt, wurde bestätigt, und die Autoren zeigten, daß solche t-RNAs anfingen, anstelle von Arginin und Glutamin Glycin einzuführen.

Vernetzungen der DNS-Stränge

Abgesehen von der Desaminierung wird die Wirkung der salpetrigen Säure durch die Entstehung von Vernetzungen in der DNS begleitet (Geiduschek, 1961). Die Kinetik der Entstehung von Vernetzungen zwischen den DNS-Strängen bei

Behandlung der DNS mit salpetriger Säure wurde von ALBERTS (1968) bestimmt. Die beobachtete Kinetik entspricht einem Eintreffermechanismus (Tab. 20). Nach den Rechnungen von GEIDUSCHEK (BECKER, ZIMMERMANN, GEIDUSCHEK, 1964) kommt auf je vier Desaminierungsakte eine Vernetzung. Offensichtlich wird die Vernetzungsreaktion gegenüberliegender DNS-Stränge mit Hilfe von Zwischenprodukten der Wechselwirkung von salpetriger Säure und Basen realisiert, z. B. Diazoniumionen $R-N\equiv N^+$ (ORGEL, 1965), die in einer Base entstanden und mit dem Amin der nächsten Base reagierten[1]).

Tabelle 20

Kinetik der Induktion von Vernetzungen in DNS-Proben von *B. subtilis* und Phage *λ*, die mit 0,25 M $NaNO_2$ in 0,25 M CH_3COONa, pH 5,0 behandelt wurden (ALBERTS, 1968)

Behandlungszeit min.	Vernetzungsanteil in der DNS, % *B. subtilis*	Phage *λ*
0	5,0	0,025
1	10	7,0
6	29	25
20	68	57

Durch Vernetzungen und nachfolgende Störungen der DNS-Replikation erklärt ORGEL die Entstehung ausgedehnter Deletionen in der DNS des Phagen *T4* nach dessen Behandlung mit salpetriger Säure. Solche Deletionen wurden von TESSMAN (1962) beschrieben.

Die vorbehaltlose Behauptung, daß die Entstehung von Vernetzungen zwischen den DNS-Strängen unbedingt zur Inaktivierung der Moleküle führt, wurde von ALBERTS (1968) und MALDER und DOTY (1968) einer Kritik unterzogen. Sie zeigten, daß im Falle transformierender DNS von *B. subtilis* und *H. influenzae* bis 6% aller Moleküle Vernetzungen haben und nichtsdestoweniger Transformationsaktivität besitzen. Beim Phagen *λ* ist die Zahl der natürlicherweise anzutreffenden Moleküle mit Vernetzungen 200mal geringer, aber bei Behandlung der *λ*-DNS und der transformierenden DNS von *B. subtilis* mit salpetriger Säure fällt die Entstehungshäufigkeit von Vernetzungen in beiden DNAs zusammen. Hierbei bewahren sie, selbst wenn jedes DNS-Molekül des Phagen *λ* bis zu 6 Vernetzungen trägt, noch bis zu 32% der biologischen Aktivität. Infolgedessen geht eine vollständige Inaktivierung der DNS bei der Entstehung von Vernetzungen nicht vor sich.

---

[1]) Da die Effektivität dieser Reaktion davon abhängt, ob sich neben dem Diazoniumion eine Aminogruppe der Nachbarbase befindet, wird die Häufigkeit der Vernetzungen in DNS unterschiedlicher Herkunft verschieden sein (LUZATTI, 1962).

Hydroxylamin und O-Methylhydroxylamin

Hydroxylamin ist eines der am besten untersuchten und häufig in der Praxis angewendeten Mutagene. In den letzten Jahren beginnt sich ein Oxymethylderivat des Hydroxylamins, das O-Methylhydroxylamin, auszubreiten, das in den Laboratorien von N. K. Kočetkov und Ė. I. Budovskij in der UdSSR besonders energisch untersucht wird. Die mutagene und die inaktivierende Wirkung von Hydroxylamin sind praktisch an allen Vertretern der belebten Welt untersucht worden: an Viren und Phagen (Freese, Bautz, Freese, 1961; Freese, Freese, Bautz, 1961; Schuster, Vielmetter, 1961; Schuster, 1961; Tichonenko u. a., 1970; Levisohn, 1970), an Bakterien (Isabaeva, 1967; Isabaeva u. a., 1967), an Pilzen (Malling, 1966; Hartley, 1970; Malling, de Serres, 1971), an Gewebekulturzellen von Säugern und von Menschen (Somers, Hsu, 1962; Engel et al., 1967).

Die Reaktion von Hydroxylamin[1]) (NH_2OH) und O-Methylhydroxylamin (CH_3ONH_2) mit DNS ist äußerst kompliziert und hängt von vielen Bedingungen ab — Konzentration des Hydroxylamins (Freese, Bautz, Freese, 1961), Temperatur des Reaktionsgemisches, pH, osmotischer Druck der Lösung, Sauerstoffdruck, Inhibitoren, Peroxyde (Freese, Freese, 1965; Freese, Freese, Graham, 1966). Die mutagene Wirkung ist durch die Wechselwirkung des Hydroxylamins unmittelbar mit dem Cytosin bei neutralem oder saurem pH oder mit Uracil bei basischem pH bedingt (Schuster, 1961; Freese, Freese, Graham, 1966). Bei Erhöhung des pH-Wertes verringert sich die Reaktionsgeschwindigkeit für Cytosin und die für Uracil vergrößert sich (Schuster, 1961; Verwoerd, Kohlage, Zillig, 1961). Die Reaktion mit den Cytosinresten in der DNS läuft mit sehr viel kleinerer Geschwindigkeit ab als mit den freien Basen (Brown, Schell, 1965).

Es wurde gezeigt (Skljadneva, Kiseleva, Budovskij, Tichonenko, 1970), daß die Wechselwirkung von O-Methylhydroxylamin mit der DNS, die im Kopf des Phagen C_d verpackt ist, hauptsächlich in Abschnitten mit gestörter DNS-Sekundärstruktur erfolgt.

Reaktion mit Cytosin

Reaktion mit freien Basen

Die Reaktion von Hydroxylamin mit Cytosin und anderen Basen wurde eingehend in einer Reihe von Arbeiten aus dem Laboratorium von E. Freese untersucht (Freese, Bautz, Freese, 1961; Freese, Freese, Bautz, 1961). Die Autoren bemerkten einen Abfall der Absorption ultravioletter Strahlen (260—280 nm) bei der Reaktion von Hydroxylamin mit Cytidin- und Uridin-Monophosphat (Abb. 86),

---

[1]) In genetischen Experimenten wird gewöhnlich salzsaures Hydroxylamin $NH_2OH \cdot HCl$ benutzt, obwohl man zuweilen das schwefelsaure Derivat $NH_2OH \cdot H_2SO_4$ verwendet.

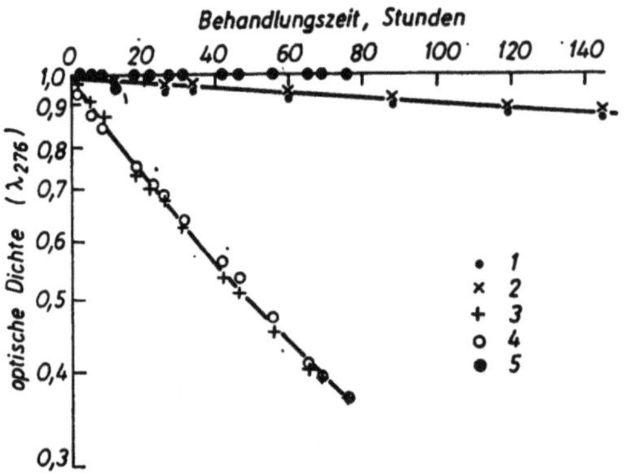

Abb. 86. Abnahme der UV-Absorption bei 276 nm durch Produkte der Wechselwirkung verschiedener Nukleotide und Hydroxylamin

1 — 5-Oxymethylcytosin-Desoxyribotid; 2 — 5-Oxymethylcytosin-Desoxyribotid-Glukose; 3 — Desoxycytosinmonophosphat; 4 — Uridinmonophosphat; 5 — Desoxythymidinmonophosphat (Freese, Bautz, Freese, 1961)

konnten aber keinerlei Reaktion mit Derivaten von Thymin, Purinbasen, Methylcytosin und Pseudouridylsäure feststellen. Die Verringerung der Absorption ultravioletter Strahlen nach Reaktion von Hydroxylamin mit Cytosin konnte fast vollständig durch pH-Erniedrigung aufgehoben werden, aber eine solche Behandlung kam am Produkt der Reaktion mit Uracil und Uridin nicht zum Ausdruck.

Die ziemlich ausgedehnte Untersuchung der Chemie der Wechselwirkung von Hydroxylamin und O-Methylhydroxylamin mit Cytosin wurde mit der Entdeckung zahlreicher Produkte dieser Reaktion abgeschlossen, Produkte, die zum Teil langlebig sind, zum Teil schnell zerfallen.

Das Cytosinmolekül enthält zwei elektrophile Zentren, die am aktivsten in Reaktion treten: das C-4-Atom und die Doppelbindung $C_5{=}C_6$:

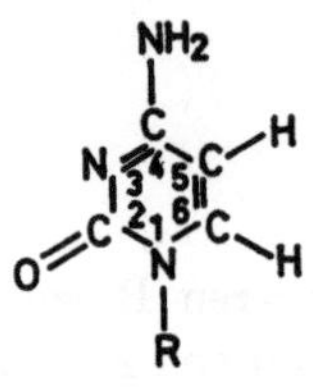

Als wir die Reaktion der DNS mit salpetriger Säure betrachteten, haben wir bemerkt, daß dieses Mutagen zur Desaminierung führt (Abspaltung der NH_2-Gruppe vom C-4-Atom des Cytosins). Diese gleiche Reaktion erfolgt häufig bei der Einwirkung von Hydroxylamin. Die Reaktion mit dem zweiten elektrophilen Zentrum des Cytosins, der Doppelbindung zwischen dem fünften und sechsten

Kohlenstoffatom, wird bei Ultraviolettbestrahlung, bei der Wechselwirkung mit Hydroxylamin und anderen Agentien beobachtet, als deren Ergebnis diese Doppelbindung aufgebrochen wird:

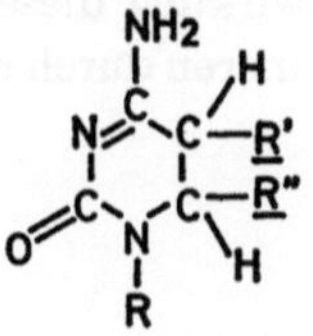

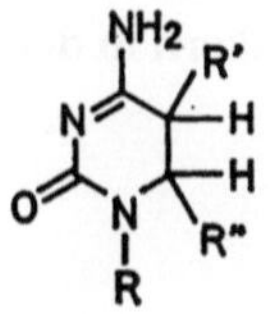

Die freigesetzten Bindungen können mit verschiedenen Molekülen reagieren, indem sie ein Wasserstoffatom, ein Hydroxylradikal oder andere Radikale an sich binden (z. B. Hydroxylaminradikal im Falle der Wechselwirkung mit Hydroxylamin).

Die Mehrzahl der Forscher (Schuster, 1961; Brown, Schell, 1961, 1965; Budovskij 1968; Small, Gordon, 1968; Budovsky et al., 1971a, b, c) hat im wesentlichen drei Reaktionsprodukte von Hydroxylamin und O-Methylhydroxylamin mit Cytosin festgestellt:

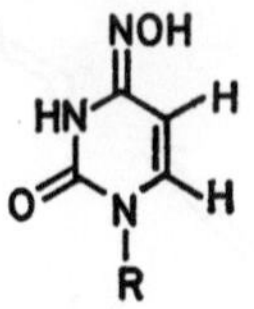

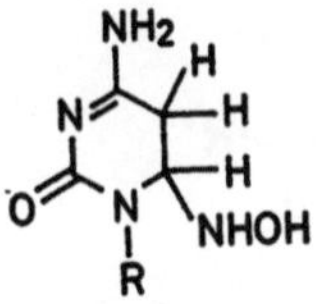

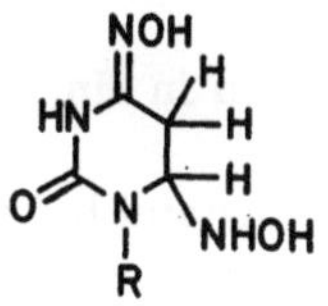

Die Meinungen darüber, welcher dieser drei Stoffe früher entsteht, erwiesen sich als widersprechend. Brown, und ihm nachfolgend viele andere Forscher, nahm folgendes Reaktionsschema an:

$$\text{Cytosin} \xrightarrow{NH_2OH} \text{Verbindung (2)} \rightarrow \text{Verbindung (3)} \rightarrow \text{Verbindung (1)}$$

KOČETKOV und BUDOVSKIJ kamen nach einer Reihe von Versuchen zum Studium von Mechanismus und Kinetik der Reaktion der Cytosinbase mit Hydroxylamin und O-Methylhydroxylamin zu dem Schluß, daß der Verlauf der Reaktion anders aussieht. Nach ihrer Meinung wird die Wechselwirkung dieser Mutagene mit freiem Cytosin und mit dem Cytosinkern in den Polymeren durch das folgende Schema beschrieben:

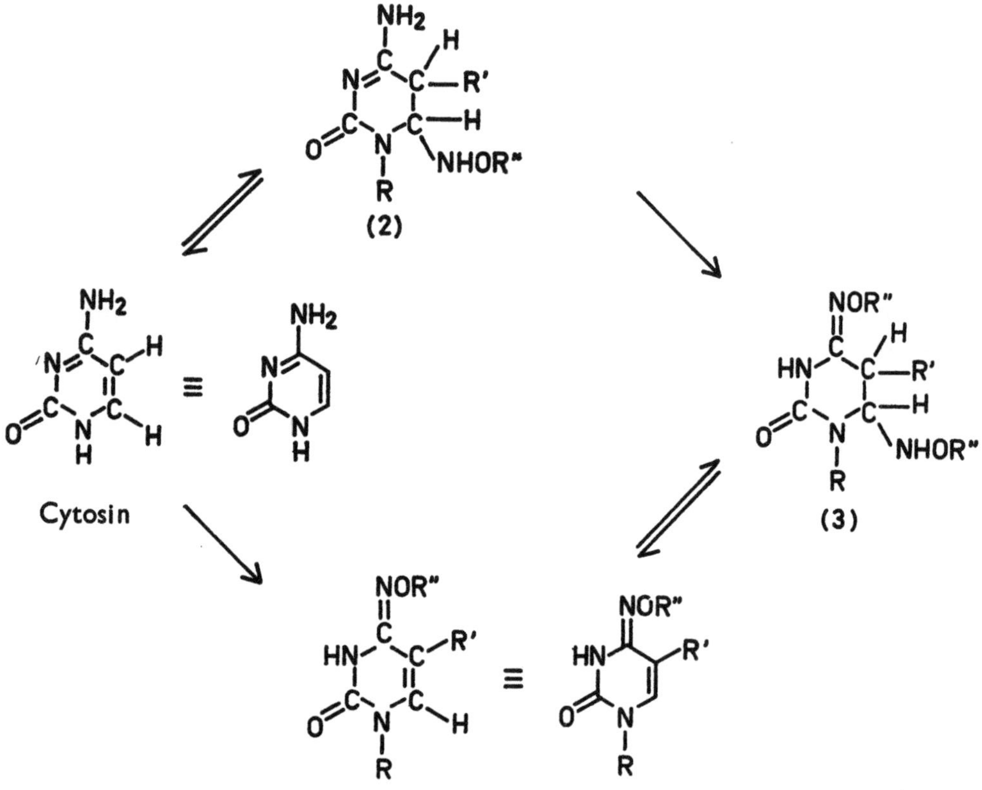

R — kann H oder ein Pentoserest sein, wenn das Cytosin in ein Polynukleotid eingebaut ist, R′ = H oder OH, R″ = H oder CH_3.

Die Verbindung (2) ist instabil, wenn sie sich im freien Zustand befindet, aber in einem Polymer hinreichend stabil (z. B. in Polycytidylsäure). Gewöhnlich wandelt sich (2) in 4,6-Dihydroxyamin-5,6-dihydrocytosin um:

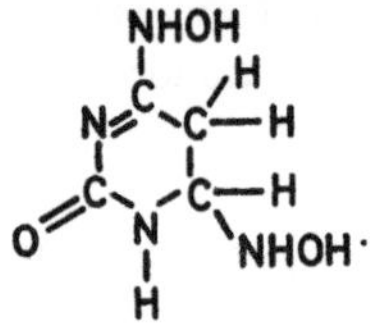

Das letzte Produkt ist im neutralen Medium beständig und kann bei Zimmertemperatur in Lösung einige Stunden lang existieren. Im sauren Medium und bei Erhöhung der Temperatur geht es jedoch rasch in N^4-Hydroxycytosin über.

Reaktionen mit Cytosinresten in Polynukleotiden

Als Hauptreaktion von Hydroxylamin mit Cytosinresten in Polynukleotiden erscheint auch die Sättigung der 5,6-Doppelbindung mit nachfolgender Substitution der Aminogruppe am C-4 durch das Hydroxylamin-Radikal (Small, Gordon, 1968):

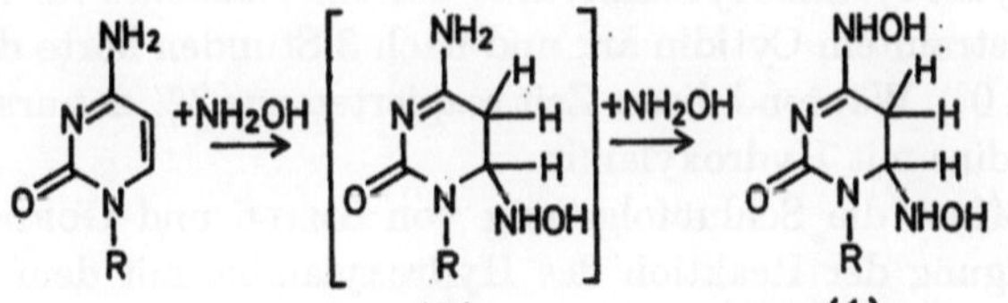

(2) (4)

Im wäßrigen Medium kann die Reaktion, ebenso wie auch im Falle des freien Cytosins, durch die Bildung von 5,6-Dihydro-4,6-hydroxyaminocytidin (Verbindung 4) beendet werden. Aber diese Reaktion geht offensichtlich über eine Kette von Zwischenreaktionen, die die hydratisierten Cytidinderivate einschließen:

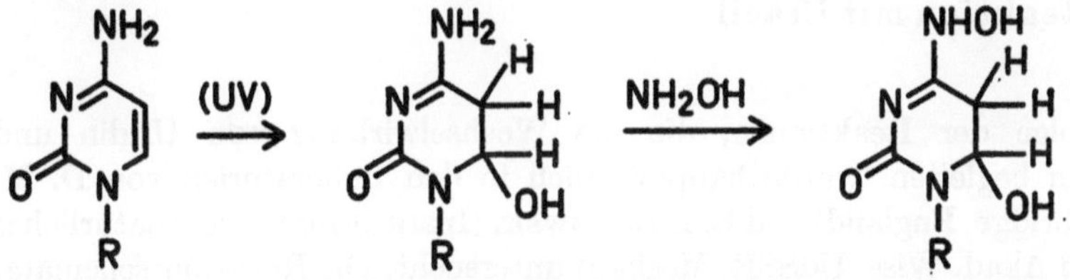

5.6-Dihydro-6-hydroxy-cytidin N4-Hydroxy-cytidinhydrat

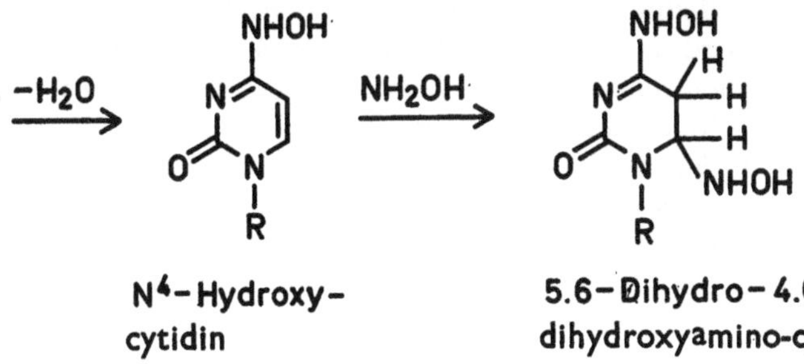

N4-Hydroxy-cytidin 5.6-Dihydro-4.6-dihydroxyamino-cytidin

Da N^4-Hydroxycytidinhydrat ziemlich stabil ist (selbst in sauren Lösungen), ist es möglich, daß die Reaktion bei ihm zum Stehen kommt und nur ein geringer Teil der Moleküle in das 4,6-Dihydroxyamino-5,6-dihydrocytidin übergeht. Die erste Zwischenverbindung in dieser Reaktionskette, das 5,6-Dihydro-6-hydroxycytidin, erscheint bekanntlich als eine der Hauptformen der Fotohydrate, die bei der Ultraviolettbestrahlung von Cytidinlösungen entstehen (s. Kapitel 11).
In Verbindung hiermit haben SMALL und GORDON (1968) die Kinetik der Entstehung des N^4-Hydroxyaminocytidinhydrats bei der Reaktion von Hydroxylamin mit unbestrahltem und ultraviolett bestrahltem Cytidin untersucht. Bei Verwendung von bestrahltem ^{14}C-Cytidin wuchs die Reaktionsgeschwindigkeit zur Bildung von N^4-Hydroxyaminocytidinhydrat um ein Vielfaches im Vergleich zur Reaktion mit unbestrahltem Cytidin an, und nach 3 Stunden hörte die Reaktion vollständig auf (bei 0°). Während dieser Zeit reagierten nur 2% des ursprünglichen unbestrahlten Cytidins mit Hydroxylamin.
Möglicherweise eröffnet die Schlußfolgerung von SMALL und GORDON von der starken Beschleunigung der Reaktion des Hydroxylamins mit dem Cytosin bei gleichzeitiger Ultraviolettbestrahlung des Cytidins einen neuen Weg für die Mutationsbehandlung. Die kombinierte Wirkung von UV-Strahlen und Hydroxylamin muß zu einer starken Vergrößerung der Geschwindigkeit des Mutationsprozesses führen, was übrigens auch von GOL'DFARB und BELJAEV (1966) bemerkt wurde.

Reaktion mit Uracil

Die Reihenfolge der Reaktionen, die die Wechselwirkung von Uridin und Hydroxylamin begleiten, wurde hauptsächlich in den Laboratorien von D. M. BROWN (Cambridge, England) und E. I. BUDOWSKI (Institut für Chemie natürlicher Verbindungen Akad. Wiss. UdSSR, Moskau) untersucht. Die Reaktionsschemata, die von beiden Forschergruppen veröffentlicht worden sind (PHILLIPS, BROWN, 1968; BUDOVSKIJ, 1968), fallen in den Grundzügen zusammen.
Das Anion des Hydroxylamins fördert beim Angriff des Sauerstoffatoms beim C-4-Atom die Spaltung der Bindung $N_3—C_4$ unter Bildung der Verbindung (9). Diese bildet im alkalischen Medium einen Ring (10), und nach β-Eliminierung des Ribosylharnstoffrestes wird das Anion des Isoxazolidon-5 (11) gebildet. Auf diese Weise führt die Reaktion mit Uridin zur Zerstörung des Uridinkerns und zur Depyrimidinisierung des Nukleinsäurepolymers.
Hydroxylamin tritt aktiv mit 5-Bromuracil und seinem Desoxyribosid in Wechselwirkung, was zur Abspaltung von Brom führt. Die Reaktion wird hauptsächlich von einem Verlust der Lebensfähigkeit begleitet, die Versuche wurden am Modell des Bakteriophagen *T4* durchgeführt (FREESE, FREESE, GRAHAM, 1966).

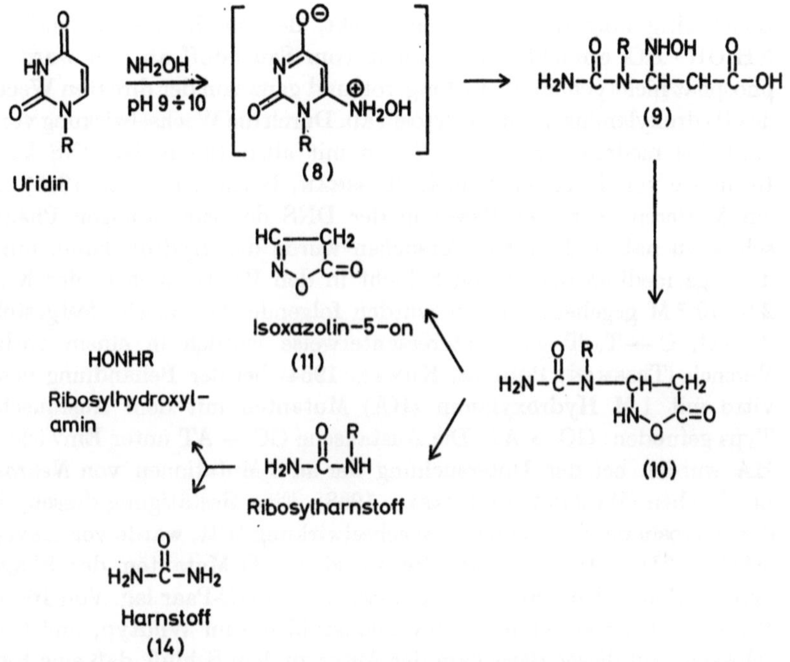

Mutagene Folgen der Behandlung mit Hydroxylamin

Wie schon festgestellt wurde, wird bei hohen Hydroxylaminkonzentrationen hauptsächlich eine Wechselwirkung des Mutagens mit Cytosin beobachtet. Bei niedrigen Hydroxylaminkonzentrationen war der Effekt kompliziert. Im letzten Fall übten verschiedene Peroxyde und Radikale die Wirkung auf die DNS aus, welche durch die Wechselwirkung von Hydroxylamin und Sauerstoff gebildet wurden — HNO_2, H_2O_2, Zwischenradikale (FREESE, FREESE, 1965), die sekundär mit Hydroxylamin reagieren und Nitrite, Hyponitrite usw. liefern. Es ist wichtig, daß bei niedrigen molaren Konzentrationen des Hydroxylamins nicht nur die Cytosine, sondern auch die Desoxythymidinmonophosphate, die Desoxyguanosinmonophosphate, die Uridinmonophosphate und sogar die Desoxyadenosinmonophosphate angegriffen wurden. Die Reaktionen mit dTMP, dGMP und UMP wurden durch 0,05 M $Na_4P_2O_7$ unterdrückt, jedoch unter den Bedingungen einer hohen Hydroxylaminkonzentration zeigte das Pyrophosphat keinerlei Wirkung auf die Reaktion von Hydroxylamin mit dCMP und UMP. Es wurde festgestellt, daß die inaktivierende Wirkung niedermolarer Lösungen von Hydroxylamin durch die oben beschriebenen Radikale bedingt ist. Die Unterdrückung der Peroxydbildung (durch Austausch von O_2 gegen N_2, Zugabe von EDTA, Pyrophosphat, KCN, $FeCl_3$, Katalase, Peroxydase) fiel quantitativ mit der Erniedrigung der Inaktivierung transformierender DNS zusammen (FREESE, FREESE, 1965).

Gleichzeitig hing der mutagene Effekt, der durch eine Behandlung mit 1 M $NH_2OH \cdot HCl$ erreicht wurde, nicht vom Sauerstoff ab und wurde vom Pyrophosphat nicht gehemmt. Er hing voll und ganz von der direkten Wechselwirkung des Hydroxylamins mit dem Cytosin ab. Durch die Wechselwirkung von Hydroxylamin bei niedrigen Konzentrationen mit allen Basen der DNS kann man die Resultate von I. TESSMAN u. a. (TESSMAN, ISHIWA, KUMAR, 1965) erklären, die ein Mutieren aller vier Basen in der DNS des einsträngigen Phagen *S 13* beschrieben haben. In ihren Versuchen wurde das Hydroxylamin unmittelbar in das Agarmedium der oberen Schicht in den Petrischalen in der Konzentration $2{,}5 \cdot 10^{-2}$ M gegeben. Hierbei wurden folgende Austausche festgestellt: G → A, A → G, C → T, T → C. Interessanterweise wurden in einem vorhergehenden Versuch (TESSMAN, PODDAR, KUMAR, 1964) bei der Behandlung des Phagen in vitro mit 1 M Hydroxylamin (HA) Mutanten mit dem Austausch nur eines Typs gefunden: GC → AT. Die Austausche GC → AT unter Einwirkung von 1 M HA wurden bei der Untersuchung der ad-3-Mutationen von *Neurospora crassa* beschrieben (MALLING, DE SERRES, 1968). Eine Bestätigung dessen, daß HA mit dem Cytosin des GC-Paares in Wechselwirkung tritt, würde von LEVISOHN (1967) erhalten. Der Autor behandelte in vitro rII-Mutanten des Phagen *T 4* mit Hydroxylamin, bei denen im Mutantensite ein GC-Paar lag. Von 16 untersuchten Mutanten lieferten 11 hohe Reversionszahlen zum Wildtyp, und 5 revertierten schwach. Auf dieser Basis kam der Autor zu dem Schluß, daß eine Reversion nur in dem Fall erfolgt, wenn im zu transkribierenden Strang die Cytosinbase des GC-Paares enthalten ist. Heute ist allgemein anerkannt, daß HA eine Transition vom Typ GC → AT hervorruft. Obwohl der molekulare Mechanismus der Entstehung von Replikationsfehlern, die durch Hydroxylamin hervorgerufen worden sind, nicht als endgültig aufgeklärt gelten kann[1]), erfolgt am wahrscheinlichsten die HA-Mutagenese über zwei Mechanismen: (s. S. 313)

Beide Reaktionen führen zur Transition GC → AT. Möglicherweise ist die Reaktion (a) unter Beteiligung von 5,6-Dihydro-6-hydroxyamincytosin für einsträngige DNAs (für solche Phagen wie *ΦX 174* und *S 13*) und für transformierende DNS mutagen. Diese Reaktion kann auch in allen Molekülen realisiert werden, die kein am 5. Kohlenstoff methyliertes oder oxymethyliertes Cytosin tragen.

Die Reaktion (b) kann die Mutagenese bei den Organismen erklären, die in ihrer DNS 5-Methyl- und 5-Hydroxymethylcytosin haben (z. B. die geradzahligen *T*-Phagen). HEWLINGS, BROWN und SCHELL (1968) und danach GROSSMAN (1968) haben gezeigt, daß nach der Modifikation eines Cytosins, das zum Bestand einer Polycytidylsäure gehört, durch Hydroxylamin und O-Methylhydroxylamin gegenüber jeder modifizierten Cytosinbase in das von der Polymerase zu synthetisierende Kopolymer Polyguanyladenylat ein Molekül ATP eingebaut wird. Die Autoren folgern, daß diese Transition im Ergebnis der Bildung von Derivaten des Dihy-

[1]) Für einen Überblick über verschiedene Modelle für Paarungsfehler siehe PHILLIPS und BROWN (1968).

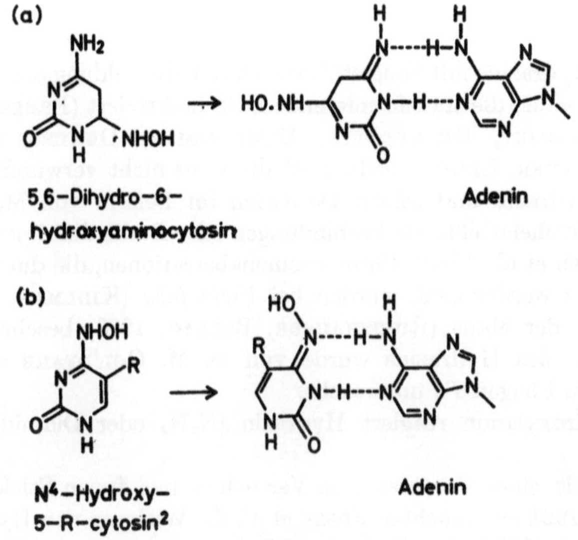

drocytosins realisiert wird, die sich mit Wasserstoffbrücken spezifisch mit Adenin und nicht mit Guanin vereinigen:

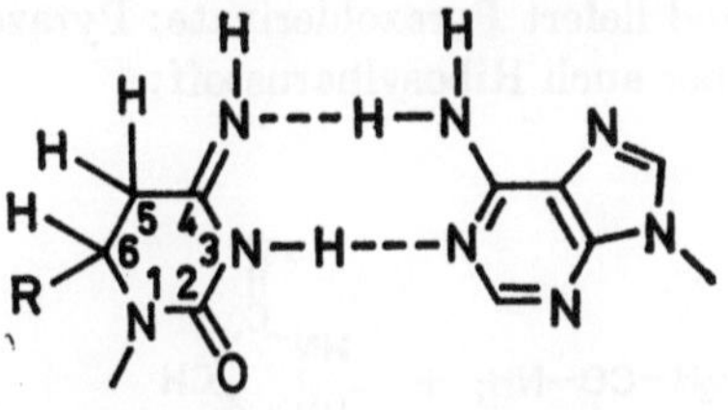

Oben wurde erwähnt, daß noch 5,6-Dihydro-6-hydroxycytosin als ein mutagenes Cytosinderivat erscheint, das nach Ultraviolettbestrahlung entsteht. Möglicherweise entsteht es auch nach der Behandlung mit Hydroxylamin und führt ebenfalls zu einem Austausch GC → AT.

Außerdem ermöglicht Hydroxylamin einen Bruch der DNS-Stränge. Der Mechanismus dieser Erscheinung ist nicht endgültig aufgeklärt, man kann jedoch annehmen, daß die Verringerung der Viskosität und der Sedimentationskonstanten der mit Hydroxylamin behandelten DNS (Bendich, Borenfreund et al., 1964) entweder die Folge eines direkten Bruches der Zuckerphosphatkette der DNS oder der Zerstörung und Entfernung von Basen sein kann. Das letzte kann bei der Erklärung der Daten einer Reihe von Autoren zur Induktion von Chromosomenbrüchen in Säugerzellen berücksichtigt werden (Somers, Hsu, 1962; Borenfreund, Krim, Bendich, 1964). In allen diesen Versuchen wurden niedrige Hydroxylaminkonzentrationen benutzt, die die DNS inaktivieren und häufig zum Bruch der Zuckerphosphatketten führen.

---

[2]) R kann H, CH_3, CH_2OH sein.

Die Reaktion der Hydrazine mit Sauerstoff wird durch die Bildung eines Peroxyds abgeschlossen, das selbst die transformierende DNS inaktiviert (FREESE, GERSON et al., 1967; LATARJET, REBEYROTTE, DEMERSEMAN, DEMERSEMAN, 1958; ZAMENHOF, ALEXANDER, LEIDY, 1953). Deshalb ist es nicht verwunderlich, daß der Effekt von Hydrazin und seinen Derivaten im Beisein von Metallspuren verstärkt und durch chelatbildende Verbindungen oder Radikalinhibitoren unterdrückt wird (ZELLER et al., 1963). Chromosomenaberrationen, die durch mehrere Hydrazine induziert worden sind, wurden bei *Vicia faba* (KIHLMAN, 1956) und beim Ascitestumor der Maus (RURISHAUSER, BOLLAG, 1963) beschrieben. Die mutagene Wirkung des Hydrazins wurde von D. M. GOL'DFARB und V. F. ČUBUKOV (1963) am Phagen *T2* untersucht.
Ähnlich dem Hydroxylamin reagiert Hydrazin (N_2H_4 oder Diamid) mit den Pyrimidinbasen.
Hydrazin wurde als eines der ersten in Versuchen mit freien Stickstoffbasen geprüft. Im Jahre 1924 untersuchten FOSSE et al. die Wirkung von Hydrazin auf Uracil, und im Jahre 1955 ließen BARON und BROWN Hydrazin auf Uridinmonophosphat und Cytidinmonophosphat einwirken. Gemäß ihrer Untersuchung bricht das konzentrierte Hydrazin nach der Reaktion mit UMP und CMP den Ring von Uracil und Cytosin auf und liefert Pyrazolderivate: Pyrazol für Uracil und 3-Aminopyrazol für Cytosin, aber auch Ribosylharnstoff:

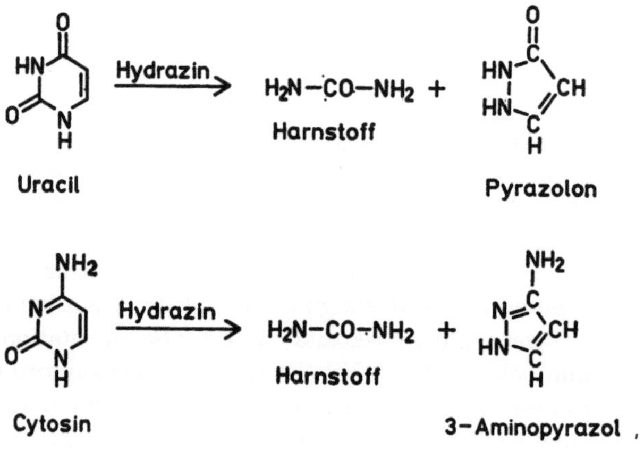

Der Harnstoff wird hydrolytisch vom Zucker des Ribosephosphats abgespalten. TAKEMURA hat gezeigt, daß bei der Behandlung von RNS mit wasserfreiem Hydrazin eine Abspaltung von Pyrimidinbasen vom Polymer beobachtet wird, als deren Ergebnis Riboapyrimidinsäure gebildet wird (TAKEMURA, 1957), im Falle einer gleichen Behandlung der DNS (TAKEMURA, 1959) in solcher „Apyrimidinsäure" die Cytosinbasen vollständig abgespalten werden, aber ein kleiner Teil der Thyminreste erhalten bleibt. Freese und Mitarbeiter (Freese, Bautz, Freese, 1961) gelangten bei Verwendung einer wäßrigen Hydrazinlösung zu einem entgegengesetzten Schluß. Bei Verfolgung der Verringerung der Absorption von UV-Strahlen (276 mn) bei Behandlung mit einer 0,5 M Hydrazinlösung (pH 8,5) bemerkten die Autoren, daß die Reaktion mit Desoxycytidinmonophosphat und Desoxymethylcytidylat vernachlässigbar klein im Vergleich zur Reaktion mit Desoxythymidinmonophosphat, Uridinmonophosphat und 5-Bromdesoxyuridin ist.

Brown, McNaught und Schell (1966) haben jedoch bestätigt, daß Hydrazin mit Cytosin unter Bildung von 5,6-Dihydrocytosin reagiert, das sich bei der Replikation wie Thymin verhält.

Hydrazin inaktiviert ähnlich dem Hydroxylamin Phagen intensiver bei niedriger Molarität (0,1 M) als bei hoher Konzentration (1 M) und, wie auch im Falle des HA, nimmt der Effekt bei pH-Erhöhung zu. Der mutagene Effekt von Hydrazin am Phagen *T4* tritt bei pH 8,3 bedeutend schwächer in Erscheinung als bei Verwendung von HA. Die inaktivierende Wirkung des Hydrazins ist offensichtlich an den Angriff auf Thyminreste der DNS gebunden.

Methylhydrazin (CH_3NHNH_2) erhöht die Empfindlichkeit der Bakterien und der Zellen aus Kulturen von Säugergewebe für die Wirkung von Röntgenstrahlung. Unter Verwendung der Methode von McGrath und Williams (1966) zum Nachweis von Einstrangbrüchen in der DNS mit Hilfe der Ultrazentrifugation im Saccharose-Dichtegradienten haben Moroson und Furlan (1969) gezeigt, daß Methylhydrazin in der DNS eine große Zahl von Einstrangbrüchen induziert. Offensichtlich bedingt die Entstehung gerade dieser Brüche das Auftreten einer merklichen Zahl von Brüchen in den Chromosomen von *Vicia faba*, wie sie in den Versuchen von Gupta und Grover (1970) festgestellt worden sind.

Bekanntlich werden viele Hydrazinderivate verbreitet als Medizin gegen Depressionen und als Antituberkuloseagentien verwendet. Unter Berücksichtigung dessen, daß Hydrazine DNS inaktivieren und in ihr Mutationen hervorrufen, haben Freese und Mitarbeiter (Freese, Sklarow, Freese, 1968) einen breiten Satz von Hydrazinen geprüft, die in der medizinischen Praxis angwendet werden. Sowohl einfach- als auch doppeltsubstituierte Hydrazine, die H_2O_2 bilden, wiesen eine starke inaktivierende Wirkung auf transformierende DNS von *B. subtilis* auf. Die größte Inaktivierung wurde mit Iproniazid, Phenelzin, Pheniprazin (Catron) und Benzylhydrazin, eine geringere mit Nialamid, Isocarboxazid und Mebanazin beobachtet, aber Isoniazid und Pivalylbenzhydrazin beeinflußten die Transformationsaktivität der DNS fast gar nicht. Keinerlei Wirkung auf DNS wies das Antidepressionsmittel Meprobamat (Andaxin) auf, das nicht zur Gruppe der Hydrazine gehört.

Am Beispiel des Pheniprazins und des Isoniazids wurde gezeigt, daß die Zugabe von Mn^{++} (10^{-4} M) die Inaktivierungsgeschwindigkeit verstärkt, aber EDTA (10^{-2} M) und Katalase (100 μg/ml) den Inaktivierungseffekt vollständig aufheben.

Selbstverständlich ist es verfrüht, auf Grund dieser Versuche irgendwelche Schlüsse bezüglich der Gefährlichkeit der Anwendung dieser Antidepressionsmittel und Antituberkulosemedikamente in der Heilpraxis zu ziehen, weil es nicht klar ist, mit welcher Geschwindigkeit die von den Medikamenten in der Zelle induzierten Peroxydverbindungen zersetzt werden, aber, wie die Autoren richtig bemerken, „sollte man, wo es möglich ist, sich auf Antidepressionsmittel beschränken, die nicht von Hydrazinnatur sind".

Urethan und Oxyurethan

Urethan wurde als eines der ersten als Induktionsmittel für Mutationen benutzt. Oehlkers beobachte im Jahr 1943, daß Urethan Chromosomenbrüche und große Umbauten vom Typ der Deletionen, Translokationen, Inversionen usw. induziert (Oehlkers, 1943). In der Folge wurde die mutagene und inaktivierende Wirkung des Urethans an vielen Organismen beschrieben — Pflanzen, Insekten, Gewebekulturen (für eine Übersicht über die Daten siehe Freese, 1965).

Als wichtigster Faktor, der mit der Wirkung von Urethan auf biologische Systeme zusammenhängt, diente der Umstand, daß niedrige Urethankonzentrationen (von 10^{-4} bis 10^{-3} M) entweder zu einer letalen Wirkung führten oder die Entwicklung der Pflanzen unterdrückten oder den Mitoseindex verringerten. Eben diese niedrigen Urethankonzentrationen riefen Chromosomenbrüche und große Umbauten hervor.

Gleichzeitig wurde ein mutagener Effekt (Rückmutationen bei *Neurospora*) durch Behandlung der Sporen mit einer konzentrierten Urethanlösung (0,1 M) erreicht (Jensen et al., 1951).

Diese Situation, die ihrem Charakter nach der Wirkung von Hydroxylamin und Hydrazin sehr ähnlich ist, wurde detailliert von Elisabeth Freese (1965) untersucht. Beim Vergleich der Formeln von Urethan, Oxyurethan und Hydroxylamin:

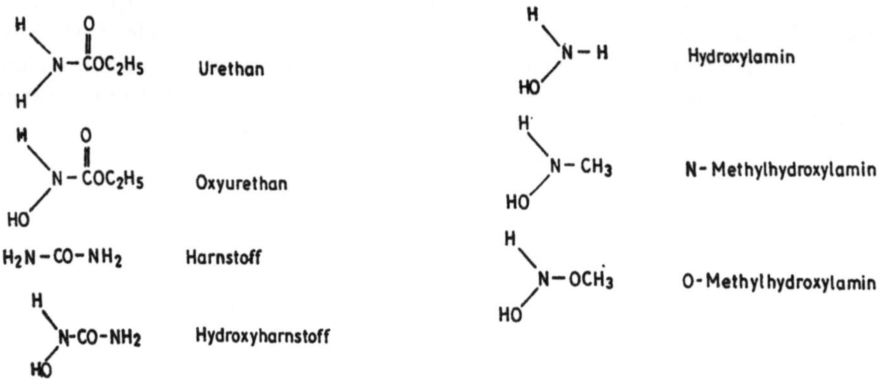

stellte die Autorin fest, daß die mutagene Wirkung mit dem Oxyurethan, aber nicht mit dem Urethan selbst zusammenhängen muß. Bei der Prüfung dieses Sachverhaltes am Modell der transformierenden DNS von *B. subtilis* bestätigte Freese die Richtigkeit ihrer Annahme. Auf Abb. 87 sind die Induktionskurven für Fluoreszenzmutationen dargestellt. Man sieht, daß sich die Mutationsfrequenz mit der Herabsetzung der Konzentrationen des Agens vermindert. Eine Vergrößerung der Mutationsfrequenz wurde im pH-Bereich von 4,2 bis 6,2 beobach-

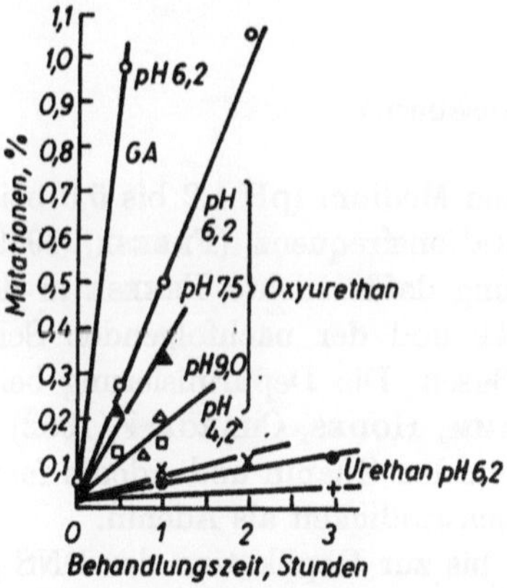

Abb. 87. Induktion von Fluoreszenzmutationen mit Hydroxylamin, Urethan und Oxyurethan (Freese, 1965)

tet, während von pH 7,5 bis 9,0 eine Verringerung der Mutierfrequenz erfolgt. Bei kleinen Konzentrationen von Oxyurethan wurde der mutagene Effekt durch den inaktivierenden ersetzt. Freese meint, daß man die Daten der vorangehenden Autoren über die Induktion von Mutationen durch Urethan nicht mit der Aktivität des Urethans selbst erklären sollte sondern mit der seines Oxyderivats. Eine Bestätigung dieser Hypothese sieht sie in den Daten von Miller et al. (1960), die gezeigt haben, daß im Organismus höherer Lebewesen Amine enzymatisch in die entsprechenden Hydroxylaminderivate umgewandelt werden, und besonders in den Daten von Boyland und Nery, die den Übergang von Urethan in N-Oxyurethan festgestellt haben (Boyland, Nery, 1965).

Die chemische und funktionelle Ähnlichkeit von Hydroxylamin und Oxyurethan dient, nach Meinung von Freese, als hinreichende Begründung für die Anerkennung der Richtigkeit der Meinung, daß Oxyurethan Punktmutationen (Transitionen von Typ GC → AT) hervorruft.

Am Schlusse dieses Abschnittes über die Wirkung von Agentien, die freie NOH-Gruppen entweder enthalten oder in der Zelle produzieren, wie Hydroxylamin, N-Methylhydroxylamin, Oxyharnstoff, Oxyurethan und Hydrazin, sollte man unterstreichen, daß trotz der großen Zahl von Arbeiten, in denen diese Agentien studiert worden sind, die Natur ihrer Wirkung auf die DNS ungenügend untersucht worden ist.

Freese et al. (1967) heben hervor, daß alle diese Agentien ihre letale Wirkung hauptsächlich infolge der Bildung von Peroxyden entwickelten. Sie meinen, daß die Agentien, die anstelle der NOH-Gruppe eine NH_2-Gruppe enthalten (Harnstoff, Urethan), die DNS nicht inaktivieren. Diese Meinung ist am ehesten richtig. Unserer Ansicht nach ist in Verbindung hiermit ein von ROSENKRANZ et al. (1971) festgestellter Tatbestand symptomatisch. Diese Autoren haben eine deutliche inaktivierende Wirkung von Formamidoxyd ($H_2N-\overset{H}{C}=NOH$) auf die DNS beschrieben, das sich vom Harnstoff nur dadurch unterscheidet, daß es eine zusätzliche NOH-Gruppe trägt.

Mutagene Wirkung des Ansäuerns

Die Haltung des Phagen *T4* im sauren Medium (pH 4,2 bis 5,0 bei t = 37° bis 54°C) führt zur Erhöhung der Mutationsfrequenz (FREESE, 1959a; STRACK, FREESE, FREESE, 1964). Die Erklärung dafür suchte FREESE in der Depurinisierung der Basen in der DNS-Kette und der nachfolgenden Schließung der Lücken durch eine beliebige der 4 Basen. Die Depurinisierung beim Ansäuern als solche wurde von TAMM u. a. (TAMM, HODES, CHARGAFF, 1952) beschrieben. In ihren Versuchen bei pH 1,6—4,0 wurden Guanin und Adenin fast vollständig abgespalten, Guanin mit größerer Geschwindigkeit als Adenin.

Wenn die sich bildende Lücke nicht bis zur Replikation der DNS gefüllt wird, so kann man sich während der Replikation vier Möglichkeiten für ihre Schließung vorstellen (FREESE, 1961), von denen drei zu Mutationen führen (Abb. 88). Aus dem Schema von FREESE folgt, daß zwei Drittel aller Mutationen, die durch eine pH-Erniedrigung bedingt sind, zum Typ der Transversionen gehören müssen. Jedoch unterscheiden sich die Ergebnisse der Versuche der FREESES selbst (FREESE, 1959a, 1961) grundlegend von ihren Annahmen, weil 77% aller entstandenen Mutationen zu den Transitionen und nicht zu den Transversionen gehörten.

Dieses Resultat dürfte man auch nicht durch die Annahme erklären, daß das Ansäuern, das zur Bildung der Apurinsäure führt, bei der weiteren Haltung unter

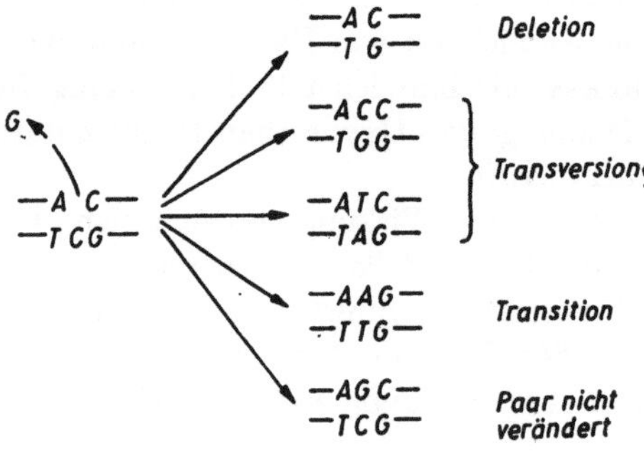

Abb. 88. Mechanismus der Mutagenese bei Depurinisierung der DNS bei Ansäuerung (FREESE, FREESE, 1966)

sauren Bedingungen von einem Bruch des Zuckerphosphatgerüsts begleitet wird. Ein solcher Bruch wurde im Laboratorium von CHARGAFF beschrieben (TAMM, SHAPIRO, LIPSHITZ, CHARGAFF, 1953), aber man sollte ihn eher den inaktivierenden als den mutagenen Faktoren zurechnen.

Die Hoffnung auf eine Erklärung des hohen Prozentsatzes an Transitionsübergängen in der DNS, die einer Behandlung im sauren Medium unterzogen worden war, erschien nach der Arbeit von R. SHAPIRO und R. KLEIN (1966), die eine Desaminierung von Cytidin durch saure Puffer beschrieben haben. Nach ihren Daten kann die Desaminierungsreaktion, die bei pH 6,0 abläuft (tatsächlich bei t = 37 °C mit geringerer Geschwindigkeit), summarisch durch folgende Gleichung dargestellt werden:

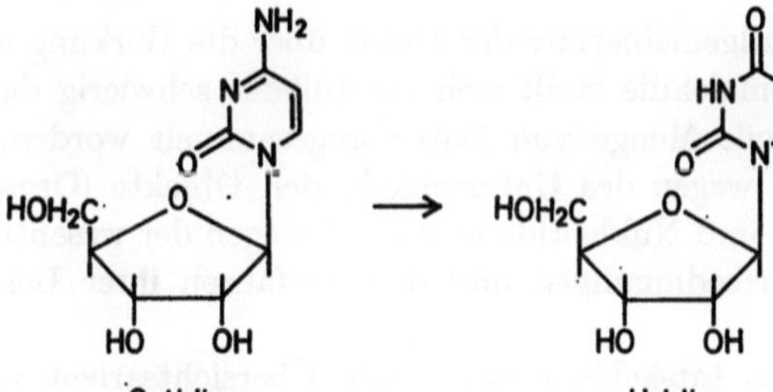

Weil der Austausch einer Cytosin- durch eine Uracilbase zu einer Transition führt, kann dies das Resultat von FREESE erklären.

Schließlich muß man auch erwähnen, daß das Ansäuern eine Denaturierung der DNS ermöglicht (MARMUR, SCHILDKRAUT, DOTY, 1961), und dies eröffnet neue Möglichkeiten für die Einwirkung intrazellulärer Mutagene auf die DNS, aber erstens tritt dieser Effekt nur bei pH-Werten größer als 4 auf, und zweitens wird er eher eine letale als eine mutagene Wirkung aufweisen. Möglicherweise entstehen bei niedrigen pH-Werten Strangvernetzungen (FREESE, KASHEL, 1964).

Die mutagene Wirkung hoher Temperaturen

Eine Erhöhung der Mutationsfrequenz nach Erwärmung wurde schon im Jahre 1941 für *Drosophila* (PLOUGH, 1941) und *Tradescantia* (SAX, 1941) festgestellt. Die mutagene Wirkung der Wärme auf Mikroorganismen wurde im Laboratorium von S. ZAMENHOF (ZAMENHOF, GREER, 1958) für *E. coli W6* bei neutralem pH beschrieben. Die Zellen wurden bis 60 °C erhitzt. In der Folge brachten die Autoren den mutagenen Effekt der Erwärmung mit einer Depurinisierung der DNS in Zusammenhang (GREER, ZAMENHOF, 1962).

SHAPIRO und KLEIN (1966) haben gezeigt, daß, wenn Cytosin in Acetat- oder Merkaptoacetat-Puffer auf 50° bei einem pH 4,5 19 Std. lang erwärmt wird, bei der Chromatographie des DNS-Hydrolysats ein neuer Fleck auftritt, der Uridin entspricht. Die Isolierung einer großen Menge Uridin wurde auch bei Erwärmung von Cytidin in destilliertem Wasser oder einer Lösung von essigsaurem Natrium bei pH 7,2 beobachtet. Die Autoren schließen, daß die Desaminierung des Cytosins die Ursache der von ZAMENHOF und GREER beschriebenen Mutagenese sein kann. Ausgehend von seiner Annahme über die mutagene Rolle der Temperaturerhöhung schlug ZAMENHOF eine neue Methode zur Gewinnung von Mutanten bei *B. subtilis* vor. Sporen von *B. subtilis* wurden auf 110° erhitzt, wonach die Mutationsfrequenz einer Reihe von Genen anstieg.

Alkylierende Agentien

Die Aufgabe einer Verallgemeinerung der Daten über die Wirkung alkylierender Verbindungen auf Erbmoleküle stellt sich als äußerst schwierig dar. Zu dieser Frage ist eine sehr große Menge von Daten angesammelt worden, aber es ist mitunter schwierig, sie wegen des Unterschieds der Objekte (Organismen, isolierte DNS, freie Basen und Nukleotide usw.) und wegen der wesentlichen Unterschiede in den Versuchsbedingungen und den Verfahren ihrer Behandlung zu vergleichen.

In letzter Zeit erschien tatsächlich eine große Übersichtsarbeit von Anthony LOVELESS (1966) über die Wirkung alkylierender Verbindungen auf verschiedene Typen von Lebewesen, aber in ihr, wie übrigens auch in anderen Übersichtsartikeln, überwiegen die Daten einer unmittelbaren Zählung der Mutationen, die Fragen der molekularen Natur der Umbauten, die von alkylierenden Verbindungen hervorgerufen werden. In diesem Sinne sollte man die sehr gelungenen Übersichten von E. FREESE (1964), L. ORGEL (1965) und Ju. Z. BARTOŠEVIČ (1966) anerkennen. Die zytotoxische Wirkung alkylierender Agentien wurde von WHEELER (1962) untersucht.

Typen von Verbindungen, die die DNS alkylieren

Im Jahre 1939 bewies I. A. RAPOPORT die ausschließlich hohe Mutationsaktivität von Äthylenimin. Die Veröffentlichung dieser Arbeit wurde erst nach Beendigung des zweiten Weltkrieges realisiert (1948a). Im Jahre 1944 stellten Ch. AUERBACH und J. ROBSON die mutagene Wirkung einer anderen Klasse alkylierender Verbindungen — der sog. „Senfgase" (AUERBACH, ROBSON, 1944) fest:

Diese Pionierarbeiten leiteten einen breiten Zyklus von Forschungen ein, der mit der Feststellung der mutagenen Wirkung der Dialkylsulfate (RAPOPORT, 1947), der Epoxyde (RAPOPORT, 1948a), der Diazoverbindungen (RAPOPORT, 1948b), der Alkylalkansulfonate (BAUTZ, FREESE, 1960), des β-Propiolaktons (ROSS, 1962) usw. abgeschlossen wurde. Ein ausführliches Verzeichnis der Verbindungen, die eine alkylierende Aktivität besitzen, sind in den Übersichten von FRIZ (1964), LOVELESS (1966) u. a. angegeben.

Eine hinreichend ausführliche Analyse der Reaktionen, die mit der Alkylierung zusammenhängen, d. h. mit der Addition von Alkylgruppen (CH_3, C_2H_5 usw.) und einer Reihe Metalle zur Struktur der DNS, ist gegenwärtig wegen der geringen Erforschung dieses Problems kaum möglich. Die nukleophile Addition von Alkylgruppen kann an verschiedenen Gruppen in der DNS erfolgen (an den Phosphatgruppen, an den Purinbasen sowohl als Folge der Vereinigung mit freien Atomen oder deren Ersetzung, als auch an den Atomen des Rings der Purin- und Pyrimidinbasen). Als wichtig im genetischen Sinne, wenn auch wenig untersucht, erscheint die Alkylierung der Histone, die sicher stark in der Aktivität des genetischen Materials zum Ausdruck kommt.

Chemische Prozesse, die durch Alkylierungsreaktionen der Nukleinsäuren bedingt sind

Ziemlich ausführlich sind nur die Reaktionen einiger alkylierender Agentien untersucht worden, insbesondere methylierende und äthylierende — Dimethylsulfat (DMS), Diäthylsulfat (DÄS), Methylmethansulfonat (MMS), Äthylmethansulfonat (ÄMS), Äthyläthansulfonat (ÄÄS), Äthylenimin und seine Abkömmlinge, Nitrosoguanidin und alkylierte Akridinabkömmlinge.[1] Diese Erfolge wurden möglich dank der intensiven Arbeit hauptsächlich zweier Forscherkollektive: Gruppen von Spezialisten aus dem Chester-Beaty-Institut in London (O. Fahmy, M. Fahmy, A. Loveless, P. Lawley, P. Brookes) und einer Abteilung des Instituts für chemische Physik der Akademie der Wissenschaften der UdSSR, die von I. A. Rapoport geleitet wird.

Typen von Verbindungen, die Nukleinsäuren alkylieren

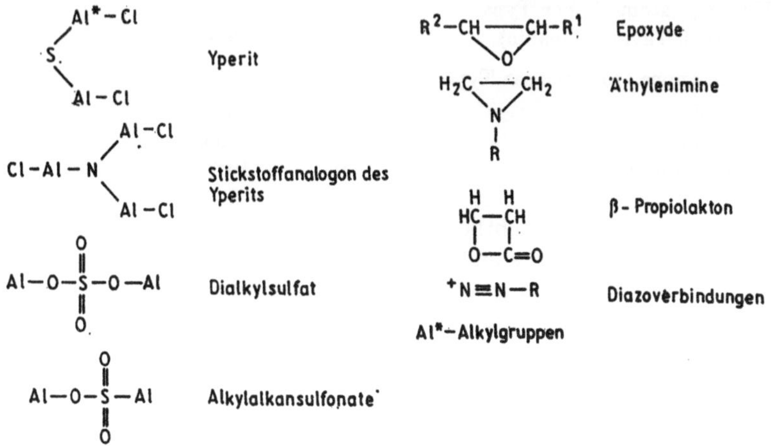

[1]) Zwei der letztgenannten Mutagene werden weiter unten beschrieben. Nitrosoverbindungen sind im letzten Abschnitt dieses Kapitels kurz zusammengefaßt.

Die Reaktionen werden entweder durch Ersetzung von Wasserstoffatomen realisiert[1]):

$$R-H + CH_3 - CH_2 - R_1 \rightarrow RCH_2 - CH_3 + R_1H$$

oder auf dem Wege der Vereinigung des Alkylradikals (z. B. der Aminoalkylgruppe mit dem dritten Stickstoffatom des Basenringes unter Bildung eines quaternären Ions):

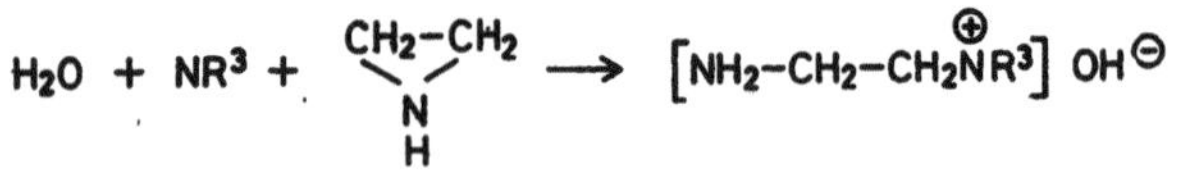

Die Reaktionsgeschwindigkeit wird durch die Natur der nukleophilen Gruppen und die Konzentration der Wasserstoffionen bestimmt. In biologischen Systemen nimmt der Alkylierungsgrad der einzelnen Atome folgendermaßen ab (Ross, 1962):

$$S > N > O.$$

Eine Ionisierung der funktionellen Gruppen ermöglicht ihre aktivere Alkylierung.

Die Untersuchung der Alkylierung von transformierender DNS mit verschiedenen Agentien (Reiner, Zamenhof, 1957; Brookes, Lawley, 1960a, 1960b, 1961a 1961b) lieferte die Möglichkeit, die Reaktionsfähigkeit verschiedener funktioneller Gruppen in der DNS abzuschätzen (nach Daten von Bartoševič, 1966; s. unten).

Funktionelle Gruppe	pK	Alkylierungswahrscheinlichkeit bei pH 7,5
Primäres Phosphoryl	2,0	0,9999
Sekundäres Phosphoryl	6,0	0,96
Hydroxyl aromatischen Typs (Uracil, Thymin, Guanin)	10,2	0,02
Aminogruppe aromatischen Typs		
Guanin	2,3	0,9999
Adenin, Cytosin	3,9	0,999
Zuckerhydroxyl	13,0	10^{-5}

Aus der Tabelle ist ersichtlich, daß die Phosphate, die Stickstoffatome des Purinringes und des Cytosins und der Aminogruppe der Purine am reaktionsfähigsten sind. Unter Verwendung von mit ^{14}C markiertem ÄMS stellten Lawley und Brookes (1963) fest, daß man nach ihrem Alkylierbarkeitsgrad die Stickstoffatome der Basen in der DNS und RNS folgendermaßen anordnen kann.

1) Diese Reaktion kann auch auf folgende Weise ablaufen (Beispiel des Äthylenimins):

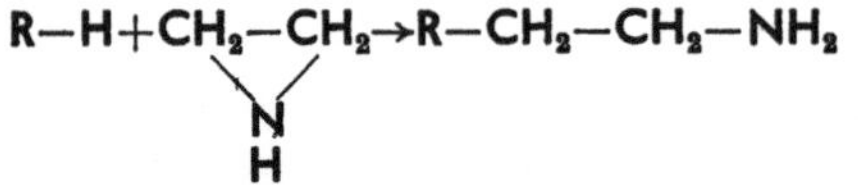

In der DNS: N-7 des Guanins > N-3 des Adenins > N-1 des Adenins > N-1 des Cytosins.

In der RNS: N-7 des Guanins > N-1 des Adenins > N-1 des Cytosins > N-3 des Adenins.

Hierbei wird die Alkylierung der Purinbasen als Bestandteil der DNS aktiver realisiert als bei freien Nukleotiden und Nukleosiden (LAWLEY, 1957a) offensichtlich infolge der Übertragung des Alkylradikals von der Phosphatgruppe der DNS auf den Stickstoff (vorzugsweise auf den N-7 des Guanins) der Basen.

Wir wollen jetzt die in der DNS durch die Alkylierung bedingten molekularen Umbauten gesondert betrachten.

Die Alkylierungsreaktion der Phosphatgruppen

Die Primärreaktion mit den Phosphatgruppen wurde in einer Reihe von Arbeiten beschrieben (ELMORE et al., 1948; REINER, ZAMENHOF, 1957; ALEXANDER 1952; ALEXANDER, STACEY, 1958b; LETT, ALEXANDER, PARKINS, 1962).

Als Ergebnis der Reaktion bildet sich ein Phosphattriester:

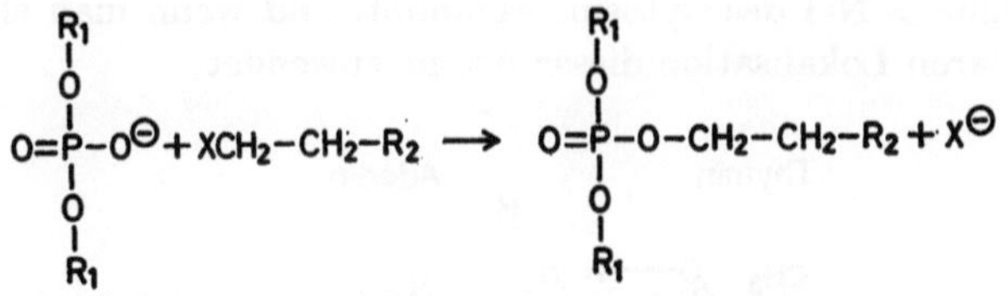

Die R_1-Reste sind Desoxyribosen, an die die Phosphatgruppe gebunden ist. Der Phosphattriester ist instabil, und in den meisten Fällen wird er entweder an der neugebildeten Bindung (Reaktion „a“) unter Freisetzung des Alkylradikals hydrolysiert (ALEXANDER, STACEY, 1958b) und unter Wiederherstellung der unverletzten DNS-Struktur oder an der Esterbindung zwischen dem Kohlenhydrat und dem Phosphat (Reaktion „b“) hydrolysiert:

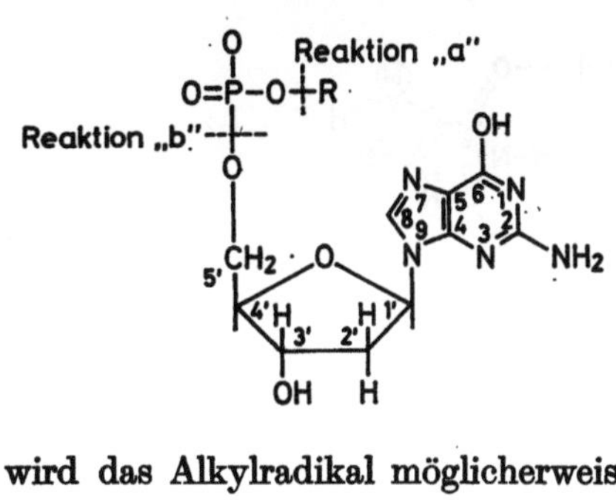

Außerdem wird das Alkylradikal möglicherweise manchmal an das N-7-Atom des Guanins übertragen (LETT, ALEXANDER, PARKINS, 1962). Die Alkylierungsreaktion der Phosphatgruppen läuft im Vergleich zu den Alkylierungsreaktionen anderer funktioneller Gruppen der DNS bevorzugt ab (ALEXANDER, 1952; REINER, ZAMENHOF, 1957; STACEY, CAUSENS, ALEXANDER, 1958). FRIZ (1964) meint, wenn sich im Augenblick der DNS-Replikation in der DNS-Struktur noch viele nichthydrolysierte Alkylgruppen befinden, dann unterdrücken diese die DNS-Replikation. Ein Bruch der Bindung zwischen Kohlenhydrat und Phosphat erweist sich am ehesten als letal, kann aber auch zu großen Umbauten führen.

Die Alkylierungsreaktion der Basen

Es wurden verschiedene alkylierte Abkömmlinge der Purinbasen und des Cytosins beschrieben: 7-Alkylguanin, 7-Methyl- und 7-Äthylguanin (REINER, ZAMENHOF, 1957; BAUTZ, FREESE, 1960), 3-Methyladenin, 1-Methyladenin und 1,3-Dimethyladenin, und auch Abkömmlinge des Cytosins (BROOKES, LAWLEY, 1960a). Von allen Reaktionen wird die Alkylierung am 7. Stickstoffatom des Guanins am aktivsten realisiert (REINER, ZAMENHOF, 1957; LOVELESS, 1959). Wenn man sich der Schlußfolgerung von LAWLEY und BROOKES erinnert, daß der Alkylierungsgrad in der Reihenfolge N-7 des Guanins > N-3 des Adenins > N-1 des Adenins > N-1 des Cytosins abnimmt, und wenn man sich dem Bild der intramolekularen Lokalisation dieser Atome zuwendet,

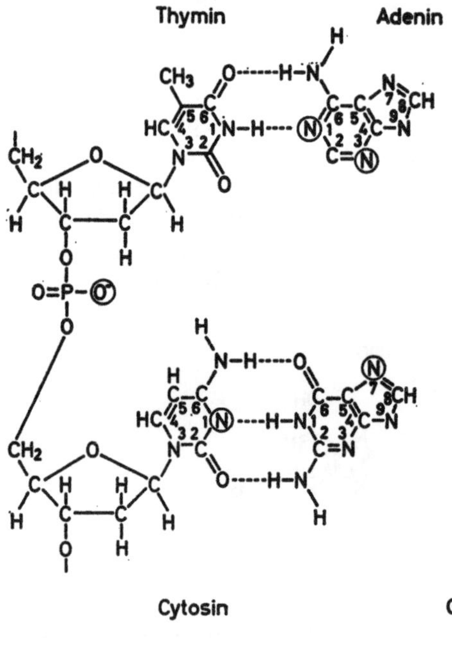

so kann man zu dem Schluß kommen, daß der Alkylierung vorzugsweise freie Stickstoffatome unterzogen werden, die nicht an der Bildung von Wasserstoffbrücken beteiligt sind, nahe bei der Phosphatgruppe liegen und außen in der gewundenen zweispiraligen DNS angeordnet sind. Man muß berücksichtigen, daß im regelmäßigen zweisträngigen DNS-Polymer die Ebenen der Basen senkrecht zu den Zuckerphosphatsträngen stehen und infolgedessen das N-7-Atom des Guanins und das N-3-Atom des Adenins nach außen hervortreten, was ihre maximale Reaktion mit dem Mutagen bedingen kann.

Die Alkylierung des Guanins am N-7 kann zu folgenden Ereignissen führen.

Da die Existenz des quaternären Stickstoffatoms N-7 im System der gespannten Doppelbindungen zu einem thermodynamisch instabilen Zustand führt, bedingt dies die Zerstörung einer der folgenden Bindungen (Abb. 89): a) Abspaltung des Alkylradikals unter Wiederherstellung des Ausgangsmoleküls der DNS (Reaktion „a". Die Halbwertszeit des alkylierten Guanindesoxyribonukleosids beträgt annähernd 20 Stunden bei pH 7 (LAWLEY, 1957b); b) Aufhebung der Doppelbindung im Pyrazolring des Guanins (Reaktionen b' und b'' der Struktur I bzw. der Struktur II) unter Bildung eines Carbonium-Ions in 8-Stellung (Struktur III). Das zyklische Carbonium-Ion bildet unter Wechselwirkung mit Wasser unter Aufspaltung des Pyrazolringes die Verbindung IV; c) Bruch der Bindung zwischen dem Zucker (Reaktion c, Struktur II) und der Base unter Bildung von 7-Äthylguanin und Desoxyribose (Struktur V). Die Freisetzung alkylierter Purine aus der alkylierten DNS (nicht aber aus der RNS) wurde von LAWLEY und BROOKES (1963) untersucht. 3-Methyladenin wird schneller als 7-Methylguanin freigesetzt. Der Furanosering des Desoxyriboseions (Struktur VI) wird beim Reagieren mit Wasser aufgebrochen (Struktur VII); d) im letzten Fall kann das Ion der Desoxyribose unter Bruch der Hauptvalenzkette der DNS hydrolysiert werden (Reaktion d und e der Struktur VII).

Die Reaktionen der anderen Basen mit alkylierenden Verbindungen sind weniger eingehend untersucht worden. Es sind nur die unmittelbaren Alkylierungsprodukte bekannt, aber ihr weiteres Schicksal in der DNS-Struktur ist nicht klar.

Adenylsäure wird durch Dimethylsulfat bei pH 7,0 in wäßrigem Medium unter Bildung von N-1- und N-3-Derivaten alkyliert (BROOKES, LAWLEY, 1960a):

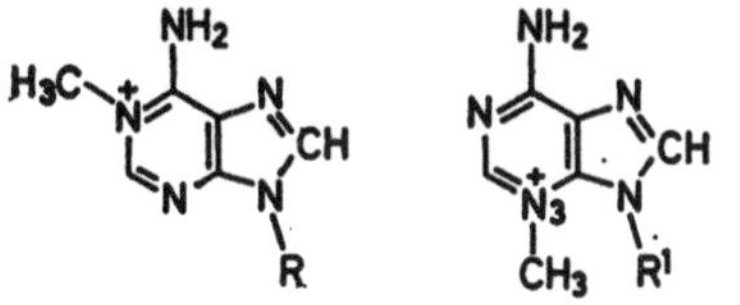

1-Methyladenin 3-Methyladenin

Tatsächlich meinen HAYNES und andere (HAYNES, REESE, TODD, 1964), daß der Methylierung nur das Stickstoffatom in 1-Stellung unterworfen ist.

Die Methylierung durch Dimethylsulfat von Cytosin, das in Dimethylformamid

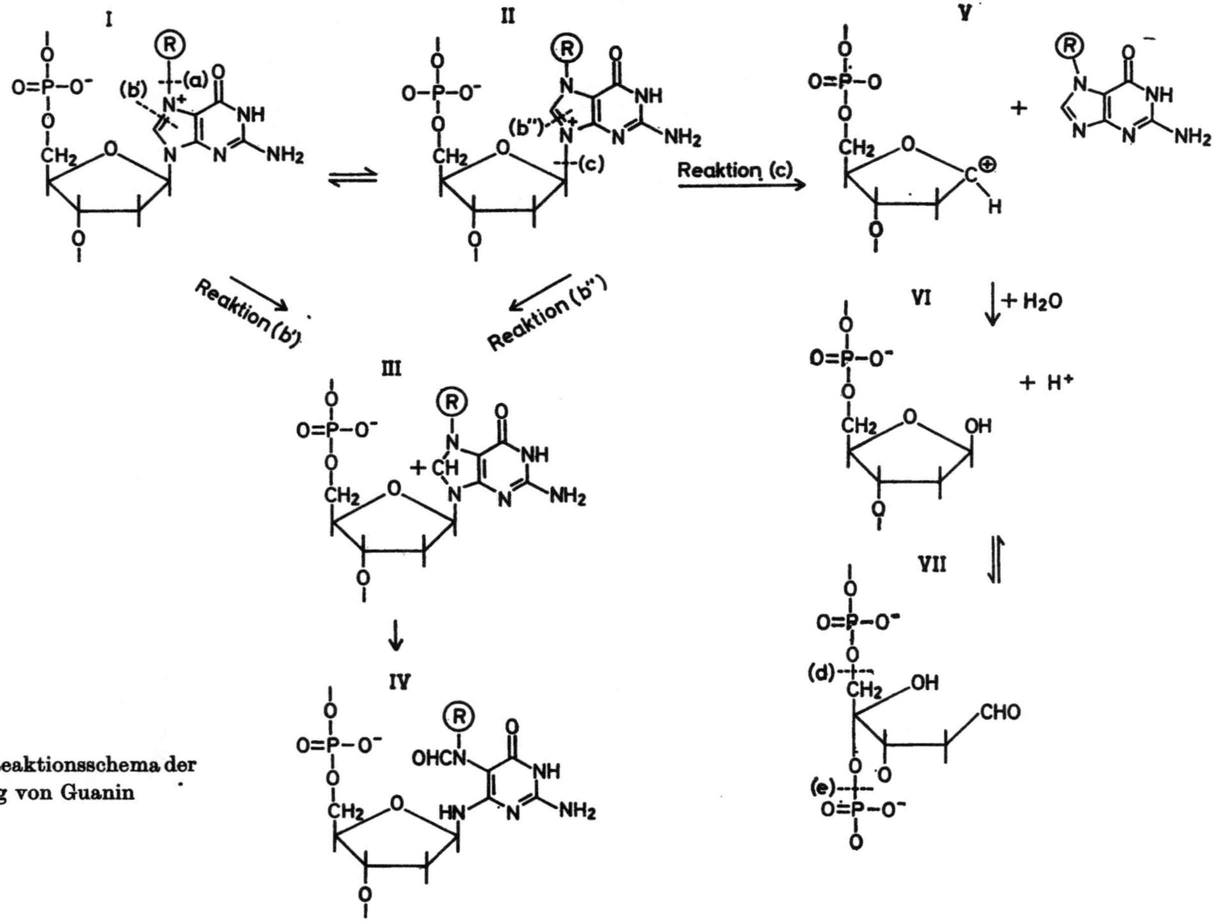

Abb. 89. Reaktionsschema der Alkylierung von Guanin

bei 37° und 100°C gelöst ist, führt zur Bildung von 1-Methylderivaten des Cytosins, die sich danach in Methyluracilkomponenten umwandeln:

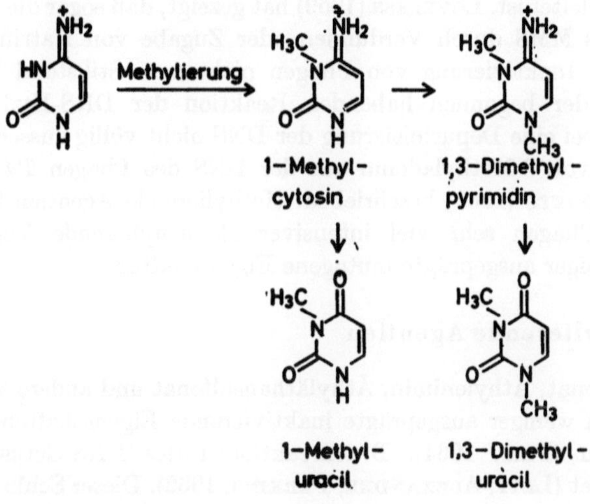

Die Alkylierung des Cytidins durch Diazomethan führt zur Bildung von 3-Methylcytidin (Haynes, Reese, Todd, 1962).
Uridin und seine Derivate werden am N-3 alkyliert:

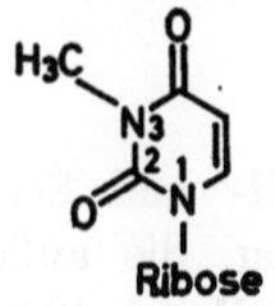

Alkylierungsreaktionen, die zu letalen Folgen führen

Nach der Betrachtung der chemischen Alkylierungsreaktionen können wir zu einem Überblick über die biologischen Folgen der Alkylierung und vor allem zur Inaktivierung übergehen. Offensichtlich können alle Alkylierungsreaktionen zur Inaktivierung führen. Jedoch wird ein Bruch der Zuckerphosphatkette vorzugsweise letal sein (und nur gelegentlich große Umbauten bedingen), während die Alkylierung der Basen und die Depurinisierung der Basen sowohl zu letalen als auch zu mutagenen Folgen führen kann.

Methylierende Agentien

Die Behandlung von Bakterien mit Äthylmethansulfonat und Dimethylsulfat führt zu einer schnellen Methylierung der Purinbasen und Phosphate der DNS (Reiner, Zamenhof, 1957). Die Methylierung bedingt eine bedeutende Depolymerisation der DNS infolge der Hydrolyse des Zuckerphosphatgerüstes des Moleküls (LETT, ALEXANDER, PARKINS, 1962), die von einer starken Erhöhung der Viskosität begleitet ist. LOVELESS (1959) hat gezeigt, daß sogar die Beseitigung der Aktivität des MMS durch Verdünnen oder Zugabe von Natriumthiosulfat zum Medium die Inaktivierung von Phagen nicht zum Stillstand bringt. Das kann die Folge der begonnen habenden Reaktion der DNS-Hydrolyse sein, obwohl man hierbei eine Depurinisierung der DNS nicht völlig ausschließen darf. Die Freisetzung von 3-Methyladenin aus der DNS des Phagen *T4* wurde von LAWLEY und BROOKES (1963) beschrieben. Methylierende Agentien inaktivieren Bakterien und Phagen sehr viel intensiver als äthylierende Verbindungen, besitzen aber weniger ausgeprägte mutagene Eigenschaften.

Äthylierende Agentien

Äthylmethansulfonat, Äthylenimin, Äthyläthansulfonat und andere äthylierende Agentien besitzen weniger ausgeprägte inaktivierende Eigenschaften als methylierende Agentien (FRIZ, 1964). Bruchreaktionen des DNS-Gerüstes werden seltener beobachtet (LETT, ALEXANDER, PARKINS, 1962). Dieser Schluß folgt auch daraus, daß die Veresterung der Phosphatgruppen mit Hilfe äthylierender und methylierender Agentien mit ein und derselben Geschwindigkeit abläuft, Mutationen jedoch durch die ersten Agentien häufiger hervorgerufen werden als durch Verbindungen der zweiten Reihe (ALEXANDER, STACEY, 1958b).

Bifunktionelle Agentien

Bifunktionelle Verbindungen (vom Typ des Stickstoff- und Schwefellostes) besitzen eine scharf ausgeprägte zytotoxische Wirkung, die außerordentlich größer als bei ihren monofunktionellen Derivaten ist (ROSS, 1962). Die von GOLDACRE und anderen (GOLDACRE, LOVELESS, ROSS, 1949) ausgesprochene Vermutung, daß bifunktionelle Verbindungen zwei DNS-Stränge vernetzen, wurde von BROOKES und LAWLEY (BROOKES, LAWLEY, 1961b; LAWLEY, BROOKES, 1963) bestätigt, die nach Behandlung der DNS mit Senfgas festgestellt hatten, daß ein Teil des Senfgases sich als in eine Verbindung vom Typ Diguanyl-Senfgas eingebaut erweist. Durch die Behandlung mit Senfgas bedingte Interstrangvernetzungen wurden von GEIDUSCHEK (1961), KOHN und anderen (KOHN, STEIGBIGEL, SPEARS, 1965) und von RUTMAN et al. (1969) beschrieben. Es wurde gezeigt, daß Diepoxybutan (VERBY et al., 1971) ebenfalls Interstrangvernetzungen liefert. Man kann die Reaktion zwischen Guaninen in benachbarten DNS-Strängen und Senfgasen (insbesondere mit Schwefellost S $(CH_2CH_2Cl)_2$) folgendermaßen darstellen:

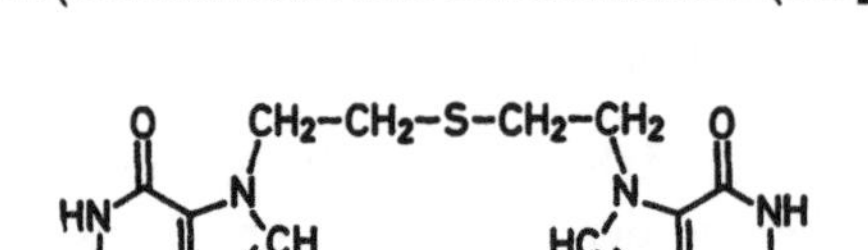

Im Kapitel über die Dunkelreparatur hatten wir unterstrichen, daß die Reparatur von Schäden, die durch bifunktionelle Verbindungen vom Typ der Senfgase hervorgerufen wurden (PAPIRMEISTER, DAVISON, 1964; KOHN, STEIGBIGEL, SPEARS, 1965; HANAWALT, HAYNES, 1965), nur mit Mühe erklärt werden kann, weil eine solche Reparatur eine aufeinanderfolgende Abspaltung und Ausflickung zuerst in einem DNS-Strang und erst danach in dem anderen erfordert. Eine solche Reparatur ist jedoch völlig überzeugend nachgewiesen worden, und offensichtlich wird durch sie die Nichtletalität der Vernetzungen bei transformierender DNS erklärt (FREESE, CASHEL, 1964).

Trifunktionelle Agentien

Trifunktionelle Agentien sind wenig untersucht worden. Es wurde gezeigt, daß sie eine mutagene und inaktivierende Wirkung besitzen (MICHAELIS et al., 1962; RIEGER, MICHAELIS, 1964; AKIF'EV u. a., 1965; KIMBALL, 1965; KIMBALL, PERDUE, 1967). Triäthylenmelamin (TÄM) liefert Punktmutationen (KIMBALL, 1965) offensichtlich infolge der Alkylierung von Guanin. Außerdem ist festgestellt worden (DOSKOČIL, 1956; LAWLEY, BROOKES, 1967a, b), daß TÄM Interstrangvernetzungen induziert. DOSKOČIL (1965) stellte die Bildung eines Diguanyl-Derivates des Triäthylenmelamins fest.

Alkylierungsreaktionen, die zu Mutationen führen

Wir wollen uns dem Schema auf Abb. 91 zuwenden. Man kann a priori annehmen, daß die Alkylierung der Basen hauptsächlich zu Punktmutationen führt, weil 1) die alkylierten Basen die Möglichkeit haben werden, sich mit einem falschen Partner zu paaren

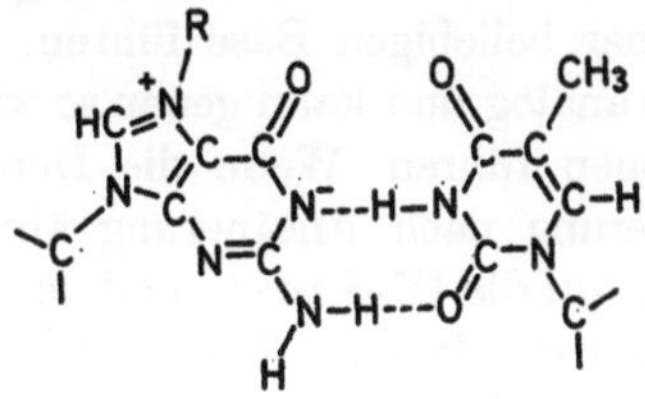

und 2) nach der Depurinisierung eine Nische zur Einführung nur einer Base bleibt, falls die Lücke nicht durch Nukleasen verbreitert wird. Die erste Annahme von der Entstehung tautomerer Formen bei Alkylierung der Guanine wurde von einer Reihe von Forschern untersucht und bestätigt (FREESE, 1959b; LAWLEY, BROOKES, 1961; NAGATA, IMAMURA, SAITO, FUKUI, 1963). Reaktionen dieser Art werden nur zu Transitionsaustauschen führen (FRIZ, 1962).
Ein deutlicher Beweis für die Richtigkeit dieser Idee wurde in den Versuchen

von GREEN und KRIEG (1962) erreicht. Der Hauptvorteil ihrer Arbeit war eine Folge dessen, daß sie nicht die integralen Effekte der Mutagene auf die Population untersucht, sondern die Nachkommenschaft einzelner Phagenpartikeln in einem sogenannten Einzelwurf-Experiment (Single burst experiment) studiert haben.

In diesem Experiment wird die Suspension der behandelten phageninfizierten Bakterien so verdünnt, daß in jeder Probe sich im Mittel eine infizierte Zelle befindet. In einem solchen Falle werden alle Plaques jeder Probe durch die Nachkommenschaft der einen Phagenpartikel gebildet werden, die sich in einem Bakterium vermehrt hatte.

Unter Verwendung dieser Methode haben GREEN und KRIEG vor allem gezeigt, daß 7-Alkylguanin in der Struktur der Phagen-DNS eine langlebige Verbindung ist. Infolgedessen gelang es festzustellen (GREEN, KRIEG, 1962; KRIEG, 1963a), daß die alkylierte DNS heterozygot ist: der eine ihrer Stränge ist normal und liefert bei der Replikation wilde Phagenpartikeln und der andere Strang ist mutiert und liefert entweder eine mutierte oder eine inaktivierte DNS. Dem völlig entsprechend wurden bis zu 1% Mutanten bei einer Inaktivierung von nur 50% gefunden.

KRIEG (1963a) versuchte auch zu erklären, warum bei der Einwirkung von ÄMS auf den Phagen die Inaktivierungskurve einen Zweikomponentencharakter trägt. Er meint, daß die Inaktivierung hauptsächlich infolge der Depurinisierung zustande kommt und infolgedessen das Minimum zweier Reaktionen durchlaufen muß: die Alkylierung der Basen und die Zerstörung der DNS infolge der Depurinisierung.

Offensichtlich kann die Depurinisierung nicht nur zur Inaktivierung sondern auch zu Mutationen führen. Ein deutlich ausgeprägter Mutationseffekt, der durch die Depurinisierung der DNS hervorgerufen worden ist, wurde von vielen Autoren beschrieben (LAWLEY, BROOKES, 1961; FREESE, 1961; ROSS, 1962; KRIEG, 1963a). Eine Abspaltung von Purinen erfolgt sogar bei neutralem pH. Ein Basenverlust mit Bildung einer Lücke in der Matrize beim nächsten Replikationsakt kann zur Ausfüllung der Lücke mit einer beliebigen Base führen. Das ist der Mutagenese bei Ansäuerung des Mediums analog und kann genau so wie im letzten Falle zu Transitionen und Transversionen führen. Wenn die Depurinisierung infolge der Alkylierung der Depurinisierung nach Ansäuerung ähnlich ist, so werden dann beide Arten der Einwirkung auf die DNS zu ein und derselben Reihe von Mutationen führen. Durch experimentelle Prüfung hat E. B. FREESE diese Annahme bestätigt (FREESE, 1961). In beiden Fällen wurde das Auftreten sowohl von Transitionen als auch von Transversionen registriert.

Das Entstehen einer Lücke in der Basenfolge der DNS unter Erhaltung des ungeschädigten Zuckerphosphatgerüstes eröffnet die prinzipielle Möglichkeit der Entstehung von Mutationen ohne Replikation der DNS.

Obwohl ALICHANJAN und MKRTUMJAN (1964) meinten, daß man in Experimenten mit extrazellulären Phagen leicht die Existenz von Mutationsprozessen ohne Replikation nachweisen kann, war dies ohne Zweifel eine fehlerhafte Annahme.

Eine Erhöhung der Mutationsfrequenz wurde nach Inkubation des extrazellulären Phagen in einem Medium mit alkylierenden Agentien (BAUTZ, FREESE, 1960) und auch in Versuchen mit Bakterien festgestellt (STRAUSS, 1962).
Außer den Punktmutationen können alkylierende Verbindungen größere Umbauten (RIEGER, MICHAELIS, 1965; JENKINS, 1967 — ov-Mutanten von *Drosophila* etc.) induzieren. Kleine Deletionen wurden in Versuchen mit *Drosophila* beschrieben (FAHMY, FAHMY, 1959). Es ist interessant, daß sich die bifunktionellen Verbindungen in dieser Hinsicht als aktiver erwiesen haben als ihre monofunktionellen Analoga. In Versuchen mit Phagen wurde die umgekehrte Abhängigkeit festgestellt (LÖBBECKE, 1963).
Bisher wurde nur von den 7-Alkylguaninen und ihrer Rolle bei der Mutagenese gesprochen. Die Klasse der zu Mutationen führenden Basenveränderungen ist jedoch wohl kaum auf diese allein beschränkt. D. KRIEG (1963a) nimmt an, daß auch die Alkylierung von Adenin zu Mutationen führen kann.
LOVELESS (1969) untersuchte die mutagenen Folgen der Alkylierung des Guanins. Nach Daten von TESSMAN u. a. (TESSMAN, PODDAR, KUMAR, 1964) trat ÄMS sogar nicht nur mit drei, wie angenommen, sondern mit allen vier Basen in der einsträngigen DNS in Wechselwirkung, und alle vier alkylierten Basen lieferten den Anfang von Mutationen. Und allein der Umstand, daß die größte Mutationsfrequenz mit der Alkylierung eines Purins (7-Alkylguanin) und eines Pyrimidins (Cytosin) zusammenhängt, maskiert die Mutationen, die ihre Entstehung der Alkylierung der anderen Basen verdanken. Diese Ansicht muß man offensichtlich als richtig anerkennen, weil viele Arbeiten gezeigt haben, daß, obgleich der Hauptteil der Alkylierungen an das 7. Atom des Guanins gebunden ist, auch die anderen Basen der Alkylierung unterworfen sind.
Am Schluß wollen wir daran erinnern, daß im allgemeinen die monofunktionellen alkylierenden Agentien stärker mutagen als die bifunktionellen Verbindungen erscheinen und weniger toxisch für Zellen (FAHMY, FAHMY, 1957; LOVELESS, 1959; FREESE, FREESE, 1961b; SCHWARTZ, 1963) und für mehrzellige Organismen (SREE, 1970) sind. Wenn man von monofunktionellen Verbindungen spricht, so muß man die sehr viel kleinere mutagene Aktivität der methylierenden im Vergleich zu den äthylierenden Agentien anmerken (WESTERGAARD, 1957; STRAUSS, 1962b). Beide Typen von Agentien können Transitionen bei der Alkylierung der Basen (hauptsächlich vom Typ GC → AT) liefern, aber auch Transitionen und Transversionen bei der Depurinisierung von Guanin.
Die Reaktionen, die zur Inaktivierung und Mutagenese bei der Einwirkung alkylierender Agentien führen, hängen in hohem Grade nicht nur von Konzentration des Stoffes und Charakter des Lösungsmittels (BHATIA, 1967) sondern auch vom pH (WAGNER et al., 1968), von der intrazellulären Enzymaktivität (KIMBALL, 1965; CORRAN, 1968) und von der Lage des Anionenrestes in diesen bei der Reaktion in vivo und in vitro ab. ZAMENHOF und ARIKAWA (1970) untersuchten die vergleichende Wirkung methylierender (DMS, MMS, 7-H-Methylguanidin), äthylierender (DÄS, ÄMS) und propylierender Agentien (Propyljodid) und zeigten, daß die verschiedenen Stoffe auf unterschiedliche Weise inakti-

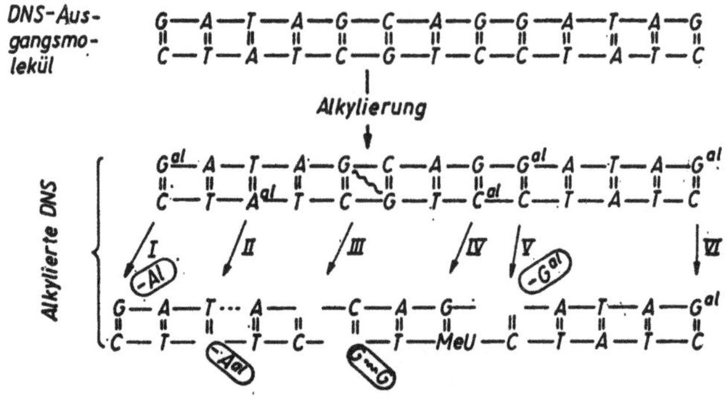

Abb. 90. Mutagene Folgen der Alkylierung zweisträngiger DNS, die nicht mit der Replikation zusammenhängen

G^{al}, A^{al} und C^{al} — alkyliertes G, A und C;
G, die durch Wellenlinie verbunden sind — Vernetzung zweier G mit Hilfe bifunktioneller Verbindungen; MeU — Methyluracil; I — Wiederherstellung des Ausgangsbasenpaares nach Abspaltung der Alkylgruppe; II — Bruch der zweisträngigen DNS nach Depurinisierung; III — Bruch der zweisträngigen DNS nach Ausstoßung der vernetzten Guanine; IV — Bildung von Methyluracil aus Methylguanin; V — Bildung einer Lücke in einem Strang infolge der Depurinisierung; VI — Bildung von 7-Alkylguanin

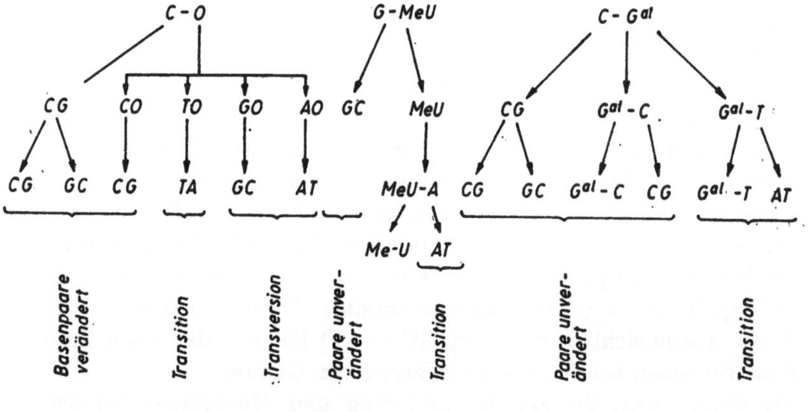

Abb. 91. Folgen einer Basenalkylierung, die nach der DNS-Replikation in Erscheinung treten

0 — Lücke in der depurinisierten DNS. Die übrigen Bezeichnungen sind die gleichen wie in Abb. 90

vierten und Mutationen lieferten. Bei gleicher Mutagenität können äthylierende Agentien eine größere Fähigkeit zur Inaktivierung entwickeln als methylierende, hierbei können äthylierende Agentien weniger aktiv (ÄMS) und mehr aktiv (DÄS)

sein. Es gibt einen Hinweis darauf, daß die molekularen Ereignisse, die zu Mutationen führen, bei Bakterien und Phagen unterschiedlich sind (STRAUSS, 1961). Die Alkylierungsreaktion kann man auch mit Hilfe von Mitomycin (IYER, SZYBALSKY, 1964), seinen Derivaten und Porfiromycin (WEISSBACH, LISIO, 1965) realisieren. Es ist interessant, daß der Alkylierung nicht nur die DNS sondern auch die RNS und die Polysaccharide unterworfen sind. Als Gegengewicht zu den Daten von IYER und SZYBALSKY (1964) haben WEISSBACH und LISIO (1965) gefunden, daß Mitomycin die beiden DNS-Stränge nicht vernetzt, sondern als monofunktionelles Agens arbeitet, das nur einen Strang alkyliert. Von je 500 Basen in der DNS erweist sich eine als alkyliert.
Das allgemeine Schema der durch die Alkylierung hervorgerufenen molekularen Umbauten kann folgendermaßen dargestellt werden (Abb. 90 und 91).

Induktion von Mutationen während der Replikation der Nukleinsäuren

Einbau von Basenanalogen

Neben den natürlich vorkommenden Basenanalogen können in die DNS und RNS durch die Zelle solche Analoga der Purin- und Pyrimidinbasen eingebaut werden wie halogenierte Uracilanaloga (5-Brom-, 5-Chlor-, 5-Jod-, 5-Fluor-uracil), 2-Aminopurin, 2,6-Diaminopurin, verschiedene Farbstoffe (besonders aus der Akridinreihe). Sie alle besitzen eine größere oder kleinere mutagene Wirkung, obwohl der molekulare Mechanismus der Mutagenese für viele von ihnen noch nicht aufgeklärt worden ist.

5-Bromuracil oder 5-Bromdesoxyuridin

Halogenierte Uracilbasen können Thymin in der DNS von Bakterien (WEYGAND, WACKER, DELLWEG, 1952; ZAMENHOF, GRIBOFF, 1954; WACKER, KIRSCHFELD, TRÄGER, 1960; RUDNER. 1961a, 1961b; STRELZOFF, 1961, 1962), Phagen (DUNN, SMITH, 1954; LITMAN, PARDEE, 1956; BENZER, FREESE, 1958) und in Gewebekulturzellen (EIDINOFF, CHEONG, RICH, 1959; HAKALA, 1959; SZYBALSKI, DJORDJEVIČ, 1959) ersetzen. Der Einbau von Bromuracil (BU) und Bromdesoxyuridin (BDU) verstärkt sich sehr bei Unterdrückung der Thyminsynthese oder bei Fehlen des Thymins im Medium. Werden Organismen mit BU im Licht gehalten, so wird ein Massensterben der Zellen und Phagen beobachtet (s. Kapitel 5 und 6). Ein solches Zugrundegehen erfolgt jedoch nicht bei Haltung von Phagen (STAHL, CRASEMAN, OKUN, FOX, LAIRD, 1961) und von transformierender DNS (SZYBALSKI, OPARA-KUBINSKA, LORKIEWICZ, EPHRATI-ELIZUR, ZAMENHOF, 1960) im Dunkeln. BDU induziert bei *Drosophila* geschlechtsgekoppelte Mutationen, liefert aber keine Chromosomenumbauten (KAUFFMAN, GAY, 1970). Die Autoren schließen,

daß die erdrückende Mehrheit der Mutationen nicht durch eine direkte Wechselwirkung mit der DNS bedingt ist, sondern eher als Folge sekundärer Effekte erscheint.
Offensichtlich ist die mutagene Aktivität von BU an die Änderung der Dichte der Elektronenwolke des Moleküls gebunden. Obgleich das Bromatom und die Methylgruppe ungefähr die gleichen Ausmaße haben, ist Brom mehr elektronegativ, und infolgedessen tritt eine Verarmung des Pyrimidinringes an Elektronen ein. Verschiedene Autoren (Katritzky, Waring, 1962; Lawley, Brookes, 1962) geben unterschiedliche pK-Werte für BU und Thymin an — 7,83 für BU und 9,45 für T (Katritzky, Waring, 1962) und 8,1 und 9,8 (Lawley, Brookes, 1962), aber bei allen Bestimmungen ist der pK von BU kleiner als der pK für Thymin.
Die Änderung der Elektronendichte des Pyrimidins ermöglicht eine Ketoenoltautomerisierung:

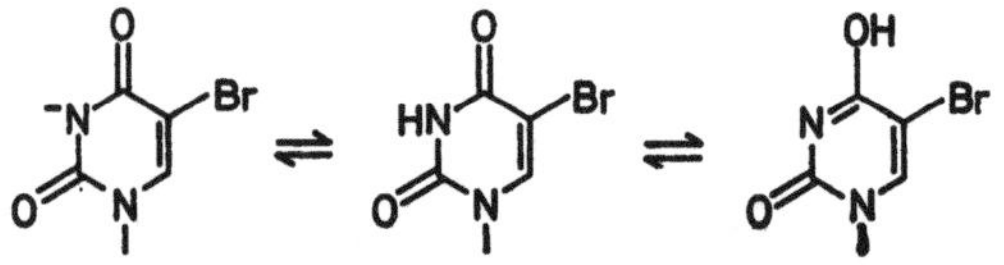

Infolgedessen erhält 5-Bromuracil die Möglichkeit, sich nicht nur mit Adenin sondern auch mit Guanin zu paaren

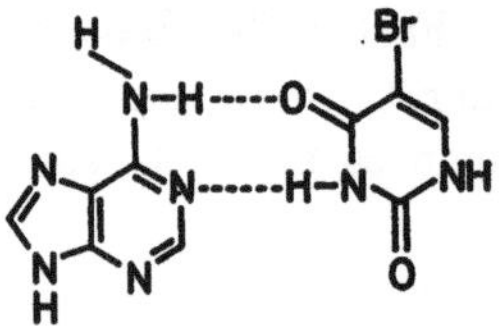

Adenin 5-Bromuracil (normale Ketoform)

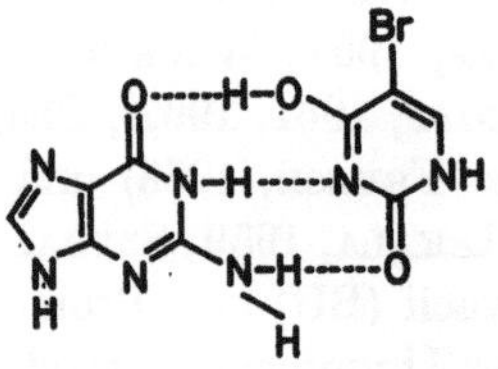

Guanin 5-Bromuracil (seltene Enolform)

Der Beweis für die Realität der Annahme einer möglichen Paarung mit Guanin wurde in Versuchen von Kornberg und Mitarbeitern (Trautner, Swartz, Kornberg, 1962) geführt. Wenn in einem DNS-synthetisierenden System Polydesoxythymidylsäure verwendet wurde, war das synthetisierte Produkt reine

Polydesoxyadenylsäure selbst in Anwesenheit von Desoxyguanosintriphosphat. Polydesoxy-5-Bromuridylsäure ergab jedoch ein gemischtes Kopolymer aus Desoxyguanyl- und Desoxyadenylsäure.
5-Bromuracil kann Mutationen sowohl als Ergebnis von Replikationsfehlern als auch infolge von Einbaufehlern ergeben (s. Abb. 78), und in beiden Fällen gibt es Punktmutationen vom Transitionstyp (BENZER, FREESE, 1958; FREESE, 1959b). TERZAGHI, STREISINGER und STAHL (1962) bemühten sich, bei der Untersuchung der Reversionen von 5-BU-haltigen *T4*-Phagen zu bestimmen, welchen Teil unter den Mutanten die durch Replikationsfehler und welchen die durch Einbaufehler entstandenen ausmachen. Unter sechs ausgewählten Mutanten am e-Locus, der für die Synthese des Phagenlysozyms verantwortlich ist, waren vier vom Typ GC → AT (Einbaufehler) und zwei AT → GC (Replikationsfehler). HOWARD und TESSMAN (1964a) nehmen an, daß BU manchmal zum Austausch von Thymin gegen Cytosin führen kann.

5-Fluoruracil und 8-Azaguanin

Neben Bromuracil, das in die DNS eingebaut wird, ist ein anderes Analogon der Pyrimidinbasen gefunden worden, das 5-Fluoruracil (FU), das anstelle von Uracil in die RNS eingebaut wird. NAONO und GROS (1960) haben gezeigt, daß Zellen von *Escherichia coli* und *Bacillus megatherium* 5-Fluoruracil in die RNS einbauen und infolgedessen das synthetisierte Eiweiß in seiner Aminosäurezusammensetzung verändert wird.
Analog verhält sich ein Analogon der Purinbasen, das 8-Azaguanin, das ebenfalls in die RNS eingebaut wird.
Unter Ausnutzung der Eigenschaft von FU, in die RNS eingebaut zu werden, haben BENZER und CHAMPE diese Verbindung zur Reversion von Mutationen auf der phänotypischen Ebene verwendet (CHAMPE, BENZER, 1962): bestimmte rII-Mutanten des Phagen *T4* begannen, sich in *E. coli KB* im Beisein, aber nicht in

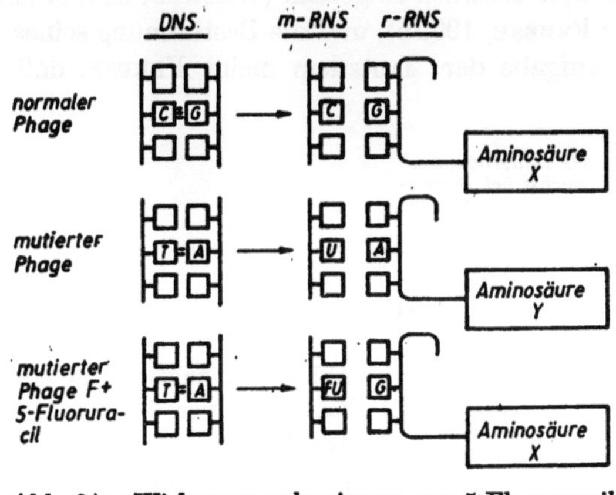

Abb. 91a. Wirkungsmechanismus von 5-Fluoruracil (CHAMPE, BENZER, 1962)

Abwesenheit von 5-Fluoruracil zu vermehren. Obwohl die Mutation in der DNS verankert blieb, wurde die zu synthetisierende m-RNS infolge des Einbaus von FU in diese korrigiert (Abb. 91a).

BARNETT und BROCKMAN (1962) zeigten unter Ausnutzung der Eigenschaft von 5-Fluoruracil und 8-Azaguanin, phänotypische Reversionen zu induzieren, daß annähernd 50% der ad-3-Mutanten von *Neurospora crassa*, die durch salpetrige Säure induziert worden waren, eine partielle phänotypische Reversion entwickeln, wenn sie im Beisein von 5-Fluoruracil oder 8-Azaguanin wachsen.

Die Möglichkeit, RNS-Moleküle mit Hilfe von 5-Fluoruracil zu verändern, wurde von COOPER (1964) klug angewendet, der Mutationen des RNS-haltigen *Poliomyelitis-Virus* hervorzurufen vermochte.

2-Aminopurin und 2,6-Diaminopurin

2-Aminopurin (AP) und 2,6-Diaminopurin sind starke Mutagene für Phagen (FREESE, 1959b) und schwächere für Bakterien (WACKER, KIRSCHFELD, TRÄGER, 1960). AP kann in der normalen tautomeren Form sowohl mit Thymin, als auch mit Cytosin gepaart werden:

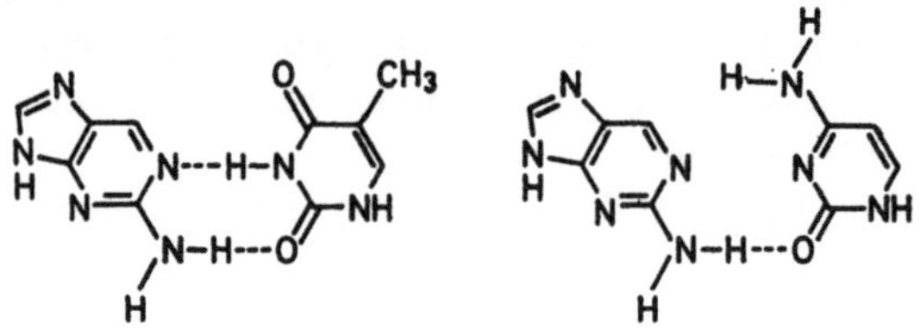

2-Aminopurin Thymin 2-Aminopurin Cytosin

wobei es dadurch Transitionen beider Typen liefert.

Aminopurin wird in die DNS schwach eingebaut (WACKER, KIRSCHFELD, TRÄGER, 1960; RUDNER, 1961a; FREESE, 1959b), und die Bestimmung seines Einbauortes stellt eine schwierige Aufgabe dar. Trotzdem meint FREESE, daß Aminopurin

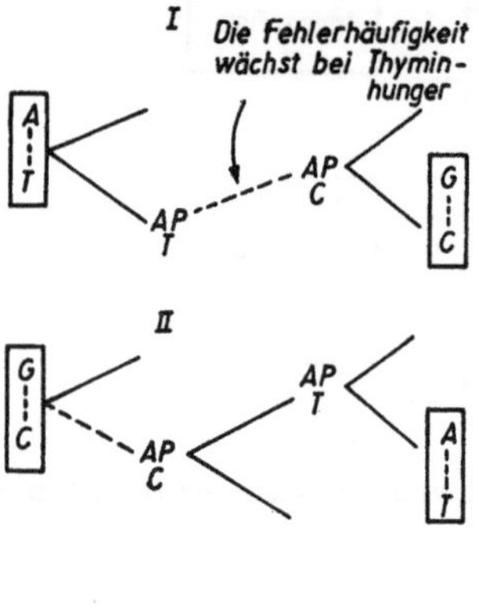

Abb. 92. Induktion von Transitionen bei Einbau von 2-Aminopurin anstelle von Adenin

I — Replikationsfehler; II — Einbaufehler (FREESE, FREESE, 1966)

ein Adeninanalogon ist, und obgleich es selten in die DNS eingebaut wird (auf jeden Fall sehr viel seltener als BU), wird es aber bei Vollendung des Einbaus eine starke mutagene Wirkung aufweisen. AP kann, wie auch BU, Replikationsfehler und Einbaufehler induzieren (Abb. 92). Die induzierten Mutationen können unter Einfluß des gleichen Agens revertieren (Tsugita, 1962).

Akridine

Die mutagene Wirkung von Akridin und seinen Abkömmlingen (die chemischen Formeln der Akridine siehe auf Abbildung 93 und im Abschnitt „Fotodynamische Wirkung von Farbstoffen“) wurde an *Poliomyelitis-Virus* (Dulbecco, Vogt, 1958), Phagen (de Mars, 1953; Brenner, Benzer, Barnett, 1958; Orgel, Brenner, 1961; Brenner, Crick, Orgel, 1961; Drake, 1964; Lotz, Kaplan, Mennigmann,

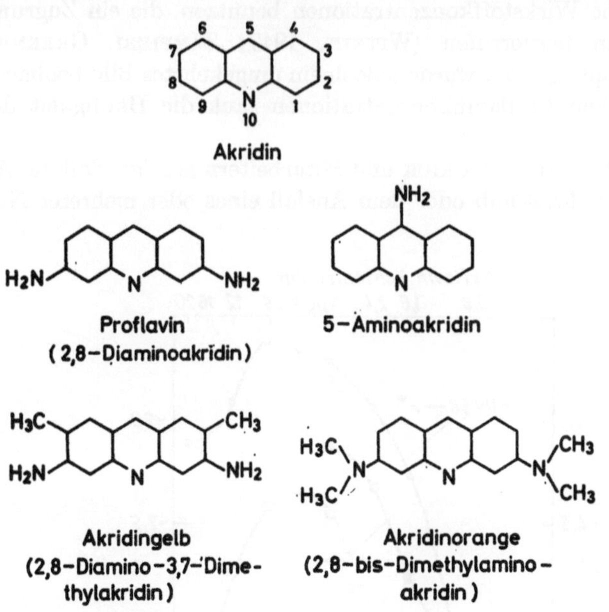

Abb. 93. Strukturformeln von Akridinderivaten, die eine mutagene Aktivität besitzen (Orgel, 1965)

1968 und so fort), Mikroorganismen — *Escherichia coli, Bacillus subtilis, Pneumococcus, Salmonella typhimurium* (Witkin, 1947; Eisenstark, Rosner, 1964; Zampieri, Greenberg, 1965; Sicard, 1965; Stewart, 1968; Sesnowitz-Horn, Adelberg, 1968; s. auch den Abschnitt „Fotodynamische Wirkung von Farbstoffen“), an Pilzen (Ball, Roper, 1966; Magni, 1963; Magni, von Borstel, Sora, 1964; Magni, Puglisi, 1966), aber auch an höheren Organismen (Alderson, Khan, 1968) gezeigt. Außerdem wurde festgestellt, daß die Zugabe von Proflavin zu phageninfizierten Zellen die Phagenausbeute aus diesen Zellen herabsetzt und die Reifung der Phagen stört (Foster, 1948; de Mars, 1953; Kellenberger, Sechaud, 1957; Lotz, Kaplan, Mennigmann, 1968).

Der Wirkungsmechanismus von Akridinfarbstoffen erwies sich als kompliziert und für verschiedene Behandlungsverfahren als unterschiedlich. Erstens ist der Wirkungsmechanismus der Akridine äußerst verschieden, wenn mit ihnen im Dunkeln oder bei Licht behandelt wird. Im letzten Falle erfolgt die Induktion von Mutationen als Ergebnis einer fotodynamischen Wirkung. Zweitens sind Akridine befähigt, Mutationen bei Bakterien zu ganz bestimmten Augenblicken in deren Leben zu induzieren. So erscheint Proflavin gewöhnlich als ein unwirksames Mutagen für Bakterien (Lerman, 1963; Orgel 1965), aber es wird zur Zeit der sexuellen Konjugation stark mutagen (Sesnowitz-Horn, Adelberg, 1968). Drittens kann man unter den normalen Wachstumsbedingungen Mutationen bei Bakterien mit Hilfe von Akridinen hervorrufen, aber hierfür muß man außerordentlich hohe Wirkstoffkonzentrationen benutzen, die ein Zugrundegehen der Bakterienzellen hervorrufen (Witkin, 1947; Zampieri, Greenberg, 1965). Beim Bakteriophagen *T4* wurde jedoch ein umgekehrtes Bild beobachtet (Drake, 1970). Bei hohen Proflavinkonzentrationen sank die Häufigkeit der Hin- und Rück-r-Mutationen (Abb. 94).

Im Jahre 1961 wurde von Crick und Mitarbeitern gezeigt, daß die Akridinmutagenese mit dem Einschub oder dem Ausfall eines oder mehrerer Nukleotide zu-

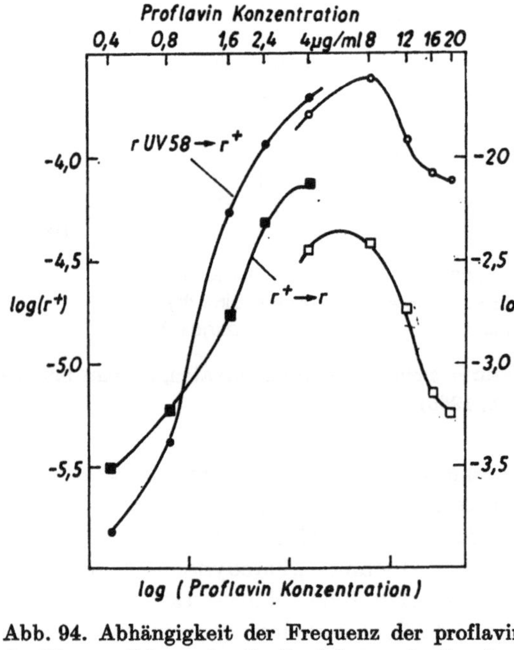

Abb. 94. Abhängigkeit der Frequenz der proflavininduzierten rII-Mutation des Phagen *T4* von der Proflavinkonzentration in der Lösung (Drake, 1970)

sammenhängt. DRAKE (1966a) hat gezeigt, daß mehrere der größten Rastermutationen, die als Deletionen erscheinen, etwa 20 Basenpaare verloren haben.
Zur Erklärung des Mechanismus der Akridinmutagenese wurden einige Hypothesen vorgeschlagen. Sie alle enthielten in diesem oder jenem Maße die Annahme, daß die Mutagenität der Akridine durch den Einschub von Molekülen in die DNS bedingt wird. Die Einführung von Akridin in die Struktur der DNS wurde in den Versuchen von LERMAN (1961, 1964a, b) nachgewiesen.

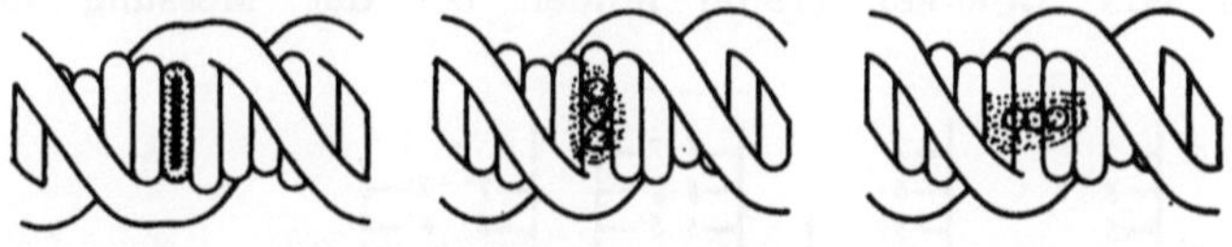

Abb. 95. Drei mögliche Arten der Einschiebung des Akridinkerns in die DNS-Struktur (LERMAN, 1961)

Dieser Prozeß wurde nach der Untersuchung verschiedener Parameter festgestellt (Vergrößerung der Viskosität der DNS bei Adsorption von Akridinmolekülen an der DNS, Erhöhung der Steifigkeit der DNS-Moleküle, Verringerung der Masse des Moleküls je Längeneinheit, Schutz der DNS vor ihrer Desaminierung durch salpetrige Säure nach Komplexbildung mit Aminoakridin usw.). Schon früher wurde die Erscheinung der Inhibierung und Aktivierung der Polynukleotidphosphorylase bei Bildung des Komplexes DNS-Akridin beschrieben (BEERS, HENDLEY, STEINER, 1958).
In seinen Versuchen hatte LERMAN (1961) festgestellt, daß Akridin zwischen die Basen in die DNS eingelagert wird (Abb. 95), wobei es diese auseinanderrückt und den Abstand zwischen den Basen von 3,4 Å auf ungefähr 7 Å verändert. Das Dehnen des Moleküls erfolgte nach den Abschätzungen von LERMAN auf einen Abstand, der genau einem Nukleotid entsprach.
Die erste Hypothese, die zur Erklärung des Mutagenesemechanismus mit Verschiebung des Leserahmens (Rastermutation) vorgeschlagen wurde, kann die Hypothese der Replikationsfehler genannt werden (BRENNER et al., 1961; LERMAN, 1961; ORGEL, 1965). Nach dieser Hypothese wird während der Replikation der DNS gegenüber dem Akridinkern, der zwischen die Windungen des DNS-Moleküls eingeklemmt ist, eine (offensichtlich beliebige) „überzählige" Base eingebaut. Im nachfolgenden Replikationsakt baut sich diese „überzählige" Base einen Partner ein, und der Prozeß der Einschiebung eines überzähligen Paares und die Verschiebung des Lesens um 1 Zeichen ist vollendet. Wenn aber während des ersten Replikationsaktes Akridin in einen neu synthetisiert werdenden Strang eintritt und beim zweiten Replikationsakt herausfällt, so erweist sich ein solches Molekül gegenüber der Matrize als um eine Base vermindert, und es entstand eine Punktdeletion (Abb. 96). Eine Reihe von Fakten (DRAKE, 1964; STREISINGER et al., 1966) widersprach jedoch der Vorstellung von der Existenz einfacher Replikationsfehler.

Die zweite Hypothese bezüglich der Natur der von Akridinen hervorgerufenen Rastermutationen wurde von LERMAN (1963) vorgeschlagen. Er gelangte zu dem Schluß, daß die Entstehung von Mutationen in diesem Falle mit einem ungleichen Crossing over zusammenhängt. Nach diesem Modell muß eine Korrelation zwischen der Rekombination oder dem Crossing over und der Entstehung von Rastermutationen existieren. Eine solche Korrelation wurde experimentell festgestellt (MAGNI, 1963; MAGNI, VON BORSTEL, SORA, 1964). MAGNI und VON BORSTEL (1962) fanden bei der Messung der Häufig-

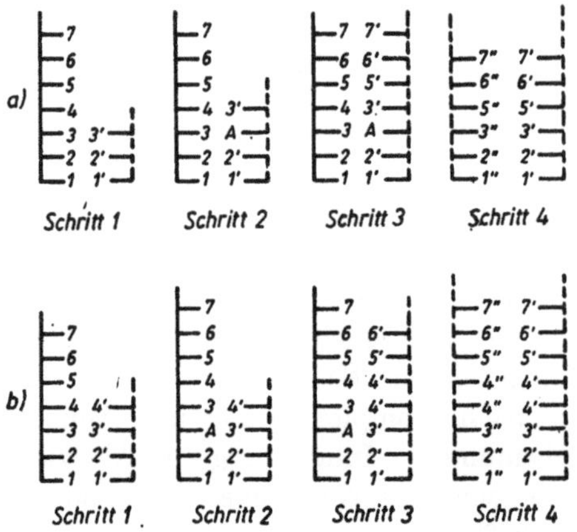

Abb. 96. Der von ORGEL zur Erklärung der Akridinmutagenese vorgeschlagene Mechanismus

a — Entstehung einer Punktdeletion; b — Einschiebung einer überzähligen Base (ORGEL, 1965)

keit spontaner Reversionen bei Hefen, daß sich während der Meiose die Mutationsfrequenz um das 6—12fache erhöht. Weil gerade in der Meiose das Crossing over realisiert wird, beschloß MAGNI zu prüfen, ob nicht eine Erhöhung der Mutagenesegeschwindigkeit damit verbunden ist, und er stellte eine Korrelation zwischen der Geschwindigkeit des Mutationsprozesses und der Rekombinationsfrequenz eng gekoppelter Marken fest (MAGNI, 1963, 1965).
Nachdem sie einen solchen Effekt erhalten hatten, beschlossen MAGNI und Mitarbeiter, die Möglichkeit der Verstärkung des Mutationsprozesses während der Rekombination mit Hilfe von 5-Aminoakridin zu prüfen (die Strukturformeln einer Reihe von Akridinen sind in Abb. 93 angegeben). Dieses Agens konnte tatsächlich die Frequenz sowohl der Hin- als auch der Rückmutationen vergrößern, wenn damit Hefen im Dunkeln im Augenblick der meiotischen Teilung behandelt wurden (MAGNI, VON BORSTEL, SORA, 1964). Während der Mitose wurde eine solche Vergrößerung der Mutationsfrequenz nicht beobachtet, und 5-Aminoakridin entwickelte im gleichen System während der Mitose sogar eine antimutagene Wirkung. Ein ähnlicher antimutagener Effekt von Akridinorange wurde bisher für wachsende

Bakterien in sichtbarem Licht beschrieben (WEBB, KUBITSCHEK, 1963) (s. Abschnitt „Fotodynamische Wirkung von Farbstoffen").
Der Zusammenhang zwischen der Akridinmutagenese und der Rekombination wurde auch in Versuchen an *E. coli* gezeigt (SESNOWITZ-HORN, ADELBERG, 1968), als die Autoren feststellten, daß Proflavin Mutationen hauptsächlich während der Konjugation induziert. Die Mutagenität des Akridins konnte auch während der Transduktion der Bakterien registriert werden (BOYER, 1966). Versuche mit Bakteriophagen (STRIGINI, 1965) paßten ebenfalls in das Schema der Rekombinationsmutagenese.
Viele Daten widersprechen jedoch direkt der von LERMAN und ORGEL vorgeschlagenen Rekombinationshypothese oder stimmen nicht vollkommen mit ihr überein. Diese Daten wurden sowohl aus Experimenten mit Phagen (DRAKE, 1967; LINDSTRÖM, DRAKE, 1969) als auch an höheren Organismen gewonnen. Wie schon erwähnt, wurde bei Bakterien die durch Akridine hervorgerufene Mutagenese in jenen Fällen beschrieben, in denen offensichtlich keine Rekombination realisiert wurde, weil so hohe Akridinkonzentrationen verwendet wurden, daß ein schnelles Zugrundegehen der Bakterienpopulationen hervorgerufen wurde (WITKIN, 1947; ZAMPIERI, GREENBERG, 1965). STEWART (1968) konnte jedoch Mutationen bei *B. subtilis* erhalten, der im Dunkeln mit Akridingelb unter Verwendung solcher Farbstoffkonzentrationen behandelt worden war, die nicht zum Verlust der Überlebensfähigkeit führten. Der Autor konnte keinerlei Verbindung zwischen Mutagenese und Rekombination eng gekoppelter Marken feststellen.
Ein derartiges Resultat wurde auch in Experimenten an höheren Organismen beschrieben (ALDERSON, KHAN, 1968). Obgleich die Autoren keinerlei Daten in Experimenten mit 5-Aminoakridin an *Drosophila* im Dunkeln erhielten, die die Idee des Zusammenhangs von Akridinmutagenese (es wurden Letalmutationen untersucht) und Crossing over unterstützen, waren ihre Daten keine direkte Widerlegung dieser Idee.
Die Rekombinationshypothese erfuhr eine Weiterentwicklung und Weiterverbreitung in der Präzisierung des Prinzips der Rekombinationsfehler. Man begann, die Entstehung von Mutationen nicht mehr damit in Zusammenhang zu bringen, daß die Akridine entweder Fehler der DNS-Polymerase im Verlauf der normalen Replikation (ORGEL, 1961) oder Fehler der Enzyme, die für ein unrichtiges Crossing over sorgen (LERMAN, 1963), induzieren, sondern man fing an, sie mit dem Ablauf des Reparaturprozesses für Einstrangbrüche während der Rekombination zu verbinden.
Die vollständigste Formulierung dieser Hypothese stammt von STREISINGER et al. (1966).
Sie meinten, daß „es eine große Zahl Beweise dafür gibt, daß die Rekombination beim Phagen *T4* und bei anderen Bakteriophagen über die Bildung einer inneren Heterozygote realisiert wird" (SECHAUD et al., 1965), und sie schlugen folgendes Rekombinationsschema vor (Abb. 97): (s. S. 342)
1) Abschnitte der Elternmoleküle werden durch Wasserstoffbrücken an den

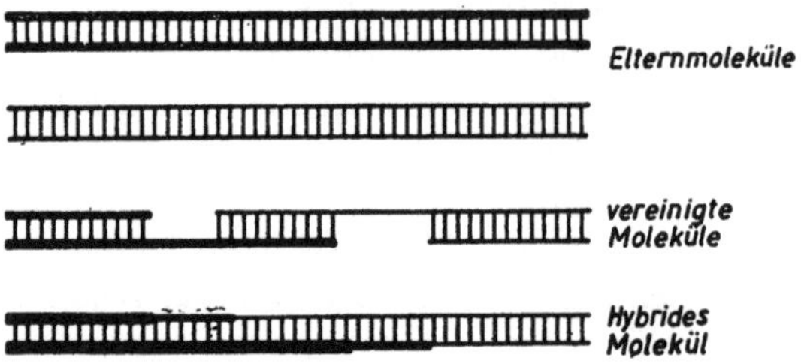

Abb. 97. Schema zur Erklärung der Molekülhybridisation bei der Rekombination (STREISINGER et al., 1966)

heterozygoten Stellen gebunden. Eine solche Bedingung setzt voraus, daß diese Abschnitte vollständig oder partiell komplementär sind; 2) die einsträngig gebliebenen Abschnitte werden genau so zugebaut, wie es bei der Reparaturreplikation angenommen wurde.
In einem solchen Fall kann eine Verschiebung des Leserasters entstehen, wenn eine der neu angebauten Basen sich nicht mit einem komplementären Partner paaren kann und frei „herumhängt", und an sie mit Zuckerphosphatbindung eine andere genau solche Base gebunden wird und eben diese auch zu einem komplementären Paar vereinigt wird. Hierbei kommt eine Verschiebung des Leserasters um ein Zeichen heraus (Abb. 98).

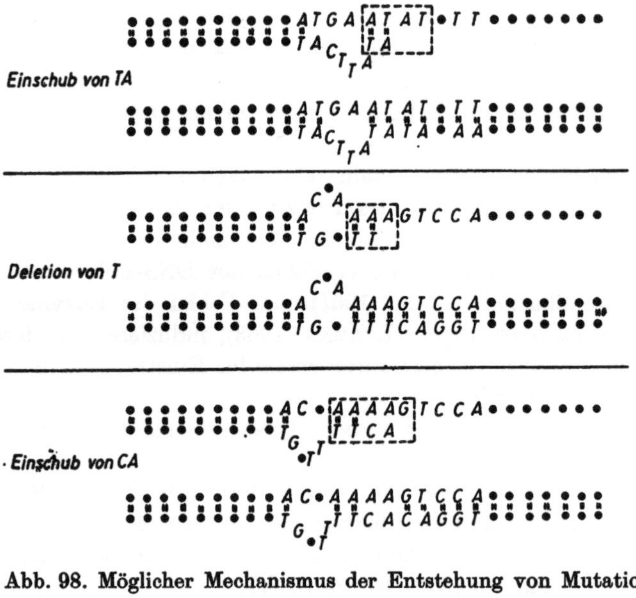

Abb. 98. Möglicher Mechanismus der Entstehung von Mutationen mit Verschiebung des Leserahmens (Rastermutationen) (STREISINGER et al., 1966)

Die Richtigkeit ihrer Schlußfolgerung sahen die Autoren darin, daß bei den von ihnen analysierten Mutanten die Verschiebung des Leserasters gerade dort erfolgte, wo in der DNS Abschnitte sich wiederholender Nukleotide waren. Nach Meinung der Autoren besteht die Rolle des Akridins nicht darin, daß es das DNS-Molekül auseinanderzieht, sondern darin, daß es dieses stabilisiert; infolgedessen wächst die Lebensdauer der nicht gebundenen Base, und die Wahrscheinlichkeit einer komplementären Paarung der nächsten Basen nimmt zu.
Die Hypothese von Streisinger und Mitautoren beantwortete zwei äußerst wichtige Fragen: erstens erklärte sie, warum die Akridinmutagenese unter den Bedingungen der Rekombination oder der Reparatursynthese beobachtet wurde, und zweitens, warum bei der Einführung von Akridin hauptsächlich Mutationen vom Typ „Verschiebung des Leserasters" entstanden.
Zugleich wollen wir bemerken, daß Streisinger et al. (1966) eine Hypothese dafür vorgeschlagen haben, wodurch die hot spots der Akridinmutanten bedingt sind. Wenn die Abschnitte mit sich wiederholenden Basen Mutationen mit Verschiebung des Leserasters begünstigen, dann können solche Abschnitte hot spots für Akridinmutagene sein. Mutagene, die keine Verschiebung des Leserasters hervorrufen, treten gleichermaßen sowohl mit den einzelnen Basen als auch mit ihren Kombinationen in Wechselwirkung und müssen keine hot spots ergeben. Ein Beispiel solcher Mutagene können möglicherweise Mn^{++}-Ionen sein. In der Arbeit der Orgels (Orgel, Orgel, 1965) wird eine Karte der Verteilung der „Mangan"-Mutationen angegeben, die zwar ziemlich grob, aber nichtsdestoweniger ein Zeugnis für das Fehlen von hot spots für dieses Mutagen ist (Abb. 99).
Die Hypothese von Streisinger über die Rolle der Reparaturfehler bei der Entstehung von Mutationen mit Leserasterverschiebung wurde von Drake (1970) weiterentwickelt, der gezeigt hat, daß auch jene Fälle, in denen nicht nur eine sondern mehrere Basen eingeschoben oder verloren werden, mit Erfolg im Rahmen dieser Hypothese erklärt werden können (Abb. 100).
Zum Schluß wollen wir sagen, daß Akridinfarbstoffe den F-Faktor von Bakterien

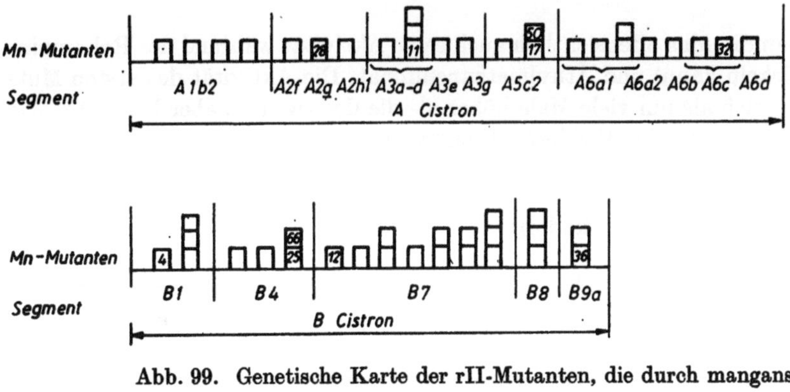

Abb. 99. Genetische Karte der rII-Mutanten, die durch mangansaure Kalium induziert wurden (Orgel, Orgel, 1965)

eliminieren können (HIROTA, 1960). Dieser Prozeß, der „Bakterienheilung“ (curing of bacteria) genannt wird, kann auch unter Wirkung ultravioletten Lichtes ablaufen (WATANABE, FUKASAWA, 1961; JACOB, WOLLMAN, 1961). Möglicherweise erfolgt das auch während der Rekombination, wenn das Episom in das Bakteriengenom eingebaut wird. Dem widersprechen tatsächlich in gewissem Grade Angaben darüber, daß die Eliminierung der Episomen nicht nur bei der Behandlung mit Akridinfarbstoffen erreicht wird, sondern auch mit den anderen Mutagenen

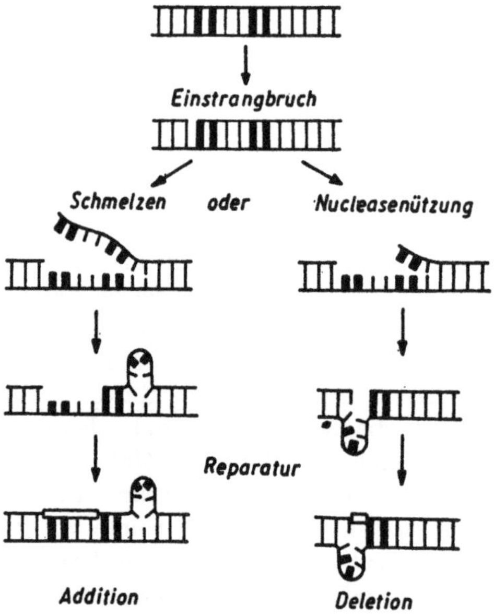

Abb. 100. Schema zur Erklärung des Entstehungsmechanismus von Rastermutationen infolge falscher Paarung der Stränge der DNS-Moleküle (DRAKE, 1970)

Nitrosoguanidin (das offensichtlich auch seine Aktivität während der Rekombination entwickeln kann) und Äthylmethansulfonat. Die Aktivität des ersten Mutagens erwies sich als um viele Male höher als die des zweiten, aber beide Agentien waren schwächer als die Akridine (WILLETS, 1967).

Alkylierte Akridinderivate

Am Anfang der sechziger Jahre wurden im Institut für Krebsforschung in Philadelphia im Laboratorium von G. CREECH alkylierende Derivate der Akridine synthetisiert, die als Bezeichnung die Anfangsbuchstaben dieses Institutes erhielten (ICR). AMES und WHITFIELD (1966) prüften mehr als 50 solcher Verbindungen. Die mutagene Wirkung von ICR-Verbindungen wurde an vielen

Organismen studiert, einschließlich Phagen (SEDEROFF, 1966), Bakterien (BRAMMAR, BERGER, YANOFSKY, 1961; MARTIN, 1967), Pilze (BROCKMAN, GOBEN, 1965; MALLING, 1967; MUNZ, LEUPOLD, 1970; BRUSICK, 1970) und *Drosophila* (CARLSON, OSTER, 1962; CARLSON et al., 1967).
Es wurde gezeigt (CHAN, BALL, 1971), daß die mutagenen alkylierten Akridine (mutagene und carcinogene) an die DNS gebunden werden. Das ICR-Derivat ICR-170 wurde am weitesten verbreitet.
BROCKMAN und GOBEN (1965) haben gezeigt, daß ICR-170 für *Neurospora* ein starkes Mutagen ist, und gelangten zu dem Schluß, daß die Eigenschaften der ad-3-Mutanten, die durch dieses Agens induziert wurden, von den Eigenschaften der Mutanten verschieden sind, die durch Röntgenstrahlen, salpetrige Säure und 2-Aminopurin induziert wurden, und von denen der spontan entstandenen Mutanten. Ein detaillierter Vergleich der mutagenen Aktivität und Spezifität von ICR-170- und anderen Mutanten wurde von MALLING (1967) durchgeführt. Von 8 untersuchten ad-3B-Mutanten von *Neurospora crassa* revertierten 4 Mutanten nur auf dem Wege des Austausches von Basenpaaren mit Hilfe von salpetriger Säure und/oder Hydroxylamin und außerdem ziemlich häufig ÄMS; zwei revertierten nur spontan und zwei nur unter der Wirkung von ICR-170. Die zwei Mutanten, die nur nach Behandlung mit ICR-170 revertierten, wurden vom Autor als Leserastermutanten klassifiziert.
Für die Schlußfolgerung, daß alkylierte Akridine vorzugsweise Leserastermutationen induzieren, gibt es gegenwärtig nur wenig Argumente. Obwohl in den ICR-Mutanten Basenaustausche induziert worden sind, ist doch der Anteil dieser Mutationen mit Leserasterverschiebung relativ klein.
Es wurde festgestellt, daß sowohl der Akridinring als auch die Alkylkette (für ICR-170 ist es die Gruppe des Stickstofflosts) der Moleküle der ICR-Mutagene für die Erzeugung von Mutationen wichtig sind. Man kann die Hypothese aussprechen, daß die hohe mutagene Aktivität dieser Verbindungen dadurch bedingt ist, daß das Alkylradikal die Reaktion beginnt, wonach die Reparaturenzyme diese Primärschädigung unter Bildung einer Lücke in der DNS beseitigen, wobei während der Schließung der Lücke die Mutationsfrequenz infolge der Funktion des Akridinkerns des Mutagens stark erhöht wird.

Nitrosoguanidin

Im Jahre 1960 haben J. MANDEL und J. GREENBERG die mutagene Wirkung der Nitrosoverbindung N-Nitro-N′-nitrosoguanidin beschrieben (MANDEL, GREENBERG, 1960):

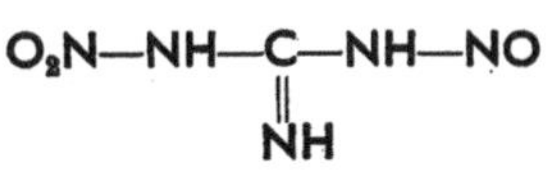

In kurzer Zeit wurde festgestellt, daß dies ein äußerst aktives Mutagen ist, das wenig Inaktivierungsvermögen besitzt.

Die mutagene Wirkung von Nitrosoguanidin wurde in in-vivo-Versuchen an Phagen während ihrer intrazellulären Entwicklung (GOLDFARB et al., 1966; ZAMPIERI, GREENBERG, WARREN, 1968), an *E. coli* (MANDEL, GREENBERG, 1960; ADELBERG, MANDEL, CHEIN CHING CHEN, 1965), *Salmonella typhimurium* (EISENSTARK, EISENSTARK, VAN SICKLE, 1965), *Schizosaccharomyces pombe* (LOPRIENO, CLARKE, 1965), *Streptomyces coelicolor* (BELIČ et al., 1970) und sogar bei der höheren Pflanze *Arabidopsis thaliana* (MÜLLER, GICHNER, 1964) festgestellt. SINGER und FRAENKEL-CONRAT untersuchten die mutagene Wirkung von N-Methyl-N′-nitro-N-nitrosoguanidin am RNS-haltigen *Tabakmosaikvirus* (SINGER, FRAENKEL-CONRAT, 1967).

Die erste Zeit meinte man, daß Nitrosoguanidin nur in vivo eine mutagene Wirkung besitzt. Es wies jedoch eine mutagene Wirkung auch in vitro auf, allerdings mit sehr viel geringerer Effektivität. Bei der Wirkung von Nitrosoguanidin wurde eine Inaktivierung der transformierenden DNS von *B. subtilis* registriert (TERAWAKI, GREENBERG, 1965).

SINGER und FRAENKEL-CONRAT (1967) bemerkten eine starke Inaktivierung der RNS von *TMV* in Lösungen von Nitrosoguanidin in Wasser (99%), in Phosphatpuffer und Formamid (97%), eine geringere in Dimethylsulfid und Dimethylformamid (30—60%), aber in allen Fällen lief die Mutagenese in vitro so schwach ab, daß sie 5—10mal geringer war als der Effekt, der durch salpetrige Säure, Hydroxylamin oder die fotodynamische Wirkung von Farbstoffen bedingt war. Ein ähnliches Resultat wurde bei der Einwirkung von Nitrosoguanidin auf DNS erhalten. Die Mutationsfrequenz sank um das 10—100fache bei Behandlung der DNS von *B. subtilis* im Vergleich zur Behandlung ganzer Zellen (KOLB, KAUDEWITZ, 1970). Der Einfluß von Nitrosoguanidin auf die Matrizenaktivität synthetischer Polyribonukleotide und einer Reihe von Transfer-RNAs wurde von CHANDRA u. a. (CHANDRA, WACKER, SÜSSMUTH, LINGENS, 1967) untersucht.

Außer der mutagenen Aktivität zeigt Nitrosoguanidin eine geschwulsthemmende Wirkung bei Mäusen (LEITER, SCHNEIDERMAN, 1959; GOLDIN et al., 1959; SKINNER et al., 1960; GREENE, GREENBERG, 1960) und erweist sich als Radiomimetikum an Pflanzen, wo es Chromosomenaberrationen induziert (GICHNER et al., 1963; SAX, SAX, 1966) und auch den Prophagen λ induziert (ALLAN, MCCALLA, 1966) und ein „Ausbleichen" der Alge *Euglena gracilis* hervorruft, wobei es auf die Chloroplasten einwirkt (MCCALLA, 1965).

Wirkungsmechanismus des Nitrosoguanidins

Eine detaillierte Untersuchung des Wirkungsmechanismus von Nitrosoguanidin (wahrscheinlicher seines methylierten Derivates N-Methyl-N′-nitro-N-nitrosoguanidin) wurde von den Forschern ADELBERG, M. MANDEL und CHEIN CHING CHEN (1965) begonnen.

Die Autoren prüften die mutagene Aktivität von Nitrosoguanidin an *E. coli K12*-Bakterien bei verschiedenen Behandlungsbedingungen. Zuerst zeigten sie, daß die aktivsten Nitrosoguanidinkonzentrationen im Bereich 100—300 μg/ml liegen (Tab. 21). (Später wurde am Modell des Tiervirus *SV 40* (TEGTMEYER et al., 1970) gezeigt, daß Nitrosoguanidin in hohen Konzentrationen bis 5000 μg/ml überhaupt keine Mutationen liefert, sondern nur eine inaktivierende Wirkung entfaltet).

Tabelle 21

Überlebensrate und Mutagenese als Funktion der Nitrosoguanidinkonzentration

Konzentration μg/ml*	Überlebensrate %	Mutantenzahl auf 10^3 überlebende Zellen
30	75	0,5
100	75	1,4
300	61	1,8
1000	5	0,6

* Zellen in der logarithmischen Wachstumsphase wurden 30 min lang mit NG behandelt

Die allerhöchste Aktivität von NG wurde bei einem pH des Mutagens festgestellt, der 5,0—6,0 betrug (Tab. 22); das Mutationsmaximum wurde in der 15. bis 20. Minute der Behandlung beobachtet.

ADELBERG und andere bemerkten den höchst wichtigen Umstand, daß das Überleben bei der Behandlung mit NG stark von der Zusammensetzung des Mediums abhängt. Bei der Behandlung von *E. coli*-Zellen, die in Puffer resuspendiert waren, betrug das Überleben bei einer Mutationsfrequenz von 2,2 auf 10^3 Überlebende 66%, während das Überleben von Zellen, die in Minimalmedium suspendiert waren, 200mal geringer war (0,3% bei einer Mutationsfrequenz von 3,1 auf 10^3 Überlebende).

Aber das wohl interessanteste Ergebnis der Arbeit (auf das die Autoren nebenbei bemerkt nicht die nötige Aufmerksamkeit gerichtet haben) war, daß der maximale mutagene Effekt von Nitrosoguanidin bei der Behandlung von Zellen im logarithmischen Stadium ihrer Entwicklung auftrat. Die Mutationsfrequenz bei Zellen, die in die stationäre Phase eintraten, war 6—10mal kleiner. Etwas später wurde bewiesen, daß Nitrosoguanidin, analog zu Akridin und mehreren anderen Mutagenen, die maximale mutagene Wirkung an der sich replizierenden DNS aufweist.

R. ALTENBERN (1966) bemerkte bei der Untersuchung der Wirkung von Nitrosoguanidin auf *Staphylococcus aureus*, daß die Mutierfrequenz sich jedesmal erhöhte, wenn die Zell-DNS die Teilung durchmachte. Es gelang ihm, die zeitliche Lokalisierung der unter Nitrosoguanidinwirkung entstehenden Mutationen noch exakter zu bestimmen. Nachdem er das Eintreten in den Replikationsakt bei den Zellen der ganzen Population synchronisiert hatte, bemerkte der Autor, daß man im Ablauf des DNS-Replikationszyklus genau den Moment der Replikation der

Tabelle 22

Überlebensrate und Mutagenese unter Einwirkung von Nitrosoguanidin als Funktion von pH und Behandlungsdauer

pH	Behandlungsdauer min	Überlebensrate %	Mutantenzahl auf 10^3 überlebende Zellen
5,0	30	94	0,24
6,0	30	67	0,79
7,0	30	49	0,47
8,0	30	51	0,36
6,0	0	80	0,04
6,0	5	83	0,49
6,0	10	70	1,04
6,0	15	53	2,02
6,0	20	45	1,84
6,0	30	58	1,25
6,0	45	45	1,46

einzelnen Gene angeben kann. Die Mutanten des Guaninlocus entstanden mit höchster Frequenz in der 12. Minute, die des Riboflavinlocus in der 20. Minute usw. Der vollständige Zyklus der Replikation wurde nach 60 min abgeschlossen, und während dieser Zeit konnte der Autor die Lokalisation von 8 Genen auf der Karte feststellen. Auf diese Weise erwies es sich als möglich, mit Hilfe von Nitrosoguanidin eine genetische Karte von *Staphylococcus aureus* aufzubauen (Abb. 101), und das bewies überzeugend, daß Nitrosoguanidin Mutationen vorzugsweise in dem sich replizierenden Chromosomenabschnitt hervorruft.

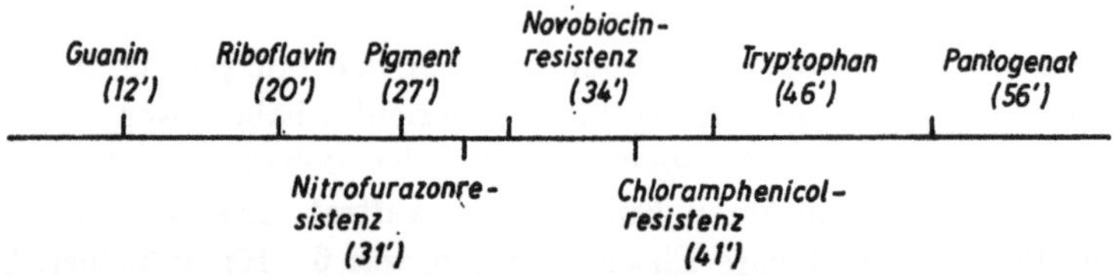

Abb. 101. Genetische Karte von *Staphylococcus aureus*, die nach den Resultaten der Behandlung sich synchron teilender Zellen mit Nitrosoguanidin in verschiedenen Intervallen nach Beginn der Teilung aufgestellt wurde (ALTENBERN, 1966)

Diese prinzipiell neue Methode der Chromosomenkartierung gestattet, Karten selbst für die Organismen zu schaffen, bei denen entweder überhaupt kein Konjugationsprozeß bekannt oder dieser erschwert ist. CERDÁ-OLMEDO, HANAWALT und GUEROLO (1968) benutzten sie zum Aufbau der Karte von *E. coli TAU bar*. Die erhaltene Karte fällt fast vollständig mit der Karte von *E. coli K12* zusammen, die auf Grund zahlreicher Konjugationsexperimente aufgestellt worden ist (Abb. 102).

WARD und GLASER (1969) benutzten NG und konnten durch Feststellung des Zeitpunktes für das Auftreten von Prototrophen beim Mutieren verschiedener Auxotropher von *E. coli B/r* nicht nur die Marke angeben, die als erste in die Replikation eintritt (Startpunkt der DNS-Synthese?), sondern sie vermochten auch die Richtung der DNS-Synthese bei diesem *E. coli*-Stamm anzugeben.

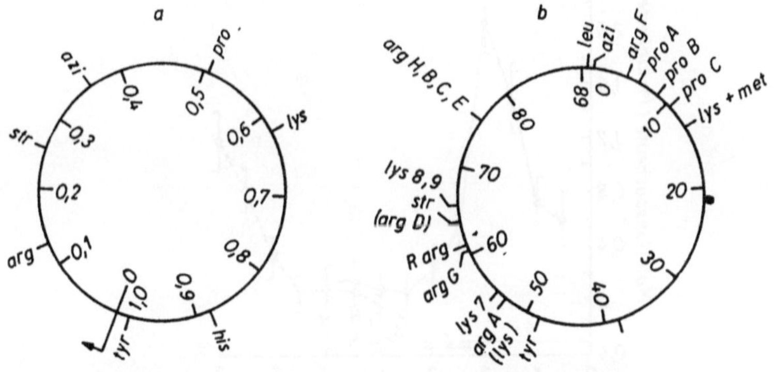

Abb. 102. Genetische Karten von *E. coli K12* und *E. coli TAU bar*

a — Replikationskarte von *E. coli TAU bar*, die aus Versuchen mit Nitrosoguanidin gewonnen wurde. Beginn und Richtung der Replikation sind durch einen Pfeil gekennzeichnet; b — genetische Karte von *E. coli K12*, die nach Daten von Konjugationsexperimenten aufgestellt wurde (CERDÁ-OLMEDO, HANAWALT, GUEROLA, 1968)

Ein deutliches Zusammenfallen der Zeit für die Replikation der DNS und der Zeit des maximalen Auftretens von Mutationen bei Behandlung mit Nitrosoguanidin wurde von KIMBALL (1970) auch an einer synchronisierten Population von *Paramecium* festgestellt (Abb. 103).

Der molekulare Mechanismus der mutagenen und inaktivierenden Wirkung von NG ist bisher ungenügend untersucht worden. NG kann sowohl beide Typen von Transitionen (AT → GC und GC → AT) (EISENSTARK et al., 1965; WHITFIELD, MARTIN, AMES, 1966; ZAMPIERI, GREENBERG, 1967; BAKER, TESSMAN, 1968) als auch Transversionen induzieren (EISENSTARK et al., 1965), liefert aber fast keine Rastermutationen (WHITFIELD et al., 1966).

Die Untersuchung der Austausche, die im Ochre-Triplett des Gens der alkalischen Phosphathase von *E. coli* nach Behandlung mit Nitrosoguanidin realisiert werden, hat gezeigt, daß NG bezüglich seiner molekularen Wirkung zu den vielseitigsten Mutagenen gezählt werden kann, weil es gelungen ist, jeden beliebigen der theoretisch möglichen Austausche zu registrieren. Es wurden alle Transitions- und Transversionsaustausche beobachtet (WEIGERT, LANKA, GAREN, 1967).

Nach der Behandlung mit NG konnten zwei modifizierte Basen in der DNS entdeckt werden: 7-Alkylguanin und 3-Methyladenin (LAWLEY, 1968), es gelang aber nicht, die anderen modifizierten Basen zu finden, die bei der Wirkung alkylierender Agentien gebildet werden.

Die mutagene und letale Wirkung von NG hängt stark von den Behandlungsbedingungen und in erster Linie vom pH-Wert ab. Nitrosoguanidin ist nur bei pH 5,0 stabil, es zerfällt bei alkalischen Bedingungen in Diazomethan und Nitro-

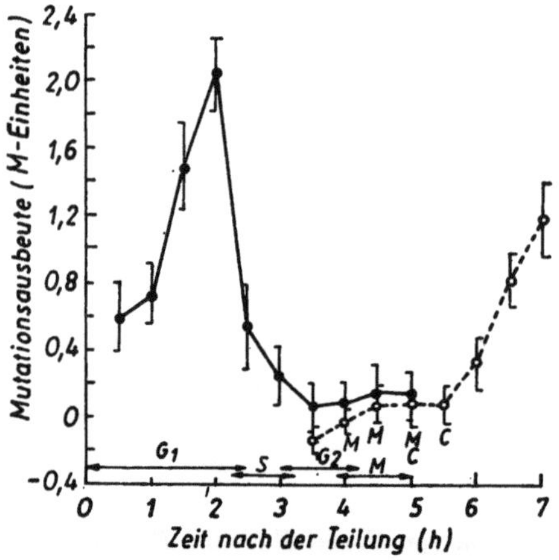

Abb. 103. Beziehung zwischen Mutationsfrequenz und Behandlungszeit der Zellen während des Zellzyklus. In den mit leeren Kreisen bezeichneten Versuchen wurden die Zellen vom Ende des ersten Zellzyklus an behandelt, und die Behandlung wurde während des folgenden Zyklus fortgesetzt. Die Stadien des Zellzyklus sind in der Abbildung unten angegeben (KIMBALL, 1970)

zyanamid und liefert im sauren Milieu salpetrige Säure (McKAY, WRIGHT, 1947; ZIMMERMANN et al., 1965). Jede dieser Verbindungen besitzt ihre eigene mutagene und letale Wirkung.

Die inaktivierende Wirkung von NG wächst bei Vergrößerung des pH-Wertes von 5,5 bis 7,0 (KOLB, KAUDEWITZ, 1970), was möglicherweise mit der Depurinisierung der DNS zusammenhängt. Bei pH 5,0 blockiert NG in starkem Maße die Synthese der induzierbaren Proteine und in sehr viel geringerem Grade die Synthese der m-RNS (CERDÁ-OLMEDO, HANAWALT, 1967, 1968). Die Autoren meinen, daß die letale Wirkung von NG nicht nur mit einer Schädigung der DNS zusammenhängt, sondern sich auch auf der Translationsebene entwickelt und daß der Translationseffekt mit einer Veränderung der Ribosomen verbunden ist. Es ist sehr viel schwieriger zu verstehen, wodurch der mutagene Effekt von Nitrosoguanidin bei pH 5,0 bedingt ist. CERDÁ-OLMEDO und HANAWALT meinen, daß er trotz allem nicht durch das Nitrosoguanidin selbst bedingt ist, sondern durch einen kleinen Teil der zerfallenden Substanz, die Diazomethan ergibt. Sie konnten doch zeigen, daß bei Erhöhung des pH-Wertes nach der

alkalischen Seite der mutagene Effekt durch Diazomethan und bei Erniedrigung nach der sauren Seite durch salpetrige Säure bedingt ist. Der mutagene Effekt von Diazomethan wurde schon im Jahre 1948 von I. A. RAPOPORT[1]) gezeigt, und seitdem ist dieses Agens mehr als einmal als Mutagen (JENSEN et al., 1949, 1951; MARQUARDT et al., 1964) und als Carcinogen (SCHOENTAL, 1960) beschrieben worden. Die Hauptwirkung des Diazomethans auf die DNS besteht in einer Methylierung der Basen. Da die Alkylierung der Nukleinsäuren zu einem deutlich ausgeprägten mutagenen Effekt führt (s. Abschnitt „Alkylierende Agentien" dieses Kapitels) und Guanin hierbei der schärfsten Attacke ausgesetzt ist, ist es nicht verwunderlich, daß Nitrosoguanidin, wie SINGER und FRAENKEL-CONRAT (1967) gezeigt haben, eine Schädigung des Guanins und dessen Ausstoßung aus der Nukleinsäure hervorruft.
Wenn schließlich die durch die Wirkung von Nitrosoguanidin bedingten letalen DNS-Schäden repariert werden können (CERDÁ-OLMEDO, HANAWALT, 1967, 1968), so unterliegen offensichtlich die Mutationsschäden nicht der Reparatur.
Tatsächlich wurde die Schlußfolgerung dieser Autoren, daß letale, durch die NG-Wirkung bedingte Schäden reparierbar sind, von A. G. SKAVRONSKAJA und ihren Mitarbeitern (SMIRNOV, SKAVRONSKAJA, 1968b; SMIRNOV, FAVORSKAJA, 1970) einer Kritik unterzogen. CERDÁ-OLMEDO und HANAWALT (1968) haben gezeigt, daß der Prozentsatz auxotropher Mutationen bei *E. coli B/r*, der mit Nitrosoguanidin bei pH 5,0 behandelt worden war, im Vollmedium 3,22 und im Glukosemedium 2,43, aber bei Zellen von *E. coli* B_{s-1} 2,56 bzw. 2,31 betrug.
Am Schluß des Abschnitts über die Wirkung der Mutagene, die ihre Aktivität während der Replikation, Reparatur und Rekombination entfalten, sollte man anmerken, daß die hohe Aktivität des Nitrosoguanidins, die hinsichtlich der Induktion von Mutationen im Moment der Replikation der Bakterienchromosomen in Erscheinung tritt, dadurch erklärt werden kann, daß Nitrosoguanidin möglicherweise nicht auf die DNS wirkt sondern auf Strukturen, die die Replikation des DNS-Moleküls gewährleisten (Block von Enzymen, die die DNS-Replikation steuern). Insofern diese Enzyme auf der Bakterienmembran liegen, ist es vernünftig anzunehmen, daß Nitrosoguanidin, das Verwandtschaft mit den Lipiden zeigt, auf die Lipoproteid-Strukturen der Zellmembranen einwirkt und hierdurch die Funktion der mit den Membranen verbundenen Enzyme beeinflussen kann.

Kurzer Überblick über andere Mutagene

Thyminhunger

Bei Thyminmangel-Bakterien, die in einem Medium ohne Thymin gezüchtet worden sind, wird eine Reihe von Veränderungen beobachtet: exponentielles Anwachsen des Absterbens (Thyminmangeltod), Prophageninduktion, Ver-

[1]) siehe auch I. A. RAPOPORT, 1963

größerung der Rekombinationsfrequenz, unzeitige Chromosomenreplikation, Strukturänderungen der DNS (für Literaturhinweise siehe Holmes, Eisenstark, 1968).

Die ersten Mitteilungen über den mutagenen Charakter einer thyminfreien Aufzucht wurden von J. Lederberg (1950) abgelehnt, der sie für falsch hielt und die Vergrößerung der Mutantenzahl nach dem Hungern einer der Selektionsmethoden schon vorher existierender Mutanten zuschrieb. Nachfolgende Untersuchungen haben jedoch gezeigt, daß der Thyminhunger nicht nur ein selektiver, sondern auch ein starker mutagener Faktor ist. Der Hunger führte zur Entstehung von Mutanten bei *E. coli*, die für eine Reihe von Aminosäuren bedürftig (Coughlin, Adelberg, 1956; Kanazir, 1958; Pauling, 1964) und gegen Streptomycin resistent waren (Weinberg, Latham, 1956). Thyminhunger erzeugt hauptsächlich Transitionen vom Typ AT → GC (Pauling, 1968).

Eine eingehende Untersuchung des Charakters der bei Thyminhunger entstehenden Mutanten wurde von Holmes und Eisenstark (1968) durchgeführt. Die Autoren erhielten 70 Mutanten von *S. typhimurium*, die für jede beliebige der 20 Aminosäuren oder für Purin- oder Pyrimidinbasen und eine Reihe von Vitaminen bedürftig waren. Diese Mutanten wurden mit Diäthylsulfat, Nitrosoguanidin, 2-Aminopurin, 5-Bromdesoxyuridin und β-Propiolakton zum Studium der Reversionen unter dem Einfluß dieser Agentien behandelt. Hierbei revertierten 77,2% aller Mutanten zum Wildtyp spontan oder unter Einwirkung von wenigstens zwei Chemomutagenen. 17,1% revertierten weder spontan noch bei Einwirkung eines beliebigen der erprobten Mutagene und wurden als Deletionen angesehen. 4 Mutanten (5,7% der Gesamtzahl) revertierten spontan, reagierten aber nicht auf die Behandlung mit einem beliebigen Mutagen. Somit erscheint der Thyminhunger als ein mutagener Faktor mit einem äußerst breiten Spektrum.

Die Abschätzung der Geschwindigkeit des Mutationsprozesses hat gezeigt, daß ein 5-stündiges Hungern mit der Entstehung von 1,7—4,8% Mutanten unter den Überlebenden beendet wird. Die Autoren haben bewiesen, daß die registrierten Mutanten nicht die Folge einer Auslese vorher existierender Mutanten sein konnten.

Bresler und andere (Bresler, Mosevitsky, Vyacheslavov, 1970) beschrieben ein 100%iges Mutieren von Bakterienzellen, das bei Züchtung der Zellen auf festen Nährböden ohne Thymin beobachtet wird. Im flüssigen Medium trat der Effekt nicht in Erscheinung.

Steroiddiamine

Erst unlängst beschrieben G. Mahler und M. Baylor (1967), die mutagene Wirkung von Irediamin A (IDA), pregn-5-en-3β, 20α-diamin und Malouetin (Mal), 5α-pregnan-3β, 20α-ylenbis (Trimethylammoniumjodid) auf Phagen, die sich im Vermehrungsstadium befanden. Diesem ging die Untersuchung der Hemmwirkung von Diaminen auf die Vermehrung von Bakterien und Bakteriophagen voraus. IDA unterdrückte in einer Konzentration von $1,2 \cdot 10^{-4}$ M die Vermehrung der Phagen *T2* und *T4* bis auf 10^{-4} im Vergleich zum Wert in der Kontrolle. Der Effekt zeigte sich maximal bei niedriger Ionenstärke. Die Vermehrung RNS-haltiger Phagen wurde sehr viel schwächer gehemmt. Die Hemmkurven gehorchten einer Eintrefferkinetik, und der Hemmstoff zeigte Wirkung auf die „frühen Funktionen" des Phagen (bis 8—10 min), unterdrückten aber die „späten" Funktionen nicht. Es ist interessant, daß sich der Rekombinationsgrad bei Zugabe von IDA und Mal nicht änderte, obwohl sich die mittlere Phagenausbeute aus einfach infizierten Zellen stark verringerte.

Beide Agentien erwiesen sich als starke Mutagene (es wurden rII- und $h^+ \rightarrow h$-Mutationen von Phagen untersucht). Offensichtlich sind dies die ersten beschriebenen Mutagene, die sowohl Basenaustausch (Transitionen wie auch Transversionen) als auch Mutationen mit Verschiebung des Leserasters (Einschub und Ausfall) liefern können. Durch IDA und Mal induzierte rII-Mutanten revertierten zum Wildtyp, d. h. waren keine Deletionen. Mal ergab $h^+ \rightarrow h$-Mutationen in drei verschiedenen Loci, obwohl IDA derartige Mutationen nicht induzierte.

Es gelang nicht, eine einzige von 7 der durch Mal induzierten rII-Mutanten mit 2-Aminopurin zu revertieren, man konnte aber mit Mal oder IDA revertieren. IDA lieferte Reversionen von rII-Mutanten, die durch Behandlung mit ihm selbst gewonnen worden waren. Durch Proflavin induzierte rII-Mutationen wurden durch beide Agentien revertiert. Beide Mutagene konnten jedoch *T4*-amber-Mutanten nicht revertieren.

Die mutagene Wirkung einiger Biopolymere

Im Jahre 1939 stellte S. M. Geršenzon fest, daß partiell depolymerisierte DNS-Präparate aus Kälberthymus bei *Drosophila* zahlreiche Mutationen hervorrufen. Obwohl danach Rapoport (1940) und Müller (1941) und später Di Paolo (1952) und Theleu und Shoffner (1970) negative Resultate bei der Verwendung von DNS-Präparaten als Mutagen erzielten, bestätigten zahlreiche Experimente im Laboratorium von Geršenzon (Gershenson et al., 1948; Gershenson, Kisseliova, 1958; Gershenson, 1965a, b, c, 1966a, b, 1969) und in anderen Laboratorien (Fahmy, Fahmy, 1961, 1962, 1964, 1965; Parkash, 1965; Mathew, 1965; Fox, Yoon, 1966) die Richtigkeit der Schlußfolgerung von Geršenzon über die Möglichkeit, Mutationen mit Hilfe von DNS-Präparaten hervorzurufen, Es wurde gefunden, daß DNS-Präparate viele sichtbare Mutationen induzieren, aber sehr wenig Letalmutationen im X-Chromosom, während für die Mehrzahl der üblichen Mutagene eine vollkommen entgegengesetzte Situation beobachtet wird. DNS induziert keine Chromosomenumbauten. Die Untersuchung der sichtbaren Mutationen sowohl im X-Chromosom als auch in den Autosomen hat gezeigt, daß mehrere Gene mit hoher Frequenz unter der Wirkung exogener DNS mutieren, während die Mutabilität anderer Loci ebenso niedrig bleibt wie die der Kontrolle.

Die zweite Besonderheit der mutagenen Wirkung exogener DNS ist der verzögerte Typ der Mutagenese (GERŠENZON, 1965b).
Ein anderes Beispiel der mutagenen Wirkung von Biopolymeren ist die Induktion von Mutationen durch Viren (ALICHANJAN, IL'INA, 1958; SHEIN, ENDERS, 1962; NICHOLS, 1963; HELSTRÖM et al., 1963; VOGT, DULBECCO, 1963; STOLLIER, COLLMAN, 1965; BOIRON et al., 1966; KERKIS et al., 1967; STICH et al., 1968). In diesen Versuchen wurde an Gewebekulturzellen von Säugern und vom Menschen und an Säugetieren selbst gezeigt, daß Viren, wie das des Herpes, der Masern, der Hühnerpocken, der Röteln, der infektiösen Hepatitis, der Grippe, die *Adenoviren*, *SV 40*, das Polyoma-Virus, das SHOPsche-Papillom-Virus, das ROUS-Sarkomvirus und andere, Mutationen induzieren können. Es gelang ebenfalls, mit Hilfe von Viren Mutationen bei Insekten (BAUMILLER, 1966) und Pflanzen (SPRAGUE et al., 1963) zu induzieren. In allen diesen Fällen riefen die Viren Mutationen bei den Organismen hervor, in denen sie sich unter natürlichen Bedingungen vermehren konnten.
Andere Fälle der Induzierung von Mutationen mit Hilfe von Viren und ihrer Nukleinsäuren stellen die Versuche dar, in denen nichtinfektiöse Viren benutzt wurden, die sich in dem betreffenden Wirt nicht vermehren können. Die ersten Daten dieser Art wurden von FAHMY und FAHMY (1964) erhalten, die zeigten, daß Mutationen bei *Drosophila* durch das Mäuse-Leukämie-Virus hervorgerufen werden können. BURDETTE und JOON (1967) induzierten Mutationen bei *Drosophila* mit Hilfe des ROUS-Sarkom-Virus. GERSHENSON, ALEXANDROV und MALIUTA (1971) untersuchten detailliert die mutagene Wirkung der Kernpolyedroseviren und des *Regenbogenvirus*, aber auch des *Poliomyelitis-* und des *Grippevirus* auf *Drosophila*.

D_2O. Eine schwache mutagene Wirkung von Deuterium wurde an Phagen gezeigt. Offensichtlich gehören die Mutationen zu den Transitionen und zu den Rastermutationen. Sie können durch Basenanaloga oder durch Akridin revertiert werden (GIOVANNI, 1960; KONRAD, 1960).
Azaserin. Azaserin, das einen Teil der Enzyme für die Synthese der Purinbasen unterdrückt, weist eine schwache mutagene Wirkung auf (IYER, SZYBALSKI, 1969).
Coffein und ihm verwandte N-methylierte Purinbasen. Neben der Hemmwirkung auf das Reparatursystem weist Coffein eine merkliche mutagene Wirkung bei Bakterien auf (FRIES, 1950; GEZELIUS, FREESE, 1952; NOVICK, 1956). Der Effekt wird durch die Zugabe von Guanin zum Medium aufgehoben (NOVICK, SZILARD, 1952). Bei höheren Organismen wurde die mutagene Wirkung von Coffein sowohl an Pflanzen (KIHLMAN, LEVAN, 1949; SCHÖNEICH et al., 1970) als auch bei Tieren festgestellt: *Drosophila* (ANDREW, 1959; ALDERSON, KHAN, 1967; CLARK, CLARK, 1968; MITTLER, et al., 1967; OSTERTAG, FROMME, 1967), Mäuse (ADLER, 1966; ADLER, SCHÖNEICH, 1967; CATTANACH, 1962; LYON et al., 1962), Mensch (OSTERTAG, 1966). Ein eingehender Überblick über die Daten zur mutagenen Wirkung von Coffein wird im Artikel von SCHÖNEICH, MICHAELIS und

RIEGER (1970) gegeben. Die Anwendung von Coffein in Kombination mit Äthylalkohol und Sukaril führte dazu, daß sich die Häufigkeit der Chromosomenaberrationen in den Wurzelspitzenzellen der Zwiebel als größer erwies als die Summe der mutagenen Effekte von einzeln angewandtem Coffein, Alkohol und Sukaril. Der synergistische Effekt war rund zweimal größer als der kumulative Effekt (SAX, SAX, 1968). Außerdem ist eine zytotoxische Wirkung von Coffein auf Zellen menschlicher Gewebekulturen gezeigt worden (GOROŠKINA, SOJFER, 1971).

Manganionen. Die mutagene Wirkung von Mangansalzen auf Bakterien wurde im Laboratorium von M. DEMEREC in den vierziger Jahren eingehend untersucht. Im Jahre 1951 veröffentlichten DEMEREC und HANSON (1951) eine große Arbeit über die Untersuchung der mutagenen Wirkung von Manganchlorid auf *E. coli B/r* (die Autoren haben hauptsächlich Mutationen von Streptomycinabhängigkeit zu Streptomycinunabhängigkeit untersucht). Eine von den Autoren festgestellte erstaunliche Besonderheit war, daß die durch die Wirkung des Mangansalzes bedingte Mutationsfrequenz in Abhängigkeit von den physiologischen Kulturbedingungen der Zellen um den Faktor 10000 schwankte. Manganchlorid erwies sich als starkes Mutagen und ergab einen kleinen Inaktivierungseffekt (s. auch BÖHME, 1961a). ORGEL und ORGEL (1965) haben am Beispiel des Phagen *T4* gezeigt, daß Manganionen Mutationen vorzugsweise im Augenblick der DNS-Replikation liefern. Die Mutationen verteilen sich gleichmäßig über die Karte (s. Abb. 99). Möglicherweise beziehen sich die durch Manganionen induzierten Mutationen hauptsächlich auf Transitionen. Permanganat in Lösung tritt mit Pyrimidinbasen in Wechselwirkung, hauptsächlich mit Thymin (IIDA, HAYATSU, 1971a, b). Bis zu 60—70% des Thymins werden hierbei oxydiert. Die Reaktion äuft maximal bei pH 8,6 ab. Hierbei erhält man folgende Reaktionsprodukte:

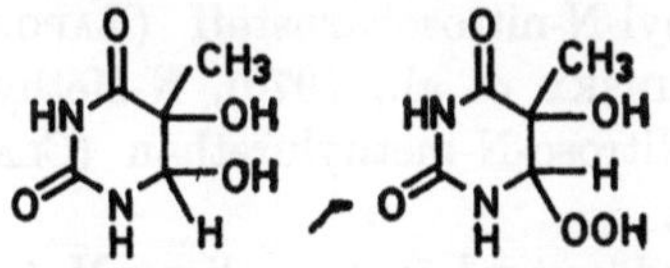

4-Nitrochinolin-1-oxyd. KONDO (1968) hat gezeigt, daß 4-Nitrochinolin-1-oxyd (4NCO) für Bakterien ein aktives Mutagen ist. Schäden durch dieses Agens werden vom Dunkelreparatursystem wirksam repariert. 4NCO zeigt auf *Bacillus subtilis* eine inaktivierende Wirkung, die der des ultravioletten Lichtes ähnlich ist (FOLKNER, KADLUBAR, 1968). MALKIN und ZAHALSKY (1966) haben festgestellt, daß 4NCO in der DNS an Adenin gebunden wird.

Glykoside und Toxine. Die mutagene Wirkung von Glykosiden und Toxinen, die aus Pflanzen und Pilzen isoliert wurden, sind an *Salmonella, Drosophila*, Bohnen (MOH, 1970) und *Neurospora* (ONG, 1970) untersucht worden. Aus Bohnensamen (*Vicia faba*) wurden Katechine und Saponine isoliert, die eine antimutagene Wirkung aufwiesen (VINKLER, SMYSLOVA, 1967).

Polyimine. Die hohe mutagene Aktivität einiger Polyimine, die als Herbizide und Insektizide aber auch als Insekten sterilisierende Agentien benutzt werden, wurde in Experimenten von DRAKE (1963) mit Phagen und von SZYBALSKI (1958) an *E. coli*-Bakterien und von KANEY und ATWOOD (1964) an *Neurospora* gezeigt. Obwohl die Inaktivierungsgeschwindigkeit des Phagen *T4B* bei der Wirkung dieser Agentien in den Versuchen von DRAKE stark variierte, war die auf den Letaltreffer bezogene Mutationsfrequenz für alle untersuchten Stoffe annähernd gleich. Weil die verwendeten Stoffe bezüglich ihres chemischen Aufbaus bestimmten alkylierenden Agentien äußerst ähnlich sind (z. B. dem trifunktionellen Agens Triäthylenmelamin, TÄM),

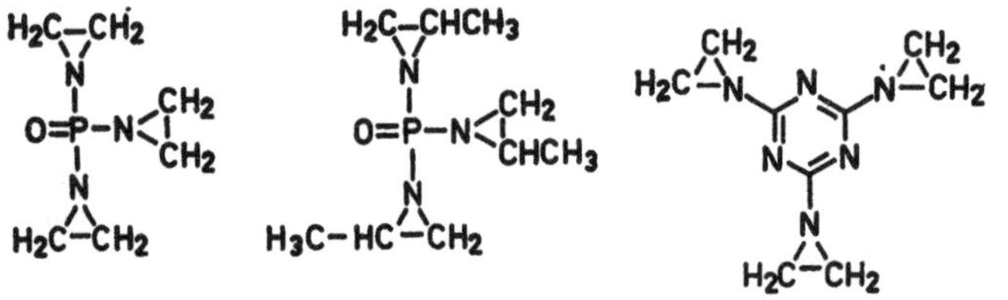

nimmt DRAKE an, daß diese Verbindungen allem Anschein nach wie alkylierende Verbindungen wirken. Der Autor bemerkt, daß ihre Anwendung als Agentien zur Insektensterilisation auf einen solchen Grad beschränkt werden muß, daß man ihre freie Ausbreitung in der Natur vermeidet, und insbesondere muß man vermeiden, daß sie in den Organismus des Menschen gelangen.

Nitrosoverbindungen. Es ist eine große Reihe zu den Nitrosoverbindungen gehörender Stoffe untersucht worden, die eine starke mutagene Wirkung auf alle Arten von Organismen ausüben — Dimethyl- und Diäthylnitrosamine (MALLING, 1966), N-Methyl-, Äthyl- und Propyl-N-nitrosoharnstoff (RAPOPORT, 1966; VELEMINSKY, GICHNER, 1970; VELEMINSKY et al., 1970), N-Methyl-N-nitrosoanilin (SHAMBULINGAPPA, 1968), N-Nitroso-N-methylurethan (CLARKE, 1969; GECHEFF, NICOLOFF, 1970) und andere.

Die ausschließlich hohe Mutagenität verdünnter Lösungen dieser Mutagene in vivo wird von einer geringen inaktivierenden Wirkung begleitet. Die mutagene Wirkung dieser Verbindungen ist offensichtlich nicht durch sie selbst bedingt, sondern durch irgendwelche, in der Zelle gebildeten Derivate von ihnen (FREESE, FREESE, 1966), am ehesten durch Radikale und durch alkylierende Abkömmlinge (SCHOENTAL, 1960; DRUCKREY et al., 1963). Möglicherweise entfalten Nitrosoverbindungen ihre genetische Aktivität nicht durch direkte Wirkung auf die DNS, sondern mittelbar z. B. über Reaktionen mit Proteinen (VELEMINSKY et al., 1970). Nitrosoverbindungen sind auch aktive Cancerogene.

Die Inaktivierung von transformierender DNS wurde unter der Wirkung von Nitrofurazon registriert (TERAWAKI, GREENBERG, 1965).

Wasserstoffperoxyd und organische Peroxyde sind Mutagene für *Drosophila* (SOBELS, 1956), Mäuseascitestumorzellen (SCHÖNEICH, 1967) und viele andere Organismen (WYSS, WIESEN, SCHAIBERGER, 1963).

Formaldehyd. Eine mutagene Wirkung ist für *Drosophila* beschrieben worden (ALDERSON, 1961; SOBELS, 1963). Zugleich ist es schwierig zu entscheiden, ob die Mutagenese (gewöhnlich wurden Letalmutationen berücksichtigt) eine Folge von Mutationen oder anderen letalen Ereignissen ist (FREESE, FREESE, 1966). ALDERSON (1961) meint, daß Formaldehyd Mutationen hervorruft, die auf die 6-Aminogruppe des Adenins einwirken.

5-Trifluormethyluracil. Ähnlich den Basenanaloga liefert es Mutationen vom Transitionstyp, allem Anschein nach ebenso wie BU (GOTTSCHLING, HEIDELBERGER, 1963).

KAPITEL 10

Strahlenmutagenese

Lange Zeit war die Strahlung das einzige Mittel zur künstlichen Einwirkung auf den Mutationsprozeß. Wir erinnern uns, daß gerade in den Versuchen mit ultravioletten und Röntgen-Strahlen der erste Beweis für die Möglichkeit einer künstlichen Erzeugung von Mutationen erreicht wurde.
Die sowjetischen Genetiker G. A. NADSON und G. S. FILIPPOV (1925) konnten in Versuchen mit Hefen und der amerikanische Forscher Herman MULLER (1927) in Experimenten mit *Drosophila* als erste den Prozeß der künstlichen Mutationserzeugung beschreiben. Die Bestrahlung bot sich als der Faktor dar, der A. S. SEREBROVSKIJ, N. P. DUBININ und anderen half, die Teilbarkeit des Gens zu beweisen (DUBININ, 1929, 1930a, 1930b, 1931a, 1931b; AGOL, 1929; GAJSINOVIČ, 1930; DUBININ, 1932a, 1932b; u. a.). Seitdem ist die Literatur, die die Strahlenmutagenese betrifft, zu einem kolossalen Umfang angewachsen. Eine Reihe von Autoren, darunter LI(LEA) (1963) und DUBININ (1961, 1963, 1964) haben zusammenfassende Darstellungen über die Situation der mit Strahlung zusammenhängenden genetischen Untersuchungen verfaßt.
Die erste hinreichend begründete Theorie der Strahlenwirkung auf die Erbsubstanz war die Treffbereichstheorie, die von CROWTHER (1938), TIMOFEEFF-RESSOWSKI, DELBRÜCK und ZIMMER (TIMOFEEFF-RESSOWSKI, DELBRÜCK, 1936; TIMOFEEFF-RESSOWSKI, ZIMMER, 1939) und LEA, HAINES und COULSON (1936) formuliert wurde. Nach dieser Theorie ist die Wahrscheinlichkeit für die Entstehung von Mutationen unter der Wirkung von Strahlung der Dosis proportional, hängt nicht von der Dosisleistung und nicht davon ab, ob die Dosis fraktioniert oder auf einmal gegeben wird. Gegenwärtig ist das Anwendungsgebiet der Treffbereichstheorie eingeengt worden. Vor allem wurde festgestellt, daß die Linearität der Dosiseffektkurve nur bis zu einer bestimmten Grenze gewahrt bleibt (s. Abschnitt „Große Bestrahlungsdosen" in Kapitel 10). Es wurde auch gezeigt, daß die Dosisleistung und die Fraktionierung der Bestrahlung eine beachtliche Bedeutung besonders in Verbindung mit den Reparaturprozessen haben. Die heutige Ansicht über die Treffbereichstheorie ist in der Monographie von K. CIMMER (ZIMMER) „Problemy količestvennoj radiobiologii" (Probleme der quantitativen Strahlenbiologie) (1962) dargestellt. Dort sind auch andere Theorien der Bestrahlungswirkung auf die Erbstrukturen beschrieben, die auf einer Betrachtung des Einflusses der durch die Bestrahlung gebildeten Radikale basieren.
Parallel mit der Änderung der Anschauung über die Stabilität und Inaktivität

der Erbstrukturen im Interphasenzustand, die bis in die fünfziger Jahre angenommen wurde, zur entgegengesetzten Ansicht, die der DNS vielgestaltige Reaktionen zur Aufrechterhaltung des notwendigen Syntheseniveaus in der Zelle zuschrieb, änderten sich auch die Vorstellungen von der Strahlenwirkung auf diese Strukturen. Diese Vorstellungen gruppierten sich um zwei Grundideen: die erste suchte die Ursachen der Verletzungen der Zellaktivität in Verletzungen fein angepaßter und oft parallel arbeitender Enzymsysteme — zum Beispiel infolge Schäden der Zellmembranen oder der Bildung von Antimetaboliten und Giften, die die Enzymsysteme vergiften (Schjeide, Mead, Myers, 1956), und die zweite behandelte die Verletzung der Zellen als Folge einer Modifikation wichtiger Makromoleküle und Makrostrukturen vom Typ der Nukleinsäuren oder Chromosomen (Li, 1963).

In beiden Fällen sind für uns die Wanderungen von Energie oder von Ladungen (Augenstein, 1963), die an einem Ort absorbiert wurden, zu anderen Orten der Zelle (insbesondere zu den Chromosomen und längs der Chromosomen) wichtig. Bei dieser Wanderung besitzen aller Wahrscheinlichkeit nach die Histone der Nukleoproteide eine wichtige Bedeutung (Zirkle, Uretz, 1960; Alexander, Lett, Ormerod, 1961). Die Bestrahlung trockener Lachsspermien mit γ-Strahlen bei 77°K lieferte ein annähernd einheitliches Spektrum der Elektronenspinresonanz (ESR), während bei Zimmertemperatur das ESR-Spektrum die bevorzugte Entstehung von Radikalen in den Proteinen der Nukleoproteide und die nachfolgende Übertragung des Radikalzustandes auf die DNS anzeigte (Alexander, Lett, Ormerod, 1961). Bei der Ultraviolettbestrahlung wurde eine solche Wanderung von den Proteinen zur DNS nicht beobachtet, und hauptsächlich wurde die DNS geschädigt (Kirby-Smith, 1960).

Weiter oben haben wir ziemlich eingehend (s. Kapitel 6) die Verletzungen der DNS nach Ultraviolettbestrahlung betrachtet. Dimerisationen benachbarter Pyrimidinbasen (besonders der Thymine), Hydratationen von Cytosin und Uracil, Vernetzungen der Hydrate mit Proteinen — das sind die Hauptprodukte der Reaktion von Ultraviolettbestrahlung mit Erbstrukturen, wie man sie sich heute vorstellt. Bedeutend komplizierter verhält es sich mit ionisierenden Strahlen, und das Bild ihrer Einwirkung auf DNS und RNS ist bedeutend weniger verständlich. Vor allem ist unklar, wie das Verhältnis zwischen der „direkten" (Ionisation innerhalb des empfindlichen Treffbereichs) und der „indirekten" (Reaktion infolge von Radikalen, die außerhalb des empfindlichen Volumens gebildet werden und danach in das Innere dieses Volumens eintreten) Wirkung der Strahlung beschaffen ist. Es ist klar, daß die Radiolyseprodukte des Wassers eine sehr große Rolle spielen, und eine zahlreiche Literatur und eine Reihe von Theorien — siehe die ausführliche Zusammenfassung von Scholes (1963) — wurden diesem Prozeß gewidmet. Zweifellos gibt es einen wesentlichen Unterschied zwischen den Reaktionen der Bestrahlung in sauerstoffhaltigem und sauerstofffreiem Medium. Obwohl es offensichtlich ist, daß der Sauerstoff an der Bildung der Radikale aktiv beteiligt ist, beschränkt sich dessen Rolle schwerlich nur hierauf, und das Problem des Sauerstoffeffektes wartet noch auf seine Lösung.

Offensichtlich ist die beste Beschreibung der molekularen Ursachen der Mutagenese bei der Wirkung ionisierender Strahlung von ORGEL (1965) gegeben worden; er führt die Endformeln für die durch die Bestrahlung modifizierten Basen an, wobei er sich nicht auf die Einzelheiten der Beschreibung des Weges einläßt, die zu diesen Endprodukten führen. Eine detaillierte Analyse der Reaktionen, die zu diesen Produkten führen, kann man in der Übersicht von SCHOLES (1963) finden, und indem wir den Leser zur eingehenden Bekanntschaft mit dem Problem auf diese Übersicht verweisen, wollen wir nur die Schlußetappen der Reaktionen anführen.

Molekulare Folgen der Bestrahlung mit ionisierender Strahlung

Pyrimidinbasen

Zerstörung der Ringe

Der stärksten Zerstörung unterliegt das Cytosin, während zwei andere Pyrimidinbasen ungefähr den gleichen Wert an Zerstörung ergeben, wie es mit drei unabhängigen Verfahren gemessen worden ist: spektrofotometrisch, mit Hilfe der Papierchromatografie und der Reaktion mit Brom (Tab. 23).

Tabelle 23

Zahl geschädigter Moleküle (Zerstörung) von Pyrimidinbasen je 100 eV bei Einwirkung von Röntgenstrahlen (200 kV) auf wäßrige Lösungen der Basen ($2 \cdot 10^{-4}$ M) im Beisein von Sauerstoff (1 at), pH 5,2 (SCHOLES, WEISS, 1960)

Base	Spektrofotometrische Methode	Papierchromatografie	Reaktion mit Brom
Thymin	1,89	1,96	1,89
Cytosin	2,05—2,28	2,16	—
Uracil	1,93	—	1,88
Dimethyluracil	1,85	1,91	—

Strahlenprodukte

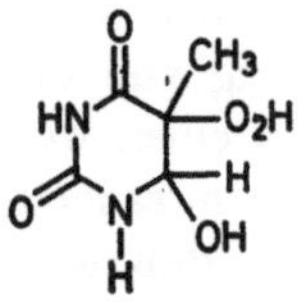

5-Peroxy-6-hydroxy=thymin

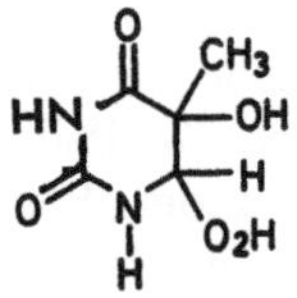

5-Hydroxy-6-peroxy=thymin

Die Bestrahlung wäßriger Lösungen von Thymin und Uracil in Sauerstoff führt zur Bildung organischer Peroxydverbindungen, die nach dem Bruch der 5,6-Doppelbindung entstehen (SCHOLES, WEISS, WHEELER, 1956; EKERT, MONIER, 1959). Das Produkt stellt ein Gemisch von 80% cis- und 20% trans-Isomeren dar (LATARJET, EKERT, APELGOT, REBEYROTTE, 1961).

Bei der Bestrahlung neutraler Lösungen von Cytosin wurde eine unbedeutende Menge Peroxyde festgestellt, was am ehesten als Folge ihres Zerfalls erklärt wird. Bei Erniedrigung des pH-Wertes wächst die Menge der Peroxydbildungen, aber ihre anschließende Übertragung in ein Medium mit erhöhtem pH führt erneut zu ihrem Zerfall.

EKERT und MONIER (1960) haben mit Hilfe der Ionenaustausch-Chromatografie drei Bestrahlungsprodukte von Cytosinlösungen in sauerstoffhaltigem Medium isoliert, und sie konnten gegenseitige Umwandlungen dieser Produkte feststellen: (s. S. 362)

Als Endprodukt der Reaktion erscheint Isobarbitursäure. Bei Fehlen von Sauerstoff werden mehr als 10% des Cytosins desaminiert und in Uracil umgewandelt, was, wie wir wissen, zu Mutationen vom Transitionstyp führt. In neutralen Lösungen nimmt die Zerfallsgeschwindigkeit der Peroxyde der Pyrimidinbasen in folgender Reihe ab: Thyminperoxyd $>$ Uracilperoxyd $>$ Dimethyluracilperoxyd $\gg$ Cytosinperoxyd (SCHOLES, 1963).

Im Laboratorium von L. GROSSMAN (ONO, WILSON, GROSSMAN, 1965) wurde gezeigt, daß die wahrscheinlichste mutagene Folge der DNS-Bestrahlung der Übergang von Cytosin in Uracil ist. Das letztgenannte wird sich nicht wie Cytosin mit Guanin paaren, sondern mit Adenin, als dessen Folge die Transition des GC-Paares in das AT-Paar erfolgt.

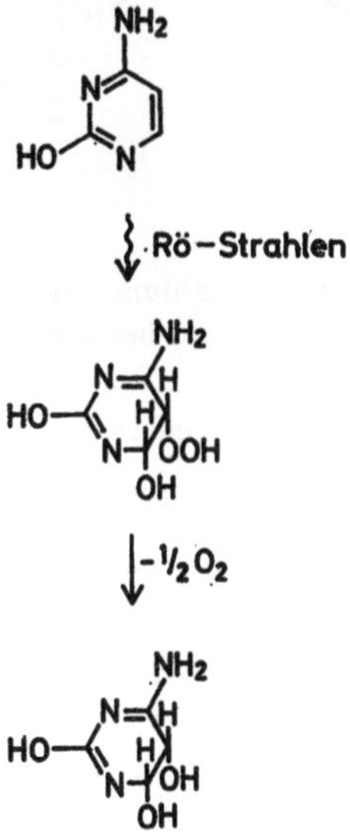

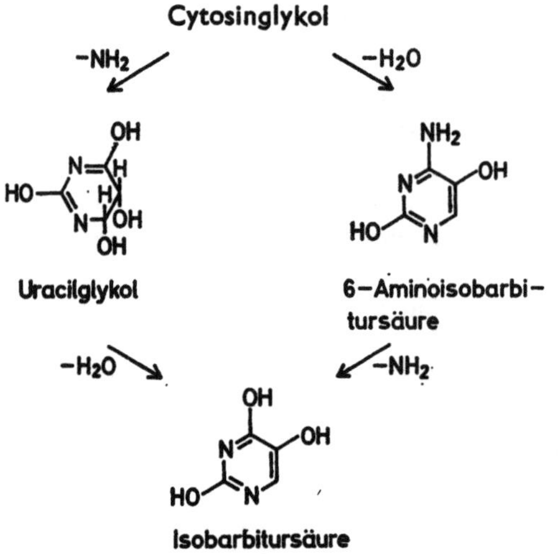

Purinbasen

Die Purinbasen sind resistenter gegen die Bestrahlung als die Pyrimidinbasen (vgl. Tabellen 23 und 24).
Die Bestrahlung von Adenin wird nach Meinung von Scholes (1963) von einem Bruch der 5,6-Bindung begleitet und folgt der Gleichung

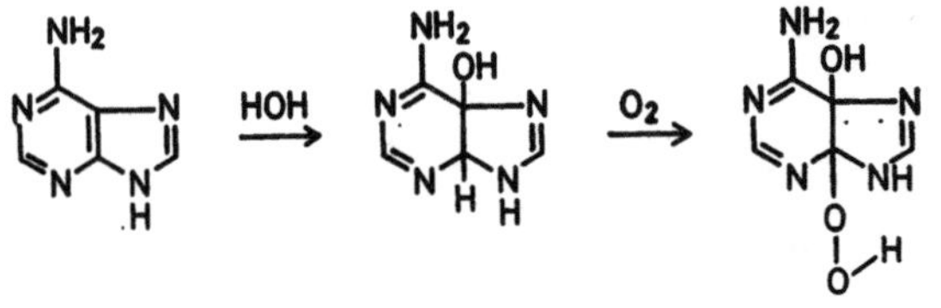

Tabelle 24

Zerstörung der Purinbasen bei Bestrahlung wäßriger Lösungen der Basen mit Röntgenstrahlen in Sauerstoff (1 at) bei pH 5,1 (Scholes, Weiss, 1960)

Base	Größe G*, Bestimmungsmethode		
	spektrofotometrisch	Papierchromatografie	Fällung mit Silbersalzen
Adenin	1,09	1,13	1,00
Xanthin	1,36	1,32	1,40
Harnsäure	1,39	1,48	1,31

* Zahl der geschädigten Moleküle je 100 eV absorbierter Energie

Verbindung	Zahl der geschädigten Moleküle je 100 eV absorbierter Energie
Adenin	1,09
Adenosin	0,92
Adenylsäure (3′)	0,75
Adenylsäure (5′)	0,75
Desoxyadenosin	0,94
Desoxyadenylsäure (5′)	0,76
Desoxyguanosin	0,87
Desoxyguanylsäure	0,78
Cytosin	2,05–2,28
Cytidin	1,89–2,35
Cytidylsäure (3′)	1,77–2,13
Desoxycytidin	1,98–2,19
Desoxycytidylsäure (5′)	1,90–2,15
Thymin	1,9
Thymidin	1,76
Thymidylsäure (5′)	1,65
Uracil*	1,93
Uridin**	1,72
Uridylsäure (3′)***	1,65

* pH 5,3 ** pH 5,3–7,0 *** pH 3,8–7,0

Conlay (1963) meint, daß das Hauptprodukt der Röntgenbestrahlung von Adenin ein oxydiertes Derivat des Adenins ist:

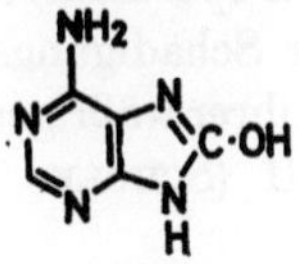

Neben diesem können pyrimidinartige Verbindungen gebildet werden. Die Reaktionskette, die die Veränderungen des Adenins nach seiner Bestrahlung begleitet, kann folgendermaßen dargestellt werden:

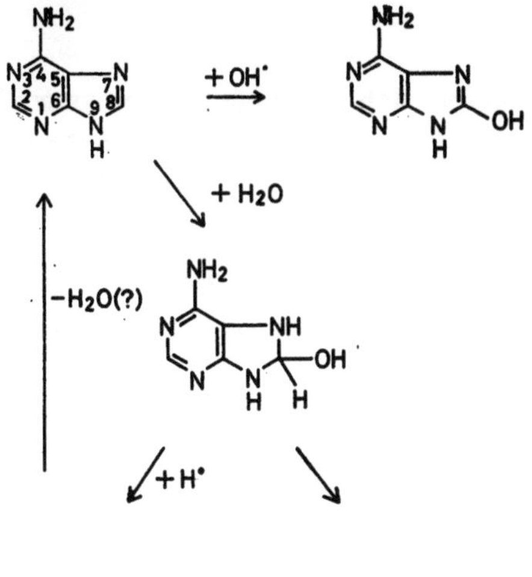

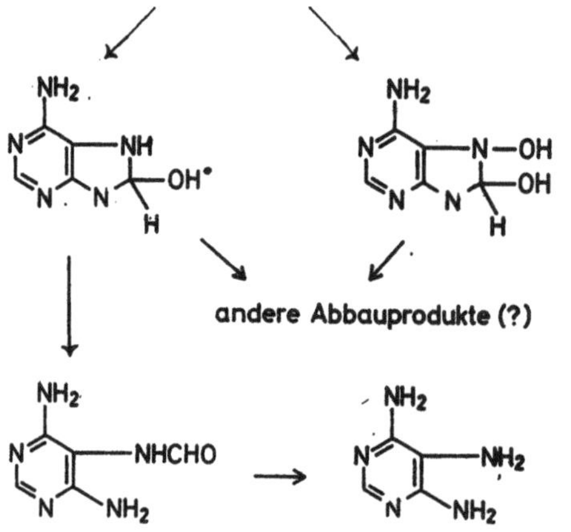

Bei der Bestrahlung von Guanin wird ein Bruch des fünfgliedrigen Ringes (HEMS, 1958) und die Bildung des folgenden Produkts beobachtet:

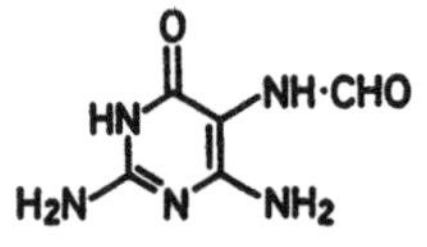

Die Bestrahlung von Guanylsäure oder Guanosin kann entweder zur Bildung der entsprechenden Säure oder des Ribosids, oder zur Depurinisierung führen. Abschließend wollen wir Daten über die Ausbeuten der Schädigungsreaktionen von Basen, Nukleotiden und Nukleosiden bei Bestrahlung ihrer wäßrigen Lösungen ($2 \cdot 10^{-4}$ M, pH 7,0) mit Röntgenstrahlen in Sauerstoff (SCHOLES, 1963) anführen (s. S. 363 oben).

Kinetische Gesetzmäßigkeiten der mutagenen Wirkung der Bestrahlung

Gemäßigte Dosen

Oben wurde schon daran erinnert, daß DELBRÜCK, TIMOFEEFF-RESSOVSKY, ZIMMER, LEA und andere die Treffbereichstheorie in der Anwendung auf die genetische Strahlenwirkung entwickelt haben. Bei der Untersuchung der Abhängigkeit der Frequenz der Punktmutationen von der Bestrahlungsdosis hat TIMOFEEFF-RESSOVSKY (1934) an einem sehr großen experimentellen Material (es wurde von ihm die Nachkommenschaft von 60000 *Drosophila*-Individuen untersucht) eine lineare Abhängigkeit der Frequenz der geschlechtsgebundenen Letalmutationen gezeigt:

$$M = \alpha N D,$$

wo M — die Menge der beobachteten Mutationen, N — die Zahl der untersuchten Chromosomen, D — die Bestrahlungsdosis und α — eine Konstante ist, die die Wahrscheinlichkeit der Mutationsentstehung bei der Bestrahlung mit der Dosis 1 R widerspiegelt (Abb. 104).

Die Linearität der Frequenz von Punktmutationen wurde in vielen Arbeiten an verschiedenen Organismen beschrieben: am Beispiel der Hin- (BEL'GOVSKIJ, 1939) und Rückmutationen bei *Drosophila* (GEPTNER, DEMIDOVA, 1936), an Gerste (STADLER, 1928), Löwenmaul (NOETHLING, STUBBE, 1936), Mikroorganismen (GILES, 1952) usw., und erlangte die Bedeutung einer allumfassenden Regel.

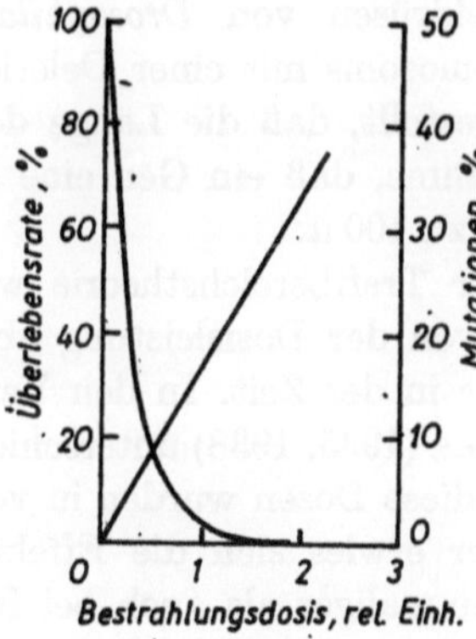

Abb. 104. Kurven des Überlebens und der Induktion von Mutanten unter Bedingungen von Reaktionen, die einer Kinetik erster Ordnung unterliegen

Diese Regel erstreckte sich auf einen breiten Dosisbereich von den allerkleinsten (5—25 R) (SPENCER, STERN, 1948; UPHOFF, STERN, 1949; GLEMBOCKIJ, ABELEVA, LAPKIN, 1960) bis 300—5000 R für *Drosophila* (TIMOFEEFF-RESSOVSKY, 1937) und bis 40 kR für *Neurospora* (GILES, 1952) und wurde für alle untersuchten Strahlenarten beschrieben. Erst mit dem Übergang zu großen Bestrahlungsdosen wurde die Linearität der Mutabilität verletzt und das sogenannte Maximum-Phänomen festgestellt (s. den folgenden Abschnitt, aber auch SOJFER, 1966a).

Die Proportionalität von Mutationszahl und Dosis gestattet anzunehmen, daß die Mutation die Folge eines einzigen Aktes der Wechselwirkung von Strahlung und empfindlichem Volumen oder Treffbereich ist. Hiervon ausgehend wurden Versuche unternommen, das Volumen dieses Treffbereiches auszurechnen. Da man annahm, daß das Gen als Treffbereich erscheint und die Mutation eine Veränderung des ganzen Gens zugleich ist[1]), wurden diese Berechnungen der Abmessungen des Treffbereiches als eine erste Abschätzung des Genvolumens angesehen. D. LEA (1955) hat unter Benutzung der von ihm selbst erarbeiteten Berechnungsmethoden bestimmt, daß als kleinstes Volumen des genetischen Materials, das Mutationen durchgemacht hat, eine Struktur mit dem Durchmesser 20—60 Å erscheint. Heute wissen wir, daß eine Punktmutation mit der

---

[1]) Nach Arbeiten von DUBININ u. a. über den stufenweisen Allelomorphismus mußte man auf eine solche Annahme verzichten.

Änderung eines Nukleotidpaares mit linearen Abmessungen von 3,4—20 Å zusammenhängt, was mit der von D. LEA erhaltenen Größe zusammenfällt. Als anderes Beispiel für die Genauigkeit strahlenbiologischer Abschätzungen diente die Bestimmung von Virusgrößen. Nach dem Auftauchen der Methode der Elektronenmikroskopie gelang es, die von LEA berechneten Zahlen mit den realen Werten der Virusgrößen zu vergleichen und zu zeigen, daß sie zusammenfallen.

Man sollte erwähnen, daß die ersten Versuche, die exakte Größe des Gens anzugeben, in den zytologischen Experimenten von H. MULLER und A. A. PROKOFYEVA-BELGOVSKAYA (1935) unternommen worden sind. Nach Messung der Länge des X-Chromosomens der Speicheldrüsen von *Drosophila* im Lichtmikroskop und auch der Länge eines Chromosoms mit einer Deletion, die zwei Scheiben umfaßt, haben die Autoren festgestellt, daß die Länge des fehlenden Stückes 200 μ betrug, und unter der Annahme, daß ein Gen eine Scheibe einnimmt, berechneten sie die Länge des Gens zu 100 μ.

Die zweite wichtige Verallgemeinerung der Treffbereichstheorie war die Vorstellung, daß der genetische Effekt nicht von der Dosisleistung abhängt, d. h. von der Verteilung der Bestrahlungsenergie in der Zeit. In den Versuchen von N. W. TIMOFEEFF-RESSOVSKY und K. ZIMMER (1935, 1938) unterschieden sich die untersuchten Dosen um das 300fache, und diese Dosen wurden in verschiedenen Zeitintervallen gegeben. Nichtsdestoweniger erwies sich die Effektivität einer beliebigen verabfolgten Dosis sowohl bei einmaliger als auch bei fraktionierter Bestrahlung als gleich.

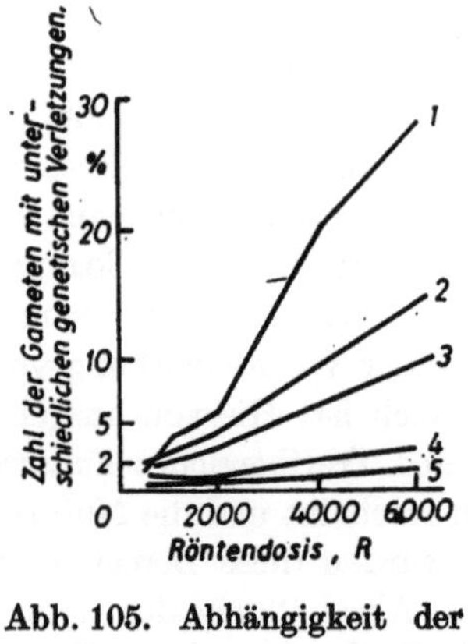

Abb. 105. Abhängigkeit der Menge von Chromosomenaberrationen und Letalmutationen von der Dosis der Röntgenstrahlen

1 — Häufigkeit der Chromosomenumbauten; 2 — Häufigkeit der geschlechtsgebundenen Letalmutationen; 3 — Häufigkeit geschlechtsgebundener Letalmutationen, die von Chromosomenumbauten frei sind; 4 — Häufigkeit der Letalmutationen, die mit Chromosomenumbauten zusammenhängen; 5 — Wahrscheinlichkeit zufälligen Zusammenfallens zweier Letalmutationen im X-Chromosom (DUBININ u. a., 1941)

Schon vorher hatte Muller (1930) keinen Einfluß der Dosisfraktionierung bei Unterschieden der Bestrahlungsintensität um den Faktor 10000 festgestellt, und in den Versuchen von Uphoff und Stern (1949) erreichten diese Unterschiede 5 Größenordnungen.

Die Untersuchung der kinetischen Gesetzmäßigkeiten der mutagenen Wirkung der Bestrahlung schloß ein drittes wichtiges Moment mit ein, und zwar: die Aufklärung der Rolle der Strahlungsdichte. Šechtman und Kljupfel' (1930) und W. P. Éfroimson (1931) haben festgestellt, daß harte und weiche Röntgenstrahlen ein und dieselbe Menge an Mutationen bei einer vorgegebenen Dosis hervorrufen. Gleiche genetische Effektivität von Röntgen-, γ- und β-Strahlen bei einer Dosis wurde von Timofeeff-Ressovsky (1937) und Zimmer (1937) beschrieben. Die Unterschiede in der genetischen Effektivität der genannten Strahlenarten einerseits und der Neutronenstrahlung andererseits hängen auch mit den Unterschieden der Ionisationsdichte zusammen, die von diesen Strahlenarten erzeugt werden (Širokov, 1961).

Eine lineare Abhängigkeit von der Dosis wurde nicht nur für Punktmutationen sondern auch für Chromosomenumbauten festgestellt. Eine detaillierte Analyse der Menge von Chromosomenaberrationen und Letalmutationen in Abhängigkeit von der Röntgendosis wurde von N. P. Dubinin, V. V. Chvostova und V. V. Mansurova (1941) durchgeführt. Insgesamt wurden 29480 Kulturen von *Drosophila* untersucht, die mit Röntgendosen von 500 bis 6000 R bestrahlt worden waren. Aus den erhaltenen 1270 Letalen wurden 500 zytologisch (an den Riesenchromosomen) untersucht, und bei 4137 Larven der ersten Generation wurden Chromosomenumbauten untersucht. Auf Abb. 105 sind die Daten ihres Versuches dargestellt, die für den linearen Charakter der Frequenz aller untersuchten Mutationen zeugen.

Abweichungen von der linearen Abhängigkeit der Dosiseffektkurve wurden von vielen Autoren bei der Bestrahlung transformierender DNS beschrieben (Ephrussi-Taylor, Latarjet, 1955; Lerman, Tolmach, 1959). Die Überlebenskurve der transformierenden DNS besaß ein geneigtes Aussehen selbst in jenen Dosisbereichen, in denen gewöhnlich eine deutliche lineare Abhängigkeit beobachtet

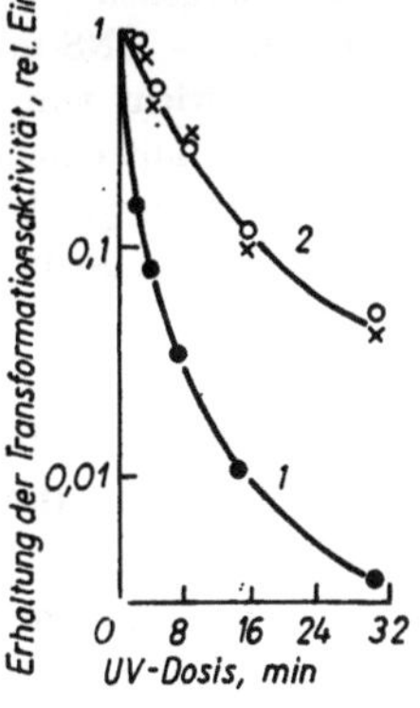

Abb. 106. Inaktivierung der Transformationsaktivität der DNS von *B. subtilis* durch die Einwirkung von UV-Strahlen

1 — nicht degradierte DNS vom Molekulargewicht $9 \cdot 10^6$; 2 — Kreise — DNS, die vor der Bestrahlung bis zu einem Gewicht von $1{,}4 \cdot 10^6$ abgebaut wurde; Kreuze — DNS, die nach der Bestrahlung bis zum Gewicht von $1{,}4 \cdot 10^6$ abgebaut wurde (Scholes, Hutchinson, Hales, 1967)

wird. Zur Erklärung dieses Phänomens wurde zwei Annahmen vorgebracht. Nach der ersten von ihnen hängt die Wahrscheinlichkeit der Entstehung eines Schadens im „kritischen" Abschnitt sowohl von der Länge des Moleküls als auch von der Anhäufung von Schäden in der DNS ab. Die zweite Erklärung basierte auf der Annahme, daß die biologische Aktivität transformierender DNS dadurch bestimmt wird, wie die geschädigte DNS in das Genom des Rezipientenbakteriums integriert werden wird (MARMUR, ANDERSON, MATTHEWS, BERNS, GAJEWSKA, LANE, DOTY, 1961).

Die Wahl zwischen diesen zwei Alternativen wurden von SCHOLES, HUTCHINSON und HALES (1967) getroffen. Die Autoren führten zwei Serien von Experimenten durch. In der ersten wurden Kurven der Bewahrung der Transformationsaktivität von *B. subtilis*-DNS verschiedener Größen bei Ultraviolettbestrahlung aufgenommen. Im ersten Versuch wurde die DNS von dem Molekulargewicht $9 \cdot 10^6$ bis zu einem Molekulargewicht von $1{,}4 \cdot 10^6$ zerlegt und danach bestrahlt (Abb. 106). Im zweiten Versuch wurde die DNS mit dem Molekulargewicht $9 \cdot 10^6$ zuerst bestrahlt und danach bis zu einem Molekulargewicht von $1{,}4 \cdot 10^6$ zerlegt.

In beiden Fällen wurden identische Zahlen erhalten; dies zeugt dafür, daß die Erhaltung der Transformationsaktivität nicht davon abhängt, ob die Zerlegung der DNS vor oder nach der Bestrahlung erfolgt, und spricht für die Richtigkeit der zweiten Erklärung. Die Behauptung, daß bei der Formgebung der Dosiseffektkurve für transformierende DNS nicht der Charakter der Wechselwirkung von Strahlung und DNS bestimmend ist, sondern der Charakter des Einbaus der transformierenden DNS in das Genom, erhielt eine Bestätigung nach der zweiten Serie von Experimenten dieser Autoren. In dieser Versuchsserie wurde die Zahl der Thymindimere bestimmt, die in der DNS bei ihrer Bestrahlung vor und nach der Zerlegung entstehen. In beiden Fällen wurden zusammenfallende Kurven erhalten (Abb. 107).

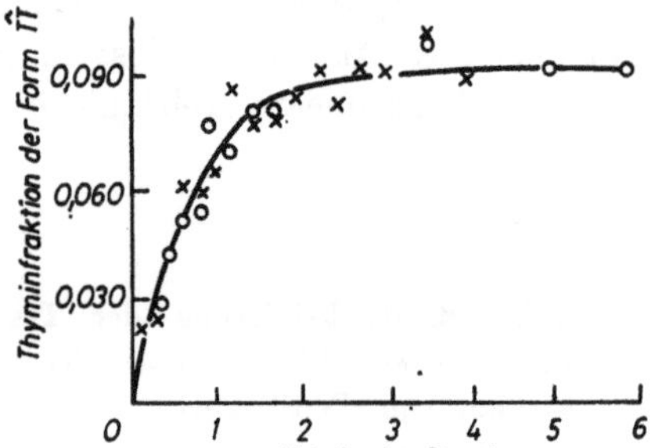

Abb. 107. Anteil der Thymine, die in die Dimerform in transformierender DNS von *B. subtilis* nach Behandlung mit UV-Strahlen übergehen
Kreuze — DNS mit einem Molekulargewicht von $6 \cdot 10^6$; Kreise — DNS mit einem Molekulargewicht von ungefähr 165000 (SCHOLES, HUTCHINSON, HALES, 1967)

Es ist interessant, daß im Bereich jener Dosen, bei denen die Überlebenskurve der Transformationsaktivität aufgenommen wurde, die Kurve der Entstehung von Thymindimeren einen linearen Charakter besitzt. Auf diese Weise haben die Autoren gezeigt, daß die Form der Überlebenskurve transformierender DNS durch den Einfluß der Bestrahlung auf die Länge des bei der Transformation

eingebauten Fragments bestimmt wird und nicht von der Schädigung hypothetischer „kritischer" Abschnitte abhängt.
Interessanterweise führt die Zerlegung der DNS selbst zu einer Abflachung der Kurve, wie es aus der Gegenüberstellung der Kurven „1" (s. Abb. 106) für eine unzerstörte DNS-Probe und „2" für zerstörte Proben ersichtlich ist.

Große Bestrahlungsdosen

Eine quantitative Untersuchung der Wechselwirkung von Strahlung und lebender Materie hat gezeigt, daß die Überlebenskurven als Lösungen einer kinetischen Gleichung erster Ordnung erscheinen und die Dosiseffektkurven für Punktmutationen einen Eintreffer-Charakter besitzen, woraus mit einem hinreichenden Grad von Wahrscheinlichkeit folgt, daß jede Mutation das Resultat eines einzigen Schadensaktes des Erbmaterials ist. Solange die Forscher noch nicht zu hohen Bestrahlungsdosen übergegangen waren, stieg die Größe der von ihnen festgestellten Zahl von Mutationen linear mit der Dosis an.
In den ersten Arbeiten ging man bei der Berechnung der Mutabilitätskurven folgendermaßen vor. Die Zahl der Mutanten, die man bei jeder Bestrahlungsdosis erhalten hatte, wurde auf den Umfang der anfänglich zur Bestrahlung genommenen Population bezogen. Unter Verwendung eines solchen Verfahrens haben Wyckoff (1930) und später Lea, Haines und Coulson (1936) das Verhalten der Kurve der Abhängigkeit der Mutationen von der Dosis bei großen Dosiswerten berechnet und gezeigt, daß diese Kurve ein Maximum haben muß. Sie gingen von zwei Annahmen aus: 1) der Tod der Bakterienzelle erscheint als Folge der Entstehung einer Letalmutation; 2) überlebende Mutanten müssen nicht die Empfindlichkeit der Zellen für die Strahlung verändern. Entsprechend der Formel „ein Treffer — Tod" muß der Logarithmus der Überlebensrate linear mit der Behandlungszeit abnehmen

$$\frac{dU}{dt} = -kU \tag{1}$$

oder

$$ln\frac{U}{U_0} = -kt, \tag{2}$$

wo U_0 — die Zahl der Zellen vor der Bestrahlung, U — die Zahl der zum Zeitpunkt t überlebenden Zellen und k — eine von der Strahlungsleistung abhängige Konstante ist. Unter Berücksichtigung dieser Berechnungen und dazu der Voraussetzung, daß Mutanten und Nichtmutanten eine unterschiedliche Sterblichkeit haben, betrachteten Roepke und Mercer (1947) die Dynamik der Kurve der Entstehung von Mutationen auf die anfänglich genommene Population bezogen und zeigten, daß diese Kurve ein Maximum besitzt. Die Schlußfolgerungen von Roepke und Mercer bestätigten die Resultate, die experimentell bei der Ultraviolettbestrahlung an Sporen von *Neurospora crassa* erhalten wurden (Hollaender, Emmons, 1941).

Jedoch bald darauf waren die Strahlenbiologen genötigt, die genannte Berechnungsmethode der Zahl der Mutationen (und zwar: den Bezug der erzielten Zahl von Mutanten auf den Umfang der anfänglich zur Bestrahlung genommenen Population) als völlig uncharakteristisch zu verlassen und zu einer anderen Methode überzugehen: zur Bestimmung der Mutierfrequenz wurde die Zahl der Mutanten, die bei Bestrahlung mit einer bestimmten Dosis erhalten worden war, auf die Zahl der Zellen bezogen, die nach der Applikation dieser Dosis überlebten. Eine einfache Betrachtung hat gezeigt, daß unter diesen Bedingungen die Kurve der relativen Mutationsfrequenz kein Maximum haben mußte. Da nach großen Dosen die Zahl der überlebenden Zellen nicht groß sein wird, so schien es höchst wahrscheinlich, daß jede der überlebenden Zellen letztendlich die untersuchte Mutation tragen wird. Dann wird das Verhältnis der Zahl solcher Mutationen zur Zahl der überlebenden Zellen bei Vergrößerung der Dosis dem Wert eins zustreben. Die Experimente haben jedoch gezeigt, daß dies nicht so ist.

Das Phänomen des Maximums bei Mikroorganismen

Emmons und Hollaender (1939) haben bei der Untersuchung der Dynamik des Mutierens von *Trichophyton mentagrophytes* unter Ultraviolettbestrahlung festgestellt, daß mit Vergrößerung der Dosis die Kurve des Verhältnisses von Mutationszahl zur Zahl überlebender Individuen anfangs ein Plateau erreicht und danach abzufallen beginnt (Abb. 108). Bei Bestrahlung von *Neurospora*sporen (Hollaender, Sansome, Zimmer, Demerec, 1945) mit ultravioletten Strahlen wurde eine Kurve der relativen Mutationsfrequenz mit Maximum bei Erreichung von Dosen von $8 \cdot 10^4$—$1{,}9 \cdot 10^5$ erg/cm² erhalten. In den Versuchen dieser Forschergruppe führte die Röntgenbestrahlung nicht zum Umkippen der Mutabilitätskurve. Obwohl es bei der Röntgenbestrahlung lange Zeit nicht gelang, das Phänomen des Maximums zu erhalten, wurde diese Erscheinung nichtsdesto-

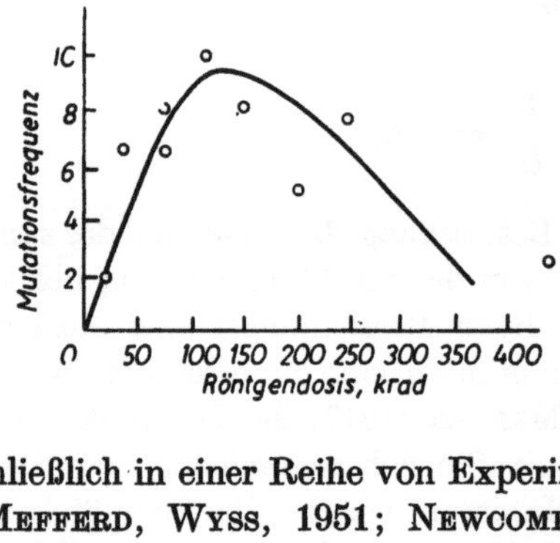

Abb. 108. Induktion von Mutationen bei *Trichophyton* durch Röntgenstrahlen (Hollaender, Emmons, 1941)

weniger schließlich in einer Reihe von Experimenten festgestellt (Kelner, 1948; Jordan, Mefferd, Wyss, 1951; Newcombe, Whitehead, 1951; Gwatkin, Gottlieb, 1956). In den Versuchen von Kelner (1948) wurde bei der Bestrahlung von Sporen des *Streptomyces flaveolus* mit Röntgenstrahlen bei einer Dosis von 200 kR eine Sättigung der Mutabilitätskurve beobachtet, und bei weiterer Ver-

größerung der Dosen erfolgte ein Abfall des Verhältnisses von Mutantenzahl zur Zahl der überlebenden Individuen. Ein interessantes Resultat wurde von N'JUKOMB (1956) bei der fraktionierten Bestrahlung von *Streptomyces*-Sporen erzielt. Die Sporen wurden mit einer Dosis von 8000 R bestrahlt, dann 8 Std. bebrütet und danach erneut mit der gleichen Dosis bestrahlt. Nach der ersten Bestrahlung mit anschließender 8-stündiger Inkubation, aber ohne die wiederholte Bestrahlung, überlebten 1,95% der anfänglichen Population, die zweite Bestrahlung ergab fast keine zusätzliche Sporenvernichtung, und der Prozentsatz der Überlebenden betrug 1,85. Auf Grund dessen zog NEWCOMBE den Schluß, daß die am Leben bleibende Population gegen die Bestrahlung resistent ist.
Bei der Diskussion der NEWCOMBEschen Arbeit teilte LATARJET (1956) unter Hinweis auf seine früheren Arbeiten (LATARJET, 1949) mit, daß von ihm ein noch deutlicherer Abfall der Mutationszahl bei Ultraviolettbestrahlung am Bakteriophagen *T2* nach Erreichen einer Dosis von 5000 erg/mm² erhalten wurde (Abb. 109). Mutabilitätskurven mit Maximum wurden mehr als einmal im Laboratorium von S. I. ALICHANJAN bei Bestrahlung mit verschiedenen Strahlenarten (Ultraviolett, Röntgen, γ-Strahlen u. a.) an vielen Bakterien und Pilzen erhalten (ALICHANJAN, GOL'DAT, TETERJATNIK, 1957; ALICHANJAN, KLEPIKOVA, MINDLIN, GARINA, ŽDANOVA, 1959; ALICHANJAN, EROCHINA, LJUBINSKAJA, 1960; ALICHANJAN, ŽDANOVA, 1960).

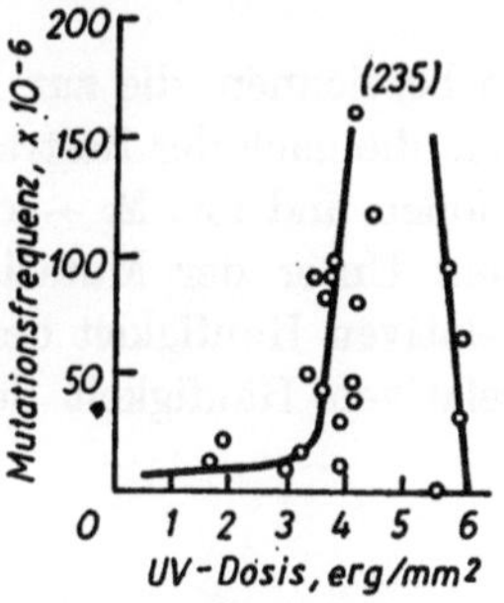

Abb. 109. Induktion von Mutationen beim Bakteriophagen *T 2* bei Behandlung des intrazellulären Virus mit UV-Strahlen (LATARŽE, 1956)

Der Maximumeffekt an Vielzellern und höheren Organismen

Das gleiche Phänomen wurde an Insekten und höheren Pflanzen beobachtet. SELL-BELEITIS und CATSCH (1942) erhielten ein deutliches Maximum der relativen Mutationshäufigkeit bei der Untersuchung der Einwirkung ultravioletter Strahlen auf *Drosophila* (Abb. 110). Eine deutliche Verminderung der Mutationsfrequenz wurde von EHRENBERG (1955) an Gerste bei der Untersuchung von Chlorophyllmutationen nach Röntgenbestrahlung der Samen mit Dosen im Bereich von 10 bis 15 kR gefunden. In dieser Arbeit hat der Autor zuerst festgestellt, daß die Bestrahlung mit Neutronen ebenfalls zur Entstehung eines Maximums der relativen Mutationsfrequenz führt.
Die Bestrahlung von *Drosophila*-Spermatiden mit Röntgenstrahldosen unter 100 R ergab die typische lineare Abhängigkeit der Mutationsausbeute von der

Dosis, aber bei Erhöhung der Dosis wich die Mutationsfrequenz stark von der erwarteten linearen Abhängigkeit ab (OSTER, 1959). Der gleiche Effekt wurde von RUSSELL (1956) an Mäusespermatogonien erhalten. Bei der Bestrahlung mit einer Dosis von 300 R betrug die absolute mittlere Zahl von Mutationen eines Locus 8,85 auf 10^5 Gameten. Bei Verdopplung der Dosis müßte man, wenn die lineare Abhängigkeit erhalten bliebe, 16,3 Mutationen auf die gleiche Zahl von Gameten erhalten, aber tatsächlich wurden nur 13,29 gefunden. Eine Bestrahlung aber mit der Dosis 1000 R lieferte insgesamt 10,63 Mutationen auf 10^5 Gameten bei 21,17 erwarteten.

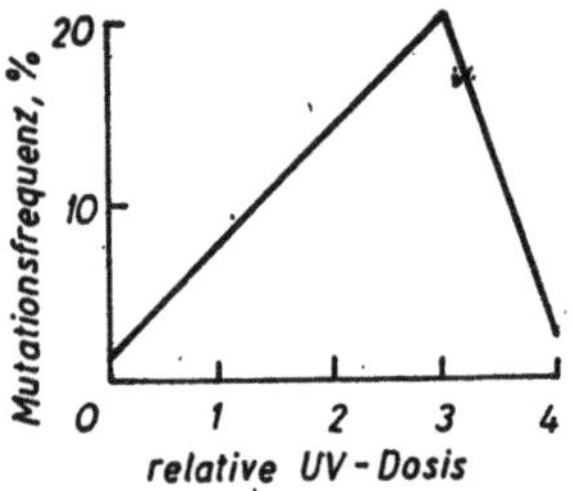

Abb. 110. Induktionskurve von Mutationen bei *Drosophila*, die durch die Einwirkung von UV-Strahlen hervorgerufen wurden (SELL-BELEITIS, CATSCH, 1942)

Formale Abschätzung der Möglichkeiten zur Entstehung eines Maximums

Wir wollen mit U_0 die Anfangszahl der Zellen bezeichnen, die zur Bestrahlung genommen wurden, mit U — die Zahl der Zellen, die nach der Bestrahlung überlebten, mit M_0 — die Zahl der Spontanmutationen und mit M — die Zahl der durch die Bestrahlung induzierten Mutationen. Unter der Mutationsfrequenz versteht man den Unterschied zwischen der relativen Häufigkeit der durch Bestrahlung induzierten Mutationen und der relativen Häufigkeit der Spontanmutationen.

$$\left(\frac{M}{U} - \frac{M_0}{U_0}\right). \qquad (3)$$

Wenn man die Ableitung dieser Funktion gleich Null setzt, erhält man die Bedingung des Maximums (diese Extremumbedingung wird in unserem Falle auch die Bedingung des Maximums sein, weil die Funktion bis zum Maximum eine monoton wachsende Funktion darstellte):

$$d\left(\frac{M}{U} - \frac{M_0}{U_0}\right) = \frac{U_0U(U_0dM - M_0dU) - (MU_0 - M_0U)\,U_0dU}{(U_0U)^2} = 0$$

Da weder U_0 noch U im Punkt des Maximums zu Null werden können, ist

$$\frac{dM}{dU} = -\frac{dU}{U}, \qquad (4)$$

was als Maximumbedingung für die Mutabilitätskurve erscheint.

Um die Ursachen zu verstehen, die die Erfüllung des Ausdrucks (4) bedingen, wollen wir HARM und STEIN (1956) folgend vereinbaren, es so anzusehen, daß $A(D)$ — die Funktion der Abnahme der Überlebenden bei einer bestimmten Dosis D ($A(0) = 1$; $A(\infty) = 0$); $A'(D) = a'(D) \cdot A(D)$ — die Funktion der Abnahme der Mutanten; $A'(0) = 1$; $A'(\infty) = 0$; $A''(D)$ — die Funktion der Abnahme der Spontanmutationen ($A''(0) = 1$; $A''(\infty) = 0$); $L(D)$ — die Funktion der Entstehung von Strahlenmutationen (unabhängig davon, ob diese Zellen inaktiviert werden oder nicht) ($L(0) = 0$; $L \leq 1$); $L(D) \cdot A'(D) = L(D) \cdot a'(D) \cdot A(D)$ — die Funktion der relativen Zahl überlebender Mutanten ist. Unter Verwendung dieser Bezeichnungen kann man schreiben:

$$M(D) = M_0 \cdot A''(D) + (U_0 - M_0) \cdot L(D) \cdot A(D);\; U(D) = U_0 \cdot A(D)$$

$$\frac{M}{U} = \frac{M_0}{U_0} \cdot \frac{A''}{A} + \frac{(U_0 - M_0)}{U_0} \cdot L \cdot \frac{A'}{A} - \frac{M_0}{U_0} a'' + \left(1 - \frac{M_0}{U_0}\right) L \cdot a'$$

Unter der Annahme $M_0/U_0 \ll 1$ und unter der Voraussetzung, daß die spontanen und strahleninduzierten Mutationen sich in ihrer Strahlenempfindlichkeit nicht unterscheiden, d. h. $a' = a'' = 1$, erhalten wir den üblichen Ausdruck für die Mutationsfrequenz

$$\frac{M}{U} = \frac{M_0}{U_0} + La'. \tag{4a}$$

Man kann experimentell prüfen, ob tatsächlich $a'' = 1$ ist, durch Vergleich des Absterbens der Spontanmutanten mit nichtmutierten Individuen. Bedeutend schwieriger ist a' abzuschätzen, weil wir im Experiment den Wert $L(D) \cdot A'(D) = L \cdot a' \cdot A$ erhalten und man nur hypothetisch die Funktion L in die Komponenten des Entstehens und Absterbens der induzierten Mutationen zerlegen kann. Man kann z. B., ausgehend von der Treffbereichstheorie, annehmen, daß

$$L = 1 - e^{-\mu D} \tag{5}$$

und wenn man die Größe $L \cdot a' \cdot A$ kennt, kann man versuchen, hieraus a' zu erhalten.

Zur Bestimmung des Maximums der Funktion kann man die Spontanmutationen M_0/U_0 vernachlässigen, und dann gilt

$$\frac{M}{U} = L \cdot a'. \tag{4b}$$

Als Bedingung für das Maximum verschwindet das Differential dieser Funktion $d(L \cdot a') = L \cdot da' + a'dL = 0$ oder

$$\frac{dL}{L} = \frac{da'}{a'}. \tag{6}$$

Unter Verwendung von Formel (5) für den Eintrefferprozeß und der Kenntnis aus zahlreichen Experimenten, daß die Abnahme der Überlebendenzahl exponentiell erfolgt, kann man a' darstellen wie folgt

$$a' = \frac{A'}{A} = \frac{e^{-\tau' D}}{e^{-\tau D}} = e^{-\Delta\tau D}, \tag{7}$$

wo $\Delta\tau = \tau - \tau'$ ist. Dann erhalten wir aus (5) und (7)

$$\frac{dL}{L} = \frac{-\mu e^{-\mu D}}{1-e^{-\mu D}} dD = \frac{\mu}{e^{\mu D-1}} dD; \frac{da'}{a'} = -\frac{\Delta\tau' e^{-\Delta\tau' D}}{e^{-\Delta\tau' D}} dD = -\Delta\tau' dD$$

Und nach (6) wird die Maximumbedingung der gesuchten Funktion:

$$\frac{\mu}{e^{\mu D} - 1} = \Delta\tau'. \tag{6a}$$

Hieraus ist ersichtlich, daß die Funktion $\Delta L/L$, die mit unendlich großen Werten bei der Dosis Null beginnt, bei wachsender Dosis solange abnimmt, bis man den Wert $\Delta\tau'$ erhält, und bei diesem erhält die Funktion ein Maximum. Man kann ebenfalls sehen, daß negative Werte von $\Delta\tau'$, die einem kleineren Exponenten des Absterbens der Mutanten im Vergleich zur Population als Ganzes entsprechen, kein Maximum liefern können.

Man kann versuchen, den Wert μ unabhängig von den Werten von $\Delta\tau'$ aus dem Anfangsverlauf der Kurven abzuschätzen. Für sehr kleine Dosen darf man bereits die spontanen im Vergleich zu den induzierten Mutationen nicht vernachlässigen, d. h.

$$\frac{M}{U} = \frac{M_0}{U_0} + (1 - e^{-\mu D})\, e^{-\Delta\tau' D}, \tag{8}$$

und indem man den letzten Ausdruck in eine Taylor-Reihe bis zum zweiten Glied entwickelt, erhält man

$$\frac{M}{U} = \frac{M_0}{U_0} + MD(1 - \Delta\tau' D), \tag{9}$$

d. h. bei solchen Dosen, außer der Frequenz der Spontanmutationen, die man auf experimentellem Wege bestimmen kann, hat der Faktor den Wert μ, was auch die Möglichkeit gibt, μ unabhängig von $\Delta\tau'$ zu bestimmen.

Aus dieser Betrachtung ist zu ersehen, daß aus der Annahme der Eintrefferwirkung der Bestrahlung und bei Berücksichtigung der anderen gemachten Annahmen ohne Zweifel das Maximum der Mutabilitätsfunktion folgt. Jedoch ändert die Annahme eines Ein- oder Mehrtreffervorganges nicht das Wesen der Sache. Bei Mehrtreffervorgängen würde man prinzipiell die gleichen Schlußfolgerungen erhalten, und nur der Wert des Exponenten μ wäre anders.

Erklärungsversuche des Maximumeffekts

Bei der Diskussion der Resultate seiner Versuche weist NEWCOMBE auf die gleichzeitig in der Literatur vorhandenen Hypothesen über die Ursachen des Maximums hin: Heterogenität der Population und das selektive Absterben der Mutanten. NEWCOMBE meint, daß ein selektives Absterben der Mutanten das Maximum nicht erklären kann. Obwohl er auch die Rolle der Heterogenität der Population beim Zustandekommen des Maximums verneint, zeugen seine eigenen Daten dafür, daß nach der ersten Bestrahlung die gegen eine weitere Bestrahlung resistente Population selektioniert wird, die durch größere Strahlenresistenz, aber kleinere Mutierfrequenz charakterisiert wird.

Zur Erklärung des Maximumphänomens schlägt NEWCOMBE vor, daß „bei hohen Strahlendosen eine Strahlen-Sättigung (oder ein anderer Einfluß) irgendeiner wesentlichen intrazellulären Reaktion eintritt, von der die Entstehung der Mehrzahl der Mutationen und offensichtlich partiell auch die Sterblichkeit abhängt". Hierbei führt die Bestrahlung zu physiologischen Verletzungen des Zytoplasmas, und die durch die gleiche Bestrahlung induzierten Schäden des Genotyps können unter solchen Bedingungen nicht realisiert werden, was zum Absinken der Mutationsfrequenz führt.

ROEPKE und MERCER (1947), und nach ihnen auch KELNER (1948) sprechen den Vorschlag aus, daß, da die Bestrahlung nicht nur den Kern sondern auch das Zytoplasma schädigt, bei hohen Dosen eine Wechselwirkung zwischen Kern und Bestrahlungsprodukten des Zytoplasmas vor sich gehen kann, was zum letalen Effekt führt. Solche Wechselwirkung sehen die Autoren als „nichtletale Treffer" an und nehmen an, daß deswegen ein Teil der Mutationen in letale überführt werden wird, die wir suchen, nachdem die Mutabilitätskurve zu fallen beginnt. Zur Unterstützung eines solchen Mechanismus führen HOLLAENDER, SANSOME, ZIMMER, DEMEREC (1945) ihre Daten über die degenerativen Formen von *Neurospora crassa* an, die durch Sporen gebildet werden, welche einer Ultraviolettbestrahlung unterworfen worden waren. Die Untersuchung der Zellen mit degenerativen Phänotypen zeigte, daß in ihnen genetische Veränderungen fehlen, und man mußte als Ursache der Degeneration eine Veränderung des Zytoplasmas anerkennen. Die Wechselwirkung zwischen Kern und Zytoplasma konnte nach ihrer Meinung zu einer Verringerung der Überlebenswahrscheinlichkeit eines Mutantenkerns im defekten Zytoplasma führen.

Als gewisser Hinweis darauf, daß die Mutantenzellen tatsächlich eine erhöhte Sterblichkeit im Vergleich zu den nicht mutierten besitzen, dienen die Versuche von ROEPKE und MERCER (1947), in denen, obwohl kein Unterschied in der Sterblichkeit der Mutanten und normalen Zellen gleich nach der Bestrahlung beobachtet wurde, aber dann nach Aufbewahrung die Mutantenzellen in einer größeren Zahl von Fällen als die nichtmutierten zugrunde gingen.

Als eine andere Ursache des Maximums nennen die Autoren (EMMONS, HOLLAENDER, 1939; N'JUKOMB (NEWCOMBE), 1956) die unterschiedliche Ploidie der Zellen in der Population, die der Bestrahlung unterworfen wird. Eine unterschiedliche Mutabilität von Di- und Triploiden wurde schon im Jahre 1938 von STADLER an Mais gezeigt (STADLER, UBER, 1942). Das gleiche Resultat wurde von STUBBE (1937) erhalten. Tatsächlich ziehen HOLLAENDER und EMMONS (EMMONS, HOLLAENDER, 1939) zum Beweis dieses Gesichtspunktes nach unserer Ansicht sehr wenig überzeugende Argumente heran. Nachdem sie die Heterogenität ihrer Ausgangspopulation hinsichtlich der Strahlenresistenz festgestellt hatten, beschlossen sie, eine genetische Analyse dieser Population durchzuführen. Hierbei wurde festgestellt, daß der größere Teil der Zellen nach der Bestrahlung mehr als eine Mutation je Zelle trug und ein Teil der Population überhaupt keine Mutationen im Genotyp besaß. Den erhaltenen Fakt betrachten die Autoren als Bestätigung der Hypothese von der Heteroploidie der Ausgangspopulation.

ALICHANJAN und Mitarbeiter (ALICHANJAN, EROCHINA, LJUBINSKAJA, 1960) versuchen, den erhaltenen Maximumeffekt dadurch zu erklären, daß bei hohen Dosen der Genotyp der Mehrzahl der bestrahlten Organismen „so sehr mit Mutationen übersättigt ist, daß jede neu entstehende Mutation zum Absterben der Sporen oder jungen Kolonien führt und diese Individuen immer seltener bei der Selektion in der Population angetroffen werden." Auf diese Weise kann, wenn wir die Mutation A verfolgen, als Ergebnis der Entstehung anderer Mutationen B, C ... und deren Wechselwirkung mit Mutation A und auch untereinander ein erhöhtes Absterben der Doppel- und Mehrfachmutanten und infolgedessen eine Abnahme der Zahl der A-Mutanten, die wir verfolgen, vor sich gehen, was auch das Absinken der Mutantenzahl bei großen Dosen bedingt. Hierbei muß bei hohen Dosen die Population genetisch von der anfänglichen verschieden bleiben (weil sie eine große Menge Mutationen im Genom tragen wird), und deshalb muß nach ihrer Vermehrung und abermaligen Bestrahlung die Mutabilitätskurve sich von der anfänglichen unterscheiden, was indessen in den Versuchen im Laboratorium von ALICHANJAN nicht beobachtet wurde.

RUSSELL und RUSSELL (1959) meinen, daß es eine positive Korrelation zwischen der Strahlenempfindlichkeit der Zellen und ihrer Mutabilität gibt. Von dieser Position aus schätzen sie die Erniedrigung des Mutierungstempos bei Anwendung hoher Dosen als Folge eines bevorzugten Absterbens der mutablen Zellen ein, wegen ihrer größeren Strahlenempfindlichkeit und wegen des Überlebens der Zellen, die gegen Strahlung resistent sind und in Verbindung damit auch eine kleinere Zahl von Mutationen tragen.

Unter den anderen Hypothesen sei die von EMMONS und HOLLAENDER (1939) genannt, nach der die mögliche Verzögerung der Zellteilung durch die Ultraviolettbestrahlung den Ablauf von Reparaturprozessen gestattet, als deren Folge Mutationsschäden ausgebessert werden und die Zahl der überlebenden Zellen zunimmt. Beide Prozesse führen zum Absinken der Kurve der relativen Mutabilität. Die Hemmung der Zellteilung und der DNS-Synthese in Zellen, die bestrahlt worden sind, wurde tatsächlich von einer Reihe Autoren gezeigt (KELNER, 1953; HAAS, DOUDNEY, 1957).

HARM und STEIN (1956) schlugen noch einen Mechanismus vor, der nach ihrer Meinung das Maximum der Mutabilitätsfunktion bedingt. Zahlreiche Experimente haben bewiesen, daß die durch Bestrahlung bedingte Mutagenese mit einer Kette von Zwischenaustauschprozessen zusammenhängt. Immer größere Anerkennung beginnt die Ansicht zu gewinnen, daß der Primärprozeß der Einwirkung der Bestrahlung auf die Zelle die Bildung einer mutagenen Substanz ist, die den Genotyp beeinflußt und Mutationen hervorruft. In der Literatur erschienen Aussagen, daß neben der Bildung des mutagenen Stoffes in der Zelle auch dessen Inaktivierung unter der Wirkung erhöhter Bestrahlungsdosen vor sich gehen kann. HARM und STEIN stellen die Frage, ob nicht die Kombination der verschiedenen Geschwindigkeiten der Entstehung und der Vernichtung der mutagenen Substanz das Maximum der Kurve des Verhältnisses von Mutationszahl zur Überlebendenzahl bedingen kann, und geben eine positive Antwort darauf.

Ein anderer möglicher Mechanismus wurde von V. N. SOJFER (1965; IVANOV, SOJFER, 1965) vorgebracht. Sein Wesen läuft auf das folgende hinaus. Wie wir uns erinnern, haben CRICK u. Mitarb. festgestellt, daß neben der schon vorhandenen Mutation, die die Ablesung des Genoms verletzt, bei der Entstehung einer neuen Mutation des anderen Vorzeichens (des CRICKschen „Suppressors") oder zweier neuer Mutationen des gleichen Vorzeichens die normale Ablesung auf der ganzen Länge des betreffenden Cistrons oder sogar einer Gruppe von Cistrons wiederhergestellt wird, mit Ausnahme des Abschnittes, der zwischen der ersten Mutation und ihren Suppressoren eingeschlossen ist. Wenn dieser Abschnitt nicht sehr groß ist und die Tertiär- und Quartärstruktur der an diesem Cistron synthetisierten Proteine nicht ändert, so werden wir den „wilden" Phänotyp haben. Da sich für eine Mutation eine beträchtliche Zahl von Suppressoren bilden kann (in der Größenordnung 20 in den Versuchen von CRICK u. Mitarb.), so kann ein solcher Prozeß eine wesentliche Rolle beim Verringern des phänotypischen Auftretens der Mutationen spielen, das von einer Vergrößerung des Überlebens, anders ausgedrückt, von einem Maximum der relativen Mutationshäufigkeit begleitet wird.

Da sich bei Vergrößerung der Dosis progressiv sowohl die Zahl der entstehenden Suppressormutationen (Mutationen mit einem dem der zuerst entstandenen Mutation entgegengesetzten Vorzeichen) als auch die durch drei teilbare Zahl der Mutationen eines Vorzeichens vergrößern muß, ist es offensichtlich, daß mit Anwachsen der Bestrahlungsdosis sich der Prozeß „des Weggehens" eines Teils der Mutanten vom phänotypischen Erscheinen verstärken wird. Als ein wichtiger Umstand, der auf die Kompetenz dieser Hypothese hinweist, erscheint es, daß, wie Jack DRAKE (1963) gezeigt hat, bei Ultraviolettbestrahlung fast die Hälfte der entstehenden Mutanten unter der Wirkung von Proflavin zum Wildtyp revertierte, mit anderen Worten, das waren Mutanten mit Verschiebung des Leserasters.

Schließlich postuliert eine der Hypothesen (ZAVIL'GEL'SKIJ, KRIVISKIJ, IVANOV, 1965) bezüglich der Entstehung des Maximums bei einer Reihe von Bakteriophagen, daß, wenn die Ultraviolettbestrahlung eine lokale Denaturierung der DNS hervorruft, als deren Folge die Energiewanderung längs des DNS-Stranges abnimmt, dann die Energie nicht die für die Mutationsentstehung wichtigen (kritischen) Abschnitte erreicht, und dies bedingt ein Absinken der Mutationszahl in den Genen dieser Abschnitte. Die Unnatürlichkeit dieser Hypothese ist offensichtlich. Außerdem wird sie von den Autoren selbst sehr stark eingeschränkt, indem sie sich bemühen, nur den Teil der Mutationen zu erklären, der durch ultraviolette Strahlen hervorgerufen worden ist, und nur bei einer Reihe von Bakteriophagen, lehnen es die Autoren ab, den Maximumeffekt bei stoffwechselnden Mikroorganismen und höheren Pflanzen zu erklären, und lassen die Fälle der Entstehung des Maximums bei der Bestrahlung mit anderen Strahlenarten ohne Erklärung.

Demnach wurden zur Erklärung des Verhaltens der Mutabilitätskurven bei hohen Bestrahlungsdosen folgende Hypothesen ausgesprochen:

1. Erhöhte Strahlenempfindlichkeit der Mutanten im Vergleich zu den Nichtmutanten.
2. Interferenz der Mutationen, die zum Absterben der Organismen führt, die diese Mutationen tragen.
3. Schädigung nicht nur des Kerns, sondern auch des Zytoplasmas. Erhöhtes Absterben der Mutantenzellen, die ein geschädigtes Zytoplasma tragen, führt zum Maximum.
4. Heterogenität der Population, die von vielen Ursachen abhängen kann: ein Teil der Population besitzt polyploide Kerne oder mehrere Kerne; Resistenz des Genotyps gegen die Schadenwirkung der Strahlung u. a.
5. Bedeutende Teilungshemmung nach Wirkung hoher Strahlendosen; dies gestattet den Ablauf von Reparaturprozessen und eine Verringerung der Mutationszahl, was mit einer Vergrößerung der Zahl überlebender Zellen verbunden ist.
6. Entstehung von Suppressormutationen vom Typ der Crickschen Suppressoren, die die Entwicklung von Mutationen aufheben und die Überlebensrate erhöhen.
7. Die Hypothese von der partiellen Denaturierung der DNS einer Reihe von Phagen mit zweisträngiger DNS unter Wirkung der Ultraviolettbestrahlung postuliert, daß bei der Denaturierung die Energiewanderung längs des DNS-Stranges zu den „kritischen" Abschnitten erschwert wird, wobei die Zahl der Mutationen in diesen Abschnitten abnimmt. Eine Wahl zwischen diesen Hypothesen ist nicht getroffen worden, und das Problem harrt noch seiner Lösung.

Die letzten Daten gestatten, mit größerer Sicherheit von der Rolle der Reparaturprozesse bei der Herausbildung eines Maximums der relativen Mutationsfrequenz zu sprechen. Sojfer und Dorochov (1970, 1972) zeigten in Experimenten mit Zellen von *E. coli K12*, daß bei großen Bestrahlungsdosen ein Maximum der relativen Mutationsfrequenz (es wurden Mutationen der Schädigung des Glukosestoffwechsels in Bakterienzellen berücksichtigt, die man leicht an der Entstehung hellroter Kolonien in einem Medium mit Triphenyltetrazoliumchloridzusatz erkennen kann) und danach ein Abfall der Mutationsfrequenz bei weiterer Vergrößerung der UV-Dosis nur bei Bakterien mit normal funktionierenden Enzymsystemen der Dunkelreparatur entsteht. Im Stamm *E. coli K12 uvr⁻*, bei dem das Herausschneiden der Dimere der Pyrimidinbasen als Folge von Mutationen unterdrückt ist, geht die Kurve der Mutationsfrequenz in ein Plateau über und fällt danach nicht wieder ab, selbst nicht bei so hohen Bestrahlungsdosen, die eine Inaktivierung der Bakterien von 4 bis 5 Größenordnungen ergeben.

Die mutagene Wirkung der Bestrahlung auf Viren und Nukleinsäuren

Die Einzigartigkeit der Viren als Objekte für strahlenbiologische und strahlengenetische Untersuchungen ist schon lange begriffen worden. Nicht ohne Grund lieferten gerade die Viren die Hauptinformation zur Formulierung der Theorie der biologischen Strahlenwirkung — s. die Übersichten von STAHL (1951) und LURIA (1955). Wie A. S. KRIVISKIJ (1965a) richtig bemerkte, bietet bei der Arbeit mit Viren „sich eine einzigartige Möglichkeit der parallelen vergleichenden Untersuchung des strahlengenetischen Schadens an ein und demselben Objekt, aber auf verschiedenen Organisations- und Integrationsebenen mit dem stoffwechselnden System der Wirtszelle“: 1) an infektiöser DNS; 2) am extrazellulären Phagen; 3) am vegetativen intrazellulären Virus; 4) bei Viren, die sich in einem in das Genom der Bakterienzelle integrierten Zustand befinden.
Obgleich diese Vorteile der Viren offensichtlich schon lange nach ihrem Wert eingeschätzt werden konnten, begannen erst in den letzten 5—10 Jahren ernsthafte Untersuchungen der molekularen Umbauten, die durch Bestrahlung bei Viren in ihren verschiedenen Zuständen hervorgerufen werden.
Die Erzielung von Mutationen unter Bestrahlungswirkung bei aus Viren und Bakterien isolierten Nukleinsäuren und bei extrazellulären Viren stellte eine Schlußfolgerung prinzipieller Wichtigkeit dar, die von einem einheitlichen Mechanismus der primären mutagenen Wirkung zeugt.
„Sowohl die infektiöse Virus- oder Bakterien-Nukleinsäure als auch das ganze Virion und die Zelle oder ein vielzelliger Organismus sind in dieser Hinsicht prinzipiell gleichwertig“ (KRIVISKIJ, 1965a, S. 19).
In unsere Aufgabe geht die Betrachtung eines Problems nicht ein, das mit der Lösung dieser Fragen eng zusammenhängt und zwar: das Problem der Stellung der Viren im System der belebten Welt, ihre Vollwertigkeit oder Nichtvollwertigkeit als lebende Systeme, ihre Verschiedenheiten von anderen lebenden Systemen mit zellulärem Aufbau, obwohl es unbezweifelbar ist, daß gerade die Versuche mit der Mutagenese beim extrazellulären Virus viele der vorhandenen Dogmen über die Nichtvollwertigkeit der Viren zerstört haben.

Strahlenmutagenese bei DNS, die aus Viren und Bakterien isoliert worden ist

Lange Zeit gelang es nicht, Mutationen an isolierter DNS aus Bakterien und Viren zu erhalten. Aber dann gestatteten die Ausarbeitung der Methoden der

chemischen Mutagenese und der Isolierungs- und Behandlungsverfahren der DNS und der Berechnung der Mutanten, den Mutationsprozeß unter der Wirkung chemischer Mutagene an transformierender DNS zu beschreiben (LITMAN, 1961; BRESLER, PERUMOV, 1962; STRACK, FREESE, FREESE, 1964). Und wiederum wurden trotz der Erfolge hinsichtlich der Mutationserzeugung durch chemische Mutagene die Mißerfolge der ersten Versuche mit Bestrahlung (LITMAN, 1961; STAHL, 1951) von einer Reihe von Autoren als Folge der prinzipiellen Unmöglichkeit einer Mutationserzeugung unter Strahlenwirkung auf isolierte Nukleinsäure aufgefaßt. Es wurde jedoch der mutagehe Effekt der Bestrahlung am Modell isolierter DNS und RNS sowohl am Beispiel der RNS, die aus *Poliomyelitis-Virus* isoliert wurde (GENDON, DISKINA, 1962), als auch an transformierender DNS von *Bacillus subtilis* (BRESLER, PERUMOV, 1964) beschrieben. Eine eingehende Analyse der kinetischen Gesetzmäßigkeiten der Mutationsentstehung bei transformierender DNS von *Bacillus subtilis* und eine vergleichende Untersuchung der Mutagenese am Modell isolierter DNS und ganzer Zellen wurde von S. E. BRESLER und Mitarbeitern durchgeführt. Vor allem hat BRESLER gezeigt, daß jener mathematische Apparat, der von ihm früher zur Beschreibung der Induktionskinetik von Mutationen an transformierender DNS, die mit chemischen Mutagenen behandelt wurde, entwickelt worden war (BRESLER, PERUMOV, 1964; BRESLER, 1966), vollständig auch auf die Strahlenmutagenese anwendbar ist. Danach bemühten sich die Autoren, die Ursachen der Mißerfolge früherer Versuche zur Induktion von Mutationen mit ultravioletten Strahlen an isolierter DNS aufzuklären. In einer gemeinsamen Arbeit von S. E. BRESLER, A. S. KRIVISKIJ u. a. (BRESLER, KRIVISKIJ, PERUMOV, ČERNIK, 1965) wurde gezeigt, daß die Mißerfolge beim Registrieren von Mutationen wegen der Unmöglichkeit auftraten, den Fond der spontanen Mutationen „abzuziehen", die die kleine Zahl von Mutationen maskieren, welche nach Abschluß der Transformation in Erscheinung treten. Nachdem die Autoren zur Berechnung der sogenannten Fluoreszenzmutationen[1]) übergegangen waren, gelang es ihnen zu zeigen, daß die Frequenz der durch ultraviolette Strahlen induzierten Mutationen bei transformierender DNS bedeutend höher war als die Mutationsfrequenz bei ganzen Zellen.
In dem Abschnitt der Überlebenskurve der Zellen, der dem exponentiellen Teil nahe liegt (Kinetik erster Ordnung), wird das Verhältnis der Mutantenzahl (N_m)

[1]) Die Methode der Berechnung von Fluoreszenzmutationen wurde von E. FREESE ausgearbeitet und beruht darauf, daß es in der Synthesekette von Tryptophan Stadien gibt, in denen Anthranilsäure in Indolglyzerophosphat umgewandelt wird. Bei gewissen Mutanten wird eine Anhäufung von Tryptophanvorstufen beobachtet, die unter der Wirkung ultravioletter Strahlen hell fluoreszieren. Auf diese Weise sind die Mutantenzellen leicht abzuzählen, nachdem man die Bakterienkolonien mit ultravioletten Strahlen beleuchtet hat. Dank des Umstandes, daß während der Transformation eine zweifache Selektion benutzt wird (die Transformation ind$^+$try$^-$ — ind$^-$try$^+$), erweist sich die Frequenz der Doppelmutanten als sehr klein, und infolgedessen gelingt es leicht, die außerordentlich niedrigen Mutationsfrequenzen unter der Wirkung der Mutagene zu bemerken.

zur Zahl der überlebenden Zellen (N_0) bestimmt als

$$\frac{N_m}{N_0} = \frac{k_2}{k_1} \ln \alpha,$$

wo α — die Überlebensrate der Zellen ist, und für den Fall transformierender DNS wird das Verhältnis der Zahl der Transformanten, die durch bestrahlte DNS gebildet worden sind (N_m) zur Zahl der Transformanten, die von der Kontroll-DNS gebildet worden sind (N_0) bestimmt als

$$\frac{N_m}{N_0} = \frac{k_2}{k_1} Ad,$$

wo d — die Dosis und A — der Proportionalitätskoeffizient zwischen der Bestrahlungsdosis und der Zahl der von dieser Dosis hervorgerufenen DNS-Schäden ist. Die Konstanten k_2 und k_1 in den beiden Gleichungen sind die kinetischen Konstanten von Mutagenese und Inaktivierung. Nach der Berechnung der Konstanten k_2 und k_1 für den Fall der Fluoreszenzmutanten und der Resistenzmutanten gegen Streptomycin S^r_m fanden die Autoren, daß in beiden Fällen „die Wahrscheinlichkeit der Mutagenese in vitro unter der Wirkung der UV-Strahlung etwa 25mal größer ist als bei ihrer Wirkung in vivo".
Die höhere Effektivität der Mutagenese bei Behandlung isolierter nativer Nukleinsäure wurde auch für RNS tierischer Viren festgestellt.

Strahlenmutagenese bei extrazellulären Viren

Offensichtlich war der erste Fall, bei dem Ultraviolettbestrahlung Mutationen bei extrazellulären Phagen hervorrief, der Versuch von Ethel Tessman, in dem eine Bestrahlung freier *T1*-Phagen von einem 2,5fachen Anstieg der morphologischen Mutationen begleitet wurde.[1]) Sie wandte jedoch dieser Zahl keine Aufmerksamkeit zu, da sie diese als Folge einer schlechten Statistik ansah. Der zweite Versuch, in dem bereits eine 40—80fache Vergrößerung der Mutationszahl registriert wurde, war der Versuch von David Krieg (Krieg, 1958, 1959b), aber auch er unterlag der Kritik und wurde nicht als Beweis der Möglichkeit gewertet, Mutationen bei nichtstoffwechselnden Systemen zu erhalten. D. Krieg registrierte das Anwachsen der Mutationen von rII zu r^+ bei Ultraviolettbestrahlung des Phagen *T4* in Puffer, d. h. unter den Bedingungen des indirekten Effekts. Die Resultate dieser Versuche wurden deswegen angezweifelt, weil die Infektionszahl mit den bestrahlten Phagen hoch war und das festgestellte 40—80fache Anwachsen der Mutationszahl als Folge der Multiplizitätsreakti-

---

[1]) Was die RNS-haltigen Viren betrifft, so wurde der erste Hinweis auf die Möglichkeit, Mutationen bei extrazellulären Viren zu erhalten, in Versuchen von Gowen bei Bestrahlung von *Tabakmosaikvirus* mit Röntgenstrahlen gefunden (Gowen, 1941).

vierung gewertet werden konnte. Außerdem gab KRIEG den bestrahlten Phagen vor der Bestimmung der Mutationszahl die Möglichkeit, einige Replikationszyklen in den Zellen von *E. coli B* zu durchlaufen.

Die methodischen Unexaktheiten der KRIEGschen Versuche wurden von FOLSOME und LEVINE (1961) berücksichtigt, indem sie exakt das gleiche System der Reversionen von rII zu r^+ benutzten, aber darauf achteten, daß die Infektionszahl den Wert eins nicht überstieg und die Phagen sogleich nach der Bestrahlung auf einen Rasen von *E. coli K12* (λ) zur Berechnung der Revertanten ausgesät wurden. Bei 5 von 12 geprüften Mutanten wurde ein Revertieren nach der Bestrahlung der extrazellulären Phagen festgestellt.

Die Induktion von Hin- und Rückmutationen wurde von KAPLAN u. a. (KAPLAN, WINKLER, WOLFF-ELLMAUER, 1960) für den Phagen $\varkappa$ von *Serratia marcescens* beschrieben.

Gleichzeitig mit FOLSOME, KAPLAN und ihren Kollegen wurde der Effekt des Mutierens extrazellulärer Bakteriophagen von A. S. KRIVISKIJ am Beispiel des von ihm entdeckten Phagen C_d beschrieben, der eine zweisträngige DNS besitzt (KRIVISKIJ, 1961; KRIVISKIJ, SOLOV'EVA, 1963). Nach den Daten von KRIVISKIJ unterscheidet sich dieser Phage stark von allen übrigen untersuchten Phagen in der Hinsicht, daß er, der eine relativ hohe Frequenz spontanen Mutierens besitzt ($\leq 1 \cdot 10^{-4}$), äußerst leicht Mutationen nach UV-Bestrahlung liefert (bis 1,5—2% der Zahl aller überlebenden Phagenpartikeln). Ein so unwahrscheinlich hoher Grad von induzierter Mutagenese im Vergleich zur spontanen Mutabilität erhielt keine Erklärung weder in den Arbeiten von KRIVISKIJ selbst noch in denen seiner Fortsetzer.

Die erste Mitteilung über die Erzeugung von Mutationen bei Bakteriophagen in vitro unter der Wirkung ionisierender Strahlung war die Mitteilung über das Mutieren des γ-bestrahlten Phagen *T2*, das von V. N. SOJFER und anderen (ARDAŠNIKOV, SOJFER, GOL'DFARB, 1963) festgestellt wurde. Die Autoren registrierten ein statistisch zuverlässiges Anwachsen der Mutationszahl im h-Locus, der die Synthese der Proteine des Schwanzapparates der Phagen bestimmt. Mutanten des Phagen in diesem Gen können an Zellen von *E. coli B* nicht adsorbiert werden, aber an Zellen von *E. coli B/2* und ergeben dort Plaques. Die Frequenz des spontanen Mutierens dieses Locus ist klein (10^{-7}—10^{-9}), deshalb ist sogar eine kleine Steigerung über den spontanen Fond hinaus bemerkbar. Die Resultate der Experimente zur Induktion von h-Mutationen bei extrazellulären Phagen (ARDASHNIKOV, SOYFER, GOLDFARB, 1964) sind in Tab. 25 angegeben.

Es gelang, Mutationen am h-Gen des Phagen *T2* auch bei Ultraviolettbestrahlung zu erhalten (SOJFER, 1966b). Im weiteren wurden vielfältige positive Resultate der Gewinnung von Mutationen bei Phagen in vitro unter der Wirkung ionisierender Strahlung beschrieben (s. KRIVISKIJ, 1965b).

Gegenwärtig hat sich der Bereich der Viren, bei denen Mutationen bei Behandlung im extrazellulären Stadium erhalten worden sind, sehr stark erweitert. Dazu gehören sowohl Phagen mit zweisträngiger DNS — *T2* (ARDAŠNIKOV, SOJFER, GOL'DFARB, 1963; ARDASHNIKOV, SOYFER, GOLDFARB, 1964), *T4* (KRIEG, 1958,

Tabelle 25

Induktion von h-Mutationen beim extrazellulären Phagen *T2* unter Wirkung von γ-Strahlen

Zahl der Versuche	Bestrahlungs-dosis, k rad	Überlebensrate %	Mutations-frequenz ($\times 10^{-9}$)	Zunahme der Mutations-frequenz
17	Kontrolle	100	14,0 ± 3,0	–
18	20	65,08 ± 2,33	31,7 ± 8,1	2,3 ± 1,0
18	60	34,81 ± 1,58	57,9 ± 12,6	4,1 ± 1,8
20	100	18,18 ± 1,10	92,4 ± 15,3	6,6 ± 2,5
17	140	9,27 ± 0,62	115,4 ± 26,7	8,2 ± 3,5
14	200	1,0 ± 0,08	189,1 ± 60,2	13,5 ± 7,1

1959a), *T1* (Tessman, 1965), *ϰ* (Kaplan, Winkler, Wolff-Ellmauer, 1960), Aktinophage I vom Typ *Actinomyces streptomycini* (Alikhanian, Mkrtumian, 1964; Alichanjan, Mkrtumjan, 1965), als auch Phagen mit einsträngiger DNS – wie *ΦX 174* (Černik, Kriviskij, 1965).

Auf diese Weise kann man annehmen, daß ein Problem großer Wichtigkeit – der Beweis der möglichen Änderung von Erbstrukturen unter Bedingungen, die Stoffwechselprozesse ausschließen, – in den letzten Jahren gelöst worden ist. Man kann darüber streiten, ob die genannten Veränderungen endgültig sind oder ob sie Bedingungen für ihre Entwicklung brauchen (während der Vermehrung im Wirtszellorganismus), aber es ist offensichtlich, daß die Bestrahlung ruhender Phagenkorpuskeln bei ihnen zu erblichen Veränderungen führt, und selbst eine langdauernde Aufbewahrung solcher vorher bestrahlten Phagen äußert sich in Form von Mutationen bei der Infektion von Zellen mit diesen Phagen.

Die Versuche mit Untersuchung der Nachkommenschaft einzelinfizierter Zellen stellten gewichtige Argumente zu Gunsten der Ansicht dar, daß die Strahlung, indem sie unmittelbar auf die DNS wirkt, in einer Reihe von Fällen solche Veränderungen liefert, die zur Realisierung keine nachfolgenden Schritte von der Prämutation zum Mutationsstadium brauchen, sondern selbst Schlußetappen der Mutagenese darstellen.

Außerdem zeugt der Erhalt ein und derselben phänotypischen Erscheinungen von Mutationen bei Bestrahlung von extrazellulären und intrazellulären Viren oder von isolierter transformierender DNS und von ganzen Zellen dafür, daß die primären Akte der Wechselwirkung von Strahlung und Erbmolekülen in allen diesen Fällen im allgemeinen als gleicher Typ realisiert werden.

Mutationen bei Phagen kann man durch Bestrahlung nicht nur am extrazellulären sondern auch am intrazellulären Phagen hervorrufen (Latarjet, 1948), durch getrennte Bestrahlung von Phage und Zelle (Weigle, 1953) und sogar durch Bestrahlung nur der Wirtszelle allein (Jacob, 1954; Fraser, 1957). Als am weitesten verbreitete Art der induzierten Mutagenese erscheint die erste – die Bestrahlung des intrazellulären Virus. An diesem Modell konnte Drake die überzeugendsten Daten für die molekularen Mechanismen der Wirkung der Ultraviolettbestrahlung erhalten. Das zweite Verfahren — getrennte Bestrahlung von Phage und Zelle — wurde von uns schon weiter oben bei der Analyse der Erscheinungen der Ultraviolettreaktivierung betrachtet. Das dritte Verfahren — Bestrahlung nur der Wirtszelle allein — ist am wenigsten untersucht worden und wurde nicht mit allen Phagen beobachtet. In den Versuchen von F. JACOB wurde die Phagenmutante λ_{11} benutzt, und bestrahlt wurden die nichtlysogenen Zellen *E. coli K12 S*. Hierbei mutierte der Phage λ_{11} erneut zu λ_{vir}, der die Immunität der lysogenen Zellen *E. coli K12* (λ) durchbrechen kann. Die Menge solcher Mutanten von $\lambda_{11} \rightarrow \lambda_{vir}$ nach Bestrahlung der Wirtszelle stieg um das 40fache an. Außer mit Bestrahlung führte die Behandlung der Zellen mit dem Stickstoffanalogon des Senfgases zu einem ähnlichen Resultat. Gleichzeitig waren die Versuche, die Mutiergeschwindigkeit der Phagen *T1* (TESSMAN, 1956), *S13* (TESSMAN, OZAKI, 1960), *T2* (LATARJET, 1949) und $\varkappa$ (WINKLER, 1963) bei Bestrahlung allein der Wirtszellen zu vergrößern, nicht von Erfolg gekrönt.

Molekulare Mechanismen der mutagenen Strahlenwirkung

Obwohl die Entwicklung der Forschungen zur induzierten Mutagenese mit der Entdeckung der mutagenen Rolle der Strahlungen begann und die ersten ernsthaften Arbeiten hinsichtlich der chemischen Mutagenese zwanzig Jahre später ausgeführt wurden, sind wir heute nicht imstande, ein ebenso genaues und deutliches Bild der molekularen Strahlenwirkung zu zeichnen, wie man das hinsichtlich der chemischen Mutagenese tun kann.

Es reicht nicht nur nicht das Verständnis der physikochemischen Aspekte der Wechselwirkung der Quanten der Strahlungsenergie und der Materie der Erbmoleküle aus, sondern sogar die Fragen der Kinetik der mutagenen Strahlenwirkung sind bis in die letzte Zeit unklar geblieben und bleiben es in beträchtlichem Maße auch heute noch.

Welche summarische Bilanz kann denn heute für die Untersuchungen der intramolekularen Umbauten der DNS gezogen werden?

Vor allem müssen wir die Typen von Verletzungen erwähnen, die durch Bestrahlung erzeugt werden. Die letzten Zusammenfassungen über physikochemische Veränderungen der Nukleinsäuren stammen von Kendrick SMITH (1966) und David FREIFELDER (1966). Beide Autoren bemerkten, daß die Pyrimidinbasen am verwundbarsten sind, die Purinbasen sehr viel weniger empfindlich sind und offensichtlich die Kohlenhydrate des Zuckerphosphatgerüstes der DNS einen vernachlässigbaren Beitrag zum genetischen Schaden leisten. Beim Schaden der Pyrimidinbasen, wie bereits bemerkt wurde, spielen die Hydrate von Cytosin und Uracil und die Pyrimidindimere die Hauptrolle. Hinsichtlich der Purine ist bekannt, daß sie ungefähr 10mal weniger strahlenempfindlich sind (die Quantenausbeute der Reaktion der Absorption von Quanten ultravioletter Strahlen beträgt für Adenin und Guanin 10^{-4}, während diese Zahl für Pyrimidine gleich 10^{-3} ist). Es ist jedoch nicht ausgeschlossen, daß eine Energieübertragung von den Purinbasen auf andere Komponenten der DNS-Struktur realisiert werden kann, und dieser Prozeß kann große biologische Bedeutung haben. Auf jeden Fall wurde eine Energieübertragung vom Adenin auf Thyminradikale im Kopolymer poly-dAT beschrieben (RAHN, SHULMAN, LONGWORTH, 1965). Was die Schäden des Zuckerphosphatgerüstes betrifft, so erscheint offensichtlich der Bruch des DNS-Stranges als sekundäres Ereignis und ist ebenfalls durch eine Energiewanderung von den Purin- und Pyrimidinbasen zu den Kohlenhydraten bedingt.

Wenn man von Schäden der DNS-Struktur sprechen will, so muß man vier Grundtypen von Verletzungen vermerken.

1. Partielle Denaturierung der DNS (Verletzung der Stabilität der DNS-Spirale). Die Herabsetzung der Schmelztemperatur (MARMUR, DOTY, 1959; MARMUR, ANDERSON, MATTHEWS, BERNS, GAEWSKA, LANE, DOTY, 1961; WIERZCHOWSKI, SHUGAR, 1962), das Auffinden der Reaktion von Formaldehyd mit bestrahlter DNS (SAUERBIER, 1960a; MARMUR et al., 1961), aber auch von Akridin mit DNS, die Zunahme der Dichte der DNS bei der Gradientenzentrifugation (MARMUR et al., 1961) — alles weist auf den Prozeß einer lokalen Denaturierung der DNS bei Bestrahlung hin. Als effektiver hinsichtlich einer Denaturierung erwies sich ultraviolettes Licht der Wellenlänge 265 nm als solches der Wellenlängen 254 und 280 nm (SAVIČ, ZAVIL'GEL'SKIJ, 1965).

2. Brüche der DNS-Stränge. Einstrang- (COX, OVEREND, PEACOCKE, WILSON, 1958; PEACOCKE, PRESTON, 1960) und Doppelstrangbrüche der DNS (SHOOTER, PAIN, 1956; BUTLER, LAWRENCE, ROBBINGS, SHOOTER, 1959), die für die Fälle der Röntgen- und in geringerem Maße der Ultraviolettbestrahlung beschrieben worden sind, wurden hauptsächlich bei der Untersuchung von DNS-Präparaten festgestellt (HARRINGTON, 1966), obwohl in letzter Zeit Versuche unternommen worden sind, diese auch nach Bestrahlung von Organismen zu finden (CHLUMESKA, SKALKA, 1966). Eine Verminderung der Abmessungen der DNS, die durch Zweistrangbrüche nach der Bestrahlung bedingt ist, wurde bei der Untersuchung von DNS-Präparaten im Elektronenmikroskop beschrieben (KISELEV, NIKOLAEVA, 1961). Diese gleichen Autoren registrierten knäuelartige DNS-Strukturen, die am ehesten wegen der Einstrangbrüche entstanden.

3. Intramolekulare und intermolekulare DNS-Vernetzungen. Vernetzungen unter dem Einfluß von Ultraviolett- und Röntgenbestrahlung wurden durch eine Reihe von Autoren beschrieben (KAPLAN, 1955; BARANOWSKA, SHUGAR, 1960; LETT, STACEY, ALEXANDER, 1961a, b). Die Entstehung von intermolekularen Vernetzungen nach Einwirkung ultravioletter Strahlen wird vorzugsweise in trockenen DNS-Präparaten beobachtet, aber die Röntgenbestrahlung ist offensichtlich in dieser Hinsicht sowohl an trockenen DNS-Filmen als auch an DNS-Lösungen (nicht aber an verdünnten Lösungen) wirksam. Die Bildung intramolekularer (Interstrang-) Vernetzungen wurde sowohl für Ultraviolett- als auch für Röntgenbestrahlung hauptsächlich am Modell der DNS-Lösungen registriert.

4. Vernetzungen von DNS und Protein. Mit Vergrößerung der Bestrahlungsdosis nimmt fortschreitend die DNS-Menge ab, die der Extraktion aus Bakterien-, Tier- und Pflanzenzellen und sogar aus Viruspartikeln zugänglich ist. Als Ursache hierfür dient die Bildung chemischer Bindungen zwischen DNS und Proteinen. Am ehesten entsteht eine solche Bindung zwischen den durch die Bestrahlung modifizierten Pyrimidinbasen (Hydrate von Cytosin und Uracil) und den schwefelhaltigen Aminosäuren der Proteine, z. B. Cystein (SMITH, 1965; SMITH, APLIN, 1966) unter Bildung von 5-S-Cystein-6-Hydropyrimidinen.

Welchen Beitrag leisten aber diese Schäden bei den Veränderungen der genetischen Eigenschaften der DNS?

Ein Bruch von Wasserstoffbindungen erscheint am ehesten nur als Anfangsglied einer langen Reaktionskette, die zur Verletzung der genetischen Matrize führt. Das Auseinandergehen der zweispiraligen Struktur und ihre lokale Öffnung stellt eine Möglichkeit für die Einwirkung verschiedener Agentien dar, die mit nichtgebundenen Basen in Wechselwirkung treten können. Wie effektiv ein solcher Weg der Genveränderung ist, ist schwer zu beurteilen, und SMITH (1966) meint, daß die biologische Rolle eines Bruches von Wasserstoffbindungen nicht so groß sein kann.

Offensichtlich ist der Beitrag eines Bruches im Zuckerphosphatgerüst der DNS zur Schädigung des genetischen Apparates ebenso klein[1]). Hiervon spricht wohl auch der Fakt, daß zum Bruch der zweisträngigen DNS (transformierende DNS) und zur Verringerung ihres Molekulargewichtes um 50% eine Ultraviolettbestrahlungsdosis von 2×10^5 erg/mm² erforderlich ist (MARMUR, ANDERSON, MATTHEWS, BERNS, GAEWSKA, LANE, DOTY, 1961). Röntgenbestrahlung der DNS (10—15% Feuchte) mit einer Dosis über 10^5 R führt zur Abnahme des Molekulargewichtes um 20% (LUČKINA, 1966). Eine Bestrahlung von Rattenleberzellen mit der gleichen Dosis ergibt 0,2—0,3 Einstrangbrüche des DNS-Moleküls (ALEXANDER, STACEY, 1955). Gleichzeitig war zur Aufhebung der Transformationsaktivität der DNS eine Ultraviolettdosis von nur $3 \cdot 10^3$ erg/mm² erforderlich (MARMUR et al., 1961). Diese gleiche Dosis inaktivierte 99% einer Population des Phagen *T7* (FREIFELDER, DAVISON, 1963).

Die Frage nach der Rolle der intermolekularen DNS-Vernetzungen ist ziemlich kompliziert, man kann aber auf eine Reihe von Experimenten hinweisen (RIKLIS, 1965; HILL, ROSSI, 1952; KAPLAN, KAPLAN, 1956; SIEGEL, 1957), in denen festgestellt wurde, daß der Einfluß der Feuchtigkeit, die die Möglichkeit von Interstrangvernetzungen beseitigt, äußerst groß ist. So konnte der im trockenen Zustand bestrahlte Phage *T1* nicht fotoreaktiviert werden (HILL, ROSSI, 1952; RIKLIS, 1965), der Stamm I1 des *TMV*, der gewöhnlich $5^1/_2$mal resistenter gegen UV ist als der Stamm I2, erwarb eine mit I2 gleiche Empfindlichkeit bei Bestrahlung im trockenen Zustand (RIKLIS, 1965; HILL, ROSSI, 1952; SIEGEL, 1957).

---

[1]) Wir beziehen uns hier nicht auf die Fragen der Entstehung von Chromosomenumbauten, wo offensichtlich der Bruch des Zuckerphosphatstranges eine prinzipielle Bedeutung besitzt.

Schließlich hing die Mutierfrequenz (S-Mutationen von *Serratia marcescens*) ebenfalls von der Feuchtigkeit ab (KAPLAN, KAPLAN, 1956).

Die Rolle der Interstrangvernetzungen ist ebenfalls relativ klein (SMITH, 1966). Auf jeden Fall liefern niedrige und mittlere Bestrahlungsdosen keine Vernetzungen; bei Erreichung eines Niveaus von 99% Inaktivierung des Phagen *T7* (FREIFELDER, DAVISON, 1963) wurden sie nicht festgestellt, und erst bei Verringerung der Überlebensrate um noch eine Größenordnung wurden bei 18% der DNS-Moleküle intramolekulare Vernetzungen gefunden.

Aber dafür erwiesen sich die Vernetzungen von DNS und Protein als sehr viel wichtiger. Von Jahr zu Jahr wird die Wichtigkeit dieses Schadentyps der genetischen Strukturen immer offensichtlicher (SMITH, 1964b; SMITH, HODGKINS, O'LEARY, 1966). Bei der Untersuchung der Rolle der Vernetzungen von DNS und Protein zeigen sich nicht nur die Werte der hydratisierten Bestrahlungsprodukte der DNS (Cytosinhydrat), sondern auch die Rolle der die DNS umgebenden Proteine und Histone (die reich an schwefelhaltigen Aminosäuren sind) in den Chromosomen höherer Lebewesen. Als eines der speziellen, aber äußerst positiven Beispiele der Rolle der DNS-Protein-Vernetzungen erscheinen die Versuche mit dem strahlenresistenten Bakterienstamm *Micrococcus radiodurans*. Bei Ultraviolettbestrahlung mit einer Wellenlänge in der Nähe von 260 nm ist dieser Organismus sehr viel resistenter gegen eine Inaktivierung als z. B. *E. coli*. Jedoch bei Ultraviolettbestrahlung mit der Wellenlänge 280 nm, die bevorzugt von Proteinen absorbiert wird, nähert sich die Empfindlichkeit von *M. radiodurans* der von *E. coli* an.

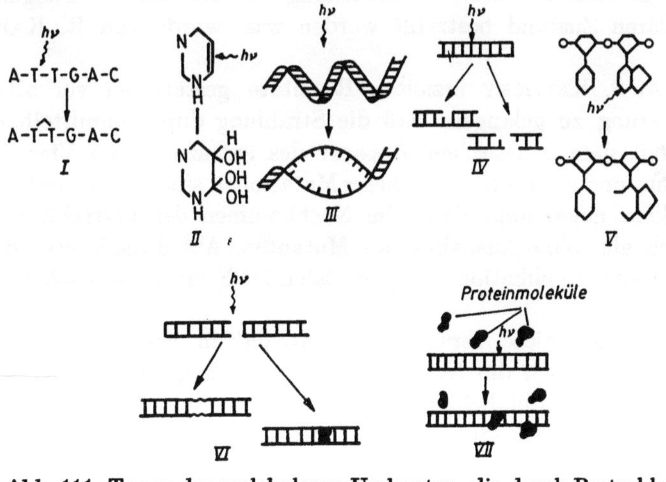

Abb. 111. Typen der molekularen Umbauten, die durch Bestrahlung bedingt sind

I — Pyrimidindimere; II — Hydrate von Cytosin und Uracil; III — partielle Denaturierung; IV — Ein- und Zweistrangbrüche der DNS; V — Basenzerstörung; VI — intermolekulare und intramolekulare Vernetzungen der DNS; VII — Vernetzungen von DNS und Protein

Somit gestattet die Betrachtung der Mechanismen der DNS-Schäden durch Ultraviolett- und Röntgenstrahlung, folgende Typen von Veränderungen zu zeigen (Abb. 111).

Maximale mutagene Aktivität besitzen die Strukturen I, II und V, im geringeren Grade Struktur III. Die Strukturen IV, VI und VII sind bezüglich der Inaktivierung hochaktiv.

Als ein anderes wichtiges Problem, das die molekularen Mechanismen der Strahlenwirkung auf genetische Strukturen betrifft, erscheint das Problem der Identifizierung der Zahl geschädigter Stränge, die zur Entstehung von Mutationen erforderlich sind, und das mit diesem zusammenhängende Problem der Zeit des Auftretens von Mutationen.

Zur Lösung dieses Problems erwies sich wiederum der extrazelluläre Phage als geeignetes Modell. A. S. Krivisky (1965) bestrahlte den Phagen C_d mit ultravioletten Strahlen (250 erg/mm²), und nach der Adsorption der bestrahlten Phagen an Zellen von *E. coli CK* verdünnte er die Proben mit den Phagen so, daß sich in einer Probe nicht mehr als ein einfach infiziertes Bakterium befand. Danach wurde die Phagenernte jeder Probe gesondert ausgesät und unter ihnen die Zahl der mutierten und wilden Plaques berechnet. Aus 1821 untersuchten Phagenernten erwiesen sich 66 als Mutanten und von diesen enthielten 13 reine Mutantenklone (die gesamten Nachkommen jeder der 13 bestrahlten Phagenpartikeln erwiesen sich als Mutanten), und 53 waren gemischt, d. h. enthielten sowohl wilde als auch mutierte Korpuskeln in verschiedenen Verhältnissen.

Ein analoges Resultat nach Untersuchung von Klonen des Phagen $\varkappa$, der im exatrzellulären Zustand bestrahlt worden war, wurde von R. Kaplan (1966) erhalten.

Die von A. S. Krivisky erzielten Resultate gestatteten vor allem, zu der Schlußfolgerung zu gelangen, daß die Strahlung durch unmittelbare Wechselwirkung mit dem genetischen Apparat des extrazellulären Virus Mutationen liefern kann, und zum Auftreten dieser Mutationen sind keine zusätzlichen Replikationszyklen notwendig, denn die Nachkommen des bestrahlten Phagen erwiesen sich alle ohne Ausnahme als Mutanten. Auf diese Weise wurden schon nach der ersten Replikation der parentalen DNS mutierte Kopien der DNS erhalten.

Gleichzeitig haben diese Versuche enthüllt, daß in einer Reihe von Fällen (53 gemischte Klone) sich die Nachkommenschaft als gemischt erwies. Für dieses Phänomen können drei Erklärungen gegeben werden: 1) die Bestrahlung veränderte einen der DNS-Stränge, aber bei der Replikation lieferten sie beide Kopien, indem sie dadurch die Entstehung von mutierten und wilden Nachkommen in gleichen oder unterschiedlichen Proportionen bedingten (in Abhängigkeit von der Replikationsgeschwindigkeit des mutierten und des wilden Stranges); 2) das Auftreten echter Revertanten oder Suppressormutationen schon nach der Bestrahlung (oder während derselben) ließ nicht alle reinen Mutantenklone sich entwickeln; 3) die Mutationen entstehen nicht sogleich nach der Bestrahlung, sondern die Bestrahlung führt zu einer Prämutation, und für deren Übergang in den stabilen Mutantenzustand sind ein oder mehrere Replikationsakte erforderlich.

Die zweite Möglichkeit wird von dem Autor mit der Begründung abgelehnt, daß die von ihm früher bestimmte Entstehungshäufigkeit von Revertanten und Suppressormutationen so klein ist, daß sie die Versuchsergebnisse nicht erklären kann. Die erste Möglichkeit erscheint, obwohl sie auch nicht vollständig abgelehnt werden kann, ihm nichtsdestoweniger als weniger anziehend, und zwar deswegen, weil in der Mehrzahl der Fälle ein Überschuß an Wildtyp beobachtet wurde und nur eine kleine Zahl von Nachkommen Mutanten waren.

Deshalb ist die Hypothese der Entstehung langlebiger potentieller Veränderungen am wahrscheinlichsten. Die Theorie der Prämutationen, die bereits von M. Demerec und R. Latarjet (1946) erörtert und experimentell an einem System von Säugerzellen im Jahre 1964 von N. P. Dubinin (Dubinin, Saprykina, 1964; Dubinin, 1965) bewiesen worden war, wurde dadurch auch auf molekularer Ebene bestätigt.

Im Rahmen der Erforschung des molekularen Mechanismus der Strahlenwirkung war und bleibt am wichtigsten die Frage nach dem Charakter des Basenaustausches nach der Bestrahlung. Die ersten, wohl nicht völlig eindeutigen Ergebnisse sind für ultraviolette Strahlung erhalten worden.

Wie wir uns erinnern, kann man nach der Theorie von E. Freese den Charakter des Austausches bestimmen, indem man die Bildung der Hin- und Rückmutationen bei der Wirkung eines bestimmten Satzes von Mutagenen untersucht (s. Kapitel 10). So können Transitionen, die durch Hydroxylamin gebildet worden sind, das mit Cytosin in Wechselwirkung tritt, durch dieses Mutagen nicht revertiert werden, weil es nach dem Basenaustausch in dem Mutantenpaar kein Cytosin mehr gibt.

Deshalb war es natürlich, die Möglichkeit der Reversion von Ultraviolettmutationen mit Hilfe einer nochmaligen Ultraviolettbestrahlung zu untersuchen. Folsome und Levin erhielten nach Untersuchung dieses Prozesses 12 rII-Mutanten des Phagen *T4* bei extrazellulärer Bestrahlung des Phagen und konnten dann bei 5 von ihnen eine Reversion zum Wildtyp erreichen. Alle revertierten Mutanten besaßen außerdem eine hohe Frequenz des spontanen Revertierens. Auf diese Weise konnte man meinen, daß irgendein Teil der Ultraviolett-Mutationen dem Transitionstyp zugerechnet werden konnte.

Die am meisten ins Einzelne gehende Untersuchung, die auch den Typ der Basenveränderungen feststellte, wurde von John Drake (1963) vorgenommen. Er erhielt 329 rII-Mutanten des Phagen *T4* bei dessen Bestrahlung während der intrazellulären Entwicklung (vorzugsweise in der 8. Minute des intrazellulären Entwicklungszyklus). Die Mutantenkollektion von Drake wurde von Seymour Benzer kartiert, und es wurde gezeigt, daß sie zu 99 Sites der rII-Region gehören, wobei die Verteilung der UV-Mutanten im wesentlichen nicht mit der Verteilung der spontanen Mutationen zusammenfällt (Abb. 112). Es ist bemerkenswert, daß sich die Verteilung dieser Mutationen ebenfalls von der Verteilung der Mutationen unterschied, die durch Ultraviolettbestrahlung hervorgerufen und früher

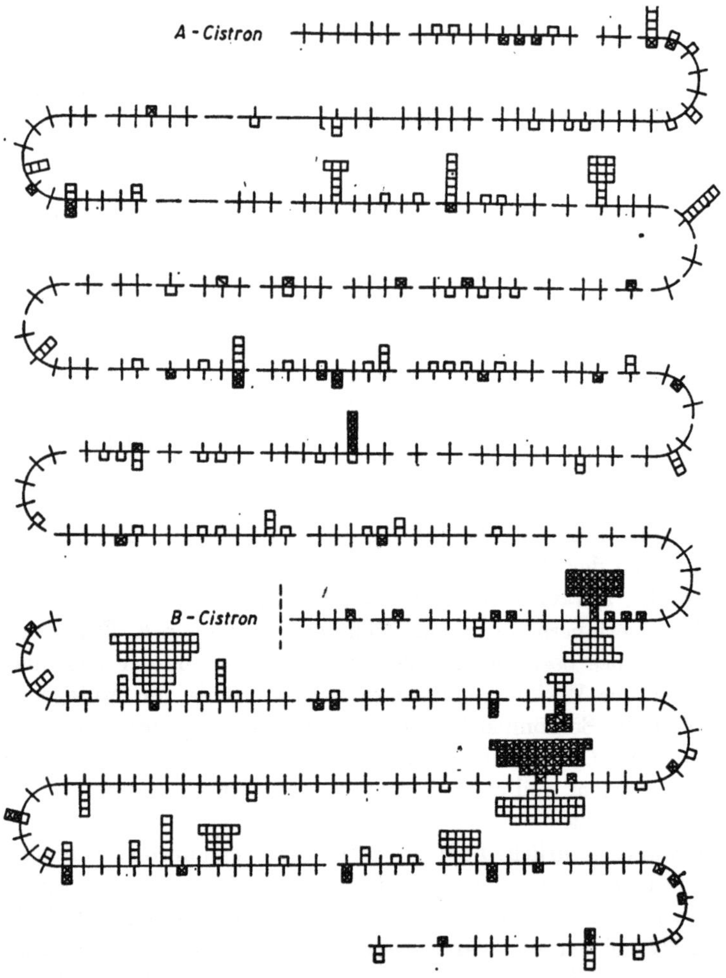

Abb. 112. Genetische Karte der rII-Mutanten, die durch UV-Strahlen induziert wurden (leere Quadrate), und der spontanen rII-Mutanten (gestrichelte Quadrate) (DRAKE, 1963)

von BENZER (1961) selbst gefunden worden waren. Es wurden 13 hot spots gefunden, von denen 6 mit den hot spots der Spontanmutationen gemeinsam waren und 7 mit den hot spots der Mutationen zusammenfielen, die durch Basenanaloga induziert worden waren.

Gleich danach führte DRAKE eine mühevolle Arbeit über die Reversion von Vertretern jedes der 99 Sites mit verschiedenen Basenanalogen durch.

Mutanten von etwa der Hälfte der Sites revertierten unter der Wirkung von Basenanalogen und wurden zum Typ der Transitionsmutanten gerechnet (Tab. 26). Der größere Teil von ihnen (47 von 53) revertierte unter der Wirkung von 2-Aminopurin und 5-Bromuracil und wurde zum AT-Typ gerechnet. Infolgedessen war die anfängliche Mutation in der bestrahlten DNS vom Typ GC → AT. 6 Mutanten konnten außerdem nach Behandlung mit Hydroxylamin revertieren, was gestattete, sie zum GC-Typ oder zum AT-Typ in der ersten (Ultraviolett-) Mutation zu rechnen. DRAKE meint, daß Adenin unter der Wirkung ultravioletten Lichtes eine Veränderung durchmacht.

Die zweite Hälfte der Mutanten revertierte nicht unter dem Einfluß auch nur eines der Analoga und konnte sowohl zum Transversionstyp als auch zum Typ der Mutanten mit Verschiebung des Leserasters gerechnet werden. Um eine Wahl zwischen diesen Alternativen zu treffen, wurden fast alle (Transitions- und Nichttransitions-) Mutanten mit Proflavin behandelt. Nicht eine der Transitionsmutanten mutierte unter dem Einfluß von Proflavin, aber das Mutagen rief

Tabelle 26

Zahl der Reversionen zum Wildtyp bei rII-Mutanten des Phagen *T4*, die mit UV-Strahlen behandelt worden sind

Behandlungsresultat	mutiertes Paar	Mutantenzahl
2AP (+), BU (+), HA (−)	GC	47
2AP (+), BU (+), HA (+)	AT	6
2AP (−), BU (−), HA (−)	?	46

Anmerkung. Das Pluszeichen bedeutet Reversion bei Behandlung mit dem Mutagen, das Minuszeichen — Fehlen der Reversion.

Reversionen fast aller Mutanten vom Nichttransitionstyp (bis auf drei) hervor: das zeugt dafür, daß diese Mutanten infolge des Mechanismus Ausfall—Einschub entstanden sind.

Um das Vorzeichen der Mutation zu bestimmen, besuchte DRAKE das Laboratorium von CRICK, machte sich mit den Bestimmungsmethoden des Mutationsvorzeichens bei Versuchen in dessen Laboratorium bekannt und verglich dann die Fähigkeit zur Reversion von zwei (+)-Mutanten und zwei (−)-Mutanten von CRICK mit der seiner eigenen Mutanten. Es zeigte sich, daß ein gewisser Teil der geprüften Mutanten zu den (+)-Mutanten gehörte, andere waren (−)-Mutanten.

Eine weniger repräsentative Auswahl von rII-Mutanten des Phagen *T4*, die ebenfalls nach Ultraviolettbestrahlung erhalten worden waren, aber nur bei Bestrahlung extrazellulärer Phagen (FOLSOME, 1962a), wurde von FOLSOME untersucht. Die Prüfung der Reversionsfähigkeit der Mutanten mit verschiedenen Basenanalogen führte FOLSOME gleichfalls zu dem Schluß, daß „die Ultraviolettbestrahlung offensichtlich drei Klassen von rII-Mutanten induziert: Transitionen, die sich durch das Kennzeichen einer Revertierbarkeit mit Basenanalogen auszeichnen; spontan revertierbare Nichttransitionen, die durch Basenanaloga nicht revertiert werden; stabile Nichttransitionen".

Außerdem bemühte sich der Autor aufzuklären, ob die Mutanten, die hot spots auf der genetischen Karte gebildet haben, hinsichtlich ihrer Fähigkeit zur Reversion durch Analoga homogen sind. Die Nachprüfung hat enthüllt, daß die Mutanten aus den hot spots ihrer Natur nach verschieden sind. In ein und demselben Site lagen Mutanten, die unter Einfluß von Analogen revertieren (Transitionen) und solche, die nicht dafür empfindlich sind (Transversionen) und sogar solche, die überhaupt nicht revertieren können (Deletionen?). Die letzte Schlußfolgerung von Folsome über die Natur der hot spots ist zweifellos von großem Interesse.

In der nachfolgenden Arbeit führte Folsome (1962b) eine Karte der Verteilung von 27 von ihm kartierten rII-Mutanten an (Abb. 113). Von ihm wurden 4 hot spots gefunden, die nicht völlig mit der Lage der hot spots in den Versuchen von Drake zusammenfallen. Möglicherweise hingen die Unterschiede damit zusammen, daß Folsome die Mutationen an extrazellulären, Drake aber an stoffwechselnden Phagen induziert hat.

Am Schluß wollen wir Daten von Howard und Tessman (1964b) anführen, die Mutationen mit ultravioletten Strahlen am Phagen *S13* mit einsträngiger DNS induziert und dann diese Mutationen mit Hydroxylamin, Äthylmethansulfonat,

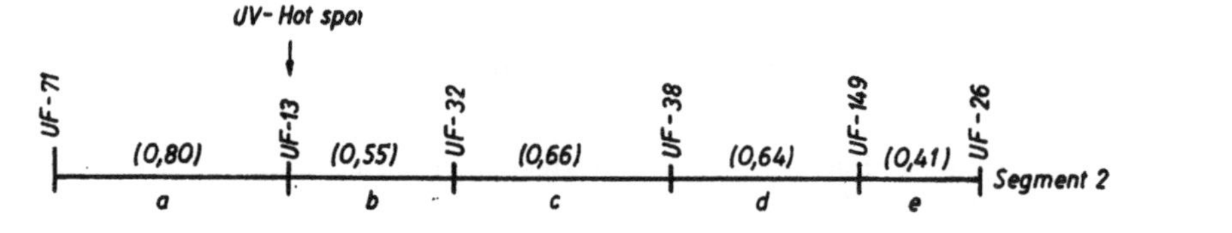

Abb. 113. Genetische Karte einer Reihe von rII-Mutanten, die durch UV-Strahlen beim extrazellulären Phagen *T4* induziert wurden, und von spontanen Mutanten (Folsome, 1962b)

salpetriger Säure, 2-Aminopurin und 5-Bromdesoxyuridin revertiert haben. Die Resultate der Reversion zeugten dafür, daß die Mehrzahl der Mutationen mit einem Austausch einer Cytosin- durch eine Thyminbase zusammenhing. Ebenso wie auch in den Versuchen von DRAKE wurde ein Teil der Mutanten (5 von 16 untersuchten) dem Nichttransitionstyp zugerechnet. Die Autoren konnten die Möglichkeit, daß diese 5 Mutanten ebenfalls nicht mit einer Änderung des Cytosins zusammenhingen, nicht völlig ausschließen.

Somit müssen wir bei Zusammenfassung der Resultate der Arbeiten zur Untersuchung des molekularen Mechanismus der genetischen Wirkung der Ultraviolettbestrahlung zu nachstehenden Schlußfolgerungen kommen.

1. Am verwundbarsten ist die Cytosinbase. Aus den Daten zur chemischen Mutagenese und zur Fotochemie der Nukleinsäuren folgt, daß Cytosin unter Bildung von Hydraten (seltener von Dimeren der Pyrimidinbasen) geschädigt wird, daß die Hydrate in Uracil übergehen können (der Übergang wirkt mutionsauslösend) und daß das Hydrat an Protein gebunden werden kann. Im Phagen *T4* wird Cytosin durch 5-Hydroxymethylcytosin vertreten. Deshalb führt seine Hydratisierung und weitere Desaminierung zu 5-Hydroxymethyluracil (5-OMU) dazu, daß das letzte Produkt (5-OMU) sich so verhalten wird wie Thymin, das, wie wir wissen, sich als 5-Methyluracil darbietet. Die Feststellung eines Austausches von Cytosin durch Thymin zeigt, daß offensichtlich dieser Mechanismus auch bei der Ultraviolettmutagenese abläuft.

2. Etwa die Hälfte der Mutanten bei zweisträngiger DNS waren Rastermutanten. Solche Mutationen konnten am ehesten die Folge von Reparaturprozessen sein, die bei der Abspaltung von Dimeren realisiert werden und infolgedessen konnte dieses Resultat den zweiten Typ der molekularen Umbauten widerspiegeln, die durch Ultraviolettbestrahlung hervorgerufen werden — die Dimerisierung der Pyrimidinbasen. Der kleine Anteil solcher Mutanten in den Versuchen von HOWARD und TESSMAN ist leicht dadurch erklärbar, daß bei der Wiederherstellung der Schäden solchen Typs in einsträngiger DNS unvermeidbar ein letaler Ausgang herbeigeführt wird.

3. Ein kleiner Teil der Mutationen hängt mit dem Austausch eines AT-Paares gegen ein GC-Paar zusammen. DRAKE meint, daß hierbei Adenin der mutagenen Umwandlung unterworfen ist. Die Frequenz der Schäden an Purinbasen ist sehr viel kleiner als bei den Pyrimidinbasen, was auch seine Widerspiegelung in den Versuchen von DRAKE fand.

Diese Situation wurde besonders deutlich durch Daten von YANOFSKY, ITO und HORN (1966) bekräftigt, die die Aminosäurenaustausche im A-Protein der Tryptophansynthetase von *E. coli* nach Ultraviolettbestrahlung untersucht haben. In allen 26 untersuchten Fällen unterlag Glycin dem Austausch. Sein Codon in der RNS ist

U		A
GGC,	infolgedessen codiert	CCG
A		T
G		C

diese Aminosäure in der DNS. Das Vorkommen von im DNS-Strang daneben liegenden Cytosinen ist wohl kaum zufällig, da, wie wir gesehen haben, die Dimerisierung der Cytosine oft durch eine Desaminierung von Cytosin zu Uracil abgeschlossen wird. Das letztgenannte wird durch den Austausch eines GC-Paares gegen ein AT-Paar beendet. Gerade Austausche dieser Art erfolgten in allen untersuchten Fällen. Glycin erwies sich als durch Arginin, Glutaminsäure, Asparaginsäure und Cystein ersetzt:

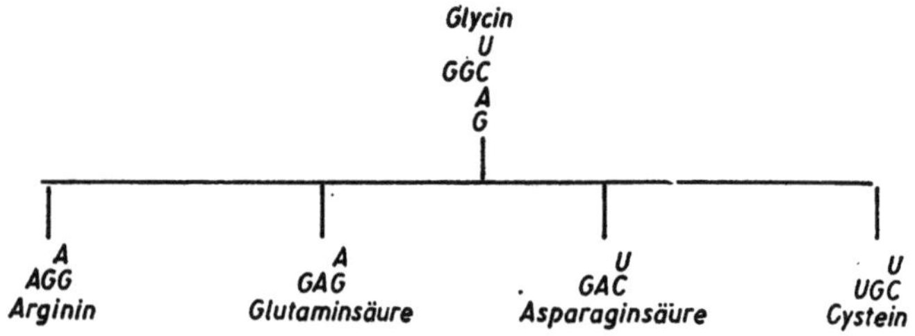

Das Bild der intramolekularen Umbauten, die durch Agentien verschiedener Natur hervorgerufen werden und auf DNS und RNS wirken, nimmt Deutlichkeit

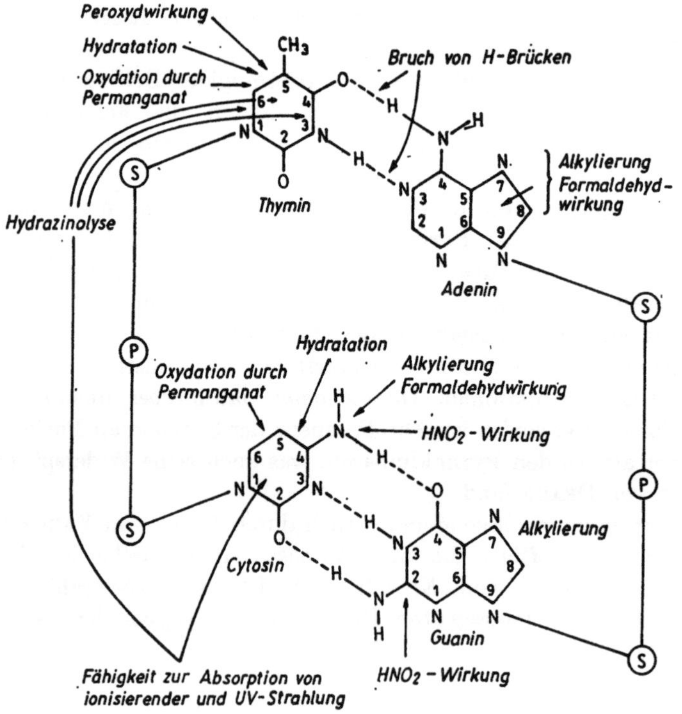

Abb. 114. Schema der Reaktionen, die die chemischen Verletzungen verschiedener Komponenten der Desoxyribonukleinsäure begleiten

an. Die breite Front der Untersuchungen auf dem Gebiet der Strahlen- und Chemomutagenese führte zur Feststellung zahlreicher Reaktionen, die die DNS-Struktur verändern. Veränderungen sind sowohl die Purin- als auch die Pyrimidinbasen in der DNS unterworfen, wobei im Rahmen der Anwendung von Mutagenen in der Selektion die Feststellung der Tatsache am interessantesten ist, daß häufig verschiedene Mutagene mit unterschiedlichen funktionellen Gruppen der DNS in Wechselwirkung treten.

Auf Abb. 114 sind die Hauptdaten zur Lokalisierung der Angriffspunkte der Energie für eine Reihe der am meisten verbreiteten Mutagene zusammengefaßt.

Fotodynamische Wirkung von Farbstoffen

Im Jahre 1963 beschrieben Böhme und Wacker (1963) die mutagene Wirkung von Farbstoffen (Thiopyronin und Methylenblau) in Kombination mit sichtbarem Licht. Die Arbeit wurde am Modell eines Vertreters niederer Organismen — *Proteus mirabilis* — durchgeführt, die Ehre der Einführung dieses Mikroorganismus in das Feld genetischer Experimente gebührt Böhme. Die Autoren hatten mehrere Mutantenstämme von *Proteus mirabilis* (Einfach- und Doppelauxotrophe) zur Verfügung, die Böhme isoliert hatte. Die Autoren bearbeiteten die Zellen mit einer Lösung von Thiopyronin und Methylenblau, danach wurde die Suspension mit einer Tageslichtlampe bestrahlt. Beide Farbstoffe riefen ohne Belichtung keine Mutationen hervor. Die Beleuchtung der Zellen mit sichtbarem Licht führte zur Erhöhung der Mutationsfrequenz von $5 \cdot 10^{-7}$ auf $10^{-6}-10^{-3}$. Unterschiede in der Mutationsaktivität waren durch Unterschiede zwischen den benutzten Bakterienstämmen bedingt. Mit Verlängerung der Belichtungszeit der Zellen stieg die Mutationsfrequenz linear an. Die Inaktivierungskurven der Bakterien kamen einem exponentiellen Verlauf nahe.

Eine mutagene fotodynamische Wirkung von Farbstoffen wurde an vielen Objekten beschrieben (s. Tab. 27): an Mikroorganismen (Nakai, Saeki, 1964; Singer, Fraenkel-Conrat, 1966; Drake, McGuire, 1967; Brendel, 1962; Böhme, Geissler, 1968; Böhme, 1968), an Pilzen (Kaplan, 1950; Alderson, Scott, 1970). Eine eingehende Übersicht der Daten findet man im Buch von Drake (1970, S. 171—176).

In der Mehrzahl der Versuche beobachteten die Autoren eine lineare Kinetik der Mutationsinduktion, obwohl Brendel (1968) feststellte, daß in seinen Versuchen mit der Methylenblaubehandlung und Belichtung des extrazellulären Phagen *T4* die Kinetik der Mutagenese nicht linear war, sondern einen Mehrtreffercharakter aufwies. Er zeigte, daß die von ihm beobachtete Erhöhung der Mutationsfrequenz nicht mit einer Selektion gewisser Spontanmutanten zusammenhing, die resistenter gegen eine fotodynamische Inaktivierung waren.

Die molekulare Natur der fotodynamischen Wirkung erschien anfangs verständlich. Nach den Arbeiten von Simon und van Vunakis (1962, 1964) und Wacker u. a. (Wacker et al., 1963), die bewiesen hatten, daß die fotodynamische Wirkung von Farbstoffen mit einer Schädigung der Purinbasen sowohl in Lösung

Tabelle 27

Fotodynamische Wirkung von Farbstoffen (aus DRAKE, 1970)

Organismus	Mutation	Farbstoff	Literatur
Serratia marcescens	Kolonieform	Er	KAPLAN, 1949, 1956
Penicillium notatum	Kolonieform	Er	KAPLAN, 1950b
Sarcina lutea	Penicillinresistenz	MOP, TB	MATHEUS, 1963
Proteus mirabilis	$phen^{-} \rightarrow phen^{+}$	MOP, TB	BÖHME, WACKER, 1963
Escherichia coli	Resistenz gegen Phagen *T7*	Er	KAPLAN, 1950a
	Resistenz gegen Phagen *T5*	AO	WEBB, KUBITSCHEK, 1963
	$try^{-} \rightarrow try^{+}$	AO, AG, MOP, TB	NAKAI, SAEKI, 1964
Phage $\varkappa$ von *Serratia marcescens*	Plaquemorphologie	MB	BRENDEL, KAPLAN, 1967a
Phage *T4*	$r^{+} \rightarrow r$	PF	RITCHIE, 1964, 1965
		Ps, TP	DRAKE, MCGUIRE, 1967b
		MB	BARRICELLI, DEL ZOPPO, 1968
	$rII \rightarrow r^{+}$	MB	BRENDEL, 1968

AG — Akridingelb; AO — Akridinorange; Er — Erythrosin; MB — Methylenblau; MOP — 8-Metoxypsoralen; PF — Proflavin; Ps — Psoralen; TB — Toluidinblau; TP — Thiopyronin.

als auch als Bestandteil von Desoxyribopolynukleotiden verbunden ist (dem Angriff ist hauptsächlich Guanin unterworfen), meinte die Mehrzahl der Forscher, daß gerade in den Guanin-Sites auch die mutagenen Veränderungen ablaufen. BRENDEL konnte jedoch durch die Verwendung von Phagenstämmen *T4rII* mit durch BENZER exakt kartierten Sites deutlich zeigen, daß die mutagene fotodynamische Wirkung der Farbstoffe auch in AT-Sites in Erscheinung tritt (s. auch RITCHIE, 1964, 1965). Diese Schlußfolgerung wurde besonders überzeugend in der inhaltsreichen Arbeit von DRAKE und MCGUIRE (1967) bewiesen. Die Autoren prüften einige Tausend der von ihnen nach Einwirkung von Thiopyronin und Psoralen auf extrazelluläre Phagen erhaltenen *T4r*-Mutanten (s. Abb. 115). Die gewonnenen Mutanten verteilten sich auf den rI-, rII- und rIII-Locus. Danach wurden die rII-Mutanten auf den Segmenten dieser Region genau kartiert (s. Abb. 116 und 117) und auf Reversionen durch Basenanaloge, Proflavin und Hydroxylamin getestet, wonach die Autoren eine quantitative Charakteristik des Verhältnisses von Transitionen, Transversionen und phänotypischen Reversionen angeben konnten. Rastermutationen wurden nicht festgestellt.

Etwa ein Drittel der induzierten Mutationen konnte durch Basenanaloge nicht revertiert werden und wurde vermutungsweise den Transversionen zugerechnet. Ein großer Teil der übrigen Mutanten wurde der Klasse der Transitionen zugerechnet, weil sie durch Basenanaloge revertiert wurden. Die Autoren stellten fest,

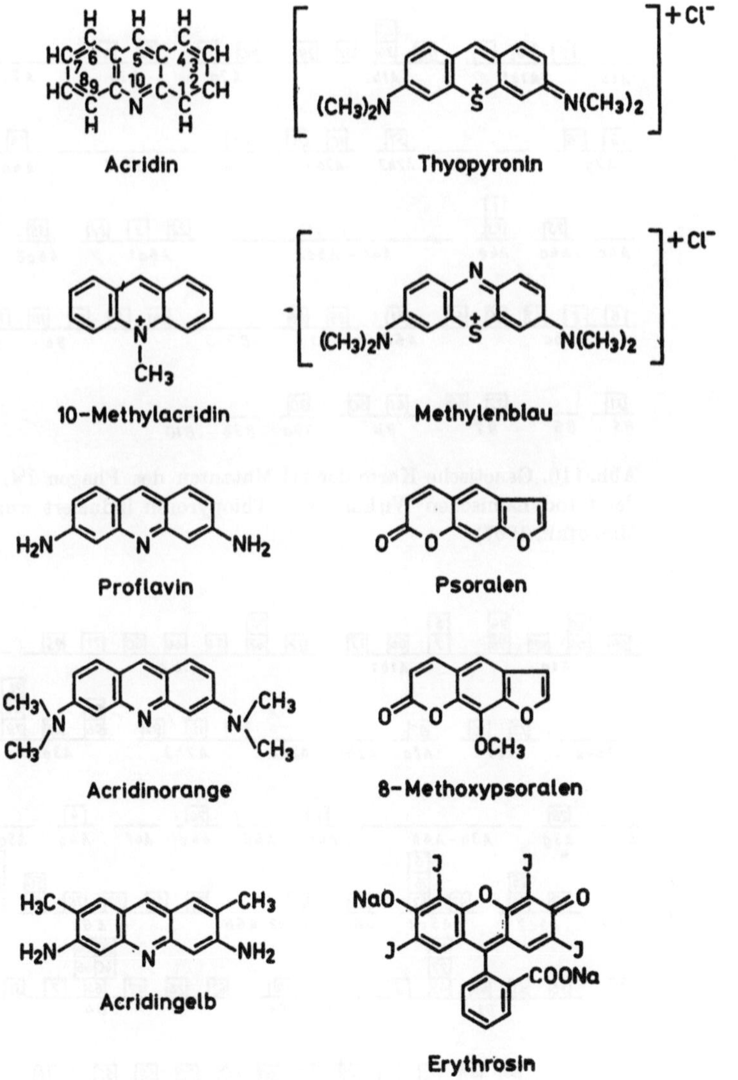

Abb. 115. Strukturformeln einer Reihe von Akridin- und anderen Farbstoffen

daß nur die Hälfte der revertierbaren Mutanten durch Hydroxylamin revertiert werden konnte. Auf dieser Basis meinten die Autoren, daß die Mutationen sowohl in GC-Sites als auch in AT-Sites erfolgten.

Somit bleibt der genaue molekulare Mechanismus der mutagenen fotodynamischen Wirkung der Farbstoffe vorerst unbekannt. Obwohl es bestimmte Erfolge bei der Untersuchung dieses Mechanismus gibt (Wacker, Turck, Gerstenberger, 1963; Sussenbach, Berends, 1965; Matsuura, Saito, 1967), sind wir von einem hinreichenden Verständnis des Bildes noch weit entfernt.

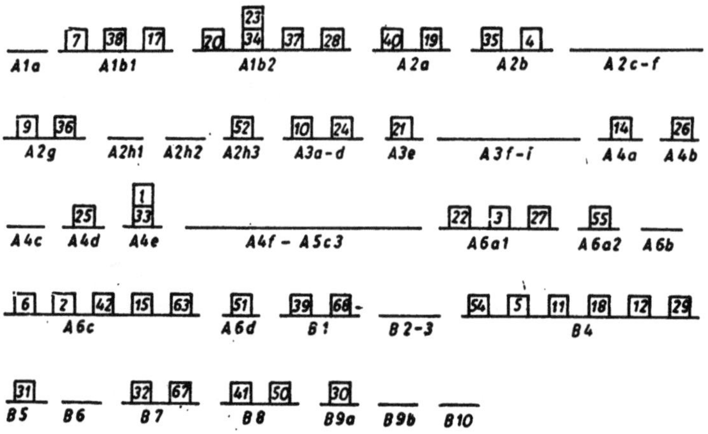

Abb. 116. Genetische Karte der rII-Mutanten des Phagen *T4*, die als Folge der fotodynamischen Wirkung von Thiopyronin induziert wurden (Drake, McGuire, 1967)

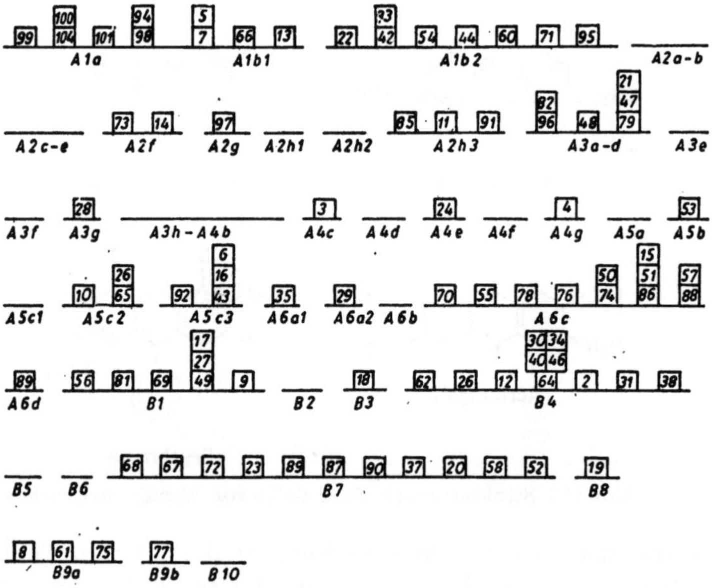

Abb. 117. Genetische Karte der rII-Mutanten des Phagen *T4*, die als Folge der fotodynamischen Wirkung von Psoralen induziert wurden

Am häufigsten wurde bei den Untersuchungen, die an Mikroorganismen, Pflanzen und Insekten durchgeführt wurden, beim Studium einer kombinierten Wirkung von Mutagenen ein Synergismus der Mutationsfrequenz festgestellt. Die nach Kombination einiger Mutagene erhaltene Mutationsfrequenz überstieg mehrere Male diejenige, die man bei Summierung der Frequenzen von jedem einzelnen der Mutagene getrennt erhalten würde. Die ersten Mitteilungen über den synergistischen Charakter der Mutationsfrequenz bei kombinierter Anwendung von Mutagenen stammen von AUERBACH und Mitarbeitern und WESTERGAARD und Mitarbeitern. AUERBACH und KØLMARK (1959) untersuchten die Wirkung von ultraviolettem Licht und Diepoxybutan (DEB) auf einen Stamm von *Neurospora*, der unfähig war, Inosinsäure und Adenin zu synthetisieren. Bei der Untersuchung der Induktion von Rückmutationen in diesen Loci stellten die Autoren fest, daß bei einer DEB-Behandlung vor der UV-Bestrahlung im Inosinlocus ein additiver Effekt der Kombination der Mutagene, im Adenyllocus dagegen ein synergistischer Effekt beobachtet wird. Wenn umgekehrt die UV-Bestrahlung der DEB-Behandlung vorausging, wurde kein synergistischer Effekt festgestellt.

Das Phänomen des Synergismus bei einer Kombination von Mutagenen wurde danach von vielen Autoren für verschiedene Mutagenkombinationen gefunden, z. B. für Mikroorganismen bei Bestrahlung und Behandlung mit Stickstofflost (HAYNES, INCH, 1963) und Hydroxylamin (SALGANIK, 1963; SHANKEL, 1963 et al.), aber auch bei höheren Pflanzen (ACHUND-ZADE, CHVOSTOVA, 1966).

Eine detaillierte Analyse des Synergismus bei kombinierter Behandlung mit Mutagenen wurde in den Laboratorien von R. I. SALGANIK (PANFILOVA u. a., 1966; PANFILOVA, SALGANIK, 1968; VORONINA, POSLOVINA, SALGANIK, 1968; SALGANIK, 1969) und von D. M. GOL'DFARB (GOL'DFARB, BELJAEV, 1966; GOL'DFARB, ČUBUKOV, 1966) durchgeführt. Wie in früheren Arbeiten fanden SALGANIK und Mitarbeiter einen Synergismus für einige Loci (leu und thr), aber ein Fehlen des Synergismus oder sogar eine Verminderung der Mutierfrequenz für andere Loci (z. B. Vitamin B_{12}-Synthese). SALGANIK und seine Mitarbeiter folgerten, daß eine mögliche Erklärung für den Synergismus darin liegt, daß Hydroxylamin eine Denaturierung der DNS ermöglicht, wonach die Wechselwirkung von DNS und Ultraviolettquanten intensiver verläuft.

Die Hauptrolle in der von D. M. GOL'DFARB gegebenen Erklärung des Synergismus spielte die Anerkennung der Rolle der Reparaturenzyme (Enzyme der Dunkelreparatur). GOL'DFARB folgerte, daß das eine der Mutagene die Reaktion der Dunkelreparatur in Gang setzte, wonach beim Zubauen der gebildeten Lücken die Aktivität des zweiten Partners des Mutagenpaares deutlich anstieg. Eine Prüfung dieser Annahme durch SOJFER (1970a) hat jedoch gezeigt, daß diese Erklärung für die von GOL'DFARB benutzten Mutagene nicht paßt.

Im Gegensatz zu den Daten von SALGANIK und Mitarbeitern und GOL'DFARB und Mitarbeitern haben KRIVISKIJ und TICHOMIROVA (1970) keinen Synergismus

an den Phagen *T4* und C_d bei Verwendung von Hydroxylamin und anschließender Ultraviolettbestrahlung festgestellt.
Ein Synergismus der Mutationsfrequenz wurde in den Versuchen von Sharma und Glover (1970) an *Drosophila*-Männchen bei Verwendung von Äthylmethansulfonat und Röntgenstrahlen, von Shankel und Ubelaker (1965) an *E. coli* und von Gond (1968) bei Anwendung einer Kombination von Ultraviolett- und Röntgenstrahlung gefunden.

KAPITEL 11

Mutationen und genetischer Code

Vom Gesichtspunkt der Veränderung des genetischen Codes aus kann man alle Punktmutationen in drei Klassen einteilen:

1. Missense-Mutationen, oder Mutationen, die den Sinn des Codons ändern und zum Einbau einer falschen Aminosäure führen. Zu solchen Mutationen führt die Mehrzahl der bekannten Mutagene von chemischer oder von Strahlennatur, die keine Verschiebung des Leserasters hervorrufen.

2. Nonsense-Mutationen, bei denen ebenfalls eine Änderung des Sinnes des Codons erfolgt, aber die Codons UAG, UAA und UGA gebildet werden, die keine Aminosäuren codieren (sinnlose Codons) und deshalb das Lesen abbrechen. Wenn im mutierten Site das Codon UAG oder Amber-Codon entsteht, heißt die Nonsense-Mutation Amber-Mutation (oder Bernstein-Mutation). Mutationen, die durch das Ochre-Codon UAA bedingt sind, nennt man Ochre-Mutationen. Mutationen, die durch das Nonsense-Codon UGA hervorgerufen werden, haben die Bezeichnung Opal erhalten. Diese Klasse von Mutationen kann durch beliebige Mutagene hervorgerufen werden — sowohl durch solche, die Basenaustausche erzeugen, als auch durch solche, die das Leseraster verschieben.

3. Rastermutationen. Im Kapitel über die chemischen Mutagene haben wir uns eingehend mit diesen Mutationen bekannt gemacht. Ausfall oder Einschub eines Nukleotids in der DNS-Kette führt zur Verschiebung der Ablesung. Diese Verschiebung wird am häufigsten durch Abbruch der Ablesung beendet, weil schließlich bei der Verschiebung ein sinnloses Codon entsteht. Eine Reversion der Verschiebung des Leserasters kann durch ebensolche Mutation von Einschub oder Ausfall, aber in bezug auf die erste Mutation mit entgegengesetztem Vorzeichen, hervorgerufen werden.

Amber-Mutationen und ihre Suppression

Die Untersuchung der molekularen Natur einer Reihe von Mutationen erwies sich als sehr nützlich für den Beweis der Hauptthesen der Theorie des Codes. Das betrifft vor allem die Amber- und Ochre-Mutationen. Lange Zeit gelang es nicht, exakte Beweise dafür beizubringen, daß zwischen den Folgen der Basen in der DNS und der Aminosäuren im Protein eine strenge Koinzidenz existiert (die sogenannte „Kolinearität Gen-Protein"). Die Kolinearität von genetischer

Karte und Polypeptidkette wurde in zwei Untersuchungsrichtungen bewiesen: in den Versuchen zur Untersuchung der Amber-Mutationen und ihrer Suppression und bei der Untersuchung der Aminosäureaustausche im A-Protein der Tryptophansynthetase bei *E. coli*.

Wie bereits erwähnt wurde (siehe Kapitel 2), wurden bei verschiedenen Organismen (Bakterien und Phagen) Mutanten isoliert, die den Amber-Mutanten des Phagen *T4* analog sind. Eine große Zahl der Amber-Mutanten des Phagen *T4 D* kann nicht auf Zellen von *E. coli B* wachsen, vermehrt sich aber in den Zellen anderer *Coli*stämme, z. B. *E. coli CR 63* — einem Abkömmling des Stammes *E. coli K12* (Epstein et al., 1963). Nach ihren Eigenschaften waren die Amber-Mutanten Nonsense-Mutanten, wie sie von Benzer und Champe (Champe, Benzer, 1962) beschrieben wurden, d. h. Mutanten, die ein sinnloses Triplett in der DNS trugen, das keinerlei Aminosäure codiert.

Die Wiederherstellung des Wachstums von Amber-Mutanten in mehreren Bakterienstämmen wies darauf hin, daß sie bedingt letale Mutanten sind. Stämme, in denen das Wachstum von Amber-Mutanten des Phagen *T4 D* möglich ist (permissive Stämme), enthalten Suppressoren (su) des Amber-Codons. Die bemerkenswerte Eigenschaft solcher Su^+-Zellen besteht darin, daß sie die Eigenschaft der Suppression nicht nur hinsichtlich der Amber-Mutanten des Phagen, sondern auch hinsichtlich der entsprechenden Mutanten des Bakteriums selbst entwickeln können. Garen und Siddiqi (1962) beschrieben Amber-Mutanten zum Gen der alkalischen Phosphatase von *E. coli*, bei denen die Synthese dieses Enzyms gestört war. Selbst höchst empfindliche immunologische Methoden enthüllten kein Protein, das der alkalischen Phosphatase nahe kam. Tatsächlich wurde bei mehreren Mutanten ein Protein synthetisiert, das nach seinen immunologischen Eigenschaften der alkalischen Phosphatase nahe steht, aber keine Enzymaktivität besitzt (sogenannte CRM-Proteine — von cross reacting material). Diese Mutanten waren ebenfalls ihrer Natur nach Amber, weil sie im Gen der alkalischen Phosphatase eine Mutation in einem der Codons besaßen, die zum Einbau des Ambertripletts in die m-RNS führten, das keine Aminosäure codiert. Die Su^+-Zellen, die das Wachstum der Amber-Mutanten des Phagen *T4 D* wiederherstellten, stellten auch die Synthese des Proteins der alkalischen Phosphatase wieder her, wenn das mutierte Gen mit Hilfe der Konjugation in Su^+-Zellen eingeführt wurde. Die Aktivität des Enzyms wurde in der Regel nicht vollständig wiederhergestellt (50—70% der Aktivität des Proteins aus Wildtypzellen). Schließlich wurde eine Suppression des Nonsense-Codons auch für den RNS-haltigen Phagen *f2* beschrieben.

Eine detaillierte Analyse der molekularen Ereignisse, die zur Synthese von CRM-Protein oder nicht vollständig aktivem Protein führten, hat gezeigt, daß in den Suppressorstämmen trotzdem die Anlagerung einer Aminosäure aus Nonsense-Codon erfolgt. Die letztgenannte Eigenschaft hängt mit der Existenz von t-RNS-Molekülen mit einer Mutation im Anticodon neben den gewöhnlichen Transport-RNAs in den Su^+-Zellen zusammen. Solche Mutanten der t-RNS können das sinnlose UAG-Codon „erkennen“ und ihm eine Aminosäure gegenüberstellen

(Capecchi, Cussin, 1965). Deshalb wird die Proteinsynthese am Amber-Codon nicht abgebrochen, aber da eine falsche Aminosäure aufgestellt wird, wird entweder ein inaktives Polypeptid (CRM-Protein) oder ein nicht vollständig aktives Protein gebildet. Demnach kann man die Reihenfolge der Ereignisse, die zur Suppression eines Nonsense-Codons führen, folgendermaßen darstellen. Infolge einer Mutation in einem Gen, das t-RNS synthetisiert, werden RNS-Moleküle gebildet, deren Anticodon zum Nonsense-Codon komplementär ist. Da die Fähigkeit, sich mit einer Aminosäure zu verbinden, sich bei solchen t-RNAs nicht ändert, werden sie in den Ribosomen eine bestimmte Art von Aminosäuren liefern und sie dem sinnlosen Codon gegenüberstellen. Die Hypothese, die die Suppression von Codefehlern durch einen solchen Mechanismus beschreibt, wurde zuerst von Brody und Yanofsky (1963) vorgeschlagen. Sie meinten, daß das Suppressorgen in großem Abstand von jenem Strukturgen lokalisiert werden kann, das der Suppression unterworfen ist. Brody und Yanofsky gelang es, das erste Beispiel solcher Suppressoren in Versuchen mit der Tryptophansynthetase von *E. coli* zu beobachten. Es wurde eine Mutante der Tryptophansynthetase gewonnen, bei der im CP-2-Peptid Glycin (GGU) durch Cystein (UGU) ersetzt wurde. Es gelang jedoch, einen *E. coli*-Stamm zu isolieren (*E. coli su-78*), in dem keine Mutation in Erscheinung trat und im mutierten Site der Einbau der richtigen Aminosäure realisiert wurde. Der direkte Beweis dafür, daß hier die t-RNS beteiligt ist, wurde gleichzeitig in den Laboratorien von Yanofsky und Khorana erreicht (Carbon, Berg, Yanofsky, 1966; Gupta, Rajbhandary, Khorana, 1966), die t-RNS aus dem Suppressorstamm su-78 isolierten, die Moleküle dieser t-RNAs reinigten und den Einbau einer falschen Aminosäure mit Hilfe dieser t-RNAs zeigten.

In einem Falle mit Suppression von Nonsense-Codons wurde derselbe Mechanismus wirksam. Brenner und Mitarbeiter (Smith, Abelson, Clark, Goodman, Brenner, 1966) konnten eine Methode zur Anreicherung der spezifischen t-RNS um das 5—8fache ausarbeiten. Die genetische Kartierung hat gezeigt, daß neben dem Suppressorgen des Stammes su-3 (über diesen Stamm siehe unten) der Prophage *Φ80* liegt, der zur Transduktion befähigt ist. Durch Isolierung dieses transduzierenden Phagen konnten sie viele Partikeln erhalten, die den Locus mit dem Suppressorgen trugen. Durch Infektion von *E. coli* mit solchen Phagen reicherten die Autoren das Produkt des Suppressorgens in den Zellen an. Dieses Produkt erwies sich als eine t-RNS, und zwar als Mutante, da sie das Nonsense-Codon UGA erkannte.

In der folgenden Etappe der Feststellung des Suppressionsmechanismus von Amber-Codons untersuchte man, welche Aminosäuren dem Nonsense-Codon durch bestimmte Arten von Suppressoren gegenübergestellt werden. Weigert und Garen (1965a) haben bestimmt, daß einer der su^+-Bakterienstämme (sie haben ihn als su-1-Stamm bezeichnet) ein Protein synthetisiert, in dem am Orte des Amber-Codons der Einbau der Aminosäure Serin erfolgt. Andere Unterschiede wurden an dem in wilden und in mutierten Zellen mit Suppressor synthetisierten Enzym nicht bemerkt.

Derselbe Stamm su-1 von *E. coli* entwickelte einen Suppressoreffekt in bezug auf Amber-Mutanten des Phagen *T4D* und des Phagen *f2*. Beim Phagen *T4D* wurden viele Amber-Mutanten des Phagenkopfproteins isoliert. Bei jeder Mutante werden bei der Vermehrung in nichtpermissiven Bakterien kurze Fragmente von Polypeptidketten gebildet, wobei deren Länge bei verschiedenen Amber-Mutanten unterschiedlich ist. Dies kann man verstehen, wenn man annimmt, daß die Nonsense-Codons in verschiedenen Punkten längs des Gens liegen werden. Eine dieser Mutanten (*am H36*) wurde von STRETTON und BRENNER (1965) untersucht. Das N-Endfragment der Proteinhülle des Wildphagen enthielt diese Aminosäurenfolge:

Ala — Gly — Val — Phe — Asp — Phe — Gly — Asp — Pro — Ile.

Bei der Mutante erfolgte der Abbruch an der siebenten Aminosäure und die synthetisierten Fragmente hatten den Aufbau:

Ala — Gly — Val — Phe — Asp — Phe.

Bei der Infektion der su-1-Zellen von *E. coli* mit der Mutante *am H36* wurde ein Protein synthetisiert, das einen Unterschied nur in einer Aminosäure besaß: am Punkt des Abbruchs wurde die gleiche Aminosäure Serin eingesetzt wie auch bei der Suppression des Amber-Codons in der alkalischen Phosphatase. Das im su-1-Stamm erhaltene Protein der Hülle des Phagen *am H36* hatte folgenden Aufbau:

Ala — Gly — Val — Phe — Asp — Phe — Ser — Asp — Pro — Ile.

Wenn man die Codons im Site darunter stellt, der zuerst Amber-Mutationen erfahren und dann die Reversion durchgemacht hat, kann man sehen, daß die Amber-Mutation das Resultat eines Punktaustausches ist (es ist nur eine Base des Codons betroffen):

T4 Gly = CAG

T36 Amber = UAG

Aus den Daten über die Chemie der Mutagenese (s. Kapitel 10) wissen wir, daß die Desaminierung von Cytosin zu Uracil eines der am häufigsten anzutreffenden Ereignisse ist, das zweifellos auch hier stattgefunden hat.

Prinzipiell das gleiche Resultat wurde von ZINDER u. Mitarb. (NOTANI, ENGELHARDT, KONIGSBERG, ZINDER, 1965) am Phagen *f2* erhalten. Bei diesem Phagen wurde eine Serie von Amber-Mutanten isoliert, die nach ihrer Fähigkeit zur Reversion in die zwei Klassen su-1 und su-3[1]) eingeteilt wurden. Durch Untersuchung von Mutanten der Klasse su-3 haben die Autoren gezeigt, daß ein Defekt im Protein der Phagenhülle beobachtet wird, und sie haben eine Untersuchung der Aminosäurezusammensetzung vom Protein des Wildtyps, der Proteine der

[1]) Jetzt ist vereinbart worden, die Amber-Mutanten des Phagen *f2* von den Amber-Mutanten des Phagen *T4D* und von *E. coli* zu unterscheiden, wobei die ersten mit dem Symbol sus bezeichnet werden und für die zweiten die Bezeichnung su blieb.

su-3-Mutanten und der supprimierten su-3-Mutanten unternommen. Als Suppressorstamm benutzten sie denselben su-1-Stamm von *E. coli* wie WEIGERT und GAREN. Hier wurde von neuem festgestellt, daß anstelle des Ambertripletts die Aminosäure Serin eingebaut wurde, und die Austausche waren folgende:

f2 (Wildtyp) ... Thr — GluN — Phe ...

su-3-Mutante von *f2* im su-1-Stamm von *E. coli* ... Thr — Ser — Phe ...

Bisher haben wir anstelle des Amber-Codons das Triplett UAG gesetzt. Daß das Amber-Codon tatsächlich UAG und das Ochre-Codon UAA ist, wurde im Jahre 1965 von BRENNER, STRETTON und KAPLAN (1965) und von WEIGERT und GAREN (1965a) bewiesen.

Gleich nach dem Stamm su-1 von *E. coli* wurden noch vier Suppressorstämme von *E. coli* isoliert. Zwei von ihnen (su-2 und su-3) waren permissive Wirte für Amber-Mutanten der alkalischen Phosphatase, die zur Klasse N1 gehörten. Es ist angebracht, daran zu erinnern, daß alle Amber-Mutanten des Gens der alkalischen Phosphatase in die zwei Klassen N1 und N2 nach ihrer Fähigkeit eingeteilt wurden, in diesen oder jenen Suppressorstämmen von *E. coli* revertiert zu werden. Die Mutanten der Klasse N1 wurden in den Stämmen su-1, su-2 und su-3 supprimiert, aber diese Stämme ergaben keine Suppression der Mutanten der Klasse N2. Die letztgenannten wurden in den Stämmen su-4 und su-5 supprimiert. Es ist interessant, daß die Stämme su-4 und su-5 auch Mutanten der Klasse N1 supprimieren konnten.

Eine Analyse des Mechanismus der Suppression, die durch die Stämme su-2 und su-3 realisiert wird, wurde am System der Mutationen der alkalischen Phosphatase von *E. coli* durch WEIGERT, LANKA und GAREN (1965) durchgeführt. Beide Stämme supprimierten die gleichen Mutanten wie auch der su-1-Stamm, aber die su-2 t-RNS stellte dem Nonsense-Codon Glutamin gegenüber, und im Stamm su-3 gab es eine t-RNS, die Tyrosin gegenüberstellt. Zu dem gleichen Schluß gelangten BRENNER, STRETTON und KAPLAN (1965), die den Einbau von Aminosäuren an der Stelle des Nonsense-Codons im Kopfprotein von Amber-Mutanten des Phagen *T4D* bei Vermehrung der letztgenannten in su-2- und su-3-Stämmen von *E. coli* untersucht hatten. In su-2 erfolgte der Einbau von Glutamin und in su-3 von Tyrosin. Außerdem untersuchten die Autoren die Effektivität der Wiederherstellung der normalen Polypeptidlänge bei Vermehrung der Amber-Mutanten in den Stämmen su-1, su-2 und su-3 und zeigten, daß für das Kopfprotein des Phagen *T4D* die Wiederherstellung der Proteinlänge 63% für su-1, 51% für su-2 und 30% für den su-3-Stamm erreichte. Dies sollte man so verstehen, daß im ersten Fall 63% aller unfertigen Proteine wiederhergestellt werden, im zweiten Fall 51% und im dritten nur 30%. Auf dieser Basis nahmen die Autoren an, daß es im su-1-Stamm mehr t-RNS gibt als in den beiden anderen Stämmen, oder daß die t-RNS des su-1-Stammes aktiver ist. Im Laboratorium von BRENNER (SMITH, ABELSON, GOODMAN, BRENNER, 1966) wurde gezeigt, daß die veränderte t-RNS im su-3-Stamm eine Tyrosin-t-RNS ist, und dies paßte vollständig zu den Daten über den Einbau von Tyrosin in den su-3-Stämmen.

Ochre-Mutationen und ihre Suppression

Bisher war von Amber-Mutanten die Rede, bei denen UAG das Nonsense-Codon war. Aber die Zahl der Nonsense-Mutanten ist nicht auf diese Klasse beschränkt. Im Jahre 1964 beschrieb BECKWITH (1964) zwei neue Suppressorgene von *E. coli*, die die Aktivität von Mutanten des lac-Operons von *E. coli* wiederherstellen. BRENNER und BECKWITH (1965) säten auf diesen Stämmen 54 rII-Mutanten des Phagen *T4* aus, unter denen 21 Mutanten ihrer Natur nach Amber-Mutanten waren. Parallel dazu wurden alle 54 Mutanten auf den Stämmen su-1, su-2 und su-3 von *E. coli* untersucht. Dieser Vergleich gestattete, alle rII-Mutanten in zwei Typen einzuteilen. Zum ersten Typ gehörten die Amber-Mutanten der rII-Region, die sowohl in su-1-, su-2- und su-3-Zellen von *E. coli*, als auch in den von BECKWITH isolierten Suppressorstämmen supprimiert wurden. Die übrigen 33 rII-Mutanten wurden in den Stämmen von BECKWITH supprimiert, blieben aber Mutanten in den Zellen von su-2, su-3 und su-1. Man sollte anerkennen, daß, obwohl die Stämme von BECKWITH auch Suppressorstämme sind (denn die Wiederherstellung von Amber-Mutationen fand statt), sie sich aber von den bisher isolierten Amber-Suppressoren unterscheiden. Hierauf wies auch der Umstand hin, daß in den Stämmen von BECKWITH für eine Reihe von Amber-Mutanten des Kopfproteins vom Phagen *T4* und für eine Reihe anderer Amber-Mutanten keine Suppression erfolgte.

BRENNER und BECKWITH kamen zu dem Schluß, daß außer den Amber-Nonsense-Codons irgendwelche anderen Nonsense-Tripletts existieren müssen. Mutanten, die von den Amber-Suppressor-Stämmen su-1, su-2 und su-3 von *E. coli* nicht supprimiert wurden, aber in den Stämmen von BECKWITH supprimierbar waren, nannten die Autoren Ochre-Mutanten. Nach ihrer Meinung mußte die Bezeichnung widerspiegeln, daß diese Mutanten den Bernsteinmutanten ihrer Natur nach nahe stehen, sich aber trotzdem von ihnen unterscheiden.

Zusätzliche Experimente, die von BRENNER und BECKWITH durchgeführt wurden, haben sie in der Meinung bestärkt, daß die Ochre-Mutationen eine Art der Nonsense-Mutationen sind, die sich in ihrem Verhalten von den Amber-Mutationen unterscheiden. Zum Beweis benutzten die Autoren die in der Phagengenetik bekannte Deletion 1589 in der rII-Region. Diese Deletion liegt zwischen den Cistrons A und B der rII-Region und umfaßt das Ende des A-Cistrons und den Anfang des B-Cistrons und beseitigt auf diese Weise das Grenzgebiet zwischen den Cistrons, indem es diese zu einer einheitlichen Struktur verbindet. Die Deletion ist dadurch interessant, daß sie, wie KRIK, BARNETT, BRENNER und UOTS-TOBIN (1963) gezeigt haben, den Ausfall einer ganzen Zahl von Codons im B-Cistron hervorruft. Deshalb erfolgt keine Verschiebung des Leserasters im B-Cistron, und es bewahrt die Möglichkeit zu funktionieren trotz des Ausfalls des Cistronanfangs. Die Koppelung der Cistrons A und B führt jedoch dazu, daß eine beliebige Mutation im A-Cistron, die durch Einschub oder Ausfall von Basen bedingt ist, mit einer Verschiebung des Leserasters nicht nur im

A-Cistron, sondern auch in dem jetzt dank der r-1589-Deletion mit dem A-Cistron zu einem Ganzen vereinigten B-Cistron endet.
Diese Deletion half seinerzeit BENZER und CHAMPE, die Nonsense-Codons zu entdecken. Als sie in das Genom des Phagen *T4r—1589* die nach ihrer Annahme sinnlosen Mutationen in den Anfang des Cistrons A einschleusten, brach das Ablesen der Matrize am sinnlosen Codon ab und wurde weder im A-Cistron noch im B-Cistron realisiert. Bei der Verwendung von Zellen mit Suppressoren (su^+-Zellen) als Bakterienwirt erhielten BENZER und CHAMPE die Wiederherstellung des Ablesens sowohl im A- als auch im B-Cistron.
Dieses Verfahren benutzten auch BRENNER und BECKWITH. 8 der von ihnen erhaltenen Ochre-Mutationen der rII-Region vereinigten sie mit der Mutation r-1589 und untersuchten die Doppelmutanten in su^+- und su^--Stämmen. Es zeigte sich, daß 3 Mutanten partiell in Amber-Suppressorstämmen wiederhergestellt wurden, aber eine sehr viel vollständigere Wiederherstellung aller Mutanten wurde in den Ochre-Suppressorstämmen beobachtet.
Ein anderer Beweis für die Nonsense-Natur der Ochre-Mutationen wurde bei der Benutzung der Ochre-Suppressorstämme zur Wiederherstellung einer Reihe von Nonsense-Mutationen des Laktoseoperons von *E. coli* erhalten. Hierbei wurde auch eine Suppression von Mutationen beobachtet, die in Zellen mit Amber-Suppressoren nicht unterdrückt wurden.
Endgültig wurde der Unterschied zwischen dem Amber- und Ochre-Codon von BRENNER, STRETTON und KAPLAN (1965) bewiesen, die die Zusammensetzung des Ochre-Codons festgestellt haben. Es erwies sich mit dem Triplett UAA als dem Amber-Codon UAG nahestehend.
Oben wurde erwähnt, daß die Nonsense-Mutanten des Gens der alkalischen Phosphatase von *E. coli* durch GAREN in zwei Klassen eingeteilt wurden — N1, die in su-1-, su-2- und su-3-Amber-Suppressorstämmen supprimiert wurden, und N2, die in diesen Stämmen nicht supprimiert wurden. Als GALUCCI und GAREN (1966) versuchten, entweder die Enzymaktivität der Phosphatase oder die immunologische Aktivität des CRM-Proteins der sechs N2-Mutationen in su^--Zellen zu bestimmen, konnten sie nur 0,2% der Enzymaktivität im Vergleich zum Wildtyp und weniger als 2% der CRM-Aktivität registrieren. In den su-1-, su-2- und su-3-Stämmen erwies sich die Aktivität des CRM-Polypeptids ebenfalls als vernachlässigbar klein — weniger als 2%. Man sollte anerkennen, daß sich die Klasse N2 der Nonsense-Mutanten von der N1-Klasse der Amber-Mutanten deutlich unterschied. Die Autoren schlugen vor, daß die N2-Mutanten den Ochre-Mutanten nahe stehen.
Im gleichen Jahre haben BRENNER, KAPLAN und STRETTON (1966) gezeigt, daß die Mutanten der N2-Klasse von der alkalischen Phosphatase bei *E. coli* und die früher von BRENNER und BECKWITH isolierten Ochre-Mutanten identisch und daß die Ochre-Suppressoren bezüglich der N2-Mutanten aktiv sind. Zu dieser Zeit wurden in beiden Laboratorien (an der Yale-Universität in USA, wo GAREN arbeitete, und im Laboratorium für Molekulargenetik in Cambridge in England, wo BRENNER und Mitarbeiter arbeiteten) mehrere Suppressorstämme der Ochre-

Mutanten isoliert. Im Laboratorium von GAREN wurden sie mit den Symbolen su-4 und su-5 bezeichnet, die Forschergruppe in Cambridge nannte die ihren su_B^+, su_C^+ und su_D^+. Alle Stämme erwiesen sich als aktiv nicht nur bezüglich der Ochre-Mutanten, sondern in diesem oder jenem Grade auch bezüglich der Amber-Mutanten. Tatsächlich erwies sich aber in vielen Fällen der Suppression des Amber-Codons, wenn sie auch zur Wiederherstellung der Ablesung führte, das synthetisierte Produkt als inaktiv. Die Untersuchung der Lokalisierung der Gene, die die Eigenschaft der Suppression bestimmen (Existenz von t-RNS-Molekülen, die die Nonsense-Codons erkennen können), hat gezeigt, daß su-4-und su-5-Mutationen in der Nähe des Tryptophanlocus liegen und su_C^+ und su_B^+ in der Nähe des Galaktoseoperons. Es gibt Anzeichen, daß im Falle der su-4-Mutationen die t-RNS beschädigt wird. Daß das Codon, das zur Entstehung von N2-Mutanten führt, die Zusammensetzung UAA hat, wurde von WEIGERT, LANKA und GAREN (1967) bewiesen. Dadurch wurde endgültig festgestellt, daß sowohl in der N2-Klasse von Mutanten der alkalischen Phosphatase von *E. coli*, als auch in den Ochre-Mutanten der rII-Region des Phagen *T4D* und in den lac_2—Mutationen von *E. coli* ein und dasselbe Nonsense-Codon UAA tätig ist.
Im weiteren wurde die Frage untersucht, welche Aminosäuren durch die Transport-RNAs in den su-4-und su-5-Stämmen, die die Ablesung der Ochre-Mutationen wiederherstellen, an die Stelle des Ochre-Codons gebracht werden. Diese Analyse wurde bezüglich des su-4-Gens von WEIGERT, LANKA und GAREN (1967) vorgenommen. Die Autoren fanden heraus, daß su-4 Tyrosin an die Stelle des UAA-Codons stellt. Früher wurde gezeigt, daß diese gleiche Aminosäure von der t-RNS des su-4-Stammes dem Amber-Codon UAG gegenüber gestellt wird. Was den su-5-Stamm betrifft, so ist bekannt, daß er die Aminosäure Lysin an die Stelle des Amber-Codons stellt.
Offensichtlich ist die Entstehung von Mutationen der t-RNS, die anfangen, Nonsense-Codons zu erkennen, mit dem Austausch einer Base im Anticodon der t-RNS in einem Schritt verbunden. Das ist leicht zu illustrieren, wenn man Codons unterschiebt, die den ausgetauschten Aminosäuren entsprechen. Bei der Aufstellung wurden an der Stelle des Amber-Tripletts UAG folgende Austausche beobachtet: su-1 baut Serin ein (eins von dessen Codons ist UCG), su-2 Glutamin (CAG), su-3 Tryosin (UAU oder UAC), su-4 auch Tryosin und su-5 Lysin (AAG und AAA). Man kann auch sehen, daß im Falle der su-4- und su-5-Stämme Transport-RNAs entstehen können, bei denen die Mutation im Anticodon zuerst eine t-RNS liefert, die auch das Ochre-Codon UAA erkennen kann.

UGA — das dritte sinnlose Triplett (Opal)

In den Experimenten in vitro zur Feststellung der Natur der Codons haben NIRENBERG und Mitarbeiter (NIRENBERG, LEDER, BERNFIELD, BRIMACOMBE, TRUPIN, ROTTMAN, O'NEAL 1965) und KHORANA und Mitarbeiter (SÖLL et al.,

1965) gezeigt, daß das Codon UGA keine Aminosäuren codiert. Jedoch gelang es lange Zeit nicht zu beweisen, daß dieses Codon tatsächlich in vivo sinnlos ist.

Einer der ersten indirekten Beweise für die Richtigkeit dieser Annahme waren die Daten vom Mutieren des Ochre-Tripletts im Gen der alkalischen Phosphatase von *E. coli*. Weigert, Lanka und Garen (1967) behandelten Zellen von *E. coli* mit Nitrosoguanidin, die im Gen der alkalischen Phosphatase eine Ochre-Mutation besaßen. Theoretisch konnte man erwarten, daß man aus dem Ochre-Triplett UAA folgende Codons erhalten kann: AAA (Lys), UCA (Ser), UAC (Tyr), CAA (GluN), UUA (Leu), UAU (Tyr), GAA (Glu), das UAG-Amber-Triplett und das UGA-Triplett, das heute Opal genannt wird. Nach der Untersuchung aller Austausche, die nach Behandlung mit NG realisiert worden waren, fanden die Autoren alle vermuteten Austausche außer einem — eine Reihe der aus den Ochre-Mutanten entstandenen Zellen bewahrte nach wie vor ein Nonsense-Triplett, das sich jedoch von den UAA- und UAG-Mutanten unterschied. Auf jeden Fall wurden sie weder durch N1- noch durch N2-Suppressoren supprimiert.

Ein höchst überzeugender indirekter Beweis, daß UAG ein Nonsense-Triplett ist, wurde von Brenner, Barnett, Katz und Crick (1967) erhalten. Die Autoren benutzten die rII-Mutante X655 des Phagen *T4*, die am linken Ende des B-Cistrons lokalisiert ist. Diese Mutante wurde durch Behandlung des Wildtypphagen mit 2-Aminopurin und Hydroxylamin gewonnen, welche den Austausch von GC-Paaren gegen AT-Paare hervorrufen können. Die Annahme, daß die Mutante X655 ihre Entstehung einem Nonsense-Codon, aber nicht vom Amber- noch von Ochre-Typ, verdankt, folgte daraus, daß sie in keinem einzigen der bekannten Suppressorstämme supprimiert wurde. Um festzustellen, welche Basen es im Mutantencodon dieser Mutante X655 gibt, unternahmen die Autoren deren Behandlung mit 2-Aminopurin und Hydroxylamin und bestimmten die Frequenz des Entstehens von Amber-, Ochre- und r^+-Revertanten bei der Behandlung von X655 mit beiden Mutagenen. Weil sich 2-Aminopurin sowohl mit Thymin paaren kann, indem es Adenin in der DNS ersetzt, als auch mit Cytosin, indem es Guanin ersetzt (wobei aber die Paarung des ersten Typs sehr viel häufiger realisiert wird), sollte man erwarten, daß es gelingen wird, aus der Mutante X655 sowohl r^+- als auch Ochre-Revertanten zu erhalten, aber r^+-Revertanten sehr viel häufiger (wenn man nur annimmt, daß das Nonsense-Codon der Mutante X655 UGA ist).

Hydroxylamin, das zum Austausch des GC-Paares durch das AT-Paar führt, muß zum Austausch des Tripletts TCA in der DNS (das dem Triplett UGA in der m-RNS entspricht) gegen das Triplett TTA (das dem Triplett UAA in der m-RNS entspricht) führen. Im letzten Falle würden nur Ochre-Revertanten entstehen, die zu ihrer Entstehung keine Replikation benötigen. Die Annahmen fielen glänzend mit den experimentellen Daten von Brenner und Mitarbeitern (Brenner, Barnett, Katz, Crick, 1967) zur Bestimmung der Reversionsfrequenz bei X655-Mutanten zusammen, die unter der Einwirkung von 2-Aminopurin und Hydroxylamin erhalten wurden (s. unten).

Reversionsfrequenz ($\times 10^{-7}$)	X655r+	X655 Ochre
Spontan	4	4
2-AP	322	51
HA (Behandlung des Phagen)	5	1090
HA (Behandlung des Komplexes Phage-Bakterium)	6	533

Ein ähnliches Resultat konnte nicht die Folge der Mutation vom Amber-Codon UAG zur Ochre-Mutation UAA sein, da früher gezeigt worden ist, daß X655 keine Amber-Mutation enthält (s. Tab. 28, in der die Daten zu den X655-Mutationen und die von ihnen erhaltenen Ochre- und Amber-Revertanten angegeben sind).

Tabelle 28

Suppression der X655-Mutante und ihrer Abkömmlinge (Brenner, Barnett, Katz, Crick, 1967)

Mutante	Triplett	su⁻	Amber-Suppressoren			Ochre-Suppressoren		
			su-1	su-2	su-3	su_B^+	su_C^+	su_D^+
X655	UGA	0*	0	0	0	0	0	0
X655 Ochre	UAA	0	0	0	0	+**	+	+
X655 Amber	UAG	0	+	+	+	+	+	+

* fehlende Suppression

** Suppression

Im A-Cistron wurde ebenfalls die Mutation X665 gefunden, die sich als UGA-Mutation erwies. Diese Mutation X665 wurde mit der Deletion r1589 vereinigt, wonach eine Unterdrückung der Aktivität des gesamten B-Cistrons beobachtet wurde. Außerdem erhielten die Autoren Daten, die besagten, daß bei Erzeugung von Rastermutationen am Anfang des B-Cistrons diese an ganz bestimmten Punkten des B-Gens der rII-Region zur Entstehung von Nonsense-Codons führen können, die das Lesen abbrechen. Diese Punkte nannten die Autoren „Lesebarrieren". Eine der Barrieren, b_9, wurde mit Hilfe der Reversionen durch Analoge und Suppression in su⁺-Stämmen von *E. coli* als Amber-Codon identifiziert, zwei andere (b_3 und b_4), erwiesen sich als Ochre-Codons, und drei (b_2, b_3 und b_6) wurden als UGA-Tripletts identifiziert.

Schließlich konnten die Autoren indirekt beweisen, daß das Codon UGA nicht eine der Aminosäuren codieren konnte, deren Codon-Zusammensetzung UGA nahe kommt. Dies wurde insbesondere für Cystein gezeigt (Codons UGU und UGC).

Vor nicht allzu langer Zeit gelang es, noch eine Bestätigung dafür zu erhalten, daß UGA das dritte Nonsense-Triplett ist. Zipser (1967) isolierte einen *E. coli*-Stamm, der das UGA-Triplett supprimieren kann. Viele Amber-Mutanten, die früher in den bekannten Suppressorstämmen nicht supprimiert wurden, unterliegen in diesem Stamm der Suppression.

Schließlich besitzen die Nonsense-Mutationen (aber nicht die Missense-Mutationen) einen polaren Effekt, d. h. sie können außer dem Effekt in ihrem Cistron auf die Aktivität der nachfolgenden Cistrons einwirken. Der Polaritätsgrad ist eine Funktion der Lage dieser Nonsense-Codons (Newton, Beckwith, Zipser, Brenner, 1965; Yanofsky, Ito, 1966). Das UGA-Triplett erwies sich ebenfalls in demselben Grade als polar wie die UAG- und UAA-Mutationen.

Die Lokalisation der Suppressorgene

In den Laboratorien von Garen und Brenner wurden Untersuchungen zur Lokalisation verschiedener Suppressorgene vorgenommen. Garen, Garen und Wilhelm (1965) haben gezeigt, daß das su-1-Gen in der Nähe der Histidin-Region des Chromosoms kartiert wird und su-3 in der Nähe der Tryptophan-Region. Sie stellten fest, daß die Mutation eines beliebigen Amber-Suppressorgens zur Entstehung von su^--Zellen führt. Die Mutation $su^+ \rightarrow su^-$ zeigt sich nicht an der Überlebensrate der Zellen, und solche Zellen wachsen normal. Außerdem haben die Autoren gezeigt, daß man im Innern des su-1-Gens mehrere Sites nachweisen kann, deren Veränderungen zur su^--Mutation führen.
Galucci und Garen (1966) haben das su-4- und su-5-Gen kartiert. Das erste lag in der Nähe des Tryptophanlocus und su-5 in der Nähe des Galaktoselocus. In diesen selben Abschnitten lagen die von Beckwith (1964) isolierten und von Signer, Beckwith und Brenner (1965) kartierten su_C^+- und su_B^+-Gene. Dieselben Autoren haben das su-2-Gen kartiert und bestimmt, daß es in der Nähe der gal-Region liegt.

Die Polarität der Nonsense-Mutationen

Schon durch die Untersuchungen in der klassischen Genetik war gezeigt worden, daß zuweilen das Phänomen der Pleiotropie auftritt, wenn eine Mutation in einem Gen sich an der Aktivität anderer Gene zeigt. Dieses Phänomen wurde auch in der Molekulargenetik festgestellt (Jacob, Monod, 1961; Franklin, Luria, 1961). Den Mutationen im Laktoseoperon, die am Anfang des Operons entstanden (in der Nähe des Operatorabschnitts), fehlte die Aktivität nicht nur jenes Cistrons, in dem sie entstanden waren, sondern auch die der von diesem entfernten Cistrons. Dieses Phänomen erhielt die Bezeichnung „Polarität der Mutationen“. Die Polarität der Mutationen wurde am Tryptophan- (Yanofsky, Ito, 1966) und Histidin-Operon (Ames, Hartman, 1963) von *E. coli*, bei *Neurospora* (Serres, Malling, 1967) und beim Phagen *f2* (Webster, Engelhardt, Zinder, 1967) festgestellt.
Von der Mehrzahl der Autoren wurde bemerkt, daß einen Polaritätseffekt nur Nonsense-Mutanten und Rastermutanten besitzen. Im letzten Falle ist es sehr wahrscheinlich, daß der Polaritätseffekt erst entstand, wenn die Ableseverschiebung zu einem Nonsense-Triplett führte. In keinem der untersuchten Fälle entstand der Polaritätseffekt aus Missense-Mutationen.

Beim Mutieren durch salpetrige Säure können zwei Typen des Austausches festgestellt werden, GC → AT und AT → GC. Da die Nonsense-Codons UGA, UAG und UAA, die den Polaritätseffekt ergeben können, nur bei den Transitionen GC → AT, aber nicht bei AT → GC entstehen müssen, war es interessant zu bestimmen, welche Basenpaare in den Mutanten-Sites häufiger bei polaren und bei nichtpolaren Mutanten angetroffen werden (Serres, Malling, 1967). Es zeigte sich, daß die Häufigkeit der AT-Paare im Mutanten-Site bei polaren Mutanten 33% und bei nichtpolaren 3,3% beträgt, d. h. die Transition von AT → GC erfolgt bei nichtpolaren Mutanten 10mal häufiger, während die Transitionen GC → AT sehr viel häufiger Mutanten mit Polaritätseffekt ergeben werden.
Eine Hypothese, die die molekulare Natur des Polaritätseffektes erklärt, wurde von Martin und anderen (Martin, Whitfield, Berkowitz, Voll, 1966) vorgeschlagen. Nach dieser Hypothese können die Ribosomen an die polycistronische Matrize der m-RNS nur am Operatorende gebunden werden. Wenn die Bewegung längs der Matrize an einem fixierten Punkt begonnen worden ist und auf ein Nonsense-Codon trifft, setzt das Ribosom das aufgebaute Polypeptid frei und kann danach selbst entweder von der m-RNS losgerissen werden oder die Bewegung fortsetzen und zum Initiations-Codon des folgenden Cistrons gelangen. Es ist natürlich, daß an einem jeden Punkt mit Nonsense-Codons irgendein Teil der Ribosomen verloren werden wird, und dies erniedrigt die Geschwindigkeit der Ablesung der folgenden Cistrons. Die Autoren unterstrichen, daß es zweifelhaft ist, ob es zwischen dem Abstand vom Abbruchspunkt des Ablesens (Nonsense-Codon) bis zum Punkt der Wiederaufnahme des Ablesens (Initiationscodon) und dem Grad der Polarität eine direkte Abhängigkeit gibt. Eine große Rolle bei der Wiederaufnahme der Ablesung konnte die „Effektivität" des Initiators selbst spielen. „Ein effektiver Initiator, der den größeren Teil der Ribosomen korrekt orientiert, gewährleistet hierdurch einen relativ hohen Prozentsatz der Synthese jener Enzyme, die weit vom Nonsense-Codon entfernt liegen" (Martin, Whitfield, Berkowitz, Voll, 1966, S. 216).
Man meinte, daß der Effekt der Nonsense-Codons auf der Ebene der Translation der genetischen Aufzeichnung von der m-RNS zum Protein in Erscheinung tritt. Gleichzeitig ist es nicht ausgeschlossen, daß auch die Prozesse der Transkription — der Synthese der m-RNS an der DNS — ebenfalls beim Vorhandensein von Nonsense-Codons in der DNS gestört werden. So hat die Untersuchung der außerordentlich polaren Mutanten des Laktoseoperons gezeigt, daß in solchen Stämmen das Niveau der Synthese von lac-m-RNS selbst bei Einführung eines Induktors sehr niedrig ist (Attardi, Naono, Rouvière, Jacob, Gros, 1963).
Eine dieser Mutanten erscheint, wie Brenner und Beckwith gezeigt haben, als Nonsense-Mutante vom Ochre-Typ. Die gleiche Situation des fast vollständigen Fehlens der m-RNS-Synthese wurde bei einer gal-Mutante von *E. coli* festgestellt, und wiederum führte selbst die Zugabe eines Induktors nicht zur Verstärkung der m-RNS-Synthese (Hill, Echols, 1966).
Nichtsdestoweniger haben die Untersuchungen der Amber-Mutanten bei Phagen enthüllt, daß die m-RNS der rII-Amber-Mutante des Phagen *T4* in infizierten

Zellen normal synthetisiert wird (Bautz, 1966). Ein Versuch, diesen Widerspruch zu erklären, wurde in den Arbeiten von Imamoto und Yanofsky (1967a, 1967b) unternommen. Diese Autoren stellten sich das Ziel aufzuklären, ob nicht eine Verminderung in dem allgemeinen Umfang der synthetisierten m-RNS als Folge dessen vorliegt, daß die Menge der m-RNS-Moleküle zwar die gleiche bleibt wie bei den Wildzellen, aber die Länge dieser m-RNS sich als sehr viel kleiner erweist. Unter Verwendung eines Satzes von 33 Amber-Mutanten von *E. coli* in den Tryptophancistrons fanden die Autoren, daß in verschiedenen Amber-Mutanten eine unterschiedliche Menge RNS synthetisiert wird, daß man aber folgende Abhängigkeit bemerken kann: Je weiter das Nonsense-Codon vom Operatorende des Tryptophanoperons entfernt liegt, umso länger sind die Stränge der synthetisierten m-RNAs.

Demnach können die Unterschiede in den Resultaten der Versuche mit *E. coli* und dem Phagen Unterschiede in der Lokalisierung der Nonsense-Codons in den untersuchten Organismen widerspiegeln.

Eine ernstzunehmende experimentelle Prüfung der Hypothese von Martin und anderen wurde von Lodish (1968) unternommen. Bekanntlich wurden bei dem RNS-haltigen Phagen *f2* zwei Amber-Mutationen festgestellt, sus-3 und sus-11. Das sus-3-Nonsense-Codon lag in der Nähe des N-terminalen Endes der RNS und war in dem Codon lokalisiert, das die sechste Aminosäure des Phagenhüllproteins liefert, und sus-11 lag in der Mitte des Gens (70. Position vom Aminoende des Phagenhüllproteins). Beim Phagen *f2* sind im Ganzen drei Gene beschrieben worden, und die Mutation sus-3 besitzt einen Polaritätseffekt (Engelhardt, Webster, Zinder, 1967). Bei ihrer Anwesenheit ist die normale Aktivität der beiden anderen Gene (des RNS-Polymerasegens und des Gens, das die Proteine codiert, die zum Zusammenbau des Virus unerläßlich sind) unterdrückt. Gleichzeitig besitzt die Mutation sus-11 keinen Polaritätseffekt. Außerdem wurde festgestellt, daß der Effekt des Nonsense-Codons auch in Versuchen in vitro in Erscheinung tritt. Das hierbei synthetisierte Hüllprotein bricht ebenfalls an der 6. bzw. 70. Aminosäure ab (Webster, Engelhardt, Zinder, 1967; Engelhardt, Webster, Zinder, 1967).

Im Kapitel 2 wurde die Reihenfolge der Ereignisse bei der Vermehrung von Phagen angegeben, die eine einsträngige RNS enthalten. Die Etappen der Replikation RNS-haltiger Phagen umfassen: 1) Synthese des „—"-Stranges am „+"-Strang des Phagen mit Bildung der zweisträngigen replikativen Form; 2) Synthese eines neuen „+"-Stranges am in Etappe 1 vorgebildeten „—"-Strang; 3) anschließende Synthesen von „+"- und „—"-Strängen an den gebildeten Tochtersträngen. Hierfür ist, um Etappe 1 zu vollenden, die Anwesenheit von RNS-Polymerase unerläßlich. Wenn sich die RNS-Polymerase als gering erweist, wird die Geschwindigkeit des Ablaufs von Etappe 1 gebremst. Dafür wird, sobald auch nur ein Tochterstrang synthetisiert sein wird, mit diesem bereits das Protein der RNS-Polymerase vervielfältigt werden können, und dann werden die Etappen 2 und 3 mit normaler Geschwindigkeit ablaufen können.

Lodish hat demonstriert, daß bei der Infektion mit dem sus-3-Phagen die RNS normal in die Zelle eindringt, daß aber Etappe 1 nur mit 15% der Geschwindigkeit im Vergleich mit einem Wildphagen abläuft. Nach Abschluß der Synthese der ersten „—"-Stränge werden die weiteren Etappen mit normaler Geschwindigkeit vollendet. Wenn man aber, nachdem „—"-Stränge synthetisiert worden sind, diese jedoch noch nicht begonnen haben, als Messenger-RNS zu fungieren, den Zellen Chloramphenicol zugibt und hierdurch die Synthese der RNS-Polymerase stoppt, werden die Etappen 2 und 3 ebenfalls gebremst. Auf diese Weise gelang es LODISH zu zeigen, daß der Effekt der Polarität von sus-3-Mutationen des Phagen *f2* damit zusammenhängt, daß sie am Anfang des Phagengenoms liegen und die normale Proteinsynthese stören, die für den Ablauf der weiteren Entwicklungsstadien des Virus unerläßlich sind. Das Auftreten von Mutationen am mehr distalen Ende vom Anfang des Genoms (sus-11) stört die Synthese der normalen RNS-Polymerase nicht und führt deshalb nicht zum Effekt der Polarität.

Der genetische Code und die Spezifität der Mutagenwirkung

Die Entdeckung der Amber- und Ochre-Mutanten erwies sich als große Hilfe bei der Untersuchung der Spezifität der Mutagenwirkung (OSBORN, PERSON, PHILLIPS, FUNK, 1967). Die Autoren behandelten den Mutantenstamm *E. coli WWU* (der sonst als *E. coli TAU bar* bezeichnet wird) mit 6 Mutagenen (ultravioletten Strahlen, Äthylmethansulfonat, 2-Aminopurin, Hydroxylamin, 5-^{3}H-Uracil und 5-Bromdesoxyuridin) und isolierten ungefähr 2000 Revertanten im Argininlocus. Um die Spezifität eines jeden Mutagens zu charakterisieren, wurden 25 Amber-Mutanten und 1 Ochre-Mutante des Phagen *T4* verwendet. Nicht einer dieser Phagen konnte sich im Stamm WWU vermehren, aber nach Behandlung mit den Mutagenen begann ein Teil der Revertanten-Bakterien, einzelne Amber-Mutanten zu vermehren. Demnach erfolgte in den Revertantenzellen die Suppression der Phagen-Nonsense-Codons, und so wurden aus nichtpermissiven Zellen permissive. An Hand der Fähigkeit zur Vermehrung dieser oder jener Amber-Mutanten des Phagen konnten die Autoren alle 2000 Revertanten der WWU-Zellen in 6 Klassen einteilen. In die erste Klasse kamen die Revertanten, die für alle 25 Amber-Mutanten des Phagen permissiv wurden, in die 6. Klasse gehörten die Revertanten, auf denen sich nicht eine der Amber-Mutanten des Phagen vermehren konnte; in die restlichen 4 Klassen fielen die Revertanten mit diesem oder jenem Grade der Permissivität für Amber-Mutanten.
Da die Mehrzahl der Revertanten Amber-Suppressoren enthält, schlossen die Autoren, daß die Mutation am Argininlocus im Ausgangsstamm *E. coli WWU* ein Amber-Triplett im Arginin-Gen trug.
Jedoch konnte die Einteilung der Revertanten in Klassen nach ihrer Fähigkeit, eine Vermehrung von Phagen-Amber-Mutanten zu unterstützen, für sich allein noch keine Information darüber liefern, welche Nonsense-Codons konkret bei der Revertante supprimiert wurden. Um dies zu lösen, untersuchten die Autoren den gleichen Satz von Amber-Mutanten des Phagen *T4* auf den Suppressor-

stämmen su_1^+, su_2^+ und su_3^+, die im Laboratorium von GAREN untersucht worden waren. Wie wir uns erinnern werden, wird beim Stamm su_1^+ an den Ort des Nonsense-Codons die Aminosäure Serin gesetzt, su_2^+ setzt Glutamin ein und su_3^+ — Tyrosin. Nach dem Vergleich des Verhaltens der Phagen-Amber-Mutanten in den Revertanten der Klasse 1, 2 und 3 mit ihrem Verhalten in den Stämmen su_1^+, su_2^+ und su_3^+ wurde klar, daß die 1. Revertantenklasse sich genau so verhält wie der Stamm su_1^+, die 2. dem Stamm su_2^+ und die 3. su_3^+ analog ist. Dies gab die

Tabelle 29

Verteilung der Basenaustausche (in % aller entstandenen Mutationen für das betreffende Mutagen)

Mutagen	AT → CG GC → CG	GC → TA	GC → AT	AT → GC
2-Aminopurin	0	0	0	95
5-Brom-2′-desoxyuridin	0	0	0	83
Hydroxylamin	0	0	32	58
UV-Strahlen	0	0	41—60	9
Äthylmethansulfonat	0	0	90—99	0
Zerfall von 5-^{3}H-Uracil	0	0	81—96	0
spontan	3	≥ 9	19—30	42

Möglichkeit auszurechnen, welche Aminosäureaustausche in einer der ersten 3 Revertantenklassen vor sich gingen. Nach der Vertauschung der Codons wurden in jedem Falle die genauen Nukleotidaustausche bestimmt, und da man weiß, daß die Mehrzahl der Revertanten beispielsweise der 1. Klasse spontan und unter Einwirkung ultravioletter Strahlen entstanden sind, konnte man zu einem Schluß darüber gelangen, welche Nukleotidaustausche unter der Wirkung ultravioletter Strahlen erfolgen. Nachdem sie ihre Daten analysiert hatten, kamen die Autoren zu dem Schluß, daß 2-Aminopurin in 95% der Fälle zum Austausch eines AT-Paares gegen ein GC-Paar führt. Äthylmethansulfonat liefert in 90—99% aller Fälle von Mutationen den Austausch GC → AT. Zu demselben Austausch führt die mutagene Wirkung des Tritium-Zerfalls im ^{3}H-Uridin mit einer Häufigkeit von 81—96%. Andere Mutagene besitzen ein breiteres Wirkungsspektrum (Tab. 29).

KAPITEL 12

Reparatur und Mutationen

Die Aufklärung des Zusammenhanges zwischen den Reparaturprozessen und der Geschwindigkeit des Auftretens von Mutationen stellt eine der aktuellsten Aufgaben der heutigen Genetik dar. Die angehäuften Daten bezüglich des Einflusses verschiedener Kulturbedingungen der Zellen vor oder nach der Bestrahlung auf den Mutationsprozeß sind äußerst widersprüchlich. Viele dieser Daten, die noch vor mehreren Jahren insgesamt nur zufällige empirische Beobachtungen darstellten, können heute von der Position der Theorie der Reparatur aus behandelt werden. Dies erleichtert anscheinend ihre Behandlung, aber gerade von dieser Position aus zeigt sich auch, daß sie manchmal verwirrend sind.

Jedoch in vielen Fällen gestattete das Verständnis der Rolle der Reparatursysteme, in der Modifikation der Antwort der Zelle auf die Bestrahlung früher erzielte Resultate zu erklären. Im Zusammenhang hiermit genügt es, auf das folgende Beispiel zu verweisen. Evelyne WITKIN (1961) stellte bei der Behandlung von ultraviolett bestrahlten Zellen von *E. coli* mit Akriflavin eine Zunahme der Mutationshäufigkeit im Vergleich zur Häufigkeit bei unbehandelten Zellen fest. Das gleiche Resultat einer Vergrößerung der Mutabilität, aber nach Behandlung der bestrahlten Zellen mit Coffein, wurde von Margarita LIEB (1961) beschrieben.

Mit der Entdeckung des Einflusses von Coffein und Akriflavin auf die Enzyme der Dunkelreparatur (s. Kapitel 8) wurde es offenkundig, daß die Zahl der Schäden, sowohl der letalen als auch der zu sichtbaren Mutationen führenden, sich bei aktiv arbeitenden Reparaturenzymen verringern wird.

Schon in der ersten Arbeit, die der Beschreibung der Fotoreaktivierung gewidmet war, bemerkte KELNER (1949a), daß unter den Bedingungen der Beleuchtung mit sichtbarem Licht von ultraviolett bestrahlten Zellen von *E. coli* sich die Mutationshäufigkeit im Vergleich zu den Zellen verringert, die der Fotoreaktivierung nicht unterlagen. Dieser Schluß wurde von NOVICK und SZILARD (1949) bestätigt. Die schon erwähnten Versuche von WITKIN (1961) und LIEB (1961) zeugen ebenfalls dafür, daß die Reparatur sowohl letale als auch Mutationsereignisse beseitigt.

Eine Verringerung der Häufigkeit der Mutationen zur Prototrophie beim Stamm *E. coli tyr*⁻ unter den Bedingungen der Fotoreaktivierung und des Aminosäurehungers wurde von WITKIN (1963a) beschrieben. Es ist interessant, daß der Aminosäurehunger nach der Behandlung sich nicht an der Überlebensrate der Zellen zeigte, sondern die Mutationsfrequenz fast um das 10fache (Abb. 118) verringerte. Eine quantitativ gleiche Verringerung der Mutationsfrequenz nach Ultraviolettbestrahlung wurde in den Fällen beobachtet, wo die Zellen sogleich nach der Bestrahlung in Salinemedium, in flüssigem Minimalmedium, in Minimalagar-Medium gehalten wurden, oder wenn dem Medium Chloramphenicol zugegeben wurde. Seinerzeit riefen diese Versuche eine lebhafte Diskussion hervor, deren

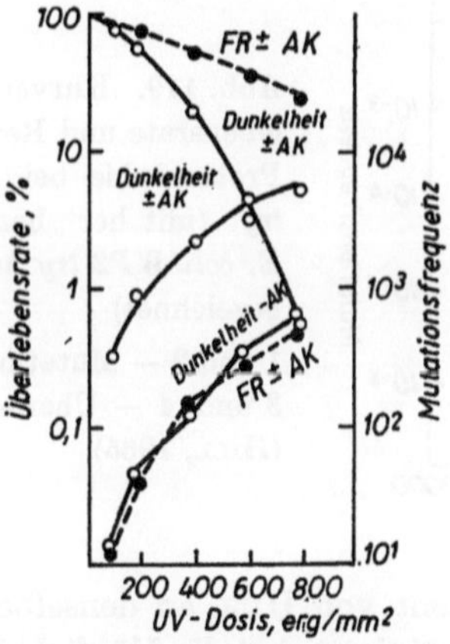

Abb. 118. Einfluß des fotoreaktivierenden Lichtes (FR) und des Aminosäurehungers auf die Überlebensrate und den Mutationsprozeß bei *E. coli tyr*⁻

FR — mit UV-Strahlen behandelte Zellen wurden 6 min mit sichtbarem Licht beleuchtet; Dunkelheit — die Zellen wurden sogleich nach der Behandlung mit UV-Strahlen ausgesät; +AK — Minimalagarmedium + 5% Bouillon; —AK — Minimalagarmedium ohne Bouillon, aber mit 1 μg/ml Tyrosin — Mutationsfrequenz $\times 10^{-7}$ (Witkin, 1963)

Teilnehmer sich bemühten, die Ursachen der Verringerung der Mutationsfrequenz zu finden, sei es in verschiedenen Mutations- und Inaktivierungsschäden, dank derer es gelingen wird, einen Unterschied zwischen dem Aminosäurehunger und der Fotoreaktivierung zu bemerken (Witkin), sei es in der Existenz eines „RNS-Mediators“, der die Prämutationsschäden fixieren hilft (Doudney, Haas, 1960). Aber erst die Feststellung der Natur der Reparaturprozesse warf Licht auf die Prozesse der Verringerung der Mutationsfrequenz bei der Reparatur, die durch die Entfernung der Schäden bedingt sind.

Besonders anschaulich wurde dies von Hill (1965) gezeigt. Sie untersuchte die Reversion von try⁻ zu try⁺ bei zwei Stämmen von *E. coli*, die sich nur durch ein Merkmal unterschieden — die Fähigkeit zur Dunkelreparatur. Sie benutzte den Stamm *E. coli WP2* (ein try⁻-Abkömmling von *E. coli B/r*) und seine hcr⁻-Mutante *E. coli WP2 hcr*⁻. Die Geschwindigkeit der Dimerenabspaltung beim Stamm *E. coli WP2 hcr*⁻ beträgt weniger als 10% derjenigen bei *E. coli WP2*. Bei niedrigen Bestrahlungsdosen (20—40 erg/mm²), bei denen im Ausgangsstamm WP2 die Mutationsfrequenz sich vom spontanen Untergrund nicht unterschied, wuchs bei der hcr⁻-Mutante die Mutationsfrequenz auf das 20—50fache (Abb. 119). Da die Menge der in der DNS beider Stämme bei ein und derselben Dosis entstehenden Prämutationsschäden übereinstimmen muß (SETLOW, SWENSON, CARRIER, 1963), sollte man anerkennen, daß im hcr⁺-Stamm die Entfernung eines großen Teils der Prämutationsschäden erfolgt ist.

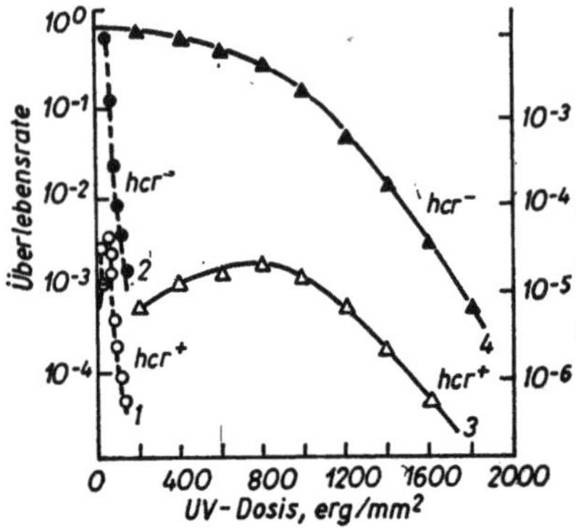

Abb. 119. Kurven von Überlebensrate und Reversionen zur Prototrophie bei *E. coli WP2 try⁻* (mit hcr⁺ bezeichnet) und *E. coli WP2 try⁻hcr⁻* (mit hcr⁻ bezeichnet)

1 und 2 — Mutationen;
3 und 4 — Überlebensrate
(HILL, 1965)

WITKIN (1966a) wiederholte das Experiment von HILL an denselben Stämmen *E. coli WP2* und *E. coli WP2 hcr⁻* und bestätigte, daß die Häufigkeit der Rückmutationen zur Prototrophie bei tryptophan-auxotrophen Bakterien, der Streptomycinresistenz und der Unfähigkeit, Lactose zu vergären, in dem Stamm wächst, der für Ultraviolettbestrahlung empfindlich ist. Nach Berechnung der Mutationsfrequenz im sensiblen und im resistenten Stamm kam die Autorin zu dem Schluß, daß wenigstens 99% der Prämutationsschäden im resistenten Stamm mit Hilfe des Reparaturprozesses beseitigt werden, der die Ausschneidung von Dimeren einschließt.

Zur Aufklärung der Frage, ob eine Störung des Ausschneidens zu einer quantitativ gleichen Vergrößerung der Empfindlichkeit für letale und mutagene Bestrahlungseffekte führt, verglich WITKIN die Kurven der Überlebensrate und der Mutabilität von *E. coli WP2* mit denselben Kurven für die hcr⁻-Mutante dieser Zellen. Dank dessen gelang es ihr, die Mutationsfrequenz für Dosen zu berechnen, die in beiden Stämmen einen gleichen Abfall der Überlebensrate hervorrufen. Hierbei wurde ein locusspezifischer Unterschied festgestellt: Bei Dosen der Ultraviolettbestrahlung, die eine gleiche Überlebensrate ergeben, überstieg die Frequenz der Mutationen zur Tryptophanunabhängigkeit bei den UV-resistenten Stämmen die Frequenz beim hcr⁻-Stamm um das Zweifache, und für Mutationen zur Streptomycinresistenz erreichte dieser Unterschied das Zehnfache. WITKIN konnte keine Erklärungen dieses Phänomens vorlegen und schlug vor, daß entweder die Effektivität der Reparatur in den einzelnen Loci der Chromosomen sehr viel höher ist als in der DNS als Ganzem, oder in den einzelnen Loci die Zahl der strahlengeschädigten Abschnitte unterschiedlich ist.

Die Autorin unternahm den Versuch aufzuklären, welchen Beitrag zur Induktion von Mutationen die Dimere der Pyrimidinbasen bei der Ultraviolettmutagenese leisten. Zu diesem Zwecke bestrahlte sie Zellen von WP*2* vor und nach der Bestrahlung mit fotoreaktivierendem Licht und zeigte, daß nur im zweiten Falle eine Verminderung der Zahl der Mutationen zur Tryptophanunabhängigkeit und zur Streptomycinresistenz erfolgt, wobei 90% der Mutationen, die im sensiblen Stamm induziert worden sind, nach der Exposition im sichtbaren Licht beseitigt werden. Auf diese Weise konnte man es als bewiesen ansehen, daß die Bestrahlung Mutationen in der erdrückenden Mehrzahl der Fälle mit Hilfe der Dimerisierung von Pyrimidinbasen induziert. Dieses Argument wurde durch Versuche mit phr$^+$- und phr$^-$-Mutanten von *E. coli WP2* bekräftigt. In phr$^-$-Zellen wies sichtbares Licht keinen Einfluß auf die Mutationsfrequenz auf.

Die Frage erwies sich jedoch als sehr viel komplizierter. Bei der Untersuchung von Mutanten der WP2- und WP2 hcr$^-$-Zellen, die die Fähigkeit zur Lactosevergärung verloren hatten, gelang es nicht, eine Verringerung der Mutationsfrequenz mit Hilfe der Fotoreaktivierung zu erreichen, obwohl eine hundertfache Vergrößerung der Überlebensrate nach Behandlung mit fotoreaktivierendem Licht beobachtet wurde. Es gelang nicht, die Ursache eines so auffallenden Unterschiedes der Mutationen des Lactose-Operons von anderen Mutationen zu finden.

Eine andere Komplikation beim Verständnis der Mutageneseprozesse unter den Bedingungen der Reparatur war mit dem Studium der Mutationen zur Prototrophie beim Wildstamm des Typs WP2 verbunden. Als die Streptomycinresistenz bei diesem Stamm untersucht wurde, konnte die Fotoreaktivierung 90% aller Mutationen irreversibel beseitigen. Aber bei der Untersuchung der Mutationen von der Auxotrophie zur Prototrophie konnte WITKIN ein solches einfaches Resultat nicht feststellen.

Wie wir uns erinnern werden, wurden bei dem ultraviolettempfindlichen Bakterienstamm (WP2 hcr$^-$) die Mutationen zur Prototrophie durch das fotoreaktivierende Licht aufgehoben und eine nachfolgende Behandlung der fotoreaktivierten Zellen beeinflußte die Mutationsfrequenz nicht. Dieses Resultat können wir vollständig erklären, da *E. coli WP2 hcr$^-$* zwar das System der Dunkelreparatur verloren hat, aber ein phr$^+$-Stamm geblieben ist.

Bei der Benutzung von Zellen des Wildtyps *E. coli WP2* änderte sich die Situation von Grund auf. Bei diesem Stamm induzierte die Bestrahlung Mutationen zur Prototrophie (try$^-$ $\rightarrow$ try$^+$). Die Behandlung mit fotoreaktivierendem Licht und nachfolgendes Auswachsen solcher Zellen wurde von einer Beseitigung der Mehrzahl der Mutationen begleitet. Man brauchte jedoch die Zellen nach der Fotoreaktivierung nur mit Akriflavin zu behandeln, damit die Mutationsfrequenz anstieg (WITKIN, 1963b). Man konnte denken, daß bei diesem Stamm die Aufhebung der Mutationen bei Beleuchtung mit sichtbarem Licht nicht die Folge der Fotoreaktivierung, sondern irgendwelcher indirekter Prozesse ist.

WITKIN nahm an, daß dieser Unterschied der Wildtypzellen von den WP2 hcr$^-$-Zellen damit zusammenhing, daß „die Fotoprodukte, die für die Mutationen zur

Prototrophie verantwortlich sind, welche in resistenten Stämmen beobachtet werden, keine Pyrimidindimere sind (oder zum mindesten keine Dimere von Pyrimidinen, die eine normale Reparabilität besitzen)" (WITKIN, 1966a, S. 1349).

Das Interessanteste bestand aber darin, daß unter der großen Zahl von Zellen der Substämme, die gegen ultraviolette Strahlen resistent sind, WITKIN nur 20—30% Stämme fand, bei denen die Mutationsfrequenz sich bei Veränderung der Kulturbedingungen nach der Bestrahlung änderte. Die Reparatur (möglicherweise unter Beteiligung der Dunkelreparatur) wurde in dem Falle realisiert, wenn zugleich nach der Bestrahlung die Proteinsynthese blockiert wurde, wenn auch nur für einen kurzen Zeitabschnitt. Wenn aber die Proteinsynthese nach der Bestrahlung weiterlief oder das System der Dunkelreparatur durch Akriflavin und Coffein gehemmt wurde, so wurde keine Reparatur beobachtet, und die Mutationsfrequenz erhöhte sich. In der früheren Literatur wurde diese Erscheinung „mutation frequency decline" (mfd) genannt, und die Zellen, die in der Lage waren, die Mutationsfrequenz bei Änderung der Kulturbedingungen zu verändern, wurden als mfd^+, und nach Verlust dieser Eigenschaft als mfd^- bezeichnet (s. DOUDNEY, 1963; MUNSON, BRIDGES, 1966; WITKIN, 1966b; CLARKE, 1967). WITKIN (1966a) hatte vorgeschlagen, daß diese Erscheinung mit der Induktion durch ultraviolette Strahlen von Suppressormutationen zusammenhing, die entweder die t-RNS oder die Ribosomen oder die Enzyme verändern, die die Vereinigung der t-RNS mit den Aminosäuren aktivieren. Wenn die Kulturbedingungen die Aktivität der Suppressorgene nicht stören, so wirken sie auf die Mutationsfrequenz ein, indem sie sie erhöhen. Dieser Effekt hängt damit zusammen, daß die Suppressoren die Arbeit der Reparaturenzyme stören. Deshalb führt die Einführung von Akriflavin oder Coffein in solchen Zellen zu einer zusätzlichen Vergrößerung der Mutationsfrequenz. Aber bei Unterdrückung der Proteinsynthese „schaffen es" die Reparaturenzyme, die Suppressorgene soweit zu reparieren, daß sie ein verändertes Produkt liefern, und dann stört schon nichts mehr die weitere Tätigkeit der Reparaturenzyme, was auch zu einer Verminderung der Mutationsfrequenz führt.

Wie verlockend diese Hypothese auch sein mag, sie verlangt doch Beweise. Ein direkter Beweis für die Realität der Hypothese war die Feststellung von BRIDGES, DENNIS und MUNSON (1967a) der Tatsache, daß der Stamm WP2 try^- eine Mutante infolge der Existenz eines Nonsense-Codons im Tryptophanlocus war. Ein Teil der Revertanten von try^- zu try^+ besaß Suppressoren des Nonsense-Codons (am ehesten den Ochre-Suppressor).

Zusammen mit dem, aber unabhängig davon, wodurch die Unterdrückung der Reparatursysteme bestimmt wird (durch eine Mutation, die hcr^--Zellen entstehen läßt, durch Inhibitoren vom Typ Coffein und Akriflavin, durch Suppressormutationen, die von WITKIN vorausgesagt wurden), wird dies in allen bekannten Fällen von einer Erhöhung der Mutationsfrequenz begleitet.

Dies wurde besonders anschaulich in kürzlich durchgeführten Versuchen zum Studium der Mutationsfrequenz bei Bakterien gezeigt, die für ultraviolette

Strahlen empfindlich sind. Bereits HANAWALT und HAYNES (1965) haben angenommen, daß eine Schädigung des Reparatursystems von einer Erhöhung des Fonds der Spontanmutationen begleitet werden kann. Ein Beweis für diese Annahme wurde von BÖHME (1967) gefunden. Der Autor isolierte mehrere strahlenempfindliche Mutanten von *Proteus mirabilis* und untersuchte die Mutationen zur Resistenz gegen Streptomycin und Oxytetracyclin und die Reversionen von der Threoninauxotrophie zur Prototrophie. Bei der Untersuchung aller drei Marken wurde ein deutliches Ansteigen der Frequenz der Spontanmutabilität beim Stamm PG 667 beobachtet, der für Ultraviolettbestrahlung sensibel ist (Tab. 30).

Um zu zeigen, daß der Effekt der Erhöhung der Spontanmutabilität durch eine Erhöhung der Empfindlichkeit der Bakterien für Ultraviolettbestrahlung bedingt ist, führte BÖHME eine Transduktion des Allels PG-Sd-3 durch, das die Eigenschaft der Streptomycinabhängigkeit gewährleistet. Dieses Allel wurde von Bakterien PG-Sd-3, die nur bei Zugabe von Streptomycin zum Medium wachsen können, auf Bakterien der Stämme PG 273 und PG 667 übertragen. Diese beiden Stämme waren vor der Transduktion streptomycin-sensibel. Aus der Kreuzung wurden 3 streptomycin-abhängige Transduktanten isoliert, und der Autor prüfte jede von ihnen hinsichtlich der Mutabilität zur Streptomycin-Unabhängigkeit. Und in diesem Falle wurde bemerkt, daß im Wildtypstamm PG 273 die Frequenz der Spontanmutabilität auf dem normalen Niveau erhalten blieb, das für dieses Gen (str^d) im Ausgangsstamm PG-Sd-3 $10—20 \cdot 10^{-8}$ betrug, aber im Stamm PG 667 stieg die Mutierfrequenz beträchtlich an (Tab. 31).

Tabelle 30

Häufigkeit der Entstehung von Spontanmutationen im UV-resistenten (PG 273) und UV-sensiblen Stamm (PG 667) von *Proteus mirabilis* (BÖHME, 1967)

Mutation	Mutantenzahl auf 10^8 ausgesäte Bakterien	
	PG 273	PG 667
$str^s \rightarrow str^r$	0,028	1,6
$otc^s \rightarrow otc^r$	0,32	18,4
$thr^- \rightarrow thr^+$	0,22	31,3

Auf diese Weise hat BÖHME in dem Transduktionsversuch gezeigt, daß die erhöhte Häufigkeit des spontanen Mutierens nicht durch die Eigenschaften der untersuchten Allele sondern am ehesten durch das Fehlen der Reparatursysteme im Stamm PG 667 bedingt ist. Hieraus folgte, daß im Wildtypstamm PG 273 ein bedeutender Teil der spontan entstehenden Schäden repariert wird. Zu dem gleichen Resultat gelangten A. A. PROZOROV und B. I. BARABANŠČIKOV (1967), die eine rec^--Mutante von *B. subtilis* isolierten, welche sich durch eine erhöhte Spontanmutabilität auszeichnete.

Tabelle 31

Häufigkeit spontaner Reversionen von Streptomycinabhängigkeit zu Streptomycinsensibilität bei Transduktion der Stämme PG 273 und PG 667 von *P. mirabilis* (Böhme, 1967)

Ursprung der Transduktante	Nummer des isolierten Stammes	Häufigkeit der spontanen Reversionen auf 10^8 ausgesäte Zellen
	19	12,7
PG 273 × PG-Sd-3	24	12,0
	30	17,6
	61	538,8
PG 667 × PG-Sd-3	70	2680,0
	87	821,4

Somit kann man heute die Tatsache als begründet anerkennen, daß die Funktion der Reparatursysteme zur Beseitigung eines großen Teils der Schäden führt, die im Falle ihrer Erhaltung im Genom entweder zum Zugrundegehen des Organismus führen oder die Entstehung von Mutationen bedingen könnten. Das breite Spektrum der Schäden, die der Reparatur unterliegen (s. Kapitel 7), erscheint als bester Beweis für die Universalität des Mechanismus der Beseitigung von Mutations- und letalen Schäden der DNS mit Hilfe der Reparatursysteme. Die Verbreitung der Reparatur-Enzym-Systeme in der belebten Welt spricht ebenfalls für die Universalität dieses Mechanismus.

Das letzte, dem man Aufmerksamkeit zuwenden sollte, ist das Verhältnis von letalen und Mutations-Schäden der DNS und ihre Fähigkeit, repariert zu werden. Es gab eine Zeit, wo man meinte, daß die molekulare Natur der letalen und Mutations-Schäden der DNS äußerst verschieden sei und die einen Schäden vollkommen für die biologische Inaktivierung und die anderen für die Mutation verantwortlich seien. Von diesem Standpunkt aus war es vernünftig anzunehmen, daß bei der Reparatur im wesentlichen die letalen Schäden beseitigt werden, da bei allen beschriebenen Mutanten an den Reparatursystemen die Überlebensrate beträchtlich abnahm.

Jedoch haben in Wirklichkeit gerade die Experimente mit der Reparatur und mit den Mutationen Daten zum Vorschein gebracht, die der scharfen Trennung von inaktivierenden und Mutations-Schäden der DNS widersprechen. In allen untersuchten Fällen wurde eine proportionale Zunahme der Mutantenausbeute mit Verringerung der Aktivität der Reparatursysteme oder mit Vergrößerung der Behandlungsdosis beobachtet. Es wurden spezielle Versuche unternommen, die Mutations- und letalen Schäden zu trennen. In Verbindung hiermit kann man die Arbeiten von Munson und Bridges (1966), Kilbey und de Serres (1967) erwähnen. Beide Forschergruppen bemühten sich, den Mutations- und Inaktivierungs-Effekt an *E. coli* und *N. crassa* unter den Bedingungen der Fotoreaktivierung und der Dunkelreparatur zu trennen. Jedoch sowohl im Fall der

Bakterien (es wurden die Stämme *E. coli B/r* und *E. coli B/r WP2 hcr⁻* benutzt) als auch bei den Pilzen (es wurden Mutanten der ad-3A- und ad-3B-Loci von *N. crassa* untersucht) gelang es nicht, solche Unterschiede zu registrieren.
Auf Grund der durchgeführten Experimente sollte man folgern, daß die Klasse der eigentlich letalen Schäden, selbst wenn sie existiert, außerordentlich unrepräsentativ ist. Sehr viel häufiger trifft man Schäden an, die mit gleicher Wahrscheinlichkeit sowohl letale als auch Mutations-Verletzungen entstehen lassen können. Als bestimmend erscheint aller Wahrscheinlichkeit nach der durch das Mutagen veränderte Ort des Genoms: Die Verletzung gewisser Punkte wird durch Letalmutationen, die anderer durch sichtbare Mutationen abgeschlossen.
Bisher wurde nichts über die konkreten molekularen Schäden gesagt, die die Mutagenese bei der Reparatur einschließen. Daten hierzu gibt es fast gar keine. Lange Zeit meinte man, daß die Thymindimere den maximalen Beitrag zur Mutagenese lieferten (SETLOW, 1964b). Danach wurde im Laboratorium von JOHNS festgestellt (FREEMAN, HARIHARAN, JOHNS, 1965; JOHNS, LEBLANC, FREEMAN, 1965; DE BOER, PEARSON, JOHNS, 1967), daß die Desaminierung des Cytosins, die nach der Bestrahlung im Cytosindimer oder im Mischdimer aus Thymin und Cytosin eingeleitet wird, mit der Entstehung von Uracil in der DNS-Struktur endet. Da sich Uracil mit Thymin paart, erscheint Uracil als das wahrscheinlichste mutagene Produkt, das bei der Bestrahlung entsteht. Deswegen sollte man die Cytosindimere als Hauptpunkte der mutagenen Schädigung der DNS anerkennen. Das letzte wurde von YANOFSKY, ITO und HORN (1966) gezeigt, als sie die Aminosäureaustausche im A-Protein der Tryptophansynthetase von *E. coli* untersuchten, der ultraviolett bestrahlt worden war. Alle Austausche hingen mit dem Austausch eines GC-Paares gegen ein AT-Paar zusammen.
Aber da der größere Teil der Dimere durch das Reparatursystem beseitigt wird, ist der Beitrag der Dimere zur Mutagenese bei Bakterienstämmen, die aktive Reparatursysteme haben, offensichtlich klein.
Als Zeugnis dessen, daß die Pyrimidindimere in den Zellen mit normal funktionierenden Genen des Reparatursystems an der Mutagenese nicht oder in geringerem Maße teilnehmen, können die Experimente von B. BRIDGES et al. (1967b) dienen, die die Fotoreaktivierung von Ultraviolett-Schäden an den hcr^-- und hcr^+-Stämmen von *E. coli B/r WP2 try⁻* untersucht haben. Beide Stämme bewahren die Fotoreaktivierungsaktivität, aber der hcr^+-Stamm kann ebenso die Dimere infolge des excision-resynthesis-Mechanismus beseitigen. Die Zellen beider Stämme wurden ultraviolett bestrahlt, eine gewisse Zeit in Flüssigkeit gehalten und danach mit fotoreaktivierendem Licht bestrahlt. Im Falle von *E. coli WP2 hcr⁻* führte die Beleuchtung mit sichtbarem Licht zu einer Verminderung der Mutantenzahl, während die gleiche Behandlung mit Licht beim Stamm *E. coli WP2 hcr⁺* nicht auf die Mutationsfrequenz einwirkte, womit diese auf konstantem Niveau blieb. Diese Daten zeigen, daß die Dimere an der Entstehung von Mutationen nur in dem Fall beteiligt sind, wenn sie durch die Zelle nicht repariert werden können. Nach RUPP und HOWARD-FLANDERS (1968) wird in Abwesenheit der Reparatur in den Abschnitten des DNS-Moleküls, in denen es Dimere gibt

die Synthese der Tochter-DNS gebremst, und es bilden sich in ihr Lücken. Diese Lücken können entweder durch falsche Basen gefüllt werden oder als Anfangspunkt für die Rekombination mit anderen Tochtermolekülen der DNS dienen und den Einschub einer falschen Base im Augenblick der Replikation erleichtern. Die letzte Möglichkeit erscheint realer (Howard-Flanders, Theriot, Stadeford, 1966). Ein ähnliches Schema erkennt auch Witkin (1967) an.

Chromosomenbrüche und Reparatur

Mit am schwierigsten zu erklären bleibt das Problem der Entstehung vollständiger Mutationen und vollständiger Chromosomenbrüche bei fehlender DNS-Synthese. In zahlreichen zytogenetischen Experimenten wurde die Entstehung von Chromosomenumbauten in der G_1-Phase nach der Behandlung der Zellen mit vielen Arten von Mutagenen und bei Bestrahlung mit Ultraviolett oder Röntgenstrahlen beschrieben. Wir werden uns erinnern, daß vor Beginn der DNS-Synthese die Chromosomen höherer Lebewesen ein zweisträngiges DNS-Molekül tragen. Diese Phase des Zellzyklus wird mit dem Symbol G_1 bezeichnet. Die Phase der DNS-Synthese, in der das Molekül verdoppelt wird, heißt S-Phase. Ihr folgt die G_2-Phase. Bei einer Reihe von Organismen gelingt es, mit zytogenetischen Methoden zu bestimmen, daß bei der Behandlung der Zellen mit einem Mutagen in der G_1-Phase, wenn sich in der Mehrzahl der Fälle nur ein Strang der zweisträngigen DNS als geschädigt erweist, in derselben G_1-Phase die Übertragung des Schadens auf den zweiten Strang mit anschließender Fragmentierung der Chromosomen erfolgt. Eine Erklärung für dieses Phänomen ist bisher nicht vorgelegt worden. Zusammen damit gestatten die Daten über die Mechanismen der Tätigkeit der Reparaturenzyme, eine Erklärung der Natur dieses Phänomens zu geben.

Wir wollen uns vorstellen, daß als Ergebnis der Schadenwirkung einer der DNS-

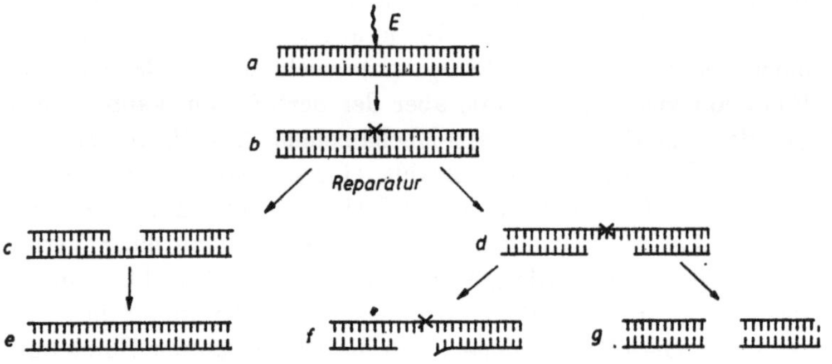

Abb. 120. Schema zur Erklärung des Entstehungsmechanismus von Chromosomenumbauten in der G_1-Phase

E — Energie des Mutagens

Stränge einen Schaden erhalten hat, der von den Reparaturenzymen erkannt werden kann. Da diese Enzyme offensichtlich nicht irgendeine konkrete Schadenart der Primärstruktur der DNS erkennen, sondern eine veränderte DNS-Sekundärkonfiguration feststellen, können mit gleicher oder verschiedener Wahrscheinlichkeit Abschnitte sowohl der wirklich geschädigten Stränge der DNS-Moleküle (Abb. 120c), als auch ihre komplementären Abschnitte (Abb. 120d) entfernt werden. Im ersten Fall endet die nachfolgende Reparaturreplikation im Abschnitt der Lücke mit der Wiederherstellung des Ausgangs-DNS-Moleküls (Abb. 120e). Wenn sich aber der dem geschädigten gegenüberliegende Strangabschnitt als ausgeschnitten erweist, was ebenfalls wegen eines Fehlers des Reparaturenzyms vorkommen kann, ist die Situation von Grund auf anders. Das Vorhandensein einer Lücke dem Schaden gegenüber überführt den Schaden in die Kategorie der langlebigen. Es ist allgemein anerkannt, daß die Replikationsgeschwindigkeit der DNS, die einen Schaden trägt, deutlich verlangsamt wird. Aber erst in letzter Zeit erfuhr dieses Phänomen eine molekulare Erklärung.
Es wurde bereits erwähnt (s. Kapitel 8), daß RUPP und HOWARD-FLANDERS (1968) die Existenz einer Unterbrechung der DNS-Synthese gegenüber einem Dimer in der Mutter-DNS gezeigt haben, wobei die Verzögerung an jedem Dimer nicht weniger als 10 s ausmacht. Als Ergebnis erhält man kurze Abschnitte der DNS-Tochterstränge, deren Länge mit dem Abstand zwischen den Dimeren in der Mutter-DNS zusammenfällt. Dieses Ergebnis wurde am Stamm *E. coli uvr A6* gefunden, der sich durch einen geringen Gehalt an Reparaturenzymen auszeichnet.
Ein seiner Bedeutung nach gleiches Resultat wurde kürzlich an Zellen mit einem normal funktionierenden Reparatursystem von BREMER, MICHALKE und MUELLER (1968) gewonnen, die zu dem Schluß gelangten, daß auch die Synthese der Messenger-RNS an dem Punkt unterbrochen wird, der einen Ultraviolettschaden trägt. Die Autoren fanden ebenfalls eine Korrelation zwischen der Zahl solcher Punkte in der DNS und der Länge der synthetisierten m-RNS-Moleküle. Nach dem Synthesestop lösten sich das RNS-Polymerasemolekül und das unvollendete m-RNS-Molekül von der Matrize ab.
Das dem Wesen der Sache nach gleiche Resultat einer Blockierung der Synthese der Nukleinsäuren an dem Punkt, der Schäden trägt, wurde etwas früher von HEWITT und BILLEN (1965) gefunden, die den Abbruch der Synthese am geschädigten Site der DNS und die Wiederaufnahme der Synthese nach dem Durchgang des geschädigten Sites durch die DNS-Polymerase festgestellt hatten.
Die Gesamtheit aller dieser Daten spricht für eines. Das Herausschneiden des Abschnitts, der dem geschädigten gegenüberliegt, endet damit, daß der geschädigte Abschnitt lange Zeit hindurch nicht beseitigt werden wird (Abb. 120f). Aber da die Verletzung der DNS-Sekundärkonfiguration hierbei erhalten bleiben wird, wird bei wiederholtem Durchgang der Reparaturenzyme am DNS-Molekül auch der geschädigte Abschnitt herausgeschnitten werden, und das wird das Auftreten eines vollständigen Chromosomenumbaus sicherstellen (Abb. 120g).

Die vorgeschlagene Hypothese gestattet, das Auftreten vollständiger Chromosomenumbauten in der G_1-Phase zu erklären, in der das Chromosom nur aus einem doppelspiraligen DNS-Molekül besteht. Die Chromosomenumbauten werden jedoch auch in Chromosomen realisiert, die zwei doppelsträngige DNS-Moleküle tragen, welche durch das Zentromer zu einem Ganzen vereinigt sind (G_2-Stadium), und sogar in Chromosomen, die 8 DNS-Stränge besitzen (Mutterzellen von *Chlorella*). Der letzte Fall wurde von I. D. ANIKEEVA, Ė. N. VAULINA und V. A. ŠEVČENKO (1966) gezeigt. Indem man sich auf die gleichen Vorschläge stützt, die oben betrachtet worden sind, kann man eine Hypothese entwickeln, die auch diese Fälle erklärt, die N. P. DUBININ „Resonanzmutagenese" genannt hat.
Wenn sich als Ergebnis der Einwirkung eines Mutagens zwei zweisträngige DNS-Moleküle als vernetzt erweisen (Abb. 121), kann zuerst das Ausschneiden der den geschädigten gegenüberliegenden Abschnitte der DNS-Stränge und ihr Übergang in die Kategorie der langlebigen Lücken mit der Bildung eines Fragments der viersträngigen DNS-Struktur abgeschlossen werden. Der beschriebene Fall ist ziemlich häufig. Sehr viel schwieriger vorzustellen ist eine Überlegung bezüglich der Entstehung von Aberrationen im Falle ruhender acht- oder viersträngiger Strukturen, die nicht paarweise gekoppelt sind. Man kann annehmen, daß in diesen Fällen die Verletzung der Sekundärkonfiguration aller nebeneinanderliegenden DNS-Stränge sehr große Bedeutung besitzt. Eine solche lokale Verletzung der Sekundärkonfiguration kann offensichtlich selbst in dem Fall entstehen, wenn sich von Anfang an ein DNS-Strang als geschädigt erweist. Das Herausschneiden des gegenüberliegenden Abschnitts in diesem Molekül zweisträngiger DNS und danach möglicherweise auch das des geschädigten Abschnittes führt zum Zerfall eines Moleküls des vier- oder achtsträngigen Komplexes. Es ist zweifelhaft, ob der Bruch des einen DNS-Moleküls zum Abreißen dieses Fragments vom Komplex führt, weil er durch die Kernproteine zu einem Ganzen verbunden ist. Man kann aber nicht bezweifeln, daß sowohl ein Einstrang- als auch mehr noch ein Zweistrangbruch zu einer lokalen Verletzung der Chromosomenstruktur in diesem Punkt führen werden. Eine solche Verletzung kann von den Reparaturenzymen erkannt werden, und sie werden nach und nach die verbogenen Abschnitte in allen noch ganz gebliebenen DNS-Molekülen herausschneiden. Man sollte erwarten, daß ein solcher Prozeß mit immer schnellerem Tempo ablaufen wird und letztlich durch eine Aberration abgeschlossen werden kann.
Man sollte anmerken, daß das letzte Schema die Entstehung von Chromosomenumbauten auch für den Fall erklären kann, wenn die Behandlung mit dem Mutagen im G_1-Stadium erfolgt, die Fixierung des Schadens (Bruch) aber nach der DNS-Synthese realisiert wird. Wenn als Ergebnis der Einwirkung des Mutagens eine Vernetzung der Stränge in einem zweisträngigen DNS-Molekül vor sich geht, oder wenn in einem oder in beiden Strängen Dimere der Pyrimidinbasen entstehen, so hinterlassen die Enzyme während der Replikation gegenüber den geschädigten Abschnitten Lücken, und die anschließende Reparatur der geschädigten Abschnitte wird mit der Bildung eines Bruches enden.

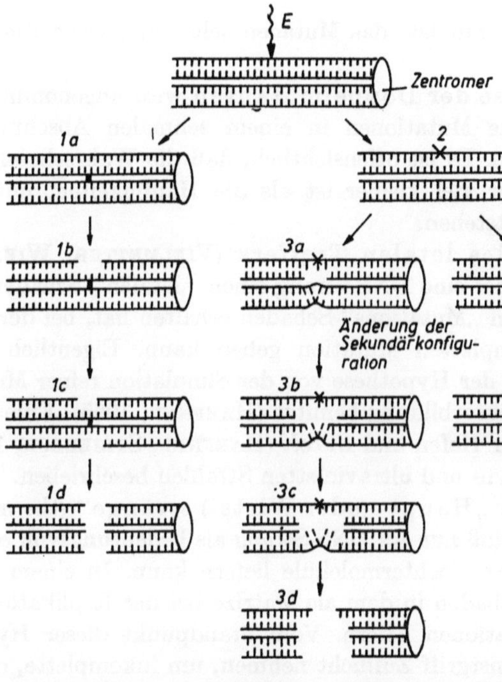

Abb. 121. Schema zur Erklärung der Resonanzmutagenese. Nach Einwirkung eines Mutagens (E) können entweder Vernetzungen der Stränge (1a) oder Schäden einzelner Nukleotide (2) entstehen. Beim Durchschneiden des der Vernetzung gegenüberliegenden Stranges (1b) entsteht eine langlebige Lücke. Nachfolgendes Durchschneiden (1c—1d) wird durch einen Chromosomenbruch abgeschlossen. Bei Schädigung der Nukleotide ist entweder ein Herausschneiden des geschädigten Abschnittes mit nachfolgendem Zubauen der Lücke (4a—4b) oder das Herausschneiden des dem geschädigten gegenüberliegenden Abschnittes (3a) möglich, was eine Veränderung der Sekundärkonfiguration der DNS nach sich zieht. Die Abschnitte der veränderten Konfiguration werden durch die Reparaturenzyme herausgeschnitten werden (3b—3d), was durch eine Fragmentierung der Chromosomen abgeschlossen wird

Das Problem der kompletten Mutation und die Reparatur

Das dargestellte Modell ist offensichtlich auch auf komplette sichtbare Mutationen anwendbar. Es gibt einige Hypothesen, die die Entstehung kompletter Mutationen zu erklären versuchen. Wir wollen sie kurz beschreiben.

1. Die Hypothese der speziellen Veränderungen oder dual-mechanism hypothesis (Reissig, 1963; Witkin 1966a, b). Nach dieser Hypothese entstehen komplette Mutationen mit Hilfe eines Mechanismus, der von Grund auf von allem verschieden ist, was über die Wirkung der Mehrzahl der Mutagene, die komplette

Mutationen liefern, bekannt ist: das Mutagen schädigt gleichzeitig beide DNS-Stränge.

2. Nach der Hypothese der Doppelmutanten wird angenommen, daß zwei unabhängig entstehende Mutationen in einem schmalen Abschnitt der DNS beide Stränge schädigen. Es ist offensichtlich, daß die Wahrscheinlichkeit eines solchen Ereignisses sehr viel kleiner ist als die Häufigkeiten, mit denen rein mutierte Individuen entstehen.

3. Die Hypothese des letalen Treffers (VIELMETTER, WIEDNER, 1959) behauptet, daß, wenn der eine DNS-Strang einen „letalen" Schaden erhält, der andere Strang, der einen „Mutations"-Schaden erhalten hat, bei der Replikation den Anfang einer kompletten Mutation geben kann. Eigentlich wird dieser gleiche Mechanismus in der Hypothese von der Simulation reiner Mutantenklone mit Hilfe der letalen Sektorbildung benutzt (HAEFNER, 1965). Eine solche letale Sektorbildung wurde für Hefen und *E. coli* (HAEFNER, STRIEBECK, 1967) bei der Bestrahlung mit Röntgen- und ultravioletten Strahlen beschrieben.

4. Die Hypothese der „Haupt- (oder Wirts-) stränge" (the master-strand hypothesis) postuliert, daß nur ein DNS-Strang als bedeutungsvoll erscheint und den Anfang für die DNS-Tochtermoleküle liefern kann. In einem solchen Fall werden die Mutationsschäden in dem als Matrize bei der Replikation dienenden Strang komplette Mutationen liefern. Vom Standpunkt dieser Hypothese aus muß man zu einem Kunstgriff Zuflucht nehmen, um inkomplette, d. h. Mosaik-Mutationen zu erklären. Nur wenn die Mutation in einem sich bereits verdoppelnden DNS-Molekül entsteht, treten Mosaikmutationen auf (KUBITSCHEK, 1964).

5. Die Hypothese der Reparatur letaler Schäden (SETLOW, 1964a; FREESE, FREESE, 1966; WITKIN, 1966a) erklärt das Auftreten einer kompletten Mutation bei Schädigung von anfänglich einem DNS-Strang durch die Tätigkeit der Reparaturenzyme, mit deren Hilfe der Schaden des einen Stranges auf den anderen übertragen wird.

Alle dargelegten Hypothesen haben bisher noch keine ausreichende Überprüfung durch Experimente erfahren. Aber trotzdem kann man anerkennen, daß die Hypothesen „der speziellen Veränderungen", „der Doppelmutation" und „des Masterstranges" kaum als gerechtfertigt angesehen werden können. Besonders überzeugend ist dies von HAEFNER (1967) gezeigt worden. Der Autor benutzte zur Analyse der Häufigkeit des Auftretens kompletter Mutationen einen Mikromanipulator, mit dessen Hilfe er einzelne Zellen der Hefe *Schizosaccharomyces pombe* aussondern konnte und, indem er anschließend ihre gesamten Nachkommen isolierte, die Fähigkeit zur Teilung (Überleben) und die Mutabilität der Ausgangszellen und der Nachkommen (Stammbaumanalyse) aufspüren konnte. Der Autor konnte nach Ablauf des gesamten Versuches sicher sein, daß die von ihm isolierten und analysierten Zellen einkernig und haploid sind. Zur Entdeckung von Mutationen wurden verschiedene Tests auf Komplementarität verwendet. Das Hauptaugenmerk wurde zwei Mechanismen zugewandt — der letalen Sektorbildung und der Reparatur. Zur Analyse des Stammbaums nach Ultraviolettbestrahlung durchmusterte der Autor die Nachkommen von 1592

Zellen, unter denen in 23 Stammbäumen Mutanten festgestellt wurden. Da bei per Untersuchung von nicht bestrahlten Kontrollzellen in ungefähr dem gleichen Maßstab Mutanten nicht festgestellt wurden, schloß der Autor, daß alle im Versuch beschriebenen Mutationen durch die Ultraviolettbestrahlung induziert worden waren. In keinem der 23 Stammbäume wurden Reversionen von den Mutationen zum Wildtyp festgestellt. In fünf Stammbäumen entstanden die Mutationen in Form reiner Mutantenklone (komplette Mutationen), aber in keinem dieser Fälle trat letale Sektorbildung auf, und es blieb anzuerkennen, daß für das Entstehen kompletter Mutantenklone die Reparaturprozesse verantwortlich sein können.

Besonders anschaulich erschien die Beteiligung der Reparatursysteme bei der Entstehung kompletter Mutationen in Versuchen mit dem Wildstamm *S. pombe L 972* und mit dem ultraviolettempfindlichen Stamm U 30/23-4d. Wenn im ersten Fall keine letalen Individuen auftraten und alle Nachkommen der bestrahlten Zellen entweder wild blieben oder in den Mutantenzustand übergingen, so trug im zweiten Fall, wo Zellen mit defekten Reparatursystemen verwendet wurden, ziemlich oft eine Tochterzelle eine Mutation und die andere erwies sich als inaktiviert (letaler Sektor). Bei einer Überlebensrate von 14% wurde im Stamm U 30/23-4d in allen 22 untersuchten Stammbäumen ein letaler Sektor in der ersten Generation festgestellt.

Obwohl die Versuche von Haefner eindeutig auf die wichtige Rolle der Reparatursysteme bei der Entstehung kompletter Mutationen hinweisen, wurde von ihm kein konkreter Mechanismus vorgeschlagen, der an diesem Prozeß beteiligt ist. Der konkrete Mechanismus, der für diesen Effekt verantwortlich ist, wurde auch in einer Reihe anderer Arbeiten nicht betrachtet, die die Reparaturenzyme als Hauptursache der Entstehung kompletter Mutationen heranzogen (Nazim, Auerbach, 1967). Das einzige uns bekannte Beispiel einer Konkretisierung dieses Mechanismus ist eine Arbeit der Freeses (Freese, Freese, 1966b). Die Autoren beobachteten im Experiment, daß bei Verwendung von Hydroxylamin als Mutagen (Konzentration von HA 1M) fast gar keine reinen Mutantenklone des Phagen *T4* bezüglich der Induktion von r-Mutationen entstehen. Aber bei Benutzung von Hydroxylamin in einer Konzentration von 0,2 M gelang es, eine Erhöhung der Häufigkeit an Ausbeute reiner Mutantenklone festzustellen. Die allerhöchste Frequenz solcher Klone wurde bei kombinierter Behandlung der Phagen zuerst mit Hydroxylamin und danach mit ultravioletten Strahlen beobachtet. Auf dieser Basis nahmen die Autoren an, daß die Entstehung reiner Mutantenklone die Folge zweier Prozesse sein kann: 1) in der DNS entstehen zwei Arten von Schäden: inaktivierende — aus der Schädigung durch Hydroxylamin, und mutagene — aus der Bestrahlung mit ultraviolettem Licht; 2) inaktivierende Schäden können repariert werden, und da die Länge des herauszuschneidenden Abschnitts ziemlich groß sein muß, ist es nicht ausgeschlossen, daß das Herausschneiden auch jenen DNS-Abschnitt berühren kann, in welchem sich im nicht ausgeschnittenen Strang der mutagene Schaden zeigte. In einem solchen Fall wird bei der Reparaturreplikation gegenüber der veränderten Base eine zur ursprünglichen nicht komplementäre Base eingebaut und hierdurch die Entstehung eines rein mutierten Phagen gesichert. Ein Schema dieses Prozesses zeigt Abb. 122.

Zugleich sollte man gar nicht unbedingt annehmen, daß die Entstehung einer kompletten Mutation die Kombination eines inaktivierenden (repariert werdenden) und eines mutagenen Schadens erfordert, der hierbei in eine komplette Mutation übergeht. Eher kann dieser Prozeß folgendermaßen ablaufen. Bekanntlich unter-

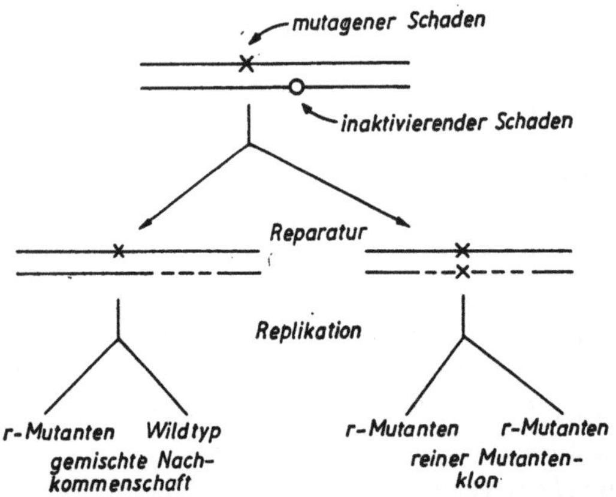

Abb. 122. Modell zur Erklärung der Entstehung reiner Mutantenklone bei Herausschneiden des inaktivierenden Schadens und Replikation des mutagenen Schadens während des Ausflickens des ausgeschnittenen Abschnitts (Freese, Freese, 1966b)

liegen Schäden von vielen Mutagenen der Reparatur. Wenn hierbei nicht die geschädigte Base selbst sondern die zu ihr komplementäre herausgeschnitten wird, so wird beim anschließenden Zubauen der Lücke die Mutation in Form von Schäden beider DNS-Stränge fixiert werden (komplette Mutation).

Diese Erklärung gestattet zu verstehen, warum bei Behandlung mit 1 M Hydroxylamin reine Klone selten entstehen (Freese, Freese, 1966b; Nazim, Auerbach, 1967), aber bei Behandlung mit Äthylmethansulfonat und Nitrosoguanidin ungefähr 50% aller Mutationen sich als komplett erwiesen und beim Ultraviolettschaden der größere Teil der Mutationen komplett war (Nazim, Auerbach, 1967). Es handelt sich darum, daß eben die Hydroxylaminschäden nicht repariert werden, wie von uns in Versuchen zur Überlebensrate des Phagen λ gezeigt wurde, der mit 1 M Hydroxylamin behandelt und danach über hcr$^+$- und hcr$^-$-Zellen geführt wurde (Soyfer, 1969a, b). Natürlich traten dabei keine kompletten Mutationen auf. Aber im Fall von Äthylmethansulfonat und Nitrosoguanidin wird annähernd die Hälfte der Schäden repariert, und bei Einwirkung von ultraviolettem Licht unterliegt die Mehrzahl der Produkte einer Reparatur nach dem Mechanismus excision-resynthesis, und das wird durch das Auftreten von vorzugsweise kompletten Mutationen abgeschlossen.

Eine deutliche Zunahme der Entstehungswahrscheinlichkeit für komplette Mutationen im Vergleich mit Mosaiken bei Vergrößerung der Ultraviolettdosen wurde in den Experimenten von Sojfer (1970, 1972) festgestellt. Wenn man Zellen von *E. coli K 12 uvr*+ mit UV-Licht bestrahlte und die Frequenz des Auftretens kompletter Mutationen (am Modell der Glukosemutationen) bei Vergrößerung der Bestrahlungsdosen verfolgte, wurde festgestellt, daß bei kleinen Bestrahlungsdosen die Frequenz beider Mutationstypen annähernd gleich groß ist. Wenn dann aber bei Vergrößerung der Dosen nur noch Bruchteile eines Prozents der anfänglich zum Versuch genommenen Bakterien überleben, beginnt der Anteil der kompletten Mutationen fortlaufend zuzunehmen und in der Endberechnung werden diese fast 100mal mehr als die Mosaikmutationen gebildet. Bei den Zellen von *E. coli K 12 uvr*− (uvr A6), in denen das Herausschneiden geschädigter Abschnitte aus der DNS-Struktur unterdrückt ist, und d. h., daß auch der von uns vorgeschlagene Mechanismus nicht arbeiten kann, wurde im Experiment (in völliger Übereinstimmung mit der Theorie) keinerlei Zunahme der kompletten Mutationen bis zu größten, im Experiment erreichbaren Dosen festgestellt. Man sollte unterstreichen, daß in diesen Versuchen Vorsichtsmaßregeln ergriffen wurden, die die Möglichkeit einer Selektion oder Anhäufung von Mutanten oder des Ablaufs einer Replikation vor der Aussaat der bestrahlten Zellen auf der Oberfläche eines festen Nährmediums (auf dem die Mutanten in Erscheinung traten) ausschlossen. Demnach konnte der festgestellte Effekt nur die Folge des echten Auftretens einer größeren Zahl von kompletten Mutationen im Vergleich zu den Mosaikmutationen bei Bakterienstämmen sein, bei denen der Prozeß des Herausschneidens von DNS-Abschnitten effektiv ablief. Daß ein solches Überwiegen der kompletten über die Mosaikmutationen nur bei einer merklichen Erhöhung der Bestrahlungsdosen beobachtet wurde, zeugte dafür, daß nur dann ein unrichtiges Herausschneiden und infolgedessen die Bildung kompletter Mutationen vor sich ging, wenn in der DNS viele Schäden auftraten und die Reparaturenzyme anfingen, häufiger Fehler zu machen.

Auf diese Weise gestattet das von uns betrachtete Modell der Entstehung sowohl kompletter Chromosomenumbauten, als auch kompletter Mutationen, das auf der Anerkennung einer ausgedehnten Beteiligung der Reparaturenzyme basiert, nicht nur die vorher unverstandenen Phänomene der Entstehung von Chromosomenumbauten und kompletten Mutationen in der G_1-Phase zu erklären, sondern auch eine Deutung für eine Reihe experimenteller Fakten zu liefern.

Am Ende des Kapitels wollen wir noch einmal unterstreichen, daß die Entdeckung der Reparatursysteme gestattete, für viele früher unverständliche Effekte eine Erklärung zu finden, insbesondere für das Phänomen der mutation frequency decline (mfd), für die Entstehung kompletter Chromosomenumbauten und kompletter Mutationen, für die mehrdeutige Kinetik des Mutationsprozesses bei gleichartigen Behandlungsverfahren mit einem Mutagen, aber verschiedenen Bakterien- und Phagenstämmen. Offensichtlich kann man die These als endgültig bewiesen ansehen, daß die Reparatur zur Verringerung der Mutationsfrequenz führt. Auf jeden Fall erfuhr diese These bisher keine prinzipielle Widerlegung, demgegenüber sprechen viele Daten für ihre Richtigkeit. Schließlich muß man sagen, daß wir im Falle der Untersuchungen zur Reparatur von Mutationsschäden eines der ersten Beispiele des Vordringens zur Natur der Enzymmechanismen besitzen, die an der Entstehung von Veränderungen des genetischen Apparates beteiligt sind. Diese Forschungen haben bereits zu einer gründlichen Überprüfung vieler Thesen der Genetik geführt, und man kann hoffen, daß diese Richtung der Genetik sich noch fruchtbringender für ihre Entwicklung erweist.

KAPITEL 13

Mutagenese und die Tätigkeit der Enzymsysteme der Zelle

Bis zur Entdeckung der induzierten Mutagenese richteten die Genetiker bei der Suche nach den Ursachen der Mutabilität ihre Aufmerksamkeit hauptsächlich auf innere Faktoren der Organismen, was ohne Kenntnis der konkreten Veränderlichkeitsmechanismen faktisch zu einer idealistischen Deutung der Ursachen der erblichen Veränderlichkeit führte.

Mit der Feststellung der bezüglich des Organismus äußeren Faktoren (mutagenen Faktoren), die den Mutationsprozeß um das 1000fache beschleunigen, wurde die Aufmerksamkeit gänzlich auf diese als der einzigen Ursache der erblichen Veränderlichkeit gerichtet. Die Meinung, daß man durch Faktoren des äußeren Mediums (der Fond der kosmischen Strahlen und verschiedene Arten der Strahlenenergie, das Vorkommen gewisser endlicher Konzentrationen mutagener chemischer Verbindungen in der Biosphäre, die Wärmeenergie usw.) gänzlich und vollständig die Ursachen des spontanen Mutationsprozesses erklären kann, wobei noch gar nicht von der induzierten Mutagenese gesprochen wird, erfuhr eine allgemeine Verbreitung. Eine solche Anschauung stellt jedoch einseitig die deterministische Seite des Mutationsprozesses dar. Man sollte die Ursachen der Veränderlichkeit auch in Erscheinungen suchen, die mit den Eigenschaften der lebenden Materie zusammenhängen. Heutzutage gestatten die Erfolge der Biochemie und besonders der Enzymologie genetischer Prozesse, einige der kardinalen biochemischen Prozesse zu zeigen, die die materielle Basis für die Realisierung der Lebensfunktionen und der Evolution der lebenden Materie darstellen, die zugleich als Ursache für das Auftreten von Veränderungen in der Struktur der Erbmoleküle dienen. Solche Prozesse sind die Reparatur, die Replikation und die Rekombination.

Replikation. Bis in die letzte Zeit meinte man, daß die Replikation sowohl in Mikrobenzellen als auch in höheren Organismen mit der Zeit der DNS-Synthese in der Zelle zusammenhängt, wenn die DNS-Moleküle in einsträngige Matrizen zerfallen, d. h., daß sie mit dem semikonservativen Mechanismus zusammenhängt. Dieser Mechanismus schien die Möglichkeit des Auftretens von Veränderungen in der Struktur der aufgebaut werdenden DNS-Kette auszuschließen. In den letzten Jahren erwiesen sich jedoch diese beiden Schlußfolgerungen als nicht mehr so feststehend. Es wurde festgestellt, daß die Prozesse der partiellen Replikation einzelner DNS-Abschnitte in einem Medium ablaufen können, in dem das DNS-Molekül als Ganzes sich in doppelspiraliger Form im Zustand der Ruhe befindet und nicht repliziert wird. Dieses Phänomen hängt mit dem Reparaturprozeß — der Reparaturreplikation (s. Abschnitt „Reparatur") und mit dem Rekombinationsprozeß — der ergänzenden DNS-Synthese (s. Abschnitt „Rekombination") zusammen. In diesen beiden Fällen haben wir es mit dem Phänomen der nichtkonservativen Replikation zu tun.

Hierbei erwies sich der Umstand als wesentlich, daß der Prozeß der DNS-Synthese selbst, d. h. die Replikation unter den Bedingungen der semikonservativen Reproduktion des DNS-Moleküls nicht immer die genetische Ausgangsinformation exakt reproduziert. In einem solchen Falle können DNS-Moleküle mit Mutationen als Folge von Replikationsfehlern entstehen.

Gegen Ende des Jahres 1968 wurde von Hall und Lehman (1968) bewiesen, daß bei Verwendung des Enzyms DNS-Polymerase des Phagen *T4* und bei Benutzung von Polydesoxycytidylsäure als Matrize in eine r DNS-Synthesereaktion in vitro in dem synthetisierten Produkt (Polydesoxyguanylsäure) mit einer Häufigkeit von 10^{-5}—10^{-6} falsche Basen — Thymine — angetroffen werden. Es ist bemerkenswert, daß bei Verwendung des Enzyms aus einer ts-Mutante des Phagen *T4*, bei der die Mutation gerade das Polymerase-Gen betraf, dieses Mutantenenzym im Mittel 4mal häufiger Fehler machte, als das normale Enzym. Schließlich stieg die Häufigkeit der von beiden Enzymen gelieferten Fehler bei Erhöhung der Konzentration an Desoxythymidintriphosphaten im Medium und konnte bei Ersetzung der Mg^{++}-Ionen durch Mn^{++}-Ionen um das 5—20fache vergrößert werden.

Quantitativ fiel die Fehlerhäufigkeit des Replikationsenzyms (10^{-5}—10^{-6} je Replikationsakt) vollkommen mit der durchschnittlichen Häufigkeit der spontanen Mutagenese zusammen. Dieses Zusammenfallen ist kaum zufällig. Es ist sehr wahrscheinlich, daß eine solche Fehlerhäufigkeit evolutorisch durch die natürliche Auslese gesichert worden ist, und alle Organismen, bei denen die DNS-Polymerase sich durch eine größere oder entgegengesetzt durch eine kleinere Fehlerhäufigkeit auszeichnete, wurden im Prozeß der Selektion eliminiert.

Demnach bringt die DNS-Synthesemaschine ohne Einwirkung irgendwelcher mutagenen Faktoren Fehler in die genetische Matrize infolge ungenügender oder unrichtiger Funktion der Enzyme (Abb. 123). Unter diesen Bedingungen wird auch der Mechanismus verständlich, durch den äußere Bedingungen eine Beschleunigung des Mutationsprozesses begünstigen können.

Die Erhöhung der Fehlerhäufigkeit bei der Funktion der Replikationsenzyme wird dann erreicht, wenn auf die Zelle oder den Organismus chemische Stoffe einwirken, die die Effektivität der Funktion dieser Enzyme beeinflussen können. Es handelt sich vor allem um Farbstoffe der Akridinreihe, um Nitrosoguanidin und um UV-Licht.

Reparatur. In den letzten 15—20 Jahren wurden Enzymsysteme entdeckt, die die normale Struktur einer DNS wiederherstellen können, die durch Einwirkung verschiedener physikalischer und chemischer Faktoren geschädigt worden ist. Hierbei beseitigen im Falle der einen Reparaturprozesse die Enzyme solche Schäden, ohne daß es zu strukturellen Verletzungen der DNS-Spirale führt, aber in anderen Fällen erfolgt bei der Reparatur eine beträchtliche Veränderung dieser Struktur.

Indem wir zum Schema der Dunkelreparatur zurückkehren, sollten wir auf die Stadien hinweisen, in denen die Mutationsentstehung wegen der fehlerhaften Funktion der Reparaturenzyme erfolgen kann. Vor allem können diese Fehler als Ergebnis eines Fehlers der Nuklease I entstehen, die den DNS-Strang im geschädigten Abschnitt durchschneidet, wie oben gezeigt wurde (Abb. 124,3).

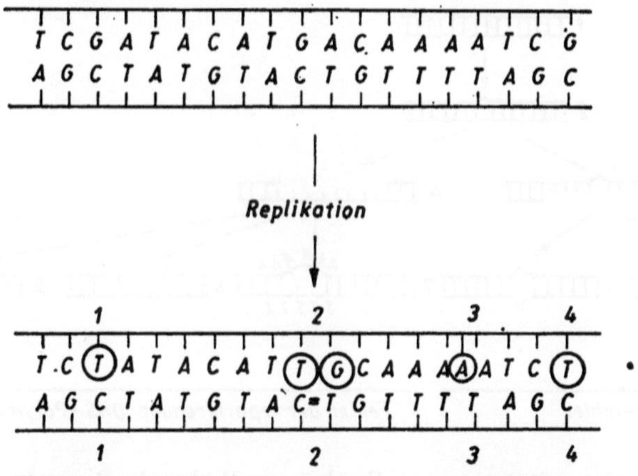

Abb. 123. Auftreten von Mutationen als Ergebnis von Replikationsfehlern
1 — Punktmutation infolge falscher Paarung (Fehler der DNS-Polymerase); 2 — falsche Paarung mit einem geschädigten Abschnitt (z. B. gegenüber einem Dimerabschnitt); 3 — Einschub einer überzähligen Base in einem Abschnitt sich wiederholender Basen; 4 — Fehler am Ende des sich aufbauenden Stranges

Die zweite Möglichkeit, die sich beim Herausschneiden eines normalen, dem geschädigten gegenüberliegenden Abschnitts eröffnet, ist der Einschub eines nichtkomplementären Nukleotids während des Reparaturausflickens der Lücke, der Reparaturreplikation (Abb. 124,6). Es ist gezeigt worden, daß die Entstehung von Dimeren die Matrizeneigenschaften der Thymine ändert, sie erhalten die Möglichkeit, sich nicht mit Adeninen sondern mit Guaninen zu paaren (Bollum, Setlow, 1963; Josse et al., 1961). Eine ebensolche nichtkomplementäre Paarung wird auch bei anderen Veränderungen der genetischen Matrizen beobachtet, die der Reparatur unterliegen (Alkylierung, Einwirkung von salpetriger Säure usw.).

Wenn man sich der Etappe des Ausflickens der Lücke in der DNS zuwendet, sollte man anmerken, daß auch in dieser Etappe der Reparatur eine Entstehung von Fehlern in der DNS-Struktur genau nach den gleichen Gesetzen vor sich gehen kann, wie dies für den Prozeß der normalen semikonservativen Replikation beschrieben worden ist (d. h. auf dem Wege des falschen Einbauens von Basen bei der Synthese). Außerdem darf man auch solche Fehler nicht ausschließen wie den Einschub überzähliger Basen in die auszuflickende Kette, besonders in Abschnitten mit einer Folge sich wiederholender Nukleotide in bestrahlter DNS (Abb. 124,7), weil in diesen Abschnitten, wie von STREISINGER et al. (1966) gezeigt wurde, auch am häufigsten Rastermutationen auftreten.

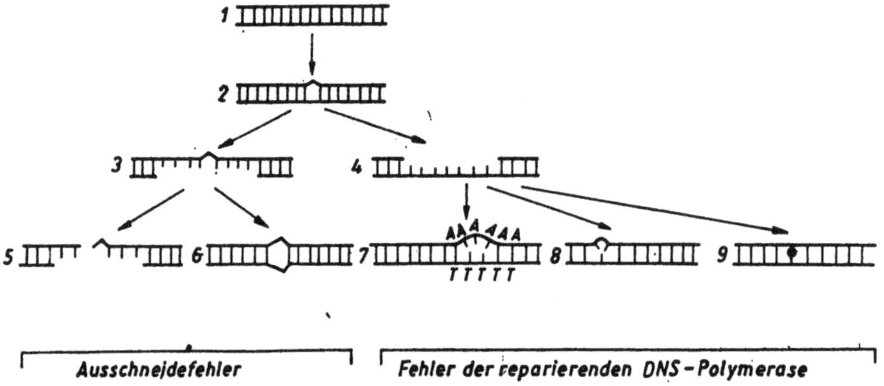

Abb. 124. Entstehung von Mutationen als Ergebnis von Fehlern der Reparaturenzyme

1 — Ausgangs-DNS; 2 — DNS, die einen Schaden erhalten hat, der von den Reparaturenzymen erkannt wird; 3 — Ausschneidefehler, der durch das Herausschneiden des dem Schaden gegenüberliegenden Abschnitts abgeschlossen wird; 4 — normales Herausschneiden des geschädigten Abschnitts; 5 — Zweistrangbruch der DNS; 6 — Entstehung einer kompletten Mutation; 7 — Einschub einer überzähligen Base bei der Reparaturreplikation; 8 — Einschub einer überzähligen Base am Ende des repariert werdenden Fragments bei der Reparaturreplikation; 9 — Fehler der reparierenden DNS-Polymerase, die im repariert werdenden Fragment zum Einbau einer falschen Base führen (SOJFER, 1970a)

Somit kann das Auftreten von Mutationen während der Reparatur als Folge von Fehlern einer ganzen Reihe von Enzymen erfolgen.

Aber man kann auch auf noch eine Ursache des Entstehens von Mutationen hinweisen, die mit der fehlerhaften Funktion der Reparaturenzyme zusammenhängt. Eine besonders häufige Bildung von Mutationen muß man bei der semikonservativen Replikation einer DNS beobachten, die in ihrer Struktur Dimere oder andere Schäden bewahrt, die von den Reparaturenzymen in den folgenden Replikationsakten „übersprungen" geblieben sind. Eine solche Bewahrung von Thymindimeren in der DNS-Struktur im Verlaufe von wenigstens vier Replikationszyklen wurde unlängst von BRIDGES und MUNSON (1968) analysiert.

Die Bewahrung geschädigter Abschnitte in der DNS kann bei der Replikation solcher Moleküle mit dem Auftreten von Mutationen aus mindestens drei Ursachen abgeschlossen werden (Abb. 125): 1) den geschädigten Abschnitten werden falsche Basen gegenübergestellt; 2) instabile Schäden (z. B. Cytosin- oder Thymin-Cytosin-Dimere) werden verändert und liefern den Ausgangspunkt für „mutagene“ Basen in der DNS-Struktur, was zum Austausch der Base im Paar führt; 3) dem Schaden gegenüber wird eine schwer heilende Lücke gebildet, die entweder falsch ausgeflickt wird (mispairing) oder zur Fragmentierung des Moleküls führen wird.

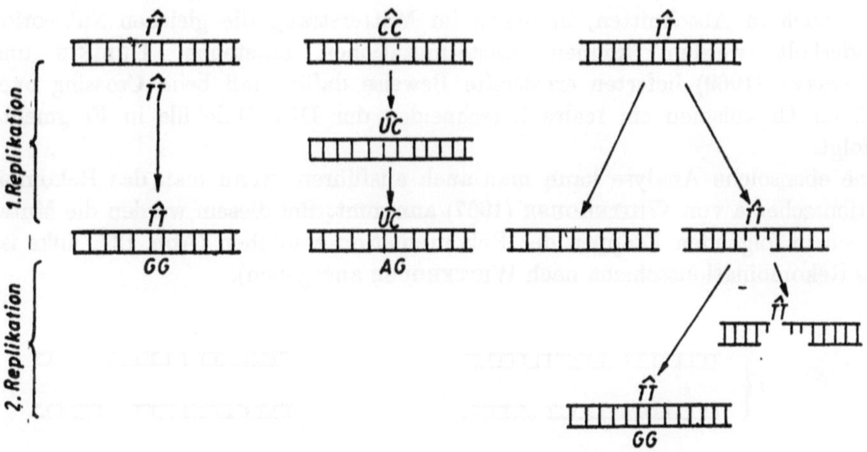

Abb. 125. Molekularer Mechanismus der Mutationsentstehung als Ergebnis von Fehlern der Reparaturenzyme, nachdem der Primärschaden mehrere Replikationsakte durchlaufen hat

1 — Einbau einer falschen Base gegenüber dem geschädigten Abschnitt (z. B. einem Thymindimer); 2 — Übergang eines instabilen Cytosindimers in ein Uracil-Cytosin-Dimer mit nachfolgendem Einbaufehler infolge Paarung des Uracils mit Guanin; 3 — Bildung einer langdauernd nicht schließbaren Lücke nach einem Ausschneidefehler, der entweder zum Zweistrangbruch oder zur Mutation führen kann (Sojfer, 1970a)

Rekombination. Gegenwärtig sind drei Rekombinationsschemata am meisten verbreitet: das von Szybalski und Howard-Flanders, das von Holliday und das von Whitehouse. Welches dieser Schemata man auch ins Auge faßt, insofern sie zur Erklärung der Rekombinationsprozesse den Mechanismus der Ergänzungssynthese der DNS heranziehen, kann man meinen, daß die Rekombinationsprozesse vom Auftreten von Mutationen begleitet werden müssen. Das Schema von Szybalsky und Howard-Flanders ist vom Schema der Dunkelreparatur her sehr kompliziert (Abb. 126, linkes Schema). Ebenso wie dort müssen bei der Rekombination zuerst Brüche des Zuckerphosphatgerüstes der Moleküle (Etappe 1), danach die Zerstörung einsträngiger Abschnitte (Etappe 2) realisiert werden. Die folgende dritte Etappe der Rekombination muß die komplementäre Paarung der Moleküle in einem begrenzten Abschnitt

(Synapsiszone) sein. Dann muß in dem gebildeten Molekül (Heteroduplex), das Fragmente der beiden zu rekombinierenden Moleküle trägt, das Zubauen der einsträngigen Abschnitte (Etappe 4) und schließlich ihre Vereinigung (Etappe 5) erfolgen.

Während der Rekombinationssynthese (Etappe 3) wird eine beliebige Verletzung, die im DNS-Muttermolekül vorhanden ist, in einer Mutation fixiert werden. Mutationen können auch einfach als Folge von Fehlern der DNS-Polymerase, die die Lücke zubaut, entstehen. An den Enden der zu vereinigenden Fragmente, aber auch in Abschnitten, in denen im Mutterstrang die gleichen Nukleotide wiederholt werden, können Rastermutationen entstehen. Dubinin und Nemtseva (1969) lieferten ernsthafte Beweise dafür, daß beim Crossing over höherer Organismen ein reales Zerschneiden der DNS-Moleküle in Fragmente erfolgt.

Eine ebensolche Analyse kann man auch ausführen, wenn man das Rekombinationsschema von Whitehouse (1967) annimmt. Bei diesem werden die Mutationen in folgenden Etappen der Rekombination entstehen (Abb. 127, links ist das Rekombinationsschema nach Whitehouse angegeben).

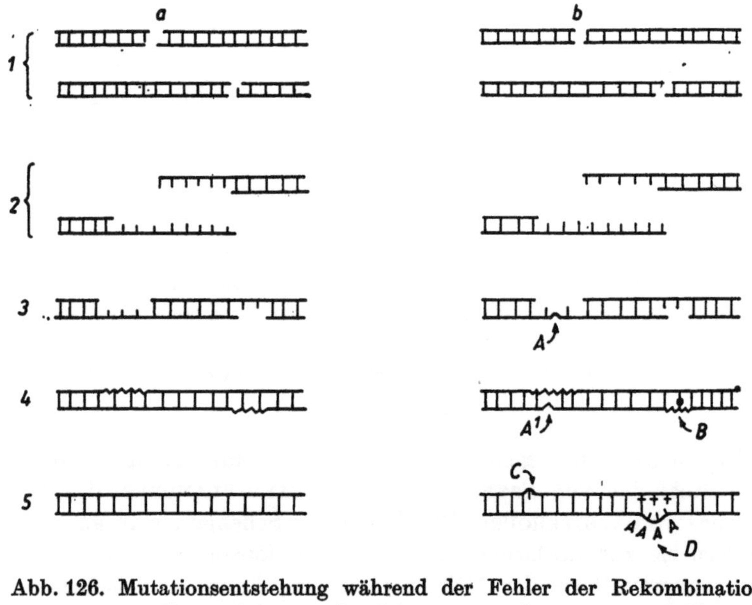

Abb. 126. Mutationsentstehung während der Fehler der Rekombinationsenzyme unter Zugrundelegung des Schemas von Szybalski und Howard-Flanders

a — Schema von Szybalski und Howard-Flanders

b — mögliche Wege der Induktion von Mutationen

1 — Molekülbrüche; 2 — Freisetzung von einsträngigen Enden; 3 — Synapse; 4 — Rekombinations- (Ergänzungs-) Synthese; 5 — Bildung von Rekombinantenmolekülen (Sojfer, 1970a)

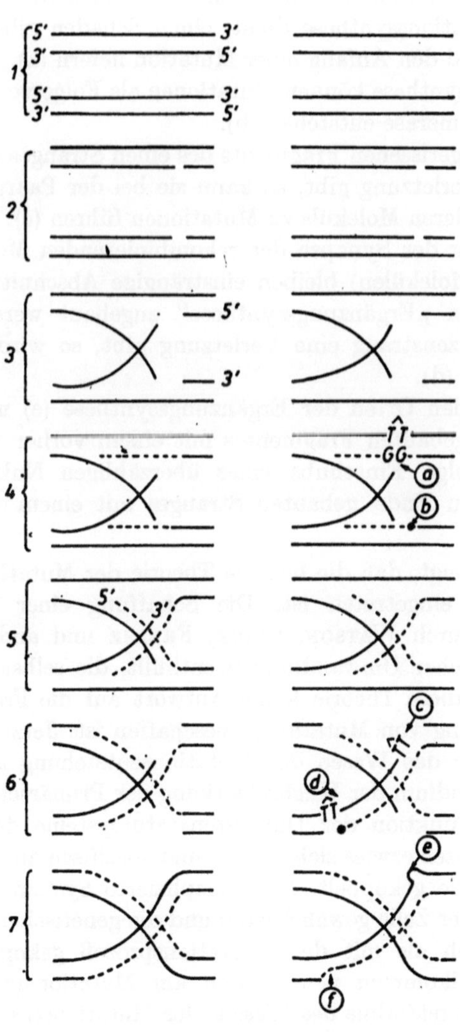

Abb. 127. Induktion von Mutationen als Ergebnis von Funktionsfehlern der Rekombinationsenzyme bei Zugrundelegung des Schemas von WHITEHOUSE

1 — DNS-Ausgangsmoleküle, die zum Bestand zweier Chromosomen gehören; 2 — Entstehung von Einstrangbrüchen in je einem Strang der DNS-Moleküle; 3 — Auseinanderweichen der einsträngigen DNS-Abschnitte vom Ort des Bruches; 4 — „Ergänzungs"-synthese im einsträngigen DNS-Abschnitt (punktiert); 5 — komplementäre Paarung (Bildung eines Heteroduplex) alter und neu synthetisierter Stränge; 6 — Zerstörung der einsträngigen Abschnitte; 7 — Vereinigung der Stränge unter Bildung von Rekombinantenmolekülen (SOJFER, 1970a)

1. Wenn es in einem der rekombinierenden Moleküle in einem Abschnitt, der als Matrize für die Rekombinationssynthese dient, einen Schaden gibt, so wird er unrichtig repliziert und wird den Anfang einer Mutation liefern (a).
2. Bei der Rekombinationssynthese können Mutationen als Folge von Fehlern der Rekombinations-DNS-Polymerase entstehen (b).
3. Wenn es am Ende eines gerissenen Fragments des einen Stranges der rekombinierenden Moleküle eine Verletzung gibt, so kann sie bei der Paarung mit dem einsträngigen Ende des anderen Moleküls zu Mutationen führen (c).
4. Nach der Herausbildung der Synapse der rekombinierenden Moleküle (Auftreten von Heteroduplex-Molekülen) bleiben einsträngige Abschnitte übrig, die mit Hilfe der sogenannten „Ergänzungssynthese" zugebaut werden müssen. Wenn es hierbei im Matrizenstrang eine Verletzung gibt, so wird sie bei der Ergänzungssynthese fixiert (d).
5. Schließlich können an den Orten der Ergänzungssynthese (e) und während der Vereinigung eines neugebauten Fragmentes mit einem vorher vorhandenen (f) Rastermutationen infolge Einschubs eines überzähligen Nukleotids oder Vereinigung eines nicht zu Ende gebauten Stranges mit einem vorhandenen Fragment entstehen.

Das betrachtete Material zeigt, daß die heutige Theorie der Mutationen in eine neue Entwicklungsetappe eingetreten ist. Die Schaffung einer molekularen Theorie der Mutationen durch Watson, Crick, Freese und andere hat das Wesen der Formen chemischer Umwandlungen enthüllt, die selbst Mutationen darstellen. Jedoch lieferte diese Theorie keine Antwort auf die Frage, wie der Mechanismus der Entstehung von Mutationen beschaffen ist. Jetzt beginnt die nächstfolgende Etappe, die das Wesen der Mutationsentstehung aufdeckt. In dieser Etappe nahm das Studium der Wechselwirkung der Primärschäden in den DNS-Molekülen mit der Funktion der Dunkelreparatursysteme den zentralen Platz ein. Der Mutationsprozeß erwies sich als eng und spezifisch an die Tätigkeit der Enzymsysteme der Zelle gekoppelt. Das komplizierte System der Enzymreaktionen, die das Leben der Zelle gewährleisten und die genetischen Strukturen bewahren, erwies sich auch als mit dem Mutationsprozeß gekoppelt. Dieses Herangehen entdeckte vollkommen neue Seiten am Mutationsphänomen, es führt uns zum vertieften Verständnis des Wesens der Mutationen und zu neuen Wegen zu seiner Beherrschung.

Nachwort

An der Grenze zweier Jahrhunderte entstanden und sich auf der Grenze dreier Wissenschaften — Biochemie, Chemie und Physik — entwickelnd wandelte sich die Mutationstheorie zum am weitesten ausgearbeiteten Zweig der Genetik.
Als besonders fruchtbringend für sie erwies sich das letzte Vierteljahrhundert, als die Genetiker zuerst ihren Opponenten beweisen konnten, daß ihre Überlegungen über die Erbmoleküle nicht auf Glauben beruhen sondern auf dem Grund fester Tatsachen, als sie im eigentlichen Sinn diese Erbmoleküle zeigten und schließlich, als sie zur unmittelbaren Untersuchung dieser Moleküle und ihrer Umbauten übergingen. Die Chemie der Vererbung wurde Realität, und heute können wir uns nicht vorstellen, wie man einen beliebigen genetischen Akt ohne Erklärung der die Erbmoleküle begleitenden Störungen erklären konnte. Um den erfolgten Fortschritt einzuschätzen, genügt es, daran zu erinnern, daß unsere Lehrer und sogar die Lehrer der heutigen Studenten am Beginn ihrer genetischen „Karriere" nichts über die Chemie der Vererbung wußten und kaum hoffen konnten, daß es mit der Zeit vielleicht gelingen könnte, die Phänomene der Vererbung von einem rein materialistischen Standpunkt aus zu erklären. Der Fortschritt von Chemie und Physik der Vererbung erwies sich als so ungestüm, daß auch bisher viele unserer Lehrer im Grunde ihres Herzens den Konzeptionen von DNS, RNS und weiteren Attributen der heutigen Theorie nicht sehr vertrauen und es vorziehen, sich in der Sprache der morphologischen Termini auszusprechen.
Die ausschließlich fruchtbringende Entwicklung der Mutationstheorie setzt sich auch in unseren Tagen fort. Unsere Anschauungen vom Prozeß der Mutationsentstehung haben sich von Grund auf mit der Entdeckung der Reparatursysteme der Zelle gewandelt, deren Hauptaufgabe die Korrektur von Schäden des genetischen Apparates ist, die durch alle möglichen Reize entstehen.
Die ersten naiven Vorstellungen von Prämutationszuständen haben richtig auf den Stufencharakter des Mutationsaktes hingewiesen und behandelten ihn als eine Kette von Reaktionen, die mit der ersten Wechselwirkung des Mutagens mit der DNS oder mit den die DNS umgebenden Molekülen beginnt und erst nach einer Reihe aufeinanderfolgender Schritte mit der Mutation abgeschlossen wird. Aber in diesen Hypothesen gab es keinen Platz für irgendeinen konkreten Mechanismus der Übersetzung von Prämutationszuständen in eine Mutation. Die Entdeckung der Reparatursysteme und die Feststellung der molekularen Mechanismen der Tätigkeit einiger von ihnen führte zu einem ersten Verständnis

dessen, wie die Zelle selbst für das Niveau der Mutabilität sorgen kann, wie sie Prämutationszustände beseitigt und welche Mechanismen am Zustandekommen der Mutation beteiligt sind. Schließlich führte die Aufklärung der chemischen Reaktionen, die die Wechselwirkung einer ausgedehnten Reihe von Mutagenen mit der DNS begleiten, zuerst die Genetiker zum Verständnis der Spezifität der Mutagenwirkung auf die Erbmoleküle.

Die heutige Molekulargenetik steht an der Schwelle grandioser Entdeckungen. Nachdem sie die allgemeine Natur der Erbmoleküle erkannt, die Wege ihrer Synthese und Replikation bestimmt und die prinzipiellen Kontrollschemata für die Proteinsynthesen aufgeklärt hatte, wandte sich die Genetik einem anderen, sehr wichtigen Problem zu, und zwar dem Problem der Veränderung der Erbinschrift. Der nächste Schritt — ist die zielgerichtete Veränderung genetischer Programme. Mit Feststellung der Hauptgesetzmäßigkeiten der Mutationsprozesse haben die Genetiker die Tür zu einem Land märchenhafter Möglichkeiten um einen Spalt geöffnet, wo dem Menschen alle Geschöpfe untertan sein werden, wo ein beliebiges vorgegebenes Merkmal ebenso einfach synthetisiert werden wird, wie heute viele chemische Verbindungen synthetisiert werden.

Wir sind Zeugen der größten Revolution, die von dem Menschen auf der Erde vollendet wird. Indem er die Kontrolle über die Natur in seine Hände nimmt, befreit sich der Mensch von den Zufälligkeiten des Klimas, von der Heimtücke der Krankheiten und von der Unerbittlichkeit des Alters.

In der Umgestaltung der belebten Welt und in der aktiven Lenkung durch ihn wurzelt die große Hauptaufgabe der Genetik. Jene Erfolge dieser jungen Wissenschaft, die bereits in ihrem Aktivbestand verbucht sind, gestatten zu hoffen, daß die Genetik mit ihrer nicht leichten, aber edlen Mission fertig werden wird.

Literatur

AARANSON, ST. A., LYTLE, C. D., 1970: Decreased host-cell reactivation of irradiated SV 40 virus *Xeroderma pigmentosum*. — Nature, 228, 359—361.

ABEL, P., 1962: Multiplicity reactivation and marker rescue with vaccinia virus. — Virology, 17, 511—519.

ACHUND-ZADE, A. I., CHVOSTOVA, V. V., 1966: Citogenetičeskij analiz mutagennogo dejstvija ionizirujuščej radiacii alkilirujuščich veščestv u gorocha. Genetika, No 6, 47—54.

ADAMS, M., 1961: Bakteriofagi, Moskau, IL.

ADELBERG, E. A., MANDEL, M., CHEN, C. C., 1965: Optimal conditions for mutagenesis by N-methyl-N′-nitro-N-nitrosoguanidine in Escherichia coli K12. — Biochem. Biophys. Res. Communs., 18, 788—795.

ADLER, J. D., 1966: Cytogenetic investigations of mutagenic action of caffein in premeiotic spermatogenesis in mice. — Humangenetik, 3, 82—83.

ADLER, J. D. and SCHÖNEICH, G.: 1967. Mutagenic action of caffeine in an ascites tumor strain of mice: cytogenetic investigation. — Humangenetik, 4, 374—376.

ADMAN, R., DOTY, P., 1967: Inactivation of alanine acceptance activity of yeast transfer RNA by photochemical reduction of uracil. — Biochem. Biophys. Res. Communs, 27, 579—587.

AGOL, I. I., 1929: Stupenčatyj allelomorfizm u. Dr. melanogaster. K voprosu o stroenii i prirode gena. — Žurn. èxperim. biologii, 5, H. 2, 86—101.

AKIF'EV, A. P., MAKAROV, V. B., POLUNOVSKIJ, V. A., JURČENKO, V. V., 1965: Issledovanie mutagennogo posledejstvija na perevivaemoj kul'ture L-kletok. — Genetika, 1, № 3, 19—25.

AKKERMAN, JU., 1965: Biofizika. Moskau, „Mir".

ALBERTS, B. M., 1968: Characterization of a naturally occurring, crosslinked fraction of DNA. II. Origin of the crosslinkage. — J. Mol. Biol., 32, 405—421.

ALDERSON, T., 1961: Mechanism of mutagenesis induced by formaldehyde. — Nature, 191, 251—253.

ALDERSON, T., KHAN, A. H., 1967: Caffeine-induced mutagenesis in *Drosophila*. — Nature, 215, 1080—1081.

ALDERSON, T., SCOTT, R., 1970: The photosensitizing effect of 8-methoxypsoralen on the inactivation and mutation of *Aspergillus candida* by near ultraviolet light. — Mutation Res. 9, 569—578.

ALEXANDER, P., 1952: Interference with formation of a nucleoprotein complex by radiomimetic compounds. — Nature, 169, 226—227.

ALEXANDER, P., LETT, J. T., ORMEROD, M. G., 1961: Energy transfer in irradiated DNA and nucleoproteins. — Biochim. biophys. Acta, 51, 207.

ALEXANDER, P., MOROSON, H., 1962: Cross-linking of DNA to protein following ultraviolet irradiation of different cells. — Nature, **194**, 882—883.

ALEXANDER, P., STACEY, K. A., 1955: Production of "hidden" breaks in DNA by the direct action of ionized radiation. — In: Progr. in Radiobiol., Internat. Conf. Radiobiol. Cambridge, p. 105.

ALEXANDER, P., STACEY, K. A., 1958a: Changes in the nucleoprotein of sperm heads following irradiation. — Radiat. Res., **9**, 85.

ALEXANDER, P., STACEY, K. A., 1958b: Comparison of the changes produced by ionizing radiation and by the alkylating agents: evidence for a similar mechanism at the molecular level. — Ann. N. Y., Acad. Sci., **68**, 1225—1237.

ALEXANDER, P., STACEY, K. A., 1959: Cross-linking of deoxyribonucleic acid in sperm heads by ionizing radiation. — Nature, **184**, 60—62.

ALICHANJAN, S. I., EROCHINA, L. I., LJUBINSKAJA, S. I., 1960: Osobennosti inducirovannogo mutacionnogo processa u mikroorganismov. — Moskau, Verlag der AN SSSR.

ALICHANJAN, S. I., GOL'DAT, S. JU., TETERJATNIK, A. F., 1957: Mutagennyj èffekt kombinirovannogo dejstvija ètilenimina i ul'trafioletovych lučej na aktinomicety. — Dokl. AN SSSR, **115**, 1015—1018.

ALICHANJAN, S. I., KLEPIKOVA, F. S., MINDLIN, S. Z., GARINA, K. P., ŽDANOVA, N. I., 1959: Osobennosti inducirovannogo mutacionnogo processa u aktinomicetov. — Dokl. AN SSSR, **125**, 643—645.

ALICHANJAN, S. I., MKRTUMJAN, N. M., 1965: Polučenie inducirovannych mutazij po spektru dejstvija u aktinofagov bez predvaritel'noj vnutrikletočnoj replikacii v fagočuvstvitel'nom štamme. Mikrobiologija **34**, 101—109.

ALICHANJAN, S. I., ŽDANOVA, N. I., 1960: Sravnitel'nyj i mutagennyj èffekt ètilenimina, ultrafioleta i rentgenovskich lučej. — Dokl. AN SSSR, **138**, 454—456.

ALIKHANIAN (ALICHANJAN), S. I., ILYINA (ILJINA), T. S., 1958: Mutagenic action of actinophage. — J. Gen. Biol., **19**, 348—356 (In Russian).

ALIKHANIAN (ALICHANJAN), S. I., MKRTUMIAN (MIKRTUMJAN), N. M., 1964: The induction of host mutations in extracellular phages without preliminary replication in sensitive cells. — Mut. Res., **1**, 355—364.

ALLAN, R. K., MCCALLA, D. R., 1966: Prophage induction by N-methyl-N-nitro-N-nitrosoguanidine. — Canad. J. Microbiol., **12**, 202—204.

ALLFREY, V. G., LITTAU, V. C., MIRSKY, A. E., 1963: On the role of histones in regulating ribonucleic acid synthesis in the cell nucleus. — Proc. Nat. Acad. Sci. USA, **49**, 414—421.

ALLFREY, V. G., MIRSKY, A. E., 1958: Some effects of substituting the DNA of isolated nuclei with other polyelectrolytes. — Proc. Nat. Acad. Sci. USA, **44**, 981—991.

ALLFREY, V. G., MIRSKY, A. E., OSAWA, S., 1955: A protein synthesis in isolated cell nuclei. — Nature, **176**, 1042—1049.

ALLOWAY, J. I., 1933: Further observations on the use of pneumococcus extracts in affecting transformation of type in vitro. — J. Exper. Med., **57**, 265.

ALPER, T., GILLIES, N. E., 1960: The relationship between growth and survival after irradiation of *Escherichia coli* Strain B and two resistant mutants. — J. Gen. Microbiol., **22**, 113—128.

ALTENBERN, R. A., 1966: Apparent genomic mapping of *Staphylococcus aureus* by a new method. — Biochem. Biophys. Res. Communs., **25**, 346—353.

ALTMANN, R., 1894: Die Elementar-Organismen und ihre Beziehungen mit den Zellen. Leipzig.

AMBROSE, E. J., 1956: The structure of chromosomes. — Progr. Biophys. Biophys. Chem., 6, 26—55.

AMES, B. N., HARTMAN, P. E., 1963: The histidine operon. — Cold Spring Harbor Sympos., 28, 349—356.

AMES, B. N., WHITFIELD, H. J., 1966: Frameshift mutagenesis in Salmonella. — Cold Spring Harbor Sympos., 31, 221—225.

ANAGNOSTOPOULOS, C., CRAWFORD, I. P., 1961: Transformation studies in the linkage of markers in the tryptophan pathway in *Bacillus subtilis*. — Proc. Nat. Acad. Sci. USA, 47, 378—390.

ANDERSON, E. H., 1949: Reactivation of ultraviolet irradiated bacteria. — Amer. J. Bot., 36, 807.

ANDERSON, E. H., 1951: Heat reactivation of ultraviolet inactivated bacteria. — J. Bacteriol., 61, 389—394.

ANDREW, L. E., 1959: The mutagenic activity of caffeine in *Drosophila*. — Amer. Naturalist, 43, 135—138.

ANIKEEVA, I. D., VAULINA, V. A., ŠEVČENKO, V. A., 1966: Dejstvie UF-lučej na raznye stadii kletočnogo cikla chlorelly. — In „Vlijanie ionizirujuščich izlučenij na nasledstvennost'". Moskau, „Nauka", S. 16.

ANTONOV, A. S., 1965: Nukleotidnyj sostav DNK životnych: svjaž s sistematikoj ėtich organizmov i ego ėvoljucija. — Uspechy sovremen. biologii, 69, 161—177.

ANTONOV, A. S., BELOZERSKIJ, A. N., 1961: Sravnitel'noe izučenie nukleotidnogo sostava dezoxiribonukleinovych kislot nekotorych pozvonočnych i bespozvonočnych životnych. — Dokl. AN SSSR, 138, 1216—1219.

AOKI, S., BOYCE, R. P., HOWARD-FLANDERS, P., 1966: Sensitization of *Escherichia coli* to radiation by bromouracil: excessive postirradiation breakdown of deoxyribonucleic acid without concomitant synthesis. — Nature, 209, 686—688.

ARDASHNIKOV, S. N., SOYFER, V. N., GOLDFARB, D. M., 1964: Induction of h-mutations in the extracellular phage T2. — Biochem. Biophys. Res. Communs., 16, 455—459.

ARDAŠNIKOV, S. N., SOJFER, V. N., GOL'DFARB, D. M., 1963: Indukcija h-mutacij u vnekletočnogo faga T2 s pomošč'ju γ-izlučenija. — Vestnik AMN SSSR, Nr. 12, 43—50.

ASHWOOD-SMITH, M. J., BRIDGES, B. A., MUNSON, R. J., 1965: Ultraviolet damaged bacteria and bacteriophage at low temperatures. — Science, 149, 1103—1105.

ATTARDI, G., NAONO, S., ROUVIÈRE, J., JACOB, F., GROS, F., 1963: Production of messenger RNA and regulation of protein synthesis. — Cold Spring Harbor Sympos., 28, 363—372.

AUERBACH, CH., 1959: Specificity on the functional level. In: Böhme H. (Ed.) Chemische Mutagenese. Erwin Baur Gedächtnisvorlesungen, B. 1, S. 121—123. Akademie-Verlag, Berlin.

AUERBACH, CH., KØLMARK, G., 1959: s. AUERBACH, 1959.

AUERBACH, CH., ROBSON, J. M., 1944: Production of mutations by alkyl isothiocyanate. Nature, 154, 80—81.

AUGENSTEIN, L. G., 1963: Radiobiological mechanisms: comparative distribution and role of ionization, excitation and energy and charge migration. — Progr. Biophys. Mol. Biol., 13, 3—58.

AVERI, O. T., MCLEOD, C. M., MCCARTY, M., 1944: Studies on the chemical nature of the substance inducing transformation in pneumococcal types. I. Induction of transformation by a deoxyribonucleic acid fraction isolated from pneumococcus. — J. Exper. Med., 79, 137.

BACON, D. F., TREFFERS, H. P., 1961 a: Spontaneous and mutator-induced reversions of an

Escherichia coli auxotroph. I. Prototrophic types and their growth characteristics. — J. Bacteriol., 81, 786—793.

BACON, D. F., TREFFERS, H. P., 1961b: Spontaneous and mutator-induced reversions of an *Escherichia coli* auxotroph. II. Acetylornitase activity associated with the different revertant types. — J. Bacteriol., 82, 48—53.

BAETCKE, K. P., SPARROW, A. H., NAUMAN, C. H., SCHWEMMER, S. S., 1967: The relationship of DNA content to nuclear and chromosome volumes and to radiosensitivity. — Proc. Nat. Acad. Sci. USA, 58, 533—540.

BAC(BACQ), Z., ALEXANDER, P. A., 1963: Osnovy radiobiologii. Moskau, IL.

BAKER, R., TESSMAN, I., 1968: Different mutagenic specificities in phages S 13 and T4: in vivo treatment with N-methyl-N′-nitro-N-nitrosoguanidine. — J. Mol. Biol., 35, 439—448.

BALL, C., ROPER, I. A., 1966: Studies on the inhibition and mutation of *Aspergillus nidulans* by acridines. — Genetical Res., 7, 207—221.

BALTIMORE, D., BECKER, Y., DARNELL, J. E., 1964: Virus-specific double-stranded RNA in poliovirus-infected cells. — Science, 143, 1034—1035.

BARANOWSKA, J., SHUGAR, D., 1960: Photochemistry of model oligo- and polynucleotides. III. Cross-linking and staining properties of ultraviolet irradiated films of nucleic acids and oligonucleotides. — Acta biochim. polon., 7, 505—520.

BARICELLI, N. A., 1956: A "chromosomic" recombination theory for multiplicity reactivation in phages. — Acta biotheoretica (Leiden), 11, 107—120.

BARICELLI, N. A., CAPLAN, C., 1966: Stimulation of recombination in multiplicity-reactivated bicomplexes and the genetic map length of phage T4. — Genetics, 53, 275—279.

BARICELLI, N. A., DEL ZOPPO, G., 1968: Genotypic reversion by methylene blue: the orientation of guanine-hydroxymethylcytosine at mutated sites in rII-mutants of phage T4. — Molec. Gen. Genetics, 101, 51—58.

BARNETT, W. E., BROCKMAN, H. E., 1962: Induced phenotypic reversion by 8-azaguanine and 5-fluorouracil. — Biochem. Biophys. Res. Commun., 7, 199—203.

BARON, F., BROWN, D. M., 1955: Nucleotides, pt. XXXIII. The structure of cytidylic acids a and b. — J. Chem. Soc., 2855—2860.

BARRY, R. D., 1961: Multiplication of influenza virus. II. Multiplicity reactivation of ultraviolet-irradiated virus. — Virology, 14, 398—405.

BARTOŠEVIČ, JU. È., 1966: Ètileniminy i mutacionnyj process. — In „Supermutageny". Moskau, „Nauka", S. 211—268.

BAUMILLER, R. C., 1966: Virus induced point mutations. — Genetics, 54, 322.

BAUTZ, E., FREESE, E., 1960: On the mutagenic effect of alkylating agents. — Proc. Nat. Acad. Sci. USA, 46, 1585—1594.

BAUTZ, E. K. F., 1966: Effect of a nonsense triplet on the stability of messenger RNA. — J. Mol. Biol., 17, 298—301.

BAUTZ, E. K. F., 1967: A biological assay for polynucleotide ligase: recovery of marker activity in DNA-transformation. — Biochem. Biophys. Res. Communs, 28, 641—646.

BAWDEN, F. C., KLECZKOWSKI, A., 1959: Photoreactivation of nucleic acid from Tobacco mosaic virus. — Nature, 183, 503—504.

BAWDEN, F. C., PIRIE, N. W., 1937: The isolation and some properties of liquid crystalline substances from solanaceous plants infected with three strains of Tobacco mosaic virus. — Proc. Roy. Soc. London, Ser. B, 123, 274—320.

BAYLOR, M. B., MAHLER, H., 1962: Effects of nitrous acid on intracellular T2 bacteriophage. — Virology, 16, 444—451.

BEČAREVIČ, A., DJORDJEVIČ, B., SUTIČ, D., 1963: Effect of ultraviolet light on Tobacco mosaic virus containing 5-fluorouracil. — Nature, 198, 612—613.

BECKER, A., GEFTER, M., HURWITZ, J., 1967: Federat. Proc., 26, 395.

BECKER, E. F., ZIMMERMAN, B. K., GEIDUSCHEK, E. R., 1964: Structure and functions of cross-linked DNA. I. Reversible denaturation and Bacillus subtilis transformation. — J. Mol. Biol., 8, 377—391.

BECKWITH, J. R., 1964: Restoration of operon activity by suppressors. — In: Struktur und Funktion des genetischen Materials. Erwin-Baur-Gedächtnisvorlesungen. III. Berlin, Akad. Verl., S. 119—124.

BEER, M., 1961: Electron microscopy of unbroken DNA molecules. — J. Mol. Biol., 3, 263—266.

BEERS, R. F., HENDLEY, D. D., STEINER, R. F., 1958: Inhibition and inactivation of polynucleotide phosphorylase through the formation of complexes between acridine orange and polynucleotides. — Nature, 182, 242—244.

BEL'GOVSKIJ, M. L., 1939: Zavisimost' častoty melkich perestroek chromosom u Drosophila melanogaster of dozy rentgenovskich lučej. — Izvestija AN SSSR, serija biol., № 159.

BELLING, J., 1928: The ultimate chromomers of Lilium and Aloe with regard to the numbers of genes. — Univ. Calif. Publ. Bot., 14, 307.

BELOZERSKIJ, A. N., SPIRIN, A. S., 1960: Chimija nukleinovych kislot mikroorganizmov. — In „Nukleinovye kisloty". Moskau, IL, S. 123—155.

BELOZERSKIJ, A. N., ŠUGAEVA, N. V., SPIRIN, A. S., 1958: Sostav dezoxiribonukleinovych kislot u različnych vidov aktinomicetov. — Dokl. AN SSSR, 119, 330—332.

BELOZERSKY, A. N., SPIRIN, A. S., 1958: A correlation between the composition of deoxyribonucleic and ribonucleic acids. — Nature, 182, 111—112.

BENDET, I., SCHACHET, E., LAUFFER, M. A., 1962: The size of T3 DNA. — J. Mol. Biol., 5, 76.

BENDICH, A., BORENFREUND, E., KORNGOLD, G. C., KRIM, M., BALIS, M. E., 1964: Amino acids or small peptides as punctuation in the genetic code of DNA. Acidi nucleici e loro funzione biologica. — Pavia. Ist. Lombardo sci. lettere. 214—237.

BENDICH, A., GEFTER, H., BROWN, G. B., 1949: A synthesis of isotopic cytosine and a study of its metabolism in the rat. — J. Biol. Chem., 177, 565—570.

BENZER, S., 1955: Fine structure of a genetic region in bacteriophage. — Proc. Nat. Acad. Sci., USA, 41, 344.

BENZER, S., 1959: On the topology of the genetic fine structure. — Proc. Nat. Acad. Sci. USA, 45, 1607—1620.

BENZER, S., 1961a: On the topography of the genetic fine structure. — Proc. Nat. Acad. Sci. USA, 47, 403—415.

BENZER, S., 1961b: Tonkaja struktura gena. — In: „Chimičeskie osnovy nasledstvennosti". Moskau, IL, S. 56—77.

BENZER, S., 1963: Tonkaja struktura gena. — In „Molekuljarnaja genetika". Moskau, IL, S. 11—32.

BENZER, S., FREESE, E., 1958: Induction of specific mutations with 5-bromouracil. — Proc. Nat. Acad. Sci. USA, 44, 112—119.

BERG, P., FANCHER, H., CHAMBERLIN, M., 1963: The synthesis of mixed polynucleotides containing ribo- and deoxyribonucleotides by purified preparations of DNA polymerase from *Escherichia coli*. — In: Information macromolecules. H. J. VOGEL, V. BRYSON, J. O. LAMPEN (Eds.) N. Y., Acad. Press, p. 467—483.

BERGER, H., BRAMMER, W. J., YANOFSKY, C., 1968: Analysis of amino acid replacements resulting from frameshift and missence mutations in the tryptophan synthetase. A gene of *Escherichia coli*. — J. Mol. Biol., **34**, 219—238.

BERGER, H., YANOFSKY, C., 1967: Suppressor selection for amino acid replacements expected on the basis of the genetic code. — Science, **156**, 394—397.

BERNSTEIN, A., 1957: Multiplicity reactivation of ultraviolet irradiated Vi-phage of Salmonella typhi. — Virology, **3**, 286.

BERNSTEIN, H., EDGAR, R., DENHARDT, G., 1965: Intragenic complementation among temperature sensitive mutants of bacteriophage T4D. — Genetics, **51**, 987—1002.

BERTANI, L. E., 1960: Host-dependent induction of phage mutants and lysogenization. — Virology, **12**, 553—569.

BĖSSMAN, M. Dž., 1964: Reduplikacija DNK v beskletočnych sistemach. — In „Molekuljarnaja genetika", Teil I. Moskau, IL, S. 9—77.

BESSMAN, M. J., LEHMAN, I. G., SIMMS, E. S., KORNBERG, A., 1958: Enzymatic synthesis of DNA. II. General properties of the reaction. — J. Biol. Chem., **233**, 171—177.

BEUKERS, R., BERENDS, W., 1960a: The effect of paramagnetic substances on the conversion of some pyrimidines by ultraviolet radiation. — Biochim. biophys. Acta, **38**, 573—575.

BEUKERS, R., BERENDS, W., 1960b: Isolation and identification of the irradiation product of thymine. — Biochim. biophys. Acta, **41**, 550—551.

BEUKERS, R., BERENDS, W., 1961: The effect of UV-irradiation on nucleic acids and their components. — Biochim. biophys. Acta, **49**, 181—189.

BHATIA, C. R., 1967: Increased mutagenic effect of ethyl methanesulfonate when dissolved in dimethyl sulfoxide. — Mutation Res., **4**, 375—376.

B'JUKENEN, Dž., (BUCHANAN, J.) 1962: Biosintez purinnovych nukleotidov. — In „Nukleinovye kisloty" .Moskau, IL, S. 254—269.

BLACKBURN, G. M., DAVIES, R. J. H., 1965: The structure of thymine photodimer. — Chem. Communs, Nr. 11, 215.

BLUM, H. F., LOOS, G. M., PRICE, J. P., ROBINSON, J. C., 1949: Enhancement by "visible" light of recovery from ultraviolet irradiation in animal cells. — Nature, **164**, 1011.

BOGDANOVA, E. S., CHESIN, R. B., 1966: Metilirovanie DNK pri razvitii bakteriofaga T2. — In: „Struktura, svojstva i genetičeskie funkcii DNK. Konf. radiobiol. otdela Instituta atomnoj ėnergii im. I. V. Kurčatova". Moskau, S. 191—202.

BÖHME, H., 1961a: Streptomycin-abhängige Mutanten von Proteus mirabilis und ihre Verwendung in Mutationsversuchen mit Manganchlorid. — Biol. Zentralbl., **80**, 5—32.

BÖHME, H., 1967: Genetic instability of an ultraviolet-sensitive mutant of Proteus mirabilis. — Biochem. biophys. Res. Communs., **28**, 191—196.

BÖHME, H., 1968: Absence of repair of photodynamically induced damage in two mutants of *Proteus mirabilis* with increased sensitivity to monofunctional alkylating agents. — Mutation Res., **6**, 166—168.

BÖHME, H., GEISSLER, E., 1968: Repair of lesions induced by photodynamic action and by ethylmethanesulphonate in *E. coli*. — Mol. Gen. Genetics, **103**, 228—232.

BÖHME, H., WACKER, A., 1963: Mutagenic activity of thiopyronine and methylenblue in combination with visible light. — Biochem. Biophys. Res. Commun., **12**, 137—139.

BOIRON, M., TANZER, J., THOMAS, M., and HAMPE, 1966: Early diffuse chromosome alterations in monkey cells infected in vitro with *herpes simplex* virus. — Nature, **209**, 737—738.

BOIVIN, VENDRELY, R., VENDRELY, C., 1948: L'acide déoxyribonucléique du noyau cellulaire dépositaire des charactères héréditaires; arguments d'ordre analytique. — C. R. Acad. sci., **226**, 1061—1063.

BOLLACK, C., KEITH, G., EBEL, J. P., 1965: Alquylation des acides nucléiques. I. Étude comparée de la méthylation des acides ribonucléiques en solution aqueuse et organique. — Bull. Soc. chim. biol., **47**, 765.

BOLLUM, F. J., SETLOW, R. B., 1963: Ultraviolet inactivation of DNA primer activity. I. Effects of differing wavelengths and doses. — Biochim. biophys. Acta, **68**, 599—607.

BONNER, J., HUANG, R. C. C., 1966: Methodology for the study of the template activity of chromosomal nucleohistone. — Biochim. biophys. Acta, **22**, 211—217.

BOOTSMA, D., MULDER, M. D., POT, F., COHEN, J. A., 1970: Different inherited levels of DNA repair replication in xeroderma pigmentosum cell strains after exposure to ultraviolet irradiation. — Mutation Res., **9**, 507—516.

BORENFREUND, E., KRIM, M., BENDICH, A., 1964: Chromosome aberrations induced by hyponitrite and hydroxylamine derivatives. — J. Nat. Cancer Inst., **32**, 667—679.

BOYCE, R. P., 1966: Production of additional sites of deoxyribonucleic acid breakdown in bromouracil containing *Escherichia coli* exposed to ultraviolet light. — Nature, **209**, 688—691.

BOYCE, R. P., HOWARD-FLANDERS, P., 1964a: Genetic control of DNA breakdown and repair in *Escherichia coli* K12 treated with mitomycin C or ultraviolet light. — Z. Vererbungslehre, **95**, 345—350.

BOYCE, R. P., HOWARD-FLANDERS, P., 1964b: Release of ultraviolet light-induced thymine-dimers from DNA in *Escherichia coli* K12. — Proc. Nat. Acad. Sci., USA **51**, 293—300.

BOYER, H., 1966: s. AMES, B. N., WHITFIELD, H. J., 1966.

BOYLAND, E., NERY, R., 1965: The metabolism of urethan and related compounds. — Biochem. J., **94**, 198—208.

BOYLE, J. M., 1969: Radiation-sensitive mutants of T4D. II. T4y: genetic characterization. — Mutation Res., **8**, 441—449.

BOYLE, J. M., SYMONDS, N., 1969: Radiation-sensitive mutants of T4D. I. T4y: a new radiation-sensitive mutant; effect of the mutation on radiation survival, growth and recombination. — Mutation Res., **8**, 431—439.

BRACHET, J., 1942: La localisation des acides pentose-nucléiques dans les tissus animaux et les oeufs d'amphibiens en voie de développement. — Arch. biol., **53**, 207.

BRAMMAR, W. J., BERGER, H., YANOFSKY, C., 1967: Altered amino acid sequences produced by reversion of frameshift mutants of tryptophan synthetase A gene of *E. coli*. — Proc. Nat. Acad. Sci. USA, **58**, 1499—1508.

BRAŠE, Ž. (BRACHET, J.), 1960: Biochimičeskaja citologija. Moskau, IL.

BREMER, H., MICHALKE, H., MUELLER, K., 1968: Messenger RNA synthesis in vivo and in vitro. In: Annual report of the biology division of southwest center for advanced studies for 1967 year. Dallas, S. 6.

BRENDEL, M., 1968: Induction of mutation in phage T4 by extracellular treatment with methylene blue and visible light. — Mol. Gen. Genetics, **101**, 111—115.

BRENDEL, M., KAPLAN, R. W., 1967: Photodynamische Mutationslösung und Inaktivierung beim Serratia-Phagen Kappa durch Methylenblau und Licht. — Mol. Gen. Genetics, **99**, 181—190.

BRENNER, S., BARNETT, L., CRICK, F. H. C., ORGEL, A., 1961: The theory of mutagenesis. — J. Mol. Biol., **3**, 121—124.

BRENNER, S., BARNETT, L., KATZ, E. R., CRICK, F. H. C., 1967: UGA: a third nonsense triplet in the genetic code. — Nature, 213, 449—450.

BRENNER, S., BECKWITH, J. R., 1965: Ochre mutants, a new class of suppressible nonsense mutant. — J. Mol. Biol. 13, 629—637.

BRENNER, S., BENZER, S., BARNETT, L., 1958: Distribution of proflavine-induced mutations in the genetic fine structure. — Nature, 182, 983—985.

BRENNER, S., KAPLAN, S., STRETTON, A. O. W., 1966: Identity of N 2 and ochre nonsense mutants. — J. Mol. Biol., 19, 574—575.

BRENNER, S., STRETTON, A. O. W., KAPLAN, S., 1965: Genetic code: the nonsense triplets for chain termination and their suppression. — Nature, 206, 994.

BRESLER, S. E., 1966: Vvedenie v molekuljarnuju biologiju, izd. 2. Moskau—Leningrad, „Nauka“, S. 409—413.

BRESLER, S. E., KRIVISKIJ, A. S., PERUMOV, D. A., ČERNIK, T. P., 1965: Sravnitel’noe izučenie mutagennogo dejstvija UF-izlučenija na kletki Bacillus subtilis i vydelennuju iz nich transformirujuščuju DNK. — Genetika, Nr. 5, 54—60.

BRESLER, S., MOSEVITSKY, M., VYACHESLAVOV, L. 1970: Complete mutagenesis in a bacterial population induced by thymine starvation on solid media. — Nature, 225, 764—766.

BRESLER, S. E., PERUMOV, D. A., 1962: Chimičeskij mutagenez na vydelennoj dezoxiribonukleinovoj kislote i transformacija bakterij. — Biochimija, 27, 927.

BRESLER, S. E., PERUMOV, D. A., 1964: Mutagenez na izolirovannoj DNK pod dejstviem ul’trafioletovogo izlučenija i chimičeskich agentov. — Dokl. AN SSSR, 158, 967.

BRIDGES, B. A., DENNIS, R. E., MUNSON, R. J., 1967a: Mutation in *Escherichia coli* B/r WP2try⁻ by reversion or suppression of a chain-terminating codon. — Mut. Res., 4, 502—504.

BRIDGES, B. A., DENNIS, R. E., MUNSON, R. J., 1967b: Differential induction and repair of ultraviolet damage leading to true reversions and external suppressor mutations of an ochre in *Escherichia coli* B/r WP. — Genetics, 57, 897—908.

BRIDGES, B. A., MUNSON, R. J., 1966: Excision-repair of DNA damage in an auxotrophic strain of *Escherichia coli*. — Biochem. Biophys. Res. Communs., 22, 268—273.

BRIDGES, B. A., MUNSON, R. J. 1968: Mutagenesis in *Escherichia coli*: evidence for the mechanism of base change mutation by ultraviolet radiation in a strain deficient in excision-repair. — Proc. Roy. Soc. London (B), 171, 213—226.

BRIDGES, C. B., 1935: Salivary chromosome maps. — J. Hered., 26, 60.

BROCKMAN, H. E., GOBEN, W. 1965: Mutageneicity of a monofunctional alkylating agent derivative of acridine in *Neurospora*. Science, 147, 750—751.

BRODY, G., YANOFSKY, C., 1963: Suppressor gene alteration of protein primary structure. — Proc. Nat. Acad. Sci. USA, 50, 9.

BROOKES, P., LAWLEY, P. D., 1960a: The methylation of adenosine and adenylic acid. — J. Chem. Soc., 539—545.

BROOKES, P., LAWLEY, P. D., 1960b: The reaction of mustard gas with nucleic acids in vitro and in vivo. — Biochem. J., 77, 478—480.

BROOKES, P., LAWLEY, P. D., 1961a: The alkylation of guanosine and guanylic acid. — J. Chem. Soc., 3923—3928.

BROOKES, P., LAWLEY, P. D., 1961b: Reaction of mono- and difunctional alkylating agents with nucleic acids. — Biochem. J., 80, 496—503.

BROOKES, P., LAWLEY, P. D., 1962: The methylation of cytosine and cytidine. — J. Chem. Soc., 1348—1351.

Brookes, P., Lawley, P. D., 1964: Reaction of some mutagenic and carcinogenic compounds with nucleic acids. — J. Cell. Compar. Physiol., **64**, Suppl. 1, 111—127.

Brooks, K., Clark, A. J., 1967: Behaviour of λ bacteriophage in a recombination deficient strain of *Escherichia coli*. — J. Virol., **1**, 283—293.

Brown, D. M., McNaught, A. D., Schell, P., 1966: The chemical basis of hydrazine mutagenesis. — Biochem. Biophys. Res. Commun., **24**, 967—971.

Brown, D. M., Phillips, J. H., 1965: Mechanisms of mutagenic action of hydroxylamine. — J. Mol. Biol., **11**, 663—671.

Brown, D. M., Schell, P., 1961: The reaction of hydroxylamine with cytosine and related compounds. — J. Mol. Biol., **3**, 709—710.

Browne, T., 1958: Pseudodoxia Epidemica or enquaries into very many presumed truths, 4th ed. London, S. 403 (printed by A. Miller for Edward Dod and Nathans Ekins, at Guanne in Ivie Lane).

Brusick, D. J. 1970: The mutagenic activity of ICR-170 in *Saccharomyces cerevisiae*. — Mutation Res. **10**, 11—19.

Buc, M. H., Scott, J. F., 1966: Effects of ultraviolet light on the biological functions of transfer RNA. — Biochem. Biophys. Res. Communs., **22**, 459—465.

Budovskij, Ė. I., 1968: Modifikacija nukleinovych kislot gidroxilaminom i ego O-proizvodnymi. Tezisy dissertacii na soisk. nč. stepenî doktora nauk. Moskau.

Budovsky, E. I., Pashneva, N. N., 1971 c: Mechanism of the mutagenic action of hydroxylamine. V. Chemical reactivation of hydroxylamine-inactivated MS-2 phage. — Biochim. Biophys. Acta, **246**, 329—334.

Budowsky, E. I., Sverdlov, E. D., Monastyrskaya, G. S., 1971 b: Mechanism of the mutagenic action of hydroxylamine. IV. Reaction of hydroxylamine and O-methylhydroxylamine with adenine nucleus. — Biochim. Biophys. Acta, **246**, 320—328.

Budowsky, E. I., Sverdlov, E. D., Shibaeva, R. P., Monastyrskaya, G. S., Kochetkov, N. K. 1971 a: Mechanism of the mutagenic action of hydroxylamine. III. Reaction of hydroxylamine and O-methylhydroxylamine with the cytosine nucleus. — Biochim. Biophys. Acta, **246**, 300—319.

Buiatti, M., Ronchi, V. N., 1963: Chromosome breakage by triethylenemelamine in *Vicia faba* in relation to the mitotic cycle. — Genetics Today. Proc. XI Internat. Congr. Genet., v. **1**, 88.

Bunville, L. G., Geiduschek, E. P., 1960: DNA composition and stability to acid denaturation. — Biochem. Biophys. Res. Communs., **2**, 287—292.

Burdette, W. Y., Yon, J. S., 1967: Mutations, chromosome aberrations and tumors in insect treated with oncogenic viruses. — Science, **155**, 340—341.

Burdon, R. M., Billeter, M. A., Weissmann, C., Warner, R. C., Ochoa, S., Knight, C. A., 1964: Replication of viral RNA. V. Presence of a virus-specific double-stranded RNA in leaves with Tobacco mosaic virus. — Proc. Nat. Acad. Sci. USA, **52**, 768 bis 775.

Burgi, E., 1963: Changes in molecular weight of DNA accompanying mutations in phage. — Proc. Nat. Acad. Sci. USA, **49**, 151—155.

Burgi, E., Hershey, A. D., 1961: A relative molecular weight series derived from the nucleic acid of bacteriophage T2. — J. Mol. Biol., **3**, 458—472.

Burgi, E., Hershey, A. D., 1962: Specificity and concentration limit in self-protection against mechanical breakage of DNA. — J. Mol. Biol., **4**, 313—315.

Burnet, F. M., 1929: A method for the study of bacteriophage multiplication in broth. — Brit. J. Exper. Pathol., **10**, 109.

Burton, A., Sinsheimer, R. L., 1963: Process of infection with ΦX174: Effect of exonucleases in the replicative form. — Science, **142**, 962—963.

Butler, G. C., 1949: The effects of X-radiation on sodium thymus nucleate. — Canad. J. Res., **27** B, 972—987.

Butler, J. A. V., 1950: The action of ionizing radiations and radiomimet ic substances on deoxyribonucleic acid, pt II. The effect of oxygen on the degradation of the nucleic acid by X-rays. — J. Chem. Soc., 3418—3421.

Butler, J. A. V., 1956: Effect of X-rays and radiomimetic agents on nucleic acids and nucleoproteins. — In: Ciba Foundation Sympos. Ionizing Radiation and Cell Metabolism, S. 59—69.

Butler, J. A. V., 1959: Changes induced in nucleic acids by ionizing radiations and chemicals. — Radiat. Res., Suppl., **1**, 403—416.

Butler, J. A. V., 1966: Complexity and specificity of histones. — In: Ciba Foundation Study Group, N 24. Histones, their role in the transfer of genetic information, S. 4—17.

Butler, J. A. V., Laurence, D. I. R., Robings, A. B., Shooter, K. V., 1959: Comparison of molecular weight of deoxyribonucleic acids as determined from light scattering and from sedimentation and viscosity. — Proc. Roy. Soc. London, Ser. A, **250**, 1.

Butler, J. A. V., Smith, K. A., 1950: The action of ionizing radiations and of radiomimetic substances on deoxyribonucleic acid I. The action of some compounds of the "mustard" type. — J. Chem. Soc., 3411—3418.

Buzell, A., 1956: The interrelationship between ultraviolet irradiation and the thermal reactivation of the bacterium *E. coli* B. — Arch. Biochem. Biophys., **62**, 97—108.

Byrd, C., Ohtsuka, E., Moon, M., Khorana, H., 1965: Synthetic deoxyribo-oligo-nucleotides as templates for the DNA polymerase of *E. coli*. New DNA-like polymers containing repeating nucleotide sequences. — Proc. Nat. Acad. Sci. USA, **53**, 79—86.

Cabrera-Juarez, E., Herriott, R., 1963: Ultraviolet irradiation of native and denatured transforming deoxyribonucleic acid from Hemophilus influenzae. — J. Bacteriol., **85**, 671.

Cairns, H. J. F., 1955: Multiplicity reactivation of influenza virus. — J. Immun., **75**, 326—329.

Cairns, H. J. F., Watson, G. S., 1956: Multiplicity reactivation in bacteriophages. — Nature, **177**, 131—132.

Cairns, J., 1961: An estimate of the length of the DNA molecule of T2 bacteriophage by autoradiography. — J. Mol. Biol., **3**, 756—761.

Cairns, J., 1962a: A minimum estimate for the length of the DNA of *Escherichia coli* obtained by autoradiography. — J. Mol. Biol., **4**, 407—409.

Cairns, J., 1962b: Proof that the replication of DNA involves separation of strands. — Nature, **194**, 1274.

Cairns, J., 1963: The bacterial chromosome and its manner of replication as seen by autoradiography. — J. Mol. Biol., **6**, 208—213.

Caldwell, P. C., Hinshelwood, C., 1950: Some considerations on autosynthesis in bacteria. — J. Chem. Soc., **4**, 3156—3159.

Calef, E., Licciardello, G., 1960: Recombination experiments on prophage host relationship. — Virology, **12**, 81—103.

Campbell, A., 1963: Segregants from lysogenic heterogenotes carrying recombinant lambda prophages. — Virology, **20**, 344—356.

Canellakis, E. S., 1957: Pyrimidine metabolism. III. The interaction of the catabolic and anabolic pathways of uracil metabolism. — J. Biol. Chem., **227**, 701—709.

Cantelmo, P., 1951: Prévention et négativation par la lumière visible de l'induction lysogénique aux ultraviolets. — C. R. Soc. biol., **145**, 1882—1884.

Capecchi, M. R., Gussin, G. N., 1965: Suppression in vitro: identification of a serine s-RNA as a „nonsense" suppressor. — Science, **149**, 417—422.

Capra, J. D., Peterkofsky, A., 1968: Effect of in vitro methylation on the chromatographic and coding properties of methyl-deficient leucine transfer RNA. — J. Mol. Biol., **33**, 591—607.

Carbon, J., Berg, P., Yanofsky, C., 1966: Missense suppression due to a genetically altered t-RNA. — Cold Spring Harbor Sympos., **31**, 487—497.

Carbon, J., Curry, J. B., 1968: A change in the specificity of transfer RNA after partial deamination with nitrous acid. — Proc. Nat. Acad. Sci. USA, **59**, 467—474.

Carlson, E. A., Oster, I. I., 1962: Comparative mutagenesis of the dumpy locus in *Drosophila melanogaster*. II. Mutational mosaicism induced without apparent breakage by a monofunctional alkylating agent. — Genetics, **47**, 561—576.

Carlson, E. A., Sederoff, R., Cogan, M., 1967: Evidence favoring a frameshift mechanism for ICR-170 induced mutations in *Drosophila melanogaster*. — Genetics, **55**, 295—313.

Caroll, R., Callanan, M. J., Mitchell, E. R., 1954: On the mechanism of protein polymerization by X-rays. — Radiat. Res., **2**, 127.

Carrier, W. L., Setlow, R. B., 1966: Excision of pyrimidine dimers from irradiated deoxyribonucleic acid in vitro. — Biochim. biophys. Acta, **129**, 318—325.

Caspersson, T., 1941: Studien über den Eiweißumsatz der Zelle. — Naturwissenschaften, **29**, 33—43.

Caspersson, T. O., 1950: Cell growth and cell function. A cytological study. N. Y., W. W. Norton.

Castellani, A., Jagger, J., Setlow, R. B., 1964: Overlap of photoreactivation and liquid holding recovery in *Escherichia coli* B. — Science, **143**, 1170—1171.

Cattanach, B. M., 1962: Genetical effects of caffeine in mice. — Z. Vererbungslehre, **93**, 211—219.

Cavaliery, L. F., Baturay, O., Eidinoff, L. M., Sharpe, J. S., Laughlin, J. S., 1955: Irradiation of solutions of deoxyribonucleic acid. — Radiat. Res., **3**, 218.

Cavaliery, L. F., Rosenberg, B. H., 1961: The replication of DNA III. Changes in the number of strands in *E. coli* DNA during its replication cycle. — Biophys. J., **1**, 337 bis 351.

Cavaliery, L., Small, T., Sarcar, N., 1962: The renaturation of denatured DNA. — Biophys. J., **2**, 339—350.

Cavilla, C. A., Johns, H. E., 1964: Inactivation and photoreactivation of T-even phages as a function of the inactivating ultraviolet wavelength. — Virology, **24**, 349—358.

Cerdà-Olmedo, E., Hanawalt, P. C., 1967: Macromolecular action of nitrosoguanidine in *Escherichia coli*. — Biochim. biophys. Acta, **142**, 450—464.

Cerdà-Olmedo, E., Hanawalt, P. C., 1968: Diazomethane as the active agent in nitrosoguanidine mutagenesis and lethality. — Mol. Gen. Genet., **101**, 191—202.

Cerdà-Olmedo, E., Hanawalt, P., Guerola, N., 1968: Mutagenesis of the replication of the *Escherichia coli* chromosome. — J. Mol. Biol. **33**, 705—719.

Černik, T. P., Kriviskij, A. S., 1965: Indukcija mutacij ul'trafioletovym izlučeniem i azotistoj kislotoj pri vozdejstvii na vnekletočnyj fag ΦX 174. — Genetika, № 2, 39—46.

Četverikov (Tschetwerikow), S. S., 1926: O nekotorych momentach ėvoljucionnogo učenija s točkoj zrenija sovremennoj genetiki. — Žurn. ėxperim. biologii, **2**, H. 1, 3—54.

CHAMBERLIN, M., BERG, P., 1962: Deoxyribonucleic acid directed synthesis of ribonucleic acid by an enzym from *E. coli.* — Proc. Nat. Acad. Sci. USA, **48**, 81—94.

CHAMPE, S. P., 1963: Bacteriophage reproduction. — Annual Rev. Microbiol., **17**, 87—114.

CHAMPE, S. P., BENZER, S., 1962: Reversal of mutant phenotypes by 5-fluorouracil: an approach to nucleotide sequence in messenger RNA. — Proc. Nat. Acad. Sci., USA, **48**, 532—546.

CHAN, E. W., BALL, J. K., 1971: Interaction of DNA with three dimethyl derivatives of benz(c) acridines. — Biochim. Biophys. Acta, **238**, 31—45.

CHANDLER, B., HAYASHI, M., HAYASHI, M. N., SPIEGELMAN, S., 1964: Circularity of the replication form of single stranded DNA virus. — Science, **143**, 47—49.

CHANDRA, P., WACKER, A., SÜSSMUTH, R., LINGENS, F., 1967: Wirkung von 1-Methyl-Guanidin auf die Matrizenaktivität der Polynukleotide bei der zellfreien Proteinsynthese. — Z. Naturforsch., **22b**, 512—517.

CHANG, T. H., ELEQUIUM, F. T., 1967: Induction of chromosome aberrations in cultured human cells by ethyleneimine and its relation to cell cycle. — Mut. Res., **4**, 83.

CHANG, L. T., TUVESON, R. W., 1967: Ultraviolet-sensitive mutants in Neurospora crassa. — Genetics, **56**, 801—810.

CHAPEVILLE, F., LIPMANN, F., VON EHRENSTEIN, G., WEISSBLUM, B., RAY, W. G., BENZER, S., 1962: On the role of soluble ribonucleic acid in coding for amino acids. — Proc. Nat. Acad. Sci. USA, **48**, 1086—1091.

CHARGAFF, E., 1950: Chemical specificity of nucleic acids and mechanism of their enzymatic degradation. — Experientia. **6**, 201—209.

CHARGAFF, E., 1951: Structure and function of nucleic acids as cell constituents. — Federat. Proc., **10**, 654—659.

CHÈJS, U., HAYES, W., 1965: Genetika bakterij i bakteriofagov. Moskau, „Mir".

Chemische Mutagenese, 1960: Erwin-BAUR-Gedächtnisvorlesungen, 1. Akademie-Verlag, Berlin

CHESIN, R. B., 1958: Rol' dezoxiribonukleinovych kislot v processach transformacii bakterij. — Uspechi sovrem. biologii, **46**, 113—129.

CHESIN, R. B., 1965: Rol' belkov v reguljacii biologičeskoj aktivnosti DNK. — Uspechi sovrem. biologii, **59**, 12—32.

CHESIN, R. B., 1966: Vopros o strukture, svojstvach i genetičeskich funkcijach DNK — sostojanie problemy i rabota radiobiologičeskogo otdela IAÈ v ètoj oblasti. — In: „Struktura, svojstva i genetičeskie funkcii DNK. Konfer. radiobiol. otdela Instituta atomnoj ènergii im. I. V. Kurčatova". Moskau, S. 422—442.

CHESIN, R. B., ŠEMJAKIN, M. F., 1962: Nekotorye svojstva informacionnych ribonukleinovych kislot i ich komplexov s dezoxiribonukleinovymi kislotami. — Biochimija, **27**, 761—779.

CHETVERIKOV (TSCHETWERIKOW), S. S., 1961: On certain aspects of the evolutionary process from the standpoint of modern genetics. — Proc. Amer. Philos. Soc., **105**, 167—195.

CHLUMESKA, V., SKALKA, M., 1966: Solubilization of rat thymus and spleen deoxyribonucleoprotein in neutral salt solutions after irradiation in vivo. — Folia biol., **12**, 374—378.

CHU, E. Y., 1963: Ultraviolet action spectra for chromosome aberrations of thymidine analogue-substituted mammalian cells in vitro. — In: Genetics Today. Proc. XI Internat. Congr. Genet., v. **1**, S. 85.

CIMMER (ZIMMER), K. G., 1962: Problemy količestvennoj radiobiologii. Moskau, Atomizdat.

CLARK, A. J., 1967: The beginning of a genetic analysis of recombination proficiency. — J. Cell. Compar. Phys., **70**, Suppl. 1, 165—180.

Clark, A. J., Chamberlin, M., Boyce, R. P., Howard-Flanders, P., 1966: Abnormal metabolic response to ultraviolet light of recombination deficient mutant of *Escherichia coli* K12. — J. Mol. Biol. 19, 442—454.

Clark, A. J., Margulies, A. D., 1965: Isolation and characterization of recombination deficient mutants of *E. coli* K12. — Proc. Nat. Acad. Sci. USA, 53, 451—459.

Clark, A. M., Clark, E. Y., 1968: The genetic effects of caffeine in *Drosophila melanogaster*. — Mutation Res., 6, 227—234.

Clarke, C. H., 1967: Caffeine and amino acid-effects upon try^+ revertant yield in UV irradiated hcr^+ and hcr^- mutants of *E. coli* B/r. — Mol. Gen. Genet., 99, 97—108.

Clarke, C. H. 1969: Chemical mutagenesis in *E. coli* B/r; the influence of repair systems for UV damage. — Mutation Res. 8, 35—41.

Cleaver, J. E., 1966: Photoreactivation: a radiation repair mechanism absent from mammalian cells. — Biochem. Biophys. Res. Communs. 24, 569—576.

Cleaver, J. E., 1968: Defective repair replication of DNA in *Xeroderma pigmentosum*. — Nature, 218, 652—656.

Cleaver, J. E., 1969: *Xeroderma pigmentosum*: a human disease in which an initial stage of DNA-repair is defective. — Proc. Nat. Acad. Sci. USA, 63, 428—435.

Cleaver, J. E., 1970: Repair replication in chinese hamster cells after damage from ultraviolet light. — Photochem. Photobiol., 12, 17—28.

Ceavler, J. E., Trosco, J. E., 1970: Absense of excision of ultraviolet-induced cyclobutane dimers in xeroderma pigmentosum. — Photochem. Photobiol., 11, 547—550.

Coachran, D. R., Buzzell, A., Lauffer, M. A., 1962: The effect of ultraviolet irradiation on nucleic acid isolated from Tobacco mosaic virus. — Biochim. biophys. Acta, 55, 755—767.

Collyns, B., Okada, S., Scholes, G., Weiss, J. J., Wheeler, C. M., 1965: Chain scission and hydrogen bond breakage on irradiation of DNA. — Radiat. Res., 25, 526—536.

Comb, D. G., 1963: Characterization of the components of the nucleus. — Federat. Proc., 22, 354.

Conlay, J. J., 1963: Effect of ionizing radiation on adenine in aerated and de-aerated aqueous solutions. — Nature, 197, 555—557.

Cook, J. S., McGrath, J. R., 1967: Photoreactivating-enzyme activity in Metazoa. — Proc. Nat. Acad. Sci. USA, 58, 1359—1365.

Cook, J. S., Setlow, J. K., 1966: Photoreactivating-enzyme in the sea urchin egg. — Biochem. Biophys. Res. Communs., 24, 285—289.

Cooper, P. D., 1964: The mutation of poliovirus by 5-fluorouracil. — Virology, 22, 186 bis 192.

Corran, J., 1968: The induction of supersuppressor mutants of Bacillus subtilis by ethyl methanesulfonate and the posttreatment modification of mutation yield. — Mol. Genetics, 103, 42—57.

Couch, J., Hanawalt, P. C., 1967: DNA repair replication in temperature-sensitive DNA synthesis deficient bacteria. — Biochem. Biophys. Res. Communs., 29, 779—784.

Coughlin, C. A., Adelberg, E. A., 1956: Bacterial mutation induced by thymine starvation. — Nature, 178, 531—532.

Cox, R. A., Overend, W. G., Peacocke, A. R., Wilson, S., 1958: The action of X-rays on sodium deoxyribonucleate in solution. — Proc. Roy. Soc. London, Ser. B. 149, 511—534.

Cozzarelli, N. R., Melechen, N. E., Jovin, T. M., Kornberg, A., 1967: Polynucleotide

cellulose as a substrate for a polynucleotide ligase induced by phage T4. — Biochem. Biophys. Res. Communs., 28, 578—586.
CRICK, F. H. C., 1966: The genetic code yesterday, today and tomorrow. — Cold Spring Harbor Sympos., 31, 3—9.
CRICK, F. H. C., BARNETT, L., BRENNER, S., WATTS-TOBIN, R. J., 1961: The general nature of the genetic code for proteins. — Nature, 192, 1227—1231.
CRICK, F. H. C., WATSON, J. D., 1954: The complementary structure of DNA. — Proc. Roy. Soc. London, B, 223, 80—96.
CROWTHER, J. A., 1938: Biological action of radiation. — Brit. J. Radiol., 11, 132.
CUKERKANDL', È., POLING, L. (ZUKERKANDL, E., PAULING, L.), 1964: Molekuljarnye bolezni, èvoljucija i gennaja raznorodnost'. — In „Gorizonty biochimii". Moskau, „Mir", S. 147—173.
DAINTON, F. S., 1959: Chemical effects of radiation. — Radiat. Res., Suppl. 1, 1—25.
DALTON, D., KIM, K. S., SHARP, D. G., 1967: Multiplicity activation of Vaccinia virus in L-cells. — Proc. Nat. Acad. Sci. USA, 58, 1758—1761.
DANIELS, M., GRIMISON, A., 1964: Photochemical deamination of cytosine at 2537 Å. — Biochem. Biophys. Res. Communs, 16, 428—431.
DANIELS, M., GRIMISON, A., 1967: Photolysis of the aqueous thymine system. I. Excitation at 1849 Å. — Biochim. biophys. Acta, 142, 293—303.
DANIELS, M., SCHOLES, G., WEISS, J., 1953: „After-effects" in aqueous solutions of deoxyribonucleic acid irradiated with X-rays. — Nature, 171, 1153—1154.
DAVIDSON, J. N., 1947: Some factors influencing the nucleic acid content of cells and tissues. — Cold Spring Harbor Sympos., 12, 50—59.
DAVIES, D. R., 1966: Acriflavine inhibition of dark repair and late generation death. — Biochem. Biophys. Res. Communs, 23, 652—659.
DAVIES, J. E., SINSHEIMER, R. L., 1963: The replications of bacteriophage MS2. I. Transfer of parental nucleic acid to progeny phage. — J. Mol. Biol., 6, 203—291.
DAVIES, M., 1954: Irradiation of bacteriophage T1 with low voltage electrons. — Arch. Biochem. Biophys., 49, 417—423.
DAVISON, P. F., 1960: Sedimentation of deoxyribonucleic acid isolated under low hydrodynamic shear. — Nature, 185, 918—920.
DAVISON, P. F., FREIFELDER, D., HEDE, R., LEVINTHAL, C., 1961: The structural unity of the DNA of T2 bacteriophage. — Proc. Nat. Acad. Sci. USA, 47, 1123—1129.
DAVISON, P. F., FREIFELDER, D., HOLLOWAY, B., 1964: Interruptions in the polynucleotide strands in bacteriophage DNA. — J. Mol. Biol., 8, 1—10.
DAWSON, G. W. P., SMITH-KEARY, P. F., 1963: Episomal control of mutation in Salmonella typhimurium. — Heredity, 18, 1—20.
DAWSON, M. M., SIA, R. H. P., 1931: A technique for inducing transformation of pneumococcal types in vitro. — J. Exper. Med., 54, 681.
DE BOER, G., PEARSON, M., JOHNS, H. E., 1967: Ultraviolet photoproducts in ordered structures of poly U and their effects on secondary structure. — J. Mol. Biol., 27, 131—144.
DEERING, R. A., SETLOW, R. B., 1963: Effects of ultraviolet light in thymidine dinucleotide and polynucleotide. — Biochem. Biophys. Res. Communs., 68, 526—534.
DEL'BRJUK (DELBRÜCK), M., STENT, G., 1960: O mechanizme vosproizvedenija DNK. — In „Chimičeskie osnovy nasledstvennosti". Moskau, IL, S. 562—591.
DELBRÜCK, M., 1940: The growth of bacteriophage and lysis of the host. — J. Gen. Physiol., 23, 643.

Delbrück, M., 1955: On the replication of deoxyribonucleic acid (DNA). — Proc. Nat. Acad. Sci. USA, 40, 783—788.

Dellweg, H., Wacker, A., 1962: Strahlenchemische Veränderungen von Thymin und Cytosin in der DNS durch UV-Licht. — Z. Naturforsch., 17b, 827—834.

Demerec, M., 1941: Unstable genes in Drosophila. — Cold Spring Harbor Sympos., 9, 145—150.

Demerec, M., 1946: Induced mutations and possible mechanisms of the transmission of heredity in *Escherichia coli*. — Proc. Nat. Acad. Sci. USA, 32, 36—46.

Demerec, M., 1953: Reaction of genes of *Escherichia coli* to certain mutagens. — Sympos. Soc. Exper. Biol., 7, 44—54.

Demerec, M., Hanson, J., 1951: Mutagenic action of manganous chloride. — Cold Spring Harbor Sympos., 16: 215—228.

Demerec, M., Lahr, E. L., Ozeki, H., Goldman, L., Howarth, S., Djordjevič, B., 1957: Bacterial genetics. — In: Yearbook Carnegie Institution Washington, 56, 370—376.

Demerec, M., Latarjet, R., 1946: Mutations in bacteria induced by radiations. — Cold Spring Harbor Sympos., 11, 38—50.

Djordjevich, B., Szybalski, W., 1960: Genetics of human cell lines. — I. Incorporation of 5-bromo-, and 5-iododeoxyuridine into the DNA of human cells and its effect on irradiation sensitivity. — J. Exper. Med., 112, 509—531.

Doermann, A. H., 1948: Lysis and lysis inhibition with *Escherichia coli* bacteriophage. — J. Bacteriol., 55, 257.

Doermann, A. H., 1961: The analysis of ultraviolet lesions in bacteriophage T4 by cross reactivation. — J. Cell. Compar. Physiol., 58, Suppl. 1, 79.

Doermann, A. H., Chase, M., Stahl, W., 1955: Genetic recombination and replication in bacteriophage. — J. Cell. Compar. Physiol., 45, Suppl. 2, 51—74.

Doi, R. H., Spiegelman, S., 1962: Homology test between the nucleic acid of an RNA virus and the DNA in host cell. — Science, 138, 1270—1272.

Doskočil, J., 1965: Reaction of deoxyribonucleic acid with triethylenemelamine. — Collection Czech. Chem. Communs., 30, 2434—2444.

Doskočil, J., 1966: The sequency specifity of methylation of cytosine in bacterial DNA's. — Collection Czech. Chem. Communs. 31, 2456—2465.

Doty, P., Boedtker, H., Haselkorn, R., Litt, M., 1959: Secondary structure in ribonucleic acids. — Proc. Nat. Acad. Sci. USA, 45, 482.

Doty, P., Marmur, J., Sueoka, N., 1959: The heterogeneity in properties and functioning of deoxyribonucleic acids. — Brookhaven Sympos. Biol., 12, 1 —16.

Doudney, C. O., 1963: Ultraviolet light-induced mutation as an event in the physiology of bacterial cell. — In: Repair from genetic radiation. F. H. Sobels (Ed.). Pergamon Press, S. 125—149.

Doudney, C. O., Haas, F. L., 1960: Some biochemical aspects of the postirradiation modification of ultraviolet-induced mutation frequency in bacteria. — Genetics, 45, 1481—1502.

Dounce, A. L., 1952: Duplicating mechanism for peptide chain and nucleic acid synthesis. — Enzymologia, 15, 251—258.

Drake, J. W., 1956: Interference and multiplicity reactivation of polio-viruses. — Virology, 6, 244—264.

Drake, J. W., 1962: Multiplicity reactivation of Newcastle disease virus. — J. Bacteriol., 84, 352—356.

Drake, J. W., 1963: Properties of ultraviolet-induced rII mutants of bacteriophage T4. — J. Mol. Biol., **6**, 268—283.

Drake, J. W., 1963: Polyimines mutagenic for bacteriophage T4B. — Nature, **197**, 1028.

Drake, J. W., 1964: Studies on the induction of mutations in bacteriophage T4 by ultraviolet irradiation and by proflavin. — J. Cell. Comp. Physiol., **64**, 19—31.

Drake, J. W., 1966a: Heteroduplex heterozygotes in bacteriophage T4 involving mutations of various dimensions. — Proc. Nat. Acad. Sci. USA., **55**, 506—512.

Drake, J. W., 1967: The length of the homologous pairing region for genetic recombination in bacteriophage T4. — Proc. Nat. Acad. Sci. USA., **58**, 962—966.

Drake, J. W., 1970: The molecular basis of mutation. — Holden-Day, San Francisco, London, Cambridge, Amsterdam.

Drake, J. W., McGuire, J., 1967: Properties of r-mutants of bacteriophage T4 photodynamically induced in the presence of thiopyronine and psoralen. — J. Virology, **1**, 260—267.

Druckrey, H., Steinhoff, D., Preussman, R., Ivankovič, S., 1963: Krebserzeugung durch einmalige Dosis von Methylnitrosoharnstoff und verschiedenen Dialkyl-nitrosaminen. — Naturwiss., **50**, 735.

Dubinin, N. P., 1929: Issledovanie javlenija stupenčatogo allelomorfizma u Dr. melanogaster. I. Allelomorfy scute^{1}, scute^{2}, scute^{3}. — Žurn. èxperim. biologii, **5**, H. 2, 53—85.

Dubinin, N. P., 1930a: Stupenčatyj allelomorfizm. u Dr. melanogaster. III. Kompaundy sc^{7}, achaete-scute^{10}, ach^{1}-sc^{11}, ach^{3}-sc^{13}. — Žurn. èxperim. biologii, **6**, 300—324.

Dubinin, N. P., 1930b: Stupenčatyj allelomorfizm. u Dr. melanogaster. VIII. Centrovaja teorija gena achaete-scute. — Žurn. èxperim. biologii **6**, H. 4, 325—346.

Dubinin, N. P., 1931a: Issledovanie stupenčatogo allelomorfizma. IX. Allelomorf achaete^{5}-scute^{15}. — Žurn. èxperim. biologii, **7**, H. 5—6.

Dubinin, N. P., 1931b: Issledovanie stupenčatogo allelomorfizma. X. Zakonomernosti centrovogo stroenija stupenčatych allelomorfov scute i achaete. — Žurn. èxperim. biologii, **7**, H. 5—6, 601—635.

Dubinin, N. P., 1932a: Step-allelomorphism in *Drosophila melanogaster*. The allelomorphs achaete^{2}-scute^{10}, achaete^{1}-scute^{11}, and achaete^{3}-scute^{13}. — J. Genetics, **25**, 163—181.

Dubinin, N. P., 1932b: Step-allelomorphism and the theory of centres of the gene, achaete-scute. — J. Genetics, **26**, 37—58.

Dubinin, N. P., 1933: Step-allelomorphism in *Dr. melanogaster*. — J. Genetics, **27**, 443 bis 464.

Dubinin, N. P., 1961: Problemy radiacionnoj genetiki. Moskau, Atomizdat.

Dubinin, N. P., 1963: Molekuljarnaja genetika i dejstvie izlučenij na nasledstvennost'. Moskau, Atomizdat.

Dubinin, N. P., 1964: Problems of radiation genetics. Edinburgh—London, Oliver & Boyd.

Dubinin, N. P., 1965: Cepnoj process pri chimičeskom i radiacionnom mutagenese. — In „Èxperimental'nyj mutagenez u životnych, rastenij i mikroorganismov". Band I, S. 3—4.

Dubinin, N. P., Chvostova, V. V., Mansurova, V. V., 1941: Chromosomnye aberracii, letal'nye mutacii i doza X-lučej. — Dokl. AN SSSR, **31**, 386—387.

Dubinin, N. P., Dubinina, L. G., 1968: O dlitel'noživuščich potencial'nych izmenenijach chromosom. — Dokl. AN SSSR, **179**, 1221—1224.

Dubinin, N. P., Nemtseva, L. S., 1969: Chromosome chromatid rearrangements resulting from the mitotic crossing-over between sister-chromatids in ring chromosomes of *Crepis capillaris*. — Mol. Gen. Genet., **104**, 331—338.

Dubinin, N. P., Saprykina, E. G., 1964: Cepnaja reakcija pri chimičeskom mutagenese. — Dokl. AN SSSR, 158, 956—959.

Dubinina, L. G., Dubinin, N. P., 1967: Dokazatel'stvo poraženija chromosom alkilirujuščimi soedinenijami v predsintetičeskoj faze kletočnogo cikla. — Dokl. AN SSSR, 175, 213—215.

Dubinina, L. G., Dubinin, N. P., 1968: Novoe v dejstvii alkilirujuščich soedinenij na mutacionnoj process. — Genetika, 4, 5.

Dulbecco, R., 1949a: Reactivation of ultraviolet-inactivated bacteriophage by visible light. — Nature, 163, 949—950.

Dulbecco, R., 1949b: On the reliability of the Poisson distribution as a distribution of the number of phage particles infecting individual bacteria in a population. — Genetics, 34, 125—126.

Dulbecco, R., 1952: A critical test of the recombination theory of multiplicity reactivation. — J. Bacteriol., 63, 199—207.

Dulbecco, R., 1955: Photoreactivation. In: Radiation Biology v. II. A. Hollaender (Ed.), N. Y., McGraw Hill, S. 455—486.

Dulbecco, R., Vogt, M., 1958: Studies on the induction of mutations in poliovirus by proflavin. — Virology, 5, 236—243.

Dulbecco, R., Weigle, J. J., 1952: Inhibition of bacteriophage development in bacteria illuminated with visible light. — Experientia, 8, 386.

Dunn, D. B., Smith, J. D., 1954: Incorporation of halogenated pyrimidines into deoxyribonucleic acids of *Bacterium coli* and its bacteriophages. — Nature, 174, 305—306.

Dussoix, D., 1964: Controle par la bactérie de l'acception d'acide deoxyribonucléique phagique. — Ph. D. Thesis, N 137. Faculté Sci. Univ. Genève.

Echols, H., Gingery, R., 1968: Mutants of bacteriophage λ defective in vegetative genetic recombination. — J. Mol. Biol., 34, 239—249.

Echols, H., Gingery, R., Moore, L., 1968: Integrative recombination function of bacteriophage λ evidence for a site-specific recombination enzyme. — J. Mol. Biol., 34, 251 bis 260.

Eckart, W., 1961: DNA content and UV-resistance of *Lactobacillus leichmannii*. — In: B. Christensen, B. Buchmann (Eds.). „Progress in Photobiology", Elsevier Publ. Comp., Amsterdam, S. 580—582.

Eckart, W., Wacker, A., 1960a: DNS-Gehalt und UV-Strahlenresistenz von *Lactobacillus leichmannii*. — Z. Naturforsch., 15b, 429—430.

Eckart, W., Wacker, A., 1960b: DNS-Gehalt und UV-Resistenz von *Lactobacillus leichmannii*. — Monatsber. Dt. Akad. Wiss. Berlin. 2, 297—299.

Edgar, R. S., 1965: The bacteriophage chromosome. — Nat. Cancer Inst. Monogr., 18, 67—77.

Edgar, R. S., Denhardt, G. H., Epstein, R. H., 1964: A comparative genetic study of conditional lethal mutations of bacteriophage T4D. — Genetics, 49, 635—648.

Éfroimson, V. P., 1931: Transmutirujuščee dejstvie X-lučej i problema genetičeskoj évoljucii. — Biol. žurn., 7, 491.

Ehrenberg, L., 1955: Factors influencing radiation induced lethality, sterility and mutations in barley. — Hereditas, 41, 123—146.

Eidinoff, M. L., Cheong, L., Rich, M. A., 1959: Incorporation of unnatural pyrimidine bases into deoxyribonucleic acid of mammalian cells. — Science, 129, 1550—1551.

Eisenstark, A., Eisenstark, R., van Sickle, R., 1965: Mutation of Salmonella typhimurium by nitrosoguanidine. — Mut. Res., 2, 1—10.

Eisenstark, A., Rosner, I. L., 1964: Chemically induced reversions in the cys C region of *Salmonella typhimurium*. — Genetics, **49**, 343—355.

Ekert, B., Monier, R., 1959: Structure of thymine hydroperoxide produced by X-irradiation. — Nature, **184**, 58—59.

Ekert, B., Monier, R., 1960: Effect of X-rays on cytosine in aerated aqueous solutions. — Nature, **188**, 309—310.

Elder, R., Beers, R. F., 1964: Nonphotoreactivating repair of ultraviolet light damage in *Micrococcus lysodeikticus* and *Hemophilus influenzae* transforming DNA. — Federat. Proc., **23**, 373.

Elder, R., Beers, R. F., 1965a: Nonphotoreactivating repair of ultraviolet light-damaged *Micrococcus lysodeikticus* cells. — J. Bacteriol., **89**, 1225—1230.

Elder, R., Beers, R. F., 1965b: Nonphotoreactivating repair of UV-light damaged transforming DNA by *M. lysodeikticus*. — J. Bacteriol., **90**, 681—686.

Ellis, E. L., Delbrück, M., 1939: The growth of bacteriophage. — J. Gen. Physiol., **22**, 365.

Ellison, S. A., Feiner, R. R., Hill, R. F., 1960: A host effect on bacteriophage survival after ultraviolet irradiation. — Virology, **11**, 294—296.

Elmore, D. T., Gulland, J. M., Jordan, J. O., Taylor, H. F. W., 1948: Reactions of nucleic acids with mustard gas. — Biochem. J., **42**, 308—316.

Elson, D., Chargaff, E., 1954: Regularities in the composition of pentose nucleic acids. — Nature, **173**, 1037—1038.

Elson, D., Chargaff, E., 1955: Evidence of common regularities in the composition of pentose nucleic acids. — Biochim. biophys. Acta, **17**, 367—376.

Elson, D., Gustaffson, T., Chargaff, E., 1954: The nucleic acids of the sea-urchin during embryonic development. — J. Biol. Chem., **209**, 285—294.

Emmons, C. W., Hollaender, A., 1939: The action of ultraviolet radiation on dermatophytes. II. — Amer. J. Bot., **26**, 467—478.

Engel, W., Krone, W., Wolf, U., 1967: The action of thioguanine, hydroxylamine and 5-BDU on human chromosomes in vitro. — Mut. Res., **4**, 353—368.

Englander, S. W., Buzzell, A., Lauffer, M. A., 1960: Relation between inactivation of Tobacco mosaic virus by X-rays and breakage of nucleic acid. — Biochim. biophys. Acta, **40**, 385.

Ephrussi-Taylor, H. E., 1955: Current status of bacterial transformations. — Adv. Virus Res., **3**, 275.

Ephrussi-Taylor, H. E., 1960: Recombination analysis in microbial systems. — In: Growth: Molecule, Cell, Organism. N. Y., Basic Books.

Ephrussi-Taylor, H., Latarjet, R., 1955: Inactivation, par les rayons X, d'un facteur transformant du pneumocoque. — Biochim. biophys. Acta, **16**, 183—197.

Epstein, C. J., Goldberger, R. F., Anfinsen, C. B., 1963: The genetic control of tertiary protein structure: studies with model system. — Cold Spring Harbor Sympos., **28**, 439—449.

Epstein, R. H., 1958: A study of multiplicity reactivation in the bacteriophage T4. I. Genetical and functional analysis of T4D-K12 (λ) complexes. — Virology, **6**, 382—404.

Epstein, R. H., Bolle, A., Steinberg, C. M., Kellenberger, E., Boy de la Tour, E., Chevalley, R., Edgar, R. S., Susman, M., Denhardt, G., Lielausis, A., 1963: Physiological studies of conditional lethal mutants of bacteriophage T4D. — Cold Spring Harbor Sympos., **28**, 375.

Errera, M., 1953: Mechanisms of biological action of ultraviolet and visible radiations. — Progr. Biophys., 3, 88—130.
Evans, H. J., Savage, J. R. V., 1963: The relation between DNA synthesis and chromosome structure as resolved by X-ray damage. — J. Cell. Biol., 18, 525—540.
Evans, H. J., Scott, D., 1964: Influence of DNA synthesis on the production of chromatide aberrations by X-rays and maleic hydrazide in Vicia faba. — Genetics, 49, 17.
Evans, R. G., Norman, A. 1968: Radiation stimulated incorporation of thymidine into the DNA of human lymphocytes. — Nature, 217, 455—456.
Fahmy, O. G., Fahmy, M. J., 1957: Mutagenic response to the alkylmethanesulfonates during spermatogenesis in *Drosophila melanogaster*. — Nature, 180, 31—34.
Fahmy, O. G., Fahmy, M. J., 1959: Small deficiencies and deletions under the monofunctional alkylating mutagens. — Brit. Emp. Cancer Annual Rep., 37, 116 bis 171.
Fahmy, O. G., Fahmy, M. J., 1961: Induction of mutations by deoxyribonucleic acid in *Drosophila melanogaster*. — Nature, 191, 776.
Fahmy, O. G., Fahmy, M. J., 1962: Mutagenic activity of cellular macromolecules in *Drosophila melanogaster*. — Nature, 196, 873.
Fahmy, O. G., Fahmy, M. J., 1964: Mutagenicity of ionic polymers and leucomogenic virus relative to nucleic acid in *Drosophila melanogaster*. — Nature, 204, 46.
Fahmy, O. G., Fahmy, M. J., 1965: Genetic properties of exogenous deoxyribonucleic acid at various levels of degradation. — Nature, 207, 507.
Fahmy, O. G., Fahmy, M. J., 1965: Biological organization in relation to differential gene response to mutagens. — In: Induction of mutations and the mutation process. Praha, S. 1—12.
Fahmy, O. G., Fahmy, M. J., 1970: Induction of bobbed (bb) mutations by polycyclic aromatic carcinogens in *Drosophila*. — Mutation Res., 9, 239—243.
Fahr, E., Kleber, R., Boebinger, E., 1966: Untersuchungen über die photochemische Addition von Wasser zu Cytosin, Cytidin, Cytidylsäure und Thymin. — Z. Naturforsch., 21b, 219—223.
Fareed, G. C., Richardson, C. C., 1967: Enzymatic breakage and joining of deoxyribonucleic acid. II. The structural gene for polynucleotide ligase in bacteriophage T4. — Proc. Nat. Acad. Sci. USA, 58, 665—672.
Feiner, R. R., Hill, R., 1963: Effect of basic dyes on a host cell reactivation of ultraviolet-irradiated phage. — Nature, 200, 291—293.
Ferrini, U., 1964: Changes in aminoacid content and investigation of lysozyme following ultraviolet irradiation. — Arch. Biochem. Biophys., 107, 126—131.
Fiers, W., Sinsheimer, R. L., 1962: The structure of the DNA of bacteriophage ΦX174. III. Ultracentrifugal evidence for a ring structure. — J. Mol. Biol., 5, 424—434.
Fleissner, E., 1967: Polypeptide synthesis with methyl-deficient soluble RNA. — Biochemistry, 6, 621—632.
Folkner, I. C., Kadlubar, F. 1968: Parallel between ultraviolet light and 4-nitroguanosine-1-oxide sensitivity in *Bacillus subtilis*. — J. Bacteriol., 96, 1448—1449.
Folsome, C. E., 1962a: Specificity of induction of T4rII mutants by ultraviolet irradiation of extracellular phages. — Genetics, 47, 611—622.
Folsome, C. E., 1962b: Topographical effects of ultraviolet irradiation upon recombination in phage T4. — Z. Vererbungslehre, 93, 404—416.
Folsome, C. E., Levin, D., 1961: Detecting reversions in T4rII bacteriophage to r^+ induced by ultraviolet irradiation. — Nature, 192, 1306.

Forro, F., Wertheimer, S. A., 1960: The organization and replication of deoxyribonucleic acid in thymine deficient strains of Escherichia coli. — Biochim. biophys. Acta, **40**, 9—21.

Fosse, R., Hieulle, A., Bass, L. W., 1924: Action de l'hydrazine sur l'uracyle et la thymine. — C. R. Acad. sci., **178**, 811—813.

Foster, R. C. A., 1948: An analysis of the action of proflavine on bacteriophage growth. — J. Bacteriol., **56**, 795—809.

Fox, A. S., Yoon, S. B., 1966: Specific genetic effects of DNA in *Drosophila melanogaster*. — Genetics, **53**, 897—911.

Franklin, N. C., 1967: Deletions and functions of the center of the $\varphi 80 - \lambda$ phage genome. Evidence for a phage function promoting genetic recombination. — Genetics, **57**, 301—318.

Franklin, N. C., Luria, S. E., 1961: Transduction by bacteriophage P1 and the properties of the lac genetic regions in E. coli and S. depenteriae. — Virology, **15**, 299—311.

Fraser, D., 1957: Host-range mutants and semitemperate mutants of bacteriophage T3. — Virology, **3**, 527.

Fredericq, O. A., Fontaine, F., 1961: The ultraviolet spectrum of deoxyribonucleic acids and their constituents. — J. Mol. Biol., **14**, 11—18.

Freeman, K. B., Hariharan, P. V., Johns, H. E., 1965: The ultraviolet photochemistry of cytidilityl (3'—5') cytidine. — J. Mol. Biol., **13**, 833—848.

Freese, E., 1959a: On the molecular explanation of spontaneous and induced mutations. Brookhaven Sympos. Biol., **12**, 63—75.

Freese, E., 1959b: The specific mutagenic effects of base analogues on phage T4. — J. Mol. Biol., **1**, 87—105.

Freese, E., 1959c: The difference between spontaneous and base analogues induced mutation of phage T4. — Proc. Nat. Acad. Sci. USA, **45**, 622—633.

Freese, E., 1964: The influence of DNA structure and base composition on mutagenesis. — In: Genetics Today, Proc. XI Intern. Congr. Genet., S. 297—306.

Freese, E., Bautz, E., Freese, B. E., 1961: The chemical and mutagenic specificity of hydroxylamine. — Proc. Nat. Acad. Sci. USA, **47**, 845—855.

Freese, E., Cashel, M., 1964: Crosslinking of DNA by exposure to low pH. — Biochim. biophys. Acta, **91**, 67—77.

Freese, E., Freese, E. B., 1965: The oxygen effect on deoxyribonucleic acid inactivation by hydroxylamines. — Biochemistry, **4**, 2419—2433.

Freese, E., Freese, E. B., 1966a: Mutagenic and inactivating DNA alterations. — Radiat. Res., Suppl. 6, 97—140.

Freese, E., Freese, E. B., Bautz, E., 1961: Hydroxylamine as a mutagenic and inactivating agent. — J. Mol. Biol., **3**, 133—143.

Freese, E., Freese, E. B., Graham, S., 1966: The oxygen-dependent reaction of hydroxylamine with nucleotides and DNA. — Biochim. biophys. Acta, **123**, 17—25.

Freese, E., Sklarow, S., Freese, E. B., 1968: DNA damage caused by antidepressant hydrazines and related drugs. — Mut. Res., **5**, 343—348.

Freese, E., Strack, H. B., 1962: Induction of mutations in transforming DNA by hydroxylamine. — Proc. Nat. Acad. Sci. USA, **48**, 1796—1803.

Freese, E. B., 1961: Transitions and transversions induced by depurination agents. — Proc. Nat. Acad. Sci. USA, **47**, 540—545.

Freese, E. B., 1965: The effects of urethan and hydroxyurethan on transforming DNA. — Genetics, **51**, 953—960.

FREESE, E. B., 1967: Der Chemismus der urethaninduzierten Mutationen, 25 Jahre nach ihrer Entdeckung. — Mol. Gen. Genet., **100**, 150—158.

FREESE, E. B., FREESE, E., 1961a: Induction of reverse mutations and cross reactivation of nitrous acid-treated phage T4. — Virology, **13**, 19—30.

FREESE, E. B., FREESE, E., 1961b: On the mutagenic effect of alkylating agents. — Proc. Nat. Acad. Sci. USA, **46**, 540—545.

FREESE, E. B., FREESE, E., 1966b: Production of pure mutant clones by repair of inactivating DNA alterations in phage T4. — Genetics, **54**, 1055—1067.

FREESE, E. B., GERSON, J., TABER, H., RHAESE, H., FREESE, E., 1967: Inactivating DNA alterations induced by peroxides and peroxide-producing agents. — Mut. Res., **4**, 517—531.

FREIFELDER, D., 1966: Lethal changes in bacteriophage DNA produced by X-rays. — Radiat. Res., Suppl. **6**, 80—96.

FREIFELDER, D., DAVISON, P. F., 1963: — Biophys. J., **3**, 97—98.

FREIFELDER, D., KLEINSCHMIDT, A. K., SINSHEIMER, R. L., 1964: Electron microscopy of single stranded DNA: circularity of DNA of bacteriophage *ΦX174*. — Science, **146**, 254—255.

FRIES, N., 1950: The production of mutations by caffeine. — Hereditas, **36**, 134—149.

FRIZ, É. (FREESE, E.), 1962: Molekuljarnyj mechanizm mutacij. — In „Trudy 5-go Meždunarodnogo biochim. kongressa. Simpozium I", S. 231—257. Moskau, Verlag AN SSSR.

FRIZ, É. (FREESE, E.), 1964: Molekuljarnye mechanizmy mutacij. — In „Molekuljarnaja genetika". Moskau, „Mir", S. 226—298.

FUERST, C. R., SIMINOVITCH, L., 1965: Characterization of an unusual defective lysogenic strain of *Escherichia coli* K12 (λ). — Virology, **27**, 449—460.

GAJSINOVIČ, A., 1930: Stupenčatyj allelomorfizm u Dr. melanogaster. III. Allelomorf sc⁵. — Žurn. èxperim. biologii, **6**, 1, 15—24.

GALASSO, G. J., SHARP, D. G., 1963: Homologous inhibition, toxity, and multiplicity reactivation with ultraviolet-irradiated vaccinia virus. — J. Bacteriol., **85**, 1309—1314.

GALE, E. F., 1955: From amino acids to proteins. — In: Amino acid Metabolism. MCELROY, H., GLASS, B. (Eds). John Morphins Univ. Press, S. 171—192.

GALE, E. F., FOLKES, J. P., 1954: Effect of nucleic acids on protein synthesis and amino acid incorporation in disrupted staphylococal cells. — Nature, **173**, 1223—1227.

GALUCCI, E., GAREN, A., 1966: Suppressor genes for nonsense mutations. II. The su-4 and su-5 suppressor genes of *Escherichia coli*. — J. Mol. Biol., **15**, 193—200.

GAMOW, G., 1954a: Possible relation between deoxyribonucleic acid and protein structure. — Nature, **173**, 318.

GAMOW, G., 1954b: Possible mathematical relation between deoxyribonucleic acid and protein. — Kgl. Danske vid. selskab. Biol. medd., **22**, N 3, 1—13.

GAMOV (GAMOW), G., RIČ (RICH), A., IKAS, M., 1957: Problema peredači informacii ot nukleinovych kislot k belkam. — In „Voprosy biofiziki". Moskau, IL, S. 205—263.

GAREN, A., GAREN, S., WILHELM, R. C., 1965: Suppressor genes for nonsense mutations. I. The su-1, su-2 and su-3 genes in *Escherichia coli*. — J. Mol. Biol., **14**, 167—178.

GAREN, A., SIDDIQI, O., 1962: Suppression of mutations in the alkaline phosphatase structural cistron of *E. coli*. — Proc. Nat. Acad. Sci. USA, **48**, 1121.

GAREN, A., ZINDER, N. D., 1955: Radiobiological evidence for partial genetic homology between bacteriophage and host bacteria. — Virology, **1**, 347—376.

GECHEFF, K., NICOLOFF, HR., 1970: The activity of N-nitroso-N-methylurethane on chromosomes of barley. — Mut. Res., **10**, 119—123.

GEIDUSCHEK, E. P., 1961: „Reversible" DNA. — Proc. Nat. Acad. Sci. USA, 47, 950–955.

GEIDUSCHEK, E. P., NAKAMOTO, T., WEISS, S. B., 1961: The enzymatic synthesis of RNA: complementary interaction with DNA. — Proc. Nat. Acad. Sci. USA, 47, 1405–1412.

GELLERT, M., 1967: Formation of covalent circles of lambda DNA by *E. coli* extracts. — Proc. Nat. Acad. Sci. USA, 57, 148–155.

GENDON, JU. Z., 1967: Genetika virusov čeloveka i životnych. — Moskau, „Nauka", S. 205–263.

GENDON, JU. Z., DISKINA, B. S., 1962: Vakcinnye linii poliovirusa, polučennye obrabotkoj različnymi fizičeskimi agentami nukleinovoj kisloty, izolirovannoj iz virulentnych linij. — Akta virologika, 6, 289–296.

Genetical aspects of radiosensitivity: mechanisms of repair. 1966. Wien.

GEPTNER, M. A., DEMIDOVA, Z. A., 1936: Zavisimost' meždu dozami rentgenovskich lučej i mutacijami otdel'nych genov u *Drosophila melanogaster*. — Biol. žurn., 5, 541–550.

GERSHENSON, S., 1939: Induction of directed mutations in *Drosophila melanogaster*. — C. R. (Doklady) Acad. Sci. U.S.S.R., 25, 224–227 (russ.).

GERSHENSON, S., 1965a: Induction of lethal mutations in *Drosophila melanogaster* by DNA. — Genet. Res. (Cambr.), 6, 157–162.

GERSHENSON, S. M., 1965b: Delayed mutagenic effect of DNA in *Drosophila*. — In „Mechanism of mutation and inducing factors", Praha, Academia, S. 291–293.

GERSHENSON, S. 1966a: The mutagenic action of DNA and the problem of directed mutations. — Genetika (Moskau), 5, 1–13 (russ.).

GERSHENSON, S. M., 1966b: Altering genes to order. — New scientist, 29 Dec., S. 724–725.

GERSHENSON, S., 1969: Mutagenic action of some biopolymers in *Drosophila*. — Japan. J. Genetics, 44, suppl 1, 114–119.

GERSHENSON, S. M., ALEXANDROV, Y. N., MALIUTA, S. S., 1971: Production of recessive lethals in *Drosophila* by viruses noninfectious for the host. — Mut. Res., 11, 163–173.

GERSHENSON, S., KISSELIOVA, I. A., 1958: Induction of directed hereditary changes in *Drosophila melanogaster*. — C. R (Doklady) Acad. Sci. U.S.S.R., 182, 554–557 (russ.).

GERSHENSON, S., ZILBERMAN, R. A., LIOVOCHKINA, O. A., SYTKO, P. O., TARNOVSKY, N. D., 1948: Induction of mutations in *Drosophila* by thymonucleic acid. — Gen. Biol., 9, 69–88 (russ.).

GEZELIUS, K., FRIES, N., 1952: Phage resistant mutants induced in *E. coli* by caffeine. — Hereditas, 38, 112.

GICHNER, T., MICHAELIS, A., RIEGER, R., 1963: Radiomimetic effects of 1-methyl-3-nitro-1-nitrosoguanidine in *Vicia faba*. — Biochem. Biophys. Res. Communs., 11, 120–124.

GIERER, A., MUNDRY, K. W., 1958: Production of mutants of Tobacco mosaic virus by chemical alteration of its ribonucleic acid in vitro. — Nature, 182, 1457.

GILES, N., 1952: Studies on the mechanism of reversion in biochemical mutants of *Neurospora crassa*. — Cold Spring Harbor Sympos., 16, 283–313.

GILKER, J. C., PAVILANIS, V., GHYS, R., 1967: Multiplicity reactivation in gamma irradiated influenza viruses (chick embryo). — Nature, 214, 1235–1237.

GILOT, Y., MOUTSCHEN-DAHMEN, M., MOUTSCHEN-DAHMEN, J., 1967: Mutagenesis with ethylmethanesulfonate in *Nigella damascena* L. — Experientia, 23, 673–674.

GINGERY, R., ECHOLS, H., 1967: Mutants of bacteriophage λ unable to integrate into the host chromosome. — Proc. Nat. Acad. Sci. USA, 58, 1507–1515.

GINOZA, H. S., PAINTER, R. B., 1964: Genetic recombination between the resistance transfer factor and the chromosome of *Escherichia coli*. — J. Bacteriol., 87, 1339—1345.

GINOZA, W., 1963: Radiosensitive molecular weight of singlestranded virus nucleic acids. — Nature, 199, 453—456.

GINOZA, W., MILLER, R. C., 1965: Kinetics of X-ray and heat inactivation of ΦX174 RF-DNA. — Proc. Nat. Acad. Sci. USA, 54, 551—558.

DE GIOVANNI, R., 1960: The effects of deuterium oxide on certain microorganisms. — Ann. N. Y. Acad. Sci., 84, 644—647.

GLEMBOCKIJ, JA. L., ABELEVA, È. A., LAPKIN, JU. A., 1960: Vlijanie vysokich doz ionizirujuščej radiacii na častotu vozniknovenija sceplennych s polom recessivnych letal'nych mutacij u drozofily. — Moskau, Verlag AN SSSR.

GLIŠIN, V. R., DOTY, P., 1967: The cross-linking of DNA by ultraviolet radiation. — Biochim. biophys. Acta, 142, 314—322.

GOLDACRE, R. J., LOVELESS, A., ROSS, W. C. J., 1949: Mode of production of chromosome abnormalities by the nitrogen mustards. — Nature, 163, 667—679.

GOLDBERG, A. L., WITTES, R. E., 1966: Genetic code: aspects of organization. — Science, 153, 420—424.

GOLDBERG, I. H., RABINOWITZ, M., 1961: The incorporation of 5-ribosyluracil triphosphate into RNA in nuclear extracts in mammalian cells. — Biochem. Biophys. Res. Communs., 6, 394—398.

GOL'DFARB (GOLDFARB), D. M., 1961: Bakteriofagija. — Moskau, „Medicina".

GOL'DFARB, D. M., 1966: Vvedenie v genetiku bakterij. — Moskau. „Nauka".

GOL'DFARB, D. M., BELJAEV, D. L., 1966: Mutagenez faga T2 pri kombinirovannom dejstvii chimičeskich mutagenov. — Genetika, Nr. 6, 113—117.

GOL'DFARB, D. M., ČUBUKOV, V. F., 1963: Mutacii ht-priznaka u bakteriofaga T2, inducirovannye kombinirovannym dejstviem chimičeskich mutagenov. — Bjull. èksperim. biol. i. med., Nr. 2, 61—62.

GOL'DFARB, D. M., FOMIČEV, JU. K., BORISOVA, N. B., 1963: Dejstvie azotistogo iprita na intaktnye bakterii, inficirovannye fagom T2. — In „Genetika mikroorganizmov". Moskau, „Medicina", S. 155.

GOLDFARB, D. M., NESTEROVA, G. F., KUSNETSOVA, V. N., 1966: Localization of h^+-mutations of T2 phage, induced by various mutagens. — Genetika, 2, 19—22 (In Russian).

GOL'DFARB, D. M., RYTIŽ, B., KUZNECOVA, V. N., NESTEROVA, G. F., 1965: Indukcija h-mutacij faga T2 azotistoj kislotoj i gidrokislaminom. — Genetika, Nr. 2, 3.

GOLDIN, A., VENDITTI, J. M., KLINE, I., 1959: Evaluation of antileukemic agents employing advanced leukemia L1210 in mice. — Cancer Res., 19, (Screening Data), 429—466.

GOLDSTEIN, A., SMOOT, J. S., 1955: A strain of *Escherichia coli* with an unusual high rate of auxotrophic mutation. — J. Bacteriol., 70, 588—595.

GOLDSTEIN, L., PLAUT, W., 1955: Direct evidence for nuclear synthesis of cytoplasmic ribose nucleic acid. — Proc. Nat. Acad. Sci. USA 41, 874—880.

GOMATOS, P. J., KLUG, R. M., TAMM, I., 1964: Enzymatic synthesis of RNA with reovirus RNA as template. I. Characteristics of the reaction catalyzed by the RNA polymerase from *Escherichia coli*. — J. Mol. Biol., 9, 193—207.

GOND, J. V., 1968: Effectiveness of different mutagens in single and combined treatments. — Genetics, 39, 229—236.

GORDON, M. P., STAEHELIN, M., 1958: The incorporation of 5-fluorouracil into the nucleic acid of Tobacco mosaic virus. — J. Amer. Chem. Soc., 80, 2340—2341.

GOROŠKINA (GOROSCHKINA), G. I., SOJFER, V. N. (SOIFER, W. N.), 1971: Vlijanie kofeina na veličinu mitotičeskogo indexa i prodolžitel'nost' kletočnogo cikla v kulture kletok HeLa. — Citologija 18, Nr. 8, 1031—1034.

GOTTESMAN, M. E., YARMOLINSKY, M. B., 1968: Integration-negative mutants of bacteriophage lambda. — J. Mol. Biol., 31, 487—505.

GOTTSCHLING, H., HEIDELBERGER, C., 1963: Fluorinated pyrimidines. XIX. Some biological effects of 5-trifluoromethyluracil and 5-trifluoromethyl-2'-deoxyuridine on *Escherichia coli* and bacteriophage T4B. — J. Mol. Biol., 7, 541—560.

GOWEN, J. W., 1941: Mutation in *Drosophila*, bacteria and viruses. — Cold Spring Harbor Sympos., 9, 187—193.

GRANOFF, A., 1961: Induction of Newcastle disease virus mutants with nitrous acid. — Virology, 13, 402—408.

GRAY, J. D. A., LAMBERT, R. A., 1948: Bacteriostatic action of oximes. — Nature, 162, 733—734.

GRAY, L. H., 1959: Cellular radiobiology. — Radiat. Res., Suppl. 1, 73—101.

GREEN, D. M., KRIEG, D. R., 1962: The delayed origin and mutants induced by exposure of extracellular phage T4 to ethyl methane sulfonate. — Proc. Nat. Acad. Sci. USA, 47, 64—72.

GREENBERG, J. A., 1964: A locus for radiation resistance in *E. coli*. — Genetics, 49, 771—778.

GREENBERG, J., 1967: Loci for radiation sensitivity in *Escherichia coli* strain B_{s-1}. — Genetics, 55, 193—201.

GREENE, M. O., GREENBERG, J., 1960: The activity of nitrosoguanidines against ascites tumours in mice. — Cancer Res., 20, 1166—1171.

GREENSPAN, C., MARMUR, J., 1963: The in vivo transcription of bacteriophage SP8 DNA. — Science, 142, 387.

GREENSTOCK, G. L., BROWN, I. H., HUNT, J. W., JOHNS, H. E., 1967: Photodimerization of pyrimidine nucleic acid derivatives in aqueous solution and the effect of oxygen. — Biochem. Biophys. Res. Communs., 27, 431—436.

GREER, S., 1960: Studies on ultraviolet irradiation of *Escherichia coli* containing 5-bromouracil in its DNA. — J. Gen. Microbiol., 22, 618—634.

GREER, S., ZAMENHOF, S., 1962: Studies on depurination by heat. — J. Mol. Biol., 4, 123—141.

GRIFFITH, F., 1928: Significance of pneumococcal types. — J. Hyg., 27, 113—159.

GROS, F., HIATT, H., GILBERT, W., KURLAND, C. G., RISEBROUGH, R. W., WATSON, J. D., 1961: Unstable ribonucleic acid revealed by pulse labelling of *Escherichia coli*. — Nature, 190, 581—585.

GROSSMAN, L., 1962: Effect of ultraviolet-irradiated polyuridilic acid in cell-free protein synthesis in *E. coli*. — Proc. Nat. Acad. Sci. USA, 48, 1609—1614.

GROSSMAN, L., 1963: The effect of ultraviolet-irradiated polyuridilic acid in cell-free protein synthesis in *E. coli*. II. The influence of specific photoproducts. — Proc. Nat. Acad. Sci. USA, 50, 657—664.

GROSSMAN, L., 1968: Studies on mutagenesis induced in vitro. — Photochem. Photobiol., 7, 727—735.

GROSSMAN, L., LEVINE, S. S., ALLISON, W. S., 1961: The reaction of formaldehyde with nucleotides and T2 bacteriophages DNA. — J. Mol. Biol., 3, 47—60.

GRULA, E. A., GRULA, M. M., 1962: Cell division in a species Erwinia. — J. Bacteriol., 83, 981—988.

GRUNBERG-MANAGO, M., OCHOA, S., 1955: Enzymatic synthesis and breakdown of polynucleotides; polynucleotide phosphorylase. — J. Amer. Chem. Soc., 77, 3135—3136.

GUBERNIEV, M. A., UGOLEVA, N. A., 1960: Sostav dezoxiribonukleinovoj kisloty u stafilokokka 209-P, čuvstvitel'nogo i ustojčivogo k nekotorym antibiotikam. — Dokl. AN SSSR, **133**, 466—468.

GUDA, H. E., FRAJOLA, W. L., LESSLER, M. A., 1962: Molecular changes in deoxyribonucleic acid induced by X-rays. — Science, **137**, 607—608.

GULLAND, J. M., 1947: The structures of nucleic acids. — Cold Spring Harbor Sympos., **17**, 95—103.

GUNDERSEN, W. B., 1963: New type of streptomycin resistance resulting from action of the episome-like mutator factor in *Escherichia coli*. — J. Bacteriol., **86**, 510—516.

GUNDERSEN, W. B., 1965: Transduction of the mu-factor in *Escherichia coli*. — Acta pathol. microbiol. scand., **65**, 621—626.

GUNDERSEN, W. B., JYSSUM, K., LIE, S., 1962: Genetic instability with episome-mediated transfer in *Escherichia coli*. — J. Bacteriol., **83**, 616—623.

GÜNTHER, H. L., PRUSOFF, W. H., 1967: Protective effect of 6-azathymine and 6-azauracil against the lethal effect of ultraviolet irradiation. II. Isolation of thymine photoproducts from the nucleic acids of *Streptococcus faecalis*. — Biochim. biophys. Acta, **142**, 304—313.

GUPTA, A. K., GROVER, N. S., 1970: Hydrazine induced breaks in chromosomes of *Vicia faba*. — Mut. Res., **10**, 519—520.

GUPTA, N. K., RAJBHANDARY, U. L., KHORANA, H. G., 1966: Missense suppression in tryptophane synthetase. — Cold Spring Harbor Sympos., **31**, 499—500.

GWATKIN, R. B., GOTTLIEB, D., 1956: Mutants recovered after exposure of Streptomyces venezuelae to X-rays. — J. Bacteriol., **71**, 328—332.

HAAS, F. L., DOUDNEY, C. O., 1957: A relation of nucleic acid synthesis to radiation induced mutation frequency in bacteria. — Proc. Nat. Acad. Sci. USA, **43**, 871—883.

HAEFNER, K., 1965: Zum Inaktivierungskriterium für Einzelzellen unter besonderer Berücksichtigung der Teilungsfähigkeit Röntgen- und UV-bestrahlter Saccharomyces-Zellen verschiedenen Ploidiegrades. — Internat. J. Rad. Biol., **9**, 545—558.

HAEFNER, K., 1967: Concerning the mechanism of ultraviolet mutagenesis. Micromanipulatory pedigree analysis in *Schizosaccharomyces pombe*. — Genetics, **57**, 169—178.

HAEFNER, K., HOWREY, L., 1967: Gene-controlled UV-sensitivity in *Schizosaccharomyces pombe*. — Mut. Res., **4**, 219—221.

HAEFNER, K., STRIEBECK, U., 1967: Radiation-induced lethal sectoring in *Escherichia coli* B/r and B_{s-1}. — Mut. Res., **4**, 399—407.

HAGEN, U., 1964: Untersuchungen über die Strahlenempfindlichkeit der Desoxyribonukleinsäure. II. Die Länge der Nukleotidketten nach Bestrahlung in vitro. — Strahlentherapie, **124**, 428—437.

HAGEN, U., WILD, R., 1964: Untersuchungen über die Strahlenempfindlichkeit der Desoxyribonukleinsäure. I. Die Empfindlichkeit der Wasserstoffbrücken. — Strahlentherapie, **124**, 275—283.

HAKALA, M. T., 1959: Mode of action of 5-bromodeoxyuridine on mammalian cells in culture. — J. Biol. Chem., **234**, 3072—3076.

HALL, Z. W., LEHMAN, I. R., 1968: An in vitro transversion by a mutationally altered T4 induced DNA polymerase. — J. Mol. Biol., **36**, 321—333.

HALLDAL, P., 1961: Photoreactivation at 223 mμ in Platymonas. — Physiol. plantarum, **14**, 891—895.

HANAWALT, P. C., 1966a: The UV-sensitivity of bacteria and its relation to the DNA replication cycle. — Photochem. Photobiol., **5**, 1—12.

HANAWALT, P. C., 1966b: Repair replication in the bacterial genome. — In: Genetical aspects of radiosensitivity: Mechanism of repair. Wien, S. 97—104.

HANAWALT, P. C., HAYNES, R. H., 1965: Repair replication of DNA in bacteria: irrelevance of chemical nature of base defect. — Biochem. Biophys. Res. Communs., **19**, 462—467.

HARM, W., 1956: On the mechanism of multiplicity reactivation in bacteriophages. — Virology, **2**, 559—564.

HARM, W., 1958a: Multiplicity reactivation, marker rescue and genetic recombination in phage T4 following X-ray inactivation. — Virology, **5**, 337—361.

HARM, W., 1958b: Zur Deutung der unterschiedlichen UV-Empfindlichkeit der Phagen T2 und T4. — Naturwiss., **45**, 391—392.

HARM, W., 1959: Untersuchungen zur Wirkungsweise eines die UV-Empfindlichkeit bestimmenden Gens der Bakteriophagen T2 und T4. — Z. Vererbungslehre, **90**, 428—444.

HARM, W., 1961: Gene-controlled reactivation of ultraviolet inactivated bacteriophage. — J. Cell. Compar. Physiol., **58**, Suppl. 1, 69.

HARM, W., 1963a: Mutants of phage T4 with increased sensitivity to ultraviolet. — Virology, **19**, 66—72.

HARM, W., 1963b: Repair of lethal ultraviolet damage in phage DNA. — In: Repair from genetic radiation. F. M. SOBELS (Ed.). Pergamon Press, S. 107—124.

HARM, W., 1963c: On the relationship between host-cell reactivation in UV-reactivation and UV-inactivated phages. — Z. Vererbungslehre, **94**, 67—79.

HARM, W., 1964: On the control of UV-sensitivity of phage T4 by the gene X. — Mut. Res., **1**, 344—354.

HARM, W., 1967a: Effect of dose fractionation on UV-survival curves of *E. coli*. — Radiat. Res., **31**, 548.

HARM, W., 1967b: Differential effects of acriflavine and caffeine on various ultraviolet-irradiated *Escherichia coli* strains and T1 phage. — Mut. Res., **4**, 93—110.

HARM, W., 1968a: Dark recovery from ultraviolet lethal damage. — In: Annual report of the Biology Division of Southwest Center for Advanced Studies for 1967 year, Dallas, S. 12.

HARM, W., 1968b: Effects of dose fractionation on ultraviolet survival of *Escherichia coli*. — Photochem. Photobiol., **7**, 73—86.

HARM, W., HILLEBRANDT, B., 1962: A non-photoreactivable mutant of *E. coli*. — Photochem. Photobiol., **1**, 271—272.

HARM, W., RUPERT, C. S., 1963: Infection of transformable cells of Haemophilus influenzae by bacteriophage and bacteriophage DNA. — Z. Vererbungslehre, **94**, 336—348.

HARM, W., STEIN, W., 1952: Vergleich der UV-Inaktivierung und Wärmeinaktivierung von verschiedenen UV-empfindlichen *Coli*-Kulturen. — Naturwiss., **39**, 212—213.

HARM, W., STEIN, W., 1953a: Beeinflussung der UV-Inaktivierung von *Coli*-Bakterien durch Bebrütungstemperatur und Nährboden. — Z. Naturforsch. **8b**, 123—233.

HARM, W., STEIN, W., 1953b: Weitere Experimente zur Reaktivierung von ultraviolett- und peroxyd-inaktivierten *Coli*-Stämmen. — Z. Naturforsch., **8b**, 729—741.

HARM, W., STEIN, W., 1956: Deutung von Maxima und Sättigungs-Effekten bei Dosis-Effekt-Kurven für strahleninduzierte Mutationen. — Z. Naturforsch., **11b**, 89—105.

HARRINGTON, H., 1966: Effect of X-irradiation on the physicochemical properties of DNA. — Arch. Biochem. Biophys., **117**, 615—622.

HARTLEY, M. J., 1970: The frequency of reverse mutation at the XDH loci of *Aspergillus nidulans*. — Mut. Res., **10**, 175—183.

HARUNA, S., NOZU, K., OHTAKA, Y., SPIEGELMAN, S., 1963: An RNA "replicase" induced by and selective for a viral RNA. Isolation and properties. — Proc. Nat. Acad. Sci. USA, 50, 905—912.

HARWOOD, S. J., SCHENDEL, P. F., MILLER, L. K., WELLS, R. D., 1970: Dinucleotides as products of an exonucleolytic activity associated with the *Micrococcus luteus* DNA polymerase. — Proc. Nat. Acad. Sci. USA, 66, 595—602.

HAYASHI, M., HAYASHI, M. N., SPIEGELMAN, S., 1963a: Restriction of in vivo genetic transcription to one of the complementary strands of DNA. — Proc. Nat. Acad. Sci. USA, 50, 664.

HAYASHI, M., HAYASHI, M. N., SPIEGELMAN, S., 1963b: Replicating form of a single-stranded DNA virus: isolation and properties. — Science, 140, 1313—1316.

HAYASHI, M., HAYASHI, M. N., SPIEGELMAN, S., 1964: DNA circularity and the mechanism of strand selection in the generation of genetic messages. — Proc. Nat. Acad. Sci. USA, 51, 351—359.

HAYNES, J. A., REESE, C. B., Lord TODD, 1962: The methylation of guanosine and related compound with diazomethane. — J. Chem. Soc., 5281—5288.

HAYNES, J. A., REESE, C. B., Lord TODD, 1964: The methylation of nucleosides and mononucleotides with diazomethane. — J. Chem. Soc., 1406—1412.

HAYNES, R. H., 1964a: Role of DNA repair mechanisms in microbial inactivation and recovery phenomena. — Photochem. Photobiol., 3, 429—450.

HAYNES, R. H., 1964b: Molecular localization of radiation damage relevant to bacterial inactivation. — In: Physical Processes in Radiation Biology. N. Y., Acad. Press, S. 51.

HAYNES, R. H., 1966: The interpretation of microbial inactivation and recovery phenomena. — Radiat. Res., Suppl. 6, 1—29.

HAYNES, R. H., INCH, W., 1963: Synergistic action of nitrogen mustard and radiation in microorganisms. — Proc. Nat. Acad. Sci. USA, 50, 839—846.

HAYNES, R. H., PATRICK, M. H., BAPTIST, J. E., 1964: Comparative response of radioresistant and radiosensitive strains of *E. coli* to various agents. — Radiat. Res., 22, 194.

HEINMETS, F., LEHMAN, J. J., TAYLOR, W. W., KATHAN, R. H., 1954: The study of factors which influence methabolic reactivation of the ultraviolet inactivated *Escherichia coli*. — J. Bacteriol., 67, 511—522.

HEITZ, E., BAUER, H., 1933: Beweise für die Chromosomennatur der Kernschleifen in den Knäuelkernen von *Bibio hortulanus* L. — Z. Zellforsch. Mikr. Anat., 17, 67.

HELSTRÖM, K. E., HELSTRÖM, J., SIORGEN, H. O., 1963: Further studies on karyotypes of a variety of primary transplanted mouse polyoma tumors. — J. Natl. Cancer Inst., 31, 1239—1253.

HEMS, G., 1958: Effects of ionizing radiations on aqueous solutions of guanilic acid and guanosine. — Nature, 181, 1721—1722.

HERBERT, E., VAN POTTER, R., TAKAGI, Y., 1955: Nucleotide metabolism. IV. The phosphorylation of 5′-uridine nucleotides by cell functions from rat liver. — J. Biol. Chem., 213, 923—940.

HERRIOTT, R. M., 1966: Mutagenesis. — Cancer Res., 26, 1971—1979.

HERSHEY, A. D., 1946: Mutation of bacteriophage with respect to type of plaque. — Genetics, 31, 620.

HERSHEY, A. D., BURGI, E., 1960: Molecular homogeneity of the deoxyribonucleic acid of phage T2. — J. Mol. Biol., 2, 143—152.

HERSHEY, A. D., BURGI, E., 1964: Some idiosyncrasies of phage DNA structure. I. Nucleotide distribution in lambda DNA molecules. II. Cohesive sites in lambda DNA. — Carnegie Inst. Washington Yearbook, **63**, 580—585.

Hershey, A. D., Burgi, E., 1965: Complementary structure of interactions sites at the end of lambda DNA molecules. — Proc. Nat. Acad. Sci. USA, **53**, 325—328.

Hershey, A. D., Burgi, E., Ingraham, L., 1963: Cohesion of DNA molecules isolated from phage lambda. — Proc. Nat. Acad. Sci. USA, **49**, 748—755.

Hershey, A. D., Chase, M., 1952: Independent functions of viral protein and nucleic acid in growth of bacteriophage. — J. Gen. Physiol., **36**, 39—56.

Hershey, A. D., Kamen, M. D., Kennedy, J. W., Gest, H., 1951: The mortality of bacteriophage containing assimilated radioactive phosphorus. — J. Gen. Physiol., **34**, 305.

Hertman, I., Luria, S. E., 1967: Transduction studies on the role of rec+ gene in the ultraviolet induction of prophage lambda. — J. Mol. Biol., **23**, 117—133.

Hewitt, R., Billen, D., 1964: Alteration in the sequence of DNA synthesis by exposure of UV-light. — Biochem. Biophys. Res. Communs., **15**, 588—592.

Hewitt, R., Billen, D., 1965: Reorientation of chromosome replication after exposure to ultraviolet light of *Escherichia coli*. — J. Mol. Biol., **13**, 40—53.

Hewling, Brown: (s. Grossman, 1968).

Hill, C. W., Echols, H., 1966: Properties of a mutant blocked in inducibility of messenger RNA for the galactose operon of *Escherichia coli*. — J. Mol. Biol., **19**, 38—51.

Hill, R. F., 1958: A radiation sensitive mutant of *Escherichia coli*. — Biochim. biophys. Acta, **30**, 636—637.

Hill, R. F., 1964: Relationship between ultraviolet sensitivity and ability to propagate ultraviolet-irradiated bacteriophage. — J. Bacteriol., 88, 1283—1287.

Hill, R. F., 1965: Ultraviolet-induced lethality and reversion to prototrophy in *Escherichia coli* strains with normal and reduced dark repair ability. — Photochem. Photobiol., **4**, 563—568.

Hill, R. F., Feiner, R. R., 1964: Further studies of ultravioletsensitive mutants of *Escherichia coli* strain B. — J. Gen. Microbiol., **35**, 105—114.

Hill, R. F., Rossi, H. H., 1952: Absence of photoreactivation in T1 bacteriophage irradiated with ultraviolet in dry state. — Science, **116**, 424—425.

Hill, R. F., Simson, E., 1961: A study of radiosensitive and radioresistant mutants of *Escherichia coli* strain B. — J. Gen. Microbiol., **24**, 1—14.

Hirota, Y., 1960: The effect of acridine dyes on mating type factors in *E. coli*. — Proc. Nat. Acad. Sci. USA, **46**, 57—64.

Hodes, M. L., Webster, L. T., Lavin, G. I., 1940: The use of ultraviolet light in preparing a non-virulent antirabies vaccine. — J. Exper. Med., **72**, 437—444.

Hogness, D. S., Simmons, J. R., 1964: Breakage of λdg DNA, chemical and genetic characterization of each isolated half-molecule. — J. Mol. Biol., **9**, 411—439.

Hollaender, A., Emmons, C. A., 1941: Wavelength dependence of mutation production in the ultraviolet with special emphasis of fungi. — Cold Spring Harbor Sympos., **9**, 179—186.

Hollaender, A., Sansome, E. R., Zimmer, K., Demerec, M., 1945: Quantitative irradiation experiments with *Neurospora crassa*. II. Ultraviolet irradiation. — Amer. J. Bot., **32**, 226—235.

Holliday, R., 1965: Radiation sensitive mutants of *Ustilago maydis*. — Mut. Res., **2**, 557—559.

Holliday, R., 1967: Altered recombination frequences in radiation sensitive strain of *Ustilago*. — Mut. Res., **4**, 275—288.

HOLLOWAY, B. W., 1966: Radiation-sensitive mutants of *Pseudomonas aeruginosa* with reduced host-cell reactivation of bacteriophage. — Mut. Res., 3, 167–171.
HOLMES, A. J., EISENSTARK, A., 1968: The mutagenic effect of thymine-starvation on *Salmonella typhimurium*. — Mut. Res., 5, 15–21.
HORIKAWA, M., NIKAIDO, O., SUGAHARA, T., 1968: Dark reactivation of damage induced by ultraviolet light in mammalian cells in vitro. — Nature, 218, 489–491.
HORN, E. E., HERRIOTT, R., 1962: The mutagenic action of nitrous acid on "single-stranded" (denatured) *Hemophilus* transforming DNA. — Proc. Nat. Acad. Sci. USA 48, 1409–1416.
HOSSZU, J. L., RAHN, R. O., 1967: Thymine dimer formation in DNA between 25°C and 100°C. — Biochem. Biophys. Res. Communs., 29, 327–330.
HOTCHKISS, R. D., 1948: Études chimiques sur le facteur transformant du pneumocoque. — Colloq. Internat. Centre Nat. rech. sci., 8, 57.
HOTCHKISS, R. D., 1952: The role of deoxyribonucleates in bacterial transformations. — In: Phosphorus metabolism, v. 2. MCELROY W. D., GLASS, B. (Eds.). Baltimore, John HOPKINS Press, S. 426.
HOTCHKISS, R. D., 1955: The biological role of the deoxypentose nucleic acids. — In: Nucleic acids, v. 2. CHARGAFF, E., DAVIDSON, J. N. (Eds.), S. 435.
HOTZ, G., 1963: Suppression by cysteamine of radiosensitization in 5-bromodeoxyuridine substituted phage T1. — Biochem. Biophys. Res. Communs., 11, 393–398.
HOTZ, G., 1964: Photoreactivation of UV-damage in phage containing 5-bromouracil in DNA. — Z. Vererbungslehre, 95, 211.
HOTZ, G., REUSCHL, H., 1967: Damage to deoxyribose molecules and to U-gene reactivation in the UV-irradiated 5-bromouracil-DNA of phage T4Bo^r as influenced by cysteamine. — Mol. Gen. Genet., 99, 5–11.
HOTZ, G., ZIMMER, K. G., 1963: Experiments in radiation chemistry of phage T1. — Internat. J. Radiat. Biol., 7, 75.
HOWARD, B., TESSMAN, I., 1964a: Identification of altered bases in mutated single-stranded DNA. II. In vivo mutagenesis by 5-bromodeoxyuridine and 2-aminopurine. — J. Mol. Biol., 9, 364–371.
HOWARD, B. D., TESSMAN, I., 1964b: Identification of the altered bases in mutated single-stranded DNA. III. Mutagenesis by ultraviolet light. — J. Mol. Biol., 9, 372–375.
HOWARD-FLANDERS, P., 1964: Discussion following a paper by R. B. SETLOW. — J. Cell. Compar. Physiol., 64, Suppl. 1, 65.
HOWARD-FLANDERS, P., 1965: Molecular mechanisms in the repair of irradiated DNA. — Japan. J. Genet., 40, 256–263.
HOWARD-FLANDERS, P., 1967: Open discussion. — J. Cell. Phys., 70, Suppl. 1, 176.
HOWARD-FLANDERS, P., BOYCE, R. P., 1964: A biochemical pathway in the repair of DNA after UV-irradiation that may have steps in common with those of genetic recombination by breakage-reunion. — Genetics, 50, 256–257.
HOWARD-FLANDERS, P., BOYCE, R. P., 1966: DNA repair and genetic recombination: a studies of mutants of *Escherichia coli* defective in these processes. — Radiat. Res., Suppl. 6, 156–184.
HOWARD-FLANDERS, P., BOYCE, R. P., SIMSON, E., THERIOT, L., 1962: A genetic locus in *E. coli* K12 that controls the reactivation of UV photoproducts associated with thymine in DNA. — Proc. Nat. Acad. Sci. USA, 48, 2109–2115.
HOWARD-FLANDERS, P., BOYCE, R. P., THERIOT, L., 1962: Mechanism of sensitization to

ultraviolet light of T1 bacteriophage by the incorporation of 5-bromodeoxyuridine or by pre-irradiation of the host cell. — Nature, **195**, 51–54.

Howard-Flanders, P., Boyce, R. P., Theriot, L., 1966: Three genetic loci in *Escherichia coli* K12 that control the excision of pyrimidine dimers and certain other mutagen products from host or phage DNA. — Genetics, **53**, 1119–1136.

Howard-Flanders, P., Simson, E., Theriot, L., 1964a: The excision of thymine dimers from DNA, filament formation and sensitivity to ultraviolet light in *Escherichia coli* K12. — Mut. Res., **1**, 219–226.

Howard-Flanders, P., Simson, E., Theriot, L., 1964b: Genetic loci that control filament formation and sensitivity to radiation in *Escherichia coli* K12. — Genetics, **42**, 237–246.

Howard-Flanders, P., Theriot, L., 1966: Mutants of *E. coli* K12 defective in DNA repair and in genetic recombination. — Genetics, **53**, 1137–1150.

Howard-Flanders, P., Theriot, L., Stadeford, J. B., 1966: A second type of recombination-deficient radiation sensitive mutant of *E. coli* K12. — Abstracts of Biophys. Soc., TC3, S. 69.

Hutchinson, F., 1966: The molecular basis for radiation effects on cells. — Cancer Res., **26**, 2045–2052.

Ičas, M., 1971: Biologičeskij kod. — Moskau, izdatel'stvo „Mir".

Iida, S., Hayatsu, H., 1971a: The permanganate oxidation of thymidine and thymidilic acid. — Biochim. Biophys. Acta, **228**, 1–8.

Iida, S., Hayatsu, H., 1971b: The permanganate oxidation of deoxyribonucleic acid. — Biochim. Biophys. Acta, **240**, 370–375.

Ikenada, M., Patrick, M. H., Jagger, J., 1970: Action of photoreactivating light on pyrimidine heteroadduct in bacteria. — Photochem. Photobiol., **11**, 487–494.

Imamoto, F., Yanofsky, C., 1967a: Transcription of the tryptophan operon in polarity mutants of *Escherichia coli*. I. Characterization of the tryptophan messenger RNA of polar mutants. — J. Mol. Biol., **28**, 1–23.

Imamoto, F., Yanofsky, C., 1967b: Transcription of the tryptophan operon in polarity mutants of *Escherichia coli*. II. Evidence for normal production of tryp-mRNA molecules and for premature termination of transcription. — J. Mol. Biol., **28**, 25–35.

Inouye, M., Akaboshi, E., Tsugita, A., Streisinger, G., Okada, Y., 1967: A frame shift mutation resulting in the deletion of two base pairs in the lysozyme gene of bacteriophage T4. — J. Mol. Biol., **30**, 39–47.

Isabaeva, M. K., 1967: Čuvstvitel'nost' k radiomimetikam i chimičeskim mutagenam štammov *Escherichia coli* gruppy K12, obladajuščich različnoj sposobnost'ju reparirovat' lučevye povreždenija. — Citologija **9**, 1490–1495.

Isabaeva, M. K., Val'dštejn, É. A., Žestjanikov, V. D., 1967: Čuvstvitel'nost' k radiomimetikam i chimičeskim mutagenam štammov *Escherichia coli* gruppy B, obladajuščich različnoj sposobnost'ju reparirovat' lučevye povreždenija. — Citologija **9**, 1481–1488.

Ito, S., 1956: Interferometric dry mass determination of isolated liver nuclei from fasting and fed mice. — Federat. Proc., **15**, 519–520.

Ivanov, V. N., Sojfer, V. N. (Soifer, W. N.), 1965: Supressornye mutacii kak pričina vozniknovenija maximuma otnositel'noj častoty mutacii. — In „Tezisy dokladov Simpoziuma po genetike mikroorganizmov". Moskau, „Medicina", S. 37.

Iyer, V. N., Rupp, W. D., 1971: Biochim. Biophys. Acta, **228**, 117

IYER, V. N., SZYBALSKI, W., 1959: Mutagenic effect of azaserine in relation to azaserine resistance in *Escherichia coli.* — Science, **129**, 839—840.

IYER, V. N., SZYBALSKI, W., 1963: A molecular mechanism of mitomycin action: Linking of complementary DNA strands. — Proc. Nat. Acad. Sci. USA, **50**, 355—362.

IYER, V. N., SZYBALSKI, W., 1964: Mitomycins and porfiromycin: chemical mechanism of activation and cross-linking of DNA. — Science, **145**, 55—58.

JACOB, F., 1954: Mutation d'un bactériophage induite par l'irradiation des seules bactéries-hôtes avant l'infection. — C. R. Acad. sci., **238**, 732.

JACOB, F., MONOD, J., 1961. On the regulation of gene activity. — Cold Spring Harbor Sympos., **26**, 193—211.

JACOB, F., WOLLMAN, E. L., 1955: Étude génétique d'un bactériophage tempéré d'*Escherichia coli.* III. Effet de rayonnement ultraviolet sur la récombinaison génétique. — Ann. Inst. Pasteur, **88**, 724—749.

JACOB, F., WOLLMAN, E., 1957: Analyse des groupes de liason génétique de différentes sources donatrices. — C. R. Acad. sci., **245**, 1840—1843.

JACOB, F., WOLLMAN, E., 1958: Genetic and physical determinations of chromosomal segments in *E. coli.* — In: Biological replication of macromolecule. Sympos. Soc. Exper. Biol., **12**, 75—92.

JACOB, F., WOLLMAN, E., 1961: Sexuality and genetics in bacteria. — Academic Press, New York—London.

JAGGER, J., 1958: Photoreactivation. — Bacteriol. Rev., **22**, 99.

JAGGER, J., 1960: Photoprotection from ultraviolet killing in *Escherichia coli* B. — Radiation Res., **13**, 521.

JAGGER, J., STAFFORD, R. S., 1965: Evidence for two mechanisms of photoreactivation in *Escherichia coli* B. — Biophys. J., **5**, 75—88.

JAGGER, J., WISE, W. C., STAFFORD, R. S., 1964: Delay in growth and division induced by near ultraviolet radiation in *Escherichia coli* B and its role in photoprotection and liquid holding recovery. — Photochem. Photobiol., **3**, 11—24.

JANSZ, H. S., POUWELS, P. H., 1965: Structure of the replicative form of bacteriophage ΦX174. — Biochem. Biophys. Res. Communs., **18**, 589—594.

JANSZ, H. S., POUWELS, P. H., VAN ROTEDAM, C., 1963: Sensitivity to ultraviolet light of single and double-stranded DNA. — Biochim. biophys. Acta., **76**, 655—657.

JEENER, R., ROSSELS, J., 1953: Incorporations of 2-H-thiouracil-S^{35} in the ribose nucleic acid of TMV. — Biochim. biophys. Acta, **11**, 435—438.

JEENER, R., SZAFARZ, D., 1950: Relations between the rate of renewal and the intracellular localization of ribonucleic acid. — Arch. Biochem., **26**, 54—67.

JENKINS, J. B., 1967: Mutagenesis at a complex locus in *Drosophila* with the monofunctional alkylating agent, ethyl methanesulfonate. — Genetics, **57**, 783—793.

JENSEN, K. A., KIRK, J., KØLMARK, J., WESTERGAARD, M., 1951: Chemically induced mutations in *Neurospora.* — Cold Spring Harbor Sympos., **16**, 245—259.

JENSEN, K. A., KØLMARK, G., WESTERGAARD, M., 1949: Back-mutations in *Neurospora crassa* induced by diazomethane. — Hereditas, **35**, 521—525.

JOHNS, H. E., LE BLANC, J. C., FREEMAN, K. B., 1965: Reversal and deamination rates of the main ultraviolet photoproduct of cytidylic acid. — J. Mol. Biol., **13**, 849—861.

JOHNS, H. E., RAPAPORT, S. A., DELBRÜCK, M., 1962: Photochemistry of thymine dimers. — J. Mol. Biol., **4**, 104—114.

JOHNSON, H. G., BACH, M. K., 1966: The antimutagenic action of polyamines: Suppression of the mutagenic action of an *E. coli* mutator gene and of 2-aminopurine. — Proc. Nat. Acad. Sci. USA, **55**, 1453—1456.

JONES, W., 1920: Nucleic acids. — 2nd ed. N. Y., LONGMANS, GREEN and Co.

JORDAN, W. E., MEFFERD, R. B., WYSS, O., 1951: The radiation dose response curve and bacterial mutations. — Science, **114**, 436—437.

JOSHI, J. G., GUILD, W. R., HANDLER, P., 1963: The presence of two species of DNA in some halobacteria. — J. Mol. Biol., **6**, 34—38.

JOSSE, J., KAISER, A. D., KORNBERG, A., 1961: Enzymatic synthesis of DNA. VIII. Frequences of nearest neighbour base sequence in DNA. — J. Biol. Chem., **236**, 864 bis 875.

KADA, T., MARCOVICH, H., 1963: The initial site of the mutagenic action of X-rays and UV-rays in *Escherichia coli*. — Ann. Inst. Pasteur, **105**, 989—1006.

KAGAWA, H., FUKUTONE, H., KAWADE, Y., 1967: Inactivation of *Escherichia coli* ribosomes by ultraviolet irradiation. I. Activity of poly-U-directed polyphenylalanine synthesis. — J. Mol. Biol., **26**, 249—265.

KAISER, A. D., 1962: The production of phage chromosome fragments and their capacity for genetic transfer. — J. Mol. Biol., **4**, 275—287.

KAISER, A. D., HOGNESS, D. S., 1960: The transformation of *Escherichia coli* with deoxyribonucleic acid isolated from bacteriophage λ dg. — J. Mol. Biol., **2**, 392.

KAISER, A. D., INMAN, R. B., 1965: Cohesion and biological activity of bacteriophage lambda DNA. — J. Mol. Biol., **13**, 78—91.

KANAZIR, D., 1958: The apparent mutagenicity of thymine deficiency. — Biochim. biophys. Acta, **30**, 20—23.

KANEY, A. R., ATWOOD, K. C., 1964: Radiomimetic action of polyimine chemisterilants in *Neurospora*. — Nature, **201**, 1006—1008.

KAPLAN, H. S., MOSES, L. E., 1964: Biological complexity and radiosensitivity. — Science, **145**, 21—25.

KAPLAN, H. S., SMITH, K. C., TOMLIN, P., 1961: Radiosensitization of *E. coli* by purine and pyrimidine analogues incorporated in deoxyribonucleic acid. — Nature, **190**, 794—796.

KAPLAN, H. S., SMITH, K. C., TOMLIN, P. A., 1962: Effect of halogenated pyrimidines on radiosensitivity of *E. coli*. — Radiat. Res., **16**, 98—113.

KAPLAN, H. S., ZAVARINE, K., EARLE, J., 1962: Interaction of the oxygen effect and radiosensitization produced by base analogues incorporated into DNA. — Nature, **196**, 662—664.

KAPLAN, J. C., KUSHNER, S. R., GROSSMAN, L., 1969: Enzymic repair of DNA. I. Purification of two enzymes involved in the excision of thymine dimers from ultraviolet-irradiated DNA. — Proc. Nat. Acad. Sci. USA, **63**, 144—151.

KAPLAN, R. W., 1949: Mutations by photodynamic action in *Bacterium prodigiosum*. — Nature, **163**, 573—574.

KAPLAN, R. W., 1950a: Auslösung von Phagenresistenzmutationen bei *Bakterium coli* durch Erythrosin mit und ohne Belichtung. — Naturwiss., **37**, 308.

KAPLAN, R. W., 1950b: Photodynamische Auslösung von Mutationen in den Sporen von *Penicillium notatum*. — Planta, **38**, 1—11.

KAPLAN, R. W., 1955: Influence of the water content on the UV-sensitivity of DNA and its bearing on biological effects. — Naturwiss., **42**, 466—467.

KAPLAN, R. W., 1956: Dose-effect curves of S-mutation and killing in *Serratia marscescens*. — Arch. Microbiol., **24**, 60—79.

KAPLAN, R. W., 1966: Mischklone UV-induzierter Mutanten beim Phagen Kappa. — Photochem. Photobiol., 5, 261—264.

KAPLAN, R., BECHMANN, H., RUGER, W., 1963: Different „spectra" of mutant types by extracellular treatment of phage Kappa with different mutagens. — Nature, 199, 932 bis 933.

KAPLAN, R. W., KAPLAN, C., 1956: Influence of water content on UV-induced S-mutation and killing in Serratia. — Exper. Cell. Res., 11, 378—392.

KAPLAN, R., WINKLER, U., WOLF-ELLMAUER, H., 1960: Induction and reversion of C-mutations by irradiation of the extracellular ϰ-phage of Serratia. — Nature, 186, 330.

KAPLAN, S., STRETTON, A. O. W., BRENNER, S., 1965: Amber suppressors: efficiency of chain propagation and suppressor specific amino acids. — J. Mol. Biol., 14, 528—533.

KARAM, J. D., SPEYER, J. F., 1966: Mutagenic DNA polymerase. — Federat. Proc., 25, 708.

KATO, T., KONDO, S., 1967: Two types of X-ray sensitive mutants of *Escherichia coli* B: their phenotypic characters compared with UV-sensitive mutants. — Mut. Res., 4, 253—263.

KATRITZKY, A. R., WARING, A. J., 1962: Tautomeric azines, pt. 1. The tautomerism of 1-methyluracil and 5-bromo-1-methyluracil. — J. Chem. Soc., 1540—1544.

KAUFMANN, B. P., GAY, H., 1970: Induction by 5-bromodeoxyuridine of sex linked lethal mutations in spermatogeneous cells of *Drosophila melanogaster*. — Mut. Res., 10, 591—595.

KAUFMANN, B. P., GAY, H., MCDONALD, M. R., 1960: Organizational patterns within chromosomes. — Internat. Rev. Cytol., 9, 77—127.

KAUFMANN, B. P., MCDONALD, M. R., BERNSTEIN, M. H., 1955: Cytochemical studies of changes induced in cellular materials by ionizing radiations. — Ann. N. Y. Acad. Sci., 59, 553—566.

KAYE, A. M., SALOMON, R., FRIDLENDER, B., 1967: Base composition and presence of methylated bases in DNA from a blue-green alga *Plectonema boryanum*. — J. Mol. Biol., 24, 479—483.

KAYE, A. M., WINOCOUR, E., 1968: On the 5-methylcytosine found in the DNA extracted from Polyoma virus. — J. Mol. Biol., 24, 475—478.

KCOJAN, Ž. A., 1970: Reparacija letal'nych i predmutacionnych povreždenij, vyzvannych chimičeskimi agentami u vnekletočnogo bakteriofaga ljambda. — Genetika 6, Nr. 3, 78—88.

KEDROVSKIJ, B. V., 1951: Ribonukleinovaja kislota i ee rol' v razvitii i funkcii kletki. — Uspechi sovrem. biologii, 31, 1, 38—56.

KELLENBERGER, E., SÉCHAUD, J., 1957: Electron microscopical studies of phage multiplication. II. Production of phage-related structures during multiplication of phage T2 and T4. — Virology, 3, 256—274.

KELLENBERGER, G., ARBER, W., 1962, zitiert nach RUPERT, C., HARM, W., 1966.

KELLENBERGER, G., ARBER, W., KELLENBERGER, E., 1953: Eigenschaften UV-bestrahlter T-Phagen. — Z. Naturforsch., 14b, 615—629.

KELLENBERGER, G., WEIGLE, J., 1958: Étude au moyen des rayons ultraviolets de l'interaction entre bactériophage tempéré et bactérie hôte. — Biochim. biophys. Acta, 30, 112.

KELLENBERGER, G., ZICHICHI, M. L., WEIGLE, J. J., 1961: A mutation affecting the DNA content of bacteriophage lambda and its lysogenizing properties. — J. Mol. Biol., 3, 399—408.

KELLY, R. B., ATKINSON, M. R., HUBERMAN J. A., KORNBERG, A., 1969: Excision of thymine dimers and other mismatched sequences by DNA polymerase of *Escherichia coli*. — Nature, **224**, 495—501.

KELNER, A. J., 1948: Mutation in *Streptom. flaveolus* induced by X-rays and ultraviolet light. — J. Bacteriol., **56**, 457—465.

KELNER, A., 1949a: Photoreactivation of ultraviolet irradiated *E. coli* with special reference to the dose reduction principle and ultraviolet-induced mutations. — J. Bacteriol., **58**, 511—522.

KELNER, A., 1949b: Effect of visible light on the recovery of *Streptomyces griseus* conidia from ultraviolet irradiation injury. — Proc. Nat. Acad. Sci. USA, **35**, 73—79.

KELNER, A., 1953: Growth, respiration and nucleic acid synthesis in ultraviolet irradiated and in photoreactivated *Escherichia coli*. — J. Bacteriol., **65**, 252.

KELNER, A., 1965: zit. nach RUPERT, C., HARM, W., 1966.

KERKIS, Ju. M., SABLINA, O. V., RADŽABLI, S. Ju., BOČAROV, E. F., 1967: Izučenie chromosomnych perestroek v lejkocitach periferičeskoj krovi u pacientov s ostrym ėpidemičeskim gepatitom. — Genetika, **5**, 83—94.

KERNS, D., (CAIRNS J.), 1966: Chromosoma *Escherichia coli*. — In „Sintez i struktura nukleinovych kislot". Moskau, „Mir", S. 23—29.

KHORANA, H. G., BÜCHI, H., GUPTA, N., JACOB, T. M., KÖSSEL, H., MORGAN, R., NARANG, S. A., OHTSUKA, E., WEISS, R. D., 1966: Polynucleotide synthesis and the genetic code. — Cold Spring Harbor Sympos., **31**, 39—49.

KIHLMAN, B. A., 1956: Factors effecting the production of chromosome aberrations by chemicals. — J. Biophys. Biochem. Cytol., **2**, 543—555.

KIHLMAN, B. A., LEVAN, A., 1949: The cytological effect of caffeine. — Hereditas, **35**, 109—111.

KIHO, Y., WATANABE, I., 1960: Multiplicity reactivation of heat disrupted T2 phage. — J. Mol. Biol., **2**, 78—80.

KIKNADZE, I. I., 1971: Funkcional'naja organizacija chromosom. Moskva, izdatel'stvo „Nauka".

KILBEY, B. Y., SERRES, F. J., 1967: Quantitative and qualitative aspects of photoreactivation and premutational ultraviolet damage at the ad-3 loci of *Neurospora crassa*. — Mut. Res., **4**, 21—29.

KILGORE, W. W., GREENBERG, J., 1961: Filament formation and resistance to 1-methyl-3-nitro-1-nitrosoguanidine and other radiomimetic compounds in *Escherichia coli*. — J. Bacteriol., **81**, 258—266.

KIM, K. S., SHARP, G. G., 1967: Multiplicity reactivation of vaccinia virus particles treated with nitrogen mustard. — J. Virol., **1**, 45—49.

KIMBALL, R. F., 1965: The induction of reparable premutational damage in *Paramecium aurelia* by the alkylating agent triethylenemelamine. — Mut. Res., **2**, 413—425.

KIMBALL, R. F., 1970: Studies on the mutagenic action of N-methyl-N'-nitro-N-nitrosoguanidine in *Paramecium aurelia* with emphasis on repair processes. — Mut. Res., **9**, 261—271.

KIMBALL, R. F., PERDUE, S. W., 1967: Comparison of mutagenesis by X-ray and triethylenemelamine in *Paramecium*, with emphasis on the role of mitosis. — Mut. Res., **4**, 37—50.

KIRBY-SMITH, J. S., 1960: Final discussion. — Radiat. Res., Suppl. 2, 668.

KIRBY-SMITH, J. S., CRAIG, D. L., 1957: The induction of chromosome aberrations in *Tradescantia* by ultraviolet radiation. — Genetics, **42**, 176—187.

Kirchner, C. E. J., 1960: The effect of the mutator gene on the molecular changes and mutation in *Salmonella typhimurium*. — J. Mol. Biol., 2, 331—338.

Kirchner, C. E. J., Rudden, M. J., 1966: Location of a mutator gene in *Salmonella typhimurium* by cotransduction. — J. Bacteriol., 92, 1453—1456.

Kirvaitis, J., Simon, E. H., 1965: A radiobiological study of the development of Newcastle disease virus. — Virology, 26, 545—553.

Kiselev, N. A., Nikolaeva, N. V., 1961: Èlektronnaja mikroskopija neoblučennoj i oblučennoj dezoxyribonukleinovoj kisloty. — Biochimija, 26, 956.

Kisselev, N. A., Gavrilova, L. P., Spirin, A. S., 1961: On configuration of high polymer ribonucleic acid macromolecules as revealed by electron microscopy. — J. Mol. Biol., 3, 778—783.

Kit, S., 1960: Compositional heterogeneity of normal and malignant tissue deoxyribonucleic acids (DNA). — Biochem. Biophys. Res. Communs., 3, 361—367.

Kit, S., 1961: Equilibrium sedimentation in density gradients of DNA preparations from animal tissues. — J. Mol. Biol., 3, 711.

Kit, S., 1962: Species differences in animal deoxyribonucleic acids as revealed by equilibrium sedimentation in density gradients. — Nature, 193, 274—275.

Kit, S., 1963: Coding by purine and pyrimidine moieties in animals, plants and bacteria. — In: Sympos. on Information Storage and Neural Control, S. 76—122.

Kleczkowski, A., 1963: The inactivation of ribonucleic acid from Tobacco mosaic virus by ultraviolet radiation at different wave-lenghts. — Photochem. Photobiol., 2, 497 bis 501.

Kleczkowski, J., Kleczkowski, A., 1965: Inactivation of a Rhizobium bacteriophage by ultraviolet radiation of different wave-lengths. — Photochem. Photobiol., 4, 201 bis 207.

Kleijer, W. J., Lohman, P. H. M., Mulder, M. P., Bootsma, D., 1970: Repair of X-ray damage in DNA of cultivated cells from patients having xeroderma pigmentosum. — Mut. Res., 9, 517—523.

Kleinschmidt, A. K., Burton, A., Sinsheimer, R. L., 1963: Electron microscopy of the replicative form of the DNA of the bacteriophage ΦX 174. — Science, 142, 961.

Kleinschmidt, A., Lang, D., Zahn, R. K., 1961: Über die intrazelluläre Formation von Bakterien-DNS. — Z. Naturforsch., 11b, 730—739.

Klimek, M., 1966: Thymine dimerization in L-strain mammalian cells after irradiation with ultraviolet light and search for repair mechanisms. — Photochem. Photobiol., 5, 603—607.

Klimek, M., Vlasinova, M., 1966: Thymine and uracil-thymine dimers and deoxyribonucleic acid synthesis in mammalian cells irradiated with ultraviolet light. — Internat. J. Radiat. Biol., 11, 329—337.

Kluowen, H. M., Appelman, A. W., Barendsen, G. W., 1962: Irradiation effects on strand separation of DNA. — Nature, 194, 554—555.

Knapp, E., Schreiber, H., 1939: Mutations induced in Sphaerocarpus by ultraviolet light. — Proc. 7th Internat. Congr. Genet., S. 175.

Kneser, H., Metzger, K., Sauerbier, W., 1965: Evidence of different mechanisms for ultraviolet reactivation and ordinary host cell reactivation of phage λ. — Virology, 27, 213—221.

Kohn, K. W., Steigbigel, N. H., Spears, C. L., 1965: Cross-linking and repair of DNA in sensitive and resistant strains of *E. coli* treated with nitrogen mustard. — Proc. Nat. Acad. Sci. USA, 53, 1154—1161.

Kolb, H., Kaudewitz, F., 1970: Action of N'-methyl-N-nitro-N-nitrosoguanidine on transforming DNA of *Bacillus subtilis*. — Mut. Res., **10**, 85—90.

Kol'cov (Kolzow), N. K., 1928: Fiziko-chimičeskie osnovy morfologii. — Tezisy dokladov „Trudy III Vseross. s-ezda zoologov, anatomov i gistologov v Leningrade 14—20 XII 1927". Moskau—Leningrad, Gosizdat.

Kol'cov (Kolzow), N. K., 1935: Nasledstvennye molekuly. — Nauka i žizń, Nr. 5—6.

Kondo, S., Kato, T., 1966: Photoreactivation of mutation and killing in *Escherichia coli*. — In: 2nd Internat. Biophys. Congr. Wien.

Kondo, S., Kato, T., 1968: Photoreactivation of mutation and killing in *Escherichia coli*. — Adv. Biol. Med. Phys., **12**, 283—298.

Koenig, V. L., Perrings, J. D., 1953: Physicochemical effects of radiation II. Effects of X-rays on thymus sodium deoxyribonucleate as revealed by sedimentation and viscosity. — Arch. Biochem. Biophys., **44**, 443—454.

Konrad, M., 1960: The mutagenic effect of D_2O on bacteriophage T4. — Ann. N. Y. Acad. Sci., **84**, 678—684.

Kornberg, A., Lehman, I. G., Simms, E. S., 1956: Polydeoxyribonucleotide synthesis by enzymes from *Escherichia coli*. — Federat. Proc., **15**, 291—292.

Kossel, A., 1891: Über die chemische Zusammensetzung der Zelle. — Arch. Anat. Physiol.

Kossel, A., 1893: Über die Nukleinsäure. — Arch. Anat. Physiol.

Kossel, A., 1896: Über die basischen Stoffe des Zellkerns. — Z. phys. Chem., **22**.

Kossel, A., 1912: The proteins. — Herter Lectures, John Hopkins Hospital Bulletin. Baltimore.

Krieg, D. R., 1958: Mutations induced in bacteriophage by ultraviolet light. — Proc. 10th Internat. Congr. Genetics, **2**, 151—152.

Krieg, D. R., 1959a: A study of gene action in ultraviolet-irradiated bacteriophage T4. — Virology, **8**, 80—98.

Krieg, D. R., 1959b: Induced reversion of T4 rII mutants by ultraviolet irradiation of extracellular phage. — Virology, **9**, 215—227.

Krieg, D. R., 1963a: Ethylmethanesulfonate-induced reversions of bacteriophage T4 rII mutants. — Genetics, **48**, 561—580.

Krieg, D. R., 1963b: Specifity of chemical mutagenesis. — Progr. Nucl. Acid. Res., **2**, 125—168.

Krik (Crick), F., Barnett, L., Brenner, S., Uotts-Tobin (Watts-Tobin), R., 1963: Obščaja priroda genetičeskogo koda dlja belkov. — In „Molekuljarnaja genetika". Moskau, IL, S. 33—50.

Kriviskij, A. S., 1961: Nasledstvennaja izmenčivoct' bakteriofagov pod vlijaniem korotkovolnovych izlučenij. — Tezisy dokladov mežvuzovskoj konferencii po èxperimental'noj genetike, Teil 1, S. 78—80.

Kriviskij, A. S., 1965a: Radiacionnaja genetika virusov i bakteriofagov. — Uspechi mikrobiologii, **2**, 15—49.

Kriviskij, A. S., 1965b: Mutagennoe dejstvie ionizirujuščich izlučenija na vnekletočnyj bakteriofag. — Dokl. AN SSSR, **161**, 303.

Kriviskij, A. S., Solov'eva, N. Ja., 1963: Mutagennoe dejstvie ul'trafioletovych lučej na vnekletočnyj bakteriofag. — Mikrobiologija, **32**, 1006.

Kriviskij, A. S., Tichomirova, L. P., 1970: Letal'nyj i mutagennyj èffekty pri kombinirovannom dejstvii UF-izlučenija i gidroxilamina na vnekletočnyj bakteriofag. — Genetika **6** Nr. 5, 84—93.

KRIVISKIJ, A. S., ZAVIL'GEL'SKIJ, G. B., IVANOV, V. I., LYSENKO, A. M., 1963: Kinetika mutagennogo dejstvija ul'trafioletovych lučej na vnekletočnyj bakteriofag C_d kišečnoj paločki. – Dokl. AN SSSR, 150, 399.

KRIVISKY (KRIVISKIJ), A. S., 1965: Single-burst analysis of the mechanism of appearance of UV-induced mutations in extracellular bacteriophage. – In: The physiology of gene and mutation expression. Praha, Publ. Academia, S. 75–85.

KROSBI, DŽ. (CROSBY, J.), 1962: Biosintez pirimidinnukleotidov. – In: „Nukleinovye kisloty". Moskau, IL, S. 270–290.

KUBITSCHEK, H. E., 1964: Mutation without segregation. – Proc. Nat. Acad. Sci. USA, 52, 1374–1381.

LACKS, S., 1966: Integration efficiency and genetic recombination in pneumococcal transformation. – Genetics, 53, 207–235.

LANGRIDGE, R., GOMATOS, P. J., 1963: The structure of RNA. – Science, 141, 694–698.

LANIER, W. B., TUVESON, R. W., LENNOX, J. E., 1968: A radiationsensitive mutant of *Aspergillus nidulans*. – Mut. Res., 5, 23–31.

LASKOWSKI, W., BRUSTADT, T., STEIN, W., 1959: Naturwiss., 46, 498.

LASKOWSKI, W., STEIN, W., 1960: Inaktivierungsversuche mit homozygoten Hefstämmen verschiedenen Ploidiegrades. II. Mikroskopische Beobachtungen nach Inaktivierung mit ionisierenden Strahlen, UV und organischen Peroxyden. – Z. Naturforsch., 16b, 604–612.

LATARJET, R., 1948: Intracellular growth of bacteriophage studied by roentgen irradiation. – J. Gen. Phys., 31, 529–546.

LATARJET, R., 1949: Mutation induite chez un virus par irradiation ultraviolette des cellules infectées. – C. R. Acad. sci., 228, 1354–1355.

LATARJET, R., 1951: Photorestauration après irradiation X chez une bactérie lysogène. – C. R. Acad. sci., 232, 1713–1715.

LATARJET, R., CALDAS, L. R., 1952: Restoration induced by catalase in irradiated microorganisms. – J. Gen. Physiol., 35, 455–470.

LATARJET, R., CALDAS, L. R., MILETIČ, B., MORENNE, P., 1954: Chemical restoration in irradiated microorganisms. – Brit. J. Radiol., 27, 54–56.

LATARJET, R., EKERT, B., APELGOT, S., REBEYROTTE, N., 1961: Études radiobiochimiques sur l'ADN. – J. chim. phys., 58, 1046–1057.

LATARJET, R., REBEYROTTE, N., DEMERSEMAN, PAND, P., 1958: Action de peroxides organiques sur un facteur transformant du pneumocoque. – Dans: Organic peroxides in radiobiology. R. LATARJET (Ed). London–New York, Pergamon Press, S. 61–72.

LATARŽE (LATARJET), R., 1956: Vystuplenie v diskussii po dokladu N'jukomba. – In „Voprocy radio biologii", Moskau, IL, S. 539–540.

LAUFFER, M. A., TRKULA, D., BUZZEL, A., 1956: Mechanism of inactivation of Tobacco mosaic virus by X-rays. – Nature, 177, 890.

LAWLEY, P. D., 1957a: Relative reactivities of deoxyribonucleotides and of the bases of deoxyribonucleic acid (DNA) towards alkylating agents. – Biochim. biophys. Acta, 26, 450–451.

LAWLEY, P. D., 1957b: The hydrolysis of methylated deoxyguanylic acid at pH 7 to yield 7-methylguanine. – Proc. Chem. Soc., 290–296.

LAWLEY, P. D., 1968: Methylation of DNA by N-methyl-N-nitrosourethane and N-methyl-N-nitroso-N'-nitrosoguanidine. – Nature, 218, 580–581.

LAWLEY, P. D., BROOKES, P., 1961: Acidic dissociation of 7:9-dialkylguanines and its possible relation to mutagenic properties of alkylating agents. — Nature, **192**, 1081 bis 1082.

LAWLEY, P. D., BROOKES, P., 1962: Ionization of DNA bases or base analogues as a possible explanation of mutagenesis, with especial reference to 5-bromodeoxyuridine. — J. Mol. Biol., **4**, 216—219.

LAWLEY, P. D., BROOKES, P., 1963: Further studies on the alkylation of nucleic acids and their constituent nucleotides. — J. Biochem., **89**, 127—138.

LAWLEY, P. D., BROOKES, P., 1965: Molecular mechanisms of the cytotoxic action of difunctional alkylating agents and of resistance to this action. — Nature, **206**, 480—483.

LAWLEY, P. D., BROOKES, P., 1967a: Interstrand cross-linking of DNA by difunctional alkylating agents. — J. Mol. Biol. **25**, 143.

LAWLEY, P. D., BROOKES, P., 1967b: Interstrand cross-linking by difunctional alkylating agents. — J. Mol. Biol., **29**, 537.

LEA, D. E., HAINES, R. B., COULSON, C. A., 1936: The mechanism of bactericidal action of radioactive radiations. — Proc. Roy. Soc. London, Ser. B., **120**, 47—76.

LEDERBERG, J., 1950: Isolation and characterization of biochemical mutants of bacteria. — In: Methods in medical research, v. 3. J. H. COMRIE (Ed.). Year Book Publ., Chicago, S. 5.

LEHMAN, A., 1972: Report on British Photobiol. Soc. Meet. 8 dec. 1971. s. Response to ultraviolet light.. — Nature, New Biology, **235**, 2.

LEHMAN, I. R., BESSMAN, M. J., SIMMS, E. S., KORNBERG, A., 1958: Enzymatic synthesis of DNA. I. Preparation of substrates and partial purification of an enzyme from *E. coli*. — J. Biol. Chem., **233**, 163—170.

LEITER, J., SCHNEIDERMAN, M. A., 1959: Screening data from the cancer chemotherapy. National Service Screening Laboratories. — Cancer Res., **19**, (Screening Data), 31 bis 279.

LENG, M., FELSENFELD, G., 1966: The preferential interactions of polylysine and polyarginine with specific base sequences in DNA. — Proc. Nat. Acad. Sci. USA, **56**, 1325—1332.

LENNOX, J. E., TUVESON, R. W., 1967: The isolation of UV-sensitive mutants from *Aspergillus rugulosus*. — Radiat. Res., **31**, 382—388.

LERMAN, L. S., 1961: Structural considerations in the interaction of DNA and acridines. — J. Mol. Biol., **3**, 18—31.

LERMAN, L. S., 1963: The structure of DNA-acridine complex. — Proc. Nat. Acad. Sci. USA, **49**, 94—102.

LERMAN, L. S., 1964a: Amino group reactivity in DNA-aminoacridine complexes. — J. Mol. Biol., **10**, 367—380.

LERMAN, L. S., 1964b: Acridine mutagenesis and DNA structure. — J. Cell. Compar. Physiol., **64**, Suppl. 1, 1—18.

LERMAN, L. S., TOLMACH, L. J., 1959: Genetic transformation. II. The significance of damage to the DNA molecule. — Biochim. biophys. Acta, **33**, 371—387.

LETT, J. T., ALEXANDER, P., PARKINS, G. M., 1962: Physicochemical changes produced in DNA after alkylation. — Arch. Biochem. Biophys., **97**, 80—93.

LETT, J. T., STACEY, K. A., ALEXANDER, P., 1961a: Crosslinking of dry deoxyribonucleic acids by electrons. — Radiat. Res., **14**, 349—362.

LETT, J. T., STACEY, K. A., ALEXANDER, P., 1961b: Crosslinking and degradation of deoxyribonucleic acid gels with varying water contents when irradiated with electrons. — Radiat. Res., **15**, 159.

LEUCHTENBERGER, C., VENDRELY, R., VENDRELY, C., 1951: A comparison of the content of the deoxyribonucleic acid (DNA) in isolated animal nuclei by cytochemical and chemical methods. — Proc. Nat. Acad. Sci. USA, 37, 33—38.

LEVENE, P. A., BASS, L. W., 1931: Nucleic acids. — Amer. Chem. Soc. Monogr. Ser. N 56.

LEVENE, P. A., LONDON, E. S., 1929: The structure of thymonucleic acid. — J. Biol. Chem., 83, 793—802.

LEVENE, P. A., SIMMS, H. S., 1926: Nucleic acid structure as determined by electrometric titration data. — J. Biol. Chem., 70, 327—341.

LEVENE, P. A., TIPSON, R. S., 1935: The ring structure of thymidine. — J. Biol. Chem., 109, 623—630.

LEVINE, M., COX, E., 1963: The ultraviolet sensitivity of frozen phage. — Radiat. Res., 18, 213—222.

LEVINTHAL, C., 1956: The mechanism of DNA replication and genetic recombination in phage. — Proc. Nat. Acad. Sci. USA, 42, 394—404.

LEVINTHAL, C., 1959: Bacteriophage genetics. — In: The Viruses, v. 2. BURNETTE, F. M., STANLEY, W. M. (Eds), S. 281—317.

LEVINTHAL, C., DAVISON, P. F., 1961: Degradation of deoxyribonucleic acid under hydrodynamic shearing forces. — J. Mol. Biol., 3, 674—683.

LEVISOHN, R., 1967: Genotypic reversion by hydroxylamine: the orientation of guanine-hydroxymethylcytosine at mutated sites in phage T4rII. — Genetics, 55, 345—348.

LEVISOHN, R., 1970: Phenotypic reversion by hydroxylamine: a new group of suppressible phage T4rII-mutants. — Genetics, 64, 1—9.

LI (LEA), D. E., 1963: Dejstvie radiacii na živye kletki. Moskau, Atomizdat.

LIEB, M., 1961: Enhancement of ultraviolet-induced mutation in bacteria by caffeine. — Z. Vererbungslehre, 92, 416—429.

LIEBERMANN, I., KORNBERG, A., SIMMS, E. S., 1955: Enzymatic synthesis of nucleoside diphosphates and triphosphates. — J. Biol. Chem., 215, 429—440.

LIEBMAN, K. C., HEIDELBERGER, C., 1955: The metabolism of P^{32}-labelled ribonucleotides in tissue slices and cell suspensions. — J. Biol. Chem., 216, 823—830.

LIMA-DE-FARIA, A., 1962: Progress in tritium autoradiography. — Progr. Biophys., 12, 282—317.

LINDAHL, T., 1971a: Excision of pyrimidine dimers from ultraviolet-irradiated DNA by exonucleases from mammalian cells. — Eur. J. Biochem., 18, 407—414.

LINDSTRÖM, D. M., DRAKE, J. W., 1970: Mechanisms of frameshift mutagenesis in bacteriophage T4: role of chromosome tips. — Proc. Nat. Acad. Sci. USA, 65, 617—624.

LITMAN, R., 1961: Genetic and chemical alterations in the transforming DNA of pneumococcus caused by ultraviolet light and by nitrous acid. — J. chim. phys. phys. chim. biol., 58, 997.

LITMAN, R. M., EPHRUSSI-TAYLOR, H., 1959: Inactivation et mutation des facteurs génétiques de l'acide deoxyribonucléique du pneumocoque par l'ultraviolet et par l'acide nitreux. — C. R. Acad. sci., 249, 838—840.

LITMAN, R. M., PARDEE, A. B., 1956: Production of bacteriophages mutants by a disturbance of deoxyribonucleic acid metabolism. — Nature, 178, 529-531.

LITTAUER, U. Z., MUENCH, K., BERG, P., GILBERT, W., SPAHR, P. F., 1963: Studies on methylated bases in transfer RNA. — Cold Spring Harbor Sympos., 28, 157—159.

LOBAŠOV, M. E., 1937: O dejstvii chimičeskich agentov na mutacionnyj process u drosophila melanogaster. — Trudy Leningr. ob-va estestvoisp., 66, H. 3, 346—376.

LOCHMANN, E. R., WEINBLUM, D., WACKER, A., 1964: Strahlenwirkung und Strahlenschutz bei Röntgenbestrahlung von Nukleinsäurebasen. — Biophysik, **1**, 396—402.

LODISH, H. F., 1968: Polar effects of an amber mutation in f2 bacteriophage— J. Mol. Biol., **32**, 47—58.

LOGAN, R., ERRERA, M., FICQ, A., 1959: The effect of X-rays and ultraviolet light on the uptake in vitro of 8-C^{14}-adenine and 2-C^{14}-phenylalanine by isolated nuclei. — Biochim. biophys. Acta, **32**, 147—155.

LOMBARD, A., CHARGAFF, E., 1956: The pentose nucleic acid of Azotobacter vinelandii. — Biochim. biophys. Acta, **20**, 585—586.

LOMBARD, A., CHARGAFF, E., 1957: Aspects of the invariability of a bacterial ribonucleic acid. — Biochim. biophys. Acta, **25**, 549—554.

LOPRIENO, N., CLARKE, C. H., 1965: Reversions to methionine independence induced by mutagens in Schizosaccharomyces pombe. — Mut. Res., **2**, 312—319.

LOTZ, W., KAPLAN, R. W., MENNINGMANN, H. D., 1968: Wirkung von Aminoacridinen auf die intrazelluläre Vermehrung und die Auslösung von Mutationen beim Phagen $\varkappa$ von *Serratia marcescens*. — Mut. Res., **6**, 329—343.

LOVELESS, A., 1959: The influence of radiomimetic substances on deoxyribonucleic acid synthesis and function studied in Escherichia coli systems. III. Mutation of T2 bacteriophage as a consequence of alkylation in vitro: the uniqueness of ethylation. — Proc. Roy. Soc. Ser. B, **150**, 497—508.

LOVELESS, A., 1966: Genetic and allied effects of alkylating agents. — London, Butterworths.

LOZERON, H. A., GORDON, M. P., 1964: Ultraviolet sensitization and photoreactivation of Tobacco mosaic virus ribonucleic acid containing 5-fluorouracil. — Biochemistry, **3**, 507—510.

LÖBBECKE, F. A., 1963: Nitrogen mustard induced mutation in extracellular bacteriophage. — Genetics, **48**, 691—696.

LUČKINA, L. A., 1966: Ėxperimental'nyj analiz dejstvija rentgenovskogo izlučenija na DNK v sostave kletok pečeni i gepatomy kris. — Avtoref. kand. diss. Moskau.

LURIA, S. E., 1947: Reactivation of irradiated bacteriophage by transfer of self-reproducing units. — Proc. Nat. Acad. Sci. USA, **33**, 253—264.

LURIA, S. E., 1949: Type hybrid bacteriophages. — Rec. Genet. Soc. America, **18**, 102.

LURIA, S. E., 1952: Reactivation of ultraviolet-irradiated bacteriophage by multiple infection. — J. Cell. Compar. Physiol., **39**, Suppl., 1, 119.

LURIA, S. E., 1955: Radiation and viruses. — In: Radiation Biology, v. 2. HOLLAENDER, A. (Ed.). N. Y., MCGRAW-HILL, S. 333.

LURIA, S. E., DELBRÜCK, M., 1942: Interference between bacterial viruses. II. Interference between inactivated bacterial viruses of the same strain and of different strain. — Arch. Biochem., **1**, 207.

LURIA, S. E., DULBECCO, R., 1949: Genetic recombination leading to production of active bacteriophage from ultraviolet inactivated bacteriophage particles. — Genetics, **34**, 93—125.

LUZATTI, D., 1962: The action of nitrous acid on transforming deoxyribonucleic acids. — Biochem. Biophys. Res. Communs., **9**, 508—516.

LYON, M. F., PHILLIPS, J. S. R., SEARLE, A. Y., 1962: A test for mutagenicity of caffeine in mice. — Z. Vererbungslehre, **93**, 7—13.

MACHATTIE, L. A., THOMAS, C. A., 1964: DNA from bacteriophage lambda: molecular length and conformation. — Science, **144**, 1142—1144.

MAGNI, G. E., 1963: The origin of spontaneous mutations during meiosis. — Proc. Nat. Acad. Sci. USA, 50, 975—980.

MAGNI, G. E., 1965: Origin and nature of spontaneous mutations in meiotic organisms. — J. Cell. Compar. Physiol., 64, Suppl. 1.

MAGNI, G. E., BORSTEL, R. G., 1962: Different rates of spontaneous mutation during mitosis and meiosis in yeast. — Genetics, 47, 1097—1108.

MAGNI, G. E., BORSTEL, R. G., SORA, S., 1964: Mutagenic action during meiosis and antimutagenic action during mitosis by 5-aminoacridine in yeast. — Mut. Res., 1, 227 bis 230.

MAGNI, G. E., PUGLISI, P. P., 1966: Mutagenesis of super-suppressors in yeast. — Cold Spring Harbor Sympos., 31, 699—704.

MAHLER, H. R., BAYLOR, M. B., 1967: Effects of steroidal diamines on DNA duplication and mutagenesis. — Proc. Nat. Acad. Sci. USA, 58, 256—263.

MAHLER, I., 1966: Effect of mitomycin C on five excision-repair mutants of Bacillus subtilis. — Biochem. Biophys. Res. Communs., 25, 73—79.

MALKE, H., 1965: Host-cell reactivation of ultraviolet-damaged phage in Spreptococcus pyogenes. — Biochem. Biophys. Res. Communes., 29, 400—405.

MALKIN, M. F., ZAHALSKY, A. C., 1966: Interaction of the watersoluble carcinogen, 4-nitroguinoline-N-oxide with DNA. — Science, 154, 1665—1667.

MALLING, H. V., 1966a: Hydroxylamine as a mutagenic agent for *Neurospora crassa*. — Mut. Res., 3, 470—476.

MALLING, H. V., 1966b: Mutagenicity of two potent carcinogens, dimethylnitrosamine and diethylnitrosamine, in *Neurospora crassa*. — Mut. Res., 3, 537—540.

MALLING, H. V., 1967: The mutagenicity of the acridine mustard (ICR-170) and the structurally related compounds in *Neurospora*. — Mut. Res., 4, 265—274.

MALLING, H. V., DE SERRES, F. J., 1968: Correlation between basepair transition and complementation pattern in nitrous acid-induced ad-3 mutants of *Neurospora crassa*. — Mut. Res., 5, 359—371.

MALLING, H. V., DE SERRES, F. J., 1971: Hydroxylamine-induced purple adenine (ad-3) mutants in *Neurospora crassa*. I. Characterization of mutants by genetic tests. — Mut. Res., 12, 35—46.

MANDEL, L. R., BOREK, E., 1963: The biosynthesis of methylated bases in ribonucleic acid. — Biochemistry, 2, 555—560.

MANDELL, J., GREENBERG, J., 1960: A new chemical mutagen for bacteria: 1-methyl-3-nitro-1-nitrosoguanidine. — Biochem. Biophys. Res. Communs., 3, 575—577.

MARMUR, J., ANDERSON, W. F., MATTHEWS, L., BERNS, K., GAEWSKA, E., LANE, D., DOTY, P., 1961: The effects of ultraviolet light on the biological and physical chemical properties of deoxyribonucleic acid. — J. Cell. Compar. Physiol., 58, Suppl. 1, 33—55.

MARMUR, J., DOTY, P., 1959: Heterogeneity in deoxyribonucleic acids. I. Dependence on composition of configuration stability of deoxyribonucleic acids. — Nature, 183, 1427—1429.

MARMUR, J., DOTY, P., 1962: Determination of the base composition of DNA from its thermal denaturation temperatures. — J. Mol. Biol., 5, 109—118.

MARMUR, J., GROSSMAN, L., 1961: Ultraviolet light induced linking of DNA-strands and its reversal by photoreactivating enzymes. — Proc. Nat. Acad. Sci. USA, 47, 778—787.

MARMUR, J., ROWND, R., FALKOW, S., BARON, L., SCHILDKRAUT, C. L., DOTY, P., 1961: The nature of intergenic episomal infection. — Proc. Nat. Acad. Sci. USA, 47, 972 bis 979.

MARMUR, J., SCHILDKRAUT, C. L., DOTY, P., 1961: The reversible denaturation of DNA and its use in studies of nucleic acid homologies and the biological relatedness of microorganisms. — J. Chem. Physiol., 945—955.

MARQUARDT, H., ZIMMERMANN, F. K., SCHWAIER, R., 1964: Die Wirkung krebsauslösender Nitrosamine und Nitrosamide auf das Adenin-6-45-Rückmutationssystem von *Saccharomyces cerevisiae*. — Z. Vererbungslehre, 95, 82—96.

DE MARS, R. I., 1953: Chemical mutagenesis in bacteriophage T2. — Nature, 172, 964.

MARSHAK, A., 1949: Recovery from ultraviolet light-induced delay in cleavage of Arbacia eggs by irradiation with visible light. — Biol. Bull., 97, 315—322.

MARSHAK, A., CALVET, F., 1949: Specific activity of P^{32} in cell constituents of rabbit liver. — J. Cell. Compar. Physiol., 34, 451—455.

MARSHAK, A., HARTING, J., 1948: Inhibition of cleavage and P^{32} uptake in Arbacia by D-usmic acid. — J. Cell. Compar. Physiol., 32, 321—325.

MARTIN, R. G., 1967: Frameshift mutants in the histidine operon of *Salmonella typhimurium*. — J. Mol. Biol., 26, 311—328.

MARTIN, R., SMELLE, S., 1961: Studies on biosynthesis of deoxyribonucleic acid. — J. chim. phys., 58, 965—971.

MARTIN, R. G., WHITFIELD, H. J., BERKOWITZ, D. B., VOLL, M. J., 1966: A molecular model of the phenomenon of polarity. — Cold Spring Harbor Sympos., 31, 215—220.

MATHEW, C., 1965: The production of recessive lethals by calf-thymus DNA in *Drosophila*. — Genet. Res. Camb., 6, 163.

MATHEWS, M. M., 1963: Comparative study of lethal photosensitization of *Sarcina lutea* by 8-methoxypsoralen and by toluidine blue. — J. Bacteriol., 85, 322—328.

MATSUURA, T., SAITO, J., 1967: Photosensitized oxydation of hydroxylated purines. — Chem. Commun., 693—694.

MATTERN, I. E., WINDEN, M. P., RÖRSCH, A., 1965: The range of action of genes controlling radiation sensitivity in *Escherichia coli*. — Mut. Res., 2, 111—131.

MATTERN, I. E., ZWENK, H., RÖRSCH, A., 1966: The genetic constitution of the radiation sensitive mutant *E. coli* B_{s-1}. — Mut. Res., 3, 374.

MCCALLA, D. R., 1965: Chloroplast mutagenesis: effect of N-methyl-N'-nitro-N-nitrosoguanidine and some other agents on *Euglena*. — Science, 148, 497—499.

MCCLAIN, M. E., SPENDLOVE, R. S., 1966: Multiplicity reactivation of reovirus particles after exposure to ultraviolet light. — J. Bacteriol., 92, 1422—1429.

MCCLINTOCK, B., 1951: Chromosome organization and genic expression. — Cold Spring Harbor Sympos., 16, 13—47.

MCCLINTOCK, B., 1953: Induction of instability at selected loci in maize. — Genetics, 38, 579—599.

MCGRATH, R. A., WILLIAMS, R. W., 1966: Reconstruction in vivo of irradiated *Escherichia coli* deoxyribonucleic acid; the rejoining of broken pieces. — Nature, 212, 534—535.

MCKAY, A. F., WRIGHT, C. F., 1947: Preparation and properties of N-methyl-N'-nitro-N-nitrosoguanidine. — J. Amer. Chem. Soc., 69, 3028—3030.

MCLAREN, A. D., 1949: Photochemistry of enzymes, proteins and viruses. — Adv. Enzymol., 9, 75—170.

MCLAREN, A. D., 1955: Relation among cysteine content, molecular weight, and ultraviolet sensitivity of proteins. — Biochim. biophys. Acta, 18, 601—602.

MCLAREN, A. D., SHUGAR, D., 1964: Photochemistry of proteins and nucleic acids. — Oxford, Pergamon Press.

McLaren, A. D., Takahashi, W. N., 1957: Inactivations of infectious nucleic acid from Tobacco mosaic virus by ultraviolet light (2537 Å). — Radiat. Res., 6, 532—542.

McNutt, W. S., 1958: Incorporation of the carbon skeleton of adenosine into the purine nucleosides of RNA and DNA by Neurospora. — J. Biol. Chem., 233, 193—195.

Meller, G. (Muller, H.), 1937: Problema izmenčivosti gena. — In G. Meller: „Izbr. raboty po genetike". Moskau, Sel'chozgiz, S. 178—205.

Meselson, M., 1964: On the mechanism of recombination between DNA molecules. — J. Mol. Biol., 9, 734—745.

Meselson, M., Stahl, F. W., 1958: The replication of DNA in *Escherichia coli*. — Proc. Nat. Acad. Sci. USA, 44, 671—682.

Meselson, M., Stahl, F. W., Vinograd, J., 1957: Equilibrium sedimentation of macromolecules in density gradients. — Proc. Nat. Acad. Sci. USA, 43, 581—588.

Meselson, M., Weigle, J. J., 1961: Chromosome breakage accompanying genetic recombination in bacteriophage. — Proc. Nat. Acad. Sci. USA, 47, 857—868.

Metzger, K., 1963: Overlapping action of host cell reactivation and photoreactivation in bacteria. — Photochem. Photobiol., 2, 435—442.

Metzger, K., 1964: On the dark reactivation mechanism in ultraviolet-irradiated bacteria. — Biochem. Biophys. Res. Communs., 15, 101—109.

Michaelis, A., Nikoloff, H., Rieger, R., 1962: Influences of EDTA on the induction of chromatid aberrations by triethylenemelamine and ethyl alcohol. — Biochem. Biophys. Res. Communs., 9, 280—284.

Miescher, F., 1894: Die histochemischen und physiologischen Arbeiten, Bd. 1, 2. Leipzig, Vogel Verlag.

Miller, J. A., Cramer, J. W., Miller, E. C., 1960: The N- and ringhydroxylation of 2-acetylaminofluorene during cancerogenesis in the rat. — Cancer Res., 20, 950—962.

Mirsky, A. E., Ris, H., 1949: Variable and constant components of chromosomes. — Nature, 163, 666—667.

Mitra, S., 1954: Effects of X-ray on chromosomes of *Lilium longiflorum* during meiosis. — Genetics, 43, 771—789.

Mittler, S., Mittler, I. E., Tonetti, A. M., Szymczak, M. E., 1967: The effect of caffeine in chromosome loss and nondisjunction in *Drosophila*. — Mut. Res., 4, 708—710.

Miyake, T., 1960: Mutator factor in *Salmonella typhimurium*. — Genetics, 45, 11—14.

Moh, C. C., 1970: Mutagenic effect of cycasin in beans (*Phaseolus vulgaris* L.). — Mut. Res., 10, 251—253.

Mokul'skaja, T. D., Bogdanova, E. S., Goblenko, Ž. M., Zamčuk, L. A., Mokul'skij, M. A., Gol'dfarb, D. M., Chesin, R. B., 1966: Strukturnye perechody i biologičeskie svojstva negljukozilirovannoj DNK faga T2. — In „Struktura, svojstva i genetičeskie funkcii DNK. Konfer. radiobiol. otdela Instituta atomnoj ènergii im. I. B. Kurčatova". Moskau, S. 5—16.

Monod, J., Torriani, A. M., Jolit, M., 1949: Sur la réactivation de bactéries sterilisées par le rayonnement UV. — C. R. Acad. sci., 229, 557—559.

Montagnier, L., Saunders, F., 1963: Replicative form of encephalomyocarditis virus ribonucleic acid. — Nature, 199, 664—667.

Moore, A. M., 1958: Ultraviolet irradiation of pyrimidine derivatives. II. Note on the synthesis of the product of reversible photolysis of uracil. — Canad. J. Chem., 36, 281—283.

Morigushi, E., Suzuki, K., 1966: Enzymatic breakdown of UV-irradiated DNA by the extract from *Micrococcus lysodeikticus*. — Biochem. Biophys. Res. Communs, 24, 195—202.

Moroson, M., Furlan, M., 1969: Single-strand breaks in DNA of Ehrlich ascites tumor cells produced by methylhydrazine. — Radiat Res., 40, 351—365.

Mortimer, R. K., 1958: Radiobiological and genetic studies on polyploid series (haploid to hexaploid) of Saccharomyces cerevisiae. — Radiat. Res., 9, 312—326.

Moutschen, J., Degraeve, N., 1965: Comparative efficiency of arsenicals in modifying effects of ethylmethanesulfonate (EMS) on barley chromosome. — Experientia, 21, 706.

Muhammed, A., 1966: Studies on the yeast photoreactivating enzyme. I. A method for the scale purification and some properties of the enzyme. — J. Biol. Chem., 241, 516—523.

Muhammed, A., Steinberg, C. M., 1966: Action spectrum for cross-reactivation with various amber mutants of bacteriophage T4D. — J. Mol. Biol., 21, 395—397.

Muhammed, A., Trosco, J. E., 1967: A search for a photoreactivating enzyme in *Drosophila melanogaster* extracts. — Genetics, 56, 578—579.

Mulder, C., Doty, P., 1968: Residual activity of denatured transforming DNA of *Haemophilus influenzae*: a naturally occurring cross-linked DNA. — J. Mol. Biol., 32, 423—435.

Munson, R. J., Bridges, B. A., 1966: Non-photoreactivating repair of mutational lesions induced by ultraviolet and ionizing radiations in *Escherichia coli*. — Mut. Res., 3, 461—469.

Munz, P., Leupold, U., 1970: Characterization of ICR-170 induced mutation in *Schizosaccharomyces pombe*. — Mut. Res., 10, 199—212.

Murakami, W. T., van Vunakis, H., Levine, L., 1959: Synthesis of T2 internal protein in infected *E. coli*, strain B. — Virology, 9, 624—635.

Müller, A. J., Gichner, T., 1964: Mutagenic activity of 1-methyl-3-nitro-1-nitrosoguanidine on Arabidopsis. — Nature, 201, 1149—1150.

Müller, H. J., 1930: Radiation and Genetics. — Amer. Naturalist, 64, 220.

Müller, H. J., 1941: Induced mutations in *Drosophila*. — Cold Spring Harbor Sympos., 9, 151.

Müller, H. J., Prokofyeva, A. A., 1935: The individual gene in relation to the chromosome and chromomere. — Proc. Nat. Acad. Sci. USA, 21, 16.

Nadson, G. A., Filippov, G. S., 1925: O vlijanii rentgenovych lučej na polovoj process i obrazovanie mutantov u nizšich gribov (Mucoraceae). — Vestnik rentgenologii i radiologii, 3, 305—310.

Nagata, C., Imamura, A., Saito, H., Fukui, K., 1963: Changes of electron distribution of deoxyribonucleic acid after alkylation and their possible relation to the biological effect. — Gann, 54, 109—117.

Nagata, C., Imamura, A., Tagashira, J., Kadama, M., 1965: Quantum-mechanical study of the photodimerization of aromatic molecules. — J. Theor. Biol., 9, 357—365.

Nagata, T., 1966: Polsledovatel'naja reduplikacija DNK *E. coli*. — In „Sintez i struktura nukleinovych kislot“. Moskau, „Mir“, S. 30—36.

Nakai, S., Matsumoto, S., 1967: Two types of radiation-sensitive mutant in yeast. — Mut. Res., 4, 129—136.

Nakai, S., Saeki, T., 1964: Induction of mutation by photodynamic action in *Escherichia coli*. — Genetic. Res., 5, 158.

Nakata, Y., Nakata, K., Sakamoto, Y., 1962: On the action mechanism of mitomycin C. — Biochem. Biophys. Res. Communs., 6, 339—343.

NAKAYAMA, H., OKUBO, S., SEKIGUCHI, M., TAKAGI, Y., 1967: A deoxyribonuclease activity specific for ultraviolet-irradiated DNA: a chromatographic analysis. — Biochem. Biophys. Res. Communs., 27, 217—223.

NAONO, S., GROS, F., 1960: Synthèse par *E. coli* d'une phosphatase modifiée en présence d'un analogue pyrimidique. — C. R. Acad. Sci., 250, 3887—3891.

NAZIM, A., 1967: The induction of replicating instabilities by mutagens in *Schizosaccharomyces pombe*. — Mut. Res., 4, 753.

NAZIM, A., AUERBACH, C., 1967: The origin of complete and mosaic mutants from mutagenic treatment of single cells. — Mut. Res., 4, 1—14.

NEWCOMBE, H. B., WHITEHEAD, M. A., 1951: Photoreversal of ultraviolet-induced mutagenic and lethal effects in *E. coli*. — J. Bacteriol., 61, 243—251.

NEWTON, W. A., BECKWITH, J. R., ZIPSER, D., BRENNER, S., 1965: Nonsense mutants and polarity in the Lac operon of *Escherichia*. — J. Mol. Biol., 14, 290—296.

NICHOLS, W. W., 1963: Relationship of viruses, chromosomes and carcinogenesis. — Hereditas, 50, 53—80.

NIKITIN, V. N., ŠEREŠEVSKAJA, T. M., 1961: Nukleotidnyj sostav ribonukleinovoj i dezoxiribonukleinovoj kislot pečeni životnych raznogo vozrasta. — Biochimija, 26, 1062—1064.

NIRENBERG, M., LEDER, P., 1964: RNA codewords and protein synthesis. — Science, 145, 1399—1407.

NIRENBERG, M., LEDER, P., BERNFIELD, M., BRIMACOMBE, R., TRUPIN, J., ROTTMAN, F., O'NEAL, C., 1965: RNA codewords and protein synthesis. VII. On the general nature of the RNA code. — Proc. Nat. Acad. Sci. USA, 53, 1161—1168.

NIRENBERG, M., MATTEI, G., 1963: Zavisimost' sinteza belka v beskletočnoj sisteme ot prirodnych ili sintetičeskich poliribonukleotidov. — In „Molekuljarnaja genetika". Moskau, IL, S. 69—92.

NISHIMURA, S., JONES, D., OHTSUKA, E., HAYATSU, H., JACOB, T., KHORANA, H., 1965: The in vitro synthesis of homopeptides as directed by ribopolynucleotides containing a repeating trinucleotide sequence. New codon sequences for lysine, glutamic acid and arginine. — J. Mol. Biol., 13, 283—301.

N'JUKOMB, G. (NEWCOMBE, H.), 1956: Mechanizm obrazovanija mutacij u mikroorganizmov. — In „Voprosy radiobiologii", Moskau, IL, S. 517—539.

NOETHLING, W., STUBBE, H., 1936: Neuere botanische Untersuchungen über die Beziehung von Genmutabilität zur Quantität und Qualität kurzwelliger Strahlung. — Verhandl. III Internat. Kongr. Lichtforsch. Wiesbaden, 1, 238—246.

NOMURA, M., BENZER, S., 1961: The nature of the „deletion" mutants in the rII region of phage T4. — J. Mol. Biol., 3, 684—692.

NOTANI, G. W., ENGELHARDT, D. L., KONIGSBERG, W., ZINDER, N. D., 1965: Suppression of a coat protein mutant of bacteriophage f2. — J. Mol. Biol., 12, 439—447.

NOVICK, A., 1956: Mutagens and antimutagens. — Brookhaven Sympos. Biol., 8, 201—215.

NOVICK, A., SZILARD, L., 1949: Experiments on light reactivation of ultraviolet inactivated bacteria. — Proc. Nat. Acad. Sci. USA, 35, 591—600.

NOVICK, A., SZILARD, L., 1952: Antimutagens. — Nature, 170, 926—927.

Nucleic acids and nucleoproteins, 1947. — Cold Spring Harbor Sympos., 12.

OEHLKERS, F., 1943: Die Auslösung von Chromosomenmutationen in der Meiosis durch Einwirkung von Chemikalien. — Z. Vererbungslehre, 81, 313—341.

OGAWA, H., SHIMADA, K., TOMIZAWA, J., 1968: Studies on radiation-sensitive mutants of *E. coli*. I. Mutants defective in the repair synthesis. — Mol. Gen. Genet., 101, 227—244.

Oishi, M., 1969: ATP-dependent deoxyribonuclease from *Escherichia coli* with a possible role in genetic recombination. — Proc. Nat. Acad. Sci. USA, 64, 1292—1299.

Okada, Y., Terzaghi, E., Streisinger, G., Emrich, J., Inouye, M., Tsugita, A., 1966: A frame-shift mutation involving the addition of two base pairs in the lysozyme gene in phage T4. — Proc. Nat. Acad. Sci. USA, 56, 1692—1698.

Okazaki, R., Sugimoto K., Okazaki T., Imae Y., Sugino A., 1970: DNA chain growth: in vivo and in vitro synthesis in a DNA polymerase-negative mutant of E. coli. — Nature, 228, 223—226.

Olivera, B. M., Lehman, I. R., 1967: Linkage of polynucleotides through phosphodiester bonds by an enzyme from *Escherichia coli*. — Proc. Nat. Acad. Sci. USA, 57, 1426—1433.

Ong, T. ,1970: Mutagenicity of aflatoxins in *Neurospora crassa*. — Mut. Res., 9, 615—618.

Ono, J., Shimazu, Y., 1967: In vivo cleavage of a circular, single-stranded DNA of bacteriophage φR irradiated with ultraviolet light. — J. Mol. Biol. ,24, 491—495.

Ono, J., Wilson, R. G., Grossman, L., 1965: Effects of ultraviolet light on the template properties of polycytidylic acid. — J. Mol. Biol., 11, 600—612.

Opara-Kubinska, Z., Lorkiewicz, Z., Szybalski, W., 1961: Genetic transformation studies. II. Radiation sensitivity of halogen labelled DNA. — Biochem. Biophys. Res. Communs., 4, 288—291.

Orgel, A., Brenner, S., 1961: Mutagenesis in bacteriophage T4 by acridines. — J. Mol. Biol., 3, 762—768.

Orgel, A., Orgel, L. E., 1965: Induction of mutations in bacteriophage T4 with divalent manganese. — J. Mol. Biol., 14, 453—457.

Orgel, L. E., 1965: The chemical basis of mutation. — Adv. Enzymol., 27, 289—346.

Osborn, M., Person, S., Phillips, S., Funk, F., 1967: A determination of mutagen specificity in Bacteria using nonsense mutants of bacteriophage T4. — J. Mol. Biol., 26, 437—447.

Oster, G., McLaren, A. D., 1950: The ultraviolet light and photosensitized inactivation of Tobacco mosaic virus. — J. Gen. Physiol., 33, 215—228.

Oster, J., 1959: Radiation Biology. — London, Butterworths, 253—266.

Ostertag, W., 1966: Chemische Mutagenese an menschlichen Zellen in Kultur. — Abhandl. Mainzer Akad. Wiss. Lit. Mainz. 1—124.

Ostertag, W., Fromme, H. G., 1967: Morphologische und chromosomale Veränderungen an Leukozyten- und HeLa-Zellkulturen des Menschen und Chromosomenverlust bei *Drosophila melanogaster*. 9. Tagung der Deutschen Gesellschaft Anthropol. Humangenetik 1965. — Homo, 176—186.

Otsuji, N., Sekiguchi, M., Iijima, T., Takagi, Y., 1959: Induction of phage formation in the lysogenic *Escherichia coli* K12 by mitomycin C. — Nature, 184, 1079—1080.

Painter, T. S., 1933: A new method for the study of chromosome rearrangements and the plotting of chromosome maps. — Science, 78, 585.

Pal, B. C., 1962: Studies on the alkylation of purines and pyrimidines. — Biochemistry, 1, 558—563.

Palade, G. E., 1955: A small particulate component of the cytoplasm. — J. Biophys. Biochem. Cytol., 1, 59.

Panfilova, Z. I., Salganik, R. I., 1968: Izmenenija spektra auxotrofnych mutantov *Escherichia coli* pri sovmestnom dejstvii gidroxilamina i raznych doz ul'trafioletovych lučej. — Genetika 4, Nr. 7, 108—113.

Panfilova, Z. I., Voronina, E. N., Poslovina, A. S., Gorochova, N. M., Salganik, R. I., 1966: Izučenie sovmestnogo deistvija chimičeskych mutagenov i ul'trafioletovych lučej na vozniknovenie obratnych mutacij u *Escherichia coli.* — Genetika, 2, Nr. 2, 49—56.

di Paolo, I. A., 1952: Studies on chemical mutagenesis utilising nucleic acid components, urethane, and hydrogen peroxide. — Amer. Naturalist 86, 49.

Papirmeister, B., Davison, C. L., 1964: Elimination of sulfurmustard induced products from DNA of *Escherichia coli.* — Biochem. Biophys. Res. Communs., 17, 608—617.

Pardee, A. B., Prestidge, L. S., 1956: The dependence of nucleic acid synthesis on the presence of amino acids in *Escherichia coli.* — J. Bacteriol., 71, 677—683.

Parkash, O., 1965: Induction of sex-linked recessive lethals and visible mutations by feeding X-irradiated DNA in *Drosophila melanogaster.* — Nature, 205, 312.

Pauling, C., 1968: The specificity of thymineless mutagenesis. — In: Structural Chemistry and Molecular biology; a volume dedicated to Linus Pauling by his students, colleagues and friends, edited by A. Rich and N. Davidson, W. H. Freeman and Co., San Francisco.

Pauling, C., Hamm, L., 1969: Properties of a temperature-sensitive, radiation-sensitive mutant of *Escherichia coli.* II. DNA replication. — Proc. Nat. Acad. Sci. USA, 64, 1195—1202.

Pauling, E. C., 1964: The specificity of thymineless mutagenesis. — Ph. D. Thesis, Univ. Washington.

Pauling, E. C., Hanawalt, P., 1965: Non-conservative DNA replication in bacteria after thymine starvation. — Proc. Nat. Acad. Sci. USA, 54, 1728—1735.

Peacocke, A. R., Preston, B. N., 1960: The action of γ-rays on sodium deoxyribonucleate in solution. II. Degradation. — Proc. Roy. Soc. London, Ser. B, 153, 90—110.

Peacocke, W. J., 1965: Chromosome replication. — In: Internat. Sympos. Genes and Chromosomes Replication. Nat. Cancer Inst. Monogr., 18, 101—131.

Pettijohn, D. E., Hanawalt, P. C., 1963: Deoxyribonucleic acid replication in bacteria following ultraviolet irradiation. — Biochim. biophys. Acta, 72, 127—129.

Pettijohn, D., Hanawalt, P. C., 1964: Evidence for repair-replication of ultraviolet damaged DNA in bacteria. — J. Mol. Biol., 9, 395—410.

Pfefferkorn, E. R., Boyce, W. B., Coady, H. M., 1966: Characteristics of the photoreactivation of Pseudorabies virus. — J. Bacteriol., 92, 856—861.

Phillips, J. H., Brown, D. M., 1968: The mutagenic action of hydroxylamine. — In: Progress in Nucleic Acids Research, J. N. Davidson, W. E. Cohn (Eds). N. Y. London, Acad. Press, S. 349—368.

Pierce, B. L. S., 1965: The effect of bacterial mutator gene upon virulent phage mutation rates. — Genetics, 52, 466—467.

Plaut, W. D., Mazia, D., 1956: The distribution of newly synthesized DNA in mitotic division. — J. Biophys. Biochem. Cytol., 2, 573—584.

Plentl, A. A., Schoenheimer, R., 1944: Studies in the metabolism of purines and pyrimidines by means of isotopic nitrogen. — J. Biol. Chem., 153, 203—217.

Plough, H. H., 1941: Spontaneous mutability in *Drosophila.* — Cold Spring Harbor Sympos., 9, 127—137.

Pollard, E. C., 1959: Radiation inactivation of enzymes, nucleic acids and phage particles. — In: Biophysical Science, Oncley et al. (Eds). N. Y., John Wiley a. Sons, S. 273.

Pollard, E. C., Forro, F. ,1951: The inactivation of bacteriophage by ionizing radiation. — Arch. Biochem. Biophys., 32, 256—273.

Pollard, E., Roll, E. C., Guild, W. R., Hutchinson, F., Setlow, R. B., 1955: The direct action of ionizing radiation on enzymes and antigenes. — Progr. Biophys., 5, 72—108.

PORATH, J., 1960: Gel filtration of proteins, peptids and amino acids. — Biochim. biophys. Acta, 39, 193—207.

POTTER, V. R., HERBERT, E., TAKAGI, Y., SIEKEVITZ, P., BRUMM, A., 1954: Some in vivo and in vitro reactions of acid-soluble nucleotides. — Federat. Proc., 13, 276.

PRAT, S., 1936: Strahlung und antagonistische Wirkungen. — Protoplasma, 28, 113—149.

PRATT, D., STENT, G. S., HARRIMAN, P. D., 1961: Stabilization to P^{32} decay and onset of DNA replication of T4 bacteriophage. — J. Mol. Biol., 3, 409.

PRELL, H. H., 1960: Über die Mehrfachreaktivierung des Infektions- und Lysogenierungsvermögens des Phagen P22 von *Salmonella typhimurium* nach UV-Bestrahlung. — Arch. Mikrobiol., 35, 384—390.

PRESCOTT, D. M., BENDER, M. A., 1963: Autoradiographic study of chromatid distribution of labelled DNA in two types of mammalian cells in vitro. — Exper. Cell Res., 29, 430—442.

PROKOF'EVA-BEL'GOVSKAJA, A. A., 1960: Stroenie chromosomy. — In „Ionizirujuščie izlučenija i nasledstvennost'. Itogi nauki", Bd. 3, S. 7—60.

PROKOF'EVA-BEL'GOVSKAJA, A. A., 1962: Organizacija i funkcionirovanie chromosom. — Vestnik AN SSSR, Nr. 12, 60—62.

PROZOROV, A. A., BARABANŠČIKOV, B. I., 1967: Skorost' spontannogo mutacionnogo processa u štamma *Bac. subtilis* s narušennoj sposobnost'ju k rekombinacii. — Dokl. AN SSSR, 176, 1422—1424.

VAN DE, PUTTE, P., DILLEWIJN, J., RÖRSCH, A., 1964: The selection of mutants of *Escherichia* with impaired cell division at elevated temperature. — Mut. Res., 1, 121—128.

VAN DE, PUTTE, P. SLUIS, C. A., DILLEWIJN, J., RÖRSCH, A., 1965: The location of genes controlling radiation sensitivity in *Escherichia coli*. — Mut. Res., 2, 97—110.

VAN DE, PUTTE, P. WESTENBROEK, K., RÖRSCH, A., 1963: The relationship between gene-controlled radiation resistance and filament formation in *E. coli*. — Biochim. biophys. Acta, 76, 247—256.

RADDING, C. M., SZPIRER, J., THOMAS, R., 1967: The structural gene for λ exonuclease. — Proc. Nat. Acad. Sci. USA, 57, 277—283.

RAHN, R. O., 1966: Pyrimidine dimers: effect of temperature on photoinduction. — Science, 154, 503—504.

RAHN, R. O., SHULMAN, R. G., LONGWORTH, J. W., 1965: The UV-induced triplet state in DNA. — Proc. Nat. Acad. Sci. USA, 53, 893—896.

RAO, R. N., NATARAJAN, A. T., 1965: Mutagenicity of some alkyl methane sulphonates in barley. — Mut. Res., 2, 132.

RAPAPORT, S. A., 1964: Action spectrum for inactivation by ultraviolet light of bacteriophage T4 substituted with 5-bromodeoxyuridine. — Virology, 22, 125—130.

RAPOPORT, I. A., 1940: Influence of thymonucleic and nucleic acids, some their components and salts on mutation formation. — Proc. Acad. Sci. U.S.S.R., 27, 1033 (russ).

RAPOPORT, I. A., 1947: Nasledstvennye izmenenija, proischodjaščie pod vlijaniem diėtilsul'fata i dimetilsul'fata. — Dokl. VASCHNIL, 12, H. 10, 12—15.

RAPOPORT, I. A., 1948a: Dejstvie okisi ėtilena, glicida i glikolej na gennye mutacii. — Dokl. AN SSSR, 60, 469—472.

RAPOPORT, I. A., 1948b: Alkilirovanie gennoj molekuly. — Dokl. AN SSSR, 59, 1183—1186.

RAPOPORT, I. A., 1963: Mutagennyj ėffekt kommerčeskich jadov i drugich toxičeskich veščestv. — Voprocy obščej i promyšl. toxikologii. Leningrad, S. 67—75.

Rapoport, I. A., 1966 (Redaktor): Sbornik „Supermutageny". — Moskau, izdatel'stvo „Nauka".

Rauth, A. M., 1967: Evidence for dark-reactivation of ultraviolet-light damage in mouse L-cell. — Radiat. Res., 31, 121—138.

Ravin, A. W., 1961: The genetics of transformation. — Adv. Genet., 10, 61.

Regan, J. D., Cook, J. S., 1967: Photoreactivation in an established vertebrate cell line. — Proc. Nat. Acad. Sci. USA, 58, 2274—2279.

Regan, J. D., Trosco, J. E., 1967: The fate of ultraviolet light-induced thymine-containing dimers in human cells grown in vitro. — Radiat. Res., 31, 548—549.

Regan, J. D., Trosco, J. E., Carrier, W. L., 1968: Evidence for excision of ultraviolet-induced pyrimidine dimers from the DNA of human cells in vitro. — Biophys. J., 8, 319—325.

Reichard, P., 1960: Formation of deoxyguanosine-5'-phosphate from guanosine-5'-phosphate with enzymes from chick embryos. — Biochim. biophys. Acta, 41, 368—369.

Reichmann, M. E., Chang, A. Y., Faiman, L., Clark, J. M., 1966: The satellite Tobacco necrosis virus in studies of genetic coding. — Cold Spring Harbor Sympos., 31, 139—144.

Reiner, B., Zamenhof, S., 1957: Studies on the chemically reactive groups of deoxyribonucleic acids. — J. Biol. Chem., 228, 475—480.

Reissig, J. L., 1963: Induction of forward mutants in the pyr-3 region of *Neurospora*. — J. Gen. Microbiol., 30, 317—325.

Reiter, H., Strauss, B. S., 1965: Repair of damage induced by a monofunctional alkylating agent in a transformable, ultraviolet-sensitive strain of *Bacillus subtilis*. — J. Mol. Biol., 14, 179—194.

Reiter, H., Strauss, B. S., Marone, R., Robbins, M., 1966: Actinomycin D inhibition of UV-dark repair in *Bacillus subtilis*. — Biochem. Biophys. Res. Communs., 24, 892—898.

Reiter, H., Strauss, B., Robbins, M., Marone, R., 1967: Nature of the repair of methyl methanesulfonate-induced damage in *Bacillus subtilis*. — J. Bacteriol., 93, 1056—1062.

Repair from genetic radiation damage. 1963. Sobels, F. H. (Ed.). Pergamon Press.

Revel, M., Littauer, U. Z., 1966: The coding properties of methyl-deficient phenylalanine transfer RNA from *E. coli*. — J. Mol. Biol., 15, 389—394.

Rhoades, M., 1941: The genetic control of mutability in maize. — Cold Spring Harbor Sympos., 9, 138—144.

Rice, S. A., Doty, P., 1957: The thermal denaturation of deoxyribose nucleic acid. — J. Amer. Chem. Soc., 79, 3937—3947.

Richardson, C. C., Lehman, R. B., Kornberg, A., 1964a: Enzymic synthesis of deoxyribonucleic acid. XVIII. The repair of partially single-stranded DNA templates by DNA polymerases. — J. Mol. Biol., 9, 46—69.

Richardson, C. C., Lehman, I. R., Kornberg, A., 1964b: A deoxyribonucleic acid phosphatase-exonuclease from *Escherichia coli*. II. Characterization of the exonuclease activity. — J. Biol. Chem., 239, 251—258.

Richardson, C. C., Schildkraut, C. L., Aposhian, H. V., Kornberg, A., 1964: Enzymic synthesis of deoxyribonucleic acid. XIV. Further purification and properties of DNA-polymerase of *Escherichia coli*. — J. Biol. Chem., 239, 222—232.

Rieck, A. F., Carlson, S. D., 1955: — J. Cell. Comp. Physiol., 46, 759.

Rieger, R., Michaelis, A., 1964: On the distribution amongst cells of chemically induced chromatid aberrations in root tip meristemes of *Vicia faba*. — Mut. Res., 1, 109—112.

Rieger, R., Michaelis, A., 1965: Chemical induction of heat-reversible 'Potential lesions' in *Vicia faba* chromosomes. — Nature, **206**, 741—742.

Riklis, E., 1965: Studies on mechanism of repair of ultraviolet-irradiated viral and bacterial DNA in vivo and in vitro. — Canad. J. Biochem., **43**, 1207—1219.

Ris, H., 1960: Ultrastructure and molecular organization of genetic systems. — Canad. J. Gen. Cytol., **3**, 95—120.

Ris, H., Chandler, B. L., 1963: The ultrastructure of genetic system in procaryotes and eucaryotes. — Cold Spring Harbor Sympos., **28**, 1—8.

Ris, G., Šandler (Chandler), B., 1966: Ul'trastruktura genetičeskich sistem prokariotov i ėukariotov. — In „Sintez i struktura nukleinovych kislot". Moskau, „Mir", S. 11—22.

Ritchie, D. A., 1964: Mutagenesis with light and proflavin in phage T4. — Genet. Res., **5**, 168—169.

Ritchie, D. A., 1965: Mutagenesis with light and proflavin in phage T4. 2. Properties of the mutants. — Genet. Res., **6**, 474—478.

Roberts, R. B., Aldous, E., 1949: Recovery from ultraviolet irradiation in *Escherichia coli*. — J. Bacteriol., **57**, 363—375.

Roe, E. M., F., Stevens, G. H., 1965: The effects of ultraviolet and visible radiation on mouse ascites tumour cells. — Photochem. Photobiol., **4**, 759—767.

Roepke, R. R., Mercer, F. E., 1947: Lethal and sublethal effects of X-rays on *Escherichia coli* as related to the yield of biochemical mutants. — J. Bacteriol., **54**, 731—744.

Role of oxygen and peroxydes in radiation chemistry. Symposium. B. 1959. — Radiat. Res., Suppl., **1**, 149—215.

Rolfe, R., 1962: The molecular arrangement of the conserved subunits of DNA. — J. Mol. Biol., **4**, 22—30.

Rolfe, R., Meselson, M., 1959: Relative homogeneity of microbial deoxyribonucleic acid. — Proc. Nat. Acad, Sci. USA, **45**, 1039—1043.

Roll, P. M., Weinfeld, H., Carrol, E., 1954: Metabolism in the rat of guanilic acid labelled with phosphorus. — Biochim. biophys. Acta, **13**, 141—142.

Roll, P. M., Weinfeld, H., Carrol, E., 1956: The utilization of nucleotides by the mammals. V. Metabolism of pyrimidine nucleotides. — J. Biol. Chem., **220**, 455—465.

Romašov, D. D., Beljaeva, V. N., 1966: O sochranenii radiacionnych povreždenij chromosom v ėmbriogeneze ryb. — Genetika, **4**, 4.

Rörsch, A., Beukers, R., Ijlstra, J., Berends, W., 1958: The effects of UV-light on some components of the nucleic acids 1. Uracil, thymine. — Recueil trav. chim., **77**, 423—429.

Rörsch, A., Edelman, A., Cohen, J. A., 1963: The gene controlled radiation sensitivity in *E. coli*. — Biochim. biophys. Acta, **68**, 263—270.

Rörsch, A., Edelman, A., van der Kamp, C., Cohen, J. A., 1962: Phenotypic and genotypic characterization of radiation sensitivity in *E. coli* B. — Biochim. biophys. Acta, **61**, 278—289.

Rörsch, A., van der Kamp, C., Adema, J., 1964: Dark reactivation of ultraviolet irradiated bacteriophage deoxyribonucleic acid in vitro. — Biochim. biophys. Acta, **80**, 346—348.

Rörsch, A., van de Putte, P., Mattern, I. E., Zwenk, H., 1966: Genetic and enzymic control of radiation sensitivity in *E. coli*. — In: Genetical aspects of radiosensitivity: mechanisms of repair. Wien, S. 105—129.

Ross, W., 1962: Biological alkylating agents. — London, Butterworths.

Roth, T. F., Hayashi, M., 1966: Allomorphic forms of bacteriophage ΦX174 replicative DNA. — Science, **154**, 658—660.

Roulland-Dussoix, D., 1967: Degradation par la cellule hôte du DNA du bactériophage lambda irradié par le rayonnement ultraviolet. — Biochim. biophys. Acta, 4, 241—252.

Rozenkranz, H. S., Hyorth, R., Carr, H. S., 1971: Studies with hydroxyurea the biologic and metabolic properties of formamidoxide. — Biochim. Biophys. Acta, 232, 48—60.

Rozental', G., Šol'c, D., Špis, K. (Rosenthal, H., Scholz, D., Spies, K.), 1966: Množestvennaja reaktivacija faga f2 ul'trafioletovymi lučami. — Vestnik AMN, 21, H. 2, 63—65.

Rubenstein, I., Thomas, C. A., Hershey, A. D., 1961: The molecular weights of T2 bacteriophage DNA and its first and second breakage products. — Proc. Nat. Acad. Sci. USA, 47, 1113—1122.

Rudner, R., 1961a: Mutation as an error in base pairing. I. The mutageneity of base analogues and their incorporation into the DNA of *Salmonella typhimurium*. — Z. Vererbungslehre, 92, 336—360.

Rudner, R., 1961b: Mutation as an error in base pairing. II. Kinetics of 5-bromodeoxyuridine and 2-aminopurine mutagenesis. — Z. Vererbungslehre, 92, 361—379.

Rupert, C. S., 1958: A biological test for ultraviolet damage and photoreactivation in non-transformed DNA. — Federat. Proc., 17, 301.

Rupert, C. S., 1960a: The mechanism of photoreactivation. — In: Comparative effects of radiation. M. Burton (Ed.). N. Y. and London, John Wiley and Sons, S. 49—61.

Rupert, C. S., 1960b: Photoreactivation of transforming DNA by an enzyme from baker's yeast. — J. Gen. Physiol., 43, 573—595.

Rupert, C. S., 1961: Repair of ultraviolet damage in cellular DNA. — J. Cell. Compar. Physiol., 58, Suppl. 1, 57—68.

Rupert, C. S., 1962a: Photoenzymic repair of ultraviolet damage in DNA. — J. Gen. Physiol., 45, 703—724.

Rupert, C. S., 1962b: Photoenzymic repair of ultraviolet damage in DNA. II. Formation of an enzymesubstrate complex. — J. Gen. Physiol., 45, 725—741.

Rupert, C. S., 1964: Photoreactivation of ultraviolet damage. — In: Photophysiology, v. 2, A. S. Giese (Ed.). N. Y., Acad. Press, S. 133—327.

Rupert, C. S., 1965: Relation of photoreactivation of photoenzymic repair of DNA in *Escherichia coli*. — Photochem. Photobiol., 4, 271—275.

Rupert, C. S., Goodgal, S. H., Herriot, R. M., 1958: Photoreactivation in vitro of ultraviolet inactivated *Hemophilus influenzae* transforming factor. — J. Gen. Physiol., 41, 451—471.

Rupert, C. S., Harm, W., 1966: Reactivation after photobiological damage. — In: Advances in radiation biology, v. 2. N. Y. and London, Acad. Press, S. 1—81.

Rupp, W. D., Howard-Flanders, P., 1968: Discontinuities in the DNA synthesized in an excision-defective strain of *Escherichia coli* following ultraviolet irradiation. — J. Mol. Biol., 31, 291—304.

Rupp, W. D., Prusoff, W. H., 1964: Incorporation of 5-iodo-2-deoxyuridine into bacteriophage T1 as related to ultraviolet sensitization or protection. — Nature, 202, 1288 bis 1290.

Rupp, W. D., Zipser, E., von Essen, C., Reno, D., Prosnitz, L., Howard-Flanders, P., 1970: In: Time and dose relationship in radiation biology as applied to radiotherapy, Publ. BNL 50203 (C-57), S. 1—13, Brookhaven Nation. Lab.

Rurishauser, A., Bollag, W., 1963: Cytological investigations with a new class of cytotoxic agents: methylhydrazine derivatives. — Experientia, 19, 131—132.

Rushizky, C. G., Knight, C. A., McLaren, A. D., 1960: A comparison of the ultraviolet light inactivation of infectious ribonucleic acid preparations from Tobacco mosaic virus with those of native and reconstituted virus. — Virology, **12**, 32—47.

Russel, W., 1956: Comparison of X-rays-induced mutation rates in *Drosophila* and mice. — Amer. Naturalist., **90**, 67—80.

Russell, W. L., Russell, L. B., 1959: Radiation-induced genetic damage in mice. — In: Progr. in Nuclear Energy, Ser. VI, Biol. Sci., **2**, 179—188.

Rutman, R. J., Cantarow, A., Paschkis, K. E., 1954: 2-acetylaminofluorene carcinogenesis. III. The utilization of uracil 2-C^{14} by prencoplastic rat liver and rat hepatoma. — Cancer Res., **14**, 119—123.

Rutman, R. J., Chun, E. H. L., Jones, J., 1969: Observations on the mechanism of the alkylation reaction between nitrogen mustard and DNA. — Biochim. Biophys. Acta, **174**, 663—673.

Sacharov, V. V., 1932: Jod kak chimičeskij faktor, dejstvujuščij na mutacionnyj process u *Drosophila melanogaster*. — Biol. žurn., **1**, H. 3—4, 1—8.

Salganik, R. I., 1963: Application of radiation denaturation of DNA in combination with chemical mutagens to affect the mutational process. — In: Genetics today, Bd. 1, S.

Salganik, R. I., 1969: Specifičnost' radiacionnogo i chimičeskogo mutageneza u mikroorganizmov. In: — „Genetičeskie osnovy selekcii mikroorganizmov". Moskau, izdatel'-stvo„ Nauka" S. 126—139.

Sanderson, K. E., 1967: Revised linkage map of *Salmonella typhimurium*. — Bacteriol. Rev., **31**, 354—372.

Sarabhai, A. S., Stretton, A. O. W., Brenner, S., Bolle, A., 1964: Co-linearity of the gene with the polypeptide chain. — Nature, **201**, 13—17.

Sarkar, M., 1962: Denaturation of deoxyribonucleic acid of *Escherichia coli* by X-irradiation in vitro. — Nature, **196**, 268—270.

Sauerbier, W., 1960a: Reaction of formaldehyde with deoxyribonucleic acid in phage T1. — Nature, **188**, 91—93.

Sauerbier, W., 1960b: Effects of ultraviolet light on hydrogen bonds in deoxyribonucleic acid of phage T1. — Nature, **188**, 329—330.

Sauerbier, W., 1961: The influence of 5 BUDR substitution in UV-sensitivity, host cell reactivation and photoreactivation in T1 and P22 H5. — Virology, **15**, 465—472.

Sauerbier, W., 1962a: The bacterial mechanisms reactivating UV-irradiated phage in the dark. — Z. Vererbungslehre, **93**, 220—228.

Sauerbier, W., 1962b: The influence of the metabolic state of the host bacteria on the surival of phage T1 irradiated with ultraviolet light. — Virology, **17**, 164—170.

Sauerbier, W., 1964a: Ultraviolet sensitivity and thymine dimerization in mutants of bacteriophage T4. — Biochim. biophys. Acta, **87**, 356—358.

Sauerbier, W., 1964b: Search for repair of ultraviolet damage in mutants of bacteriophage T4. — Biochim. biophys. Acta, **91**, 663—665.

Sauerbier, W., 1964c: Inhibition of host-cell reactivation in phage T1 by caffeine. — Biochem. Biophys. Res. Communs., **14**, 340—346.

Sauerbier, W., 1964d: Host-cell reactivation of gamma-rayed T1. — Biochem. Biophys. Res. Communs., **17**, 46—49.

Sauerbier, W., 1964e: Role of cytosine photoproducts in ultraviolet inactivation of bacteriophage T1. — J. Mol. Biol., **10**, 551—553.

Sauerbier, W., Haug, A., 1964: An approach to the determination of the maximal contribution of thymine dimer to ultraviolet-inactivation of bacteriophage T4vx. — J. Mol. Biol., **10**, 180—182.

SAVIČ, A. P., ZAVIL'GEL'SKIJ, G. B., 1965: Inducirovanie v dvuchtjaževoj DNK ššivok i lokal'nych denaturirovannych učastkov ul'trafioletovymi lučami različnoj dliny volny. — Dokl. AN SSSR, 162, 952—955.

SAX, K., 1941: Types and frequencies of chromosomal aberrations induced by X-rays. — Cold Spring Harbor Sympos., 9, 93—103.

SAX, K., SAX, H. J., 1966: Radiomimetic beverages, drugs, and mutagens. — Proc. Nat. Acad. Sci. USA, 55, 1431—1435.

SAX, K., SAX, H. J., 1968: Possible mutagenic hazards of some food additives, beverages and insecticides. — Japan. J. Genet., 43, 89—94.

ŠČEPOT'EVA, E. S., ARDAŠNIKOV, S. N., LUR'E, T. E., RACHMANOV, T. V., 1959: Kislorodnyi ėffekt pri dejstvii ionizirujuščich izlučenij. — Moskau, Medgiz.

SCHANDL, TAYLOR, 1969: — Biochem. Biophys. Res. Communs., 34, 291—300.

SCHILDKRAUT, C. L., MANDEL, M., LEVISOHN, S., SMITH-SONNEBORN, J. E., MARMUR, J., 1962: Deoxyribonucleic acid base composition and taxonomy of some Protozoa. — Nature, 196, 795—796.

SCHILDKRAUT, C. L., MARMUR, J., DOTY, P., 1962: Determination of the base composition of deoxyribonucleic acid from its buoyant density in CsCl. — J. Mol. Biol., 4, 430 — 443.

SCHJEIDE, O. A., MEAD, J. F., MYERS, L. S., 1956: Notions on sensitivity of cells to radiation. — Science, 123, 1020—1022.

SCHNEIDER, W. C., 1945: Phosphorus compounds in animal tissues. II. The nucleic acid content of homologous normal and cancer tissues. — Cancer Res., 5, 717—721.

SCHNEIDER, W. C., 1947: Nucleic acids in normal and neoplastic tissues. — Cold Spring Harbor Sympos., 12, 169—178.

SCHNEIDER, W. C., KLUG, H. L., 1946: Phosphorus compounds in animal tissues. IV. The distribution of nucleic acids and other phosphorus-containing compounds in normal and malignant tissues. — Cancer Res., 6, 691—694.

SCHOENTEL, R., 1960: Carcinogenic action of diazomethane and nitroso-N-methylurethan. — Nature, 188, 420—421.

SCHÖNEICH, J., 1967: The induction of chromosomal aberrations by hydrogen peroxide in strains of ascites tumors in mice. — Mut. Res., 4, 384—388.

SCHÖNEICH, J., MICHAELIS, A., RIEGER, R., 1970: Coffein und die chemische Induktion von Chromatidenaberrationen bei *Vicia faba* und Ascitestumoren der Maus. — Biolog. Zentralbl., 89, 49—63.

SCHOLES, G., 1963: The radiation chemistry of aqueous solutions of nucleic acids and nucleoproteins. — Progr. Biophys. Mol. Biol., 13, 59—104.

SCHOLES, G. P., HUTCHINSON, F., HALES, H. B., 1967: Ultraviolet-induced damage to DNA independent of molecular weight. — J. Mol. Biol., 24, 471—474.

SCHOLES, G., TAYLOR, W., WEISS, J., 1957: Chemical action of ionizing radiations in solution. Action of X-rays (200 kv) on α- and β-glycerophosphate in aqueous solutions. — J. Chem. Soc., 235—246.

SCHOLES, G., WEISS, J. J., 1950: Chemical action of ionizing radiation on nucleic acids in aqueous systems. — Nature, 166, 640—642.

SCHOLES, G., WEISS, J., 1952: Chemical action of X-rays on nucleic acids and related substances in aqueous systems. — Exper. Cell. Res., Suppl. 2, 219—241.

SCHOLES, G., WEISS, J., 1953: Formation of labile phosphate esters by irradiation of nucleic acids with Xrays in aqueous systems. — Nature, 171, 920—921.

SCHOLES, G., WEISS, J. J., 1954: Chemical action of X-rays on nucleic acids and related substances in aqueous systems. — Biochem. J., 56, 65—72.

Scholes, G., Weiss, J., 1960: Organic hydroxy-hydroperoxides: A class of hydroperoxides formed under the influence of ionizing radiations. — Nature, **185**, 305—306.

Scholes, G., Weiss, J., 1962: Effects of ionizing radiation on the nucleic acids and nucleoproteins. — Abhandl. Akad. Wiss., Erwin-Baur-Gedächtnisvorlesungen, II, S. 94—95.

Scholes, G., Weiss, J., Wheeler, C. M., 1956: Formation of hydroperoxides from nucleic acids by irradiation with X-rays in aqueous systems. — Nature, **178**, 157.

Schuster, H., 1960: The reactions of nitrous acid with deoxyribonucleic acid. — Biochem. Biophys. Res. Communs., **2**, 320—323.

Schuster, H., 1961: The reaction of Tobacco mosaic virus ribonucleic acid with hydroxylamine. — J. Mol. Biol., **3**, 447—451.

Schuster, H., 1964: Photochemie und Ribonukleinsäure. I. Photoprodukte von Uridylsäure und Cytidylsäure und ihr Nachweis in UV-bestrahlten Ribonukleinsäuren. — Z. Naturforsch., **19b**, 815—830.

Schuster, H., Gierer, A., Mundry, K. W., 1960: Inaktivierende und mutagene Wirkung der chemischen Veränderung von Nucleotiden in Virus-Nukleinsäure. — Abhandl. Akad. Wiss. Erwin-Baur-Gedächtnisvorlesungen, **1**, S. 76—85.

Schuster, H., Vielmetter, W., 1961: Studies on the inactivating and mutagenic effect of nitrous acid and hydroxylamine on viruses. — J. Chim. Phys., **58**, 1005—1010.

Schuster, H., Wilhelm, R. C., 1963: Reaction differences between Tobacco virus and its free ribonucleic acid with nitrous acid. — Biochim. biophys. Acta, **68**, 554—560.

Schwartz, N. M., 1963: Nature of methane sulfonate induced reversions of Lac mutants of *Escherichia coli*. — Genetics, **48**. 1357—1375.

Schwartz, N. M., 1965: Genetic instability in *Escherichia coli*. — J. Bacteriol., **89**, 712 bis 717.

Searashi, T., Strauss, B., 1965: Relation of the repair of damage by a monofunctional alkylating agent to the repair of damage induced by UV-light in *B. subtilis*. — Biochem. Biophys. Res. Communs., **20**, 680—687.

Sechaud, J., Streisinger, G., Emrich, J., Newton, J., Lanford, H., Reinhold, H., Stahl, M. M., 1965: Chromosome structure in phage T4. II. Terminal redundancy and heterozygosis. — Proc. Nat. Acad. Sci. USA, **54**, 1333—1339.

Šechtman, Ja. L., Kljupfel', V. A., 1930: Neposredstvennoe ili otdalennoe dejstvie rentgenovskich lučej na biologičeskuju tkan'. — Žurn. ėxperim. biologii, **6**, 280—282.

Sederoff, R. R., 1966: The mutational mechanism of ICR-170, a many functional quinacrine mustard, on T4 bacteriophage. — Ph. D. Dissertation, Univ. of Calif., Los Angeles.

Sell-Beleitis, Catsch, A., 1942: Mutationsauslösung durch ultraviolettes Licht bei *Drosophila*. I. Dosisversuche mit filtriertem Ultraviolett. — Z. Vererbungslehre, **80**, 551—557.

Šemjakin, M. F., Manjakov, V. F., Kiselev, N. A., Chesin, R. B., 1966: Sintez DNK na obeich nitjach depolimerizovannoj DNK. — Biochimija, **31**, 910.

de Serres, F. J., Malling, H. V., 1967: Relation between type of base pair transition and complementation pattern in nitrous acid induced ad-3B mutants of *Neurospora crassa*. — Genetics, **56**, 555.

Sesnowitz-Horn, S., Adelberg, E. A., 1968: Proflavin treatment of *Escherichia coli*: generation of frame shift mutations. — Cold Spring Harbor Sympos., **33**, 393—402.

Setlow, J. K., Bollum, F. J., Boiling, M. E., 1965: Photoreactivable lesions in DNA. — Biophys. Soc. Abstracts, 9th Annual Meet. N. Y., 287—289A.

Setlow, J. K., Setlow, R., 1963: Nature of the photoreactivable ultraviolet lesion in DNA. — Nature, 197, 560—562.

Setlow, J. K., Setlow, R., 1966: Reactivation of UV- inactivated transforming DNA by UV-irradiation in the presence of proflavine. — Abstracts Biophys. Soc., S. 72.

Setlow, R., 1960: Ultraviolet wave-length dependent effects on proteins and nucleic acids. — Radiat. Res., Suppl. 2, 276—289.

Setlow, R. B., 1964a: Molecular changes responsible for ultaviolet inactivation of the biological activity of DNA. — In: Mammalian cytogenetics and related problems in radiobiology. Sobels F. H. (Ed.). Pergamon Press.

Setlow, R. B., 1964b: Physical changes and mutagenesis. — J. Cell. Compar. Physiol., 64, Suppl. 1, 51—68.

Setlow, R. B., 1966: Cyclobutane-type pyrimidine dimers in polynucleotides. — Science, 153, 379—386.

Setlow, R. B., Carrier, W. L., 1963: Identification of ultraviolet-induced thymine dimers in DNA by absorbance measurements. — Photochem. Photobiol., 2, 49—57.

Setlow, R. B., Carrier, W. L., 1964: The disappearance of thymine dimers from DNA: an error-correcting mechanism. — Proc. Nat. Acad. Sci. USA, 51, 226—231.

Setlow, R. B., Carrier, W. L., 1966a: Pyrimidine dimers in ultraviolet-irradiated DNAs: — J. Mol. Biol., 17, 237—254.

Setlow, R. B., Carrier, W. L., 1966b: The v-gene controls dimer excision in T4 phage. — Abstracts Biophys. Soc., TC2, 68.

Setlow, R. B., Carrier, W. L., Bollum, F. J., 1963: Ultraviolet irradiated primer DNA: nearest neighbour frequences in the products. — Biophys. Soc. Abstracts, 7th Annual Meet. N. Y.

Setlow, R. B., Carrier, W. L., Bollum, F. J., 1964: Nuclease-resistant sequences in ultraviolet-irradiated DNA. — Biochim. biophys. Acta, 91, 446—461.

Setlow, R. B., Carrier, W. L., Bollum, F. J., 1965: Pyrimidine dimers in UV-irradiated poly dI:dC. — Proc. Nat. Acad. Sci. USA, 53, 1111—1118.

Setlow, R. B., Doyle, B., 1957: The action of monochromatic ultraviolet light on proteins. — Biochim. biophys. Acta, 24, 27—41.

Setlow, R. B., Setlow, J. K., 1962: Evidence that ultraviolet light-induced thymine dimers in DNA cause biological damage. — Proc. Nat. Acad. Sci. USA, 48, 1250—1257.

Setlow, R. B., Setlow, J. K., 1965: The proper use of short wavelength reversal as a criterion of the importance of pyrimidine dimers in biological inactivation. — Photochem. Photobiol., 4, 939—940.

Setlow, R., Silverman, L., Watts, G., 1958, zit. nach Setlow, R., 1960.

Setlow, R. B., Swenson, P. A., Carrier, W. L., 1963: Thymine dimers and inhibition of DNA synthesis by ultraviolet irradiation of cells. — Science, 142, 1464— 1466.

Setlow, R. B., Regan, J. D., German, J., Carrier, W. L., 1969: Evidence that xeroderma pigmentosum cells do not perform the first step in the repair of ultraviolet damage to their DNA. — Proc. Nat. Acad. Sci., USA, 64, 1033—1041.

Shambulingappa, K. G., 1968: Radiomimetic action of N-methyl-N-nitrosoaniline. — Mut. Res., 6, 322—324.

Shankel, D., 1963: Synergistic mutational effect between radiations and chemicals. — Genetics today, 1, 7.

Shankel, D., Ubelaker, R., 1965: Studies on mutational synergism in *Escherichia coli*. — Genetics, 52, 474.

Shapiro, H. S., Chargaff, E., 1960: Studies on the nucleotide arrangement in deoxyri-

bonucleic acids. IV. Patterns of nucleotide sequences in the deoxyribonucleic acid of rye germ and its fraction. — Biochim. biophys. Acta, 39, 68—82.

SHAPIRO, R., 1966: Isolation of a 2-nitropurine from the reaction of guanosine with nitrous acid. — J. Amer. Chem. Soc., 86, 2948—2949.

SHAPIRO, R., KLEIN, R. S., 1966: The deamination of cytidine and cytosine by acidic buffer solutions. Mutagenic implications. — Biochemistry, 5, 2358—2362.

SHARMA, R., GLOVER, P., 1970: Interaction of mutational lesions induced by ethylmethansulfonate and γ-rays in males of *Drosophila*. — Mut. Res., 10, 221—226.

SHARP, D. G., DUNLAP, R. C., 1966: Multiplicity reactivation of vaccinia virus in chorionallantoic membrane. — Proc. Soc. Exper. Biol. Med. 123, 11—114.

SHARP, D. G., KIM, K. S., 1966: Multiplicity reactivation and radiation survival of aggregated vaccina virus. Calculation of plaque titer based on MR and particle aggregation seen in electron microscope. — Virology, 29, 359—366.

SHEIN, H., ENDERS, J., 1962: Transformation induced by Simian Virus 40 in human renal cell cultures. I. Morphology and growth characteristics. — Proc. Nat. Acad. Sci. USA, 48, 1164—1172.

SHIBA, S., TERAWAKI, A., TAGUCHI, A., KAWAMATA, J., 1959: Selective inhibition of formation of deoxyribonucleic acid in *Escherichia coli* by mitomycin C. — Nature, 183, 1056—1058.

SHIMADA, K., NAKAYAMA, H., OKUBO, S., SEKIGUCHI, M., TAKAGI, Y., 1967: An endonucleolytic activity specific for ultraviolet-irradiated DNA in wild type and mutant strains of *Micrococcus lysodeikticus*. — Biochem. Biophys. Res. Communs., 27, 539 bis 545.

SHIMADA, K., OGAWA, H., TOMIZAWA, J. I., 1968: Studies on radiationsensitive mutants of *E. coli*. II. Breakage and repair of ultraviolet-irradiated intracellular DNA of phage lambda. — Mol. Gen. Genet., 101, 245—256.

SHOOTER, K. V., PAIN, R. H., 1956: The effect of heat and X-rays on deoxyribonucleic acid. — Biochim. biophys. Acta, 20, 497.

SHUGAR, D., 1962: Primary effects of UV-radiation on nucleic acids. — Abhandl. Akad. Wiss. Erwin Baur-Gedächtnisvorlesungen, II, S. 72—83.

SHUGAR, D., BARANOWSKA, J., 1960: Aggregation and staining behaviour of ultraviolet irradiated films of nucleic acids. — Nature, 185, 33—34.

SHUGAR, D., SZER, W., 1962: Secondary structure in polyribothymidilic acid. — J. Mol. Biol., 5, 580—582.

SHUGAR, D., WIERZCHOWSKI, K. L., 1958: Reversible photolysis of pyrimidine derivates and related compounds. — Postery biochem., 4, 243—290.

SHUGAR. D., WIERZCHOWSKI, K. L., 1961: Photochemistry of pyrimidine residues in oligonucleotides and in single and double-stranded polynucleotides. — 3rd Internat. Congr. Photobiol., Copenhagen, Comm. N 157. Amsterdam, Elsevier.

SHUSTER, R. C., 1967: Fate of thymine-containing dimers in the deoxyribonucleic acid of ultraviolet-irradiated *Bacillus subtilis*. — J. Bacteriol., 93, 811—815.

SHUSTER, R. C., BOYCE, R. P., 1964: The excision of thymine dimer from the DNA of UV-irradiated *E. coli* 15 $T^{-}A^{-}U^{-}$ during thymine deprivation. — Biochem. Biophys. Res. Communs., 16, 489—495.

SICARD, A. M., 1965: Mutagenèse induite par la proflavine chez le pneumocoque. — C. R. Acad. Sci., 261, 4917—4918.

SIDOROV, B. N., SOKOLOV, N. N., ANDREEV, V. S., 1965: Mutagennyj ėffekt ėtilenimina v rjade kletočnych pokolenij. — Genetika, Nr. 1, 112.

SIEGEL, A., 1957: Ultraviolet-irradiation of dry Tobacco mosaic virus. — Nature, 180, 1430—1431.

SIEGEL, E. C., BRYSON, V., 1963: Selection of resistant strains of *Escherichia coli* by antibiotics and antibacterial agents: role of normal and mutator strains. — In: Antimicrobial agents and chemotherapy, S. 629—634.

SIEGEL, E. C., BRYSON, V., 1967: Mutator gene of *Escherichia coli* B. — J. Bacteriol., 94, 38—47.

SIGNER, E. R., BECKWITH, J., 1966: Transposition of the Lac region of *Escherichia coli*. III. The mechanism of attachment of bacteriophage Φ80 to the bacterial chromosome. — J. Mol. Biol., 22, 33—51.

SIGNER, E. R., BECKWITH, J. R., BRENNER, S., 1965: Mapping of suppressor loci in *Escherichia coli*. — J. Mol. Biol., 14, 133—166

SIGNER, E. R., WEIL, J., 1968: Recombination in bacteriophage λ. I. Mutants deficient in general recombination. — J. Mol. Biol., 34, 261—271.

SIMON, M. I., VAN VUNAKIS, S. H., 1962: The photodynamic reaction of methylene blue with deoxyribonucleic acid. — J. Mol. Biol., 4, 480—499.

SIMON, M. I., VAN VUNAKIS, S. H., 1964: The dye-sensitized photooxidation of purine and pyrimidine derivates. — Arch. Biochem. Biophys., 105, 197—206.

SINGER, B., FRAENKEL-CONRAT; H., 1966: Dye-catalyzed photoinactivation of tobacco mosaic virus ribonucleic acid. — Biochemistry, 5, 2446—2450.

SINGER, B., FRAENKEL-CONRAT, H., 1967: Chemical modification of viral RNA. VI. The action of N-methyl-N'-nitro-N-nitrosoguanidine. — Proc. Nat. Acad. Sci. USA, 58, 234—239.

SINSHEIMER, R. L., 1954: The photochemistry of uridilic acid. — Radiat. Res., 1, 505 bis 513.

SINSHEIMER, R. L., 1959a: Purifications and properties of bacteriophage ΦX174. — J. Mol. Biol., 1, 37—42.

SINSHEIMER, R. L., 1959b: A single-stranded deoxyribonucleic acid from bacteriophage ΦX174. — J. Mol. Biol., 1, 43—53.

SINSHEIMER, R. L., 1962: Single-stranded DNA. — Scient. Amer., 207, 109.

SINSHEIMER, R. L., HASTINGS, R., 1949: A reversible photochemical alteration of uracil and uridine. — Science 110, 525—526.

SINSHEIMER, R. L., STARMAN, B., NAGLER, C., GUTHRIE, S., 1962: The process of infection with bacteriophage ΦX174. I. Evidence for a „replicative form". — J. Mol. Biol., 4, 142—160.

ŠIROKOV, S. I., 1961: Fizičeskaja priroda biologičeskogo dejstvija radiacii. — In: DUBININ, N. P., Problemy radiacionnoj genetiki. Moskau. Atomizat. S. 92—127.

SKAAR, P. D., 1956: A binary mutability system in *Escherichia coli*. — Proc. Nat. Acad. Sci. USA, 42, 245—249.

SKINNER, W. A., GRAM, H. F., GREENE, M. O., GREENBERG, J., BAKER, B. R., 1960: Potential anticancer agents. XXXI. The relationship of chemical structure to antileukemic activity with analogues of 1-methyl-3-nitro-1-nitrosoguanidine. — J. Med. Pharm. Chem. 2, 299—333.

SKLJADNEVA, V. B., KISELEVA, N. P., BUDOVSKIJ, Ė. I., TICHONENKO, T. I., 1970: Reakcija O-metilgidroxilamina so svobodnoj i vnutrifagovoj DNK. — Molekuljarnaja biologija 1, 110.

SMALL, G. D., GORDON, M. P., 1968: Reaction of hydroxylamine and methoxyamine with the ultraviolet-induced hydrate of cytidine. — J. Mol. Biol., 34, 281—291.

SMIRNOV, G. B., 1969: Vosstanovlenie povreždenij, inducirovannych mitomicinom C u *E. coli*. — Žurnal mikrobiologii, ėpidemiologii i immunologii, 4, 18—20.
SMIRNOV, G. B., FAVORSKAJA, Ju. N., 1970: Izučenie sposobnosti *E. coli* K12 vosstanavlivat' poraženija, inducirovannye metilmetansul'fonatom i N-metil-N'-nitro-N-nitrozoguanidinom. — Genetika 6, Nr. 9, 139—146.
SMIRNOV, G. B., SKAVROHSKAJA, A. G., 1968a: Letal'noe i mutagennoe dejstvie UF-lučej i mitomicina C na mutanty *E. coli* s poniżennoj sposobnost'ju k temnovoj reparacii. — Genetika, 4, Nr. 9, 105—110.
SMIRNOV, G. B., SKAVRONSKAJA, A. G., 1968b: Vosstanovlenie poraženij, inducirovannych N-metil-N'-nitro-N-nitrozoguanidinom v bakterial'noj DNK. — Genetika, 4, Nr. 11, 111 bis 115.
SMIRNOV, G. B., SKAVRONSKAJA, A. G., 1969: Vlijanie bakterial'nych reparirujuščich sistem na vosstanovlenie poraženij, inducirovannych 2-aminopurinom. — Genetika, 5, Nr. 1, 94—99.
SMRT, I., 1970: Gomopolimery N^4-oxi-N^4-metoxi-citidilovoj kisloty i ich vzaimodejstvie s poliadenilovoj kislotoj. — Tezisy dokladov 7-go Meždunarodnogo simpoziuma po chimii prirodnych soedinenij. Riga, izdatel'stvo „Zinatne", S. 224.
SMITH, E. L., 1962: Nucleotide base coding and aminoacid replacements in proteins. — Proc. Nat. Acad. Sci. USA, 677—684.
SMITH, H. O., LEVINE, M., 1967: A phage P22 gene controlling integration of prophage. — Virology, 31, 207—216.
SMITH, J. D., ABELSON, J. N., CLARK, B. F. C., GOODMAN, H. M., BRENNER, S., 1966: Studies on amber suppressor t-RNA. — Cold Spring Harbor Sympos., 31, 479—485.
SMITH, K. C., 1962: Dose dependent decrease in extractability of DNA from bacteria following irradiation with ultraviolet light or visible light plus dye. — Biochem. Biophys., Res. Communs., 8, 157—163.
SMITH, K., 1963: Photochemical reactions of thymine, uracil, uridine, cytosine and bromouracil in frozen solution and in dried films. — Photochem. Photobiol., 2, 503—517.
SMITH, K. C., 1964a: Photochemistry of the nucleic acids. — In: Photophysiology, v. 2. GIESE, A. C. (Ed.). N. Y., Acad. Press, S. 329—388.
SMITH, K. C., 1964b: The photochemistry of thymine and bromouracil in vivo. — Phootchem. Photobiol., 3, 1—10.
SMITH, K. C., 1964c: The photochemical interaction of deoxyribonucleic acid and protein in vivo and its biological importance. — Photochem. Photobiol., 3, 415—427.
SMITH, K. C., 1965: A mixed photoproduct of uracil and cytosine. A possible model for the in vivo crosslinking of DNA and protein by ultraviolet light. — Biophys. Soc. Abstracts, S. 116.
SMITH, K. C., 1966: Physical and chemical changes induced in nucleic acids by ultraviolet light. — Radiat. Res., Suppl. 6, 54—79.
SMITH, K. C., 1971: The roles of genetic recombination and DNA polymerase in the repair of damaged DNA. — In: Photophysiology, GIESE, A. C. (Ed.) v. 6, S. 209—278.
SMITH, K. C., APLIN, R. T., 1966: A mixed photoproduct of uracil and cysteine (5-S-cysteine, 6-hydro-uracil). A possible model for the in vivo crosslinking of DNA and protein by ultraviolet light. — Biochemistry, 5, 2125—2130.
SMITH, K. C., HODGKINS, B., O'LEARY, M. E., 1966: The biological importance of ultraviolet light induced DNA-protein crosslinks in *Escherichia coli* 15 TAU. — Biochim. biophys. Acta, 114, 1—5.
SMOLUCHOWSKY, R., 1959: Radiation effects in solids. — Radiat. Res., Suppl. 1, 26—52.

SOBELS, F. H., 1956: Organic peroxides and mutagenic effects in *Drosophila*. — Nature, 177, 979—980.

SOBELS, F. H., 1963: Peroxides and the induction of mutations by X-rays, ultraviolet, and formaldehyde. — Radiat. Res., Suppl. 3, 171—183.

SOIFER, W. N. s. SOJFER, V. N. und SOYFER, V. N.

SOJFER (SOYFER), V. N., 1965: Mutagenez u vnekletočnogo bakteriofaga T2. — In „Experimental'-nyj mutagenez životnych, rastenij i mikroorganizmov". Moskau, „Nauka", S. 137—139.

SOJFER (SOYFER), V. N., 1966a: Mutacionnyj process na vysokich dozach oblučenija. — Bjull. MOIP, serija biol., 71, H. 1, 88—99.

SOJFER (SOYFER), V. N., 1966b: Issledovanie mutacionnogo processa u bakteriofaga T2. Indukcija h-mutacij u vnekletočnogo faga s pomošč'ju ul'trafioletovogo oblučenija. — Vestnik AMN, Nr. 2, 47—49.

SOJFER (SOYFER), V. N., 1970: Nerepariruemost' povreždenij, inducirovannych 1 M gidroxilaminom u faga λ pri ego passirovanii v kletkach *E. coli* hcr+ i *E. coli* hcr−. — Voprosy virusologii, Nr. 6, S. 667—670.

SOJFER (SOYFER), V. N., 1972: Učastie fermentov reparirujuščich sistem v mutageneze i replikacii. — In: „Molekuljarnye mechanizmy genetičeskich processov". Moskva, izdatel'stvo „Nauka", S. 364—377.

SOJFER (SOYFER), V. N., DOROCHOV, Ju. L., 1970: Razmnoženie fagov T4D i $T4D_v$-vkletkach Escherichia coli, normal'nych i defektnych po sisteme temnovoj reparacii, i vlijanie kofeina na ėtot process. — Mikrobiologija, 39, 1057—1066.

SOJFER (SOYFER), V. N., DOROCHOV, Ju. L., 1972: Častota polnych i mozaičnych mutacij v kletkach *E. coli* uvr+ i uvr− pri oblučenii ich vysokimi dozami ul'trafioletovych lučej. — In: „Molekuljarnye mechanizmy genetičeskich processov", Moskva, izdatel'stvo „Nauka", S. 54—58.

SOJFER (SOYFER), V. N., MATUSEVIČ, L. L., GOROŠKINA, G. I., 1970: Dimerizacija pirimidinovych osnovanij DNK kletok HeLa pri ul'trafioletovom oblučenii i vyrezanie dimerov v chode temnovoj reparacii. — Radiobiologija, 10, 275—278.

SOJFER (SOYFER), V. N., MUSTAFINA, A. N., JAKOVLEVA, N. I., 1972: Temnovaja reparacija v diploidnych kletkach ėmbriona čeloveka. — Doklady AN SSSR, 205, 1251—1253.

SÖLL, D., OHTSUKA, E., JONES, D. S., LOHRMANN, R., HAYATSU, H., NISHIMURA, S., KHORANA, H. G., 1965: Studies on polynucleotides. XLIX. Stimulation of binding of amino acids RNAs to ribosomes by ribonucleotides and a survey of codon assignments for 20 amino acids. — Proc. Nat. Acad. Sci. USA, 54, 1378—1385.

SOMERS, C. E., HSU, T. S., 1962: Chromosome damage induced by hydroxylamine in mammalian cells. — Proc. Nat. Acad. Sci. USA, 48, 937—943.

SOMPOLINSKY, D., BEN-YAKOV, M., ABOUD, M., BOLDER, I., 1967: Transferable resistance factors with mutator effect in *Salmonella typhi*. — Mut. Res., 4, 119—127.

SONNENBORN, T. M., 1965: Degeneracy of the genetic code. Extent, nature and genetic implications. — In: Evolving genes and proteins. V. BRYSON and H. J. VOGEL (Eds). N. Y., Acad. Press, S. 377—397.

SOYFER, V. N., 1969a: No difference in the reparability of DNA hydroxylamine lesions in the cells of *E. coli* K12 hcr+ and *E. coli* K12 hcr− and phage λ grown in those cells. — Microb. Genet. Bulletin, 32, 7—8.

SOYFER, V. N., 1969b: Incapacité des enzymes reparantes d'agir sur les lésions obtenues par traitment avec l'hydroxylamine 1 M. — Arch. Roumain. Pathol. Experim. Microb., 28, 941—946.

SOYFER, V. N., 1970a: Synergistic effect of combined action on hydroxylamine and acridine on mutation frequency in T2 phage and problem of reparability. — Microb. Gen. Bull., 32, 12.

SOYFER, V. N., 1970b: Repairing systems in bacteria and higher organisms: the problem of recognition, their part in mutagenesis and replication. — Abstr. of commun. of the Sympos. on molecular mechanisms of mutagenesis, Moskau, S. 90—91.

SOYFER, V. N., DOROCHOV Y. L., 1969: Enhanced reproduction of mutant for reparability phage T4v⁻ in *E. coli* B_{s-1} compared to *E. coli* B. — Microb. Gen. Bull, 32, 8.

SOYFER, V. N., DOROCHOV Y. L., 1970a: Lack of maximum of the mutation frequency under UV-irradiation in *E. coli* cells defected for dark repair. — Abstr. of commun. of the Sympos. on molec. mechanisms of mutagenesis, Moskau, S. 17.

SOYFER, V. N., DOROCHOV Y. L., 1970b: Effects of the host-cell repair system on bacteriophage reproduction. — Biochem. Biophys. Res. Communs.. 4, 1396—1405.

SPARROW, A. H., 1965: Relationship between chromosome volume and radiation sensitivity in plant cells. — In: Cellular Radiation Biology. Baltimore, Williams and Wilkins, S. 199—222.

SPARROW, A. H., MIKSCHE, J. P., 1961: Correlation of nuclear volume and DNA content with higher plant tolerance to chronic radiation. — Science, 134, 282—283.

SPARROW, A. H., ROSENFELD, R. M., 1946: X-ray-induced depolymerization of thymonucleohistone and of sodium thymonucleate. — Science, 104, 245—246.

SPENCER, W., STERN, C., 1948: Experiments to test the validity of the linear R-dose/mutation frequency relation in *Drosophila* at low dosage. — Genetics, 33, 43—74.

SPEYER, J. F., 1965: Mutagenic DNA polymerase. — Biochem. Biophys. Res. Communs., 21, 6—8.

SPIEGELMAN, S., KAMEN, M. D., 1946: Genes and nucleoproteins in the synthesis of enzymes. — Science, 104, 581—584.

SPIEGLER, P., NORMAN, A., 1970: Unscheduled DNA synthesis at low X-ray doses. — Mut. Res., 10, 379—387.

SPIRIN, A. S., 1963: Nekotorye problemy makromolekuljarnoj struktury ribonukleinovych kislot. — Moskau, Verlag AN SSSR.

SPIRIN, A. S., BELOZERSKIJ, A. N., 1957: Sravnitel'noe izučenie sostava ribonukleinovych kislot u različnych vidov bakterij. — Dokl. AN SSSR, 113, 650—651.

SPIRIN, A. S., BELOZERSKIJ, A. N., ŠUGAEVA, N. V., VANJUŠIN, B. F., 1957: Izučenie vidovoj specifičnosti nukleinovych kislot u bakterij. — Biochimija, 22, 744—753.

SPRAGUE, G. F., MCKINNEY, H. H., GREELY, L., 1963: Virus as a mutagenic agent in maize. — Science, 141, 1052—1053.

SREE, R. K., 1970: Sensitivity induction of mutations in *Sorghum*. — Mut. Res., 10, 197—206.

SRINIVASAN, P. R., BOREK, E., 1964: Enzymatic alteration of nucleic acid structure. — Science, 145, 548—553.

SRINIVASAN, P. R., NOFAL, S., SUSSMAN, C., 1964: Species specificity of ribosomal RNA methylases. — Biochim. biophys. Acta, 16, 82—87.

STACEY, K. A., CAUSENS, S. F., ALEXANDER, P., 1958: Reaction of the radiomimetic alkylating agents with macromolecules in vitro. — Ann. N. Y. Acad. Sci., 68, 682—701.

STADLER, L., 1928: Genetic effects of X-rays in maize. — Proc. Nat. Acad. Sci. USA, 14, 69.

STADLER, L. J., UBER, F. M., 1942: Genetic effects of ultraviolet radiation in maize. IV. Comparison of monochromatic radiations. — Genetics, 27, 81—118.

STAEHELIN, M., 1958: Reaction of Tobacco mosaic virus nucleic acid with formaldehyde. — Biochim. biophys. Acta, **29**, 410—417.

STAHL, F. W., 1951: Radiobiology of bacteriophage. — In: The Viruses, v. II. BURNET, F. M., STANLEY, W. M. (Eds). N. Y., Acad. Press, S. 353—385.

STAHL, F. W., CRASEMANN, J. M., OKUN, L., FOX, E., LAIRD, C., 1961: Radiation sensitivity of bacteriophage containing 5-bromodeoxyuridine. — Virology, **13**, 98—104.

STARLINGER, P., KÖLSCH, E., 1964: The sensitivity of the galactose operon of *E. coli* to UV-light. — Biochem. Biophys. Res. Communs., **17**, 508—511.

STARR, J. L., 1963: The incorporation of methyl groups into amino transfer RNA. — Biochem. Biophys. Res. Communs., **10**, 175—180.

STEDMAN, E., STEDMAN, E., 1944: The nature of the basic proteins of salmon cell-nuclei and its bearing on the chemical composition of chromosomes. — Biochim. J., 38, XXVI.

STEDMAN, E., STEDMAN, E., 1950: Cell specificity of histones. — Nature, **166**, 780—781.

STEIN, W., 1961: Zur Inaktivierung von Hefezellen im langwelligen UV und im sichtbaren Spektralbereich. — Naturwiss., **48**, 724—725.

STEIN, W., HARM, W., 1955: Nachweis spektraler Unterschiede im Inaktivierungsmechanismus von *Escherichia coli* mit Hilfe der Wärme-Reaktivierbarkeit und anderer Kriterien. — Z. Naturforsch., **10b**, 519—534.

STEIN, W., LASKOWSKI, W., 1958: Zur mathematischen Analyse der Strahleninaktivierung mikrobiologischer Objekte verschiedenen Ploidiegrades unter Berücksichtigung genetischer und nichtgenetischer Anteile. — Z. Naturforsch., **13b**, 651—657.

STEIN, W., LASKOWSKI, W., 1959: Zur mathematischen Analyse der Strahlenwirkung homozygotener Hefestämme verschiedenen Ploidiegrades. — Naturwiss., **46**, 88—89.

STEIN, W., LAKOWSKI, 1960: Inaktivierungsversuche mit homozygoten Hefestämmen verschiedenen Ploidiegrades. IV. Quantitative Deutung unter Berücksichtigung genetischer und nichtgenetischer Anteile. — Z. Naturforsch., **15b**, 734—743.

STEFFENSEN, D., 1959: A comparative view of the chromosome. — Brookhaven Sympos. Biol., **12**, 103—124.

STENT, G., 1958: Mating in reproduction of bacterial viruses. — Adv. Virus Res., **5**, 95.

STENT, G., 1965: Molekuljarnaja biologija virusov bakterij. — Moskau, „Mir".

STENT, G., FUERST, C. B., 1955: Inactivation of bacteriophages by decay of incorporated radioactive phosphorus. — J. Gen. Physiol., **38**, 441.

STEWARD, D. L., HUMPHREY, R. M., 1966: Induction of thymine dimers in synchronized population of Chinese hamster cells. — Nature, **212**, 298—300.

STEWART, C. R., 1968: Mutagenesis by acridine yellow in *Bacillus subtilis*. — Genetics, **59**, 23—31.

STICH, H. F., AVILA, L., YOHN, D. S., 1968: Virus in mammalian chromosomes, IX. The capacity of UV-impaired adenovirus type 18 to induce chromosome aberrations. — Exptl. Cell Res., **53**, 44—54.

STICH, H. F., SAN, R. H., 1970: DNA repair and chromatid anomalies in mammalian cells exposed to 4-nitroquinoline-I-oxide. — Mut. Res., **10**, 389—404.

STOLLIER, A., COLLMAN, R. D. 1965: Virus aetiology for Down's syndrome (mongolism). — Nature, **208**, 903—904.

STRACK, H. B., FREESE, E. B., FREESE, E., 1964: Comparison of mutation and inactivation rates induced in bacteriophage and transforming DNA by various mutagens. — Mut. Res., **1**, 10—21.

STRACK, H. B., KAISER, A. D., 1965: On the structure of the ends of lambda DNA. — J. Mol. Biol., **12**, 36—49.

Strauss, B. S., 1961: Specificity of the mutagenic action of alkylating agents. — Nature 191, 730—731.
Strauss, B., 1962a: Differential destruction of the transforming activity of damaged deoxyribonucleic acid by a bacterial enzyme. — Proc. Nat. Acad. Sci. USA, 48, 1670—1675.
Strauss, B. S., 1962b: Response of *E. coli* auxotrophs to heat after treatment with mutagenic alkyl methanesulfonates. — J. Bacteriol., 83, 241—249.
Strauss, B. S., Wahl, R., 1964: The presence of breaks in the deoxyribonucleic acid of *Bacillus subtilis* treated in vivo with alkylating agent, methyl methanesulfonate. — Biochim. biophys. Acta, 80, 116—126.
Strauss, B., Searashi, T., Robbins, M., 1966: Repair of DNA studied with a nuclease specific for UV-induced lesions. — Proc. Nat. Acad. Sci. USA, 56, 932—939.
Streisinger, G., 1956: The genetic control of ultraviolet-sensitivity levels in bacteriophage T2 and T4. — Virology, 2, 1—12.
Streisinger, G., Bruce, V., 1960: Linkage of genetic markers in phage T2 and T4. — Genetics, 45, 1289.
Streisinger, G., Edgar, R. S., Denhardt, G. H., 1964: Chromosome structure in phage T4. I. Circularity of the linkage map. — Proc. Nat. Acad. Sci. USA, 51, 775—779.
Streisinger, G., Okada, Y., Embrich, J., Newton, J., Tsugita, A., Terzaghi, E., Inouye, M., 1966: Frameshift mutations and genetic code. — Cold Spring Harbor Sympos., 31, 77—84.
Strelzoff, E., 1961: Identification of base pairs involved in mutations induced by base analogues. — Biochem. Biophys. Res. Communs., 5, 384—388.
Strelzoff, E., 1962: DNA synthesis in the presence of 5-bromouracil. II. Induction of mutations. — Z. Vererbungslehre 93, 301—318.
Stretton, A. O. W., Brenner, S., 1965: Molecular consequences of the amber mutations and its suppression. — J. Mol. Biol., 12, 456—465.
Stretton, A. O. W., Kaplan, S., Brenner, S., 1966: Nonsense codons. — Cold Spring Harbor Sympos., 31, 173—179.
Strigini, P., 1965: On the mechanism of spontaneous reversion and genetic recombination in bacteriophage T4. — Genetics, 52, 759—776.
Stubbe, H., 1937: Spontane und strahleninduzierte Mutabilität. — Leipzig.
Sueoka, N., 1961: Variation and hetrogeneity of base composition of deoxyribonucleic acids: a complication of old and new data. — J. Mol. Biol., 3, 31—40.
Šugar (Shugar), D., 1962: Fotochimija nukleinovych kislot i ich komponentov. — In „Nukleinovye kisloty". Moskau, IL, S. 34—87.
Summers, W., Szybalski, W., 1965: A sensitive assay for single-stranded breaks in DNA molecules. — Radiat. Res., 25, 246.
Supermutageny. — 1966. Moskau, „Nauka".
Sussenbach, J. S., Berends, W., 1965: Photodynamic degradation of guanine. — Biochim. Biophys. Acta, 95, 184—185.
Swartz, M. N., Trautner, T. A., Kornberg, A., 1962: Enzymatic synthesis of deoxyribonucleic acid. XI. Further study of nearest neighbour base sequences in deoxyribonucleic acids. — J. Biol. Chem., 237, 1961—1967.
Swenson, P. A., 1950: The action spectrum of the inhibition of galactozymase production by ultraviolet light. — Proc. Nat. Acad. Sci. USA, 36, 699—703.
Swenson, P. A., Giese, A. C., 1950: Photoreactivation of galactozymase formation in yeast. — J. Cell. Compar. Physiol., 36, 369—380.

Swenson, P. A., Setlow, R. B., 1963: Kinetics of dimer formation and photohydratation in ultraviolet-irradiated polyuridilic acid. — Photochem. Photobiol., 2, 419—434.

Swenson, P. A., Setlow, R. B., 1964: β-galactosidase: inactivation of its messenger RNA by ultraviolet-irradiation. — Science, 146, 791—793.

Swenson, P. A., Setlow, R. B., 1966: Effects of ultraviolet radiation on macromolecular synthesis in *Escherichia coli*. — J. Mol. Biol., 15, 201—219.

Symonds, N., 1962: Multiplicity reactivation and radiation stability. — J. Mol. Biol., 4, 319—321.

Symonds, N., McCloy, E. W., 1958: The irradiation of phage-infected bacteria (*E. coli*): its bearing on the relationship between functional and genetic radiation damage. — Virology, 6, 649—668.

Symposium on recovery of cells from injury. — Gatlinburg. Tennessee, 1961.

Sztumpf-Kulikowska, E., Shugar, D., Boag, J. W., 1967: Kinetics of photodimerization of orotic acids in aqueous medium. — Photochem. Photobiol., 6, 41—54.

Szybalsky, W., 1958: Observation on chemical mutagenesis in microorganisms. — Ann. N. Y. Acad. Sci., 76, 475—489.

Szybalski, W., 1962: Properties and application of halogenated deoxyribonucleic acid. — In: The Molecular Basis of Neoplasma. Univ. Texas Press., S. 147—171.

Szybalski, W., 1964: Structural modification of DNA: Crosslinking, circularization and single-strand interruptions. Structure and function of the genetic material. — Abhandl. Akad. Wiss. Erwin Baur-Gedächtnisvorlesungen, II, 1—19.

Szybalski, W., Djorjevič, B., 1959: Radiation sensitivity of chemically modified human cells. — Genetics, 44, 540—541.

Szybalski, W., Iyer, V. N., 1964: Crosslinking of DNA enzymatically or chemically activated mitomycins and porfiromycins, bifunctionally „alkylating" antibiotics. — Federat. Proc., 23, 946—957.

Szybalski, W., Lorkiewicz, Z., 1962: The principal targets of lethal and mutagenic effects. — In: Abhandl. Akad. Wiss. Erwin Baur-Gedächtnisvorlesungen, I, 63—71.

Szybalski, W., Opara-Kubinska, Z., 1962: DNA as principal determinant of cell radiosensitivity. — Radiat. Res., 14, 508—509.

Szybalski, W., Opara-Kubinska, Z., Lorkiewicz, Z., Ephrati-Elizur, E., Zamenhof, S., 1960: Transforming activity of deoxyribonucleic acid labelled with 5-bromouracil. — Nature, 188, 743—745.

Takahashi, J., Marmur, J., 1963: Replacement of thymidilic acid by deoxyuridilic acidin deoxyribonucleic acid of a transducing phage for *Bacillus subtilis*. — Nature, 197, 794—795.

Takemura, S., 1957: Hydrazinolysis of yeast ribonucleic acid. Formation of „ribo-apyrimidinic acid". — J. Biochem., 44, 321—325.

Takamura, S., 1959: Hydrazinolysis of nucleic acids. The formation of deoxyriboapyrimidinic acids from herring sperm deoxyribonucleic acid. — Bull. Chem. Soc. Japan, 32, 920—926.

Tamm, C., Hodes, M. E., Chargaff, E., 1952: The formation of apurinic acid from the deoxyribonucleic acid of calf thymus. — J. Biol. Chem., 195, 49—63.

Tamm, C., Shapiro, H. S., Lipschitz, R., Chargaff, E., 1953: Distribution density of nucleotides within a deoxyribonucleic acid chain. — J. Biol. Chem., 203, 673—688.

Tanooka, H., 1964: Direct and indirect inactivation of bacteriophage T6 containing halogenated DNA. — Radiat. Res., 21, 1, 26—35.

Tatum, E. L., 1965: Evolution and molecular biology. — In: Evolving genes and proteins. V. Bryson and H. I. Vogel (Eds). N. Y. Acad. Press, S. 3—10.

TAYLOR, A. L., 1963: Bacteriophage-induced mutation in *Escherichia coli*. — Proc. Nat. Acad. Sci. USA, **50**, 1043—1051.
TAYLOR, A. L., TROTTER, C. D., 1967: Revised linkage map of *Escherichia coli*. — Bacteriol. Rev., **31**, 332—353.
TAYLOR, B., GREENSTEIN, J. P., HOLLAENDER, A., 1948: Effects of X-radiation on sodium thymus nucleate. — Arch. Biochem., **16**, 19—31.
TAYLOR, J. H., 1957: The time and mode of duplication of chromosomes. — Amer. Naturalist, **91**, 209.
TAYLOR, J. H., 1958a: Sister chromatid exchanges in tritiumlabelled chromosomes. — Genetics, **43**, 515—529.
TAYLOR, J. H., 1958b: The mode of chromosome duplication in *Crepis capillaris*. — Exper. Cell. Res., **15**, 350—357.
TAYLOR, J. H., 1960a: Asynchronous duplication of chromosomes in cultured cells of Chinese hamster. — J. Biophys. Biochem. Cytol., **7**, 455—464.
TAYLOR, J. H., 1960b: Duplication of chromosomes and related events in the cell cycle. — In: Cell physiology of neoplasia. Univ. Texas Press, S. 547—572.
TAYLOR, J. H., 1962: Chromosomes reproduction. — Internat. Rev. Cytol., **13**, 39—79.
TAYLOR, J. H., MCMASTER, R. D., 1954: Autoradiographic and microphotometric studies of deoxyribose nucleic acid during microgametogenesis in *Lilium longiflorum*. — Chromosoma, **6**, 489—521.
TAYLOR, J. H., WOODS, P. S., HUGES, W. L., 1957: The organization and duplication of chromosomes as revealed by autoradigraphic studies using tritium labelled thymidine. — Proc. Nat. Acad. Sci. USA, **43**, 122—138.
TAYLOR, W. D., GINOZA, W., 1967: Correlation of γ-ray-inactivation and strain scission in the replicative form of ΦX174 bacteriophage DNA. — Proc. Nat. Acad. Sci. USA, **58**, 1753—1757.
TEGTMEYER, P., DOHAN, C., REZNIKOFF, C., 1970: Inactivating and mutagenic effects of nitrosoguanidine on Simian virus 40. — Proc. Nat. Acad. Sci. USA, **66**, 745—752.
TĖJLOR, Dž. G. (TAYLOR, J. H.), 1964: Replikacija i organizacija DNK v chromosomach. — In „Molekuljarnaja genetika", Teil 1. Moskau, S. 78—125.
TERAWAKI, A., GREENBERG, J., 1965: Effect of some radiomimetic agents on deoxyribonucleic acid synthesis in *Escherichia coli* and transformation in *Bacillus subtilis*. — Biochim. biophys., Acta, **95**, 170—173.
TERAWAKI, A., GREENBERG, J., 1966a: Post-treatment breakage of mitomycin C induced crosslinks in DNA of *Escherichia coli*. — Biochim. biophys. Acta, **119**, 540—546.
TERAWAKI, A., GREENBERG, J., 1966b: Effect of carzinophillin on bacterial deoxyribonucleic acid: formation of interstrand crosslinks in deoxyribonucleic acid and their disappearance during post-treatment incubation. — Nature, **209**, 481—484.
TERZAGHI, B. E., OKADA, Y., STREISINGER, G., EMRICH, J., YNOUYE, M., TSUGITA, A., 1966: Change of sequence of amino acids in phage T4 lysozyme by acridine-induced mutations. — Proc. Nat. Acad. Sci. USA, **56**, 500—507.
TERZAGHI, B. E., STREISINGER, G., STAHL, F. W., 1962: The mechanism of 5-bromouracil mutagenesis in the bacteriophage T4. — Proc. Nat. Acad. Sci. USA, **48**, 1519—1524.
TERZI, M., 1961: Comparative analysis of inactivating efficiency of radiation on different organisms. — Nature, **191**, 461—463.
TESSMAN, E. S., 1956: Growth and mutation of phage T1 on ultraviolet-irradiated hostcells. — Virology, **2**, 679.
TESSMAN, E. S., OZAKI, T., 1960: The interaction of phage S13 with ultraviolet-irradiated

host-cells and properties of the ultraviolet-irradiated phage. — Virology, **12**, 431 bis 449.

TESSMAN, I., 1959a: Some unusual properties of the nucleic acid in bacteriophages S13 and ΦX174. — Virology, **7**, 263—275.

TESSMAN, I., 1959b: Mutagenesis in phages ΦX174 and T4 and properties of the genetic material. — Virology, **9**, 375.

TESSMAN, I., 1959c: The use of nuclear emulsion in the study of bacteriophage DNA replications. — Lab. Invest., **8**, 245—250.

TESSMAN, I., 1962: The induction of large deletions by nitrous acid. — J. Mol. Biol., **5**, 442—445.

TESSMAN, I., 1966: Genetic recombination of phage S13 in a recombination deficient mutant of *Escherichia coli* K12. — Biochim. Biophys. Res. Communs., **22**, 169—174.

TESSMAN, I., ISHIWA, H., KUMAR, S., 1965: Mutagenic effects of hydroxylamine in vivo. — Science, **148**, 507—508.

TESSMAN, I., OZAKI, T., 1957: Multiplicity reactivation of bacteriophage T1. — Virology, **4**, 315—327.

TESSMAN, I., PODDAR, R. K., KUMAR, S., 1964: Identification of the altered bases in mutated single-stranded DNA. I. In vitro mutagenesis by hydroxylamine, ethylmethanesulfonate and nitrous acid. — J. Mol. Biol., **9**, 352—363.

THELEU, T. H., SHOFFNER, R. P., 1970: Viral-induced mutagenesis: tests in *Gallus domesticus*. — Mut. Res., **9**, 425—433.

THOMAS, C. A., BERNS, K. I., 1961: The physical characterization of DNA molecules released from T2 and T4 bacteriophages. — J. Mol. Biol., **3**, 277—288.

THOMAS, C. A., KNIGHT, J. H., 1959: The sedimentation properties of the large subunit of DNA released from labelled T4 bacteriophage. — Proc. Nat. Acad. Sci. USA, **45**, 322—334.

THOAAS, C. A., MCHATTIE, L. A., 1964: Circular T2 DNA molecules. — Proc. Nat. Acad. Sci. USA, **52**, 1297—1301,

THOMAS, C. A., RUBENSTEIN, I., 1964: The arrangements of nucleotide sequences in T2 and T5 bacteriophage DNA molecules. — Biophys. J., **4**, 93—106.

THOMAS, R., 1952: La composition de l'acide ribonucleique de levure et le problème de la specificité des acides nucleiques. — Biochim. biophys. Acta, **8**, 71—75.

THOMAS, R. S., 1961: The chemical composition and particle weight of Tipula iridescent virus. — Virology, **14**, 240—252.

THOMAS, R. S., 1962: Recherches sur la structure et les fonctions des acides deoxyribonucleiques, études génétiques et chimiques. — Actual. Biochim., **21**.

TICHONENKO, T. I., 1965: Molekuljarnaja struktura i replikacija DNK. — In „Biosintez belka i nukleinovych kislot" Moskau, „Nauka", S. 193—276.

TICHONENKO, T. I., 1966: Biochimija virusov. — Moskau, „Medicina".

TICHONENKO, T. I., KISELEVA, N. P., ULANOV, B. P., ANDRONIKOVA, M. L., VELIKODVORSKAJA, G. A., BUDOVSKIJ, É. I., 1970: O dejstvii O-metilgidroxilamina na fag i vnutrifagovuju DNK. — Voprosy virusologii, Nr. 5, 622—627.

TIKHONENKO (TICHONENTO), T. I., KISSELIOV, F. L., SMIRNOFF, Y., BURKINSKAYA, A. G., 1964: Secondary structure of DNA from Sendai virus. — Nature, **202**, 1363—1364.

TIMOFEEFF-RESSOVSKY, N. W., 1934: The experimental productions of mutations. — Biol. Rev., 411—457.

TIMOFEEFF-RESSOVSKY, N. W., 1937: Experimentelle Mutationsforschung in der Vererbungslehre. — Steinkopf, Leipzig.

Timofeeff-Ressovsky, N. W., Delbrück, M., 1936: Radiation researches on visible mutations and the mutability of single genes in *Drosophila*. — Z. Vererbungslehre, **71**, 322.

Timofeeff-Ressovsky, N., Zimmer, K., 1933: Strahlengenetische Zeitfaktorversuche an *Drosophila melanogaster*. — Strahlentherapie, **53**, 134—138.

Timofeeff-Ressovsky, N. W., Zimmer, K. G., 1938: Induction of mutations by neutrons in *Drosophila*. — Naturwiss., **26**, 108.

Timofeeff-Ressovsky, N. W., Zimmer, K. G., 1939: Radiation genetics. — Strahlentherapie, **66**, 684.

Tocchini-Valentini, G. P., Stodolsky, M., Aurisiccio, A., Sarnat, M., Graziosi, F., Weiss, S. B., Geiduschek, E. P., 1963: On the asymmetry of RNA synthesis in vivo. — Proc. Nat. Acad. Sci. USA, **50**, 935.

Tomita, K. I., Rich, A., 1964: X-ray diffraction investigations of complementary RNA. — Nature, **201**, 1160—1163.

Trautner, T. A., Swartz, M. N., Kornberg, A., 1962: Enzymatic synthesis of deoxyribonucleic acid. X. Influence of bromouracil substitutions on replication. — Proc. Nat. Acad. Sci. USA, **48**, 449—455.

Treffers, H. P., Spinelli, V., Belser, N. O., 1954: A factor (or mutator gene) influencing mutation rates in *Escherichia coli*. — Proc. Nat. Acad. Sci. USA, **40**, 1064—1071.

Troll, W., Belman, S., Levine, E., 1963: The effect of metabolite of 2-naphtylamine and the mutagen hydroxylamine on the thermal stability of DNA and polyribonucleotides. — Cancer Res., **23**, 841—847.

Trosco, J. E., Chu, E. H. Y., Carrier, W. L., 1965: The induction of thymine dimers in ultraviolet-irradiated mammalian cells. — Radiat. Res., **24**, 667—672.

Trosco, J. E., Kasschau, M., Covington, L., Chu, E. H. Y., 1966: Induction of pyrimidine dimers during different phases of the cell cycle of mammalian cells. — Radiat. Res., **27**, 535.

Trosco, J. E., Krause, D., Isoun, M., 1970: Sunlight-induced pyrimidine dimers in human cells in vitro. — Nature, **228**, 358—359.

Trosco, J. E., Mansour, V. H., 1969: Photoreactivation of ultraviolet light-induced pyrimidine dimers in Ginkgo cells grown in vitro. — Mut. Res., **7**, 120—121.

Tsugita, A., 1962: The proteins of mutants of TMV composition and structure of chemically evoked mutants of TMV RNA. — J. Mol. Biol., **5**, 284—291.

Uotson, Dž. (Watson, J.), 1968: Molekuljarnaja biologija gena. — Moskau, „Mir".

Uotson, Dž. (Watson, J.), Krik (Crick), F., 1957: Struktura dezoxiribonukleinovoj kisloty. — In „Problemy citofiziologii". Moskau, IL, S. 58—70.

Uphoff, D., Stern, C., 1949: The genetic effects of low intensity irradiation. — Science, **109**, 609—610.

Vakker (Wacker), A., 1965: Molekuljarnye mechanizmy dejstvija izlučenija. In „Nukleinovye kisloty". Moskau, „Mir", S. 412—444.

Val'dštejn, É. A., Žestjanikov, V. D., 1967: Molekuljarnye mechanizmy reparacii lučevych povreždenij kletki. — Citologija, **9**, 3—20.

Valentine, R. C., Engelhardt, D. L., Zinder, N. D., 1964: Host-dependent mutations of the bacteriophage f2. II. Rescue and complementation of mutants. — Virology, **23**, 159—163.

Vanjušin, B. F., Belozerskij, A. N., 1959: Nukleotidnyj sostav dezoxiribonukleinovych kislot vysšich rastenij. — Dokl. AN SSSR, **129**, 944—946.

Varghese, A. J., Day III., R. S., 1970: Excision of cytosine-thymine adduct from the

DNA of ultraviolet-irradiated *Micrococcus radiodurans*. — Photochem. Photobiol., 11 511—517.

Veleminsky, J., Gichner, T., 1970: The influence of pH on the mutagenic effectiveness of nitroso compounds in Arabidopsis. — Mut. Res., 10, 43—52.

Veleminsky, J., Osterman-Golkar, S., Ehrenberg, L., 1970: Reaction rates and biological action of N-methyl- and E-ethyl-N-nitrosourea. — Mut. Res., 10, 169—174.

Vendrely, R., Vendrely, C., 1948: La teneur du noyau cellulaire en acide deoxyribonucleique à travers les organes, les individus et les espèces animales. Techniques et premiers resultats. — Experientia, 4, 434—436.

Vendrely, R., Vendrely, C., 1949a: La teneur du noyau cellulaire en acide deoxyribonucleique à travers les organes, les individus et les espèces animales. Étude particulière des mammiferes. — Experientia, 5, 327—329.

Vendrely, C., Vendrely, R., 1949b: Sur la teneur individuelle en acide deoxyribonucleique des gametes d'oursins Arbacia et Paracentrotus. — Compt. rend. Soc. biol., 143, 1386—1387.

Verby, W. G., Brakier, L., Feit, P. W., 1971: Inactivation of the T7 coliphage by the diepoxybutane stereoisomers. — Biochim. biophys. Acta, 228, 400—406.

Verwoerd, D. W., Kohlage, H., Zillig, W., 1961: Special partial hydrolysis of nucleic acids in nucleotides sequence studies. — Nature, 192, 1038—1040.

Vielmetter, W., Schuster, H., 1960: The base specificity of mutation induced by nitrous acid in phage T2. — Biochem. Biophys. Res. Communs., 2, 324—328.

Vielmetter, W., Wiedner, C. M., 1959: Mutagene und inaktivierende Wirkung salpetriger Säure auf freie Partikel des Phagen T2. — Z. Naturforsch., 15b, 312—317.

Vinkler, G. N., Smyslova, G. I., 1967: Obnaruženie estestvennoj autoantimutagennoj sistemy. — Genetika, Nr. 5, 52—56.

Vizdalova, M., 1967: Repair processes in hydroxil amine inactivated phage. — Internat. J. Radiat. Biol., 12, 227—234.

Volkin, E., Astrachan, L., 1961: Metabolizm RNK v kletkach *Escherichia coli*, zaražennych fagom T2. — In: „Chimičeskie osnovy nasledstvennosti". Moskau, IL, S. 686.

Vogt, M., Dulbecco, R., 1963: Steps in the neoplastic transformation of hamster embryo cells by polyoma virus. — Proc. Nat. Acad. Sci. USA, 49, 171—179.

Voronina, E. N., Poslovina, A. S., Salganik, R. I., 1968: Reguljacija spektra mutacij u *E. coli* B putem vozdejstvija chimižeskimi mutagenami v različnye periody replikacii DNK. — Genetika 4, Nr. 7, 89—94.

Wacker, A., 1961: Strahlenchemische Veränderungen von Pyrimidinen in vivo und in vitro. — J. chim. physic., 58, 1041—1045.

Wacker, A., 1963: Molecular mechanisms of radiation effects. — In: Progress in nucleic acid research, v. 1. J. N. Davidson, W. E. Cohn (Eds). N. Y. London, Acad. Press.

Wacker, A., Chandra, P., 1964: The effects of X-rays on the protein synthesis in vitro. — Angew. Chem. (Internat. Ed.), 3, 9, 636—637.

Wacker, A., Dellweg, H., Jacherts, D., 1962: Thymin-Dimerisierung und Überlebensrate bei Bakterien. — J. Mol. Biol., 4, 410—412.

Wacker, A., Dellweg, H., Lodemann, E., 1961: Strahlenchemische Veränderung der Bakterien-Desoxyribonukleinsäure in vivo. — Naturwiss., 47, 477.

Wacker, A., Gerstenberger, A., 1963: Photoreactivation in the presence of hydrogen peroxide. — Angew. Chem. (Intern. Ed.), 2, 689—690.

Wacker, A., Kirschfeld, S., Träger, L., 1960: Über den Einbau Purin-analoger Verbindungen in die Bakterien-Nukleinsäure. — J. Mol. Biol., **2**, 241—242.

Wacker, A., Pfahl, D., Schröder, I., 1957: Beziehungen zwischen Vitamin B_{12} und der Desoxyribonucleinsäure. — Z. Naturforsch., **12b**, 510.

Wacker, A., Träger, L., 1963: Über die Säurehydrolyse der Desoxyriboside und Riboside. — Z. Naturforsch., **18b**, 13—16.

Wacker, A., Türck, G., Gerstenberger, A., 1963: Zum Wirkungsmechanismus photodynamischer Farbstoffe. — Naturwissensch., **50**, 377.

Wagner, J. H., Nawar, M. M., Konzak, C. F., Nilan, R. A., 1968: The influence of pH on the biological changes induced by ethyleneimine in barley. — Mutation Res., **5**, 57—64.

Wahl, R., 1965: Detection of single-strand breaks in DNA alkylated in vitro. — Federat. Proc., **24**, 226.

Walen, K., 1963: The pattern of DNA synthesis of the marsupial Potorus tridactylis. — In: Genetics Today. Proc. XI. Internat. Congr. Genet. Bd. **1**, S. 106.

Walwick, E. R., Main, R. K., 1962: Stability of DNA-synthesing system to X-radiation. — Biochim. biophys. Acta, **55**, 225.

Wang, J., Davidson, N., 1966: Thermodynamic and kinetic studies on the interconversion between the linear and circular forms of phage lambda DNA. — J. Mol. Biol., **15**, 111—113.

Wang, S. Y., 1958: Photochemistry of nucleic acids and related compounds. I. The first step in the ultraviolet-irradiation of 1,3-dimethyluracil. — J. Amer. Chem. Soc., **80**, 6196—6201.

Wang, S. Y., 1959: Phototautomerization of cytosine derivatives on the ultraviolet-irradiation. — Nature, **184**, 184—185.

Ward, C. B., Glaser, D. A., 1969: Origin and direction of DNA synthesis in *E. coli* B/r. — Proc. Nat. Acad. Sci., USA, **62**, 881—886.

Ward, J. F.,: Action of radiation produced radicals on nucleic acids and related compounds. Ph. D. Thesis. university Durham.

Watanabe, T., Fukasawa, T., 1961: Episome-mediated transfer of drug resistance in Enterobacteriaceae. 2. Elimination of resistance factors with acridine dyes. — J. Bacteriol., **81**, 679—683.

Watson, J. D., 1950: The properties of X-ray-inactivated bacteriophage. I. Inactivation by direct action. — J. Bacteriol., **60**, 697—718.

Watson, J. D., Crick, F. H. C., 1953a: Molecular structure of nucleic acids: a structure for deoxyribonucleic acid. — Nature, **171**, 737—738.

Watson, J. D., Crick, F. H. C., 1953b: Genetical implication of the structure of the deoxyribose nucleic acid. — Nature, **171**, 964.

Watson, J. D., Crick, F. H. C., 1953c: The structure of DNA. — Cold Spring Harbor Sympos., **18**, 123—131.

Weatherwax, R. S., 1956a: Desensitization of *Escherichia coli* to ultraviolet light. — J. Bacteriol., **72**, 124—125.

Weatherwax, R. S., 1956b: Reactivation of ultraviolet-irradiated *Escherichia coli*. — J. Bacteriol., **72**, 329—332.

Webb, R. B., Kubitschek, H. E., 1963: Mutagenic and antimutagenic effect of acridine orange in *Escherichia coli*. — Biochem. Biophys. Res. Communs., **13**, 90—94.

Webster, L. T., Casals, J. J., 1941: The quantity of irradiated nonvirulent rabies virus required to immunize mice and dogs. — J. Exper. Med., **73**, 601.

WEBSTER, R. L., ENGELHARDT, D. L., ZINDER, N. D., 1967: Amber mutants and chain termination in vitro. — J. Mol. Biol., 29, 27—43.

WEIGERT, M. G., GAREN, A., 1965a: Amino acid substitutions resulting from suppression of nonsense mutations. I. Serine insertion by the Su+-1 suppressor gene. — J. Mol. Biol., 12, 448—457.

WEIGERT, M. G., GAREN, A., 1965b: Base composition of nonsense codons in *E. coli*. Evidence from amino acid substitutions at a tryptophane site in alkaline-phosphatase. — Nature, 206, 992—994.

WEIGERT, M. G., GALUCCI, E., LANKA, E., GAREN, A., 1966: Characteristics of the genetic code in vivo. — Cold Spring Harbor Sympos., 31, 145—162.

WEIGERT, M. G., LANKA, E., GAREN, A., 1965: Amino acid substitutions resulting from suppression of nonsense mutations. II. Glutamine insertion by the su-2 gene; tyrosine insertion by the su-3 gene. — J. Mol. Biol., 14, 522—527.

WEIGERT, M. G., LANKA, E., GAREN, A., 1967: Base composition of nonsense codon in *Escherichia coli*. II. The N2 codon UAA. — J. Mol., Biol., 23, 391—400.

WEIGLE, J. J., 1953: Induction of mutations in a bacterial virus. — Proc. Nat. Acad. Sci. USA, 39, 628.

WEIGLE, J. J., BERTANI, G., 1956: Multiplicity reactivation on bacteriophage inactivated by ionizing radiations. — Virology, 2, 344—355.

WEIGLE, J. J., DULBECCO, R., 1953: Induction of mutations in bacteriophage T3 by ultraviolet light. — Experientia, 9, 372—373.

WEIL, J., BEFORT, N., REITHER, B., EBEL, J. P., 1964: Effects of chemical modifications on the biological properties of s-RNA. — Biochem. Biophys. Res. Communs., 15, 447—450.

WEIL, J., SIGNER, E. R., 1958: Recombination in bacteriophage λ. II. Sitespecific recombination promoted by the integration system. — J. Mol. Biol., 34, 273—279.

WEINBERG, R., LATHAM, A. B., 1956: Apparent mutagenic effect of thymine deficiency for a thymine requiring strain of *Escherichia coli*. — J. Bacteriol., 72, 570—572.

WEINBLUM, D., 1967: Characterization of photodimers from DNA. — Biochem. Biophys. Res. Communs., 27, 384—390.

WEINBLUM, D., JOHNS, H. E., 1966: Isolation and properties of isomeric thymine dimers. — Biochim. biophys. Acta, 114, 450—459.

WEINSBLUM, B., CHERAYIL, J. D., BOCK, R. M., SÖLL, D., 1967: An analysis of arginine codon multiplicity in rabbit hemoglobin. — J. Mol. Biol., 28, 275—280.

WEISS, R., RICHARDSON, C. C., 1967: Enzymatic breakage and joining of deoxyribonucleic acid. I. Repair of single-strand breaks in DNA by an enzyme system from *Escherichia coli* infected with T4 bacteriophage. — Proc. Nat. Acad. Sci. USA, 57, 1021—1028.

WEISSBACH, A., LISIO, A., 1965: Alkylation of nucleic acids by mitomycin C and porfiromycin. — Biochemistry, 4, 196—200.

WEISSMANN, C., BORST, P., BURDON, R. H., BILLETER, M. A., OCHOA, S., 1964: Replication of viral RNA. IV. Properties of DNA synthesis of MS2 phage RNA. — Proc. Nat. Acad. Sci. USA, 51, 890—897.

WEISSMAN, C., SIMON, L., BORST, P., OCHOA, S., 1963: Induction of RNA synthetase in *E. coli* after infection by the RNA phage MS2. — Cold Spring Harbor Sympos., 28, 99—104.

WERBIN, H., HIDALGO-SALVATIERRA, O., SEAR, J., MCLAREN, A. D., 1966: Comparative photoreactivation of ultraviolet light-inactivated Tobacco mosaic virus ribonucleic acid on Chenopodium, Pinto Bean, and tobacco plants. — Virology, 28, 202—207.

WERBIN, H., RUPERT, C. S., 1968: Presence of photoreactivating enzyme in blue-green algae cells. — Photochem. Photobiol., 7, 225—230.

WESTERGAARD, C., 1957: Chemical mutagenesis in relation to the concept of the gene. — Experientia, 13, 224—234.

WEYGAND, F., WACKER, A., DELLWEG, H., 1952: Stoffwechseluntersuchungen bei Mikroorganismen mit Hilfe radioaktiver Isotope. II. Kompetitive und nichtkompetitive Enthemmung von 5-Br^{82}-Uracil. — Z. Naturforsch., 8b, 19—25.

WHEELER, C. M., OKADA, S., 1961: Effect of irradiation of the primer DNA on the incorporation of precursors. — Internat. J. Radiol., 3, 23—27.

WHEELER, G. P., 1962: Studies related to the mechanism of action of cytotoxic alkylating agents: A rewiew. — Cancer Res., 22, 651—688.

WHITEHOUSE, H. L. K., 1965: Crossing-over. — Sci. Progr., 53, 285—296.

WHITFIELD, H. J., MARTIN, R. G., AMES, B. N., 1966: Classification of aminotransferase (C gene) mutants in the histidine operon. — J. Mol. Biol., 21, 335—355.

WIERZCHOWSKI, K. L., SHUGAR, D., 1957: Photochemistry of cytosine nucleotides and nucleosides. — Biochim. biophys. Acta, 25, 355—364.

WIERZCHOWSKI, K. L., SHUGAR, D., 1959: Studies of reversible photolysis in oligo- and polyuridilic acids. — Acta biochim. polon., 6, 313—334.

WIERZCHOWSKI, K. L., SHUGAR, D., 1961: Photochemistry of cytosine nucleosides. — Acta biochim. polon., 8, 219—234.

WIERZCHOWSKI, K. L., SHUGAR, D., 1962: Photochemistry of model oligo- and polynucleotides. IV. Heterooligonucleotides and high molecular weight single- and twinstranded polymer chains. — Photochem. Photobiol., 1, 21—36.

WILKINSON, R., KIEFER, J., NIAS, A. H. W., 1970: Effects of posttreatment with caffeine on the sensitivity to ultraviolet light irradiation of two lines of HeLa cells. — Mut. Res., 10, 67—72.

WILLETS, N. S., 1967: The elimination of F-lac$^+$ from *Escherichia coli* by mutagenic agents. — Biochem. Biophys. Res. Communs., 27, 112—117.

WINKLER, U., 1963: Studien über die UV-induzierte Mutabilität des Serratia-Phagen Kappa durch Versuche mit UV-bestrahlten Indikator und Phagenkreuzungen. — Z. Naturforsch. 18b, 118—123.

WINKLER, U., 1964: Host-cell reactivation of lethal damage induced by UV-light and X-rays in *S. marcescens* HY and its phage kappa. — Virology, 24, 518—520.

WINKLER, U., JOHNS, H. E., KELLENBERGER, E., 1962: Comparative study of some properties of bacteriophage T4D irradiated with monochromatic ultraviolet light. — Virology, 18, 343—358.

WITKIN, E. M., 1946: Inherited differences in sensitivity to radiation in *Escherichia coli*. — Proc. Nat. Acad. Sci. USA, 32, 59—68.

WITKIN, E. M., 1947: Mutations in *Escherichia coli* induced by chemical agents. — Cold Spring Harbor Sympos., 12, 256—269.

WITKIN, E. M., 1961: Modification of mutagenesis initiated by ultraviolet light through post-treatment of bacteria with basic dyes. — J. Cell. Compar. Physiol., 58, Suppl. 1, 135—144.

WITKIN, E. M., 1963a: "Dark repair" of mutations induced in *Escherichia coli* by ultraviolet light. — In: Repair from genetic radiation. F. H. SOBELS (Ed.). London, Pergamon Press, S. 151—165.

WITKIN, E. M., 1963b: The effect of acriflavine on photoreversal of lethal and mutagenic damage produced in bacteria by ultraviolet light. — Proc. Nat. Acad. Sci. USA, 50, 425—430.

WITKIN, E. M., 1964: Photoreversal and "dark repair" of mutations to prototrophy induced by ultraviolet light in photoreactivable and nonphotoreactivable strains of *Escherichia coli*. — Mut. Res., 1, 22—36.

WITKIN, E. M., 1966a: Radiation-induced mutations and their repair. — Science, 152, 1345—1353.

WITKIN, E. M., 1966b: Mutation and the repair of radiation damage in bacteria. — Radiat. Res., Suppl. 6, 30—53.

WITKIN, E. M., 1967: On the mechanism of UV mutagenesis in bacteria. — Microbiol. Gen. Bull., Nr. 27, S. 14.

WITKIN, E. M., SICURELLA, N. A., BENNET, J., 1963: Photoreversibility of induced mutations in nonphotoreactivable strain of *E. coli*. — Proc. Nat. Acad. Sci. USA, 50, 1055—1059.

WITTMANN, H. G., 1962: Proteinuntersuchungen an Mutanten des Tabakmosaikvirus als Beitrag zum Problem des genetischen Codes. — Z. Vererbungslehre 93, 491—530.

WITTMANN, H. G., WITTMANN-LIEBOLD, B., 1963: Tobacco mosaic virus mutants and genetic coding problem. — Cold Spring Harbor Sympos., 28, 589—595.

WITTMANN, H. G., WITTMANN-LIEBOLD, B., 1966: Protein chemical studies of two RNA viruses and their mutants. — Cold Spring Harbor Sympos., 31, 163—172.

WOHLHIETER, J. A., BUZZELL, A., LAUFFER, N. A., 1960: Effect of X-rays on nucleic acid isolated from Tobacco mosaic virus. — Biochim. biophys. Acta, 43, 163—172.

WOLFF, S., LUIPPOLD, H. E., 1964: Chromosome splitting as revealed by combined X-ray and labelling experiments. — Exper. Cell. Res., 34, 548—556.

WOLLMAN, E., LACASSAGNE, A., 1940: Recherches sur la phénomène de Twort d'Hérelle. IV. Evaluation de dimensions de bactériophages au moyen des rayons X. — Ann. Inst. Pasteur, 64, 5—39.

WOMACK, F. C., 1965: Cross-reactivation differences in bacteriophage T4D. — Virology, 26, 758—761.

WU, J. H., LEWIN, R. A., WERBIN, H., 1968: Photoreactivation of UV-irradiated blue-green algal virus LPP-1. — Virology, 31, 267—275.

WULFF, D. L., 1963a: Kinetics of thymine photodimerization in DNA. — Biophys. J., 3, 355—362.

WULFF, D. L., 1963b: The role of thymine dimers in the photoinactivation of the bacteriophage $T4v_1$. — J. Mol. Biol., 7, 431.

WULFF, D. L., FRAENKEL, G., 1961: On the nature of thymine photoproduct. — Biochim. biophys. Acta, 15, 332—339.

WULFF, D. L., RUPERT, C. G., 1962: Disappearance of thyminephotodimer in ultraviolet irradiated DNA upon treatment with a photoreactivating enzyme from baker's yeast. — Biochem. Biophys. Res. Communs., 7, 237—240.

WYCKOFF, H. G., 1930: The killing of colon bacilli by X-rays of different wavelengths. — J. Exper. Med., 52, 769—780.

WYSS, O., WIESEN, C., SCHAIBERGER, G. E., 1963: Peroxides and mutations. — Radiat. Res., Suppl., 3, 184—191.

YANKOFSKY, S. A., SPIEGELMAN, S., 1963: Distinct cistrons for the two ribosomal ribonucleic acid (RNA) components. — Proc. Nat. Acad. Sci. USA, 49, 538—544.

YANOFSKY, C., 1963: Amino acid replacements associated with mutation and recombination in the A gene. — Cold Spring Harbor Sympos., 28, 581—588.

Yanofsky, C., Cox, E. C., Horn, V., 1966: The unusual mutagenic specificity of an *E. coli* mutator gene. — Proc. Nat. Acad. Sci. USA, **55**, 274—281.

Yanofsky, C., Helinsky, D. R., Maling, B. D., 1961: The effect of mutation on the composition and properties of the A protein of *Escherichia coli* tryptophane synthetase. — Cold Spring Harbor Sympos., **26**, 11—24.

Yanofsky, C., Horn, V., Thorpe, D., 1964: Protein structure relationship revealed by mutational analysis. — Science, **146**, 1593—1594.

Yanofsky, C., Ito, J., 1966: Nonsense codons and polarity in the tryptophane operon. — J. Mol. Biol., **21**, 313.

Yanofsky, C., Ito, J., Horn, V., 1966: Amino acid replacements and the genetic code. — Cold Spring Harbor Sympos., **31**, 151—162.

Yarus, M., Sinsheimer, R. L., 1964: The UV-resistance of double-stranded ΦX174. — J. Mol. Biol., **8**, 614—615.

Yasuda, S., Sekiguchi, M., 1970: Mechanism of repair of DNA in bacteriophage. II. Unability of ultraviolet-sensitive strains of bacteriophage inducing of enzyme activity to excise pyrimidine dimers. — J. Mol. Biol., **47**, 243—255.

Yoshikawa, H., Sueoka, N., 1963: Sequential replication of *Bacillus subtilis* chromosome. I. Comparison of marker frequencies in exponential and stationary growth phases. — Proc. Nat. Acad. Sci. USA, **49**, 559—566.

Zacharjan, R. A., Venkstern, T. V., Baev, A. A., 1967: Metilirovannaja t-RNK, ee fiziko-chimičeskie svojstva i akceptornaja funkcija. — Biochimija, **32**, 1068—1078.

Žakob, F., Mono, Ž. (Jacob, F., Monod, J.), 1962: Determínacija i specifičeskaja reguljacija sinteza belkov. — In „Trudy 5-go Meždunarodnogo biochim. kongressa. Simposium I", S. 157—179. Moskau. Verlag AN SSSR.

Žakob, F., Vol'man, É. (Jacob, F., Wollman, E.), 1962: Pol i genetika bakterij, Moskau, IL.

Zamechnik, P. C., Keller, E. B., 1954: Relation between phosphate energy donors and incorporation of labelled aminoacids into proteins. — J. Biol. Chem., **209**, 337.

Zamenhof, P. J., 1966: A genetic locus responsible for generalized highmutability in *Escherichia coli*. — Proc. Nat. Acad. Sci. USA, **56**, 845—852.

Zamenhof, S., 1967: Nucleic acids and mutability. — In: Progress in nucleic acids research and molecular biology, **6**, J. N. Davidson, W. E. Cohn (Eds). N. Y., London, Academic Press, S. 1—38.

Zahmenhof, S., Alexander, H. E., Leidy, G., 1953a: Studies on the chemistry of transforming activity. I. Resistance to physical and chemical agents. — J. Exper. Med., **98**, 373.

Zamenhof, S. A., Alexander, H. E., Leidy, G., 1953b: Studies of the transforming activity. — J. Exper. Med., **98**, 373—395.

Zamenhof, S., Arikawa, S., 1970: Comparative studies on alkylation of bacterial DNA in vivo and in vitro. — Mut. Res., **6**, 141—148.

Zamenhof, S., Giovanni-Donelli, R., Heldenmuth, L., 1962: Transfer by transformation of information determining mutation rate in *Bacillus subtilis*. — Proc. Nat. Acad. Sci. USA, **48**, 944—947.

Zamenhof, S., Greer, S., 1958: Heat as agent producing high frequency of mutations and unstable genes in *Escherichia coli*. — Nature, **182**, 611—613.

Zamenhof, S., Griboff, G., 1954: *E. coli* containing 5-bromouracil in its deoxyribonucleic acid. — Nature, **174**, 307—308.

Zamenhof, S., Heldenmuth, L. H., Zamenhof, P. J., 1966: Studies on mechanism for the maintenance of constant mutability: mutability and the resistance to mutagens. — Proc. Nat. Acad. Sci. USA, **55**, 50—58.

Zampieri, A., Greenberg, J., 1965: Effect of heat and plating medium on survival of *Escherichia coli* after treatment with radiomimetic chemicals. — J. Bacteriol., **89**, 931—936.

Zampieri, A., Greenberg, J., 1965: Mutagenesis by acridine orange and proflavin in *Escherichia coli*. — Mut. Res., **2**, 552—556.

Zampieri, A., Greenberg, J., Warren, G., 1968: Inactivating and mutagenic effects of 1-methyl-3-nitro-1-nitrosoguanidine on intracellular bacteriophage. — J. Virology, **2**, 901—904.

Zavil'gel'skij, G. B., Kriviskij, A. S., Ivanov, V. I., 1965: Inaktivirujuščee i mutagennoe dejstvie ul'trafioletovych lučej na vnekletočnyj bakteriofag. — Izvestija AN SSSR, serija biol., 700—713.

Zavil'gel'skij, G. B., Minčenkova, L. E., Minjat, É. E., Savič, A. P., 1965: Razvitie denaturacionnogo processa v DNK pri ul'trafioletovom oblučenii. — Biochimija, **30**, 652—662.

Zeller, E. A., Gurmann, H., Hegedüs, B., Kaiser, A., Langemann, A., Müller, M., 1963: Methylhydrazine derivatives, a new class of cytotoxic agents. — Experientia, **19**, 129—130.

Zimmer, K., 1937: Dosimetrische und strahlenbiologische Versuche mit schnellen Neutronen. I. — Strahlentherapie, **63**, 517—527.

Zimmerman, S. B., Little, J. W., Oshinsky, C. K., Gellert, M., 1967: Enzymatic joining of DNA strands: a novel reaction of diphosphopyridine nucleotide. — Proc. Nat. Acad. Sci. USA, **57**, 1841—1848.

Zimmermann, F., Kröger, H., Hagen, U., Keck, K., 1964: The effect of X-irradiation on the priming ability of DNA in the RNA-polymerase system. — Biochim. biophys. Acta, **87**, 160—162.

Zimmermann, F. K., Schwaier, R., Laer, U. V., 1965: The influence of pH on the mutageneity on yeast of N-methyl-nitrosamides and nitrous acid. — Z. Vererbungslehre, **97**, 68—71.

Zinder, N. D., 1966: RNA phages. — Ann. Rev. Microbiol., **19**, 455—472.

Zinder, N. D., Valentine, R. C., Roger, M., Stoeckenius, W., 1963: F1, a rodshaped male specific bacteriophage that contains RNA. — Virology, **20**, 638—640.

Zipser, D., 1967: UGA: a third class of suppressible polar mutants. — J. Mol. Biol., **29**, 441—445.

Zirkle, R. E., Bloom, W., 1953: Irradiation of parts of individual cells. — Science, **117**, 487—493.

Zirkle, R. E., Uretz, R. B., 1960: Energy relations in chromosome paling by ultraviolet microbeams. — Science, **131**, 1316.

Zissler, J., 1961: Integration-negative (int) mutants of phage λ. — Virology, **31**, 189.

Sachregister

Bei Fragen zur Produktsicherheit wenden Sie sich bitte an:
If you have any questions regarding product safety,
please contact:

Walter de Gruyter GmbH
Genthiner Straße 13
10785 Berlin
productsafety@degruyterbrill.com